TRAITÉ

DE

GÉOMÉTRIE DESCRIPTIVE

Tout exemplaire non revêtu de notre griffe sera réputé contrefait.

TRAITÉ

DE

GÉOMÉTRIE DESCRIPTIVE

PAR

A. JAVARY

Chef des travaux graphiques à l'École polytechnique
Ancien élève de cette école
Professeur de géométrie descriptive aux lycées Saint-Louis, Louis-le-Grand
et au collège Rollin.

DEUXIÈME PARTIE

CONES ET CYLINDRES, SPHÈRE ET SURFACES DU SECOND DEGRÉ

RÉPONDANT A LA SECONDE PARTIE DU PROGRAMME
DES CONNAISSANCES EXIGÉES POUR L'ADMISSION A L'ÉCOLE POLYTECHNIQUE
A L'ÉCOLE NORMALE SUPÉRIEURE, A L'ÉCOLE CENTRALE
ET A L'ENSEIGNEMENT DES CLASSES DE MATHÉMATIQUES SPÉCIALES

PARIS

LIBRAIRIE CH. DELAGRAVE

15, RUE SOUFFLOT, 15

—

1882

TRAITÉ

DE

GÉOMÉTRIE DESCRIPTIVE

COURBES ET SURFACES

305. Définitions. — Une ligne peut être regardée comme engendrée par le mouvement d'un point qui se déplace en vertu d'une certaine loi. Si le mouvement du point a lieu dans un plan, la courbe engendrée *est plane*.

Une *courbe gauche* est une courbe qui n'est pas plane.

La *tangente* est la limite des positions d'une sécante qui tourne autour d'un de ses points d'intersection avec la courbe, de manière que le second point se rapproche indéfiniment du premier.

306. Théorème. — *Si l'on projette une courbe quelconque plane ou gauche sur un plan, la projection de la tangente est tangente à la projection de la courbe.* (Fig. 238).

ab est la courbe ; nous menons par tous ses points des projetantes parallèles *a*A, *b*B..., et nous traçons le lieu des intersections de ces droites avec le plan P. Ce lieu est la courbe AB, projection de *ab*...

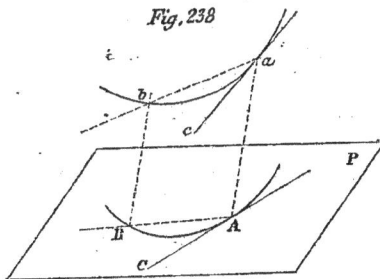

Fig. 238

Nous menons la sécante *ab*, sa projection est AB, et nous faisons tourner le plan *b*A*a*B autour de A*a*, de manière à rapprocher le point *b* du point *a* ; la trace du plan sera toujours la projection de la sécante et le point B se rapprochera du point A.

Dans la position limite, la droite *ab* devenant la tangente *ac*, la droite AB sera devenue la tangente AC sans cesser d'être la projection de la première.

Remarque. — Le théorème serait vrai encore si la projection, au lieu d'être faite par des droites parallèles, était faite par des droites qui concourent en un point fixe; la démonstration se ferait d'une manière tout à fait analogue.

Les projetantes *a*A, *b*B..., etc., parallèles entre elles, et rencontrant la courbe *ab* forment une surface qu'on nomme *un cylindre*.

Les projetantes qui concourent en un point fixe forment une surface qu'on appelle un *cône*.

Nous pouvons étendre cette manière de considérer le cylindre et le cône à toutes les surfaces et nous dirons :

307. Définition. — *Une surface est le lieu des positions d'une ligne qui change de situation, et même de forme, en vertu d'une certaine loi.*

Ainsi, la sphère peut être engendrée par un cercle qui tourne autour d'un de ses diamètres; le cylindre est engendré par une droite qui reste parallèle à une direction constante et rencontre une courbe donnée qu'on nomme la *directrice*. Le cône est engendré par une droite assujettie à passer par un point fixe et à rencontrer une directrice donnée.

308. *Divers modes de génération d'une même surface.* — Coupons un cylindre par des plans parallèles, nous savons que les sections obtenues sont des courbes égales. Nous imaginons alors qu'une de ces courbes se déplace, son plan restant parallèle à lui-même, trois de ses points décrivant des droites parallèles, cette courbe engendrera encore le cylindre, et comme la direction du plan n'est pas déterminée, le cylindre pourra être engendré d'une infinité de manières différentes ; et l'on pourra mener par un point de la surface une infinité de courbes qui seront des génératrices ; *la courbe génératrice* change de situation mais non de forme. Coupons un cône par

des plans parallèles, les sections seront des courbes semblables ayant pour centre de similitude le sommet du cône.

Imaginons qu'une de ces courbes se déplace, trois de ses
points décrivant des droites concourantes, et les cordes qui
joignent ces points deux à deux restant parallèles à elles-
mêmes, la courbe sera de forme constante, mais de grandeur
variable, et engendrera un cône.

Coupons une sphère par des plans parallèles, nous obtiendrons des cercles. Déplaçons un cercle, de manière que son
centre décrive une droite fixe perpendiculaire à son plan, le
rayon variant de manière qu'un des points reste sur une circonférence dont la droite est le diamètre; le cercle mobile
engendrera une sphère. Ces remarques peuvent s'étendre à
toutes les surfaces, et une surface peut en général être engendrée par un nombre infini de génératrices différentes.
Lorsque la surface admet de droites pour génératrices, la
surface est une *surface réglée ;* les autres surfaces se nomment
simplement *surfaces courbes.*

309. Théorème. — *En un point d'une surface il existe un
plan qui contient toutes les tangentes à toutes les courbes qu'on peut
mener par ce point sur la surface.*

Nous considérons une surface dont M est un point. Nous
menons par M un plan
sécant quelconque S
qui coupe la surface
suivant la courbe D,
nous menons la tan-
gente MA à cette
courbe.

Nous coupons la
surface par un plan
parallèle au plan S,
il détermine une cour-
be D₁, nous prenons
le point N de cette
courbe pour lequel la
tangente est parallèle
à MA.

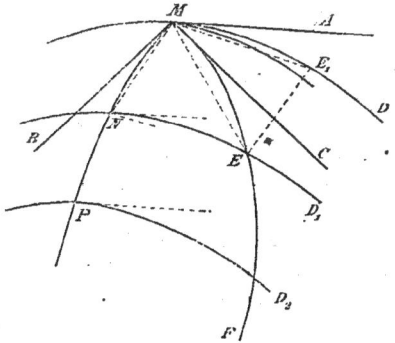

Fig. 239

Nous coupons la surface par un autre plan parallèle au plan S, il détermine une courbe D_2, nous prenons le point P pour lequel la tangente est parallèle à MA.

Les plans SS_1S_2, etc., étant infiniment rapprochés, les points MNP, etc., déterminent une courbe, à laquelle on mène une tangente MB.

Les deux droites MA et MB déterminent un plan, je dis que ce plan contient la tangente MC à une courbe quelconque MEF tracée sur la surface par le point M.

Cette courbe croise la courbe D_1 au point E, je mène les cordes MN, ME ; je projette la courbe D_1 sur le plan S de la première courbe D en employant des projetantes parallèles à MN. Le point E vient en E_1, le point N vient en M, et comme la courbe D_1 est parallèle au plan S, elle se projette en vraie grandeur suivant ME_1, de plus comme la tangente en N est parallèle à MA, elle se projettera suivant MA, et par suite la courbe ME_1 sera tangente à MA (306.)

Menons la corde ME_1 : les quatre droites MN, ME, EE_1 et ME_1 sont dans le même plan, puisque MN et EE_1 sont parallèles, et ces quatre droites seront toujours dans le même plan, lorsque le plan sécant S_1 se rapprochera du plan S ; elles y seront encore à la limite quand les deux plans seront infiniment voisins.

Or la limite de la corde MN est la tangente MB.

La limite de la corde ME est la tangente MC.

La limite de la corde ME_1 est la tangente MA.

Les trois droites sont donc dans le même plan, ce qui démontre le théorème [*].

309 *bis*. Définitions. Plan tangent. — Le plan qui contient les tangentes à toutes les courbes qu'on peut tracer sur une surface par un point, se nomme *plan tangent;* le point se nomme *point de contact* du plan tangent.

310. Normale. — La perpendiculaire au plan tangent en son point de contact se nomme *la normale.*

---

* Démonstration empruntée à la *Géométrie* de MM. Rouché et Comberousse.

311. — Manières d'être *du plan tangent par rapport à la surface.* — Ce plan tangent peut avoir un seul point commun avec la surface, et l'on dit que la surface est *convexe* autour du point de contact.

Il peut la toucher suivant une ligne ; nous trouvons un exemple de cette disposition dans le tore, si l'on pose un tore ou un anneau sur un plan, il touche le plan suivant une circonférence.

Si l'on considère la partie rentrante d'un tore, ou la gorge d'une poulie, le plan tangent en un point coupera nécessairement la surface, il sera à la fois tangent et sécant, et la surface est dite *à courbures opposées*. Nous verrons plus tard la raison de cette appellation.

Puisque le plan tangent contient les tangentes à toutes les courbes qu'on peut tracer sur la surface par le point de contact, deux de ces droites suffisent pour le déterminer, on tracera donc deux courbes par le point considéré, et les tangentes donneront le plan tangent.

Si la surface est réglée, par chaque point nous pouvons faire passer une génératrice rectiligne qui peut être regardée comme une courbe tracée sur la surface, courbe qui est confondue avec sa tangente ; il suffira donc de tracer par le point une seconde courbe quelconque, cette courbe et la génératrice rectiligne détermineront le plan tangent.

Ainsi, dans une surface réglée, le plan tangent en un point contient la génératrice rectiligne qui passe par ce point ; il peut affecter par rapport à la surface deux situations différentes, il peut toucher la surface en tous les points de la génératrice rectiligne, il peut toucher la surface en un seul point et être en même temps sécant.

De là la distinction des surfaces réglées en deux classes : 1º Les surfaces réglées pour lesquelles le plan tangent est le même en tous les points d'une génératrice et qu'on nomme SURFACES DÉVELOPPABLES, ainsi nommées, parce qu'elles peuvent s'étendre sur un plan sans déchirure ni duplicature ; le cône et le cylindre sont dans cette catégorie ; 2º les surfaces réglées pour lesquelles le plan tangent est différent en tous les points d'une génératrice et qu'on appelle SURFACES GAUCHES. Nous allons d'abord démontrer directement la propriété du plan tangent pour le cône et le cylindre.

312. Théorème. — *Dans un cylindre ou dans un cône, le plan tangent en un point de la surface est tangent tout le long de la génératrice.* (Fig. 240.)

La courbe BD est la directrice du cylindre, BA est une génératrice sur laquelle nous prenons un point A. Nous traçons sur la surface une courbe AE, nous menons une autre

Fig. 240

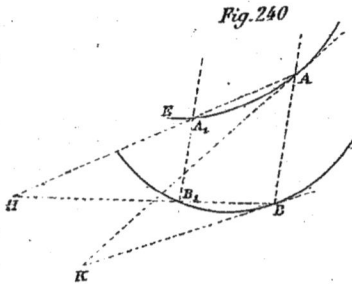

génératrice A_1B_1 ; les sécantes AA_1 et BB_1 sont dans le même plan et se coupent en un point H, nous faisons tourner le plan ABB_1A_1 autour de AB, de manière à rapprocher les deux génératrices, le point A_1 se rapprochant indéfiniment du point A, la sécante AA_1 devient la tangente AK, en même temps la sécante BB_1 devient la tangente BK, et les deux tangentes sont toujours dans le même plan ; or AK et AB déterminent le plan tangent en A, BK et AB déterminent le plan tangent en B ; ces deux plans sont donc confondus.

La même démonstration s'appliquerait identiquement au cône.

Remarque. — Nous faisons remarquer que le sommet d'un cône échappe au théorème du plan tangent, car les tangentes à toutes les courbes menées par le sommet du cône sont les génératrices et ne sont pas dans le même plan, il existe au sommet du cône une infinité de plans tangents.

Il est clair que le cône et le cylindre sont deux surfaces développables, comme étant la limite de pyramides et de prismes inscrits dans ces surfaces, et nous verrons plus tard que le développement d'un cône et d'un cylindre se fait comme celui d'une pyramide et d'un prisme.

313. Génération d'une surface développable. — Considérons une ligne brisée ABCDE, trois côtés contigus ne sont pas dans le même plan, et prolongeons dans le même sens tous les côtés de cette ligne (fig. 241) ; nous formerons une surface polyédrale composée de faces HBG, GCK...

qui est développable, car on peut amener la face GCK dans
le plan de la face HBG par une rotation autour de BG en
entraînant dans ce mouvement le reste du polyèdre, ensuite
rabattre la face KDL dans le plan des deux premières en
entraînant le reste du polyèdre..., etc.

Traçons une courbe par les sommets ABCD, cette courbe
sera gauche.

Augmentons le nombre des côtés du polygone inscrit dans
la courbe, en les
prolongeant tou-
jours dans le même
sens, nous forme-
rons une suite de
surfaces polyédra-
les développables.

Les développe-
ments successifs
de ces surfaces
tendent vers une
certaine limite
lorsque le nombre
de leurs faces
augmente indéfiniment; et d'autre part, les sécantes ABH,
BCG... deviennent des tangentes à la courbe gauche et constituent une surface réglée limite de la surface polyédrale, et
par suite développable. *Nous définirons une surface développable, le lieu des tangentes à une courbe gauche.*

La surface que nous avons engendrée ne constitue qu'une
des nappes de la développable; en prolongeant les sécantes
en sens contraire, les prolongements BM, CN, DP... constituent une seconde nappe de la même surface, et la courbe
gauche est l'intersection de ces deux nappes. On démontre,
et nous le verrons plus tard, que ces deux nappes sont tangentes l'une à l'autre, le long de la courbe; que la surface présente un rebroussement tout le long de cette courbe qui prend
le nom d'*arête de rebroussement* de la développable.

Dans le cône qui est développable, l'arête de rebroussement se réduit à un point; dans le cylindre, elle est transportée à l'infini.

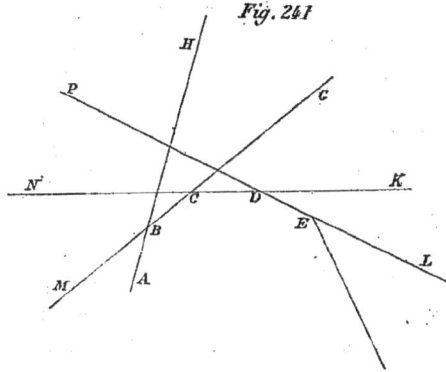

314. Remarque. — *Il est très important d'observer que deux tangentes à une courbe gauche ne se rencontrent pas, quelque rapprochés que soient leurs points de contact.*

Théorème. — Nous montrerons plus loin (321) que : *dans une surface développable, lieu des tangentes à une courbe gauche, le plan tangent est le même en tous les points d'une génératrice.* »

315. Surfaces gauches. — Nous pouvons engendrer une surface autre que le lieu des tangentes à une courbe gauche par le déplacement d'une droite.

Trois conditions suffisent pour déterminer le mouvement d'une droite indépendamment de ses points.

1° Nous pouvons avoir trois courbes directrices A,B,C, (fig. 242), nous prendrons un point *a* sur l'une d'elles et nous construirons deux cônes ayant ce point pour sommet et ayant pour directrices les courbes B et C ;

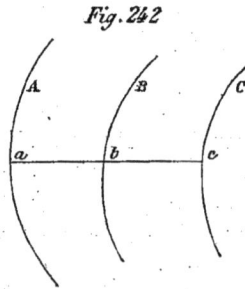

Fig. 242

ces deux cônes se couperont suivant une ou plusieurs droites qui rencontreront les courbes A,B,C, et seront des génératrices de la surface gauche ; si les courbes données sont des droites qui ne sont pas deux à deux dans un même plan, les deux cônes auxiliaires qu'on mènera par chacun des points de l'une d'elles seront des plans, dont l'intersection sera une génératrice.

La surface engendrée dans ce cas se nomme *l'hyperboloïde à une nappe.*

Les tangentes aux courbes directrices aux points *a,b,c* ne seront pas en général dans un même plan, le plan tangent est donc différent aux trois points *a,b,c* sur la même génératrice, et la surface est gauche ;

2° On peut donner une courbe directrice et deux surfaces directrices.

On construira deux cônes ayant leur sommet en un même point de la courbe directrice, et circonscrits aux surfaces ; leur intersection donnera une génératrice ;

3° On peut assujettir la génératrice à rester parallèle à un plan qu'on nomme *plan directeur* et à rencontrer deux courbes directrices données.

Si les deux courbes sont remplacées par deux droites, la surface engendrée est le *paraboloïde hyperbolique;*

4° On peut donner un plan directeur, une droite directrice, une courbe ou une surface à laquelle la génératrice doit être tangente ; la surface est un *conoïde.*

316. Considérons une surface dont les génératrices sont des droites telles que EC, BA, FG. (Fig. 243.)

Faisons passer un plan par la droite AB et par un point C pris sur une génératrice EC. En général, la génératrice EC ne sera pas dans le plan, une partie CE par exemple sera en avant du plan, la partie CD sera en arrière. Nous représentons CD en points en prenant le plan pour plan de la figure. Les génératrices comprises entre ED et AB perceront le plan en des points C′,C″... et s'inclineront de moins en moins sur ce plan, à cause de la continuité de la surface pour arriver à se confondre avec AB.

Les génératrices situées au delà de AB s'in-

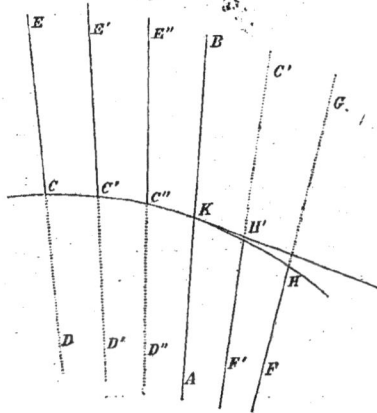

Fig. 243

clineront en général en sens contraire et perceront le plan en des points H″H′..... Le lieu des points C,C′,C″H″H′... est une courbe qui rencontre la droite AB au point K. Donc en ce point K le plan sécant contient la génératrice et la tangente KM à la courbe, et est tangent à la surface.

Si l'on fait passer un plan par la même droite AB et un autre point de CD, ce plan coupera la surface suivant une autre courbe qui croisera AB en un point différent du point K, et ce second plan sera tangent en ce point.

Le plan tangent est donc différent aux différents points de la génératrice *.

Nous pouvons, d'après ce qui précède, énoncer le théorème suivant :

317. Théorème. — *Tout plan mené par une génératrice d'une surface gauche est un plan tangent; il coupe la surface suivant une courbe, et le point où cette courbe rencontre la génératrice est le point de contact.*

Nous ferons usage de cette propriété dans l'hyperboloïde dans le paraboloïde hyperbolique.

SURFACES ENVELOPPES

Nous pouvons considérer la génération des surfaces à un autre point de vue.

318. Imaginons une surface S qui change de position seulement ou de position et de forme à la fois en vertu d'une certaine loi. (Fig. 244.)

La surface S et la surface S_1, infiniment voisines, se coupent suivant une courbe C ; la surface S_1 et la surface S_2 se coupent suivant une courbe C_1..., etc... Le lieu des courbes $C, C_1 C_2$... est une surface Σ qui est l'*enveloppe* des surfaces S qu'on appelle ses *enveloppées*.

Les courbes C, C_1... se nomment des *caractéristiques*.

319. Théorème. — *L'enveloppe est tangente à chaque enveloppée suivant la caractéristique correspondante.*

Considérons la surface S_1 et la caractéristique C (fig. 244), prenons un point M sur C et menons par ce point un plan quelconque ; il coupe l'enveloppe Σ suivant la courbe MN, la surface S_1 suivant une courbe MP rencontrant en P la seconde caractérisque C_1.

Mais à mesure que la surface S_2 qui a fourni la caractéristique C_1 avec S_1 se rapproche de S_1. le point P se rapproche

* Cette démonstration est due à M. Catalan.

du point M, et, à la limite, se trouve sur la courbe MN qui est le lieu des points P ; donc la tangente à la courbe MP sera la même que la tangente à la courbe MN, et cette tangente déterminera avec la tangente en M à la caractéristique C_1 le plan tangent commun à l'enveloppe et à l'enveloppée. Nous donnerons comme exemple d'enveloppe un tore ; nous pouvons considérer la surface comme engendrée par une sphère qui tourne autour d'une droite, les caractéristiques sont les grands cercles de la sphère mobile passant par l'axe de rotation ; et cette manière d'envisager les surfaces nous sera fort utile pour mener le plan tangent en un point d'une surface enveloppe, si nous savons mener le plan tangent à l'enveloppée qui touche la surface en ce point.

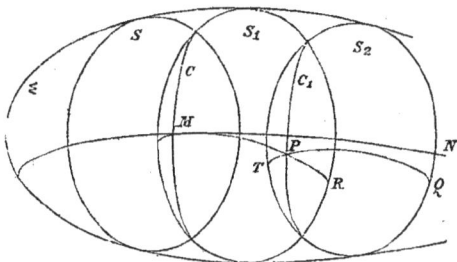

Fig. 244.

320. Surfaces circonscrites. — Si l'on mène d'un point extérieur à une surface une série de droites tangentes à cette surface, ces tangentes forment un cône qui est dit *circonscrit à la surface.*

Le lieu des points de contact forme une courbe, et le cône et la surface ont mêmes plans tangents en tous les points de cette courbe. En effet, en chaque point, le plan tangent au cône est déterminé par la génératrice tangente à la surface, et la tangente à la courbe tracée à la fois sur le cône et sur la surface, et ces deux droites déterminent aussi le plan tangent à la surface.

Si l'on mène une série de tangentes parallèles, on formera un *cylindre circonscrit.*

En général, deux surfaces sont circonscrites l'une à l'autre lorsqu'elles ont mêmes plans tangents le long d'une ligne commune.

Ainsi l'enveloppe est circonscrite à l'enveloppée.

321. *Application aux surfaces développables.* — Reportons-nous à la génération de la surface développable indiquée plus haut (313), et considérons la surface polyédrale dont elle est la limite. (Fig. 241).

Chaque face de la surface polyédrale est un plan, et les intersections de ces faces deux à deux sont des droites.

Lorsque les côtés AB, BC... du polygone gauche diminuent indéfiniment, ces plans se déplacent sur la courbe gauche d'une manière continue, et *enveloppent* la surface développable, *les caractéristiques* sont alors des *droites* génératrices de la développable. *Et chaque plan touche la surface développable tout le long de la génératrice.*

Nous démontrons donc ainsi la propriété fondamentale des surfaces développables qui sert de définition à ces surfaces et qui avait été déjà énoncée plus haut (314).

Observons que chacun de ces plans enveloppés contient trois points infiniment voisins de la courbe gauche.

On le nomme, ainsi que nous allons le voir (325), *plan osculateur* de la courbe gauche, et nous pouvons énoncer ce théorème :

322. Théorème. *Les plans tangents à une surface développable sont osculateurs de son arête de rebroussement.*

COURBES GAUCHES

323. Définitions. — Une *courbe gauche* est une courbe qui n'est pas plane ; c'est la limite d'un polygone tel que trois côtés consécutifs ne sont pas dans le même plan. La *tangente* est toujours la limite des positions d'une sécante qui tourne autour d'un de ses points d'intersection, de manière que le second point se rapproche indéfiniment du premier, et nous avons montré que la projection d'une tangente sur un plan est tangente à la projection de la courbe (306).

306. Si l'on considère les tangentes en deux points infiniment voisins d'une courbe gauche, ces tangentes ne sont pas dans un même plan (314).

Tout plan mené par une tangente à une courbe gauche est *dit tangent* à cette courbe, il y a donc une infinité de plans tangents.

324. Normales et plan normal. — Le plan mené perpendiculairement à la tangente par le point de contact se nomme *plan normal*, et toutes les droites de ce plan passant par le point de contact sont des *normales*.

325. Plan osculateur. — Parmi tous les plans tangents, il y en a un qui se rapproche de la courbe plus que tous les autres, c'est celui qui passe en même temps par la tangente et par le point infiniment voisin du point de contact, et comme la tangente a elle-même deux points infiniment voisins communs avec la courbe, le plan contient trois points infiniment voisins. Ce plan se nomme *plan osculateur* de la courbe gauche, c'est la limite des positions d'un plan mobile passant par la tangente et par un point voisin lorsque ce point se rapproche indéfiniment du point de contact.

Le plan osculateur d'une courbe gauche en un point m est encore le plan mené par la tangente au point m et parallèle à la tangente au point m' infiniment voisin du point m.

Ces deux définitions du plan osculateur donnent le même plan. (Fig. 245.)

Considérons en effet la courbe mm' et projetons-la sur un plan perpendiculaire à la tangente mM au point m, soit MM' la projection.

D'après la première définition, le plan osculateur est la limite du plan qui passe par la tangente mM et par le point m', ce plan

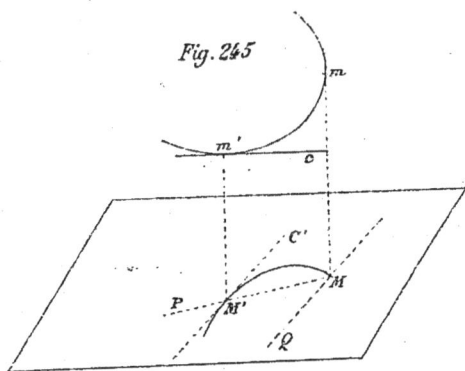

Fig. 245

est perpendiculaire au plan de projection, et sa trace passe par le point M et par le point M' projection de m'.

La limite de cette trace sera la tangente à la projection MM' au point M.

Nous menons la tangente $m'c'$ dont la projection est M'C', et nous considérons le plan qui passe par Mm et qui est parallèle à la tangente $m'c'$, sa trace sera MQ parallèle à M'C'. Or lorsque le point M' sera venu se confondre avec le point M, la droite M'C' sera tangente à la courbe en M ; MQ coïncidera avec elle et deviendra aussi la tangente à la courbe en M. Donc le plan aura même limite que le plan osculateur fourni par la première définition.

On pourrait montrer encore qu'on arriverait au même plan en considérant la limite du plan qui passe par un point m de la courbe et par deux points infiniment voisins.

Le plan osculateur a donc trois points infiniment voisins communs avec la courbe ; il faut remarquer comme conséquence que le plan osculateur traverse la courbe, car une ligne continue, pour passer d'un côté à un autre d'un plan, doit le traverser en un nombre impair de points. — Dans certains cas particuliers, le plan osculateur peut avoir quatre points infiniment voisins communs avec la courbe, et ne la pas traverser.

325 *bis*. Cercle et rayon de courbure. — Par les trois points infiniment voisins situés dans le plan osculateur nous pouvons faire passer une circonférence ; cette circonférence est le *cercle de courbure*, son centre et son rayon sont le *centre* et le *rayon de courbure* de la courbe.

Celle des normales qui est située dans le plan osculateur se nomme *normale principale*.

L'angle que forment les plans osculateurs en deux points infiniment voisins d'une courbe gauche est l'*angle de torsion ;* c'est de cet angle que dépend la seconde courbure de la courbe.

326. Projections d'une courbe gauche. — On appelle les courbes gauches *courbes à double courbure*. Les intersections de surfaces que nous apprendrons à construire un peu plus loin sont en général des courbes à double cour-

bure, et leurs projections peuvent présenter des formes particulières qu'il est important de connaître.

1° **Théorème**. — *Lorsqu'on projette une courbe gauche
sur un plan perpendiculaire à l'un de ses plans osculateurs, la projection présente en général, un point d'inflexion.* (Fig. 246).
Nous considérons la courbe *amb*, le plan osculateur au
point *m* est le plan O; nous supposons que ce plan traverse
la courbe; l'arc *am* est derrière le plan, l'arc *mb* est en
avant.

Nous prenons le plan P perpendiculaire au plan O; CD est
l'intersection des deux plans, et est en même temps la projection sur le plan P de la tangente *cm* contenue dans le
plan O.

La projection de la courbe est tangente à la projection de
la tangente, et comme la courbe est située de part et d'autre
du plan, la courbe traverse la tangente au point M, projection du point *m*, il y a une inflexion en ce point.

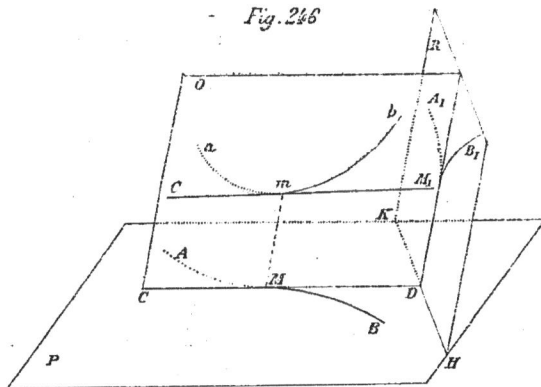

Fig. 246

2° **Théorème**. — *Lorsqu'on projette une courbe gauche
sur un plan perpendiculaire à l'une de ses tangentes, la projection
présente en général un point de rebroussement.* (Fig. 246). Nous
projetons la courbe sur le plan R perpendiculaire à la tangente *mc*; DE est l'intersection du plan R avec le plan
osculateur O.

La projection de la courbe sera tangente à DE au point M',

trace de la tangente ; car le plan osculateur contient un point de la courbe infiniment voisin du point m, point qui se projette sur la droite DE, et cette droite a ainsi deux points infiniment voisins communs avec la projection de la courbe.

De plus, la courbe est située tout entière du même côté par rapport au point M_1, car toutes les projetantes de tous les points seront au-dessus de la tangente mc, et enfin la courbe est de part et d'autre de la droite DE. Elle doit donc présenter une forme telle que $A_1M_1B_1$ qui est un *rebroussement du premier ordre*.

Dans le cas où le plan osculateur ne traverse pas la courbe,

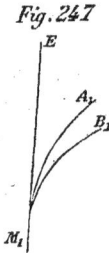

Fig. 247

il a avec la courbe un contact plus intime, il a quatre points infiniment voisins communs avec la courbe; alors la projection sur le plan P reste du même côté de la droite MC, il n'y a plus inflexion.

La projection sur le plan R présente la forme de la figure 247, qui est celle d'un *rebroussement de second ordre*. Nous donnerons plus tard dans les intersections des surfaces des exemples de ces différentes formes.

Nous signalerons encore parmi les points singuliers que peut présenter une courbe, le *point multiple*. (Fig. 248.)

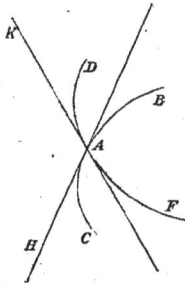

Fig. 248

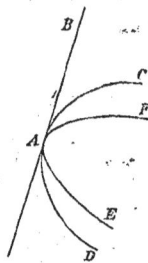

Fig. 249

Deux arcs de courbe peuvent se croiser en un point A, de manière à avoir en ce point deux tangentes différentes AK et AH. Le point est un *point multiple de première espèce*.

Les deux arcs de courbe peuvent se trouver placés comme CAD et FAE tangents à une même droite AB. (Fig. 249). Le point est un *point multiple de seconde espèce*.

Remarque. — Nous devons faire observer ici que si nous considérons le cylindre qui projette la courbe amb sur le plan R (Fig. 246), les sections de ce cylindre par des plans parallèles au plan R présenteront une forme analogue à $A_1M_1B_1$, c'est-à-dire une forme avec rebroussement, le cylindre aura donc un rebroussement tout le long de la génératrice cm, et nous pouvons énoncer ce théorème :

327. Théorème. — *Quand une génératrice d'un cylindre est tangente à la directrice, le cylindre présente un rebroussement tout le long de la génératrice, et le plan osculateur de la courbe mené par cette tangente est tangent au cylindre.*

La même remarque s'appliquerait au cas d'une projection conique, la courbe donnée étant la directrice d'un cône dont on considérerait la section par un plan perpendiculaire à la génératrice tangente ; le plan tangent au cône le long de cette génératrice est le plan osculateur de la courbe, et le cône présente un rebroussement tout le long de la droite.

On voit par tout ce qui précède combien il peut être intéressant et utile de savoir construire le plan osculateur en un point d'une courbe gauche.

328. Construction du plan osculateur. — Nous avons la courbe gauche abc, $a'b'c'$. (Fig. 250). Nous nous proposons de construire le plan osculateur au point b,b'.

Nous menons la tangente $b'e'$, be en ce point, puis les tangentes en des points voisins situés de part et d'autre, par exemple $a'd'$, ad et $c'f'$, cf...

Nous prenons un point arbitraire S',S, et nous menons par ce point des parallèles à toutes ces tangentes $S'F'$, SF — $S'E'$, SE — $S'D'$, SD..... Ces droites forment un cône dont la trace est le lieu des points D,E,F, traces des génératrices.

Nous menons à ce cône le plan tangent au point EE'; il est déterminé par la tangente EH à la courbe DEF et par la génératrice ES. Ce plan contient la génératrice ES et la génératrice infiniment voisine.

Donc, si nous menons par le point e, trace de la tangente eb, $e'b'$, une parallèle $Pe\alpha$ à EH, cette parallèle et la tangente détermineront un plan parallèle au plan tangent au cône, c'est-à-dire passant par eb, $e'b'$ et parallèle à la tangente infiniment voisine, c'est-à-dire le plan osculateur

cherché, sa trace horizontale est P*ex*, et il sera très facile
d'obtenir sa trace verticale.

Fig: 250

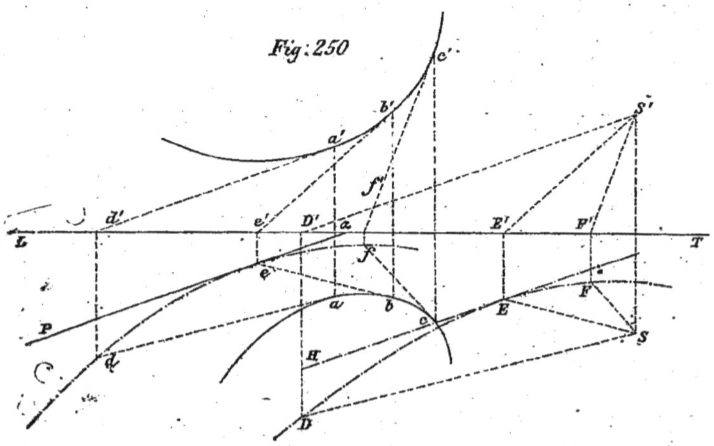

Cette construction peut se simplifier. Nous avons dit que
les plans tangents à une surface développable sont les
plans osculateurs de son arête de rebroussement, et nous
savons que le plan tangent en un point d'une surface développable est tangent tout le long de la génératrice qui passe
par ce point.

Nous prenons les traces des tangentes $a'd'$, ad — $b'e'$, be —
$c'f'$, cf. Ces points sont situés sur une courbe, telle que ef qui
est la trace horizontale de la développable dont la courbe
donnée est l'arête de rebroussement. Nous dessinons la tangente P*ex* à cette courbe au point e situé sur la génératrice be,
cette tangente et la génératrice déterminent le plan tangent
au point e, ce plan est tangent tout le long de be, et c'est le
plan osculateur au point b.

REPRÉSENTATION DES SURFACES

Nous pouvons représenter une surface en projetant des génératrices en nombre suffisant pour la peindre aux yeux.

Une surface est définie géométriquement quand on peut, à l'aide des données, résoudre le problème suivant : *Étant donnée l'une des projections d'un point de la surface, trouver l'autre projection.*

329. Contour apparent. — Si l'on considère un corps quelconque et un observateur placé en un point O, on peut imaginer les rayons visuels menés du point O tangentiellement au corps ; ces rayons forment un cône circonscrit, tel que tous les points du corps sont vus par l'observateur O à l'intérieur de ce cône.

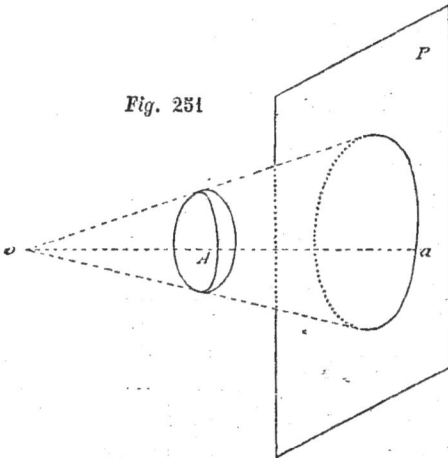

Fig. 251

La courbe formée en joignant les points de contact de tous les rayons tangents est pour l'observateur O la forme sous laquelle il voit le corps, puisque tous les points seront vus intérieurement à cette courbe et aucun extérieurement.

Cette courbe est *la courbe de contour apparent* pour l'obser-

vateur O; il est clair qu'elle changerait de position et pourrait
changer de forme pour chaque nouvelle position de l'observateur.

Coupons par un plan P le cône des rayons tangents, nous
obtiendrons une courbe, *qui sera le contour appparent* par rapport au plan P, et variera de forme avec la position du plan ;
il est clair, en effet, que tous les points du corps projetés sur
le plan par des droites allant au point O, seront à l'intérieur
de cette courbe.

Concevons maintenant que l'observateur s'éloigne à l'infini sur une perpendiculaire au plan P. Tous les rayons de-
viendront parallèles entre eux et perpendiculaires au plan P ;
le cône circonscrit au corps deviendra un cylindre circonscrit, et l'intersection de ce cylindre avec le plan P *sera le contour apparent* par rapport au plan P, et cette courbe jouit
toujours de cette propriété : *tous les points du corps solide se projettent dans son intérieur.*

Le contour apparent par rapport au plan est la projection
de la courbe NMP, lieu des points de contact des tangentes
perpendiculaires au plan P.

330. **Deuxième propriété du contour appa-**
rent. — Le plan
tangent au solide en
un point M de la cour-
be de contact est dé-
terminé par la tan-
gente M*m* au corps, et
par la tangente MA à
la courbe NMP.

*Ce plan est donc
perpendiculaire au plan
de projection.*

La trace du plan
tangent sur le plan P
sera la projection de
toutes les droites du
plan (79) en particu-
lier de la tangente

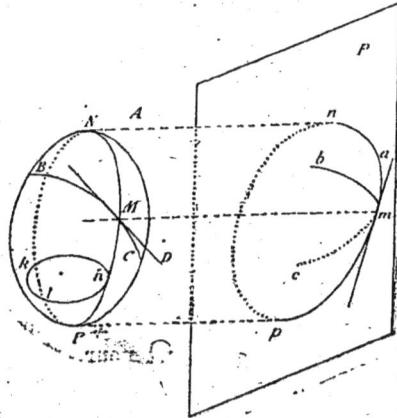

Fig. 232

MA; or la projection de la tangente à la courbe NMP est tangente à la projection *nmp* de la courbe (176), donc *ma* tangente à la courbe de contour apparent est la trace du plan tangent. Toutes les traces des plans tangents perpendiculaires au plan de projection sont tangentes à la courbe de contour apparent sur ce plan ; on dit alors que la courbe *est l'enveloppe des traces* des plans tangents perpendiculaires au plan de projection.

331. Troisième propriété du contour apparent. (Fig. 252.) — Traçons sur la surface une courbe quelconque qui traverse la courbe de contact en un point M. Soit BMC cette courbe.

La tangente MD à cette courbe au point M sera contenue dans le plan tangent en ce point ; par suite, le plan tangent étant perpendiculaire au plan de projection (79), la projection de MD sera confondue avec *ma*, trace du plan ; donc la projection de la courbe BMC sera tangente à *ma* au point *m*. D'où la propriété : *La projection d'une courbe tracée sur la surface et qui rencontre le contour apparent est tangente au contour apparent.*

Cette règle peut néanmoins présenter une exception, et la courbe peut rencontrer le contour apparent sous un certain angle lorsque la tangente MD est perpendiculaire au plan de projection. Nous avons vu (326) que la courbe présente un rebroussement.

332. Quatrième propriété du contour apparent. (Fig. 252.) — Tous les points qui sont situés par rapport au plan P, au delà de la courbe NMP, sont vus par l'observateur placé à l'infini en avant de ce plan. Ainsi l'arc BM sera vu et sa projection *bm* tracée en plein. Au contraire, les points situés entre la courbe NMP et le plan seront cachés, l'arc MC sera caché, et sa projection *mc* tracée en points. D'où la propriété : *Une courbe qui rencontre le contour apparent passe* EN GÉNÉRAL *d'une partie vue à une partie cachée, et inversement le passage d'une partie vue à une partie cachée se trouve au point où la courbe rencontre le contour apparent.*

Nous avons dit : « en général », il peut arriver qu'une

courbe soit telle que *khl*, touchant le contour apparent et restant vue.

333. Remarque. — Le contour apparent, par rapport
à un des plans de projection, n'a aucune relation avec le contour apparent par rapport à l'autre ; nous considérons le contour apparent vertical d'un solide, et nous devons construire la
projection horizontale de la ligne dont ce contour vertical
est la projection verticale et qui est la ligne de contact du
cylindre circonscrit perpendiculaire au plan vertical. C'est
en examinant la position des points par rapport à cette ligne
que nous ferons la distinction des parties vues et cachées sur
la projection verticale.

Il ne faut pas, sous peine d'introduire de la confusion
dans la figure, tracer la projection horizontale de cette ligne
de contour apparent comme ligne existante, c'est-à-dire en
plein pour la partie vue, en points pour la partie cachée ; *il
faut* la tracer tout entière *en lignes de construction*.

Les mêmes observations s'appliquent à la projection verticale de la courbe de contour apparent horizontal. Cette projection doit être tracée afin de permettre la distinction des
parties vues et cachées sur la projection horizontale, mais *en
lignes de construction* seulement.

PLANS TANGENTS AUX CYLINDRES

ET AUX CÔNES

SURFACES CYLINDRIQUES

Un cylindre est défini par sa courbe-directrice et par la direction à laquelle les génératrices doivent être parallèles.

334. Théorème. — *Dans un cylindre, le plan tangent en un point est tangent tout le long de la génératrice qui passe par ce point.*

Nous avons donné la démonstration de ce théorème § 312, fig. 240.

335. Problème. — *Construire le plan tangent en un point de la surface.* (Fig. 240.)

On donne le point *a* sur la surface d'un cylindre ; on se propose de construire le plan tangent en ce point.

On mène la génératrice *ab* qui passe par le point jusqu'à sa rencontre *b* avec la directrice, on trace au point *b* la tangente à la directrice, cette tangente et la génératrice déterminent le plan tangent. (On évite ainsi de tracer une courbe passant par le point *a*.)

336. Problème. — *Étant donnée l'une des projections d'un point de la surface d'un cylindre défini par sa directrice et la direction des génératrices, trouver l'autre projection.* (Fig. 253.)

La directrice donnée est la courbe *bcdf*, *b'c'd'f'*, les génératrices sont parallèles à la droite GG'.

On donne la projection verticale *a'* d'un point du cylindre.

Par ce point nous pouvons imaginer une génératrice dont la projection verticale est *a'c'f'* parallèle à G', cette ligne étant une génératrice rencontre la directrice, et la projection du point de rencontre peut être le point *c'* ou le point *f'*, ce qui nous montre que nous aurons deux solutions.

Le point c' a sa projection horizontale au point c (nous
savons quel est l'arc de la courbe sur lequel ce point doit se
projeter, et il n'y a pas ambiguïté). Nous menons par le

Fig. 253

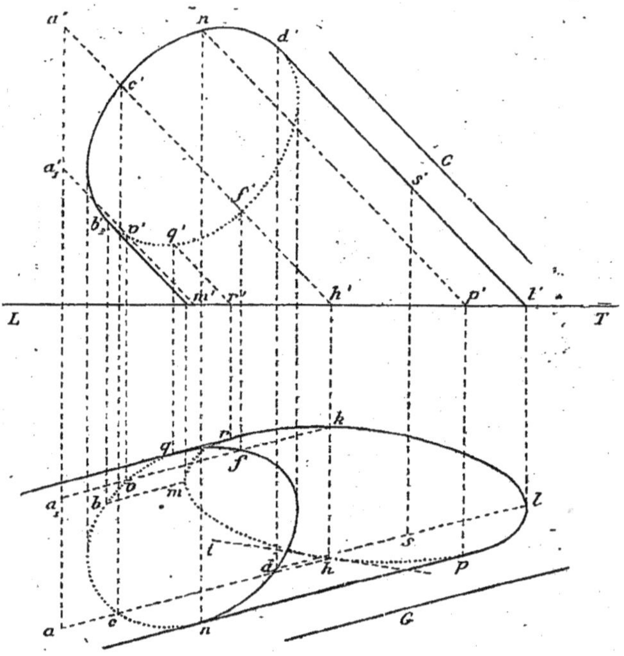

point c' la parallèle à G, et cette parallèle ch est la projection
horizontale de la génératrice $a'c'$ sur laquelle se trouve le
point aa'. La projection du point est le point a. Si nous prenons le point f' pour le point où la génératrice rencontre la
directrice, fk sera la projection horizontale de la génératrice,
et nous obtenons le point $a'a_1$.

On eût pu donner d'abord la projection horizontale du
point, et l'on eût obtenu la projection verticale en faisant les
constructions en sens inverse.

337. Contours apparents du cylindre (fig. 253.)
— Pour que la construction soit possible, il faut que la parallèle à G′ mené par le point *a′* rencontre la projection verticale
de la directrice ; le point *a′* doit se trouver compris entre *les
tangentes à la projection verticale de la directrice, parallèles à* G′.
Donc ces droites séparent sur le plan vertical la partie qui
peut recevoir les projections des points du cylindre, de celle
sur laquelle aucun point ne peut se projeter ; *ces tangentes
forment donc le contour apparent vertical* du cylindre (329). Ainsi
la génératrice *d′l′*, *dl* et la génératrice *b′m′*, *bm* forment le contour apparent vertical. En raisonnant de la même manière
on verrait que les tangentes *np* et *qr* parallèles à G forment
le contour apparent horizontal ; leurs projections verticales
sont *q′r′* et *n′p′*.

Nous pouvons retrouver la propriété du contour apparent
relative au plan tangent (330.)

Considérons un point *ss′* sur la génératrice *d′l′*, *dl* dont la
projection verticale est tangente à la directrice, et cherchons
le point tangent en ce point ; ce plan tangent sera le même
que le plan tangent au point *d′,d* où la génératrice touche la
directrice ; au point *d′d* il sera déterminé par la génératrice
et par la tangente à la directrice, tangente dont la projection
verticale est confondue avec *d′l′* (335) ; les deux droites qui
déterminent le plan tangent ont la même projection verticale,
donc le plan tangent est perpendiculaire au plan vertical.

Nous retrouvons donc cette propriété déjà démontrée des
contours apparents :

*Les plans tangents en des points situés sur le contour apparent
par rapport au plan vertical sont perpendiculaires au plan vertical* (330).

Il en serait de même pour le contour apparent horizontal.

338. Trace du cylindre. (Fig. 253.) — Nous pouvons construire la trace horizontale du cylindre en construisant les traces des différentes génératrices, et en unissant les
points ainsi obtenus par un trait continu.

Nous obtenons ainsi une courbe *rklphn* que nous pouvons
prendre pour directrice du cylindre, puisqu'elle a un point
sur chaque génératrice.

Le plan tangent au cylindre au point aa' est le même que
le plan tangent au point h situé sur la même génératrice,
nous menons la tangente au point h, cette tangente ht et la
génératrice déterminent le plan tangent. Or la tangente ht
est une droite du plan tangent située dans le plan horizontal,
donc c'est la trace horizontale du plan tangent.

Si nous avions construit la trace du cylindre sur un plan
quelconque autre que le plan horizontal, en prenant les intersections de toutes les génératrices avec ce plan, nous
serions arrivés à une conclusion analogue, nous pouvons donc
énoncer ce théorème :

339. Théorème. — *Si l'on construit la trace du cylindre
sur un plan, les traces des plans tangents sont tangentes à la trace
du cylindre.*

Si nous considérons en particulier les plans tangents suivant les génératrices de contour apparent vertical, par
exemple, suivant $d'l$, dl, la trace horizontale $l'l$ de ce plan est
tangente à la trace au point l, par conséquent, si le cylindre
est défini par sa trace horizontale et la direction de ses génératrices, son contour apparent horizontal s'obtiendra en
menant à la trace des tangentes parallèles à la projection
horizontale des génératrices ; son contour apparent vertical
s'obtiendra en menant des tangentes ll' et mm' perpendiculaires à la ligne de terre, et en traçant par les points m' et l'
des parallèles à la projection verticale des génératrices.

340. Parties vues et cachées. — *Projection verticale.* (Fig. 253.)

Construisons les projections horizontales des génératrices
de contour apparent vertical. $d'l$ a pour projection dl, $b'm'$ a
pour projection bm ; les points du cylindre dont les projections
horizontales sont comprises entre ces deux génératrices, et
en avant par rapport au plan vertical sont vus sur la projection verticale.

Il est assez difficile de distinguer la position d'un point
par rapport à ces génératrices. Considérons le point aa'. Imaginons la génératrice qui passe par ce point ; sa projection
verticale est $a'h'$ et nous avons deux droites projetées verti-

calement sur $a'h'$, la génératrice ach et la génératrice $a_1 fk$. Nous avons déjà fait remarquer qu'à la projection verticale a' correspondent deux points, dont les projections horizontales sont a et a_1, situés sur une perpendiculaire au plan vertical projetée tout entière au point a' et horizontalement suivant aa_1. Ainsi la perpendiculaire au plan vertical menée par le point perce le cylindre en un second point situé derrière le premier qui est en avant et est *vu ;* par suite la génératrice ch a sa projection verticale *vue.* Le point c' est *vu* ainsi que l'arc $d'c'b'$; la courbe devient *cachée* aux points d' et b' où elle touche les contours apparents, et l'arc $d'f'q'b'$ est caché.

On voit donc que les parties *vues* de la projection verticale correspondent à l'arc $lphm$ de la trace comprise entre les tangentes perpendiculaires à la ligne de terre en avant de la corde de contact.

Projection horizontale. — Les projections verticales des génératrices de contour apparent horizontal sont $n'p'$ et qr'. Tous les points situés au-dessus du plan de ces deux génératrices sont *vus* sur la projection horizontale. Considérons le point dont la projection horizontale est a_1, et menons la génératrice qui passe par ce point ; il y a deux génératrices qui ont pour projection horizontale $a_1 f$; leurs projections verticales sont $a'f'$ et $v'a'_1$, et il y a deux points a' et a'_1 qui ont pour projection a_1 ; la génératrice $a'f'$ est au-dessus de l'autre par rapport au plan horizontal, donc le point f est *vu* ainsi que l'arc $qfdn$, le point v est caché ainsi que l'arc $qbvcn$.

La partie *vue* de la projection horizontale correspond à l'arc $rklp$ de la trace compris entre les tangentes parallèles à la projection des génératrices au-dessus de la corde de contact.

341. Exercices : 1° On donne un plan par ses traces ; et dans ce plan un cercle, le centre est donné et le rayon est connu. Ce cercle est la directrice d'un cylindre, la direction des génératrices est connue. On connaît la projection verticale d'un point du cylindre ; trouver sa projection horizontale et le plan tangent en ce point.

2° On donne un plan par ses traces et la projection horizontale d'une courbe située dans ce plan. Cette courbe est la directrice d'un cylindre ; la direction des génératrices est connue. On donne la projection verticale d'un point du cylindre, trouver sa projection horizontale et construire le plan tangent en ce point.

3° On donne un plan par sa trace horizontale, et l'angle réel que forment les deux traces dans l'espace, on dessine sur le plan horizontal une courbe qui est le rabattement autour de la trace horizontale d'une courbe située dans le plan; dans l'espace cette courbe est la directrice d'un cylindre, on connaît la direction des génératrices et la projection verticale d'un point du cylindre ; trouver l'autre projection et construire le point tangent en ce point.

342. Problème. — *Mener à un cylindre un plan tangent par un point extérieur.* (Fig. 254.)

Nous définissons le cylindre par sa trace sur le plan horizontal *abcd*, ses génératrices sont parallèles à GG', ses contours apparents sont tracés. Ainsi que nous l'avons indiqué

Fig. 254

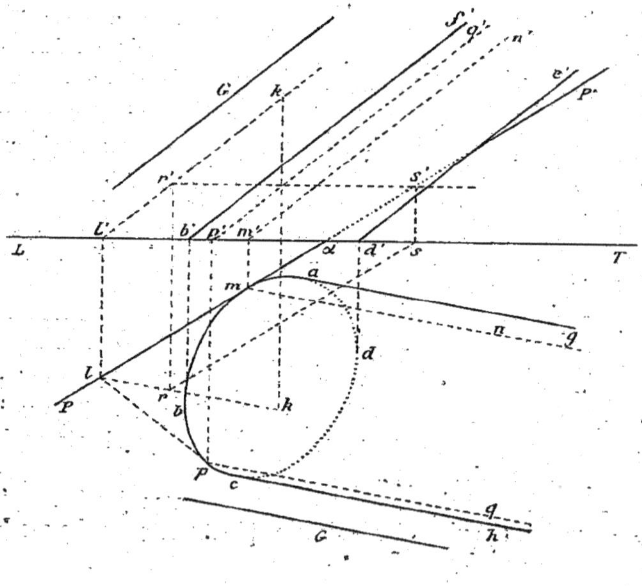

au paragraphe précédent, *ag* et *ch* forment le contour apparent horizontal ; *d'e'* et *b'f'* forment le contour apparent vertical.

On donne un point *k'k*, extérieur au cylindre, on veut mener un plan tangent par ce point.

Le plan tangent cherché contient une génératrice, donc il est parallèle aux génératrices ; par conséquent une parallèle à GG' menée par le point *kk'* sera contenue dans le plan. Cette parallèle est *k'l'*, *kl* et sa trace horizontale *l* sera sur la trace du plan. Mais la trace du plan tangent est tangente à la trace du cylindre (329) ; menons par le point *l* une tangente *lmα*, et nous aurons la trace du plan tangent, la génératrice de contact passe par le point *m* et est *mn*, *m'n'*. Le plan est donc bien déterminé par sa trace horizontale et par la droite *mn*, *m'n'*. Si l'on veut la trace verticale, on pourra se servir des traces verticales des droites *kl*, *k'l'* ou *mn*, *m'n'*, ou bien employer une horizontale *rs*, *r's'*.

Il y a une seconde solution qui donnerait *lp* pour trace horizontale du plan tangent.

Remarque. — Nous avons pris la trace du cylindre sur le plan horizontal ; le lecteur est invité à répéter les mêmes raisonnements en prenant la trace du cylindre sur un plan quelconque ; il n'y a qu'à remplacer dans ce que nous venons de dire les mots *trace horizontale* par *trace sur le plan*, et l'on est conduit à la règle générale.

343. Règle. — On mène par le point une parallèle aux génératrices. On prend le point de rencontre de cette parallèle avec le plan de la trace du cylindre, quel que soit le plan ; on mène par le point une tangente à la trace ; cette tangente et la génératrice qui passe par le point de contact déterminent le plan tangent.

344. Exercice : 1° On donne un plan par ses traces, et un point dans ce plan. Ce point est le centre d'un cercle de rayon connu situé dans le plan, et ce cercle est la directrice d'un cylindre. La direction des génératrices est donnée.

Mener à ce cylindre un plan tangent par un point extérieur.

2° On donne un plan par ses traces, et la projection horizontale d'une courbe située dans ce plan, cette courbe est la

directrice d'un cylindre, la direction des génératrices est
connue. Mener par un point extérieur un plan tangent au
cylindre.

3° On donne la trace horizontale d'un plan, le rabattement
de la trace verticale autour de la trace horizontale, et le rabattement d'une courbe située dans ce plan. Cette courbe
dans l'espace est la directrice d'un cylindre ; la direction des
génératrices est connue. Mener par un point extérieur un
plan tangent au cylindre.

345. Problème. — *Mener à un cylindre un plan tangent
parallèle à une droite donnée.* (Fig. 255.)

Le cylindre est défini par sa trace *abc* sur le plan horizontal, ses génératrices sont parallèles à la droite *ad, a'd'*.
(Nous ne figurons pas ses contours apparents.)

On veut mener à ce cylindre un plan tangent parallèle à
une droite
RR'.

Le plan
tangent
est paral-
lèle aux gé-
nératrices
du cylin-
dre puis-
qu'il en
contient
une, il doit
être paral-
lèle à la
droite R,
R', donc il
sera paral-
lèle à la
fois aux
deux droi-
tes *ad, a'd'*
et R,R'.

Nous

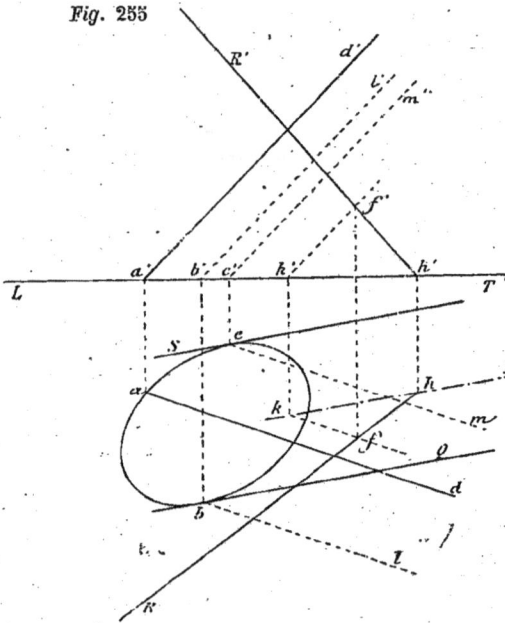

Fig. 255

pouvons construire un plan parallèle à ce plan (102). Nous prenons le point *ff'* sur la droite R, R', et nous menons par ce point *fk*, *f'k'* parallèle à *ad*, *a'd'*. Les traces des deux droites sur le plan de la directrice du cylindre sont *h* et *k*, et *hk* est la trace P du plan cherché.

Menons à la directrice une tangente *b*Q parallèle à P ; le plan déterminé par *b*Q et par la génératrice *bl*, *b'l'* est tangent au cylindre, il est parallèle au plan P puisqu'il contient deux droites (*b*Q parallèle à *kh* et *bl*, *b'l'* parallèle à *kf*, *k'f'*) parallèles à ce plan, donc il est parallèle à la droite RR' située dans le plan P. C'est donc le plan tangent cherché.

La tangente S*c* fournit une autre solution.

Le lecteur est invité à répéter ces raisonnements en supposant que la directrice du cylindre n'est pas placée dans le plan horizontal, mais dans un plan quelconque, et l'on peut en déduire la règle générale.

346. Règle. — On construit un plan parallèle au plan tangent cherché en menant par un point des parallèles à la direction donnée et aux génératrices du cylindre, on prend la trace de ce plan sur le plan de la directrice du cylindre quel que soit ce plan, et l'on mène à la directrice une tangente parallèle à cette trace. Cette tangente et la génératrice qui passe par son point de contact déterminent le plan cherché.

Applications. — Ce problème a deux applications importantes :

C'est le problème *des contours apparents*, puisque les contours apparents s'obtiennent en menant des plans tangents perpendiculaires aux plans de projection, c'est-à-dire des plans tangents parallèles à des droites perpendiculaires aux plans de projection.

C'est aussi le *problème des ombres.*

347. Contours apparents. — On donne un plan par les traces P'αP, dans ce plan un cercle de rayon connu et dont le centre est au point *aa'* (pris sur l'horizontale *ba*, *b'a'*) (69). Ce cercle est la directrice d'un cylindre dont les génératrices sont parallèles à une droite GG', tracer les contours apparents du cylindre. (Fig. 236.)

Contour apparent vertical. — Nous devons mener au cylindre des plans tangents perpendiculaires au plan vertical, c'est-à-dire parallèles à une perpendiculaire au plan vertical. Suivant la règle (346), nous devons construire un plan parallèle à la fois aux génératrices du cylindre et à la perpendiculaire ; ce plan étant perpendiculaire au plan vertical et parallèle à la droite G, sera parallèle au plan projetant verticalement la droite G. Nous plaçons ce plan en $m'n'n$ ($m'n'$ est parallèle à G'). Nous prenons la trace de ce plan sur le plan P'αP de la directrice, c'est la droite $m'n'$, mn (103), et nous devons mener à la directrice des tangentes parallèles à cette trace. Pour faire cette construction nous rabattons le plan P'αP et les

Fig. 256

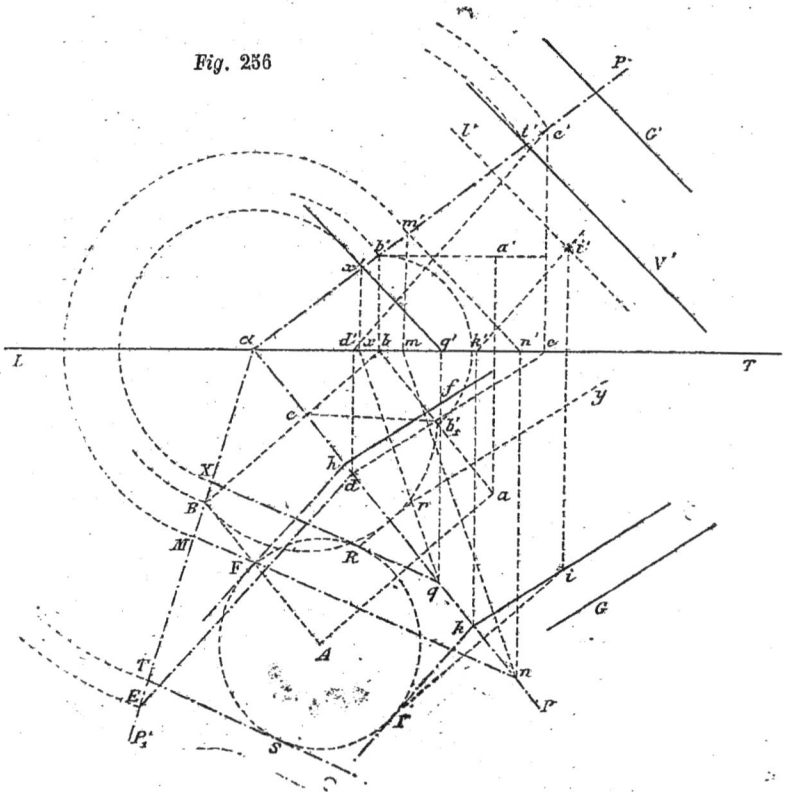

lignes qui y sont contenues, sur le plan horizontal. Nous avons rabattu le point aa' par l'horizontale ab, $a'b'$ (203). La trace verticale du plan est venue en $\alpha P'_1$, le point a, a' en A ; nous traçons du point A comme centre le cercle avec le rayon donné. Nous rabattons la droite mn, $m'n'$ en Mn, et nous menons au cercle les tangentes Rq, ST parallèles à Mn. (Le point n est fixe et le point m', m se rabat en M tel que $\alpha m' = \alpha M$.) Ces tangentes relevées et les génératrices qui passent par leurs points de contact détermineront les plans de contour apparent vertical.

Or nous pouvons remarquer que ces tangentes et les génératrices qu'elles rencontrent auront même projection verticale puisque le plan qu'elles déterminent est perpendiculaire au plan vertical (79).

Considérons la tangente Rq, le point q est sa trace horizontale, donc q' est un point de la projection verticale qui sera $q'r'$ parallèle aux génératrices.

Nous n'avons pas besoin de la projection horizontale, à moins que nous ne voulions dessiner la projection horizontale de la génératrice ; dans ce cas, nous observerons que la trace verticale est au point $x'x$, et la tangente a pour projection xq' parallèle à mn ; le point R se relève alors sur cette droite en r, r' et la projection horizontale de la génératrice de contact est ry.

Nous relèverons la tangente TS dont la trace horizontale est éloignée au moyen de la trace verticale T qui se relève en t' : $t'v'$ est la tangente et le contour apparent vertical se compose des deux droites $q'x'$ et $t'v'$ (le point de contact S se relèverait comme le point R).

Contour apparent horizontal.

Les plans tangents perpendiculaires au plan horizontal seront parallèles au plan qui projette horizontalement la droite G, un de ces plans sera dee' ; sa trace sur le plan P'αP de la directrice sera la droite de, $d'e'$ que nous rabattons en dE, nous menons les tangentes Fh et Ik parallèles a dE et nous relevons ces tangentes dont la projection horizontale seule est utile en hf et ki parallèles à G.

Ces deux lignes constituent le *contour apparent horizontal*. On peut relever facilement les points de contact : par exemple le point I, en traçant la projection verticale de la tangente qui est $k'i'$ parallèle à $d'e'$ et en relevant le point I sur cette droite en i,i', la génératrice de contour apparent horizontal aura pour projection verticale $i'l'$. Nous n'avons pas construit celle qui correspond au point F.

Exercices. — Construire les contours apparents des cylindres définis dans les exercices relatifs au problème précédent.

348. Ombres. — Les deux plans tangents à un cylindre parallèles à une droite renferment entre eux toutes les parallèles à la droite qui rencontrent le cylindre, c'est donc entre ces plans que seront compris tous les rayons interceptés par le cylindre, et par suite ils limiteront l'ombre du cylindre.

Les génératrices de contact formeront la *séparatrice* et les traces des plans sur un plan quelconque donneront le contour de l'ombre portée par le cylindre sur le plan.

349. Cylindre droit à base circulaire (fig. 257.) — Parmi les cylindres nous devons considérer particulière-

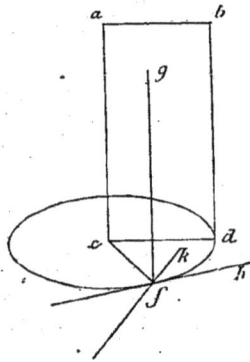

Fig. 257

ment celui dont la base est un cercle et dont les génératrices sont perpendiculaires au plan du cercle, on le nomme *cylindre droit à base circulaire* ou *cylindre de révolution*. En effet, si nous considérons un rectangle *abcd* tournant autour d'un de ses côtés *ac*, le point *d* décrira un cercle dont le plan sera perpendiculaire à *ac*, et la droite *bd* sera constamment parallèle à *ac*, c'est-à-dire perpendiculaire au plan du cercle, la surface engendrée par cette ligne *bd* sera donc un cylindre droit à base circulaire.

Tous les points de ce cylindre sont à la même distance de *ac*, qu'on appelle *l'axe*.

Propriété des plans tangents. — Considérons le plan tangent suivant une génératrice telle que *fg*. Il sera

déterminé par la droite *fh* tangente au cercle et par la génératrice, mais *fh* est perpendiculaire à *cf* et à *fg*.

Donc le plan tangent *est perpendiculaire au plan formé par
l'axe et la génératrice de contact.*

Si l'on mène dans le plan tangent une droite quelconque *fk*
qui sera par conséquent tangente au cylindre au point *f*, la droite
cf sera la perpendiculaire commune à l'axe et à la tangente.

350. Conséquences. — On peut définir un cylindre
de révolution :

1° Par son axe et un point, ou le rayon.

2° Par un plan tangent sur lequel la génératrice de contact est tracée et le rayon ; il suffit, en effet, de mener par un
point de la génératrice une perpendiculaire au plan et de
prendre sur cette perpendiculaire une longueur égale au
rayon. On peut alors tracer le cercle qui sera la directrice du
cylindre.

3° Par deux plans tangents et le rayon.

Les génératrices du cylindre doivent être à la fois parallèles aux deux plans et par suite à leur intersection.

Ensuite, l'axe se trouve à égale distance des deux plans,
c'est-à-dire dans leur plan bissecteur. On coupera donc les
deux plans par un plan perpendiculaire à leur intersection ;
ce plan déterminera un angle dans lequel on inscrira un
cercle du rayon donné et qui sera la directrice du cylindre.

Nous engageons vivement les lecteurs à faire les tracés
que nécessitent ces trois questions.

351. Exercices : 1° Construire une droite parallèle à
une direction donnée et qui soit à une distance M d'une
droite D et à une distance M′ d'une droite D′.

2° Construire une droite passant par un point A et qui soit
à une distance M d'une droite D, et à une distance M′ d'une
droite D′.

3° Construire une droite parallèle à une direction donnée
et qui soit à une distance M d'un point A et à une distance M′
d'un point B.

4° Construire un cylindre de révolution connaissant trois
génératrices.

5° Trouver le lieu des points tels que les plans tangents
menés par ces points à un cylindre de révolution fassent
entre eux un angle constant.

6° On donne deux cylindres de révolution dont les axes
sont parallèles, on demande de trouver le lieu des points tels
que les plans tangents menés par chacun d'eux à l'un des
cylindres fassent le même angle que les plans tangents menés
du même point à l'autre cylindre.

352. Problème. — *Mener un plan tangent commun à deux
cylindres.*

Ce problème est, en général, impossible. Le plan tangent
cherché est parallèle aux génératrices des deux cylindres, sa
direction est déterminée ; si l'on construit les traces des deux
cylindres sur le même plan, la trace du plan tangent commun
devra être tangente commune à ces deux courbes, mais cette
trace doit être parallèle à celle d'un plan parallèle à la fois
aux deux génératrices, il faudrait donc pouvoir mener à deux
courbes une tangente commune parallèle à une direction
donnée, ce qui est impossible en général.

Le problème ne peut se résoudre que dans certains cas
particuliers :

1° *Les deux cylindres ont une courbe plane commune, on peut
dire : même directrice courbe.* (Fig. 258.)

Plaçons la courbe donnée *abc* dans le plan horizontal, les
génératrices du premier cylindre sont parallèles à la droite
G,G', les génératrices du second cylindre sont parallèles à la
droite K,K'.

Nous construisons d'abord un plan parallèle à la fois aux
génératrices des deux cylindres, et pour cela nous faisons
passer par un point *d',d*, pris sur G,G', une parallèle *df, d'f'*
à K,K'. Le plan de ces deux droites a pour trace *hf*, et c'est
un plan parallèle au plan tangent cherché. Nous menons à la
courbe *abc* une tangente *cP* parallèle à *hf*, cette tangente est
la trace du plan tangent (339), et le plan mené par *cP* et l'une
des génératrices *cl, c'l'*, par exemple, contiendra l'autre génératrice *cm, c'm'*. *cP* est la trace horizontale du plan, on
obtiendra aisément sa trace verticale. On voit donc que la
solution dépend de la possibilité de mener à la courbe donnée

une tangente parallèle à une direction donnée. Le problème
peut encore n'avoir aucune solution, mais cette impossibilité
ne dépend plus que de conditions particulières.

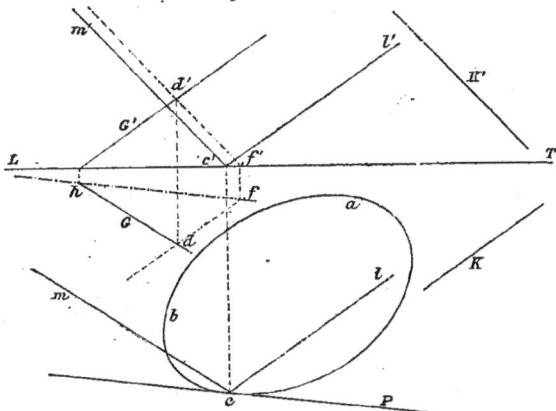

Fig. 258

2° *Les deux cylindres ont leurs génératrices parallèles.*

On prendra les traces des deux cylindres sur le même
plan, et l'on mènera une tangente commune à ces deux
courbes. Cette tangente et la génératrice passant par l'un
des points de contact déterminera le plan tangent.

Il est clair que le problème peut être rendu impossible
par la situation et la forme particulière des deux courbes ;

3° Nous verrons plus loin que deux cylindres circonscrits
à une même sphère ou à une même surface du second degré,
ont deux plans tangents communs.

353. Problème. — *Mener à deux cylindres deux plans
tangents parallèles.*

Nous avons un cylindre dont la directrice est *abc* et les
génératrices parallèles à G,G'. Un second cylindre a pour
directrice *def*, et ses génératrices sont parallèles à K,K'.
(Fig. 259). Chacun des plans tangents cherchés sera tangent
à un cylindre et parallèle aux génératrices de l'autre, il sera
donc parallèle à la fois aux génératrices des deux cylindres.

Nous pouvons construire un plan parallèle à ces plans
tangents ; nous conduisons par un point h,h' de l'espace une
parallèle à chacune des génératrices. Ces parallèles $h'l',hl$ —
$h'm',hm$ forment un plan dont la trace horizontale est lm.

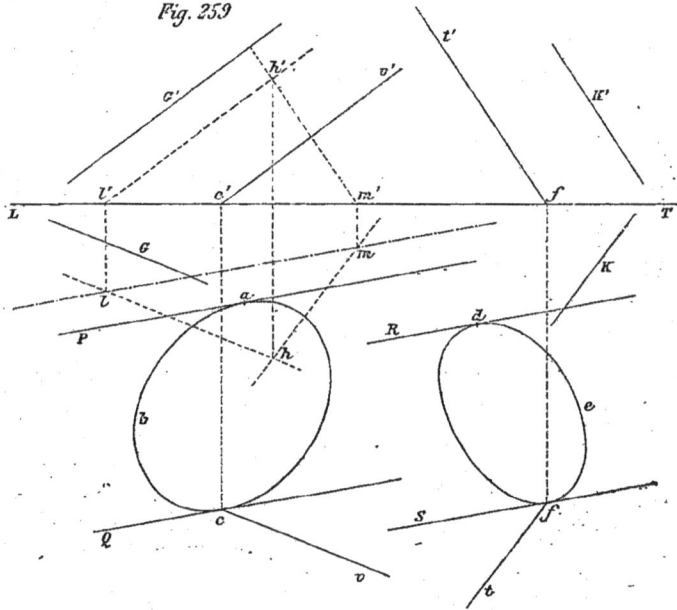

Fig. 259

Menons aux bases des cylindres des tangentes parallèles
à lm (339). La tangente Pa sera la trace horizontale d'un
plan tangent au premier cylindre parallèle au plan hlm ; de
même la tangente Qc. Les tangentes Rd et Sf seront les
traces de plans tangents au second cylindre parallèles au
plan hlm.

Nous aurons donc pour les deux cylindres autant de
groupes de plans tangents parallèles que nous aurons pu
mener de tangentes aux deux bases parallèles à lm ; ici quatre
groupes : P et R, P et S, Q et R, Q et S.

Observation. — Si les cylindres donnés n'avaient pas leurs
bases sur le même plan, il faudrait prendre les traces du
plan hlm parallèle aux génératrices sur les plans des bases

des deux cylindres, et mener à chaque base dans son plan des tangentes parallèles à la trace correspondante. Chacune de ces tangentes avec la génératrice du point de contact détermine un des plans tangents cherchés.

Cette construction des plans tangents parallèles à deux cylindres reçoit une application dans le problème suivant.

354. Problème. — *Mener une normale commune à deux cylindres.*

Une normale à un cylindre est une perpendiculaire au plan tangent en un point de la génératrice de contact ; si les deux cylindres ont une normale commune, les plans tangents aux extrémités de cette normale seront parallèles, et la normale commune étant perpendiculaire aux deux plans tangents, et rencontrant les génératrices de contact sera la perpendiculaire commune aux génératrices de contact de deux plans tangents parallèles.

Ainsi dans le cas de la figure précédente, nous avions quatre groupes de deux plans tangents parallèles, et par suite quatre normales communes.

355. Exercices : 1° On donne un cylindre perpendiculaire au plan horizontal, dont la base est un cercle dans le plan horizontal ; et un cylindre perpendiculaire au plan vertical dont la base est un cercle dans le plan vertical, leur mener une normale commune ;

2° On donne un cylindre oblique dont la base est une courbe dans le plan vertical, et un cylindre qui a pour base une courbe située dans le plan horizontal, et dont les génératrices sont des droites de front, leur mener une normale commune. (Voir 220, 221.)

356. Problème. — *Mener à un cylindre un plan tangent parallèle à un plan.*

Le problème n'est possible que dans le cas où le plan donné est parallèle aux génératrices du cylindre. On prend la trace du plan et la trace du cylindre sur le même plan ; on mène à la courbe de base du cylindre une tangente parallèle à la trace du plan, cette tangente et la génératrice qui passe par son point de contact déterminent le plan tangent demandé.

SURFACES CONIQUES

Définition. — Le cône est la surface engendrée par une droite assujettie à rencontrer *une courbe directrice* donnée et à passer par un point fixe.

357. Théorème. — *Le plan tangent en un point de la surface est tangent tout le long de la génératrice qui passe par le point.*

La démonstration de ce théorème a été donnée § 312, fig. 241.

358. Problème. — *Mener un plan tangent à un cône en un point de la surface.*

Il résulte du théorème précédent que l'on doit faire la construction suivante :

359. Règle. — Tracer la génératrice qui passe par le point donné jusqu'à sa rencontre avec la directrice ; mener en ce point la tangente à la directrice ; cette tangente et la génératrice déterminent le plan tangent.

360. Problème. — *Étant donnée l'une des projections d'un point de la surface d'un cône défini par sa directrice et son sommet ; trouver l'autre projection et mener le plan tangent au point ainsi déterminé.* (Fig. 260.)

La directrice est la courbe *abcde*, *a'b'c'd'e'* ; le sommet est au point SS'.

On donne la projection verticale *f'* d'un point du cône. Imaginons la génératrice qui passe par ce point, sa projection verticale est *f'S'* ; elle croise la directrice au point *a'* et au point *h'* dont les projections horizontales sont *a* et *h*. (On sait où chaque point est placé sur la courbe par sa situation

par rapport aux points donnés.) Donc il y a deux génératrices Sa et Sh dont les projections verticales sont confondues suivant S'a'h', et le point f peut avoir pour projection
horizontale le point f ou le point f₁ sur l'une ou l'autre de ces
droites.

Plan tangent. — Appliquons la règle précédente : Nous
menons la tangente à la directrice a'p' ap au point a,a' où elle
est rencontrée par la génératrice, cette tangente et la génératrice déterminent le plan tangent.

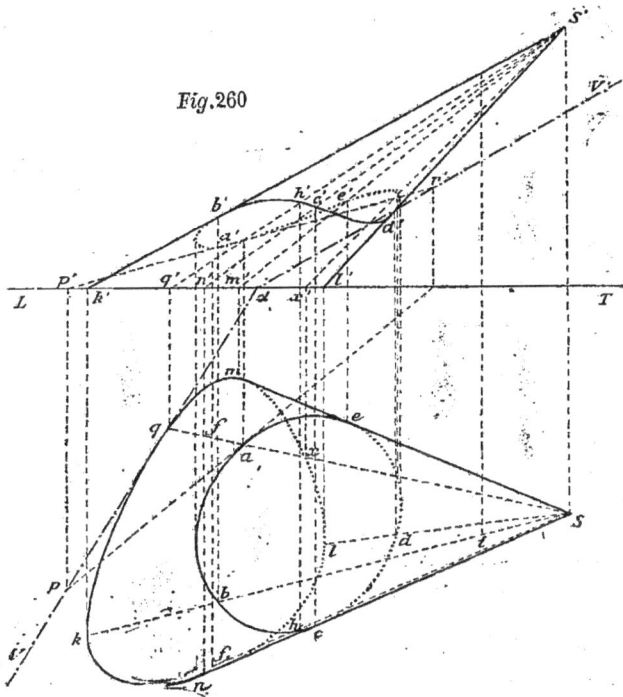

Fig.260

La trace de la tangente est le point p, la trace de la génératrice est le point q ; pq est la trace horizontale du plan
tangent qui croise la ligne de terre au point α, la trace verticale est αV' qui passe par le point r', trace verticale de la
tangente.

361. Contours apparents. — Pour que les constructions que nous venons d'indiquer soient possibles, il faut que la droite S'*f* puisse être une génératrice et qu'elle rencontre la directrice; elle doit être comprise dans l'angle formé par les deux tangentes à la projection de la directrice menées par le point S'. Ces deux tangentes séparent donc sur le plan vertical la partie où se projette le cône de celle sur laquelle on ne peut trouver aucun point; elles constituent *le contour apparent vertical* (329.)

Si l'on avait donné le point par sa projection horizontale, on eût obtenu la projection verticale par des constructions entièrement identiques, et l'on verrait que les deux tangentes à la projection horizontale de la directrice menées par le point S constituent *le contour apparent horizontal*.

Les génératrices de contour apparent vertical S'*b*' et S'*d*' ont pour projections horizontales S*b* et S*d*; les génératrices de contour apparent horizontal S*c* et S*e* ont pour projections verticales S'*c*' et S'*e*'.

Nous allons retrouver sur ces génératrices la seconde propriété des contours apparents (330) : prenons un point *t*',*t* sur la génératrice S'*b*', S*b*, et cherchons le point tangent en ce point.

Ce plan tangent est le même que le plan tangent au point *b*,*b*', et en ce point il est déterminé par la génératrice S'*b*' et par la tangente dont la projection verticale est S'*b*'. Les deux droites qui déterminent le plan tangent ont donc même projection verticale, et par suite le plan tangent est perpendiculaire au plan vertical.

On ferait aisément la même vérification pour les autres génératrices.

Remarque. — Un cône peut ne pas avoir de contour apparent sur l'un des plans de projection ; il peut arriver, en effet, que le sommet se projette à l'intérieur de la directrice, on ne pourra pas mener de tangente à la projection de la directrice ; alors tout point du plan de projection peut être la projection d'un point du cône dont les génératrices seraient indéfiniment prolongées, et le cône recouvre tout le plan de projection.

362. Traces du cône. — Nous construisons la trace horizontale du cône en prenant les traces horizontales des différentes génératrices et en joignant tous les points obtenus par un trait continu, nous obtenons ainsi la courbe *qmlnk*. Le plan tangent au point *q*, trace de la génératrice *q*/*a*S, *q*'*f*'*a*'S' est déterminé par la génératrice et la tangente *qp* à la courbe (335); or ce plan est le même que le plan tangent au point *aa*', et comme la droite *qp* est dans le plan horizontal, c'est la trace horizontale du plan tangent. Ainsi : *La trace du plan tangent suivant une génératrice est tangente à la trace du cône.*

Les plans de contour apparent vertical ont leurs traces horizontales *kk*' et *ll*' perpendiculaires à la ligne de terre et tangentes à la trace ; par conséquent: pour figurer le contour apparent horizontal d'un cône défini par sa trace horizontale et son sommet, on mène par la projection horizontale du sommet deux tangentes à la trace; pour figurer le contour apparent vertical, on mène deux tangentes perpendiculaires à la ligne de terre, et l'on joint à la projection verticale du sommet les points où ces perpendiculaires rencontrent la ligne de terre.

363. Parties vues et cachées. — *Projection horizontale.* (Fig. 260.)

Cherchons si la projection horizontale de la génératrice S*aq* est *vue;* pour cela nous coupons le cône par le plan vertical dont S*aq* est la trace horizontale. Ce plan détermine dans le cône la génératrice S'*a*' et la génératrice S*x*, S'*x*' située au-dessous de la première, donc S*aq* est *vue.* Par suite l'arc *eabhc* passant par le point vu *a* et compris entre les contours apparents est *vu.* L'arc *mqkn* qui contient le point *q* vu et compris entre les contours apparents est *vu.* Les arcs *edc* et *mxln* sont cachés.

Quand on connaît la trace du cône, la partie vue correspond à l'arc de la trace compris entre les points de contact des génératrices de contour apparent horizontal, et situé au-dessus de la corde de contact.

Projection verticale. — Examinons encore la génératrice S'*a*'*q*. Le plan perpendiculaire au plan vertical dont S'*a*'*q* est la trace détermine dans le cône deux génératrices S*aq* et $\mathrm{S}hf_1$, cette dernière est en avant de l'autre par rapport au plan vertical dont la génératrice $\mathrm{S}'a'q'$ est *cachée*.

Par suite le point a' est *caché* ainsi que l'arc $b'a'e'd'$ compris entre les contours apparents.

L'arc *vu* est l'arc $b'h'c'd'$.

Quand on connaît la trace du cône, la partie vue de la projection verticale correspond à l'arc de la trace compris entre les points de contact de tangentes perpendiculaires à la ligne de terre, en avant de la corde de contact par rapport au plan vertical*.

364. Exercices. — 1° La base d'un cône est un cercle situé dans un plan donné par ses traces on donne le centre et le rayon. On connaît le sommet, on donne une projection d'un point de la surface ; trouver l'autre projection et construire le plan tangent au point ainsi déterminé.

2° Même problème. La base du cône est une courbe située dans un plan et dont on connaît la projection horizontale.

3° Même problème. La base du cône est une courbe située dans un plan et connue par son rabattement sur le plan horizontal.

365. Problème. — *Mener à un cône un plan tangent passant par un point extérieur.* (Fig. 261.)

Nous supposerons que le cône est défini par une directrice plane, si la directrice était une courbe gauche, il faudrait commencer par construire la trace du cône sur un plan afin d'avoir une directrice plane.

Nous supposerons d'abord que le cône est défini par sa trace horizontale abc et par son sommet S,S'. Le point donné est le point d,d'. Nous ne figurons pas les contours apparents, la construction même nous avertira si le point est réellement à l'extérieur du cône.

Le plan tangent doit passer par le sommet et par le point d,d', donc il contient la droite $\mathrm{S}d$, $\mathrm{S}'d'$; par suite sa trace sur le plan de la base du cône (ici le plan horizontal) passe par la trace de cette droite qui est le point f.

Mais la trace du plan tangent est tangente à la trace du cône (362), nous menons par le point f une tangente $fa\alpha$ à la trace, cette tangente et la droite Sdf, S'$d'f'$ déterminent le plan tangent. La génératrice de contact est Sa, S'a'. fa est la trace horizontale du plan tangent. Il est facile d'obtenir la trace verticale, soit en prenant la trace verticale d'une des droites, soit en menant par le sommet ou par tout autre point d'une

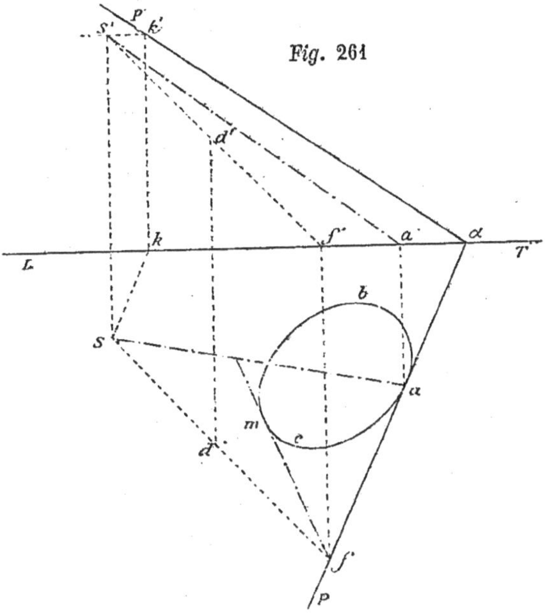

Fig. 261

des droites une horizontale du plan. Nous avons mené ici l'horizontale Sk, S'k' qui passe par le sommet, et la trace verticale du plan est $k'\alpha$.

Il y a une seconde solution fournie par la tangente fm.

366. Règle. — Nous pouvons déduire du raisonnement précédent la règle générale pour construire un plan tangent passant par un point extérieur.

On joint le point au sommet du cône, on prend la trace de la droite ainsi déterminée sur le plan de la base du cône, quel que soit ce plan; on mène par cette trace une tangente à la base; cette tangente et la droite menée par le sommet du cône déterminent le plan tangent.

Remarque. — Si la droite qui joint le sommet au point donné est dans l'intérieur du cône, c'est-à-dire si le point est intérieur au cône, la trace de la droite se trouvera à l'intérieur de la trace du cône, on ne pourra mener par ce point de tangente à la trace, on sera donc averti de la position du point par l'impossibilité de la solution.

367. Exemple. — Nous allons appliquer cette règle à des données plus générales. (Fig. 262.)

La base du cône est une courbe contenue dans le plan P'αP et donnée par sa projection horizontale *abc*; le sommet est S,S'.

Le point extérieur est *d,d'*.

Nous menons la droite S*d*, S'*d'*; elle rencontre le plan P au point *f,f'* que nous avons construit en prenant pour plan

Fig. 262

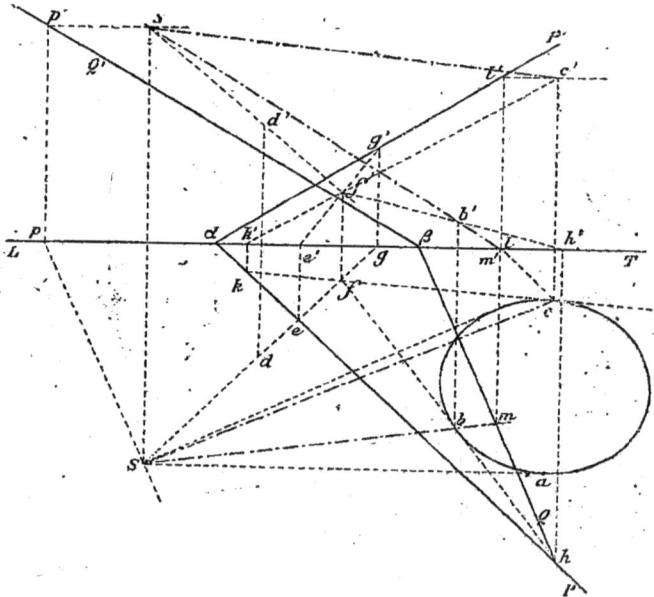

auxiliaire le plan S*egg'* qui projette horizontalement la droite. Nous menons par le point *f,f'* une tangente à la directrice, la projection horizontale est *fb* tangente à la projection horizontale de la courbe ; cette tangente est dans le plan, donc sa trace est au point *h* et sa projection verticale est *f'h'*. Le plan tangent est déterminé par S*d*, S'*d'* et par *fh, f'h'*.

Le point de contact *b* a pour projection verticale *b'*, et la génératrice de contact est S*b*, S'*b'*.

On peut construire les traces du plan tangent: sa trace horizontale ·passe par les traces *h* et *m* de la tangente et de la génératrice S*b*, S'*b'*, c'est donc Q*α* ; on peut obtenir la trace verticale en prenant les traces verticales des droites, ou bien en se servant de l'horizontale S*p*, S'*p'* ; la trace verticale est Q'*α*. Il y a une seconde solution fournie par la tangente *fc* ; pour cette tangente nous avons relevé directement le point de contact au moyen de l'horizontale *cl*, *c'l'*, la projection verticale de la tangente est *k'f'c'* ; la génératrice de contact est S*c*, S'*c'* ; nous n'avons pas figuré les traces du plan tangent.

368. Exercices. — Mener le plan tangent à un cône par un point extérieur :

1° Le cône a pour base un cercle situé dans un plan donné et dont on donne le centre et le rayon.

2° Le cône a pour base une courbe située dans un plan donné et connue par son rabattement.

3° Mener par un point donné une droite tangente à deux cônes donnés.

Applications. — Ce problème a pour applications :

Le contour apparent d'un cône vu d'un point donné, c'est-à-dire la perspective d'un cône ou les ombres d'un cône éclairé par des rayons émanant d'un point lumineux.

369. Problème. — *Mener à un cône un plan tangent parallèle à une droite donnée.* (Fig. 263.)

Nous supposerons que la directrice du cône est une *courbe plane* ; si la directrice était *gauche* on devrait commencer par construire la trace du cône sur un plan.

Nous ferons les raisonnements en prenant la base du cône
dans le plan horizontal. La base du cône est la courbe abc, le
sommet est en S,S'. On veut mener un plan tangent parallèle
à la droite RR'.

Le plan tangent passe par le sommet du cône, il doit être
parallèle à R,R', donc il contient une parallèle à R,R' menée
par le sommet ; soit S'd', Sd cette parallèle.

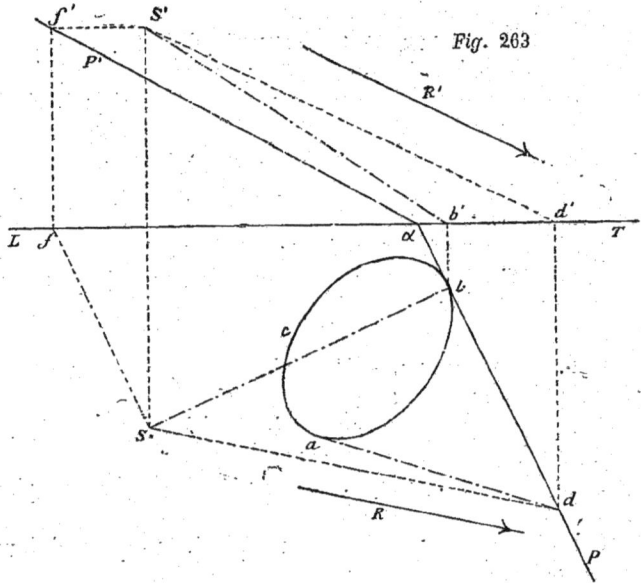

Fig. 263

: La trace du plan sur le plan de la directrice doit passer
par la trace d de la droite Sd, S'd', mais la trace du plan est
tangente à la trace du cône (362), c'est donc la droite $db\alpha$.

Le plan tangent est déterminé par la droite Sd, S'd' et
par $db\alpha$; la génératrice de contact est Sb, S'b', et il est facile
d'obtenir la trace verticale du plan dont $db\alpha$ est la trace horizontale ; on pourrait se servir des traces verticales des
droites contenues dans le plan, nous avons employé une horizontale Sf, S'f' pour déterminer la trace verticale $ff'\alpha$. La tangente da nous fournirait une seconde solution.

370. Règle. — On mène par le sommet une parallèle à la droite, on prend la trace de cette parallèle sur le plan de la directrice du cône, quel que soit ce plan, et l'on mène par cette trace une tangente à la directrice ; la parallèle à la droite et cette tangente déterminent le plan tangent.

Remarque. — Il est bon de remarquer que les constructions sont identiques à celles du problème précédent, la parallèle à la direction donnée remplace la droite qui joint le sommet du cône au point donné.

Ainsi si nous supposons dans l'exemple du problème précédent (fig. 262) que la droite S′d′, Sd soit la parallèle à une direction donnée, la même figure nous donne les plans tangents parallèles à la direction S′d′, Sd.

371. Exercices. — 1°, 2°, 3° Mener le plan tangent parallèle à une direction donnée, le cône étant défini comme nous l'avons indiqué dans les exercices du problème précédent.

4° Mener une droite parallèle à une direction donnée et tangente à deux cônes.

372. Applications. 1° Contours apparents.

Ce problème est celui des contours apparents ; en effet, les contours apparents d'un cône s'obtiennent en menant des plans tangents perpendiculaires aux plans de projection, c'est-à-dire des plans tangents parallèles à des droites perpendiculaires aux plans de projection.

Contour apparent vertical. La base du cône donné est une courbe située dans le plan P′αP et connue par son rabattement ABCF sur le plan horizontal, le sommet est en SS′.

Nous rabattons la trace verticale du plan au moyen du point $t′t$ qui se rabat en T. (αT = α$t′$) (202.)

Nous allons appliquer la règle (370) :

Nous menons par le sommet une perpendiculaire au plan vertical, sa projection verticale est tout entière au point S′, sa projection horizontale est Sσ ; nous cherchons le point de rencontre de cette perpendiculaire avec le plan P′αP. Pour cela nous employons le plan horizontal qui passe par S′, il détermine dans le plan l'horizontale S′d′, ds qui rencontre Sσ au point s, projection horizontale du point cherché dont la projection verticale est S'. Nous devons mener par ce point une tangente à la directrice, et pour cela nous rabattons le point S',s autour de la trace horizontale Pα du plan (nous abaissons la perpendiculaire sδ sur Pα, nous menons la parallèle sλ = S'σ et nous reportons δλ en δS₂); S₂ est le rabattement du point. Nous menons par S₂ des tangentes S₂A et S₂C à la directrice.

Relevons ces tangentes, leurs projections verticales formeront le contour apparent vertical du cône, puisqu'elles déterminent des plans tangents perpendiculaires au plan vertical. Leurs traces verticales sont rabattues en M et R, et se relèvent en m' (αm' = αM), et en r' (αR = αr'), le point S₂

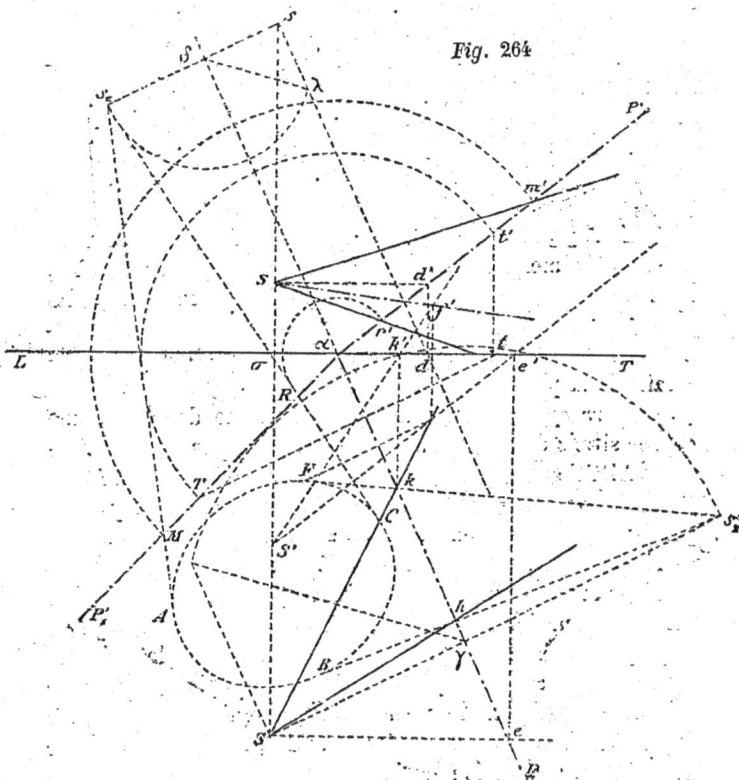

Fig. 264

se relève en S'; donc les deux droites S'm' et S'r' constituent le contour apparent vertical.

Contour apparent horizontal. — Nous menons par le sommet du cône une verticale projetée tout entière au point S sur le plan horizontal, et verticalement suivant S'σ; nous cherchons l'intersection de cette verticale avec le plan P'αP, et pour cela nous employons le plan de front Se qui détermine dans le plan la ligne de front e's' rencontrant la verticale au point s'. L'intersection cherchée est Ss'. Nous devons mener par ce point des tangentes à la directrice, et pour cela nous le rabattons autour de la trace horizontale du plan; nous faisons les constructions ordinaires du rabattement (202), seulement nous observons que le point est au-dessous du plan horizontal, et comme nous avons rabattu la trace verticale à gauche de Pα, le point se rabat en S₁ à droite de Pα. Nous menons les deux tangentes S₁B et S₁F, dont les traces horizontales sont h et k. Ces deux droites se relèvent en Sh et Sk et constituent le contour apparent horizontal.

Remarque. — Nous ne nous sommes pas occupés des génératrices de contact, il est facile de comprendre comment on pourrait les obtenir.

Ainsi considérons la tangente Sk. Le point de contact avec la directrice rabattu en F a sa projection horizontale en f, sur la perpendiculaire Ff à αP.

D'ailleurs le point k étant la trace de la tangente, menée par le point Ss' sa projection verticale est s'k', et nous ramenons le point f en f'; la génératrice de contact est Sf', sa projection horizontale est confondue avec Sf, trace du plan tangent vertical.

Des constructions analogues permettraient de construire les génératrices de contact des autres plans tangents.

Exercices. — Nous engageons le lecteur à répéter ces constructions sur des cours définis comme nous l'avons fait dans les exercices relatifs aux problèmes précédents[*].

373. 2° **Ombres.** — Ce problème des plans tangents parallèles à une droite est encore le problème des ombres d'un cône éclairé par des rayons parallèles. Toutes les parallèles

aux rayons qui rencontreront le cône et seront arrêtées par
lui seront comprises entre les deux plans tangents, et celles
qui seront contenues dans un des plans toucheront le cône
en un point de la génératrice de contact. Ces génératrices de
contact constituent *la séparatrice*, et les traces des plans tan-

Fig. 265

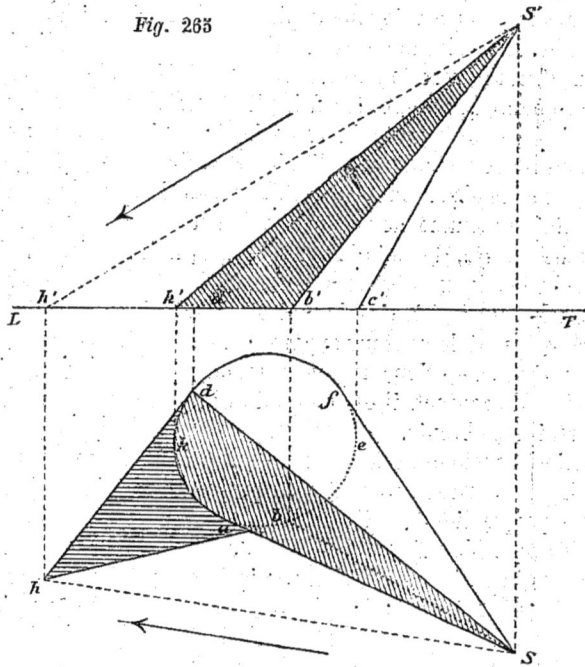

gents sur un plan quelconque limiteront l'ombre portée par
le cône sur le plan.

La base du cône est *abcfd* dans le plan horizontal. Le
sommet est S,S', nous éclairons le cône par des rayons parallèles à R,R'. Nous menons les plans tangents parallèles à R,R' :
les génératrices de contact sont S*b*, S'*b'* et S*d*, S'*d'*. Nous les
avons représentées en tenant compte des parties vues et cachées.

Les traces *hd* et *hb* forment le contour de l'ombre portée
sur le plan horizontal *.

374. Cône droit à base circulaire ou cône de révolution. (Fig. 266.)

Considérons un cercle O et élevons par le centre une perpendiculaire au plan du cercle ; prenons un point S sur cette perpendiculaire et assujettissons une droite à passer par le point S et à rencontrer le cercle. Cette droite engendrera un cône qui est le *cône droit à base circulaire*, appelé aussi *cône de révolution* parce que le mouvement de la droite peut être considéré comme un mouvement de rotation autour de l'axe SO.

Propriétés. — Si l'on considère un triangle tel que SOA, il est évident que tous les triangles analogues qu'on pourra former avec l'axe, une génératrice et le rayon du cercle de base seront égaux, et par suite les angles en S sont égaux ainsi que les angles en A. Nous trouvons donc les deux propriétés :

1° *La génératrice fait avec l'axe un angle constant ;*

2° *La génératrice fait avec le plan du cercle de base un angle constant, égal au complément de l'angle qu'elle fait avec l'axe.*

Le cercle est une section droite du cône, et toutes les sections droites du cône de révolution obtenues par des plans perpendiculaires à l'axe sont des cercles.

Nous pouvons encore énoncer :

3° *Le rayon d'un cercle de section droite et la distance du plan de la section au sommet sont dans un rapport constant.*

Menons le plan tangent suivant la génératrice SA, il est déterminé par la génératrice et la tangente AB à la base au point A. Or la tangente AB est perpendiculaire à AO, par suite elle est perpendiculaire à AS ; AB étant la trace du plan tangent sur le plan de section droite, SA est la ligne de plus grande pente du plan tangent d'où :

4° *Le plan tangent fait avec le plan de section droite et avec*

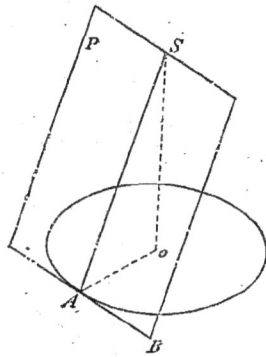

Fig. 266

l'axe, des angles constants égaux à ceux que fait la génératrice de contact.

Le plan tangent passe par la droite AB qui est perpendiculaire à AO et AS.

5° *Le plan tangent est perpendiculaire au plan déterminé par la génératrice de contact et l'axe.*

375. Un cône de révolution est défini :

1° Par l'axe, le sommet et l'angle de la génératrice avec l'axe;

2° Par l'axe, le sommet et un point ;

3° Par un plan tangent, le sommet, la génératrice de contact et l'angle de la génératrice avec l'axe ;

4° Par deux plans tangents et les deux génératrices de contact.

(On mène, en effet, un plan perpendiculaire à chaque plan tangent par la génératrice de contact, l'intersection de ces deux plans perpendiculaires est l'axe, et l'on peut déterminer l'angle de la génératrice.)

5° Par un cercle de section droite, le sommet, l'angle au sommet, ou l'angle de la génératrice avec le plan de section droite;

6° Par trois génératrices. (On prendra sur les trois droites des longueurs égales à partir du sommet, on déterminera le centre du cercle passant par les trois points, ce cercle sera une section droite et la ligne qui joint le centre au sommet est l'axe);

7° Par deux plans tangents et un plan contenant l'axe.

(L'axe est dans le plan bissecteur de l'angle des deux plans, on peut donc le déterminer, ensuite on mène par l'axe un plan perpendiculaire à l'un des plans tangents; l'intersection des deux plans donne la génératrice. Les autres manières de définir le cône de révolution se ramènent facilement à une de celles que nous venons d'énoncer.)

376. Remarque importante. — L'angle formé par les génératrices de contour apparent d'un cône de révolution n'est égal à l'angle du cône que dans le cas où l'axe du cône est parallèle au plan de projection, alors les deux génératrices

situées dans un même plan avec l'axe sont dans un plan de front et forment le rectiligne du dièdre des deux plans tangents.

377. Applications. — Le cône de révolution sert à construire un plan faisant avec un autre plan un angle donné.

On donne une droite ab, a'b', mener par cette droite un plan faisant avec le plan horizontal un angle donné. (Fig. 267.)

Nous prenons sur la droite un point b, b' pour sommet d'un cône de révolution à un cône vertical; l'axe est $b'\beta', b$, le point b sera le centre de la base.

Nous menons par le point b', b une droite faisant avec le plan horizontal l'angle demandé, nous traçons cette droite $b'c'$, bc parallèle au plan vertical, et sa projection verticale $b'c'$ fait l'angle donné avec la ligne de terre; le cône engendré par cette droite tournant autour de l'axe a pour base le cercle décrit du point b comme centre avec bc comme rayon. Tous les plans tangents à ce cône font avec le plan horizontal l'angle demandé (374).

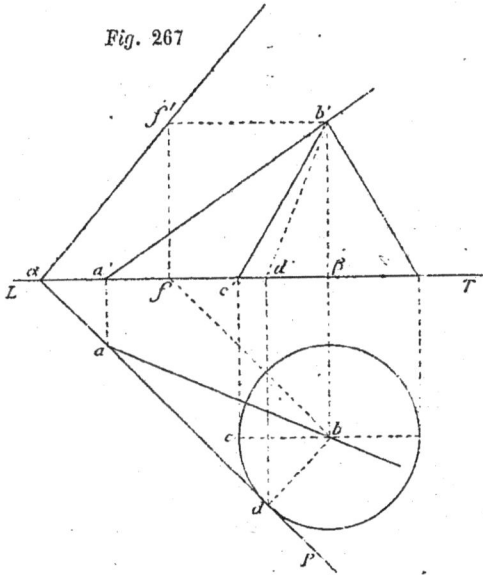

Fig. 267

Menons par la trace horizontale de la droite une tangente ad à la base, le plan tangent au cône dont ad est la trace est le plan cherché, car il passe par le sommet b', b, par le point a, a' et par suite il contient la droite.

Il est facile de figurer la trace verticale du plan ; nous avons mené l'horizontale bf, $b'f'$ passant par le sommet.

378. 2° application. — Problème. — *Mener par une droite* AB *un plan faisant avec une droite donnée* AC *un angle donné.*

Il est nécessaire que les deux droites se rencontrent en un point A.

Le plan cherché est tangent à un cône de révolution ayant la droite CD pour axe, le point A pour sommet, et dont les génératrices font avec CD l'angle donné.

On prend un plan perpendiculaire à CD pour plan de base du cône et l'on mène à ce cône un plan tangent par la droite AB. On effectue ensuite la construction que nous avons expliquée en détail pour le plan tangent parallèle à une droite.

379. Exercices. — 1° On donne l'axe d'un cône de révolution par ses deux projections et le sommet du cône, on connaît l'angle de la génératrice avec l'axe ; étant donnée l'une des projections d'un point de la surface, trouver l'autre projection et le plan tangent au point ainsi déterminé ;

2° On donne l'axe d'un cône de révolution par ses deux projections et le sommet du cône, on connaît l'angle de la génératrice avec l'axe, construire les contours apparents ;

3° Le cône de révolution étant défini comme dans les deux exercices précédents, lui mener un plan tangent par un point extérieur ;

4° Mener par une droite donnée un plan faisant un angle donné avec un plan donné par ses traces ;

5° Mener à un cône de révolution un plan tangent passant par un point extérieur, lorsque le sommet du cône est en dehors des limites de l'épure.

6° Mener à un cône de révolution un plan tangent parallèle à une droite, lorsque le sommet du cône est en dehors des limites de l'épure.

380. Problème. — *Mener à un cône un plan tangent parallèle à un plan.*

Ce problème est en général impossible ; le plan tangent doit passer par le sommet du cône et être parallèle à un plan, il est déterminé et il n'y a plus qu'à vérifier si le plan ainsi construit est ou n'est pas tangent au cône.

Dans le cas du cône de révolution, le problème est possible si le plan donné fait avec le plan de base ou de section droite du cône un angle égal à celui des génératrices.

381. Problème. — *Mener à deux cônes un plan tangent commun.*

Imaginons qu'on prenne les traces des deux cônes sur le même plan, la trace du plan tangent commun devra être tangente à ces deux courbes (362) ; d'autre part, le plan tangent commun passe par les deux sommets et contient la droite qui les joint ; prenons le point de rencontre de cette droite avec le plan des deux bases, la trace du plan tangent doit aussi passer par ce point.

Donc, pour que le problème soit possible, il faut pouvoir mener par la trace de la droite des sommets une tangente commune aux deux courbes de base.

En général, le problème est impossible, et n'a de solution que dans certains cas particuliers.

1° *Les deux cônes ont même sommet.*

On doit encore prendre pour bases des deux cônes leurs traces sur un même plan, et toute tangente commune à ces bases déterminera avec le sommet un plan tangent commun aux deux cônes.

La possibilité de résoudre le problème dépend donc uniquement de la forme et de la disposition des courbes de base. — Nous verrons un peu plus loin (417) comment on peut mener un plan tangent commun à deux cônes de révolution qui ont même sommet, sans prendre les bases sur un même plan ;

2° *Les deux cônes ont une même directrice plane.*

Le plan tangent passe par les deux sommets, on prendra le point de rencontre de la droite des sommets avec le plan de la directrice, et l'on fera passer par ce point une tangente à la directrice.

Le problème dépend donc de la position de la trace de la

droite des sommets par rapport à la courbe de base commune ;
3° *Les deux cônes sont homothétiques.* (Fig. 268.)

Deux cônes homothétiques ont leurs génératrices parallèles deux à deux.

Les sommets sont S,S' et T,T', les bases sur un même plan que nous prenons pour plan horizontal sont homothétiques ; soient *abc, def,* ces deux bases.

Prenons deux génératrices parallèles, Se,S'e' et Tb,T'b',

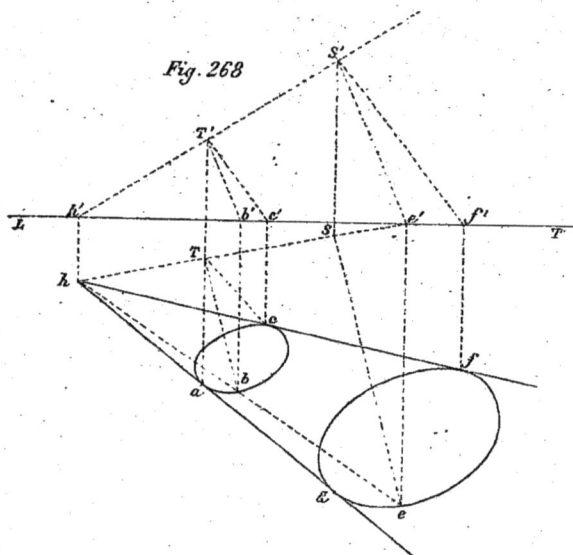

Fig. 268

ces deux droites sont dans un même plan avec la ligne des sommets et ont par conséquent leurs traces en ligne droite, ainsi les trois points *h,b,e* sont en ligne droite, et le rapport $\dfrac{hb}{he} = \dfrac{hT}{hS}$, ce rapport est constant ; en sorte que le point *h* est le centre de similitude des deux bases, et l'on peut mener par ce point une tangente commune à ces deux bases.

Ainsi, les deux tangentes *had, hcf,* déterminent avec la droite des sommets deux plans tangents aux deux cônes ; il serait facile d'obtenir les traces verticales.

382. Théorème. — Nous pouvons remarquer que le cône T,T' peut être regardé comme étant le cône S,S' transporté parallèlement à lui-même, en effet, pour transporter un cône parallèlement à lui-même, son sommet devant se trouver en un point donné, on fera passer par le point des parallèles aux génératrices du cône, et on prendra leurs traces sur le plan de base ; on construira donc un cône homothétique du cône proposé, et nous pouvons énoncer ce théorème :

Quand on transporte un cône parallèlement à lui-même, la base du cône primitif et la base du cône transporté prises sur un même plan sont deux courbes homothétiques qui ont pour centre d'homothétie la trace de la droite des sommets.

4. Les deux cônes sont circonscrits à une même sphère ou en général à une même surface du second degré, et la droite des sommets ne rencontre pas la surface.

Nous reviendrons plus tard (410) sur ce dernier cas.

383. Problème. — *Mener à deux cônes deux plans tangents parallèles.* (Fig. 269.)

Le cône S,S' a pour base la courbe ahb.

Le cône T,T' a pour base le cercle o.

Imaginons les plans tangents parallèles obtenus, si nous transportons les deux cônes au même sommet, ces plans parallèles coïncideront et seront plans tangents communs aux deux cônes ayant même sommet. Nous allons donc employer la construction inverse. Transporter le cône T,T' au sommet S,S' du second cône, mener aux deux cônes qui ont même sommet des plans tangents communs (381) et ramener ensuite le cône T et le plan tangent à sa position primitive. La base du cône transporté est un cercle, nous trouverons le centre ω en prenant la trace c de la droite des sommets ; et traçant co nous mènerons ensuite $S\omega$ parallèle à TO (382). Nous figurons ensuite la tangente cd, et ωf parallèle au rayon od, ωf est le rayon.

Nous menons aux deux bases la tangente commune Phk, trace d'un plan tangent commun aux deux cônes qui ont le sommet S,S' ; ensuite nous faisons revenir le cône T à sa position première en entraînant le plan tangent dont la trace

sera Qmβ parallèle à Phk, les points de contact m et k doivent
être une ligne droite avec le point c. Les génératrices de contact sont Tm, Tm' qui, avec Qm, détermine le premier plan

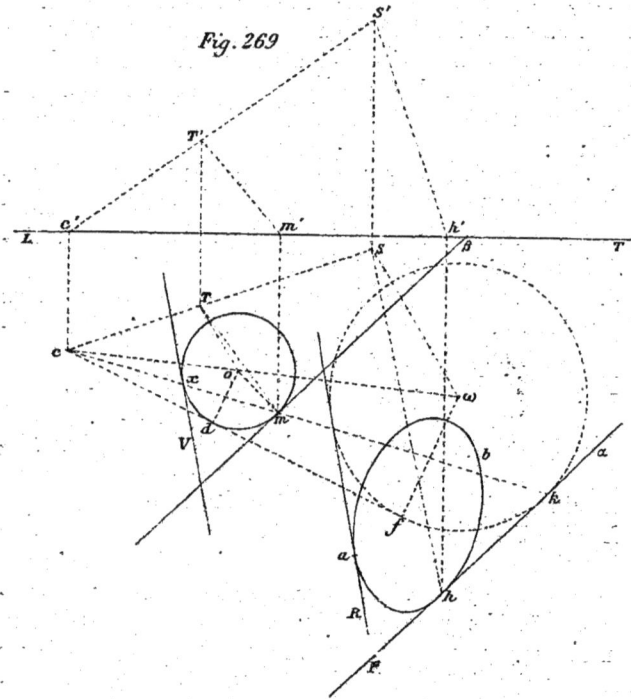

Fig. 269

tangent, et Sh, S'h' qui, avec Ph, détermine le second ; il se
rait facile de construire les traces verticales. Il y aurait ici
une seconde solution, les traces des plans tangents seraient Ra
et Vx.

384. Problème. — *Mener une normale commune à deux
cônes.*

Le raisonnement est identiquement le même que celui
que nous avons fait pour la normale commune à deux cylindres (354). La normale commune est la perpendiculaire commune aux génératrices de contact de deux plans tangents
parallèles.

385. Problème. — *Mener des plans tangents parallèles à un cône et à un cylindre.*

Le plan qui sera tangent au cône sera parallèle aux génératrices du cylindre. Il est donc déterminé, nous pouvons le construire, et il restera à mener au cylindre un plan tangent parallèle à ce plan (356).

Ce problème est encore celui *de la normale commune à un cône et à un cylindre.*

Nous allons faire une application de cette construction dans le problème suivant.

386. Problème. — *Construire à un cylindre un plan tangent faisant un angle donné avec le plan horizontal.* (Fig. 270.)

Le cylindre a pour base la courbe *abc*, ses génératrices sont parallèles à G, G'.

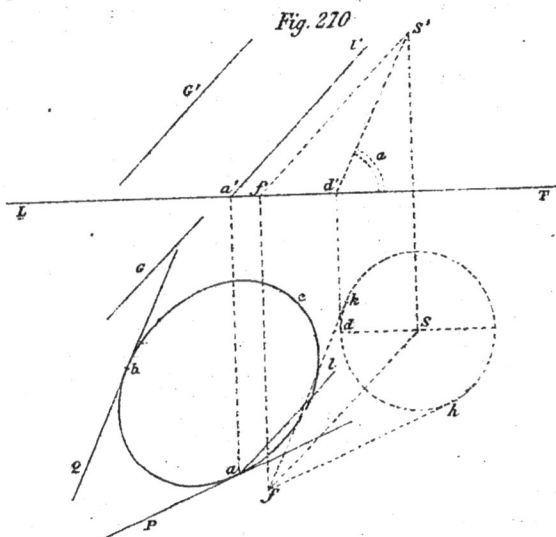

Fig. 270

Le plan tangent cherché est parallèle à un plan tangent, à un cône de révolution dont les génératrices font avec le plan horizontal l'angle donné (374).

Prenons un point arbitraire S, S' comme sommet d'un cône de révolution, figurons une génératrice de front S'*d*', S*d* fai-

sant avec le plan horizontal l'angle α donné ; le cône aura
pour base un cercle de rayon Sd.

Nous pouvons construire un plan tangent à ce cône parallèle aux génératrices du cylindre (369), en faisant passer par
S,S′ une parallèle S′f′,Sf à G,G′, et en conduisant par le
point f des tangentes fh et fk à la base.

Menons à la base du cylindre une tangente Pa parallèle
à fh, cette tangente et la génératrice al,$a′l$ qui passe par son
point de contact déterminent un plan tangent au cylindre
parallèle au plan tangent au cône, et par suite faisant avec
le plan horizontal l'angle demandé. La tangente fk donnerait
une seconde solution.

Dans le cas de notre figure, on peut tracer deux tangentes
parallèles à chacune des directions, le problème a quatre solutions.

Remarque. — Pour que le problème soit possible, il

Fig. 275

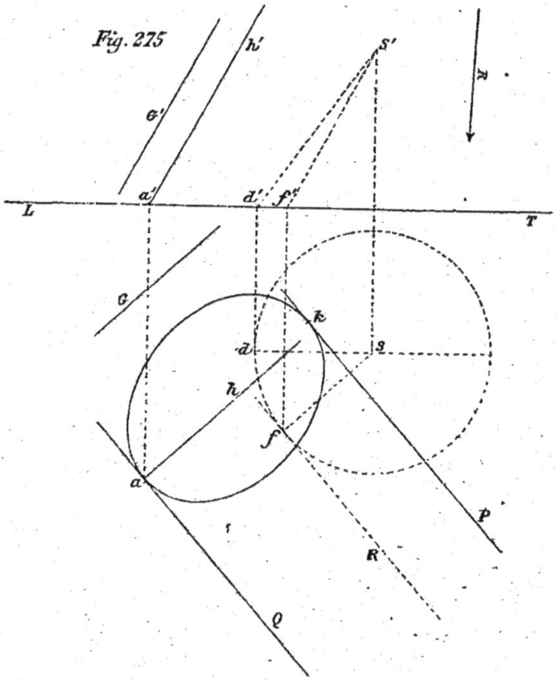

faut que la droite S'f',Sf tombe en dehors du cône, et par conséquent que cette droite parallèle aux génératrices du cylindre fasse avec le plan horizontal un angle plus petit que l'angle donné.

Le cas limite est celui où la génératrice fait avec le plan horizontal un angle égal à l'angle demandé. (Fig. 275). La parallèle à G,G' menée par le sommet S,S' sera une génératrice du cône Sf,S'f', et l'on pourra tracer la tangente Pf à la base; par suite il y aura deux tangentes seulement, Qa et Rk, parallèles à Pf; le problème aura au plus deux solutions, et la génératrice de contact telle que ah,$a'h'$ étant parallèle à la génératrice Sf,S'f' du cône sera une ligne de plus grande pente du plan tangent.

387. Problème. — *On peut demander que le plan tangent fasse avec un plan donné un angle égal à un angle donné.*

On construira alors un cône de révolution dont l'axe est perpendiculaire au plan, et auquel on mènera le plan tangent parallèle aux génératrices du cylindre. (Fig. 276). Le cylindre a pour base la courbe abc, ses génératrices sont parallèles à G,G'. Le plan est P'αP.

Nous plaçons le sommet du cône dans le plan horizontal en S,S', nous traçons la perpendiculaire au plan Sd,S'd' ; son pied dans le plan est d,d' (obtenu au moyen du plan e'S'f que projette la ligne sur le plan vertical).

Nous cherchons la vraie grandeur de Sd,S'd', en rabattant le plan vertical Sd, cette longueur est Sd'_1 ; la base du cône dans le plan P'αP est un cercle dont le rayon est le côté de l'angle droit d'un triangle rectangle dont Sd'_1 est un des côtés et dont l'angle en S est le complément de l'angle demandé. Ce triangle rectangle est construit en d'_1,Sh, d'_1,h est le rayon.

Nous rabattons le centre d,d' en D et nous décrivons le cercle. Ensuite nous faisons passer par le sommet du cône une parallèle S'l, Sl aux génératrices du cylindre, cette ligne coupe le plan de base du cône au point l,l' (obtenu au moyen du plan m'S'f qui projette verticalement la droite), et nous rabattons ce point en L.

Par le point L nous menons des tangentes à la base du

cône ; soit Ln, une de ces tangentes, trace' sur le plan de base
d'un plan parallèle au plan cherché ; la trace horizontale de
ce plan tangent au cône est nS, et nous conduisons la tangente Qa à la base du cylindre parallèle à nS.

Cette tangente est la trace d'un plan satisfaisant à la con-

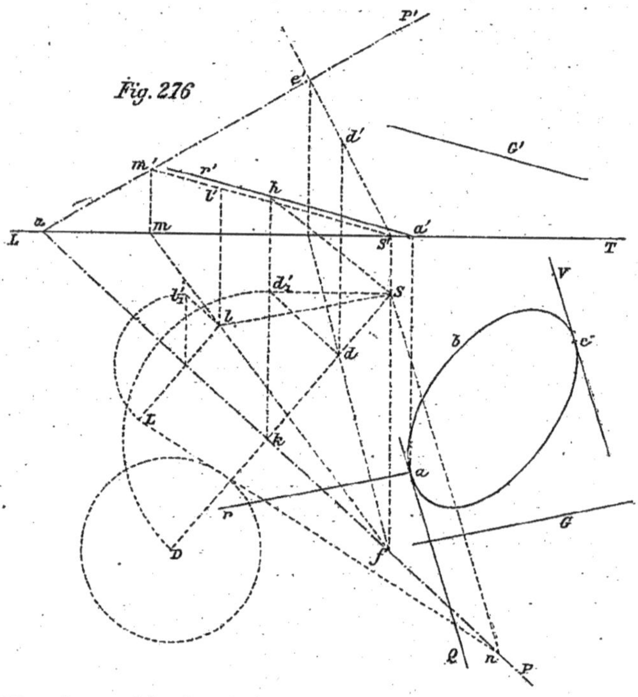

Fig. 276

dition demandée, la génératrice de contact est ar,$a'r'$. Nous
avons une autre tangente parallèle cV.

La seconde tangente menée à la base du cône par le
point L fournira deux autres solutions.

La condition de possibilité est encore la même que dans le
cas précédent. La génératrice du cylindre doit faire avec le
. plan un angle plus grand que l'angle demandé.

388. Problème. — *Mener à un cône un plan tangent faisant avec un plan un angle donné.*

Le plan tangent cherché est parallèle à un plan tangent à un cône de révolution dont les génératrices font avec le plan donné l'angle donné (374). On prendra le sommet du cône proposé pour sommet du cône de révolution, et l'on mènera un plan tangent commun aux deux cônes (381). Il faudra donc, si le cône donné n'est pas de révolution, prendre la trace du cône auxiliaire sur le même plan de base, ou bien si le cône donné est aussi de révolution, on emploiera la méthode que nous indiquerons plus loin (417).

Nous engageons le lecteur à faire l'épure en prenant un cône oblique ayant sa base dans le plan horizontal, le plan devant faire un angle donné avec le plan horizontal.

389. Applications et exercices : 1º Mener un plan tangent commun à un cône et à un cylindre ayant même directrice courbe ;

2º On donne le centre d'un cercle tangent à la ligne de terre situé dans un plan passant par cette ligne, ce cercle est la base d'un cône dont le sommet est un point donné ; d'autre part, on considère un cylindre de révolution de même rayon que le cercle donné parallèle à la ligne de terre ; mener une normale commune aux deux surfaces ;

3º On donne deux cercles, l'un dans le plan horizontal, l'autre dans le plan vertical, on les prend comme bases de deux cônes droits dont la hauteur est égale au diamètre de base ; on demande de leur mener une tangente commune passant par un point donné ou parallèle à une droite donnée ;

4º On donne dans le plan horizontal une droite de longueur déterminée, projection d'un cercle vertical qui est la base d'un cône dont le sommet est en un point arbitraire. Mener à ce cône une tangente rencontrant une droite donnée et passant par un point donné ;

5º On donne un cylindre dont la directrice est une courbe située dans un plan P ; et comme par son rabattement on a la direction des génératrices. On demande :

Prendre un point de la surface du cylindre et construire un second cylindre de révolution tangent au premier en ce point, on donne le rayon du cylindre et la direction de la projection horizontale de ses génératrices ;

6° On donne un cylindre par sa base dans le plan horizontal et la direction de ses génératrices. On prend un point
de sa surface, construire un cône de révolution dont on connaît l'angle au sommet, tangent au cylindre au point donné
et ayant son sommet en un point du plan horizontal ;

7° On donne un plan par ses traces, ce plan contient une
courbe dont on ne connaît que la projection horizontale ;
mener par un point du plan vertical des tangentes à la projection verticale de cette courbe sans construire cette projection ;

8° On considère un cylindre de révolution, on donne son
rayon, la direction des génératrices, on le limitera à deux
plans de section droite choisis de manière qu'il s'appuie sur
le plan horizontal en un point donné, et qu'il touche le plan
vertical en un point. Tracer ses projections ;

9° Construire une sphère tangente à la fois à un cône et à
un cylindre, et telle que les points de contact soient situés
aux extrémités d'un même diamètre.

(Voir notre *Recueil d'épures.* — Épure 7.)

10° On donne deux droites par leurs projections, construire les projections d'un cylindre de révolution qui touche
les deux droites en des points donnés, la droite qui joint les
points de contact étant une corde diamétrale, c'est-à-dire
rencontrant l'axe du cylindre ;

11° On donne un cône de révolution dont l'axe est ver-
ical et la base dans le plan horizontal, un second cône de
révolution dont l'axe est perpendiculaire au plan vertical, le
sommet est situé dans le plan vertical et le cône est en avant
du plan vertical.

Construire les projections d'un cylindre de révolution de
rayon donné, parallèle à une droite donnée et tangent à ces
deux cônes ;

12° On donne deux droites qui se rencontrent, mener par
l'une d'elles un plan faisant un angle donné avec l'autre ;

13° Voir l'épure 5 et l'épure 6 de notre *Recueil d'épures.*

390. Remarque. — Il est important de remarquer *la
situation des génératrices d'ombre propre d'un cône et d'un cylindre
qui ont une base commune.*

Prenons pour exemple un cylindre droit à base circulaire vertical surmonté d'un cône de révolution. (Fig. 265 *bis*.) Nous éclairons l'ensemble des deux corps par des rayons parallèles au plan vertical R'R.

Nous menons à la base du cylindre des tangentes parallèles à R, et les deux génératrices d'ombre propre du cylindre sont celles qui, projetées horizontalement en *b* et *f* ont pour projection verticale commune *b'l'* (345).

Nous faisons passer par le sommet du cône une parallèle à RR', et par sa trace *m* sur le plan de base nous menons à la base deux tangentes qui déterminent les génératrices Sc Sh projetées verticalement en S'c' (369).

Il est clair que les points *c* et *h* ne peuvent coïncider avec les points *b* et *f* (cette coïncidence n'aurait lieu que dans le

Fig. 265 *bis*

cas où les rayons RR' seraient parallèles au plan de base), et dès lors les génératrices d'ombre du cylindre et les génératrices d'ombre du cône ne se rencontrent pas.

Mais si nous construisons les ombres portées sur un plan, par exemple sur le plan horizontal.

L'ombre portée par le cylindre se composera des traces pes deux plans tangents *b*B et *f*F et de l'ombre du cercle supérieur qui sera évidemment un cercle égal tangent à ces deux traces aux points F et B ; l'ombre portée par le cône se composera des traces des deux plans tangents qui seront des droites SH et SC parallèles à *mh* et *mc* qui sont des horizontales de ces plans et tangentes à l'ombre du cercle de base du cône. L'ombre portée sera donc continue, l'arc de cercle BC, ombre de *bc*, étant tangent à la fois aux ombres des génératrices des deux surfaces.

SPHÈRE

SPHÈRE

La sphère est la surface engendrée par une demi-circonférence tournant autour de son diamètre.

391. Théorème. — *Le plan tangent à la sphère est perpendiculaire à l'extrémité du rayon passant par le point de contact.*

On peut faire passer par le point deux grands cercles, dans chacun de ces grands cercles le rayon est perpendiculaire à la tangente, donc le rayon est perpendiculaire aux deux tangentes, et par suite au plan tangent.

392. Contours apparents. — Si nous menons par le centre de la sphère un plan de front, ce plan détermine dans la sphère un grand cercle qui se projette en vraie grandeur sur le plan vertical; tous les rayons menés aux différents points de ce grand cercle sont des droites de front, par suite les plans tangents à la sphère sont perpendiculaires au plan vertical, *donc ce grand cercle de front est le contour apparent vertical* de la sphère (330), sa projection horizontale est la droite de front *ab*. (On doit tracer toujours cette ligne, mais en lignes de construction.)

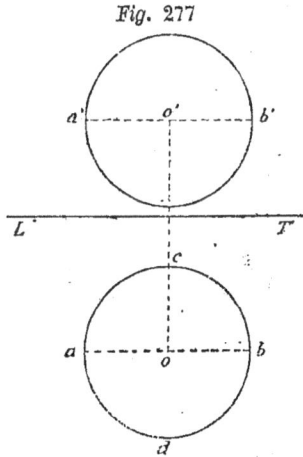

Fig. 277

Pour les mêmes raisons *le contour apparent horizontal est le grand cercle horizontal projeté* verticalement suivant *a'b'*, et horizontalement en vraie grandeur suivant *abcd*. (La ligne *c'd'* doit toujours être figurée, mais seulement en traits de construction.)

393. Parties vues et cachées. — Les points situés en avant du cercle de contour apparent vertical, c'est-à-dire les points dont la projection horizontale est située sur *adb* sont *vus* sur la projection verticale.

Les points situés au-dessus du cercle de contour apparent horizontal *c'd'*, c'est-à-dire les points dont les projections verticales sont situées sur *c'b'd'* sont *vus* sur la projection horizontale.

394. Problème. — *Étant donnée l'une des projections d'un point d'une sphère trouver l'autre projection.* (Fig. 278.)

Le centre de la sphère est au point *o,o'*, ses contours apparents sont deux grands cercles.

Fig. 278

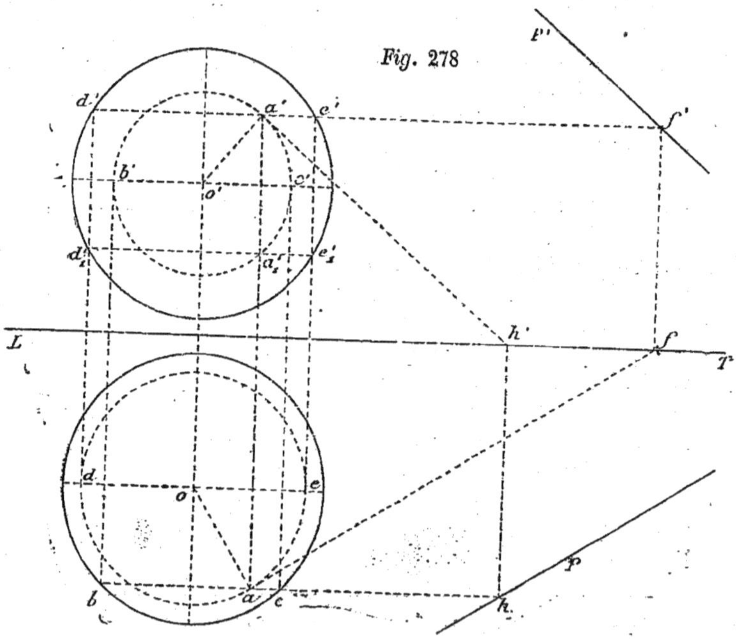

On donne la projection horizontale *a* d'un point de la sphère. Menons par le point *a* un plan de front *bac* ; ce plan détermine dans la sphère un petit cercle dont le diamètre est *bc* et qui se projette en vraie grandeur sur le plan vertical.

Le centre de ce petit cercle est projeté verticalement au centre de la sphère ; en effet, le centre d'un cercle section plane d'une sphère, se trouve sur la perpendiculaire abaissée du centre de la sphère sur le plan sécant. Cette perpendiculaire est ici projetée entièrement sur la projection verticale du centre de la sphère.

La projection verticale du petit cercle est $b'a'c'a'_1$, et la projection verticale du point *a* se trouve en a' ou a'_1.

Nous pouvons raisonner d'une autre manière :

Imaginons le point horizontal qui passe par le point cherché, il détermine dans la sphère un petit cercle qui se projette en vraie grandeur sur le plan horizontal et dont le centre est confondu avec le point *o*.

Ce cercle passe par le point *a*, sa projection horizontale est donc le cercle *dae*, son diamètre est *de*, et si nous reportons ce diamètre horizontal en $d'e'$ ou $d'_1e'_1$, nous déterminons les plans horizontaux qui contiennent le point cherché, et par suite nous trouvons les projections verticales en a' et a'_1.

395. Problème. — *Construire le plan tangent en un point de la surface.*

Considérons le point *aa'* trouvé comme nous venons de l'expliquer. (Fig. 278.)

Le plan tangent en ce point est perpendiculaire au rayon *oa*, *o'a'*. Nous devons construire un plan perpendiculaire à cette droite au point *a,a'*.

Suivant la construction connue (146), nous menons une horizontale du plan, sa projection horizontale est *af* perpendiculaire *oa* et la projection verticale est *a'f'* sa trace verticale est *f'* et nous figurons la trace verticale P'*f'* perpendiculaire à *o'a'*.

Nous menons la ligne de front *a'h'* perpendiculaire à *o'a'*, sa projection horizontale est *ah*, et par sa trace horizontale *h* nous faisons passer la trace horizontale P*h* du plan.

Ces deux traces doivent se couper au même point de la ligne de terre.

Observons que l'horizontale et la ligne de front sont précisément les tangentes au cercle horizontal et au cercle de front menés par le point *aa'*, et le plan tangent est déterminé par les tangentes à deux courbes tracées sur la surface.

396. Théorème. — *La courbe de contact d'un cône circonscrit à une sphère est une courbe plane dont le plan est perpendiculaire à la droite qui joint le sommet au centre.* (Fig. 279.)

Considérons un cercle dont le centre est au point O, traçons par un point extérieur deux tangentes SA, SB, et traçons la corde de contact AB qui rencontre la droite SO au point C. AB est perpendiculaire sur SO.

Faisons tourner le cercle et la tangente autour de SO ; le cercle engendre la sphère, les points A et B engendrent le même cercle, dont le plan passe par le point C et est perpendiculaire à SO.

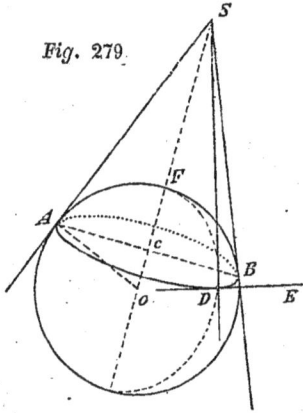

Fig. 279

Les droites SA et SB engendrent un cône de révolution qui a pour base le cercle AB.

Ce cône est circonscrit à la sphère, il a mêmes plans tangents que la sphère en tous les points du cercle AB.

En effet, prenons un point D, menons la droite SD qui est une des positions de SA et qui est tangente au cercle générateur de la sphère ; le plan tangent à la sphère est déterminé par SD et par la tangente DE au cercle AB. Or, SD est la génératrice du cône, DE la tangente à la base, par conséquent le plan tangent à la sphère est le même que le plan tangent au cône.

Ainsi *dans un cône de révolution*, on peut inscrire une infinité de sphères qui ont leurs centres sur l'axe. Le rayon d'une de ces sphères est égal à la distance du centre à une génératrice.

397. Problème. — *Construire à une sphère un plan tangent passant par un point extérieur.* (Fig. 280.)

Le théorème précédent montre que le problème est indéterminé ; tous les plans tangents passant par le point donné sont des plans tangents à un cône de révolution circonscrit à la sphère. On dit que le cône est l'*enveloppe* de ces plans tangents.

Nous nous proposons de *déterminer la courbe de contact* du cône circonscrit à la sphère o, o' et ayant son sommet au point S,S'.

Nous traçons la droite So, S'o', le plan de la courbe de contact est perpendiculaire à cette droite; nous faisons un changement de plan vertical, en prenant pour plan vertical le plan qui projette horizontalement So, et le plan de la courbe sera perpendiculaire au plan vertical (90).

La ligne de terre est $L_1 T_1$, le point o, o' vient $o' o'_1$, le point S,S' vient en S_1, S'_1, la projection horizontale de la sphère reste la même, la projection verticale est le cercle dont le centre est o'_1 et qui est décrit avec le rayon de la sphère.

Le point S,S'$_1$ est dans le plan du cercle de contour apparent vertical de la sphère, nous pouvons donc mener à ce cercle les deux tangentes S'$_1 a'_1$ et S'$_1 b'_1$; les points a'_1 et b'_1 appartiennent à la courbe de contact et comme le plan de cette courbe est perpendiculaire au plan vertical la projection verticale du cercle est $a'_1 b'_1$.

La projection horizontale est une ellipse dont le centre est au point c, projection de c'_1 ; le grand axe est égal au diamètre du cercle et est dirigé suivant une horizontale du plan, donc le grand axe est $df = a'_1 b'_1$; le petit axe est égal au diamètre du cercle projeté suivant l'angle du plan avec le plan horizontal. (Voir dans la première partie la projection d'un cercle situé dans un plan, n° 211). Le petit axe est ab et l'ellipse est déterminée.

Nous pouvons construire les points où elle touche le contour apparent horizontal de la sphère. Le contour apparent se projette verticalement suivant le diamètre horizontal $o'_1 k'_1$, les points cherchés sont ceux qui se projettent verticalement en k'_1, et leurs projections horizontales sont k et h.

Le point b', b est au-dessus du contour apparent horizontal donc l'arc *kbh* est *vu*, et par suite l'arc *hdafh* est *caché* (393.

Il serait facile de construire par points la projection verticale de cette ellipse dans le système primitif, car les cotes
de tous les points sont déterminées sur la projection verti-

Fig. 280

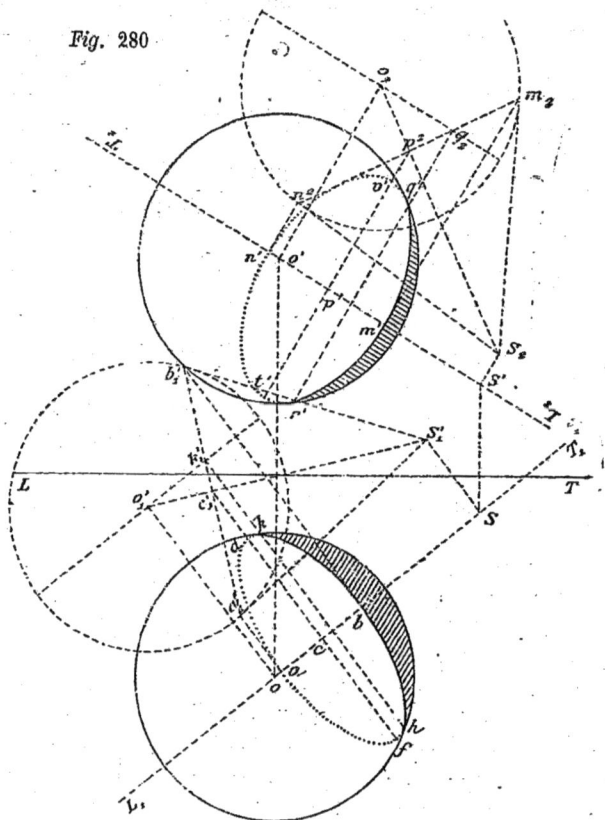

cale L_1T_1 ; mais en opérant de cette manière on n'aurait pas
les axes de la projection verticale.

Il est préférable de construire directement la courbe par
ses axes, en faisant un changement de plan horizontal.

Le plan horizontal nouveau est celui qui projette verticalement la droite $S'o'$, la ligne de terre est t L_2T_2.

Le point S, S' vient en $S'S_2$, le centre en $o'o_2$.

La courbe de contact est perpendiculaire à ce nouveau plan horizontal, et elle est projetée suivant m_2n_2, le centre est p_2. Les axes de la projection verticale sont donc $t'p'v' = n_2m_2 = fd$ et $n'm'$.

Le contour apparent vertical se projette sur le plan horizontal L_2T_2 suivant la droite de front p_2q_2, et nous obtenons les points v' et q' où la courbe touche le contour apparent vertical.

Le point $m'm_2$ est en avant du contour vertical, il est *vu* ainsi que l'arc $q'm'r'$, l'autre arc est caché.

398. Applications. — Ce problème est le problème des contours apparents d'une sphère vue par un observateur placé à distance finie. Le contour apparent ou la perspective par rapport à un plan serait l'intersection du cône circonscrit à la sphère par le plan.

C'est encore le problème des ombres de la sphère éclairée par un point lumineux, la courbe de contact est évidemment la *séparatrice*, et l'ombre portée par la sphère sur un plan est l'intersection du plan avec le cône circonscrit.

399. Théorème. — *La courbe de contact d'un cylindre circonscrit à une sphère est une courbe plane.*

Le plan de la courbe passe par le centre de la sphère et est perpendiculaire aux gé-nératrices du cylindre ; la courbe est donc *un grand cercle* de la sphère.

Nous considérons un cercle O et une droite OC.

Nous menons au cercle une tangente AB parallèle à OC.

Nous faisons tourner le cercle et la droite AB autour de OC.

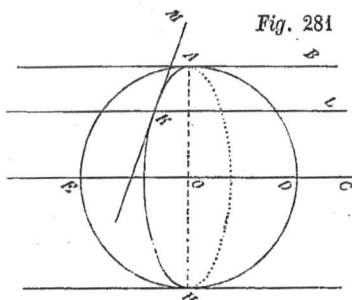
Fig. 281

Le cercle engendre une sphère ; le point A engendre évidemment un grand cercle AKH de cette sphère, et la droite AB un cylindre de révolution dont l'axe est OC.

En tous les points du cercle AH le plan tangent au cylindre
est le même que le plan tangent à la sphère.

Soit le point K, le plan tangent à la sphère contient la
droite KL qui, dans la rotation, reste toujours ¡tangente au
cercle générateur de la sphère, et la tangente KM au cercle
AKH qui est la base du cylindre. Ces deux droites déterminent ainsi le plan tangent au cylindre.

400. Problème. — *Mener à une sphère un plan tangent
parallèle à une droite donnée.* (Fig. 282.)

La sphère est o, o', la droite est R, R'.

Le problème est indéterminé, tous les plans tangents à la

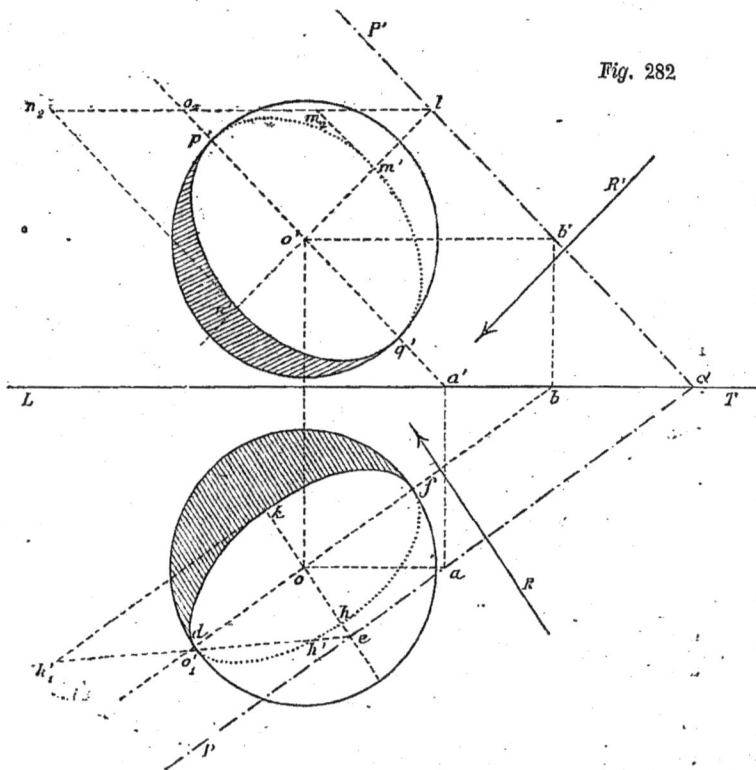

Fig. 282

sphère parallèles à la droite enveloppent un cylindre circonscrit à la sphère, et nous allons construire la courbe de contact de ce cylindre.

Le plan du cercle de contact est perpendiculaire à la droite R,R' et passe par le centre.

Nous menons par le centre o,o' un plan perpendiculaire à R,R' au moyen de la ligne de front oa, $o'a'$, et de l'horizontale $o'b'$, ob. Le plan est P'αP (146).

La projection horizontale du cercle situé dans ce plan est une ellipse dont le centre est en o, son grand axe est dirigé suivant l'horizontale dof, et il est égal au diamètre ; donc c'est df. (211.)

Son petit axe est égal au diamètre du cercle projeté suivant l'angle du plan avec le plan horizontal ; construisons cet angle et pour cela traçons le plan vertical $kohe$ perpendiculaire à αP et rabattons-le.

Le point e est fixe, le point o se rabat en o'_1, la ligne de plus grande pente du plan est rabattue en $k'_1o'_1e$, nous prenons $o'_1k'_1 = o'_1h'_1 = of$, et nous projetons les points k'_1 et h'_1 en k et h, nous avons les extrémités du petit axe.

D'ailleurs le point k'_1 est au-dessus du point h'_1, et sa projection horizontale est *vue* ainsi que l'arc dkf.

Nous construisons de la même manière l'ellipse, projection verticale de la courbe.

Son grand axe est $p'q'$, ligne de front ; nous rabattons en n_2o_2l la ligne de plus grande pente du plan par rapport au plan vertical ; nous prenons $n_2o_2 = o_2m_2 = o'p'$, et le petit axe est $n'm'$. Le point n_2n' est en avant du point m_2,m' par rapport au plan vertical, ce point est *vu* ainsi que l'arc $p'n'q'$.

Autre construction. (Fig. 283.) — On peut disposer les constructions d'une autre manière. Nous traçons par le centre de la sphère la droite oa, $o'a'$ parallèle à R,R'. Faisons un changement de plan vertical, en prenant pour plan vertical un plan parallèle à la droite et passant par le centre de la sphère ; la ligne de terre est L_1T_1 parallèle à R.

Le centre vient en o,o'_1, la nouvelle projection verticale de la droite est $o'_1a'_1$. Le plan perpendiculaire à la droite est perpendiculaire au plan vertical, et le cercle de contact est projeté verticalement en $b'_1c'_1$. L'ellipse projection horizontale de ce cercle a pour grand axe df et pour petit axe bc.

Le contour apparent horizontal est projeté verticalement sur $h'_1o'_1$, le point b est donc *vu* ainsi que l'arc dbf.

Cette construction est exactement la même que celle de la figure précédente, le rabattement du plan vertical ke étant équivalent au changement de plan L_1T_1 (197).

Fig. 283

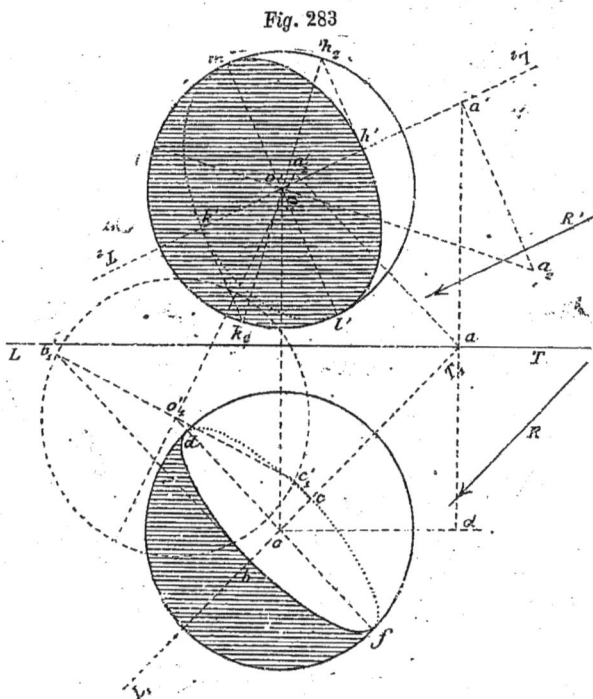

On peut même éviter de tracer de nouveau le contour apparent de la sphère.

Nous voulons construire la projection verticale du cercle de contact ; nous faisons un changement de plan horizontal en prenant pour plan le plan qui projette verticalement la droite $o'a'$, oa ; la ligne de terre est L_2T_2. En même temps, nous avançons le plan vertical jusqu'à le faire passer par le centre de la sphère, c'est-à-dire que nous diminuons les éloignements de l'éloignement du centre. Il en résulte que le point o' est en même temps la projection horizontale nouvelle o_2 du centre, et le contour apparent horizontal reste confondu avec le cercle déjà tracé ; le point a,a' de la droite vient en a_2 (son éloignement par rapport au centre est $a\alpha$, et à cause de la situation du nouveau plan horizontal il doit être compté de a' en a_2) ; la droite est a_2o_2 ; le plan perpendiculaire est k_2h_2, et nous obtenons les axes de l'ellipse en $m'l'$ perpendiculaire à L_2T_2 et $k'h'$. On voit que les constructions ainsi conduites dispensent de tracer de nouvelles circonférences.

La projection horizontale du contour apparent vertical est L_2T_2, le point h_2 est en avant de cette droite, et par suite le point h' est vu ainsi que l'arc $m'h'l'$.

401. Ombres. — Ce problème est celui de l'ombre d'une sphère éclairée par des rayons parallèles à R,R' ; la courbe de contact est *la séparatrice,* car il est évident que tous les rayons interceptés par la sphère sont contenus dans le cylindre circonscrit.

L'ombre portée par la sphère sur un plan est l'intersection avec ce plan du cylindre circonscrit.

402. *Ombre propre d'une sphère et d'un cylindre ou d'un cône circonscrit.* — Il faut remarquer que, si l'on considère une sphère à laquelle on a circonscrit un cône ou un cylindre, en éclairant le système des deux corps par des rayons parallèles, la courbe d'ombre sur la sphère n'est pas tangente aux génératrices d'ombre de la surface circonscrite.

Ainsi nous avons une sphère O O'.(Fig. 284.) Nous circonscrivons à cette sphère un cône de révolution à axe vertical dont le sommet est S' et nous éclairons les deux corps par des rayons parallèles au plan vertical, et dont la projection verticale est R'.

Nous menons par le sommet du cône la parallèle $s'c'$, oc à R' et par sa trace c sur le plan de base du cône nous traçons les tangentes à la base. Les deux génératrices d'ombre sont oc, od et ont pour projection verticale S'c'.

La courbe d'ombre de la sphère est située dans un plan

perpendiculaire à R′ (396) et passant par le centre, plan dont
la trace verticale est $f'o'e'$ qui est la projection verticale de la
courbe, et cette projection passe par le point e' où le plan
tangent est commun au cône et à la sphère, mais fait nécessairement un angle avec la projection des génératrices.

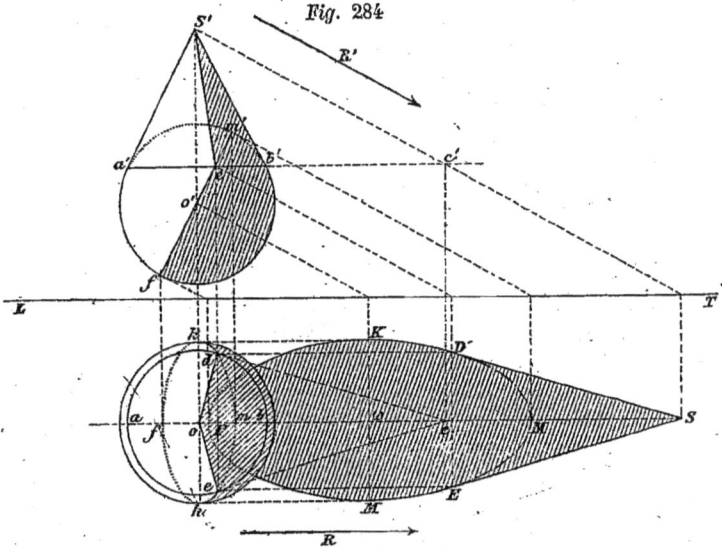

Fig. 284

La projection horizontale du cercle d'ombre est l'ellipse
dont kh est le grand axe et dont le petit axe est fm ; elle passe
bien par les points d et e mais ne peut être tangente à la projection des génératrices qui partent du centre de l'ellipse.

La même remarque s'applique à un cylindre circonscrit.
(Fig. 285.)

Les génératrices d'ombre sont alors projetées verticalement suivant $o'a'$, la courbe d'ombre de la sphère est projetée
suivant $c'o'$ perpendiculaire à R′ (399) et la tangente à cette
courbe au point d projeté verticalement en o' fait avec la génératrice du cylindre un angle égal à l'angle que fait le rayon
avec cette génératrice.

Si les rayons étaient divergents, les mêmes faits se reproduiraient, et il en sera toujours ainsi, toutes les fois qu'on aura deux surfaces simplement tangentes l'une à l'autre le long d'une ligne commune.

On verra plus tard que les courbes d'ombre ne se raccordent que dans le cas où les surfaces ont un contact plus intime le long de la ligne commune, et sont osculatrices.

Si l'on examine les ombres portées sur le plan horizontal par le cône et la sphère (fig. 284), l'ombre de la sphère est comme nous l'avons dit (401) l'ombre de la séparatrice, c'est donc la projection oblique du cercle $f'm'$. Cette projection est une ellipse. Le diamètre horizontal du cercle se projette suivant KH, le diamètre $f'm'$ se projette suivant FM et l'ellipse dont les deux axes sont KH et FM est l'ombre portée par la sphère.

L'ombre du cône se compose des ombres des deux génératrices Se, Sd projetées verticalement en S'e', et ces ombres sont les traces des deux plans tangents au cône suivant ces génératrices (362.) Or, ces plans tangents au cône sont tangents à la sphère aux points e et d, ils sont aussi tangents au cylindre d'ombre puisque ce cylindre est circonscrit à la sphère suivant le cercle $f'm'$, (396) et leurs traces sont tangentes à la trace du cylindre (339) d'ombre, c'est-à-dire, à l'ellipse, aux points E et D, ombres des points ee' et dd'.

Ainsi il faut bien observer que les ombres propres ne se raccordent pas, et que les ombres portées se raccordent. On ferait la même observation pour le cylindre.

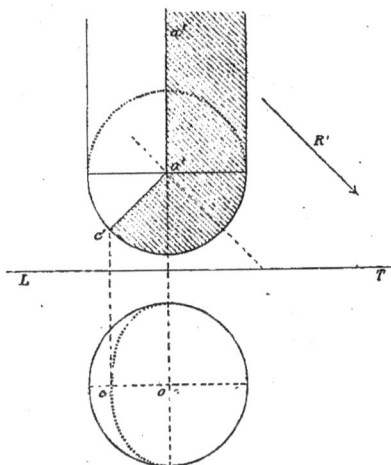

Fig. 285

403. Problème. *Mener à une sphère un plan tangent pa-rallèle à un plan* (Fig. 286.)

La sphère a son centre en O O', le plan donné est P'αP. Le plan tangent cherché sera perpendiculaire au rayon du point de contact (391). Nous pouvons tracer le rayon *ob, o'b'* perpendiculaire au plan donné.

Construisons l'intersection de ce rayon avec la sphère;

Fig. 286

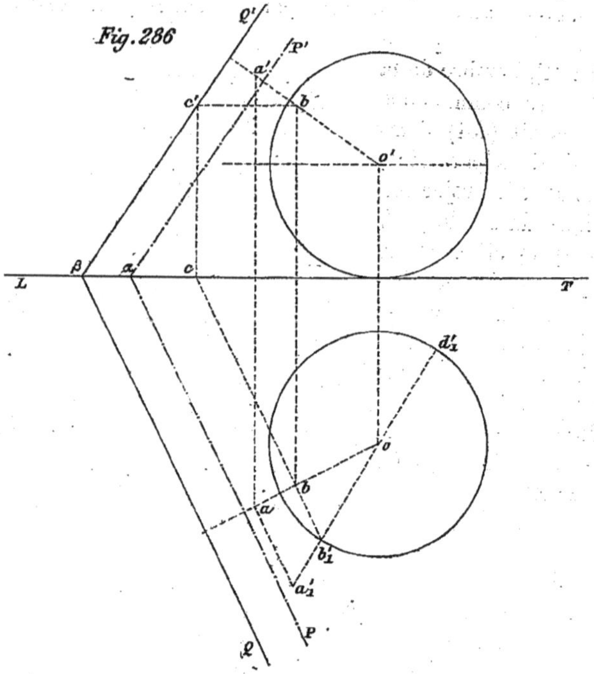

nous employons le plan qui projette ce rayon sur le plan ho-rizontal, et nous le rabattons sur le plan horizontal qui passe par le centre.

Le point *a, a'* pris arbitrairement vient en *a'₁*, tel que *a, a'₁* soit égal à la cote relative du point par rapport au centre; le rabattement du rayon est *o b'₁*.

Le grand cercle de la sphère contenu dans le plan auxi-liaire se rabat suivant le cercle de contour apparent horizon-tal.

La droite perce la sphère aux deux points rabattus en b'_1 et d'_1, nous relevons b'_1 en b,b' : Voilà le point de contact du plan tangent.

Nous menons par ce point le plan perpendiculaire au rayon (146), l'horizontale est bc, $b'c'$ et le plan est Q'ζQ; le point d'_1 relevé donnerait une autre solution.

404. Problème. *Mener par une droite un plan tangent à une sphère.*

1° Si l'on veut mener par une droite AB un plan tangent à une surface S, on peut prendre sur la droite deux points arbitraires A et B, et construire deux cônes ayant leurs sommets en ces points et circonscrits à la surface. (320) (Fig. 287.) La courbe de contact du cône A sera telle que GEHF, la courbe de contact du cône B sera telle que CEDF. Ces deux courbes se couperont généralement en deux points EF, et en chacun de ces points, le plan tangent est commun aux deux cônes et à la surface, il passera donc par la droite des sommets AB.

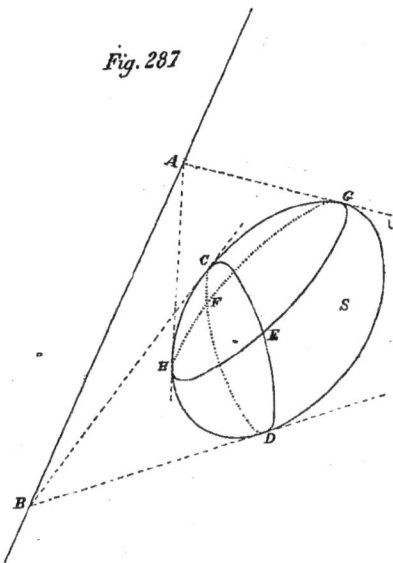

Fig. 287

Dans les surfaces courbes et dans les surfaces réglées développables, la droite AB ne doit pas rencontrer la surface et nous verrons au contraire que, dans les surfaces réglées gauches, le problème n'est possible que si la droite rencontre la surface.

2° On peut prendre sur la droite un seul point A, par exemple, et construire le cône circonscrit à la surface et ayant pour sommet le point A; on peut ensuite mener à ce cône un plan tangent par la droite puisque la droite passe par le sommet du cône; on prend alors un plan de base pour le cône, on détermine la trace de la droite sur ce plan et on mène par cette trace des tangentes à la base (365.)

Cette solution est facile quand la courbe de contact du cône circonscrit est plane, ce qui a lieu dans la sphère (396) et ainsi que nous le verrons plus tard dans toutes les surfaces du second degré.

3° On peut circonscrire à la surface un cylindre parallèle à la droite (Fig. 288), soit MHLE la courbe de contact, et construire un plan tangent au cylindre par la droite, ce qui est possible parce que la droite est parallèle aux génératrices.

Fig. 288

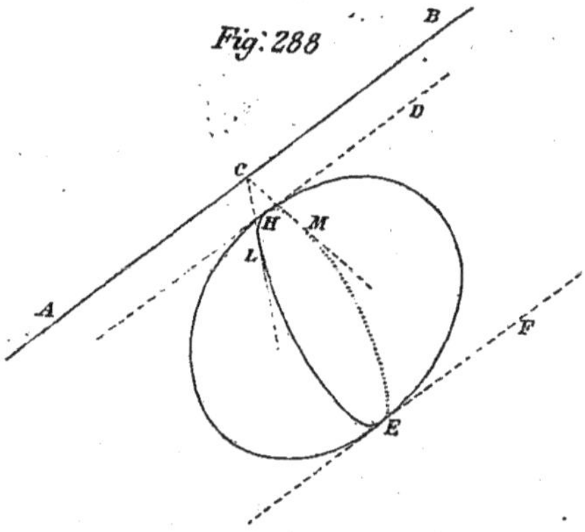

Dans les cas où cette courbe de contact est plane, et qui sont les mêmes que ceux que nous venons d'énoncer, on prend le point de rencontre C de la droite avec le plan de la courbe, on mène les tangentes CL et CM à la courbe; chacune de ces tangentes détermine avec la droite un plan tangent au cylindre et à la surface; les points M et L sont les points de contact.

Nous allons appliquer successivement ces 3 constructions à la sphère.

405. 1° *Méthode des deux cônes.* (Fig. 289.)

Le centre de la sphère est o,o', la droite est ab, $a'b'$.

Nous prenons pour sommet d'un cône, le point $c'c$ de la droite qui se trouve dans le plan horizontal qui passe par le centre de la sphère. — Si nous conduisons par le point c la droite cd tangente au cercle de contour apparent de la sphère, d sera un point de la courbe de contact, et, comme le plan de cette courbe est perpendiculaire à l'horizontale co, (391), il sera vertical ; de perpendiculaire à co sera la projection horizontale du cercle de contact.

Nous prenons pour sommet du second cône le point f, f' de la droite situé dans le plan de front passant par le centre.

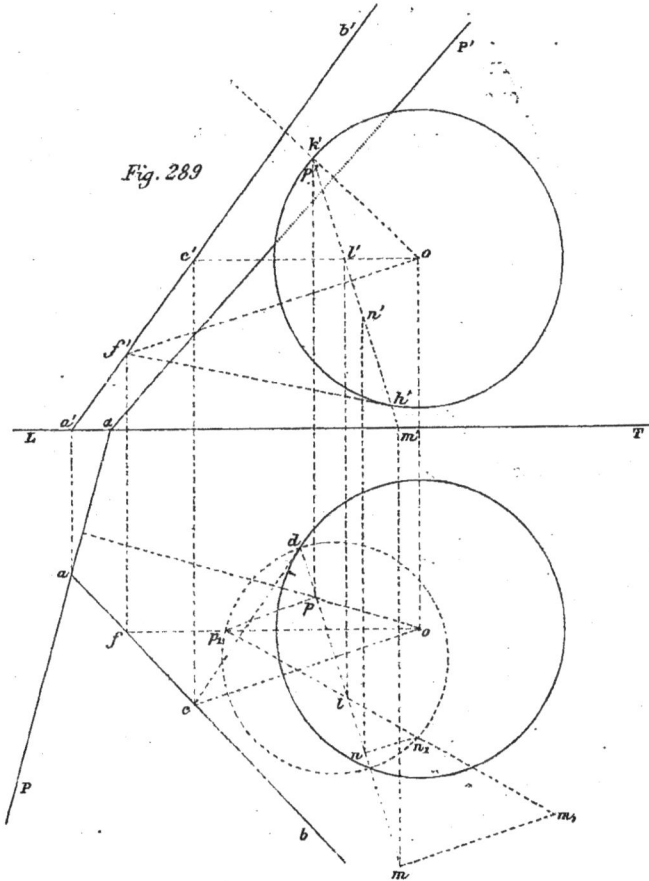

Fig. 289

Le plan de la courbe de contact, perpendiculaire à $f'o'$ sera perpendiculaire au plan vertical, nous obtiendrons un point de la courbe en menant la tangente $f'h'$; $h'k'$ perpendiculaire à $f'o'$ est la projection verticale du cercle de contact. (391)

Pour construire l'intersection de ces deux cercles, nous allons chercher les points où l'un d'eux est rencontré par la ligne d'intersection des deux plans, projetée suivant $k'k'$ et suivant de. Nous rabattons le plan vertical de sur le plan horizontal qui passe par le centre de la sphère : le point l',l où cette droite traverse ce plan horizontal est un point fixe, le point m,m' se rabat en m_1 (m_1m étant égal à la cote relative du point m' au-dessous du centre) ; le cercle se rabat suivant la circonférence décrite sur de comme diamètre (190).

Le cercle et la droite se rencontrent aux points rabattus en n_1 et p_1 qui se relèvent en n,n' et p,p' sur la droite et sont les points de contact cherchés.

Chacun de ces points détermine avec la droite un des plans tangents demandés.

Construisons les traces du plan tangent au point p,p'; il est perpendiculaire au rayon op, $o'p'$. (391.)

Par la trace horizontale α, nous menons Pα trace horizontale du plan perpendiculaire à $o\ p$, nous traçons ensuite αP' perpendiculaire à $o'p'$.

406. Conséquence. — *Plan tangent commun à deux cônes circonscrits à une même sphère.*

Les deux plans tangents que nous venons de construire sont tangents aux deux cônes.

La construction que nous venons de faire détermine donc des plans tangents communs à deux cônes circonscrits à une même sphère ; et la condition de possibilité est que la droite des sommets ne rencontre pas la sphère.

En effet, le plan de la courbe de contact d'un cône circonscrit à une sphère est le plan polaire du sommet, l'intersection des deux plans polaires des sommets donne *la polaire réciproque* de la droite des sommets, et elle est dans la sphère si la ligne des sommets est extérieure ; alors les deux courbes de contact se croisent et fournissent les points de contact des plans tangents cherchés.

Nous généraliserons plus loin cette construction en l'appliquant aux surfaces du second degré.

407. 2ᵐᵉ Construction. — *Par un seul cône.* (Fig. 290).

Le centre de la sphère est o,o', la droite est $a\ b$, $a'b'$.

Nous plaçons le sommet du cône sur le plan de front qui passe par le centre, au point a,a'.

Nous avons expliqué dans le cas précédent que le cercle de contact a pour projection verticale $c'\,d'$ perpendiculaire à $a'o'$ (le point c est donné par la tangente $a'c'$).

Le plan du cercle rencontre la droite au point f,f'. Nous rabattons ce plan sur le plan de front passant par le centre; le cercle se rabat suivant la circonférence décrite sur $d'c'$ comme diamètre, le

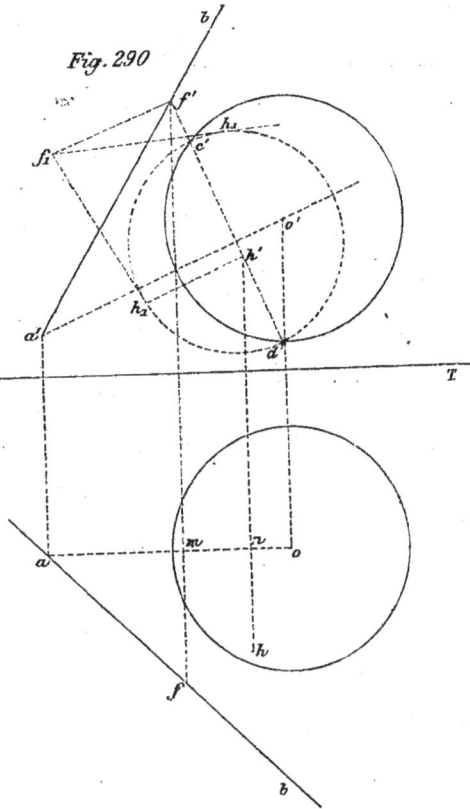

Fig. 290

point $f'f$ se rabat en f_1 ($f'f_1 = fm$) et nous menons du point f_1 les deux tangentes au cercle f_1h_1 et f_1k_1; les points h_1 et k_1 sont les rabattements des points de contact cherchés.

Nous avons relevé le point h_1 en h,h' ($hn = h_1h'$), ce point détermine avec la droite un plan tangent.

Il en est de même pour le second.

408. 3ᵐᵉ *Construction. — Par le cylindre circonscrit.* (Fig. 291.)

Le centre est oo'; la droite est ab, $a'b'$.

Le plan de la courbe de contact du cylindre circonscrit parallèle à la droite passe par le centre et est perpendiculaire à cette droite (399.)

Ce plan est P'αP obtenu à l'aide de l'horizontale od, $o'd'$ perpendiculaire à ab (146).

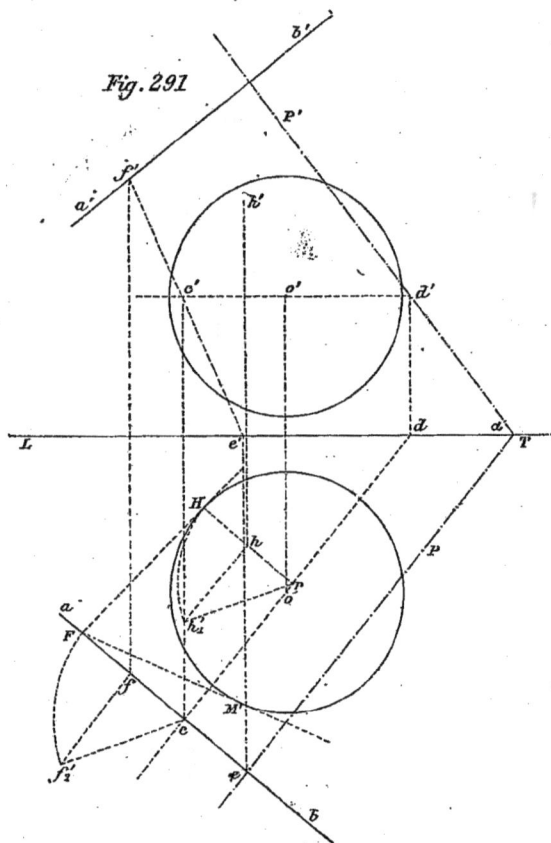

Fig. 291

Pour construire le point de rencontre de la droite et du plan nous employons le plan qui projette horizontalement la droite ; il rencontre αP au point $e\,e'$, et l'horizontale au point

$c\,c'$, la droite $e'c'$, $e\,c$ croise la droite ab, $a'b'$ au point cherché $f\!f'$ (130.)

Nous devons mener par ce point une tangente au cercle de contact ; nous rabattons le plan du cercle sur le plan horizontal qui passe par le centre, autour de l'horizontale do, $d'o'$ (208). Le cercle se rabat sur le cercle de contour apparent, le point $f,\!f'$ vient en F et nous menons les deux tangentes FH et FM. H et M sont les rabattements des deux points de contact des plans tangents cherchés ; nous relevons le point H (nous abaissons Hr perpendiculaire sur do, nous traçons $rh'_1 = r$ H parallèle à cf_1') en hh'.

Nous ne figurons pas les traces du plan tangent.

De même pour le point M.

409. Problème. — *Mener un plan tangent commun à deux sphères.* Prenons deux cercles a et $b,$ dans le plan du tableau. (Fig. 292.)

Nous menons à ces cercles une tangente commune f de rencontrant la ligne du centre au point f et nous faisons tourner la figure autour de fab.

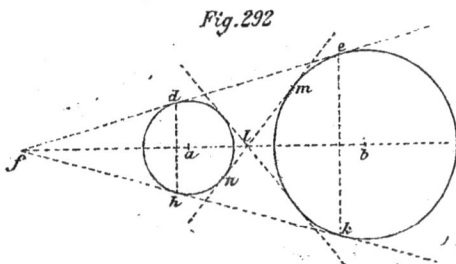

Fig. 292

Nous engendrons ainsi deux sphères et un cône circonscrit à ces deux sphères (396), et tout plan tangent à ce cône sera tangent aux deux sphères.

Nous aurions pu mener aussi la tangente commune intérieure nlm et engendrer un second cône.

Tous les plans tangents aux deux sphères enveloppent donc deux cônes circonscrits, ayant pour sommets les centres de similitude directe et inverse des deux sphères.

Plan tangent commun à deux sphères par un point extérieur. — Le problème que nous nous proposons dans le numéro précédent est donc indéterminé ; il faut demander que le plan tangent aux deux sphères passe par un point extérieur, ou soit parallèle à une droite donnée. Nous ferons dans les applications un exemple de cette construction. Il est clair qu'il suffit de mener au cône circonscrit aux deux sphères un plan tangent soit passant par le point, soit parallèle à la droite; on peut prendre pour plan de base du cône, le plan d'un des cercles de contact avec l'une des sphères.

410. Problème. — *Mener un plan tangent commun à trois sphères.*

Nous placerons les centres des trois sphères dans un des plans de projection; si les centres étaient donnés d'une manière quelconque dans l'espace, il faudrait toujours ramener leur plan dans cette position, soit par rabattement, soit par changement de plan.

Nous plaçons les 3 centres *a,b,c* dans le plan horizontal, (Fig. 293.) Nous construisons d'abord un cône circonscrit aux deux sphères *a* et *b*; son sommet est sur la ligne des centres en *f* dans le plan horizontal, et tous les plans tangents à ce cône sont tangents aux deux sphères (396.)

Nous construisons un cône circonscrit aux deux sphères *a* et *c*; son sommet est sur la ligne des centres en *k* dans le plan horizontal, et tous les plans tangents à ce cône sont tangents aux deux sphères. (396).

Le plan tangent commun à ces deux cônes est tangent aux 3 sphères, sa trace horizontale est la droite *fk*. Nous allons construire ses points de contact avec les 3 sphères.

La courbe de contact du cône *f* et de la sphère *a*, est le cercle projeté horizontalement suivant *dn*, la courbe de contact du cône *k* et de la sphère *a* est le cercle projeté horizontalement suivant *gi*; les points d'intersection de ces deux cercles sont projetés au point *l* dont la cote est facile à obtenir par le rabattement du cercle *ig*; la cote est *ll'*.

La génératrice du contact du cône *f* avec le plan tangent est la ligne *lf*, la courbe de contact du cône *f* avec la sphère *b* est le cercle projeté horizontalement suivant *ep*, le point de croisement *m* est la projection du point de contact cherché; sa cote est *m,m'* obtenue par le rabattement du cercle *ep*.

La génératrice de contact du cône *k* avec le plan tangent est la ligne *kl*, la courbe de contact du cône et de la sphère *c* est le cercle projeté horizontalement suivant qh, r est le point de contact ; sa cote s'obtiendrait comme celles des autres points.

Observons qu'à chaque point l, m, r correspondent deux points symétriques par rapport au plan horizontal ; il y a donc deux plans tangents communs symétriques par rapport au plan horizontal, ayant pour trace commune fk.

Il faut montrer que, si l'on considère le cône circonscrit extérieurement aux sphères b et c, ce cône conduira au plan tangent déjà déterminé.

Joignons les deux points de contact m et r, rm est tangente aux deux sphères, c'est donc une génératrice du cône circonscrit, et elle rencontre la ligne des centres en un point sommet du cône qui est nécessairement dans le plan horizontal ; d'autre part cette droite est dans le plan tangent déjà obtenu, et doit rencontrer le plan horizontal en un point de la trace fk du plan ; donc le sommet s du cône circonscrit aux deux sphères b et c est sur la droite fk et le plan tangent est le même que celui que nous venons de construire.

Nous démontrons donc en passant que les centres de similitude directe de 3 cercles situés dans le même plan et pris deux à deux sont en ligne droite.

Le plan tangent est déterminé par la trace fk, et 3 points, nous pouvons construire l'angle qu'il fait avec le plan horizontal — nous figurons la ligne de plus grande pente du plan passant par le point m, et dont la projection est $m\lambda$ perpendiculaire à fk ; (72) nous rabattons le plan vertical qui contient cette ligne de plus grande pente, le point m vient en M et l'angle Mλm est l'angle cherché.

Nous eussions pu considérer d'abord le cône circonscrit intérieurement aux deux sphères a et b, et qui a son sommet en x, le cône circonscrit intérieurement aux deux sphères a et c et qui a son sommet en o et nous eussions obtenu un plan tangent dont la trace est xo ; la détermination de ses points de contact est identique à celle que nous avons faite, et nous vérifierons en répétant le raisonnement déjà fait que le sommet s du cône circonscrit extérieurement aux deux sphères b et c se trouve sur la droite ox.

Si nous considérons le sommet z du cône circonscrit intérieurement aux deux sphères b et c, nous montrerons que les 3 points azk sont en ligne droite, ainsi que les 3 points ozf.

A chacune de ces traces correspondent deux plans tangents symétriques par rapport au plan horizontal. Nous obtiendrons donc : deux plans tangents extérieurs.

Six plans tangents intérieurs.

Si deux des sphères se coupent, par exemple b et c, le point z disparaît, ainsi que les deux traces xz et oz, les plans tangents se réduisent à quatre.

Si l'une des sphères coupe les deux autres, il n'y a plus que deux plans tangents extérieurs.

Observons encore que nous démontrons un théorème de géométrie plane : 3 cercles étant dans un même plan, deux des centres de similitude inverse sont en ligne droite avec un centre de similitude directe.

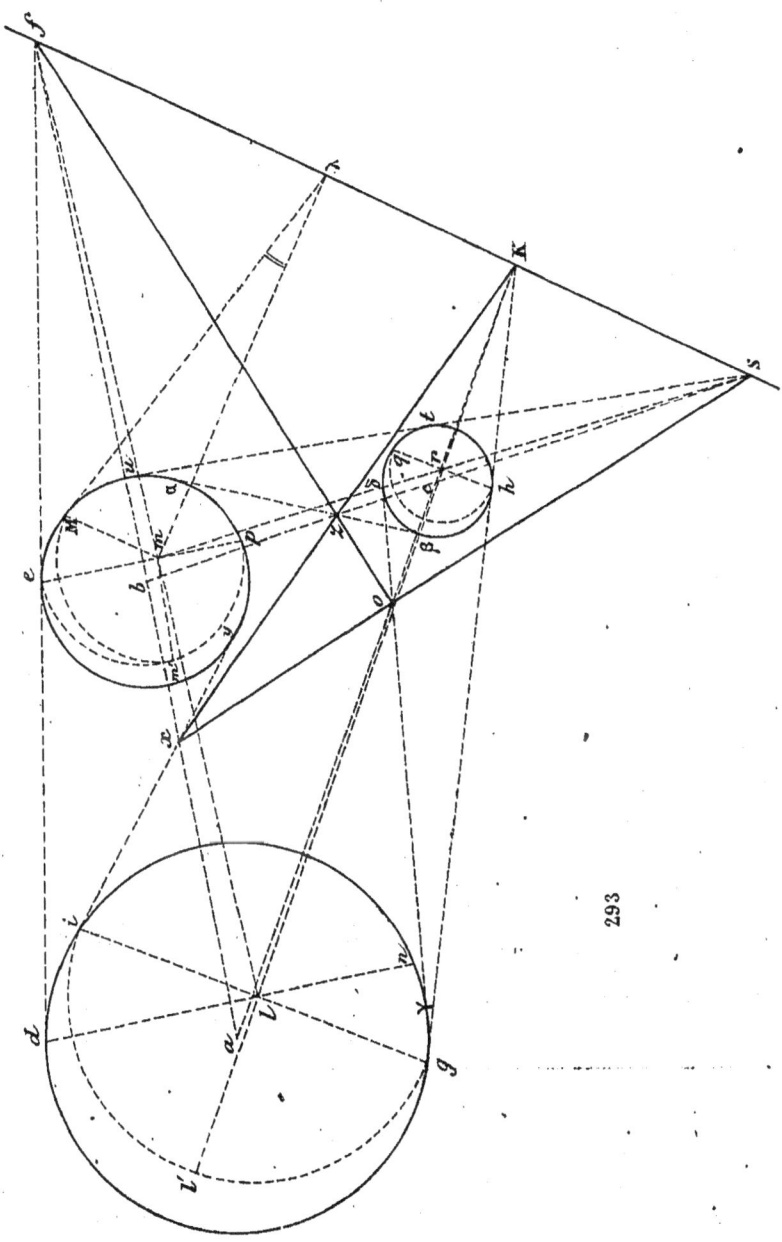

293

Librairie CH DELAGRAVE, 15, rue Soufflot, Paris

SPHÈRE

411. Applications. — *Contours apparents des cônes et cylindres de révolution.*

On emploie souvent la sphère comme surface auxiliaire pour déterminer les cônes et cylindres de révolution.

Fig. 294

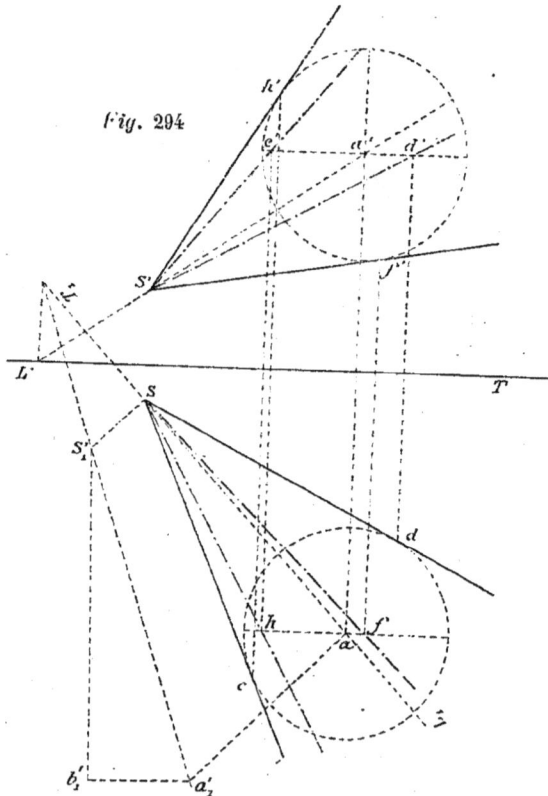

Par exemple (fig. 294) : On donne les deux projections de l'axe d'un cône de révolution Sa, S'a', le sommet S,'S et l'angle au sommet du cône (angle double de l'angle générateur ou de l'angle de la génératrice avec l'axe) : *Déterminer les contours apparents*. Les plans tangents au cône sont les mêmes que les plans tangents à une sphère inscrite dans le cône ; par suite, les plans de contour apparent du cône seront des plans de contour apparent de la sphère, c'est-à-dire des plans tangents à la sphère perpendiculaires aux plans de projection, leurs points de contact se trouveront sur les courbes de contour apparent de la sphère.

Donc, si nous déterminons une sphère inscrite, nous mènerons par les projections du sommet des tangentes aux contours apparents de la sphère (392).

Nous faisons un changement de plan vertical, en prenant pour plan vertical le plan qui projette horizontalement l'axe ; la ligne de terre est $L_1 T_1$; la nouvelle projection verticale de l'axe est S'$_1 a'_1$. Sur ce plan vertical parallèle à l'axe, l'angle du cône se projettera en vraie grandeur ; nous menons S'$_1 b'_1$ faisant avec l'axe S'$_1 a'_1$ l'angle donné, nous abaissons d'un point quelconque tel que a'_1 une perpendiculaire $a'_1 b'_1$ sur la génératrice, et nous avons le rayon d'une sphère inscrite dans le cône et dont le centre est au point a, a'. Nous figurons les contours apparents de cette sphère, et nous menons des tangentes à ces cercles par les projections du sommet.

412. Remarque. — Il est bien visible ici que, suivant la remarque déjà faite (376), l'angle cSd n'est pas égal au double de $b'_1 S'_1 a'_1$, et l'on comprend que l'angle au sommet peut être tel que le rayon de la sphère étant très grand, la projection du sommet tombe à l'intérieur de la sphère, et il n'y a plus de contour apparent.

Cherchons la projection verticale des génératrices de contour apparent horizontal.

Le point c se trouve sur le cercle de contour apparent dont la projection est $c'd'$, sa projection verticale est c' ; le point d a pour projection verticale d' ; les génératrices ont pour projections verticales Sc' et Sd' ; il faut bien observer qu'elles ne sont pas confondues avec la projection verticale de l'axe, elles ne sont pas dans un même plan avec l'axe et leurs projections ne seraient superposées à celle de l'axe que dans le cas où l'axe serait horizontal, et même ces projections ne font pas le même angle avec l'axe. De même les génératrices de contour apparent vertical ont pour projections horizontales Sf et Sh ; les points f et h étant situés sur *haf*, projection horizontale du cercle de contour apparent vertical ; ces projections se superposeraient à la projection de l'axe, seulement dans le cas où l'axe serait de front.

413. Cylindre de révolution. — La sphère inscrite peut aussi servir à déterminer un cylindre de révolution, connaissant l'axe et le rayon. (Fig. 295.)

On trace les contours apparents d'une sphère inscrite dont on place le centre en un point quelconque de l'axe, et l'on mène à ces cercles des tangentes parallèles à l'axe.

Les plans tangents perpendiculaires au plan vertical sont parallèles entre eux, les génératrices de contact sont diamétralement opposées et sont dans un même plan avec l'axe, mais leurs projections hori-

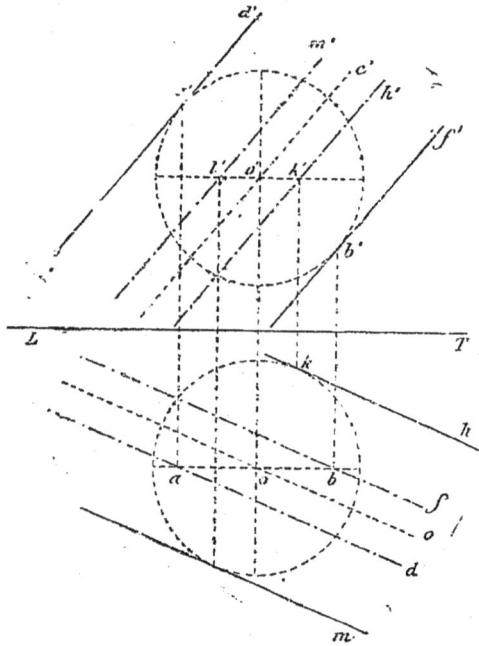

Fig. 295

zontales ne sont pas confondues avec la projection horizontale de l'axe.

Ainsi l'axe étant oc, $o'c'$, les génératrices de contour apparent vertical $a'd'$ et $b'f'$ ont pour projections horizontales ad et bf parallèles à l'axe et à égale distance de l'axe.

De même les génératrices de contour apparent horizontal kh et lm ont pour projections verticales $k'h'$ et $l'm'$ parallèles à l'axe et à la même distance.

Les projections horizontales des génératrices de contour apparent vertical, ne seront confondues avec la projection de l'axe que si l'axe est horizontal.

414. Deuxième application. — Nous pouvons encore nous servir très avantageusement de la sphère inscrite pour résoudre ce problème:

Étant donnée l'une des projections d'un point d'un cylindre ou d'un cône de révolution dont l'axe est oblique, trouver l'autre projection et mener le plan tangent au point considéré.

Cylindre. — L'axe du cylindre est ab, $a'b''$, son rayon est connu. (Fig. 296.)

On donne la projection horizontale c d'un point, construire sa projection verticale.

Plaçons en un point quelconque b, b' le centre de la sphère inscrite, et décrivons la projection horizontale de cette sphère.

Traçons la projection horizontale cd de la génératrice qui passe par le point c, et rabattons le plan qui projette horizontalement cette génératrice; ce plan coupe la sphère suivant un petit cercle dont la projection horizontale est dh, dont le centre est projeté en f et a une cote égale à celle du centre de la sphère (puisque la perpendiculaire abaissée du centre sur le plan de section est horizontale); ce cercle se rabat donc en f_1 avec un rayon égal à fd ($ff_1 = b'\beta$).

Rabattons l'axe autour de la projection horizontale, nous obtenons la ligne $a'_1b'_1$. Or il est évident que la génératrice qui passe par le point c se rabattra suivant une tangente au cercle de section de la sphère paralèle à $a'_1b'_1$; nous pouvons mener deux tangentes $k'_1c'_1$ et $r'_1c'_2$; le point c se trouve sur l'une ou l'autre de ces deux droites et par suite est rabattu soit en c'_1 soit en c'_2 ce qui fait connaître sa cote et nous permet de placer sa projection verticale en c' ou en c''.

Fig. 296

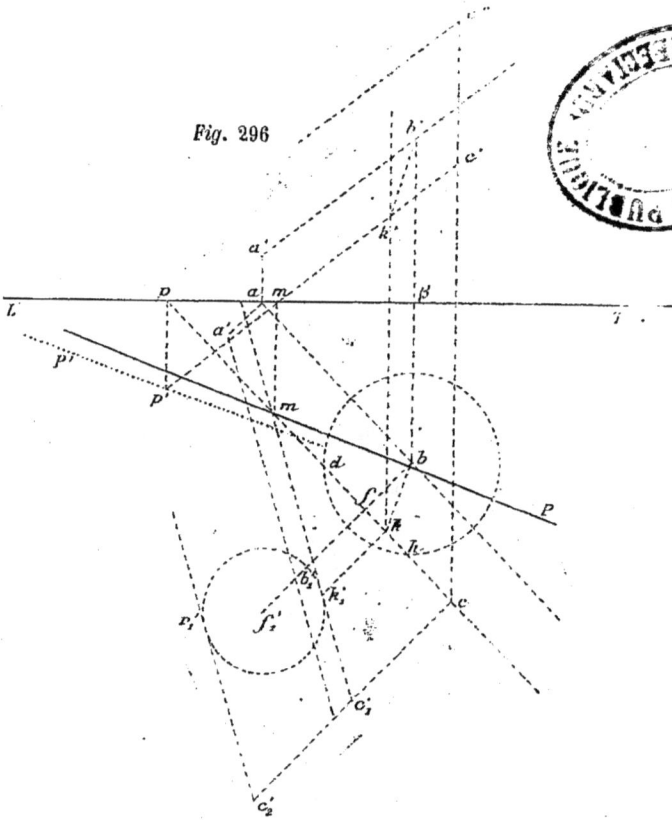

Le plan tangent au cylindre au point c,c' est tangent à la sphère au point où la génératrice de contact touche la sphère, c'est-à-dire au point k'_1 que nous ramenons en k,k' ; il est donc perpendiculaire au rayon bk, $b'k'$, ainsi sa trace horizontale passe par la trace m de la génératrice et est mP perpendiculaire à bk, sa trace verticale passe par la trace verticale de la génératrice et est p'P' perpendiculaire à $b'k'$.

Cône. — Le cône est défini par son axe Sa, S'a', son sommet S,S' et son angle au sommet, on donne la projection horizontale b d'un point du cône. (Fig. 296 *bis*.)

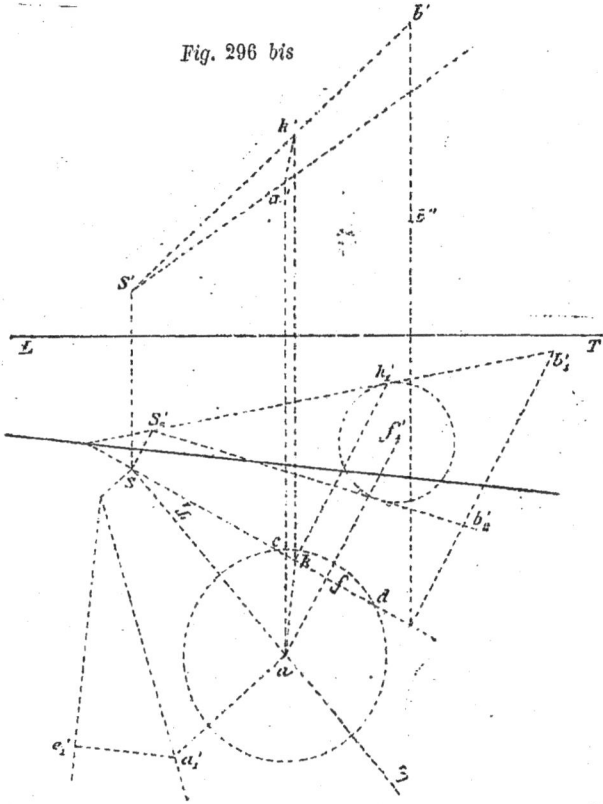

Fig. 296 *bis*

Nous déterminerons une sphère inscrite dans le cône ainsi que nous l'avons précédemment expliqué en prenant le plan vertical L$_i$T$_i$, le rayon est $e'_i a'_i$, et nous décrivons la projection horizontale de la sphère.

Nous rabattons le plan qui projette horizontalement la génératrice Sb menée par le point, ce plan coupe la sphère suivant un petit cercle dont le centre est projeté en f et a la même cote que le centre de la sphère, son diamètre est égal à cd; le sommet se rabat en S'_2, le cercle en f'_1 et la génératrice du point se rabat suivant une tangente au cercle tracé par S'_2; il y a deux solutions $S'_2 b'_1$, $S'_2 b'_2$, et le point b se rabat en b'_1 ou en b'_2, ce qui fait connaître sa cote et permet de placer la projection verticale.

Le plan tangent se détermine comme dans le cas du cylindre.

415. Problème. — *Construire une section droite d'un cône de révolution défini par son axe $S'a'$, Sa, son sommet S, S' et son angle au sommet.*

Le plan de section droite a pour trace horizontale la droite P perpendiculaire à Sa, nous n'avons pas besoin de sa trace verticale. (Fig. 296 *ter*.)

Nous déterminons d'abord le rayon d'une sphère inscrite ayant son centre en un point de l'axe. (Nous n'avons pas répété cette construction et nous avons pris immédiatement le rayon de la sphère.)

Nous faisons un changement de plan vertical, en prenant un plan vertical parallèle à l'axe, la ligne de terre est $T_1 L_1$ parallèle à Sa, la nouvelle projection de l'axe est $S'_1 a'_1$, nous traçons la sphère et les contours apparents du cône $S'_1 c'_1$ et $S'_1 d'_1$.

La trace verticale nouvelle du plan de section droite est bP'_1 perpendiculaire à $S'_1 a'_1$, et ce plan coupe le cône suivant un cercle projeté verticalement en $f'_1 d'_1$. La projection horizontale est une ellipse dont le centre est au point c, dont le grand axe parallèle à la trace du plan qui le contient, c'est-à-dire à la ligne P, est pn égal au diamètre $d'_1 f'_1$, dont le petit axe est égal à df, projection de $d'_1 f'_1$.

Il est facile d'obtenir les points où cette ellipse touche les contours apparents du cône.

Les génératrices de contour apparent horizontal Sk, Sh ont pour projection verticale commune $S'h'$ (le point h' est situé sur le diamètre horizontal $a'_1 h'_1$, projection verticale du cercle de contour apparent horizontal, et les points projetés verticalement en l' sont les points cherchés, leurs projections horizontales sont l et m.

Nous faisons un changement de plan horizontal, la ligne

de terre est L_2T_2 parallèle à $S'a'$. (Nous avons diminué les éloignements de la longueur S_2S_3 pour réduire l'étendue de

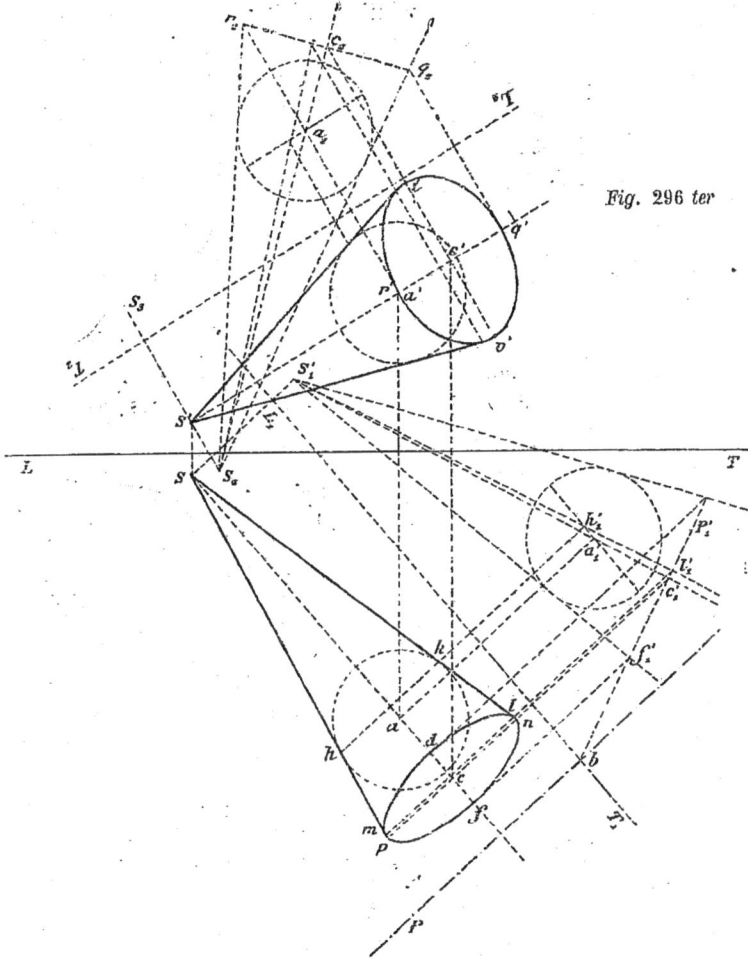

Fig. 296 ter

la figure. Le point S,S' devait venir en S_3, nous l'avons reporté en S_2 et le centre est alors venu en A_2). L'axe est S_2A_2, nous traçons les contours apparents. Le plan de section droite a pour trace sur ce plan horizontal une perpendiculaire à l'axe, passant par le point c_2 tel que $S_2 c_2 = S'_1 c'_1$, car cette longueur est la vraie grandeur de la portion de l'axe comprise entre le sommet et le plan sécant.

Le cercle de section est projeté en $r_1 q_1$ et sa projection verticale est l'ellipse $r't'q'v'$, nous n'avons pas construit ici les points sur le contour apparent qu'on obtiendrait comme nous l'avons déjà indiqué.

416. Exercices : 1° On donne un plan par ses traces, et dans ce plan une droite sur laquelle on prend un point.

La droite est la génératrice de contact avec le plan d'un cône de révolution dont le sommet est au point donné. On connaît l'angle au sommet du cône, construire ses projections.

2° On donne un plan par ses traces, et un point sur la trace horizontale. Ce point est le sommet d'un cône de révolution, on connaît l'angle au sommet, déterminer le cône par la condition qu'il soit tangent à la fois au plan horizontal et au plan donné.

3° On connaît l'axe d'un cône de révolution, le sommet, et l'angle au sommet, on demande de construire les projections d'un cylindre de révolution, de rayon donné, tangent à la fois au cône et au plan horizontal, et dont les génératrices sont parallèles à une droite horizontale donnée.

4° On donne deux sphères de rayon différent, tangentes au plan horizontal, construire les projections d'un cône de révolution ayant son sommet dans le plan horizontal et tangent aux deux sphères ; on connaît l'angle au sommet du cône.

5° On donne un cône de révolution, trouver le lieu des points tels que les plans tangents menés de chacun d'eux au cône se coupent sous un angle donné.

417. Problème. — *Mener un plan tangent commun à deux cônes de révolution ayant même sommet.* (Fig. 297).

Je suppose que les axes des deux cônes de révolution sont dans le plan horizontal Se, Sf ; on a les contours apparents des deux cônes aSb et cSd.

Nous inscrivons une sphère dans chaque cône. Ces sphères, dont la position est arbitraire, ont leurs centres en e et f.

Si nous menons à ces deux sphères un plan tangent passant par le point S, ce plan sera tangent aux deux cônes (409). Pour cela nous construisons le cône circonscrit aux deux sphères e et f; nous prenons, par exemple, son sommet au point h; le plan tangent cherché doit contenir la droite Sh; et nous pouvons mener par Sh, soit un plan tangent à l'une des sphères, soit un plan tangent à l'un quelconque des trois cônes.

Par exemple, nous considérons la courbe de contact ab de

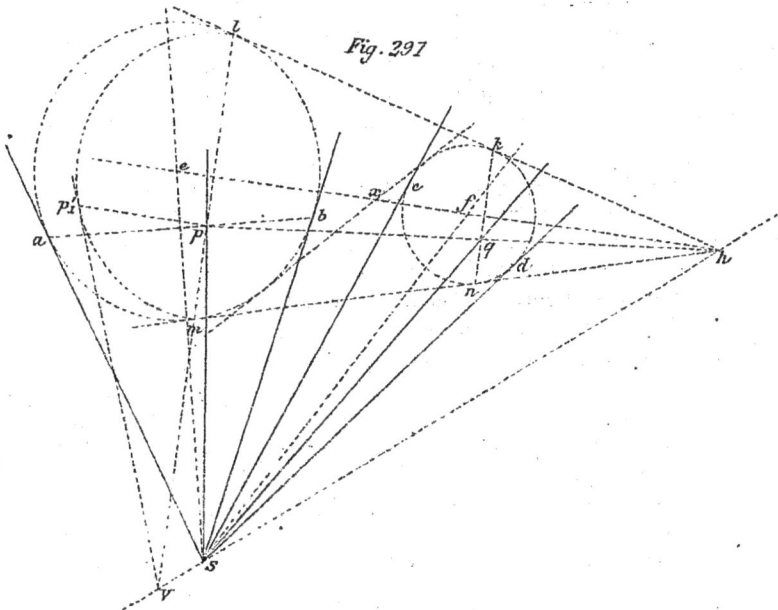

Fig. 291

la sphère e avec le cône aSb, la courbe de contact ml de la sphère e avec le cône h; ces deux courbes se coupent en deux points projetés au point p; la droite Sh détermine avec ces points deux plans tangents qui répondent à la question.

La cote du point p est facile à obtenir par le rabattement du cercle ml, cette cote est pp'_1. La génératrice de contact avec le cône aSb est Sp. Si nous traçons la génératrice ph, elle rencontre la courbe de contact nk au point q qui fournit la génératrice de contact Sq avec le cône cSd.

On eût obtenu directement le point q, comme nous avons obtenu le point p, par l'intersection des deux courbes de contact des deux cônes avec la sphère f.

Si nous voulons construire le plan tangent au cône h passant par Sh, nous prenons en v l'intersection de la droite avec le plan vertical ml de la courbe, base du cône, et en rabattant le cercle nous traçons la tangente vp'_1, nous devons retrouver le même point pp'_1.

La droite Sh nous donne deux plans tangents symétriques. Nous aurions pu circonscrire aux deux sphères un cône ayant son sommet entre les deux sphères au point x, et nous aurions obtenu deux autres solutions.

Application. — On peut appliquer cette construction à la détermination d'un plan faisant avec deux plans donnés des angles donnés et passant par un point.

Le plan sera tangent à deux cônes ayant leurs sommets en ce point, dont les axes sont perpendiculaires aux deux plans.

Nous allons faire l'application à la résolution d'un angle trièdre dans lequel on donne les trois angles dièdres, problème que nous avons traité dans la première partie au moyen du trièdre supplémentaire (232).

418. 6ᵉ cas de l'angle trièdre. — *On donne les trois dièdres.* (Fig. 298).

Nous prenons une face dans le plan horizontal, une arête perpendiculaire au plan vertical, soit Pα; le plan de la seconde face est PαP′ faisant avec le plan horizontal un des dièdres donné λ.

Le plan de la troisième face est un plan qui fait avec le plan horizontal un angle donné μ et avec le plan P′αP un angle donné π.

Nous prenons un point $a'a$, dans le plan vertical, pour sommet commun des deux cônes dont les axes situés dans le plan vertical sont $a'b'$ perpendiculaire à P′αP et $a'a$ vertical. Le premier cône sera engendré par la droite $a'e'$ faisant avec $a'b'$ l'angle π; le second par la droite $a'h'$ faisant avec la ligne de terre l'angle μ.

Nous inscrivons une sphère dans chaque cône et nous plaçons leurs centres sur la ligne de terre aux points a et d, leurs rayons sont ak', df' (396).

Le sommet du cône circonscrit extérieurement à ces deux sphères est le point mm' de la ligne de terre (409), et la droite $m'a'$ est la trace verticale du plan tangent commun; ce plan est tangent aux trois cônes, nous construisons sa trace hori-

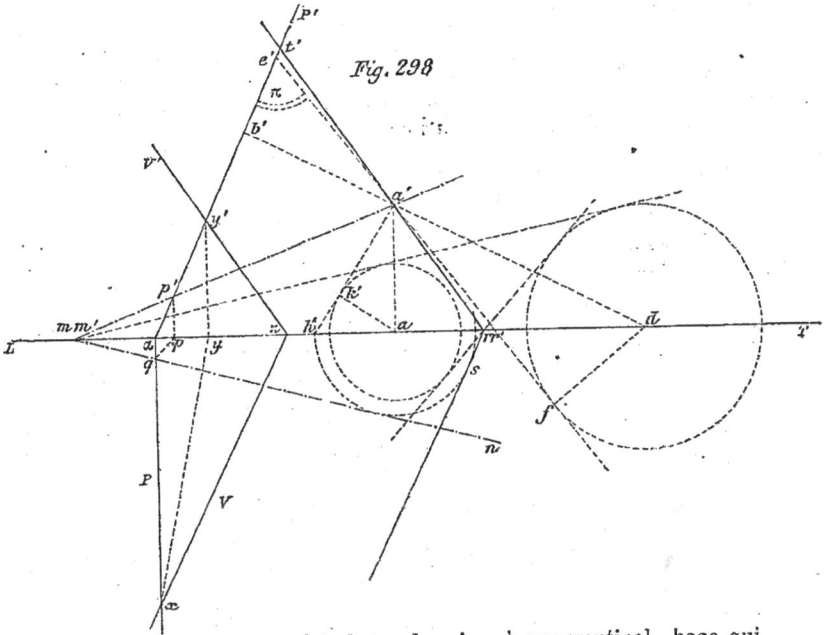

Fig. 298

zontale tangente à la base du cône à axe vertical, base qui est le cercle décrit de a comme centre avec ah' comme rayon; cette trace est donc mn (362).

Ainsi le troisième plan serait $p'mn$, son intersection avec le plan P'αP est la droite pq, $p'α$, et les trois arêtes du trièdre seraient qm, $qα$, qp.

Il est facile de voir que ce plan ne répond pas à la question; le dièdre suivant $qα$ compris dans le trièdre est le supplément de λ.

Si nous prenons le sommet rr' du cône circonscrit intérieur, les traces du plan sont $a'rs$ qui répond à la question;

en effet, menons le plan vzv' parallèle à ce plan, les trois arêtes sont $x\alpha$, xy, xz, et il est facile de vérifier que les trois dièdres sont bien les dièdres donnés. Le trièdre est déterminé et nous pouvons obtenir ses faces (226).

On pourrait mener du point r une autre tangente au cercle de base du cône $a'a$, et on aurait une seconde solution symétrique de la première.

419. 2° problème d'application : *Mener par un point* $a'a$ *un plan faisant avec les plans de projection des angles donnés.* (Fig. 299).

Le plan cherché sera tangent à deux cônes de révolution ayant leur sommet commun au point aa', dont les axes sont perpendiculaires aux deux plans de projection et dont les génératrices font avec ces plans des angles donnés. Les axes de ces deux cônes sont donc dans le plan de profil aa'.

Effectuons un changement de plan vertical, en prenant pour plan vertical le plan des axes.

Le point aa' vient en a'_1, l'un des axes est a'_1a, l'autre est a'_1b, nous figurons les génératrices de contour apparent a'_1d faisant la ligne de terre l'angle λ du plan avec le plan vertical et a'_1c faisant avec le plan horizontal l'angle μ.

Nous avons donc ramené la figure au cas de la figure 297 (§ 417). Le plan étant construit dans cette position, on fera le changement de plan.

420. Autre solution *des mêmes problèmes en employant deux cônes circonscrits à la même sphère.*

Nous pouvons appliquer les constructions du plan tangent commun à deux cônes circonscrits à la même sphère au trièdre.

6° cas des angles trièdres. — On donne les trois angles dièdres λ, μ, π. (Fig. 300.)

Nous disposons de la même manière les données de la question, l'une des faces est le plan horizontal, l'autre face est le plan P'αP perpendiculaire au plan vertical ; nous vou-

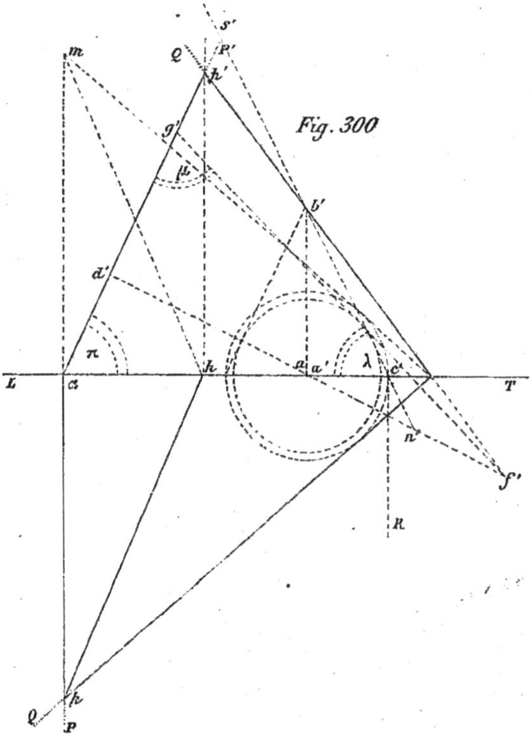

Fig. 300

lons construire un plan faisant avec le plan horizontal l'angle λ et avec le plan P'αP l'angle μ.

Traçons une sphère de rayon arbitraire et ayant son centre sur la ligne de terre en a,a'. Les cercles de contour pparent horizontal et vertical sont confondus.

Nous figurons un cône à axe vertical circonscrit, dont les génératrices font avec le plan horizontal l'angle λ ; il suffit de tracer $b'c'$ tangent à la sphère et faisant avec la ligne de terre l'angle λ ; le sommet du cône est b' dans le plan vertical, sa base est le cercle de rayon $a'c'$.

Nous traçons un second axe $a'd'$ perpendiculaire au plan $P'\alpha P$ et passant par le centre, le sommet d'un second cône circonscrit à la même sphère et faisant avec le plan l'angle donné est au point f' obtenu en menant la tangente $f'g'$ qui fait avec $P'\alpha$ l'angle μ ; le sommet f' est dans le plan vertical, et $f'b'$ est la trace verticale du plan tangent commun cherché, la trace horizontale est βk tangent à la base du cône dont l'axe est vertical. Les trois arêtes sont $k\alpha$, kh, $k\beta$.

La seconde tangente βm menée à la base du cône donne une seconde solution symétrique.

Cette construction très simple montre immédiatement la condition de possibilité du trièdre.

Pour que la construction soit possible, il faut pouvoir mener par le point β une tangente à la base du cône ; la position limite de ce point β (l'angle λ restant fixe et l'angle μ variant), est le point c', alors le sommet du cône est n'.

Le plan est $R'c'b'$ perpendiculaire au plan vertical, le trièdre est remplacé par un prisme.

Appelons π l'angle de $P'\alpha P$ avec le plan horizontal.

L'angle μ est égal à l'angle $h's'b'$, et nous avons :

$$\pi + \lambda + \mu = 180°.$$

Ce qui est la limite minimum pour la somme des dièdres d'un trièdre.

En effet, considérons le trièdre supplémentaire dont les faces sont $A = 180° - \mu$, $B = 180° - \lambda$, $C = 180° - \pi$.

Les conditions de possibilité de ce trièdre sont :

1° $180 - \pi < (180 - \lambda) + (180 - \mu)$;

2° $(180 - \pi) + (180 - \lambda) + (180 - \mu) < 360°$.

Qu'on peut écrire :

1° $180° + \pi > \lambda + \mu$;

2° $\pi + \lambda + \mu > 180°$.

421. 2ᵉ application. — *Construire un plan faisant avec les plans de projection des angles donnés.* (Fig. 301.)

Prenons une sphère auxiliaire ayant son centre sur la ligne de terre au point *aa′*.

Construisons un cône à axe vertical dont l'axe est *a′b′*, et dont la génératrice *b′d′* fait avec la ligne de terre l'angle donné du plan avec le plan horizontal, sa base est le cercle décrit du point *a′* comme centre avec *a′d′* comme rayon.

Fig. 301

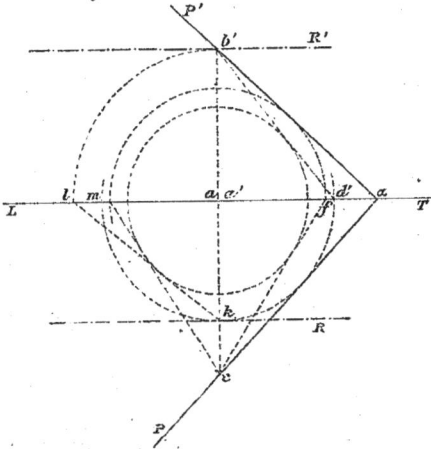

Construisons un second cône dont l'axe est *ac* perpendiculaire au plan vertical, nous traçons sa génératrice *cf′* faisant avec la ligne de terre l'angle demandé du plan avec le plan vertical. La trace horizontale du plan cherché passe par le point *c* et est tangente à la base du cône *dkm*, c'est donc *cα*, la trace verticale passe par le point *b′*, c'est donc *αb′*, et comme vérification cette ligne doit être tangente au cercle de base du second cône dans le plan vertical qui a pour rayon *a′f′*.

On obtient une seconde solution en menant du point *c* la tangente de l'autre côté de la base. La position limite du point *c*, pour que le problème soit possible, est le point *k* situé sur le cercle de base du cône; alors la tangente est *kR* parallèle à la ligne de terre, et la trace verticale du plan est nécessairement *b′R′* aussi parallèle à la ligne de terre. Il faut remarquer que le plan vertical, le plan horizontal et le plan oblique forment un trièdre qui, dans ce dernier cas, se réduit à un prisme, et en effet la somme des trois angles dièdres est alors égale à 180°.

Enfin la même construction peut servir à construire un plan faisant avec deux plans donnés des angles donnés.

422. Problème. — *Construire l'intersection d'un cône de révolution et d'une sphère ayant son centre au sommet du cône* (Fig. 305.)

Tous les points de la section sont à égale distance du sommet du cône, et par conséquent sont sur un cercle dont le plan est perpendiculaire· à l'axe du cône.

Fig. 305

La section est donc un cercle dont le plan est perpendi-
culaire à l'axe, et il suffira pour obtenir l'intersection, de con-
naître le point de rencontre d'une des génératrices avec la sphère. Il sera commode d'employer une génératrice de contour apparent quand l'axe du cône sera parallèle à un plan de projection. Si l'on considère les deux nappes du cône, l'intersection comprendra deux cercles égaux et parallèles.

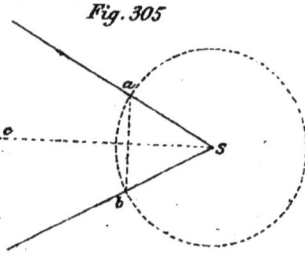

423. Application. — *Construire l'intersection de deux cônes de révolution qui ont même sommet.* (Fig. 306.)

Les deux cônes ayant même sommet ne peuvent se couper que suivant des génératrices, il faut avoir un point de chacune de ces droites. La méthode consiste à couper les deux cônes par une sphère ayant son centre au som-·
met commun; cette sphère détermine dans chaque cône deux cercles (**422**), et les points de rencontre de ces cercles seront des points des génératrices cherchées.

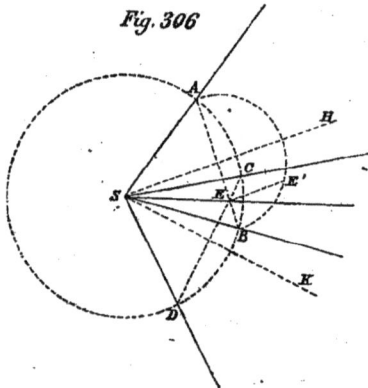

Fig. 306

La construction est surtout facile si l'on a amené les axes des deux cônes ·à être parallèles à un plan de projection. Ainsi ASB est le contour apparent d'un cône dont l'axe SH est horizontal, l'angle ASB est la vraie grandeur de l'angle au sommet du cône; de même, CSD est l'angle au sommet d'un second cône dont l'axe SK est horizontal. On voit immédiatement que ces deux cônes ont une partie commune BSC et se coupent. Nous employons une sphère de rayon arbitraire SA ayant son centre au sommet des cônes. Les deux cercles d'intersection dont les plans sont perpendiculaires aux axes sont verticaux et se projettent suivant AB et CD ; ils se coupent en deux points projetés au point E et symétriques par rapport au plan des deux axes ; on obtiendra la cote d'un de ces points en rabattant l'un des cercles, AB par exemple ; la cote est EE' et les génératrices sont déterminées; leur projection commune est ES et on a la cote du point E.

Nous n'avons considéré ici qu'une nappe de chacun des deux cônes et nous avons obtenu deux génératrices.

Deux cônes de révolution peuvent avoir deux, trois ou quatre génératrices communes.

$1° \alpha \times \beta + \gamma < 180°$ Nous prenons pour plan de projection le plan des deux axes. (Fig. 307).

Considérons deux cônes, l'axe du 1er cône est $a_1 S \alpha$ et son contour apparent est eSf, nous avons prolongé les génératrices en $e_1 S$ et $f_1 S$. L'axe du second cône est $b_1 S b$ et le contour apparent est cSd, nous l'avons prolongé en $c_1 S d_1$.

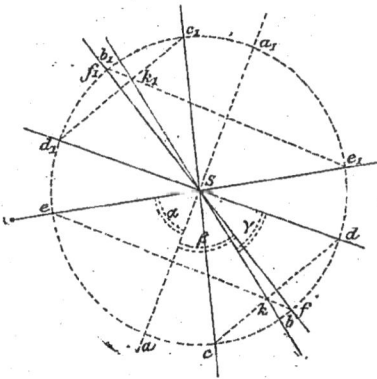

Fig. 307

Traçons une sphère de rayon arbitraire; elle détermine dans le premier cône les deux cercles projetés en cd et $c_1 d_1$; elle détermine dans le second cône les deux cercles projetés en ef et $e_1 f_1$; les quatre points d'intersection sont projetés en k_1 et k, et ces points sont évidemment symétriques par rapport au sommet S.

Les cotes des quatre points sont égales, et l'intersection

des deux cônes se compose de deux génératrices seulement.

Si nous désignons par α l'angle générateur ($\frac{1}{2}$ angle au sommet) du premier cône, par β l'angle des deux axes, par γ l'angle générateur du second cône, nous avons $\alpha + \beta \times \gamma < 180°$.

2   $\alpha + \beta + \gamma = 180°$.
(Fig. 308).

Les axes sont a_1Sa et b_1Sb.

Les contours apparents sont cSd prolongé en c_1Sd_1 et eSc_1 prolongé en cSe_1, on voit que la somme $\alpha + \beta + \gamma = 180°$.

Les intersections de ces deux cônes avec la sphère sont les cercles projetées en ec_1, ce_1 et cd, c_1d_1.

Ces cercles se coupent d'abord en quatre points projetés sur les deux points k et k_1 évidemment symétriques par rapport au sommet S et qui donnent les deux génératrices projetées suivant k_1Sk; ils sont ensuite tangents en c et c_1 et les deux cônes sont tangents suivant la génératrice c_1Sc située dans le plan des deux axes.

Les deux cônes ont donc trois génératrices communes.

3° $\alpha + \beta + \gamma > 180°$.
(Fig. 309.)

Les axes sont a_1Sa et b_1Sb.

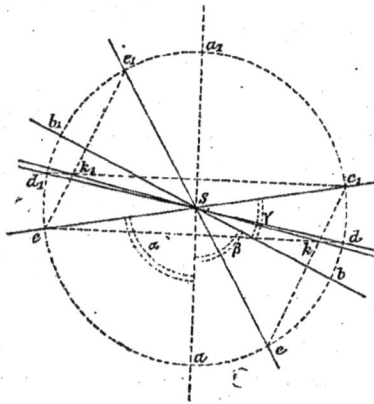

Fig. 308

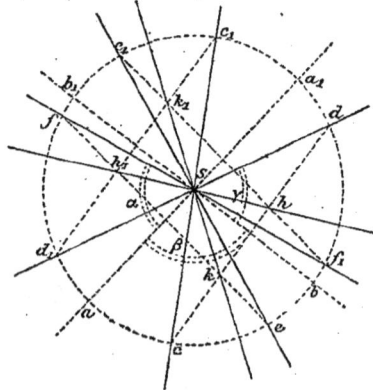

Fig. 309

Les contours apparents sont f S e prolongé en f_1 S e_1 et c S d prolongé en c_1 S d_1. $\times \alpha \times \beta + \gamma > 180°$.

La sphère coupe ces deux cônes suivant quatre cercles projetés suivant cd, c_1 d_1 et ef, e_1 f_1.

Ces quatre cercles se coupent en 8 points projetés deux à deux en k, h, k_1, h_1. Les points h et h_1 sont évidemment symétriques par rapport au sommet, ainsi que les points h_1 et k_1; par conséquent, nous obtenons en tout quatre génératrices, deux projetées sur h S h_1 et deux projetés sur k S k_1.

424. 1er Cas des angles trièdres. — La discussion

que nous venons de faire au sujet du nombre de génératrices communes à deux cônes de révolution ayant même sommet s'applique évidemment au premier cas de l'angle trièdre (226). En effet, quand on donne les 3 faces, la 3me arête est une droite faisant avec les deux autres des angles donnés, c'est donc la génératrice commune à deux cônes de révolution ayant même sommet. Ainsi le problème du 1er cas des angles trièdres, ou le problème qui consiste à mener une droite rencontrant deux droites données en faisant avec elles des angles donnés peut recevoir deux, trois ou quatre solutions selon que la somme des trois faces est inférieure, égale ou supérieure à 180°.

SECTIONS PLANES

ET INTERSECTION DES SPHÈRES ENTRE ELLES

425. Construire la section plane d'une sphère. — La sphère est o,o', le plan est $P'\alpha P$. (Fig. 309 A.)

Nous coupons la sphère et le plan par des plans auxiliaires. 1° Nous pouvons employer des plans horizontaux, par exemple le plan $a'b'c'$; il détermine dans la sphère un cercle qui a pour diamètre $b'c'$ et qui se projette en vraie grandeur sur le plan horizontal suivant $bdcf$, il détermine dans le plan l'horizontale dont la projection horizontale est adf, et ces deux lignes se croisent aux points d et f, projections horizontales de deux points de l'intersection dont les projections verticales sont d' et f'.

Tangente. — Construisons la tangente à la courbe au point f,f' ; cette tangente sera dans le plan sécant, elle fera partie du plan tangent à la sphère au point considéré, donc elle sera l'intersection des deux plans.

Le plan tangent à la sphère au point f,f' est perpendiculaire au rayon of, $o'f'$, menons la ligne de front $f'h'$ perpendiculaire à $o'f'$ dont la projection horizontale est fh et dont le point h est la trace ; la trace horizontale du plan passe par le point h et est perpendiculaire à αP, c'est la droite kh. Le point k où se croisent les traces des deux plans est la trace de la tangente, sa projection verticale est k, et comme elle passe par le point f,f', ses deux projections sont kf, $k'f'$.

Nota. — (On doit avoir soin dans les épures de figurer les tangentes en lignes de construction, ce ne sont point des lignes réelles comme les surfaces qu'on représente, elles ne sont ni vues ni cachées, ce sont des lignes accessoires qui rendent plus exact le tracé des courbes).

Le plan horizontal *l'o'n'* qui contient le cercle de contour
apparent donne les points *m* et *n* dont les projections verticales sont *m'* et *n'*, points situés sur le contour apparent horizontal ;

2° Nous pouvons employer également des plans de front,
nous appliquons cette construction au plan de contour apparent vertical de la sphère ; le plan de front *por* détermine

Fig. 300 A

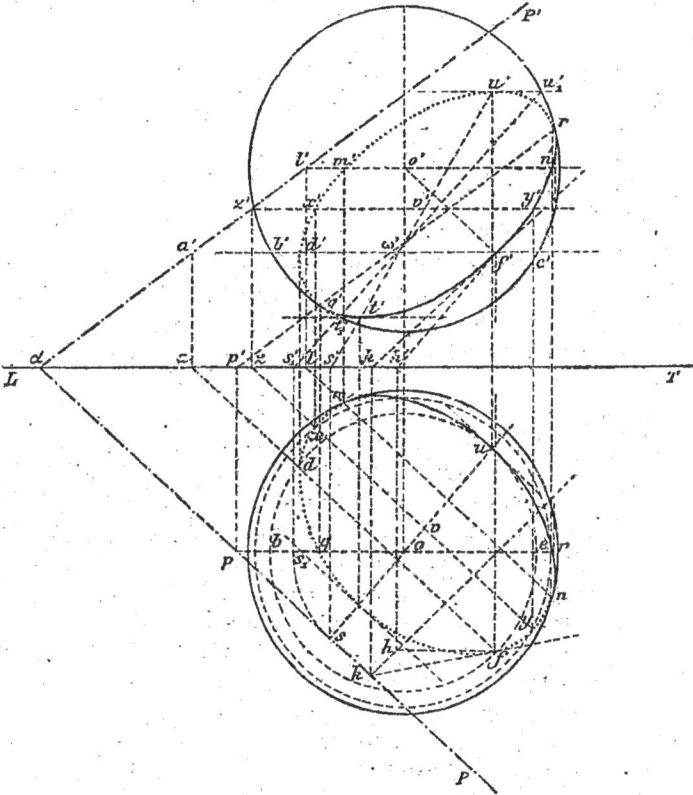

dans la sphère le cercle de contour apparent et dans le plan
la droite de front *p'q'r*. Nous obtenons ainsi les points *q',q*
et *r',r* ;

3° Nous pouvons employer des plans verticaux quelconques passant par le centre de la sphère; nous appliquons cette construction au plan vertical *sou* que nous prenons perpendiculaire à αP.

Ce plan vertical détermine dans la sphère un grand cercle, nous le faisons tourner autour de la verticale du point o,o' pour le rendre parallèle au plan vertical, de manière à le projeter sur le contour apparent de la sphère; il détermine dans le plan une droite dont la trace horizontale est au point *s* et dont nous devons chercher un autre point.

Remarquons que cette droite située dans le plan rencontre l'axe au point où l'axe perce le plan, c'est-à-dire au point ω' obtenu précédemment par l'intersection de la droite de front $p'q'$ avec l'axe; $s'\omega'$ est donc la projection de la droite d'intersection du plan sécant avec le plan vertical auxiliaire *sou*.

Dans la rotation du plan *sou* le point ω' reste fixe, le point ss' vient en $s_1 s'_1$, et la droite devient $s'_1 \omega'$ qui rencontre le contour de la sphère en t'_1 et u'_1 que nous ramenons par rotation en sens inverse sur la droite $s'\omega'$ en t,t' et u',u.

On pourrait construire ainsi un nombre quelconque de points de l'intersection.

Tangentes horizontales. — Les points t,t' et u',u obtenus dans le plan vertical perpendiculaire à αP sont les points pour lesquels la tangente est horizontale. En effet, pour tous les points de la sphère situés dans ce plan, les rayons sont projetés sur la trace horizontale, et les plans tangents à la sphère en tous ces points ont leurs traces horizontales perpendiculaires à *sou*, projection des rayons, et parallèles à αP. Donc pour les points de l'intersection situés dans le plan, la trace horizontale du plan tangent et la trace horizontale du plan sécant sont parallèles; la droite d'intersection des deux plans, c'est-à-dire la tangente, est horizontale, et sa projection horizontale est parallèle à αP et perpendiculaire à *sou*.

La projection horizontale de l'intersection est une ellipse.

Aux points t et u les tangentes sont parallèles, donc la droite *tu* est un diamètre, et comme les tangentes sont perpendiculaires au diamètre, *tu* est un axe.

Nous pouvons trouver le second axe, il passe par le milieu v de tu, lui est perpendiculaire, donc il est parallèle à αP ; c'est une horizontale zv du plan, et sa projection verticale est $z'x'y'$; nous coupons par le plan horizontal $z'x'y'$ qui détermine dans la sphère le cercle projeté horizontalement en xy, les points de rencontre x,x' et y,y' avec la ligne zv sont les extrémités du second axe.

Nous nous sommes contentés de relever les projections verticales des points obtenus, l'ellipse est tracée par points, le centre est en v', milieu de $t'u'$ et projection de v, et nous avons deux diamètres conjugués $x'v'y'$ et $t'v'u'$.

On peut construire les axes de la projection verticale. Il est évident, en effet, qu'on peut employer comme plans auxiliaires des plans perpendiculaires au plan vertical, passant par le centre de la sphère, ces plans couperont la sphère suivant des grands cercles qu'on amènera à être horizontaux et à se projeter sur le contour apparent de la sphère par rotation autour d'un axe perpendiculaire au plan vertical et passant par le centre. Le plan auxiliaire perpendiculaire à $\alpha P'$ donnera le petit axe de la projection verticale ; l'autre sera une droite de front, et les constructions sont les mêmes que celles que nous avons faites pour la projection horizontale.

Parties vues et cachées. — L'arc $m'u'n'$ est au-dessus du contour apparent horizontal, il est vu sur la projection horizontale.

L'arc $qfnr$ est en avant du contour apparent vertical, il est vu sur la projection verticale.

Autre construction. — Nous allons construire uniquement les axes des ellipses, projections de l'intersection, et nous ferons cette construction par changements de plans, au lieu de la faire par rotations. (Fig. 309 B.)

Le centre de la sphère est en o,o', le plan est $P'\alpha P$.

Nous prenons un plan auxiliaire vertical L_1T_1 perpendiculaire à αP ; la nouvelle trace verticale du plan est $\beta P'_1$, le centre de la sphère est en o'_1 ; le cercle d'intersection est projeté en $d'_1c'_1$; dc est l'un des axes, l'autre passe par le point f, milieu de dc et est hg égal au diamètre $d'_1c'_1$ du cercle d'intersection. Les points situés sur le contour apparent ho-

rizontal sont projetés verticalement en k', et leurs projections horizontales sont k et l.

L'arc ldk est *vu*.

Pour obtenir la projection verticale, nous prenons un
plan horizontal auxiliaire L_2T_2 perpendiculaire à $P'\alpha$, nous
le faisons passer par le centre de la sphère, et nous diminuons

Fig. 309 B

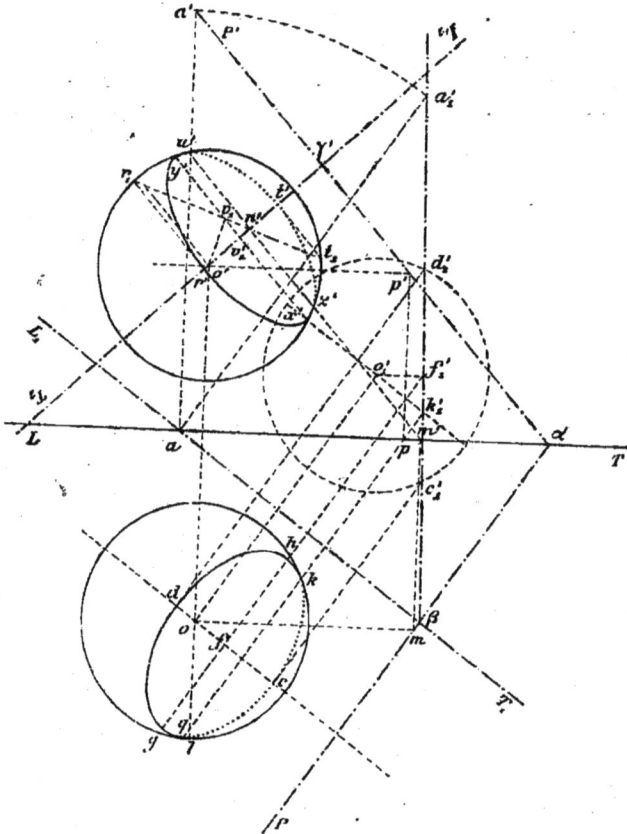

les éloignements de l'éloignement du centre, afin que le nouveau contour apparent horizontal se trouve confondu avec le
contour vertical ; nous évitons ainsi de tracer un nouveau

cercle, c'est-à-dire que nous faisons le rabattement sur le plan de front passant par le centre. Traçons la ligne de front du plan passant par le point o,o' ; cette ligne om, $o'm'$ rencontre L_2T_2 en n', point fixe par lequel passera la nouvelle trace horizontale ; construisons le point de rencontre du plan avec la perpendiculaire au plan vertical menée par le centre, et pour cela employons le plan horizontal $o'p'$ qui détermine dans le plan l'horizontale pq et nous donne le point q, dont la nouvelle projection horizontale est q_1, en sorte que la trace du plan est q_1n'.

r_1t_1 est la projection horizontale du cercle d'intersection, et nous obtenons les axes $r't'$ et $x'v'y'$; les points situés sur le contour apparent sont projetés en n' et sont les deux points u' et z'.

L'arc $u'r'x'$ est vu.

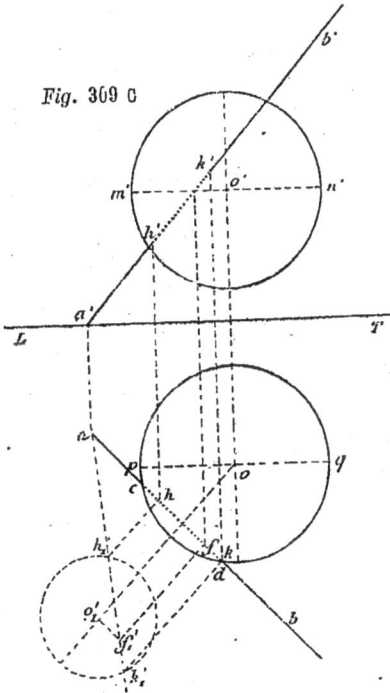

Fig. 309 C

426. Problème.
— Trouver les points de rencontre d'une droite et d'une sphère.

La sphère a son centre au point o,o'. (Fig. 309 C.)

La droite a pour projection ab, $a'b'$.

Nous considérons le plan vertical qui projette la droite et nous le rabattons sur le plan horizontal. Ce plan coupe la sphère suivant un petit cercle dont cd est la projection horizontale, dont le centre f est à la même cote que le centre de la sphère. (La perpendiculaire abaissée du centre de la sphère sur le plan et qui donne le centre de la section est horizontale). Le cercle se rabat suivant $c'_1d'_1$, la droite suivant ab'_1, et les points de rencontre sont rabattus en k'_1 et h'_1, il suffit de les relever sur la droite en k,k' et h,h'.

Les points h et k se trouvent en avant du contour apparent vertical, leurs projections verticales sont *vues* et les parties $a'h'$ et $k'b'$ de la droite sont *vues*.

Le point h' est au-dessous du contour apparent horizontal, sa projection horizontale est *cachée;* par suite la partie ch de la droite est *cachée.*

Le point k est vu ainsi que la partie kb de la droite.

Rotation. — Cette même construction peut se faire par rotation, on peut faire tourner le plan qui projette la droite autour d'un axe vertical passant par le centre de la sphère, en faisant tourner en même temps la droite et le cercle qui y sont contenus pour l'amener à être parallèle au plan vertical.

Nous laissons au lecteur le soin de faire cette construction.

Exercices : 1° Construire le centre et le rayon d'une sphère passant par trois points et tangente à un plan.

(On prendra les trois points dans le plan horizontal, et le plan perpendiculaire au plan vertical.)

2° Construire le centre et le rayon d'une sphère passant par trois points et tangente à une droite.

(On prendra les trois points dans le plan horizontal et la droite parallèle au plan vertical.)

427. Problème. — *Construire l'intersection de deux sphères.* (Fig. 310).

On donne deux sphères c,c' et o,o', on veut construire leur intersection.

Nous pouvons obtenir la courbe d'intersection par points en coupant les deux surfaces par des plans horizontaux.

Prenons un de ces plans $a'b'$, il détermine dans la sphère c un cercle dont le diamètre est $a'b'$ et qui se projette en vraie grandeur sur le plan horizontal ; il détermine dans la sphère o un cercle dont le diamètre est $d'e'$ et qui se projette en vraie grandeur sur le plan horizontal. Ces deux cercles se coupent en deux points f et g qui sont les projections horizontales de deux points de l'intersection; on obtiendra facilement les projections verticales de ces points sur le plan horizontal $a'd'$.

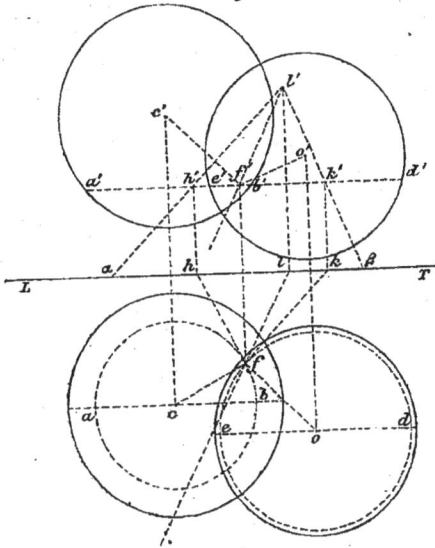

Fig. 310

Nous avons projeté le point f en f' et nous nous proposons d'obtenir la tangente à la courbe en ce point.

La courbe est tracée à la fois sur les deux surfaces, sa tangente fera donc partie du plan tangent à chacune des surfaces et sera leur intersection.

Le plan tangent à la sphère C au point f, f' est perpendiculaire au rayon cf, $c'f'$, nous traçons l'horizontale fh (perpendiculaire à cf), $f'h'$ et sa trace verticale h' est un point de la trace verticale du plan tangent qui est $\alpha h'l'$ perpendiculaire à $c'f'$.

Le plan tangent à la sphère O au point f, f' est obtenu à l'aide de l'horizontale $fk, f'k'$, et sa trace verticale est $k'l'$ perpendiculaire à $f'o'$.

Ces deux traces verticales se croisent au point l', trace verticale de la tangente, qui passe par le point f, f' et dont les projections sont lf, $l'f'$. On pourra construire autant de points qu'on voudra de la courbe, cette courbe est un cercle dont la projection est une ellipse; nous allons déterminer les axes de la projection horizontale.

Soient oo' et cc' les centres. (Fig. 311.)

Nous effectuons un changement de plan vertical, en prenant le plan vertical parallèle à la ligne des centres; la ligne de terre est L_1T_1 parallèle à oc.

Les centres viennent en o'_1 et c'_1, et la courbe d'intersection, située dans un plan perpendiculaire à la ligne des centres, a pour projection verticale $a'_1 b'$.

La projection de ce cercle est une ellipse dont le centre est au point d, projection sur co du point d'_1, dont le grand axe est def perpendiculaire à co et égal au diamètre du cercle; le petit axe est ab projection de $a'_1 b'_1$ (211).

Nous pouvons marquer les points où cette ellipse touche les contours apparents des deux sphères.

Le contour apparent horizontal de la sphère C est projeté verticalement en $c'_1 h'_1$ (392), et les deux

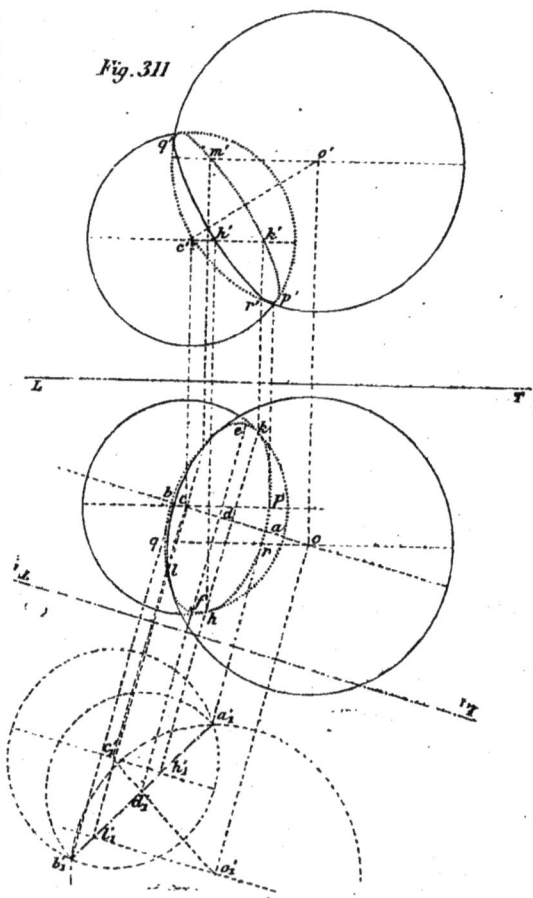

Fig. 311

points projetés en h'_1 et dont les projections horizontales sont h et k sont les points de contact avec la sphère c; on obtient de même en l'_1 les points dont les projections horizontales l et m

donnent les points de contact avec le contour apparent de la sphère O.

On peut trouver les axes de la projection verticale de l'ellipse en faisant un changement de plan horizontal sur un plan parallèle à la ligne des centres.

Nous nous sommes contentés de relever les points obtenus sur la projection horizontale. Les points k et h en k' et h' sur la projection verticale $c'k'h'$ du contour apparent horizontal, le point p situé sur la projection horizontale du contour apparent vertical de la sphère c en p'.

Nous avons fait la distinction des parties vues et cachées. La projection verticale sur L_1T_1 montre clairement que l'arc projeté verticalement en $b'l$ et horizontalement en mbl sera le seul arc vu sur la projection horizontale. Quant à la projection verticale, c'est l'arc dont la projection horizontale est qhr situé en avant du contour vertical orq qui correspond à l'arc $r'h'q'$, seul vu sur la projection verticale.

428. Problème. — *Construire les points communs à trois sphères.* (Fig. 312.)

La méthode consiste à construire les cercles d'intersection des trois sphères deux à deux; on obtient trois cercles qui doivent passer par les deux points d'intersection cherchés.

Pour faciliter un peu l'exécution de l'épure, nous supposons qu'on a amené d'abord la ligne des centres de deux des sphères à être parallèle au plan vertical.

Les centres sont aa' et bb' situés sur une droite de front, le troisième centre est cc'. (Fig. 312.)

La courbe d'intersection des sphères A et B est un cercle dont le plan est perpendiculaire au plan vertical et qui est projeté sur $d'e'$. Ce plan coupe la sphère C suivant un cercle et les points de rencontre de ces deux cercles sont les points cherchés. Nous rabattons ce plan $d'e'm'$ sur le plan de front qui passe par le centre de la sphère A. Le cercle $d'e'$ se rabat suivant la circonférence dont cette droite est le diamètre; le cercle d'intersection avec la sphère C a son centre en i', qui se rabat en i_1 tel que $i'i_1 = $ l'éloignement du centre c par rapport au plan de front ab, le diamètre est $l'm'$; nous traçons ce cercle qui rencontre la circonférence $d'e'$ aux deux points rabattus en p_1 et q_1 qui sont les points cherchés. On les relève d'abord en p' et q', puis en p et q au moyen des éloignements $p'p_1$ et $q'q_1$ par rapport au plan de front ab.

Si l'on veut représenter les trois sphères, il faut construire les trois courbes d'intersection.

A et B se coupent suivant le cercle dont $d'e'$ est la projection verticale, et dont l'ellipse $apqeqf$ est la projection horizontale. Les points de cette ellipse sont obtenus comme nous l'avons expliqué dans le problème précédent (427).

Nous avons construit l'intersection des sphères B et C en faisant un changement de plan vertical, L_1T_1 étant confondu avec bc. Le cercle d'intersection $r'_1s'_1$ a pour projections (problème précédent) $sqtrp$ et $p'\theta't'q'$.

Nous avons construit l'intersection des sphères A et C en faisant un changement de plan vertical, L_2T_2 étant confondu avec ac. Le cercle d'intersection $x'_1y'_1$ a pour projection $x\gamma p\delta y\beta q$ et $\gamma'p'\delta'\beta'q'$.

Parties vues, projection horizontale. (Fig. 312.)

Pour distinguer les parties vues, nous faisons observer que l'ellipse, intersection de A et C, est au-dessus des deux autres, l'arc $z\gamma qw$ est *vu*.

Le point q est *vu*, le point p est *caché*.

Nous considérons ensuite l'ellipse, intersection de A et B, dont la projection verticale est $d'e'$, l'arc $hqek$ est *vu*. La troisième ellipse tracée sur C et B est *vue* depuis le point t jusqu'au point q, mais en ce point le cercle pénètre dans la sphère A et est *caché*.

Le contour apparent de la sphère A est supérieur aux deux autres, il est *vu* jusqu'aux points k et w auxquels il pénètre dans la sphère B et dans la sphère C.

Le contour apparent de la sphère C est au-dessus du contour de la sphère B, il est *vu* à partir du point t où il sort de la sphère B jusqu'au moment où il croise en dessous de la figure le contour apparent de A qui le recouvre.

Enfin le contour apparent de B n'est *vu* qu'entre les deux autres.

Projection verticale. — C'est la sphère C qui est en avant,

ce seront les courbes tracées sur cette sphère qui vont déterminer les parties *vues*.

Le point p' est *vu*, le point q' est *caché*.

Dans l'intersection $\delta'p'\gamma'q'\beta'$ de C et de A, l'arc $\delta'p'\gamma'$ est *vu*.

Dans l'intersection $\varepsilon'p'\theta't'q'$ de C et de B, l'arc $\varepsilon'p'\theta'$ est *vu*.

L'intersection $d'e'$ de B et de A est *vue* depuis d' jusqu'en p',
point où elle entre dans la sphère C.

Le contour apparent de C est en avant et est *vu* de δ' en ε'
par les points θ' et γ'.

Les deux autres contours sont *vus* jusqu'au point d' et
jusqu'au point e', tant qu'ils ne sont pas recouverts par la
sphère C.

Exercice. — *Nous engageons les élèves à chercher à représenter les projections du solide commun aux trois sphères.*

312

L   T

SECTIONS PLANES

ET DÉVELOPPEMENTS DES CYLINDRES

SECTIONS PLANES

ET DÉVELOPPEMENTS DES CYLINDRES

429. — *Construire la section d'un cylindre oblique par un plan* (Fig. 313.)

Le cylindre a pour base la courbe *abc* dans le plan horizontal, ses génératrices sont parallèles à *bs*, *b's'*. Le plan est P'αP.

Les plans auxiliaires que nous allons employer n'ont pas d'autre condition à remplir que celle d'être parallèles aux génératrices du cylindre. En réalité, on cherche les points où les différentes génératrices du cylindre percent le plan sécant en faisant passer des plans par ces lignes.

Nous prenons des plans qui projettent les génératrices sur le plan horizontal; un de ces plans a pour trace horizontale *vdu*, il détermine dans le cylindre la génératrice *dp*, *d'p'*, et dans le plan la droite dont la projection verticale est *u'v'* qui croise la génératrice en *pp'*, point d'intersection cherché.

Un autre plan *bsyx* détermine dans le cylindre la génératrice *bs*, *b's'* et dans le plan *x's'* parallèle à *u'v'*, le point d'intersection est *s,s'*...

La même construction s'appliquera aux génératrices de contour apparent, soit horizontal, soit vertical.

On eût pu prendre les plans qui projettent les génératrices sur le plan vertical et obtenir aisément, par l'un ou l'autre de ces deux systèmes de plans auxiliaires, autant de points de l'intersection qu'on voudra.

Tangente. — Cherchons la tangente au point *s,s'* à la courbe d'intersection; cette tangente est dans le plan tangent au cylindre en ce point, et comme elle est dans le plan sécant, elle est l'intersection des deux plans.

Le plan tangent au cylindre au point s,s' est tangent tout le long de la génératrice et sa trace horizontale est la tangente bt à la base.

Le point t où se croisent les traces horizontales des deux plans est la trace horizontale de la tangente, et comme cette ligne passe par le point s,s', ses deux projections sont ts, $t's'$.

Fig. 313

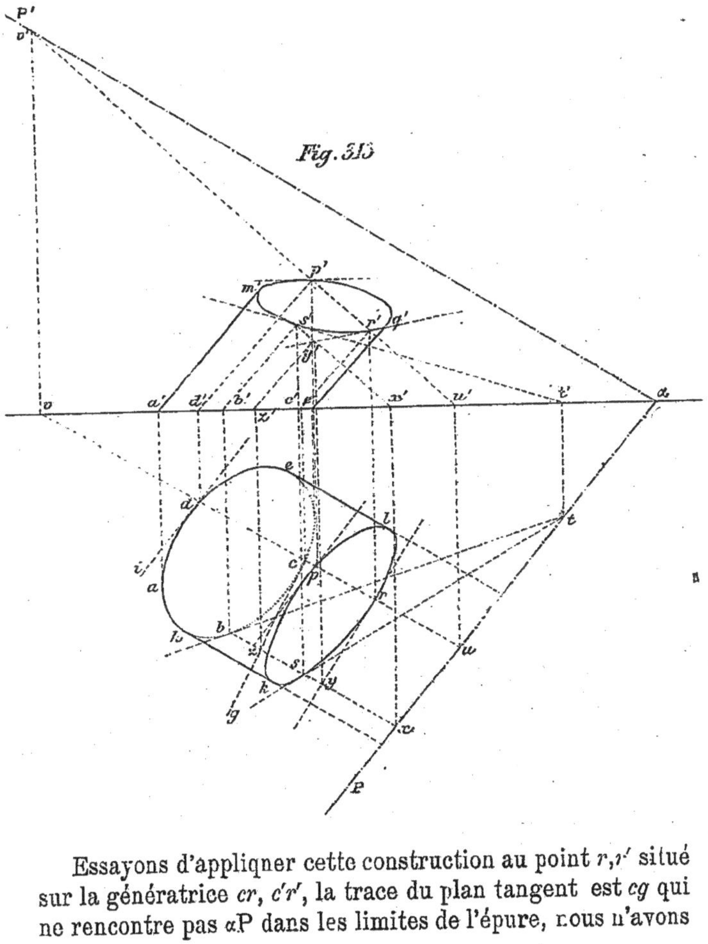

Essayons d'appliquer cette construction au point r,r' situé sur la génératrice cr, $c'r'$, la trace du plan tangent est cg qui ne rencontre pas αP dans les limites de l'épure, nous n'avons pas la trace horizontale de la tangente, il faut en construire un autre point.

Nous coupons le plan tangent et le plan sécant par un plan auxiliaire, et nous prenons un des plans employés déjà pour obtenir la section du cylindre, le plan vertical bzx par exemple.

Le plan bzx détermine dans le plan sécant la droite $x's'$ déjà tracée, et dans le plan tangent une droite dont la trace horizontale est z, point de rencontre des traces, et qui est parallèle aux génératrices du cylindre, car le plan tangent et le plan auxiliaire sont tous deux parallèles aux génératrices, l'intersection est donc $z'y'$ qui rencontre $x's'$ au point y' dont la projection horizontale est y et qui appartient à la tangente ; cette ligne est donc yr, $y'r'$.

Tangente horizontale. — Cherchons le point pour lequel la tangente est horizontale.

Pour que l'intersection de deux plans, dont aucun n'est horizontal, soit horizontale, il faut et il suffit que leurs traces horizontales soient parallèles.

Menons à la base une tangente di parallèle à αP. Le point pp' construit comme tous les autres points sur la génératrice dp, $d'p'$ de contact du plan tangent est le point pour lequel la tangente est horizontale. Dans le cas actuel on pourrait construire à la base une autre tangente parallèle à αP et obtenir une seconde tangente horizontale.

430. — *Trouver le point de la courbe d'intersection pour lequel la tangente est parallèle à une droite donnée.* (Fig. 314.)

La base du cylindre est abc, les génératrices sont parallèles à bd, $b'd'$, le plan sécant est P'αP.

Nous devons d'abord observer que la tangente sera dans le plan sécant ; la direction doit être parallèle à une ligne de plan sécant, prenons dans le plan sécant une droite ef, $e'f'$.

La tangente cherchée est l'intersection d'un plan tangent avec le plan sécant ; pour que l'intersection de deux plans soit parallèle à une droite, il faut que les deux plans soient parallèles à cette droite, le plan sécant remplit cette condition, il faut donc mener au cylindre un plan tangent parallèle à ef, $e'f'$; le point situé sur la génératrice de contact sera le point cherché.

Suivant la règle pour construire le plan tangent, nous menons par un point d, d', pris sur une génératrice $bd, b'd'$ une parallèle $dh, d'h'$ à $ef, e'f'$ (345); le plan dont la trace horizontale est bh' est parallèle au plan tangent cherché.

Nous traçons ak tangente à la base et parallèle à bh, la

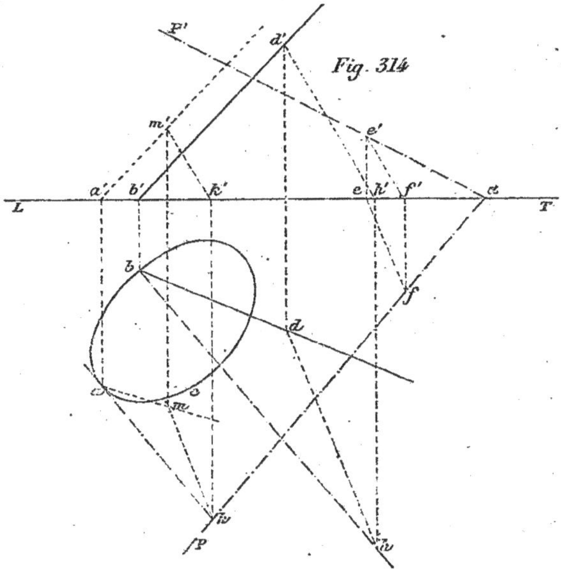

Fig. 314

génératrice de contact est $am, a'm'$; la tangente cherchée a sa trace au point k, est parallèle à $ef, e'f'$ c'est donc $km, k'm'$ qui croise la génératrice au point m, m' demandé.

Observons qu'ici nous avons commencé par construire la tangente, et que c'est elle qui nous a donné le point d'intersection de la génératrice avec le plan. Il y aurait une seconde tangente parallèle à la direction donnée.

430 bis. — *Trouver le point le plus à droite et le point le plus à gauche de la courbe d'intersection.* (Fig. 315.)

C'est-à-dire les points pour lesquels les projections de la tangente sont perpendiculaires à la ligne de terre.

Ce problème est une application de la construction précédente : la tangente cherchée ayant ses projections perpendi-

culaires à la ligne de terre est dans un plan de profil, elle
doit être dans le plan sécant, par conséquent elle est parallèle

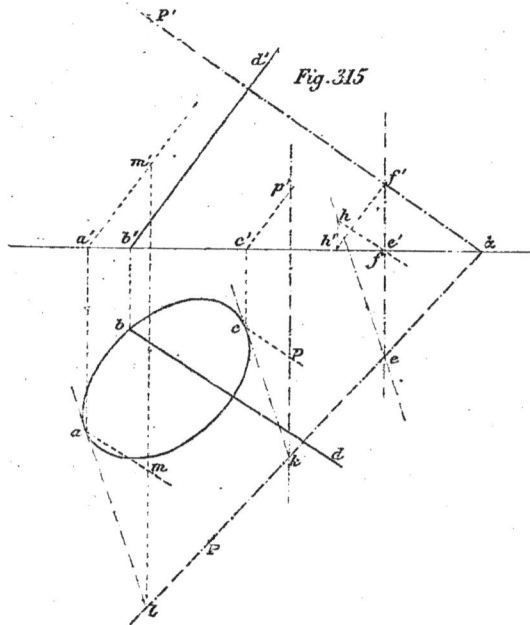

Fig. 315

à l'intersection d'un plan de profil avec le plan sécant, nous
menons un plan de profil quelconque *ef''* qui détermine dans
le plan P la droite *ef,e'f'*. Nous construisons le plan tangent
parallèle à cette droite (345); pour cela nous faisons passer
par le point *f,f'* une parallèle *fh, f'h'* aux génératrices; *he* est
la trace d'un plan parallèle au plan tangent, et nous conduisons deux tangentes à la base *al* et *ck* parallèles à *eh* ; les
tangentes cherchées ont pour projections *lmm'* et *kpp'* et les
points demandés sont les points de rencontre de ces droites
avec les génératrices *am, a'm'* et *cp, c'p'*.

430 *ter*. — *Trouver le point de la courbe d'intersection pour
lequel la tangente passe par un point extérieur.*

Nous ferons observer que le point doit être contenu dans
le plan sécant puisque la tangente est une droite du plan.

Pour que l'intersection de deux plans passe par un point, il faut et il suffit que les deux plans passent par le point. Le plan sécant remplit cette condition, il faut donc construire un plan tangent au cylindre par le point considéré (342); l'intersection des deux plans sera la tangente cherchée.

DÉVELOPPEMENT DU CYLINDRE

Nous allons d'abord étudier les principes et les règles sur lesquelles repose le développement du cylindre en considérant un cylindre droit à base circulaire, et nous appliquerons ensuite ces principes au cas général.

431. Cylindre droit à base circulaire. — Nous considérons un cylindre de révolution vertical, nous allons construire l'intersection de ce cylindre avec un plan P'αP donné par ses traces. (Fig. 316.)

Il est évident d'abord que la projection horizontale de l'intersection sera confondue avec la base du cylindre.

Nous allons employer des plans auxiliaires horizontaux; ainsi le plan horizontal *d'e'f'* détermine dans le cylindre un cercle dont la projection horizontale est confondue avec le cercle de base, et dans le plan une horizontale *def*. Les deux points *e* et *f* sont les projections horizontales de deux points de l'intersection et nous les relevons en *e'* et *f'*.

Tangente. — Construisons la tangente au point *f,f'*. Cette tangente à une courbe tracée sur la surface du cylindre est dans le plan tangent au cylindre au point considéré, elle est dans le plan de la courbe, donc elle est l'intersection des deux plans.

Le plan tangent au cylindre au point *f,f'* a pour trace horizontale *fg* tangente à la base, et le point *g* où se croisent les traces horizontales des deux plans est la trace horizontale de la tangente; cette tangente passe d'ailleurs par le point *f,f'*, donc ses projections sont *gf*, *g'f'*.

Autre méthode. — Au lieu d'employer des plans horizontaux nous pouvons employer des plans passant par les génératrices du cylindre, c'est-à-dire des plans verticaux; ces plans, dont la direction est arbitraire, couperont le cylindre suivant des génératrices, et le plan suivant des droites qui rencontreront les génératrices aux points cherchés. Prenons pour exemple le plan de front *cboa* passant par le centre du cercle. Les génératrices situées dans ce plan auront néces-sairement leurs traces horizontales aux points *a* et *b*, ce sont les génératrices de contour apparent vertical; le plan sécant est coupé suivant la droite de front *c'b'o'a'*, et nous avons les points *a,a'* et *b,b'* sur le contour apparent vertical.

Le plan de front, dont la trace *kh* est tangente à la base, donne le point *h'*, et en ce point la tangente est précisément l'intersection du plan tangent avec le plan sécant, c'est-à-dire la ligne de front *k'h'*.

Pour la même raison, le plan tangent de front dont la trace est *il* donne le point *i'*, pour lequel la tangente est la ligne de front *l'i'*.

Considérons le plan vertical dont la trace horizontale est *pomn*, passant par l'axe du cylindre et perpendiculaire à αP, ce plan détermine dans le plan sécant la droite *n'o'm'p'*, passant par le point *o'*, obtenu au moyen de la ligne de front *c'a'*, et qui est le point de rencontre de l'axe du cylindre avec le plan; les génératrices du cylindre passent par les points *m* et *p*, et nous trouvons ainsi les points *m'* et *p'*. En ces points les plans tangents ont leurs traces perpendicu-laires à la droite *mop*, c'est-à-dire parallèles à αP. Donc ces tangentes intersections du plan sécant avec des plans dont les traces sont parallèles à celles du plan *sécant, sont horizontales;* ainsi le point *m'* est le point le plus bas, le point *p'* est le point le plus haut de la courbe d'intersection. Ces tangentes horizontales sont en réalité dans l'espace perpendiculaires à la ligne *m'p'* qui joint leurs points de contact, cette droite qui est une ligne de plus grande pente du plan, puisque sa projection horizontale est perpendiculaire à αP, est donc un *axe* de l'ellipse. Nous pouvons donc déterminer autant de points de la courbe qu'il sera utile, et la comprendre entre un grand nombre de tangentes, qui nous donnent des diamètres conju-gués de l'ellipse. La courbe, dans l'espace, est une ellipse située dans un plan oblique, son grand axe est la ligne de plus grande pente du plan projetée suivant *pon, p'o'n'*, mais nous ne pouvons pas obtenir directement les axes de la projection verticale.

432. Vraie grandeur de l'intersection. —

La vraie grandeur de la courbe d'intersection s'obtient en rabattant le plan sur l'un des plans de projection. (Fig. 316.) Nous le rabattons sur le plan vertical. Le centre de l'ellipse est le point o, o' : nous rabattons ce point au moyen de la ligne de front $oc, o'c'$ en O.

Nous rabattons le grand axe ρon, $p'o'n'x'$; le point n, n' se rabat en N, le point x' est fixe, la droite est donc Nx' et doit passer par le point O ; les points m, m' et p, p' se rabattent sur cet axe en M et P qui sont les deux sommets. On peut construire le petit axe, ses projections sont qr et $q'r'$ qui est le diamètre conjugué de $m'p'$; la trace de cette droite est au point t' qui ne change pas dans le rabattement, et la droite se rabat suivant $t'O$ qui doit être perpendiculaire à MP ; les points q' et r' se ramènent en Q et R et sont les deux autres sommets.

Nous avons construit le point quelconque f, f' au moyen de l'horizontale fd qui a donné le point et qui se rabat suivant $d'F$ parallèle à sa trace horizontale rabattue P_1 ; pour rabattre la tangente nous rabattons sa trace horizontale g en G et la tangente est GF.

Nous avons rabattu les points h' et i' en H et I au moyen des lignes de front qui sont en même temps les tangentes à l'ellipse.

DÉVELOPPEMENT DU CYLINDRE

433. Le développement du cylindre repose sur cinq principes qu'il est facile d'établir en considérant un prisme inscrit dans le cylindre et dont le cylindre est la limite. (Fig. 317.)

1° *La section droite se transforme en une ligne droite, dont la longueur est égale à la longueur absolue de la courbe.*

Considérons le prisme dont ABCDE est une section droite. Nous développons la surface sur le plan de la face B'BCC' par exemple. Le point D tourne autour de C,C' et décrit un cercle dont le plan est perpendiculaire à l'axe, c'est-à-dire le plan de section droite, le rayon est CD perpendiculaire à C,C', et pendant le développement, ce rayon qui reste toujours perpendiculaire occupe la position CD_1 dans le prolongement de BC; BCD_1..... est égal à BCD..... Donc la section droite se développe sur une ligne droite égale en longueur à la courbe ;

2° Prenons le point D' de l'arête, il décrit un cercle dont le rayon est la perpendiculaire D'C', et ce point D' vient en D'_1 .

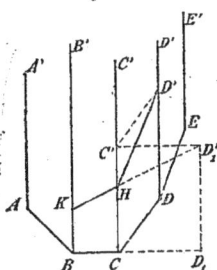

Fig. 317

à une distance de C' égale à $C'D'_1 = CD_1$, puisque les droites primitives sont parallèles. Donc la figure $C'D'_1 D_1 C$ est un rectangle et *les génératrices sont perpendiculaires au développement de la section droite;*

3° Traçons sur le prisme un polygone KHD' qui devient une courbe tracée sur le cylindre.

Dans le développement le point H ne change pas; le point D' vient en D'_1, tel que le trapèze HCDD' ne varie pas de forme, il tourne tout entier autour du côté HC, et il en résulte que : *Les longueurs des génératrices comprises entre la section droite et une courbe tracée sur la surface ne sont pas altérées dans le développement;*

4° Dans la rotation du trapèze HCDD' qui ne change pas de forme, l'angle HD'D reste le même; or HD' devient une tangente à la courbe, et l'angle HD'D est l'angle de la tangente à la courbe au point D' avec la génératrice; c'est l'angle de la courbe avec la génératrice. *Donc les angles que forme avec les génératrices une courbe tracée sur la surface ne sont pas altérés dans le développement ;*

5° La longueur KHP' est constamment égale à la longueur KHD', c'est-à-dire : *La longueur absolue d'un arc de courbe tracé sur la surface se conserve dans le développement.*

434. Nous allons appliquer ces propriétés au développement du cylindre dont nous avons construit la section. (Fig. 316.)

La première opération à faire quand on veut effectuer le développement d'un cylindre quelconque consiste à tracer une section droite en le coupant par un plan perpendiculaire à ses génératrices ; ici la section droite est le cercle de base, il faut ensuite connaître la vraie grandeur de cette section au moyen d'un rabattement si son plan est oblique ; ici le cercle est en vraie grandeur.

On rectifie cette section droite ; pour cela on partage la courbe en arcs assez petits pour qu'on puisse sans erreur sensible les confondre avec leurs cordes (ces arcs ne sont pas nécessairement égaux entre eux), on porte toutes les longueurs des arcs au moyen d'ouvertures de compas les unes à la suite des autres sur une ligne droite ; ainsi en partant du point a que nous avons placé en a_1, nous portons des longueurs égales aux arcs successifs $a_1p_1 = ap$, $p_1i_1 = pi...$, etc. On a soin de placer les sommets du polygone qu'on inscrit dans la courbe aux points par lesquels passent les génératrices qu'on devra transformer et sur lesquelles se trouvent des points construits des courbes tracées sur le cylindre.

Le développement total est a_1a_2. La section est ici un cercle, on pourrait calculer sa longueur pour vérification. Par les points marqués ainsi sur la section, on trace les génératrices perpendiculaires à la droite, et l'on prend sur ces droites des longueurs égales aux vraies longueurs des génératrices comprises entre le plan de section droite et la courbe qu'on veut rapporter. Si le cylindre est oblique, on obtiendra ces longueurs par rabattements, changements de plans ou rotations. Dans l'exemple que nous avons pris, les projections verticales des génératrices donnent leur grandeur, et c'est seulement dans le but de rendre la figure plus claire que nous avons porté la section droite sur la ligne de terre, au lieu de la porter sur une direction quelconque, comme on le ferait dans le cas d'un cylindre oblique.

Nous prenons $a_1a'_1$ égale à la génératrice du point a', et nous n'avons ici qu'à mener par les points $a'p'b'...$ des parallèles à la ligne de terre. Nous pouvons tracer ainsi par points la courbe $a'_1p'_1b'_1a'_2$ transformée par développement de la section faite par le plan P'αP.

Cette opération revient à ouvrir le cylindre suivant la

génératrice du point a, a' et à dérouler sa surface sur le plan tangent le long de cette génératrice.

Tangente à la transformée. — Considérons le point f'_1 transformé du point f, f', et cherchons la tangente à la courbe en ce point. (Fig. 316.)

L'angle de la tangente à la courbe avec la génératrice qui passe par le point de contact n'est pas modifié dans le développement (433, 4°) ; cherchons l'angle de la tangente fg, $f'g'$ avec la génératrice, et pour cela rabattons le plan tangent sur le plan horizontal autour de sa trace fg ; le point f, f' vient en f_2, tel que $ff_2 = f'\beta$, l'angle est ff_2g. Cet angle est l'angle aigu d'un triangle rectangle qui a pour côtés de l'angle droit : 1° la longueur de la génératrice comprise entre le point et le plan de section droite ; 2° la distance comprise entre la trace de la génératrice et la trace de la tangente sur le plan de section droite, distance qu'on nomme la *sous-tangente*.

Nous pouvons construire ce triangle au point f'_1, nous portons $f_1g_1 = fg$, nous avons $f_1f'_1 = ff_2$, et la ligne $g_1f'_1$ est la tangente : nous devons faire attention au sens dans lequel il convient de porter la longueur de la sous-tangente.

Quand on déroule la surface du cylindre sur le plan tangent en a, tous les plans tangents entraînés dans le mouvement se rabattent successivement sur le plan du développement, les points conservant les uns par rapport aux autres les mêmes positions relatives ; ainsi le point r de la courbe viendra entre le point f et le point g ; il faut donc compter la longueur fg du même côté que le point r.

Forme de la transformée.

Considérons la tangente au point p' ; cette tangente est horizontale, c'est-à-dire perpendiculaire à la génératrice ; elle le sera encore dans le développement, et le point p'_1 sera le point le plus haut ; par la même raison le point m'_1 sera le plus bas.

La tangente à la courbe au point p'_1 fait donc un angle nul avec l'horizontale, cet angle augmente ensuite pour devenir nul de nouveau au point m'_1 ; il a donc passé par *un maximum*.

La tangente est une droite du plan sécant, son angle avec l'horizontale est l'angle qu'elle fait avec sa projection horizontale, et cet angle atteint son maximum *quand la tangente est une ligne de plus grande pente du plan*; ainsi la tangente, dont la projection horizontale est rs, est celle qui fait avec l'horizontale l'angle maximum, il en est de même pour qr; et cet angle est égal à l'angle que *fait le plan sécant* avec le *plan de section droite*. Cet angle est rabattu en rsr_2. Au point r'_1 nous avons construit le triangle $r'_1s_1r_1$ égal à rsr_2 en portant s_1r_1 du même côté que le point h.

Au point q'_1 nous avons porté q_1v_1 du même côté que le point b.

Remarquons que le plan tangent au cylindre au point r,r' est perpendiculaire à la droite αP, intersection du plan de section droite avec le plan sécant, *donc ce plan tangent est perpendiculaire au plan sécant.*

(Il est clair que tout ce que nous venons de dire ne suppose en rien que le plan de section droite soit le plan horizontal, et est vrai quelle que soit la situation du plan de section droite et du plan sécant par rapport aux plans de projection.)

La courbe est au-dessous de sa tangente au point p'_1, elle est au-dessus au point m'_1, il doit exister un point intermédiaire auquel elle traverse la tangente, c'est-à-dire un point d'inflexion; nous allons montrer que ce point d'inflexion se trouve précisément au point r'_1 pour lequel l'angle de la tangente avec la section droite est maximum, et qui est caractérisé par ce fait *que le plan tangent est perpendiculaire au plan sécant.*

Considérons encore un prisme inscrit dans le cylindre. (Fig. 318.)

435. La limite d'une face du prisme lorsque le nombre de ses faces augmente indéfiniment est le plan tangent au cylindre; ainsi la limite de la face CC'DD' est un plan tangent; menons un plan sécant P perpendiculaire à la face; il détermine la section ABCDEF. Développons le cylindre sur la face CC'DD'.

Le plan CC'DD' et le plan P sont perpendiculaires entre eux, leur intersection est la projection sur l'un d'eux de toutes les droites de l'autre (79); la droite CDK est la projection sur le plan P des droites DD' et CC'. Supposons que l'an-

gle D'DK soit aigu, il sera plus petit que l'angle D'DE, et
dans le développement la ligne DE viendra occuper une position telle que DE_1 extérieure à l'angle D'DK.

L'angle D'DK étant aigu, l'angle D'DM ou son égal C'CM
est obtus, il est plus grand que C'CB, et dans le développement la droite CB viendra occuper une position telle que CB_1
intérieure à l'angle C'CM.

A la limite, la courbe ABCDE se transformera en B_1CDE_1,
ayant pour tangente CD qui traverse la courbe au point de
contact résultant de la réunion des deux points C et D.

Fig. 318

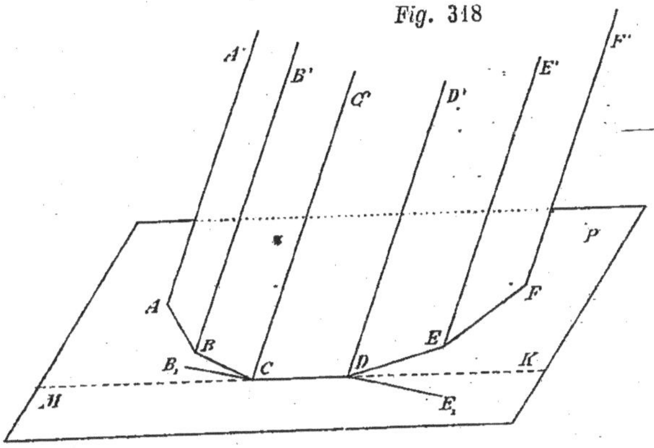

Ainsi la transformée par développement de la section
plane d'un cylindre présente une inflexion aux points où le
plan tangent est perpendiculaire au plan sécant, et l'angle de
la tangente au point d'inflexion avec la génératrice qui y
passe est le complément de l'angle formé par le plan de section droite et le plan sécant. Donc, si l'on veut trouver les
points de la section plane d'un cylindre pour lesquels la
transformée présentera un point d'inflexion, il faut mener au
cylindre un plan tangent perpendiculaire au plan sécant,
c'est-à-dire un plan tangent parallèle à une droite perpendiculaire au plan sécant.

Nous avons établi plus loin (439) cette propriété d'une
manière différente.

316

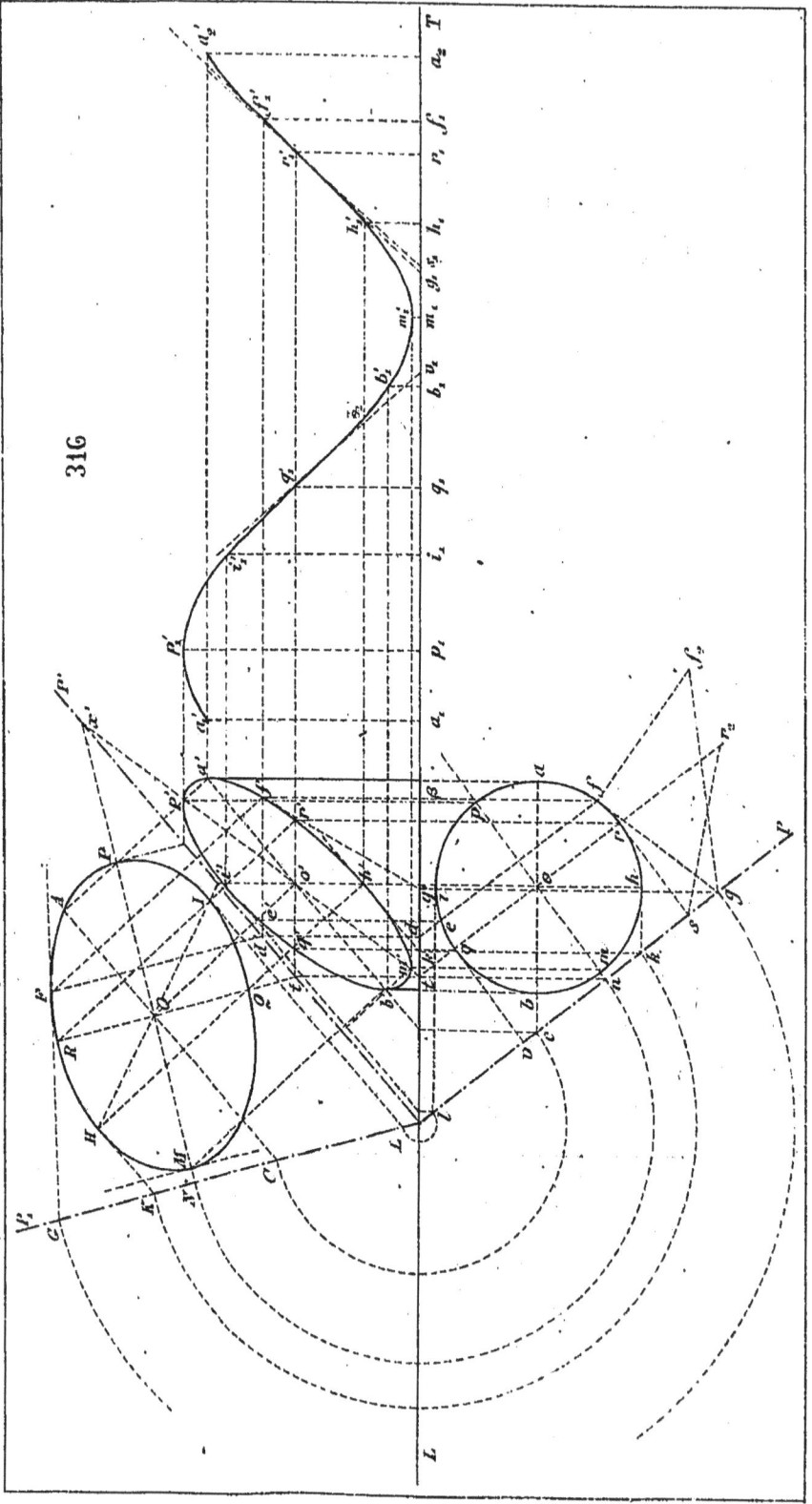

436. Développement d'un cylindre oblique.
— (Fig. 319).

La base du cylindre est la courbe *abcd* dans le plan horizontal, ses génératrices sont parallèles à *ce*, *c'e'*. On coupe ce cylindre par un plan oblique P'αP, et l'on demande de construire le développement de la partie du cylindre comprise entre la base et la section par ce plan.

Pour construire le développement d'un cylindre (433), il faut d'abord obtenir une section droite de ce cylindre; nous prendrons un plan de section droite quelconque Q'βQ et nous construirons son intersection avec le cylindre, — ensuite il faut obtenir la vraie grandeur de la section droite par le rabattement du plan qui la contient, afin de pouvoir rectifier cette courbe; et enfin connaître les vraies longueurs des portions de génératrices comprises entre la section droite et les courbes qu'on se propose de tracer sur le développement du cylindre.

Voici comment on disposera les constructions :

Nous prenons un plan vertical auxiliaire L,T, parallèle aux génératrices; nous construisons directement par la méthode indiquée (429) le point de rencontre hh' de la génératrice *ce*, *c'e'* avec le plan.

La nouvelle projection verticale de la génératrice sera $c'_1 h'_1$, et la droite d'intersection fg, $f'g'$ du plan P avec le plan projetant la génératrice a pour projection verticale $f'_1 h'_1$.

Prenons une autre génératrice *ik*, *i'k'*, elle se projette en $i'_1 k'_1$, parallèle à $c'h'$, l'intersection de son plan projetant avec le plan P se projette suivant $o'_1 k'_1$ parallèle à $f'_1 h'_1$. Le point de rencontre de la droite avec le plan P est projeté en k'_1 qu'on relève en *k*, *k'* sur la génératrice. On construira de même tous les autres points de la courbe et nous observons que les *génératrices sont projetées en vraie grandeur* sur le plan L_1T_1.

Le plan de section droite Q' β Q devient perpendiculaire au plan L_1T_1, et sa trace verticale perpendiculaire à la projection des génératrices est β Q'_1; les points de rencontre e'_1 de la génératrice $c'_1 h'_1$, l'_1 de la génératrice $i'_1 k'_1$ avec la trace verticale du plan sont des points de la section droite, qu'on ramène en *e*,*e'* et en *l*,*l'* sur les génératrices correspondantes.

Du reste, les projections verticales sur le plan vertical L T sont inutiles.

Les vraies longueurs des génératrices sont i'_1 l'_1, c'_1 c'_1.... etc.

Nous rabattons le plan Q'_1Q sur le plan horizontal, le point l'_1 se rabat en L à une distance de la trace horizontale égale à γ l'_1 et de même pour tous les autres points.

La vraie grandeur de la section droite est E Y L Δ.

Nous portons sur une droite indéfinie des longueurs égales aux longueurs rectifiées de la section droite (433), nous commençons le développement à la génératrice du point E par exemple, nous ouvrons le cylindre suivant cette ligne, et nous l'étendons sur le plan tangent en E dans le sens E$\Sigma\Delta\Psi$LYE$_1$.

Nous élevons en tous ces points des perpendiculaires à la section droite, et nous prenons ces perpendiculaires égales aux vraies longueurs des génératrices correspondantes (433) (longueurs données sur la projection verticale L$_1$T$_1$) comprises soit entre la section droite et la base, ce qui donne la transformée *cθzaλitc*, soit entre la section droite et la section par le plan P, ce qui donne la transformée *hµwkxh*.

Tangentes à la transformée.

Nous nous proposons de construire la tangente à la transformée de la section par le plan P au point k.

Nous construisons d'abord la tangente à la courbe au point k. (Fig. 319). Cette tangente est mk.

L'angle de la tangente mk avec la génératrice est l'angle aigu d'un triangle rectangle qui a pour côtés de l'angle droit: 1° la longueur de la génératrice comprise entre le point k et la section droite; 2° la projection de la tangente sur le plan de section droite, c'est-à-dire la longueur comprise entre la trace de la génératrice et la trace de la tangente sur le plan de section droite (434). La génératrice perce le plan au point l, la tangente mk rencontrera le plan en un point de l'intersection de ce plan avec le plan tangent, intersection qui est la tangente nl à la section droite, le point de rencontre φ de ces deux tangentes est le point demandé; le second côté de l'angle droit que nous avons appelé sous-tangente est la vraie grandeur de $l\varphi$.

Nous avons rabattu le plan de section droite, le point l

vient en L, le point n reste fixe et la tangente se rabat en nL, le point φ situé sur la tangente se rabat en Φ et ΦL est la longueur demandée de la sous-tangente. Nous traçons sur le développement (Fig. 319 *bis*) le triangle rectangle ΦLK en observant que d'après le sens du développement le point Φ est du même côté que le point Ψ par rapport au point L, ΦK est la tangente cherchée.

De même, si nous portons à partir du point L dans le même sens que la sous-tangente une longueur égale à Ln, nous construirons le triangle rectangle Lni dont l'hypoténuse sera la tangente au point i.

Chercher les points des courbes transformées pour lesquelles la tangente est perpendiculaire à la génératrice.

Ce sont les points pour lesquels la tangente est parallèle au plan de section droite.

S'il s'agit de la courbe de base, les tangentes au point 1 et 2 (fig. 319), parallèles à Qβ sont parallèles au plan de section droite, et par conséquent les points 1 et 2 du développement sont les points cherchés. (Fig. 319 *bis*.)

Pour la section par le plan P, la tangente au point considéré est dans le plan sécant; elle doit être parallèle au plan de section droite, elle est parallèle à l'intersection des deux plans qui est la droite qr, $q'r'$. (Fig. 319.)

Nous avons donc à construire le point de la section par le plan P pour lequel la tangente est parallèle à qr, $q'r'$ (430); nous conduisons au cylindre le plan tangent parallèle à cette droite.

Nous avons pris (fig. 319) le point e,e' sur la génératrice ce, $c'e'$, fait passer par ce point la parallèle $e's'$, es à qr, $q'r'$, et nous avons obtenu en se la trace d'un plan parallèle au plan tangent; ensuite nous avons mené à la base la tangente tv parallèle à cette trace; les points situés sur la génératrice de contact ont été déterminés en x et y, et les deux tangentes ux et vy sont parallèles à qr, $q'r'$. Le point x est le point demandé, il est situé dans la transformée sur la génératrice du point Y. (Fig. 319 *bis*.)

Nous pourrions mener à la base en un point Z (fig. 319) une seconde tangente parallèle à cs, le point correspondant est le point w sur le plan P; sur le plan Q c'est le point δ.

Ce point est reporté sur le développement (fig. 319 *bis*) en *w*, sur la génératrice du point Δ.

Points d'inflexion.

Nous avons établi (435) que la transformée de la section plane d'un cylindre présente une inflexion au point où le plan tangent est perpendiculaire au plan sécant.

Pour la courbe de base le plan sécant est le plan horizontal, il y aura donc inflexion sur la transformée aux points situés sur les génératrices de contour apparent horizontal (337), c'est-à-dire aux points *a* et *c* correspondants aux points ψ et E de la section droite. (Fig. 319). La tangente à la transformée fait avec la génératrice le même angle que la tangente à la courbe (433), et ici cet angle est celui que forme la génératrice avec le plan horizontal, puisque la génératrice se projette sur la tangente ; il est donné en vraie grandeur sur le plan L_1T_1 et nous pouvons le reporter sur le développement aux points *a* et *c*. Pour la section par le plan P, nous devons mener au cylindre un plan tangent perpendiculaire à P ; c'est-à-dire parallèle à une perpendiculaire à P (345). Nous avons construit le plan parallèle au plan tangent en traçant par le point *hh'*, sur la génératrice *ce*, une perpendiculaire ε'*h'*,ε*h* au plan P, la trace du plan tangent est parallèle à *c*ε. Le point de contact est θ, et la génératrice de ce point perce les plans P et Q aux points μ et σ que nous reportons sur le développement.

La tangente à la courbe au point μ fait avec la génératrice un angle qu'il faut connaître ; nous avons effectué la construction de l'angle de deux droites (212) en rabattant le plan des deux droites *ch* et ε*h* autour de sa trace horizontale *c*ε ; le point *h*, sommet de l'angle, vient en H, et l'angle cherché est *c*Hε, qu'on reportera sur le développement au point μ. On pourra mener un second plan tangent parallèle, la génératrice de contact est λπρ, et le point π est le point demandé, l'angle de la tangente avec la génératrice est égal à l'angle déjà obtenu.

437. Équation de la courbe transformée.

— Considérons un cylindre vertical et développons ce cylindre sur le plan tangent suivant la génératrice du point C. (Fig. 320).

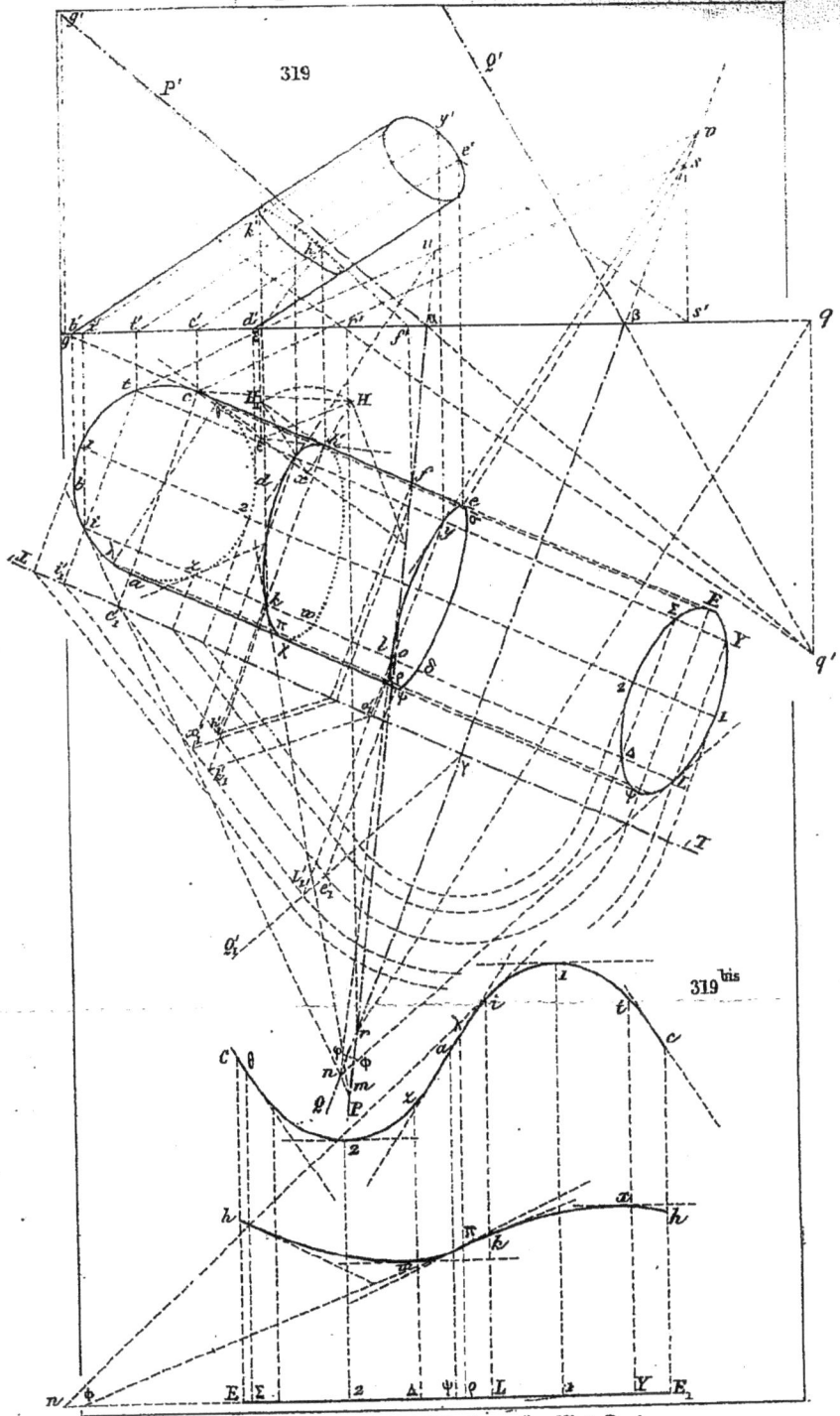

319

319 bis

Nous avons coupé le cylindre par un plan P'αP et nous construisons la transformée de la section : c'est la courbe H' F'.... Nous nous proposons de déterminer l'équation de cette courbe.

La projection verticale de la section est la droite $d'e'$ et si

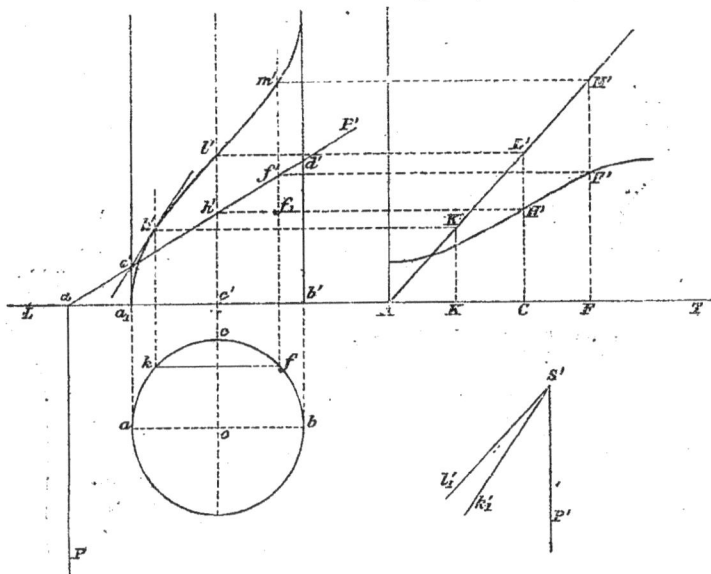

Fig. 320

nous comptons les ordonnées à partir de l'horizontale du point h pris pour origine, le rapport $\dfrac{f'f_1}{h'f_1}$ entre l'ordonnée et l'abscisse est constant.

Or l'abscisse $h'f_1$ est constamment égale au sinus de l'arc x, compté à partir du point c ; les ordonnées de la transformée sont égales aux ordonnées de la courbe, les abscisses de la transformée sont les arcs dont les sinus sont $h'f_1$.... Nous aurons donc constamment entre les ordonnées de la transformée comptées au-dessus de l'horizontale du point H' et les abscisses le rapport $\dfrac{y}{\sin x} = k$. $y = k \sin x$ est donc l'équation de la courbe. C'est une sinusoïde.

438. Des Hélices. — Traçons sur le développement du cylindre (fig. 320) une droite quelconque AK′L′M′, et enroulons cette droite sur le cylindre : elle donnera une courbe telle que sa tangente fera avec les génératrices un angle constant (433). Cette courbe se nomme *une hélice.* C'est la seule espèce de courbes tracée sur le cylindre qui donne une droite pour transformée par développement. Il est facile de voir qu'entre deux points marqués sur la surface du cylindre, on ne peut tracer qu'un arc d'hélice ; et, comme la longueur de la transformée est égale à celle de la courbe, *l'arc d'hélice qui joint deux points est la ligne la plus courte qu'on puisse tracer sur le cylindre entre ces deux points.*

Puisque l'hélice est développée suivant une droite, son ordonnée est constamment proportionnelle aux longueurs des arcs de section droite compris entre le point de départ A et les ordonnées des autres points, ce qu'on exprime en disant que *l'ordonnée est proportionnelle à l'abscisse curviligne.*

L'hélice rencontre toutes les génératrices sous un angle constant et s'élève indéfiniment sur le cylindre ; elle aura donc, sur chaque génératrice, une suite de points également distants les uns des autres ; la distance entre deux points successifs situés sur une même génératrice se nomme *le pas.*

Imaginons toutes les tangentes à l'hélice, et menons par un point S′ une parallèle S″ P′ aux génératrices, et des parallèles aux tangentes $s′k′_1$; $s′l′_1$…. Toutes ces parallèles font des angles égaux avec S′P′ et engendrent un cône de révolution autour de cette droite.

Le plan tangent au cône suivant la génératrice $s′k′_1$ contient cette génératrice et la génératrice infiniment voisine, qui est parallèle à la tangente infiniment voisine de la tangente au point K′ : ce plan tangent au cône est donc parallèle au plan osculateur de l'hélice au point $k′$ (325). D'ailleurs, le plan tangent au cône suivant $s′k′_1$ est perpendiculaire au plan donné par la génératrice et l'axe (374), et ce plan est perpendiculaire au plan tangent au cylindre au point K′, puisque ce dernier est déterminé par la génératrice et la tangente à l'hélice tracée sur la surface. Nous trouvons alors cette propriété importante : *Tous les plans osculateurs de l'hélice sont normaux au cylindre.*

D'ailleurs, tous ces plans osculateurs, étant parallèles à tous les plans tangents à un cône de révolution, sont différents, et il en résulte *que l'hélice est une courbe gauche*, et il n'y a pas de section plane du cylindre qui donne une droite pour transformée.

439. Construisons sur le développement d'un cylindre une transformée d'une section plane, et examinons les points d'inflexion de cette transformée.

En un point d'inflexion, la courbe traverse sa tangente et a trois points infiniment voisins communs avec cette droite, qui est dite osculatrice de la courbe. Enroulons la courbe et sa tangente, la tangente donnera une hélice osculatrice de la courbe, ayant avec elle trois points infiniment voisins communs, et même plan osculateur ; or la courbe est plane, et son plan osculateur est le plan de la section, le plan osculateur de l'hélice est normal au cylindre : donc *les points d'inflexion de la transformée correspondent aux points par lesquels le plan de la section est normal au cylindre.* Ce que nous avons établi précédemment d'une autre manière.

Exercices. — On donne un plan P, on le rabat et on trace un cercle, rabattement de la section faite par le plan P dans un cylindre dont on donne la direction des génératrices *mn, m'n'*.

On coupe ce cylindre par un plan de profil : construire le développement de la partie du cylindre comprise entre les plans P et R.

440. **Problème.** — *Construire les points de rencontre d'une droite et d'un cylindre.* (Fig. 321.)

On donne un cylindre, dont la base est *abc*, dans le plan horizontal, les génératrices sont parallèles à *ad, a'd'*, la droite donnée a pour projections *fh, f'h'*.

La méthode consiste à faire passer par la droite un plan parallèle aux génératrices du cylindre ; ce plan coupe le cylindre suivant des génératrices qu'on obtient en prenant la trace du plan sur le plan de base du cylindre, et en menant par les points de rencontre des deux traces des génératrices qui coupent la droite aux points demandés.

Nous prenons sur la droite un point h,h' et nous conduisons par ce point une parallèle $k'k'$, hk aux génératrices, la
trace de la droite donnée est le point f, la trace de la parallèle est le point k, donc fk est la trace du plan auxiliaire.

Fig. 321

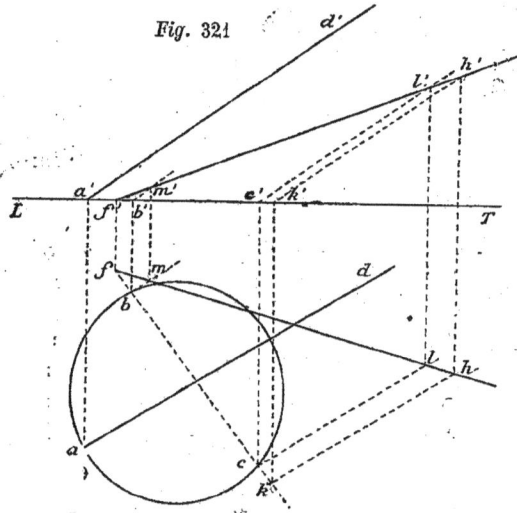

fk croise la base du cylindre aux points b et c qui déterminent deux génératrices bm et cl; et ces deux droites
rencontrent la droite donnée aux points m,m', et l,l' qui sont
les points cherchés.

**441. Sections planes des cylindres à bran-
ches infinies.** — La section plane d'un cylindre est toujours
une courbe de même nature que la courbe de base; il ne peut y
avoir de génératrices parallèles au plan sécant, à moins que
le plan sécant ne coupe le cylindre suivant des droites; la
section plane d'un cylindre ne pourra présenter de points à
l'infini que dans le cas où, la directrice du cylindre ayant des
points à l'infini, il y a des génératrices qui s'éloignent à l'infini.

1er Cas. — Prenons pour exemple un cylindre dont la
base est une hyperbole. (Fig. 322).

Le plan sécant est P′αP, et nous construisons un point de l'intersection c,c' située sur la génératrice ac, $a'c'$ en employant le plan acd qui projette horizontalement cette génératrice et coupe le plan P suivant $d'f'c'$.

Faisons descendre la trace a en a_1a_2... et nous obtiendrons toujours des points d'intersection qui s'éloigneront de plus en plus du point $c'c$, et, quand la trace sera à l'infini sur la branche d'hyperbole, le point d'intersection sera à l'infini.

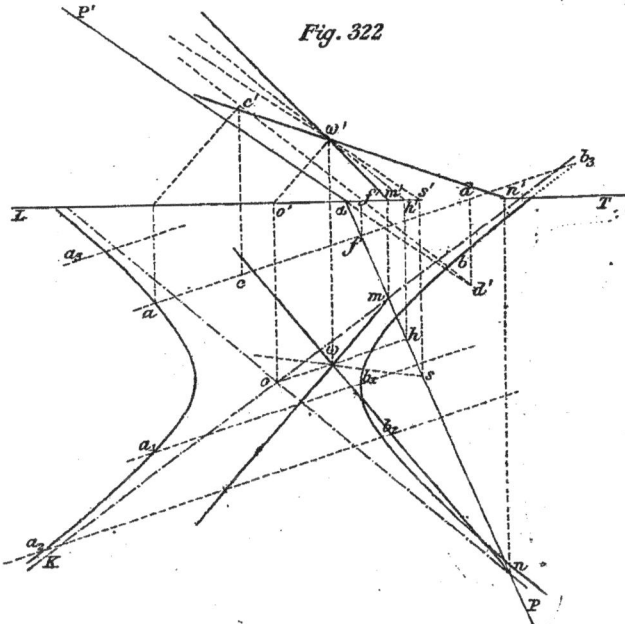

Fig. 322

L'asymptote est la tangente en un point situé à l'infini; elle est l'intersection du plan sécant avec le plan tangent, suivant la génératrice située à l'infini, plan qui a pour trace l'asymptote ok, et qu'on nomme *plan asymptotique* du cylindre. La trace de l'asymptote est le point m, nous allons en construire un autre point. Ce plan asymptotique est parallèle aux génératrices; menons par le point o un plan auxiliaire vertical parallèle à ces droites et dont la trace est oh, il détermine dans le plan sécant la parallèle $h'\omega'$ à $d'f'$ dans le plan asymptote la parallèle $o'\omega'$ aux génératrices ; le point ω' est un point de l'intersection des deux plans c'est-à-dire de l'asymptote qui est $m\,\omega$, $m'\omega'$.

Observons que, si nous considérons la trace b s'éloignant vers b_3, nous aurons encore un point à l'infini, mais le plan asymptotique qui donnera l'asymptote correspondante est le même que pour le point à l'infini sur la branche $a_1\,a_2$; ces deux branches de la section ont la même asymptote.

Si la trace de la génératrice s'éloigne dans la direction a_3 ou $b_1 b_2$, nous retrouvons encore des points à l'infini dont l'asymptote est fournie par l'intersection du plan P avec le plan asymptotique dont la trace est on.

Nous obtiendrons un point de la seconde asymptote en employant encore la parallèle aux génératrices menée par o.

Le point ω, ω' déjà construit, où cette parallèle perce le plan P, est commun aux deux asymptotes. — La seconde asymptote est $n\,\omega$, $n'\omega'$.

Le point ω, ω' est le centre de l'hyperbole section plane du cylindre.

441 bis. On peut trouver les sommets de l'hyperbole.

S'il s'agit des sommets réels dans l'espace, utiles pour obtenir la vraie grandeur de la courbe, on remarquera qu'ils se trouvent sur la bissectrice de l'angle des asymptotes ; on construira donc la bissectrice de l'angle des deux droites $n\,\omega$, $n'\omega'$, et $m\,\omega$, $m'\omega'$ (213) et l'on cherchera les points de rencontre de cette droite avec le cylindre (440).

On peut désirer connaître les sommets de la projection horizontale ; ces sommets sont projetés sur la droite ωs bissectrice de l'angle $m\omega n$.

ωs est la projection d'une droite du plan dont la projection verticale est $s'\omega'$; on cherchera les points de rencontre de cette ligne ωs, $\omega's'$ avec le cylindre. (460).

On opérera de même pour les sommets de là projection verticale.

442. 2e cas. — La base du cylindre *est une parabole* (Fig. 323.) Nous avons encore des points à l'infini, mais la tangente à la base au point situé à l'infini est elle-même à l'infini, il n'y a plus d'asymptote, la section est une parabole.

Les plans diamétraux du cylindre parabolique sont des plans parallèles aux génératrices menés par les diamètres de la parabole; ils couperont le plan sé-
cant suivant des
droites parallèles
qui sont les diamè-
tres de la section
plane.

Ainsi ab étant
un diamètre, les
génératrices étant
parallèles à ac, $a'c'$,
les deux droites dé-
terminent un plan
diamétral; la géné-
ratrice perce le
plan au point f, f' et
la droite hf, $h'f'$, intersection du plan
diamétral et du
plan P est un dia-
mètre.

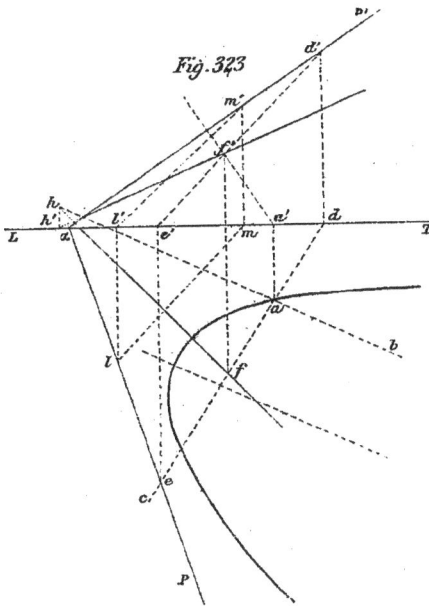

Fig. 323

442 bis. — On peut construire le sommet de la section dans l'espace. C'est le point pour lequel la tangente est per-pendiculaire à hf, $h'f'$.

Le sommet de la projection horizontale s'obtiendra en cherchant le point pour lequel la projection horizontale de la tangente est perpendiculaire à hf.

Nous aurons donc dans tous les cas à chercher le point de la section pour lequel la tangente est parallèle à une direc-tion donnée (430). Pour le sommet dans l'espace, on rabattra le plan sécant et le diamètre hf, $h'f'$, on tracera dans le plan rabattu la perpendiculaire qu'on relèvera ensuite.

Pour le sommet en projection, on construira la droite du plan dont la projection horizontale est lm, perpendiculaire à hf.

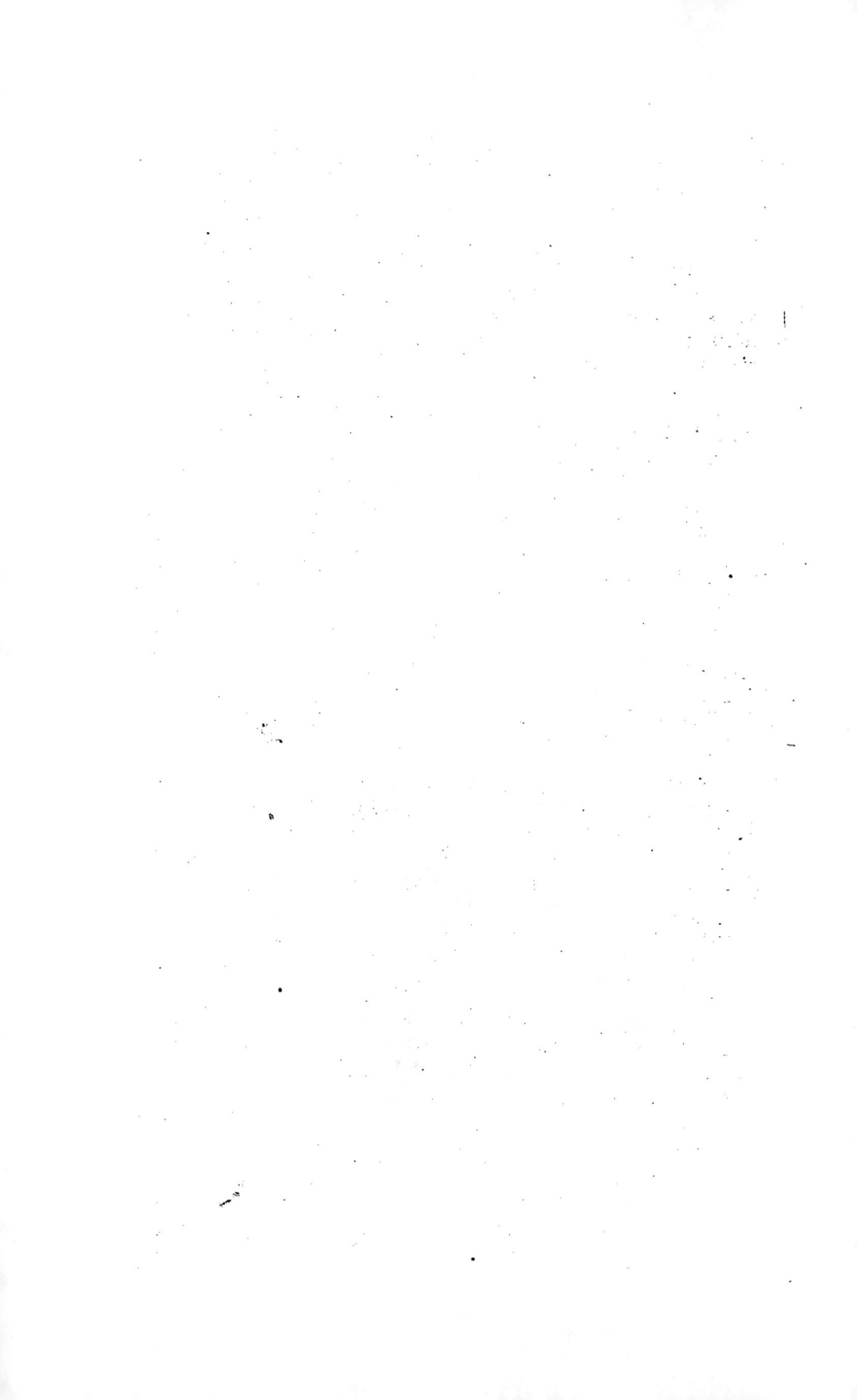

SECTIONS PLANES

ET DÉVELOPPEMENT DES CONES

SECTIONS PLANES

443. Nous considérons un cône de révolution ou cône droit à base circulaire, et nous nous proposons de construire la section de ce cône par un plan.

Nous admettons que l'on sait que la section plane d'un cône de révolution est une ellipse,, une hyperbole ou une parabole, nous renvoyons pour cette démonstration aux *Traités de géométrie élémentaire*.

Nous plaçons l'axe du cône vertical et le plan perpendiculaire au plan vertical, mais les méthodes que nous indiquerons n'exigeront pas cette situation particulière et pourront s'appliquer à un cône et à un plan placés d'une manière quelconque par rapport aux plans de projection.

La méthode générale pour construire l'intersection d'un cône et d'un plan consiste à faire passer des plans par les génératrices du cône ; c'est la même que pour construire la section plane d'une pyramide, et nous invitons le lecteur à s'y reporter (241.)

On cherche donc les points de rencontre avec le plan des différentes génératrices du cône. (Fig. 324.)

La génératrice ol, $o'l'$ perce le plan au point projeté verticalement en m' et horizontalement en m ; m,m' est un point de l'intersection.

La génératrice de contour apparent $s'h'$ sh donne le point a,a' ; la génératrice $s'k'$, sk donne le point b,b'. On peut construire autant de points que l'on voudra. On peut employer ici une autre méthode et couper par des plans horizontaux. Ainsi le plan horizontal $n'v'x'$ coupe le plan sécant suivant l'horizontale n', nn_1 et le cône suivant un cercle dont le diamètre est $v'x'$ et qui se projette sur le plan horizontal en vraiè grandeur suivant le cercle xv ; les points de rencontre n et n_1 du cercle et de la droite appartiennent à l'intersection, et leur projection verticale est le point n'.

Fig. 324

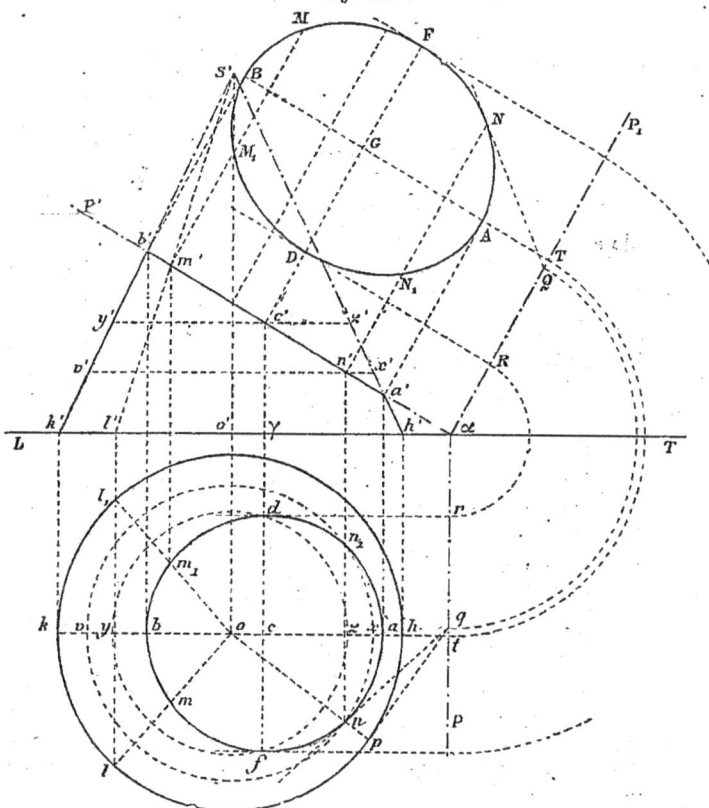

Nous pouvons répéter cette construction, et il est évident que les plans horizontaux extrêmes sont ceux qui passent par les points a' et b' par lesquels les horizontales $a'a$ et $b'b$ du plan sont tangentes aux cercles de section.

Tangente en un point. — Construisons la tangente à la courbe au point n,n'. La tangente à la courbe fait partie du plan tangent au cône au point n,n', elle est dans le plan de la courbe, donc nous l'obtiendrons en traçant l'intersection des deux plans. La trace horizontale du plan tangent au cône est tangente à la base au point p; c'est la droite pq, et le point q est la trace de la tangente, le point n étant un autre point de cette droite, la tangente est qn; sa projection verticale est confondue avec $\alpha P'$, trace du plan sécant.

444. Axes de la courbe. — Si nous cherchons à construire la tangente au point a,a', nous voyons que le plan tangent au cône est le plan de contour apparent vertical $s'h'h$, et par suite la tangente est l'horizontale $a'a$.

De même au point b,b' la tangente est l'horizontale $b'b$. Ces deux tangentes sont perpendiculaires à la ligne qui joint leurs points de contact; cette ligne est un *axe*, les points a',a et b',b sont les sommets.

Le second axe de la courbe passera donc par le milieu de la droite ab, $a'b'$; soit c,c' le milieu; le second axe situé dans le plan sécant $P'\alpha P$ et perpendiculaire à $a'b'$, ab est une horizontale c', dcf, et les autres sommets sont situés sur cette horizontale.

Nous coupons le cône par le plan horizontal auxiliaire $c'y'z'$ qui contient la droite, et détermine le cercle $y'z'$, dont la projection horizontale est yz; les points de rencontre d et f du cercle et de la droite sont les seconds sommets. La courbe a quatre sommets réels, *c'est donc une ellipse*.

Remarque. — Observons que le centre de la section est le point c,c', et ne se trouve pas au point de rencontre de l'axe et du plan.

445. Vraie grandeur de la section. — Nous rabattons le plan sécant sur l'un des plans de projection, par exemple sur le plan vertical. Le centre c,c' vient se placer en C, tel que $c'C$ soit égal à l'éloignement γc (nous avons écrit cette construction au moyen de la ligne de front ct, rabattue en CT).

Cette ligne de front est d'ailleurs l'axe, et nous y ramenons les points A et B.

Le petit axe est rabattu suivant $c'DCF$, perpendiculaire

à AB, et nous obtenons le point D en prenant l'éloignement c'D égal à γd; de même c'F $= \gamma f$.

Nous avons rabattu les points M, M,, N,N, à l'aide de
leurs éloignements.

Nous obtenons donc facilement la vraie grandeur de la
courbe.

Nous pouvons encore construire la tangente au point N,
en rabattant la tangente construite qn. Le point q est sur la
trace du plan et se rabat sur αP,, en Q, la tangente est
donc QN.

446. Nature de la courbe d'intersection. —
Nous nous sommes basés sur ce que la courbe trouvée a
quatre sommets réels pour conclure que la courbe est une
ellipse.

Mais il est facile de reconnaître directement la nature de
la courbe d'intersection.

Rappelons-nous la méthode générale ; les points de la
courbe d'intersection s'obtiennent en prenant les points de
rencontre du plan avec les diverses génératrices du cône.

Pour que la section soit une courbe autre que l'ellipse,
pour qu'elle ait des points à l'infini, il faut qu'il y ait des
points de rencontre des génératrices avec le plan s'éloignant
à l'infini ; c'est-à-dire il faut qu'il y ait des génératrices parallèles au plan.

Nous allons chercher à reconnaître si ces génératrices
existent.

Ces génératrices passent par le sommet, donc si nous conduisons par le sommet un plan parallèle au plan sécant, elles
y seront entièrement contenues.

HYPERBOLE

447. Hyperbole. — Le cône a son sommet au point
S,S', sa base est le cercle ab; le plan sécant est P'αP. (Fig. 325.)

Menons par le sommet un plan parallèle au plan sécant,
il suffit de tracer par le point S' une parallèle à P'α, et le plan
dont les traces sont S'βlm est le plan cherché.

Les génératrices contenues dans le plan ont leurs traces
sur la trace du plan, elles ont leurs traces sur la trace du
cône ; donc, si la trace du plan coupe la trace du cône, comme
cela a lieu ici aux points l et m, nous avons deux génératrices
dans le plan S'βlm, par suite deux génératrices parallèles
au plan P'αP, et l'intersection présente des branches infinies.
Nous pouvons préciser immédiatement la condition néces-

Fig. 325

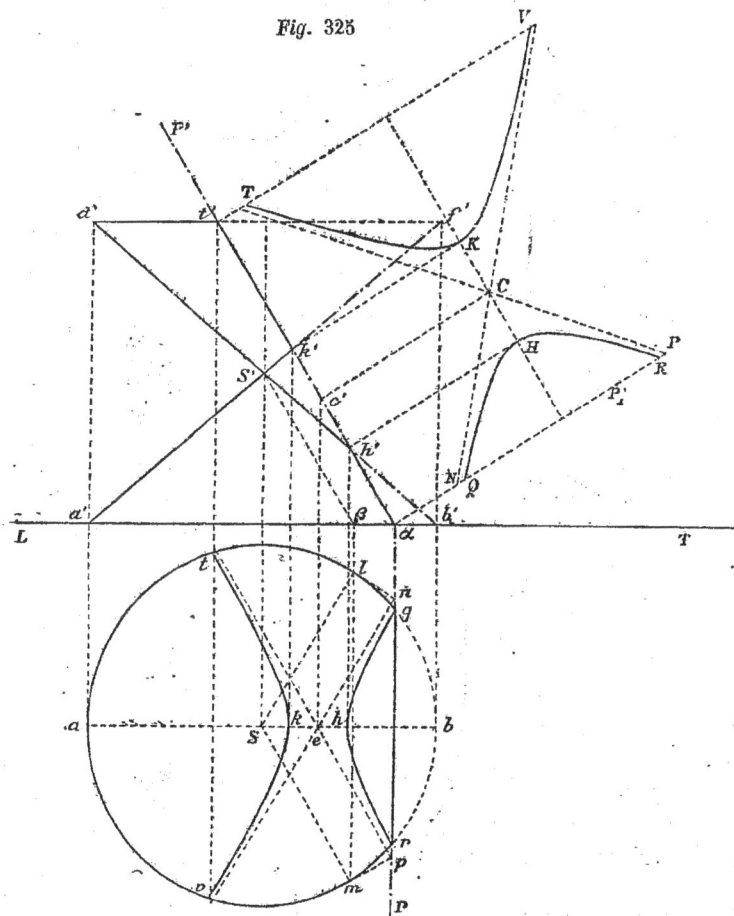

saire pour que cette disposition se réalise ; il faut que la trace
S'β du plan parallèle soit à l'intérieur du cône, par suite il
faut que cette ligne fasse avec la ligne de terre un angle plus
grand que la génératrice S'b' ; or l'angle de S'β avec LT est
l'angle du plan S'β*lm* ou du plan P'αP avec le plan horizontal.
Il faut donc que le plan donné fasse avec le plan horizontal un
angle plus grand que les génératrices du cône.

448. Asymptotes. — L'asymptote est une tangente au
point situé à l'infini. Nous appliquons la construction de la
tangente au point situé à l'infini, en prenant l'intersection du
plan sécant avec le plan tangent au point situé à l'infini,
c'est-à-dire avec le plan tangent le long de la génératrice
qui donne le point, génératrice parallèle au plan.

Le plan tangent suivant la génératrice S*l* a pour trace *ln*
et le point *n* est la trace horizontale de l'intersection des
deux plans, c'est-à-dire de l'asymptote ; or le plan tangent
passe par la droite S*l* et le plan sécant est parallèle à cette
droite, donc leur intersection ou l'asymptote est parallèle à
S*l* ; sa projection horizontale est *nc*, sa projection verticale
est confondue avec la trace P'α. Si le plan n'était pas perpendiculaire au plan vertical, la projection horizontale s'obtiendrait de la même manière et la projection verticale de l'asymptote serait parallèle à la projection verticale de la génératrice.
Nous obtiendrons la seconde asymptote, en menant le plan
tangent le long de la génératrice S*m ;* sa trace est *mp*, le
point *p* est la trace de l'asymptote, qui est parallèle à S*m*,
c'est la droite *pc*. Ces deux asymptotes se croisent au point *c*,
centre de l'hyperbole, et qui doit être situé sur la droite *ab*.

En effet, il est facile de voir, comme dans le cas précédent,
que la droite *ab* est l'axe, les sommets sont les points *k'*,*k*
et *h*,*h'* ; car, en ces points, les plans tangents sont perpendiculaires au plan vertical, et leurs intersections avec le plan
sécant sont des droites horizontales perpendiculaires au plan
vertical et projetées suivant *k'k* et *h'*,*h* ; le point *c* où se croisent les asymptotes doit être au milieu de *kh*.

Nous construirons d'ailleurs des points de la courbe en
employant l'une des méthodes indiquées dans le cas de l'ellipse. Nous remarquons ici que les points *q* et *r*, où la trace

du plan croise la trace du cône, sont des points d'intersection ; et la courbe est située sur les deux nappes, la branche *qhr* est placée sur la nappe inférieure : nous trouvons l'autre branche *tkr* sur la face supérieure obtenue en prolongeant les génératrices au delà du sommet.

Nous avons limité cette seconde nappe à un plan horizontal placé au-dessus du sommet à la même distance que le plan de projection au-dessous, afin d'obtenir un cercle de même rayon qui se projette en recouvrant le cercle de base ; ce plan horizontal supérieur détermine dans le plan P l'horizontale *t',tr* qui fournit les deux points *t* et *r*.

449. Vraie grandeur. — Nous obtiendrons encore la vraie grandeur de la courbe en rabattant le plan sécant sur l'un des plans de projection.

Nous avons effectué le rabattement sur le plan vertical.

Le centre est venu en C, à une distance C*c'*, égale à son éloignement, l'axe est une ligne de front projetée sur *ab* et rabattue en KH ; c'est sur cette ligne que se placent les deux sommets K et H.

Nous rabattons les traces horizontales des asymptotes sur le rabattement αP₁ de la trace horizontale du plan, en prenant αN = α*n*, et αP = α*p*, et en traçant NC et PC.

450. Ponctuation. — Nous avons représenté ce qui reste du cône après qu'on a enlevé tout ce qui est au-dessus du plan sécant ; il est facile de comprendre que les deux projections de la courbe sont *vues*.

PARABOLE

451. Nous menons par le sommet du cône un plan parallèle au plan sécant afin de voir s'il existe des génératrices du cône parallèles au plan. (Fig. 326.)

Il arrive que ce plan parallèle a pour traces S'*b'b* et est confondu avec le plan tangent au cône.

La génératrice de contact S'*b'*, S*b*, est parallèle au plan sécant, il y aura des points à l'infini, mais dans une direction unique.

Cherchons l'asymptote; nous rappelons que l'asymptote
est la tangente au point situé à l'infini, c'est-à-dire l'intersection du plan sécant avec le plan tangent suivant la génératrice parallèle à ce plan, c'est donc l'intersection du plan P'αP
avec le plan S'*b'b'* ; ces deux plans sont parallèles et l'asymptote est rejetée à l'infini. La courbe est une *parabole.*

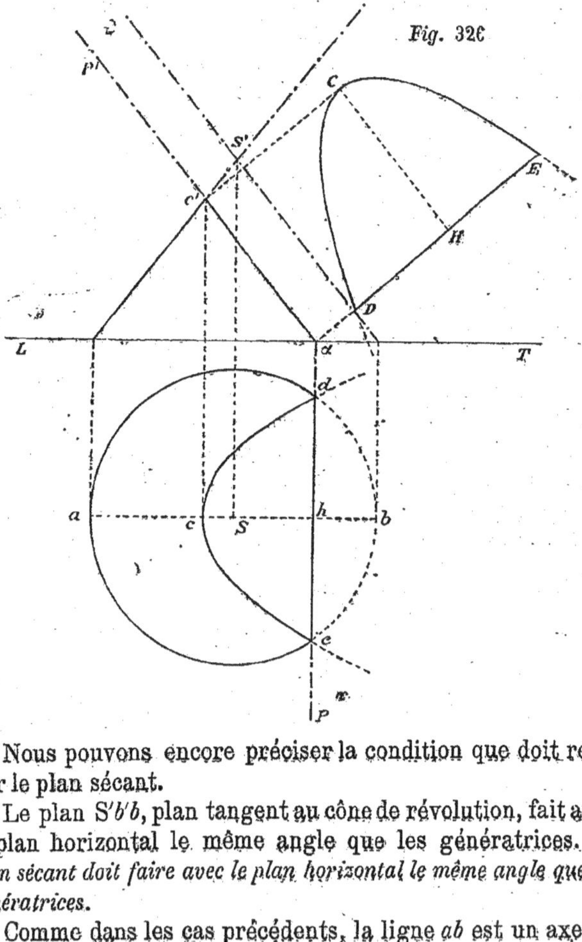

Fig. 326

Nous pouvons encore préciser la condition que doit remplir le plan sécant.

Le plan S'*b'b*, plan tangent au cône de révolution, fait avec
le plan horizontal le même angle que les génératrices. *Le*
plan sécant doit faire avec le plan horizontal le même angle que les
génératrices.

Comme dans les cas précédents, la ligne *ab* est un axe, le
sommet réel est le point *c'c*, l'autre est à l'infini. Les points *d*

et *e* sont deux points de la courbe qu'on construira facilement par les méthodes déjà exposées. La vraie grandeur de
la courbe sera encore donnée par le rabattement du plan
sécant.

452. Théorème. — *La projection de la section plane d'un
cône sur un plan perpendiculaire à l'axe est une section conique qui a
pour foyer la projection du sommet.*

Une section conique quelconque peut être définie comme
le lieu des points, tels que le rapport de leurs distances à un
point fixe
et à une
droite fixe
soit cons-
tant.

Consi-
dérons un
cône de ré-
volution
dont l'axe
est S', S
dans le
plan verti-
cal, la base
est *abc*
dans le
plan hori-

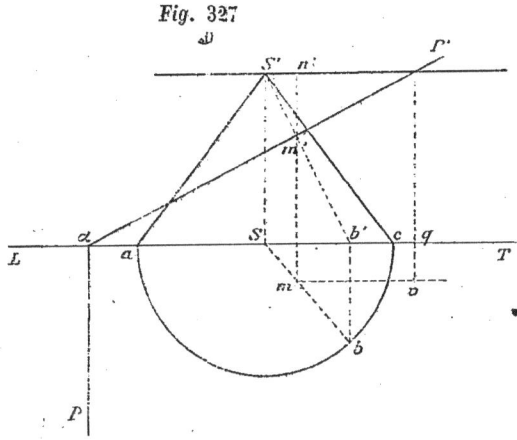

Fig. 327

zontal, coupons par un plan P'αP, perpendiculaire au plan
vertical, et construisons le point d'intersection *m,m'* de la
génératrice S*b*, S'*b'* avec le plan. (Fig. 327.)

Nous imaginons le plan horizontal qui passe par le sommet, et nous traçons l'horizontale *q'qr* ; nous allons chercher

le rapport $\dfrac{sm}{mv}$. Prolongeons la verticale *mm'* jusqu'au plan

horizontal S'*q'*, qu'elle rencontre en *n'*, et examinons le
triangle de l'espace projeté sur S'*n'm'* ; appelons α l'angle S'*m'n'*
qui est égal à l'angle constant des génératrices avec l'axe,
nous avons S*m* (qui est la vraie grandeur du côté S'*n'*)
$= n'm' \times tg\alpha$.

Examinons le triangle $m'n'q'$, nous avons dans ce triangle $n'm' = n'q' \times tg\beta$, en désignant par β l'angle $n'm'q'$, angle constant que fait le plan donné auec le plan horizontal; d'ailleurs $n'q' = mv_2$. Nous déduisons donc : $Sm = mv \, iga \times tg\beta$ ou $\dfrac{Sm}{mv} = tga \times tg\beta = $ constante.   C. Q. F. D.

Ainsi, dans les trois cas que nous avons successivement examinés, la projection horizontale du sommet ou le *centre de la base du cône est le foyer de la projection horizontale de la courbe.*

SECTION PLANE D'UN CONE OBLIQUE

453. — On donné un cône oblique par sa trace dans le plan horizontal et par son sommet s, s' ; on se propose de construire la section de ce cône par le plan P'αP. (Fig. 328).

On cherche les points de rencontre des différentes génératrices du cône avec le plan en faisant passer des plans par ces droites. On peut employer les plans qui les projettent, soit sur le plan vertical, soit sur le plan horizontal.

En principe, il faut prendre des plans passant par une même droite. On construit alors le point de rencontre de cette droite avec le plan sécant et les intersections de tous les plans auxiliaires avec le plan sécant passant par ce point.

Nous choisissons des plans verticaux qui passent par le sommet, et qui renferment la verticale s, s' de ce point, verticale qui perce le plan au point ω' obtenu à l'aide de l'horizontale $s\beta$, $\beta'\omega'$.

Une génératrice telle que sb, $s'b'$ est contenue dans le plan vertical dont la trace horizontale est sbe qui coupe le plan P suivant $e'\omega'$, nous obtenons le point $f'f$ sur $s'b'$,sb.

Si nous appliquons cette construction à toutes les génératrices, nous aurons tous les points de l'intersection.

Dans le cas de la ligne sc, qui forme le contour apparent horizontal, les traces horizontales des plans ne se rencontrent pas dans l'épure, on prend le point de rencontre g' des traces verticales et l'intersection est $g'\omega'$ qui donne sur sc, $s'c'$ le point $h'h$.

S'il arrivait que, par suite de la disposition de la trace du

plan P, les plans verticaux fussent incommodes, on prendrait
des plans perpendiculaires au plan vertical, et on commen-
cerait par chercher le point de rencontre de la perpendiculaire au plan vertical menée par le sommet avec le plan sécant.

Tangentes. La tangente en un point est contenue dans le
plan de la courbe, et fait partie en même temps du plan tangent à la surface, elle est donc l'intersection du plan tangent
et du plan sécant.

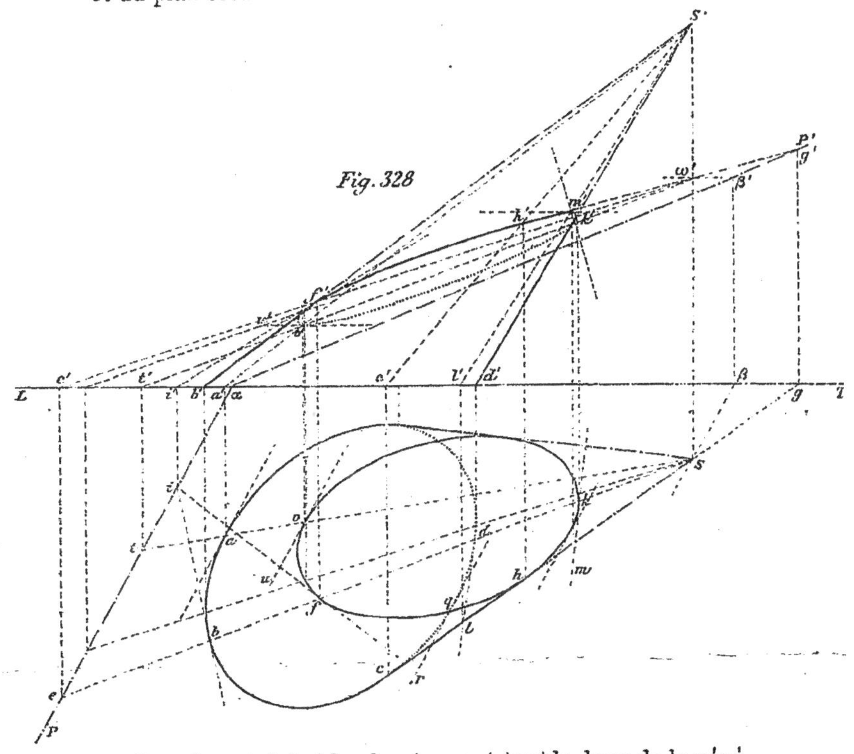

Fig. 328

Pour le point *f*, *f'* le plan tangent tout le long de la génératrice qui passe par ce point (339) a pour trace *bi*, tangente
à la base, et le point *i* où se croisent les traces horizontales
des deux plans est la trace de la tangente ; cette ligne est *if*, *i'f'*.

Si nous voulons appliquer cette construction au point

k,k' situé sur la génératrice sd, $s'd'$, le tracé du plan tangent étant dl, ne rencontre pas la trace du plan sécant.

Nous coupons les deux plans par un plan auxiliaire, qui est un de ceux que nous avons déjà employés pour construire l'intersection, par exemple, le plan sc; il détermine dans le plan P la droite $g'\omega'$ déjà construite, et dans le plan tangent une ligne qui a sa trace au point l et qui passe par le sommet (car les deux plans passent par le sommet); cette ligne $s'l'$ croise $g'\omega'$ au point m',m qui est un point de la tangente $mk,m'k'$.

Ponctuation. Nous avons indiqué (363) la manière de reconnaître les parties vues et cachées d'un cône, il n'y a qu'à appliquer ici les remarques que nous avons faites.

Tangentes horizontales. Pour que l'intersection de deux plans soit une horizontale, aucun d'eux n'étant horizontal, il faut et il suffit que leurs traces horizontales soient parallèles.

Menons donc à la base des tangentes parallèles à αP, les points situés sur les génératrices des points de contact seront les points demandés; par exemple la tangente an donne la génératrice sa, $s'a'$, sur laquelle se trouve le point v,v' construit comme les autres points et pour lequel la tangente vu, $v'u'$ est horizontale. On pourrait mener une seconde tangente qr parallèle à αP et obtenir un second point.

454. *Tangente parallèle à une direction donnée.* On peut se proposer de trouver le point pour lequel la tangente est parallèle à une direction donnée; la tangente étant dans le plan sécant, la direction doit être parallèle au plan sécant, et on peut prendre une droite du plan.

Pour que l'intersection de deux plans soit parallèle à une droite, il faut que les deux plans soient parallèles à cette droite; le plan sécant remplit cette condition; il faut construire un plan tangent parallèle à la direction donnée (369). Nous allons appliquer cette construction à la recherche du point le plus à droite et du point le plus à gauche de la courbe d'intersection, c'est-à-dire des points pour lesquels les projections de la tangente sont confondues sur une perpendiculaire à la ligne de terre. (Fig. 329.)

La tangente est alors dans un plan de profil, elle est dans

le plan sécant, donc parallèle à l'intersection d'un plan de profil quelconque avec le plan sécant.

Le plan de profil QQ' donne dans le plan sécant la ligne *ab*, *a'b'*, il faut mener au cône un plan tangent parallèle à cette droite.

La parallèle à *ab*, *a'b'*, menée par le sommet est une droite de profil dont nous devons prendre la trace horizontale (59.)

Nous rabattons le plan Q sur le plan horizontal, et la

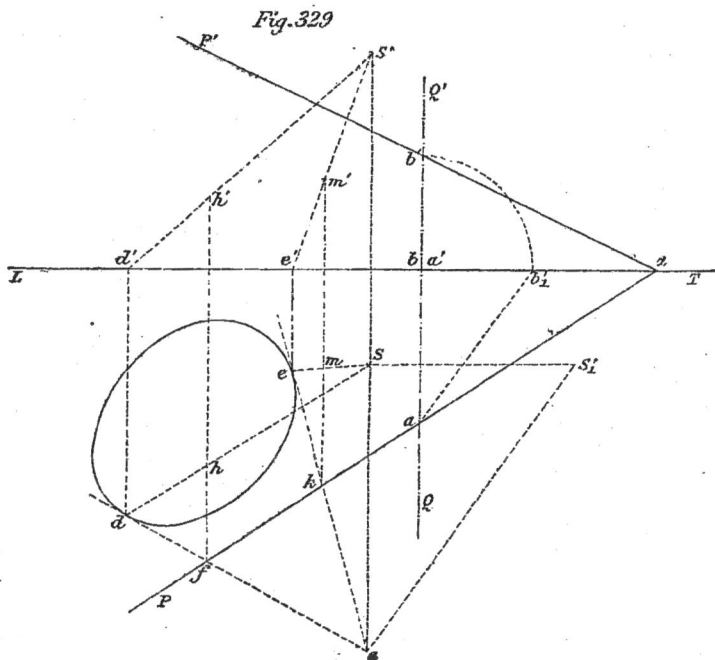

Fig. 329

droite *ab*, *a'b'* se rabat en *ab₁'*; nous rabattons de même le plan de profil qui passe par le sommet, le point *s*,*s'* vient en *s₁'*; nous menons la parallèle *s'₁c* à *ab'₁* et le point *c* est la trace cherchée.

La trace du plan tangent est *c l* qui touche le cône suivant *sd*, *s'a'*; ce plan tangent coupe le plan P suivant une droite de profil dont la trace est *f* et dont les projections sont *fhh'*;

le point h, h' auquel cette droite croise la génératrice, est le point cherché.

On peut mener un second plan tangent dont la trace est ce qui donne les points m, m' sur la génératrice se, $s'e'$.

Tangente passant par un point. Le point donné est nécessairement dans le plan sécant; on conduira par ce point un plan tangent au cône; et il est évident qu'au point d'intersection situé sur la génératrice de contact, la tangente passera par le point donné.

455. Branches infinies. — (Fig. 330). La marche suivie pour trouver les points de la courbe d'intersection

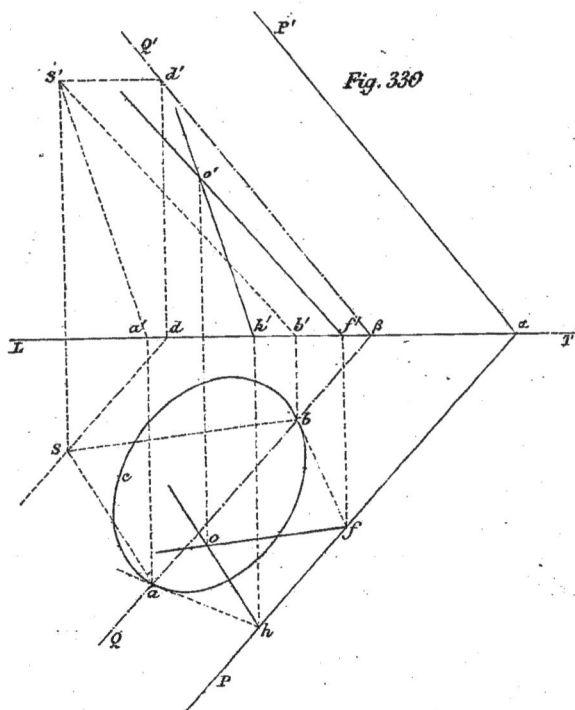

Fig. 330

montre que l'on obtiendra des points à l'infini, si l'on a des génératrices du cône parallèles au plan sécant.

Pour le reconnaître, on mène par le sommet du cône un un plan parallèle au plan sécant ; nous avons obtenu ce plan au moyen de l'horizontale *sd*, *s′d′* (102) et les traces sont Q′βQ ; si ce plan parallèle coupe le cône, ce qu'on reconnaîtra à ce que la trace du plan rencontre la trace du cône, il y aura des génératrices contenues dans le plan Q et parallèles au plan P.

Nous trouvons deux génératrices *sa*, *s′a′* et *sb*, *s′b′* dans le plan Q, et ce sont celles qui rencontreront le plan P à l'infini. *L'asymptote est la tangente en un point situé à l'infini.* Nous allons donc prendre l'intersection du plan sécant avec le plan tangent le long de la génératrice qui donne le point à l'infini.

Le plan tangent suivant *sa*, *s′a′* a pour trace *ah*, et le point *h* est la trace de l'asymptote ; cette ligne, intersection d'un plan contenant la droite *sa* et d'un plan parallèle à cette droite, lui est parallèle, elle est donc déterminée et ses projections sont *ho*, parallèle à *sa* et *h′o′* parallèle à *s′a′*. De même la seconde asymptote est *fo*, *f′o′* parallèle à *sb*, *s′b′*. On doit vérifier que ces deux lignes se coupent en un point *o*, *o′*. La section est de forme *hyperbolique* et sera une hyperbole si la courbe de base du cône est une courbe du second degré.

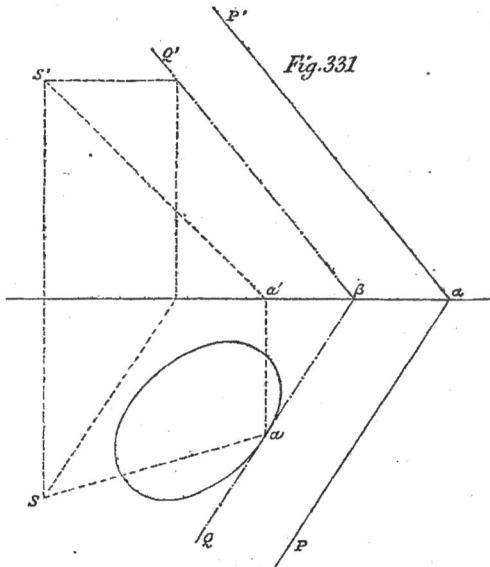

Fig. 331

456. Il peut arriver que le plan Q′βQ, parallèle au plan sécant P′αP touche le cône, ce qu'on reconnaît à ce que la trace du plan est tangente à la trace du cône. (Fig. 331.)

Alors on trouve la génératrice sa, $s'a'$ parallèle au plan, il y a encore des points à l'infini. Mais le plan tangent au cône suivant la génératrice sa n'est autre que le plan Q'βQ, parallèle au plan P₁, et l'asymptote intersection de ces deux plans est rejetée à l'infini; la section est de forme *parabolique* et sera une *parabole* si la base du cône est une courbe du second degré; dans ce cas, la génératrice sa, $s'a'$ est parallèle à l'axe de la parabole.

Remarque. — La forme de la courbe, base du cône est indifférente. Le cône ayant pour base une courbe du second degré peut toujours être coupé par un plan suivant une quelconque des trois coniques. Les génératrices passant par le sommet à distance fixée ne peuvent s'éloigner à l'infini, et ne peuvent couper le plan sécant à l'infini que si elles lui sont parallèles.

457. *Sommets.* La courbe étant une hyperbole, on cherche les asymptotes, et la bissectrice de leur angle est l'axe, on construit ensuite, en employant la méthode que nous indiquons plus loin (458) les points de rencontre de cette bissectrice avec le cône; ou bien, on peut répéter les constructions connues en cherchant les points pour lesquels la tangente à la section est perpendiculaire à la bissectrice (454). (Voir aussi 441 *bis*).

Les sommets, ainsi obtenus sont les sommets réels dans l'espace, utiles pour connaître la vraie grandeur de la courbe.

Les sommets de la projection horizontale s'obtiendront en traçant dans le plan une droite dont la projection horizontale soit perpendiculaire à la bissectrice de l'angle formé par les projections horizontales des asymptotes, et en construisant les points pour lesquels la tangente est parallèle à cette droite (454).

De même pour la projection verticale.

Dans le cas de la section parabolique, les diamètres de la parabole sont parallèles à la génératrice qui est parallèle au plan, on cherchera encore les points de la courbe pour lesquels la tangente est perpendiculaire à ces diamètres. (Voir 442 *bis*.) Nous engageons les lecteurs à faire ces constructions qui sont des exercices très utiles.

458. Problème. — *Construire les points de rencontre d'une droite et d'un cône.* (Fig. 332.)

Le cône a son sommet au point S,S', et sa base est *ab* dans le plan horizontal.

La droite a pour projections *cd*, *c'd'*.

La méthode consiste à faire passer un plan par la droite et par le sommet du cône, ce plan coupe le cône suivant des génératrices, dont les traces sont aux points de rencontre de la trace du plan et de la trace du cône, et ces génératrices croisent la droite aux points cherchés.

Nous menons par le sommet une parallèle S'*f'*, S*f* à la droite, cette parallèle a sa trace au point *f*.

Fig. 332

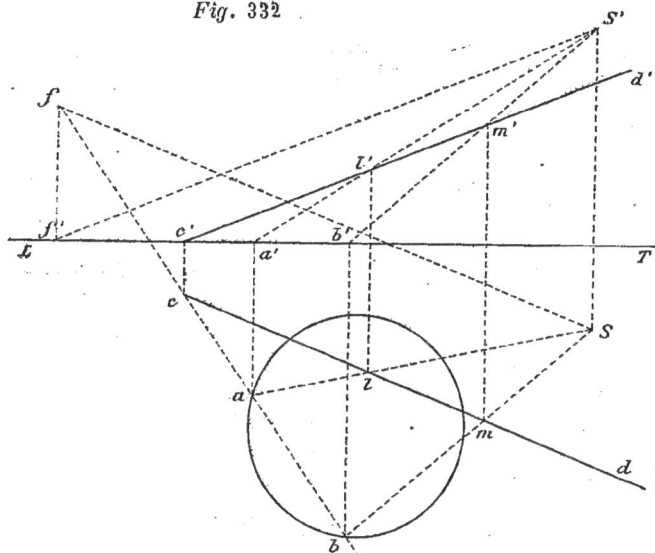

La droite donnée a sa trace au point *c*, et *cf* est la trace du plan qui rencontre la trace du cône en *a* et *b*.

Nous menons les génératrices *a*S et *b*S qui déterminent sur la droite les points cherchés *l*,*l'* et *m*,*m'*.

DÉVELOPPEMENT DU CONE

459. Nous allons d'abord exposer les principes sur lesquels est basée la construction du développement d'un cône, et nous allons les déduire du développement d'une pyramide. Nous considérons la pyramide SABCD (fig. 333) que nous proposons de développer sur le plan de la face SBC. La face SCD tournera autour de SC, le point D décrivant un cercle dans un plan perpendiculaire à SC, en sorte que dans toutes ses positions ce triangle restera égal à lui-même ; lorsque le plan SCD sera confondu avec le plan BSC, on fera tourner la face SDE autour de SD pour la ramener dans le plan des deux autres. Le polygone BCD_1E_1 aura donc la même longueur que le polygone BCDE ; si la pyramide est inscrite dans un cône, et qu'on augmente indéfiniment le nombre de ses faces, les polygones successifs développés auront même longueur que les polygones tracés sur la pyramide, et les limites de ces quantités toujours égales sont égales. Nous énoncerons donc cette propriété :

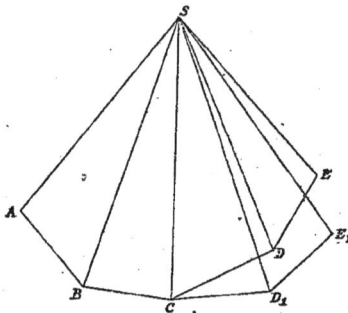

Fig. 333

1° La longueur d'un arc de courbe tracée sur le cône sera conservée dans le développement.

De l'égalité constante entre les triangles de l'espace et les triangles ramenés sur un plan résultent encore les autres propriétés :

2º Les longueurs des portions de génératrices comprises entre le sommet et une courbe tracée sur le cône sont conservées dans le développement.

3º Les angles que forment les côtés du polygone qui deviennent des tangentes à la courbe avec les génératrices se conservent dans le développement.

460. Théorème. — *La transformée de la section plane d'un cône présente un point d'inflexion au point où le plan sécant est perpendiculaire au plan tangent, à moins que le plan sécant ne soit en même temps perpendiculaire à la génératrice de contact.* (Fig. 334.)

Considérons encore une pyramide inscrite dans le cône, la limite de la face SBC lorsque l'arête SC se rapproche de SB est le plan tangent au cône suivant SB.

Nous concevons un plan sécant P, qui reste constamment perpendiculaire à la face SBC, et qui devient à la limite perpendiculaire au plan tangent suivant SB, c'est-à-dire normal au cône; il coupe la pyramide suivant un polygone ABCDE qui sera à la limite de la section plane du cône.

Le plan est oblique par rapport à SB.

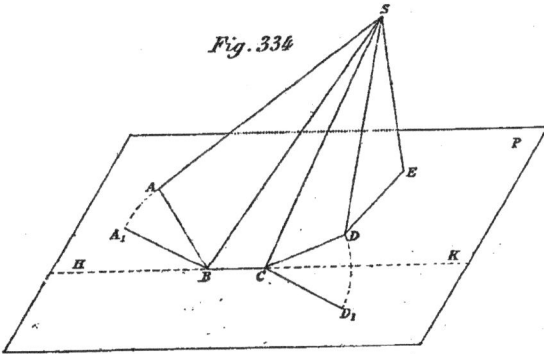

Fig. 334

La ligne BC, intersection de deux plans perpendiculaires, est la projection sur P des deux droites SB et SC. Supposons que l'angle SBC soit aigu, il en est nécessairement de même de SCK à la limite, et l'angle SCK est plus petit que l'angle SCD.

Donc, dans le développement, l'élément CD viendra occuper une position CD₁, extérieure à l'angle SCK, et il en sera de même à la limite.

. L'angle SBH est obtus et plus grand que SBA ; donc, dans le développement, la droite BA viendra occuper une position BA₁, intérieure à l'angle SBH, et il en sera de même à la limite. On voit donc que, au moment où BC sera devenu la tangente au polygone de section, la transformée de la courbe de section aura un point infiniment voisin du point de contact au-dessous de la tangente, et un autre point infiniment voisin de l'autre côté au-dessus, la tangente à la transformée traverse la courbe, *il y a point d'inflexion*.

Reprenons la pyramide, et supposons que le plan sécant soit perpendiculaire au plan de la face SCD, et en même temps à la génératrice SC. L'angle SCH est droit ainsi que SCB. CB est la projection de SB sur le plan P ; l'angle SBC est nécessairement aigu et son supplément SBK qui est obtus est plus grand que SBA.

. . . Quand on fait le développement, le point B vient d'abord

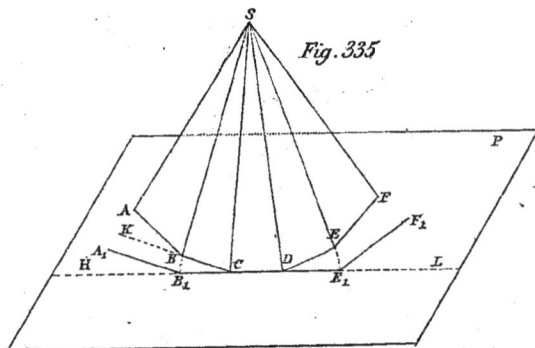

Fig. 335

se placer sur le prolongement de CD, par exemple en B₁, et la ligne AB vient dans l'intérieur de l'angle SB₁K₁ au-dessus de BC. Lorsque l'arête SD est venue se confondre avec SC, l'angle SDL est droit ainsi que l'angle SDE, et le même raisonnement montre que E viendra en E₁ sur le prolongement de CD, tandis que EF se placera en E₁F₁ dans l'intérieur de l'angle SE₁L au-dessus de la tangente CD.

Il est donc visible qu'après le développement la trans_

formée sera tout entière dans le voisinage du point de contact, d'un même côté par rapport à la tangente ; en même temps, cette transformée aura avec sa tangente quatre points infiniment voisins confondus, et le point qui en résulte est un point méplat.

461. Développement d'un cône de révolution.

Nous allons appliquer ces principes au développement d'un cône de révolution sur lequel nous avons obtenu *une section elliptique*. (Fig. 336.)

Nous avons pris un plan sécant P′αP perpendiculaire au plan vertical et faisant avec le plan horizontal un angle plus petit que l'angle des génératrices du cône (463).

La section projetée verticalement suivant $c'd'$ se projette horizontalement suivant une ellipse dont cd est le grand axe, nous avons obtenu les points $zikley$, et la tangente eg au point e au moyen du plan tangent dont la trace est fg.

Nous avons construit les points pour lesquels la transformée présente une inflexion, points caractérisés par ce fait que les plans tangents au cône sont perpendiculaires au plan sécant, en menant par le sommet du cône une perpendiculaire $s'p'$, sp au plan P et en faisant passer par cette droite des plans tangents au cône ; les traces de ces plans sont pqx et prv, les génératrices de contact sont sq et sr qui ont pour projection verticale commune $s'q'$; les points qui donneront des points d'inflexion sont t et u dont la projection verticale est u'. Les tangentes en ces points ont pour projection vu et tx qui doivent passer par le point o où la perpendiculaire $s'p'$,sp perce le plan.

Nous allons développer le cône sur le plan tangent suivant la génératrice sa, $s'a'$, en l'ouvrant suivant la génératrice $s'b$, sb choisie uniquement par raison de symétrie.

Les longueurs des génératrices ne changent pas dans le développement, toutes les longueurs comprises entre le sommet et la base qui est la section droite sont égales entre elles, et par conséquent, cette base se développera suivant un cercle dont le rayon est égal à $s'a'$, et que nous traçons. (Fig. 337.)

On peut calculer l'angle du secteur qui correspond à l'arc utile : en nommant R le rayon de la circonférence de base R_1 le rayon du développement, la longueur de l'arc $= 2\pi R$, et nous pouvons, en appelant ω l'angle du secteur, écrire :

$$\frac{\omega}{360^0} = \frac{2\pi R}{2\pi R_1} = \frac{R}{R_1}.$$

Cet angle ω pourra être utile pour vérifier le résultat, mais il est nécessaire de porter sur l'arc, à partir d'un point fixe, des longueurs absolues égales aux longueurs mesurées sur la base, afin de placer successivement les génératrices.

Partons d'un point B_1 et portons des grandeurs égales aux vraies grandeurs des arcs bn, nf, fw, wr, ra....., on partagera ces arcs en parties assez petites pour que la corde puisse être prise pour l'arc sans erreur sensible, et on reportera ces parties sur le développement.

Le secteur sur lequel se déroulera la surface du cône est $B_1 S_1 B_2$, qu'on pourra vérifier au moyen de l'angle ω ; et on tracera toutes les génératrices des points qu'on a déterminés. Sur les génératrices, on prendra à partir du sommet, des longueurs égales aux vraies longueurs comprises entre le sommet et les points de la courbe, et on les obtiendra d'abord en faisant tourner toutes les génératrices autour de l'axe pour les amener à coïncider avec la génératrice de front $s'a'$,sa. (Fig. 336). Dans ce mouvement de rotation, tous les points se déplaceront sur des cercles horizontaux projetés verticalement suivant les horizontales $k'l'_1$, $e'e'_1$, $y'y'_1$, $u'u'_1$, et dont la projection horizontale est inutile, et les grandeurs cherchées sont $s'c'$, $s'u'_1$, $s'y'_1$, $s'e'_1$, $s't'_1$ et $s'd'$ qu'on porte sur les génératrices correspondantes sur le développement, de manière à obtenir la courbe transformée D_1LEYUGTZIKD$_2$.

462. Tangente. — Construisons la tangente à la transformée au point E (nous avons construit la tangente à la courbe au point e,e'). Cette tangente fait partie dans l'espace d'un triangle projeté suivant egf (fig. 336), rectangle en F, dans lequel nous connaissons fg qui est en vraie grandeur, la vraie grandeur de ef, qui est $e'_1 a'$, égale à la génératrice diminuée de $s'e'_1$, et nous pouvons construire ce triangle rectangle sur le développement afin d'obtenir l'angle aigu que fait la tangente avec la génératrice. Nous avons (fig. 337) EF en vraie grandeur, nous élevons une perpendiculaire FG égale à *fg*, et l'hypoténuse est la tangente au point E; nous devons faire observer qu'il faut mener la perpendiculaire dans le sens convenable; en développant le cône tous les plans tangents se rabattent successivement sur le plan du développement, de manière à ce que les points conservent les uns par rapport aux autres les mêmes positions relatives; le point *g* restera placé au delà du point *f* par rapport au point *a*.

Nous avons vu que la transformée offrira des points d'inflexion aux points T et U; nous pouvons construire la tangente au point U par la même méthode que nous venons d'employer (UR = u'_1a', RV = rv).

Aux points *c'* et *d'* la tangente est perpendiculaire à la génératrice, il en sera de même au point C et aux points D_1 et D_2. Ce qui donne à la courbe transformée la forme que nous avons dessinée. Nous voyons dès maintenant que la perpendiculaire *s'p'*, *sp* au plan P menée par le sommet du cône peut tomber dans l'intérieur du cône, et dès lors, il est impossible de mener des plans tangents par cette droite, et la transformée peut ne pas présenter de points d'inflexion. Nous ferons tout à l'heure la discussion des cas dans lesquels on trouve une inflexion.

463. Section hyperbolique. (Fig. 338.)

Le plan est P'αP faisant avec le plan horizontal un angle plus grand que les génératrices du cône. La section est une hyperbole (467); les sommets sont *c',c* et *d',d*. Nous menons un plan parallèle au plan P par *s,s'*, il détermine deux génératrices *is* et *ks* parallèles au plan P, nous construisons les plans tangents suivant ces génératrices, et ces plans tangents coupent le plan P suivant les asymptotes *mo* et *lo* parallèles aux génératrices. D'ailleurs, les points *c* et *f* où la trace du plan rencontre la base du cône appartiennent à la courbe; nous avons limité le cône à un plan horizontal $a'_1b'_1$ qui donne le cercle a_1b_1, et a pour projection horizontale *ecf* et *gdh*.

Nous représentons la partie du cône située au-dessous du plan sécant et comprise entre le plan $a'_1b'_1$ et le plan horizontal.

Première forme de la transformée (fig. 339). — Développons
le cône sur le plan tangent le long de la génératrice $s'a'$, sa,
en l'ouvrant à cause de la symétrie par la génératrice
opposée $s'b'$, sb. Le rayon du cercle qui sera la transformée de
la base est égal à $s'a'$, et, en prenant de petits arcs successifs,
nous voyons que la nappe inférieure du cône se développe sur
le secteur B_1AB_2.

Si nous développons du même coup la nappe supérieure,
les génératrices se prolongent, l'angle du secteur est donc le
même que celui que nous avons obtenu, et la nappe supérieure recouvre dans le développement le secteur $B_3A_1B_4$; le
rayon du cercle transformé de la base supérieure est sa'_1.

La courbe située sur la nappe inférieure aura pour transformée ECF, obtenue en prenant sur les différentes génératrices, des longueurs égales aux vraies grandeurs comprises
entre le sommet et la courbe. (Nous n'avons pas indiqué ces
constructions, identiques à celles que nous avons dessinées
dans le cas de la section elliptique).

La courbe située sur la nappe supérieure va se décomposer
en deux parties, car la génératrice $s'b'_1$, prolongement de $s'b'$,
sur laquelle se trouve le sommet d', est celle suivant laquelle on
ouvre le cône, nous aurons deux arcs séparés D_1TH et D_2VG.

On pourrait construire les tangentes en différents points
de ces courbes, nous ne répétons pas ces constructions déjà
faites (482). Nous observons seulement qu'au point C la tangente doit être perpendiculaire à la génératrice comme au
point c,c' ; de même aux points D_1,D_2 la tangente est perpendiculaire à SD_1 et SD_2.

Cherchons les points d'inflexion pour lesquels le plan tangent est perpendiculaire au plan sécant (480), en traçant par
le sommet une perpendiculaire $s'p'q'$, spq (fig. 338) au plan
sécant, et en conduisant par cette droite des plans tangents
au cône ; ensuite nous prendrons les points situés sur les génératrices de contact sx et sr : soient v et t ces points, nous
les reportons sur le développement, ils se trouvent sur les
branches séparées de la courbe en V et T. (Nous n'avons pas
figuré les constructions pour ne pas charger la figure, comme
aussi nous n'avons pas tracé les tangentes aux points d'inflexion, nous renvoyons au cas de l'ellipse).

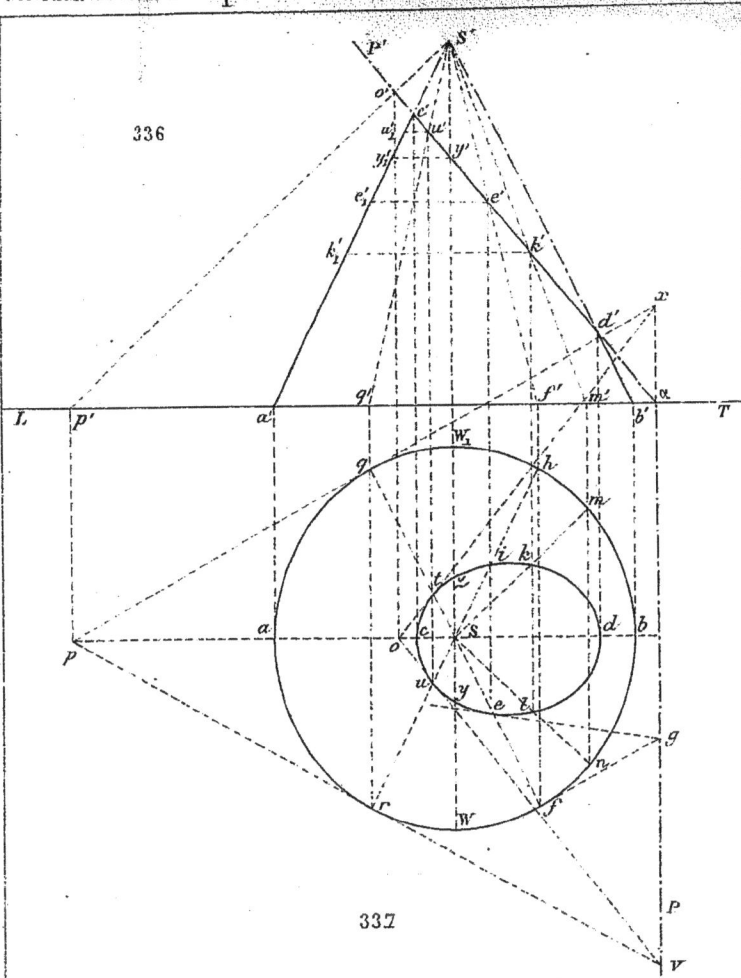

336

337

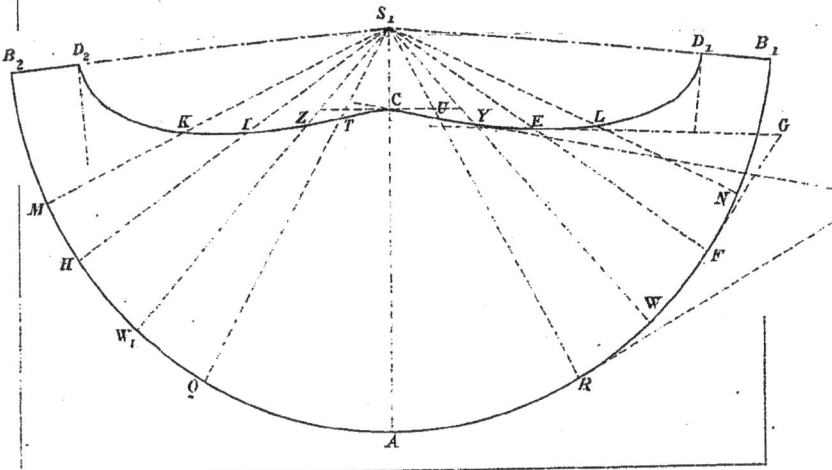

Librairie CH. DELAGRAVE, 15, rue Soufflot, Paris

464. Asymptotes. — Nous figurons d'abord les génératrices parallèles aux asymptotes en prenant les arcs AI
et AK égaux à *ai* et *ak* et traçant SI et SK ; c'est sur ces
droites que se trouvent les points à l'infini. Or, quand nous
développons le cône, nous devons supposer que chaque plan
tangent se rabat dans le plan du développement avec toutes
les lignes qu'il contient, les lignes conservant les unes par
rapport aux autres la même position relative ; les asymptotes
sont donc parallèles à SI et SK et à la même distance de ces
droites que dans l'espace, distance qui est donnée en vraie
grandeur en *im* et *lk*.

Autrement, on peut dire que l'asymptote est la tangente au point situé à l'infini sur la génératrice SI, et si
nous considérons le triangle rectangle *efg* de la figure 337
(cas de l'ellipse), dont l'hypoténuse est la tangente, *fg*
est le côté analogue à *im*, le sommet *e* s'éloignant à l'infini,
l'hypoténuse devient parallèle au côté *ef*, c'est-à-dire à la
génératrice.

Donc, nous prendrons sur une perpendiculaire IM à SI une
longueur égale à *im*, et M sera un point de l'asymptote Mω
parallèle à SI ; nous obtiendrons de même la seconde asymptote Lω parallèle à SK, et ces deux asymptotes se croisent, à
cause de la symétrie de la figure, en un point ω situé sur SA.
Mais ce point ω n'est pas la transformée du point *o,o'*, centre
de l'hyperbole ; il résulte des rabattements successifs et indé-
pendants des deux plans tangents qui contiennent les deux
asymptotes, et la distance Mω n'est pas égale à la vraie grandeur de *om*.

Les génératrices qui donnent les points à l'infini sur les
secondes branches sont les mêmes, et les asymptotes, restant
à la même distance de ces génératrices, ne sont autres que
celles que nous avons déjà tracées.

Finalement la courbe a la forme dessinée sur la figure 339,
et nous avons tenu compte dans la représentation du développement de la convention que nous avons faite relativement
à la représentation du cône.

Nous remarquons que cette courbe est bien située de part
et d'autre des asymptotes comme cela doit être.

465. 2ᵉ forme de la transformée.

Les deux points d'inflexion se trouvent ici sur les branches isolées, mais il est évident que si nous avions développé le cône sur le plan tangent suivant la génératrice *s'b'*, *sb*, les inflexions n'auraient pas changé de position sur la courbe. La courbe située sur la nappe inférieure, ouverte alors suivant la génératrice *s'a'*,*sa*, se serait décomposée en deux parties sans inflexion ; la courbe située sur la nappe supérieure aurait fait une seule courbe contenue avec deux inflexions. De là une seconde forme que nous allons étudier en disposant une figure spéciale pour plus de clarté.

Nous avons pris (fig. 340) le plan P'αP, nous avons construit la courbe et ses asymptotes. Le cône a été limité à un plan horizontal supérieur, tel que la base soit plus grande que la base inférieure, simplement pour augmenter un peu l'étendue de la branche *mcn*. Nous avons construit les points qui donneront des points d'inflexion sur la transformée en menant *s'p'q'*, perpendiculaire au plan P, et nous obtenons les points *t* et *v* situés sur la courbe inférieure.

Remarquons en passant que nous pouvons considérer le point *p'p* où la droite perce le plan ; prenant ensuite l'hyperbole comme base du cône, nous menons par ce point les tangentes *pv* et *pt* à l'hyperbole et obtenons les points *t* et *v*.

Nous avons déjà indiqué cette construction à propos de la section elliptique (463). Or si nous examinons la position du point *p'* par rapport au centre *o'* de l'hyperbole situé au milieu de l'intervalle *c'd'* des sommets, ce point tombe au-dessous du centre, et nous ne pourrons mener des tangentes à l'hyperbole que sur la courbe *kdp* située dans l'angle inférieur des asymptotes ; nous avions vu ce fait en construisant les points *v* et *t*, mais on peut, sans construire les points, se rendre compte de la partie sur laquelle seront les inflexions.

Développons sur le plan tangent le long de la génératrice *s'a'*, *sa*, en ouvrant par la génératrice opposée *s'b'*, *sb*.

Nous obtenons, en opérant comme plus haut, le secteur B₄AB₂ pour la nappe inférieure, et le secteur B₃A₁B₄ pour la nappe supérieure. (Fig. 341).

La courbe inférieure se développe suivant la courbe continue LVDTK, ayant en D la tangente perpendiculaire à la

339

338

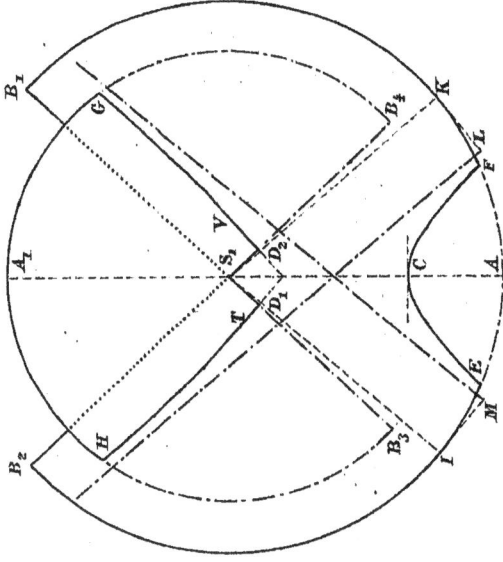

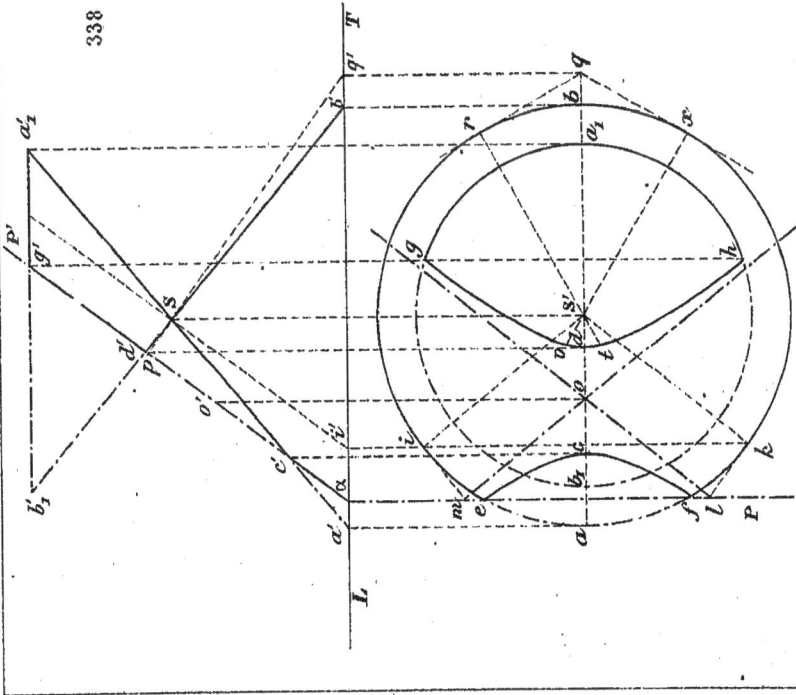

Librairie CH. DELAGRAVE, 15, rue Soufflot, Paris

génératrice SA ; et ayant des points d'inflexion en V et T sur les génératrices SR et SX.

Les asymptotes, construites comme nous l'avons exposé dans le cas précédent, sont Gω et Hω et EH (égal à *eh*), est plus grand que EK (égal à *ek*) ; la courbe n'est plus comprise dans l'angle des asymptotes, elle les coupe pour prendre la forme que nous avons dessinée.

La courbe supérieure donne deux branches séparées, normales aux génératrices aux points C_1 et C_2, situées au-dessous des asymptotes qu'elles ne traversent pas et ne présentant pas d'inflexions.

Nous observons encore que les branches infinies sont bien situées de part et d'autre des asymptotes.

Nous avons tenu compte encore dans la représentation du développement de la convention que nous avions établie sur la représentation du cône.

466. 3ᵉ forme de la transformée : *Inflexion à l'infini.* (Fig. 342.)

Nous prenons le plan PP′ parallèle à l'axe et perpendiculaire au plan vertical, c'est donc un plan de profil.

L'hyperbole est projetée suivant *k′n′* et *h′l′* sur le plan vertical et suivant *lqnm* sur le plan horizontal.

Les traces des asymptotes sont les points *e* et *f*, et ces asymptotes dans l'espace sont parallèles aux génératrices *sc* et *sd*.

La perpendiculaire au plan P menée par le sommet est horizontale, et il en résulte que les plans tangents menés par cette droite ont leurs traces parallèles à la ligne de terre et touchent le cône, suivant les génératrices *sc* et *sd* qui donnent les points à l'infini. Les deux points d'inflexion sont à l'infini. On peut encore observer que la perpendiculaire *s′p′* rencontre le plan précisément au milieu de *h′k′*, c'est-à-dire au centre de l'hyperbole, et que les tangentes qu'on peut tracer par ce point à l'hyperbole sont les asymptotes.

Nous développons sur le plan tangent le long de la génératrice *s′a′*, *sa* en ouvrant le cône par la génératrice opposée *s′b′*, *sb* ; le secteur recouvert par la nappe inférieure est B_1AB_2 (fig. 343). Le secteur recouvert par la nappe supérieure est $B_3A_1B_4$.

Nous traçons les génératrices SC et SD et les asymptotes qui leur sont parallèles Eω et Fω.

La branche inférieure ne peut traverser les asymptotes sans quoi il y aurait inflexion, elle est dans l'angle EωF; c'est MHL construit comme précédemment.

Les deux branches séparées K_1N et K_2Q se placent comme nous l'avons figuré, en sorte que les deux branches qui ont la même asymptote sont du même côté de cette asymptote, c'est la forme correspondante au point d'inflexion situé à l'infini (503).

467. 4ᵉ forme de la transformée : *Aucune inflexion.*

Le plan est PαP'. (Fig. 344.)

Les sommets de la section sont c,c' et d,d'.

Les génératrices parallèles au plan sont se et sf.

Les asymptotes sont $h\omega$ et $g\omega$.

Nous limitons le cône au plan horizontal b'_1k' que donne un cercle projeté en b_1kl.

Nous observons que la perpendiculaire $s'p'$ menée au plan P par le sommet tombe à l'intérieur du cône, par conséquent la transformée n'aura pas de points d'inflexion.

Nous développons le cône sur le plan tangent le long de la génératrice $s'a'$, et nous construisons comme dans les cas précédents le secteur sur lequel se développe le cône. La nappe inférieure recouvre le secteur B_1AB_2 et la courbe est ICM ; les asymptotes sont Hω et Gω. (Fig. 345).

La nappe supérieure se développe sur le secteur $B_3A_1B_4$ (figuré seulement en partie sur le dessin), et la courbe, décomposée en deux branches D_1L et D_2K, a les mêmes asymptotes que la première, et est située par rapport à ces droites de côtés différents.

468. 5ᵉ forme de la transformée : *Point méplat.*

Si le plan PαP' était perpendiculaire à $s'a'$, le sommet c' serait le pied de la perpendiculaire $s'p'$ (fig. 344), il n'y aurait pas d'inflexion, seulement la transformée aurait au point C un point méplat; et sa forme ne diffère pas sensiblement de celle que nous avons dessinée. (Fig. 345.)

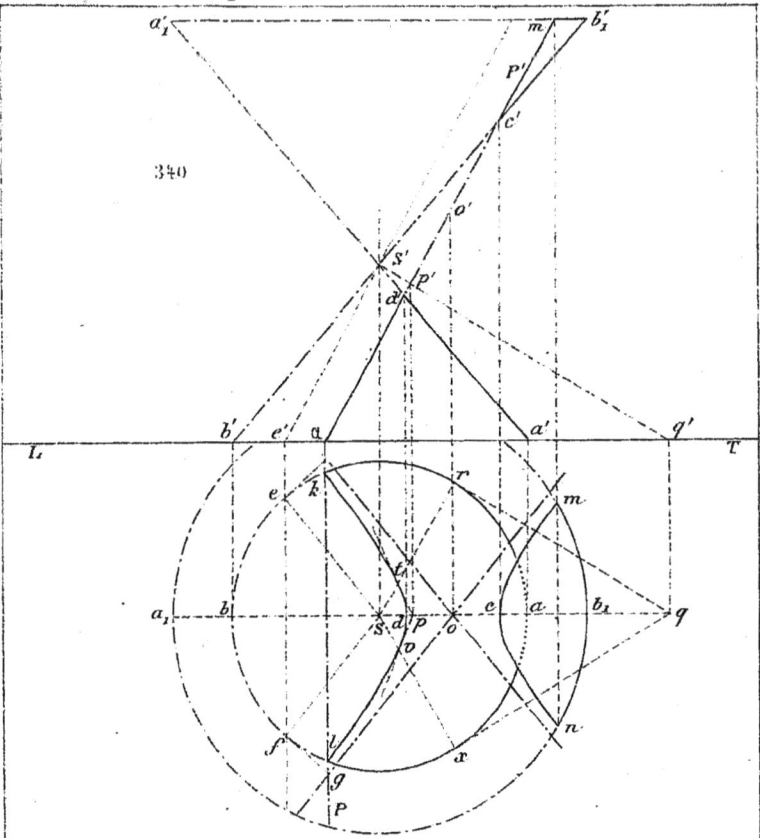

340

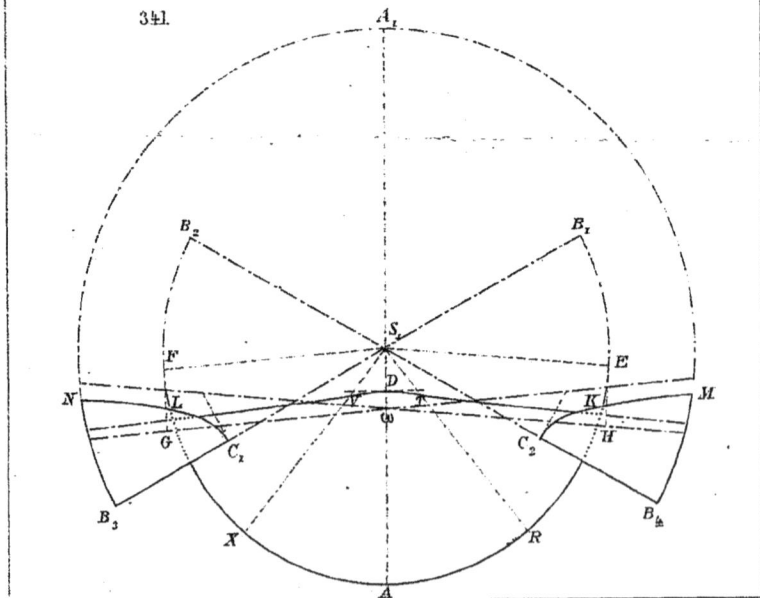

341.

343

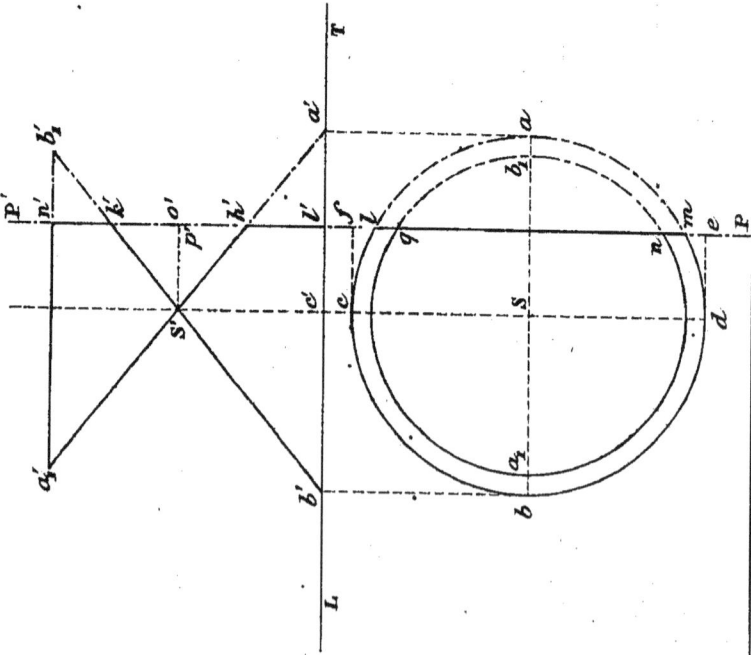

342

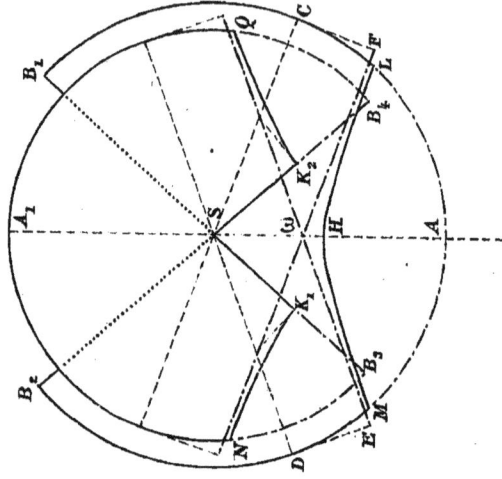

Librairie CH.DELAGRAVE, 15, rue Soufflot, Paris

344.

345

Librairie CH. DELAGRAVE, 15, rue Soufflot, Paris

Remarque commune. — Les formes que nous venons d'étudier sont des formes types, quant à la position de la courbe par rapport à ses asymptotes et à la disposition des points d'inflexion ; mais les branches de courbe n'ont pas nécessairement la forme que nous avons trouvée, et il faut les construire dans chaque cas particulier. Il peut arriver, par exemple, que les deux asymptotes se superposent dans le développement, de manière à former une seule droite, et la branche correspondante présente nécessairement deux points d'inflexion ; la transformée est représentée par la figure 346 qui diffère de la troisième forme par les dispositions particulières, mais qui est identique quant à la situation de la courbe par rapport aux asymptotes.

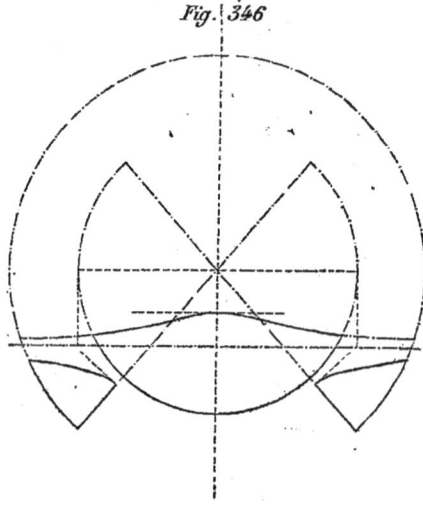

Fig. 346

469. Transformée de la section parabolique.

Nous n'avons pas fait de dessin spécial pour la transformée de la section parabolique qui ne présente aucune particularité nouvelle.

DISCUSSION

470. Nous allons examiner dans quels cas la transformée de la section plane d'un cône de révolution présente des points d'inflexion.

1° *Angle aigu au sommet.* — Nous supposons d'abord que

l'angle au sommet du cône est aigu, nous désignons cet angle par 2α. (Fig. 347.)

Le plan de la figure est un plan passant par l'axe, et nous considérons des plans sécants perpendiculaires au plan vertical. Désignons par β l'angle du plan sécant P_1 avec l'axe.

Si nous avons $α + β > 90°$, la perpendiculaire Sp_1 tombera à l'intérieur du cône, et il n'y aura pas d'inflexion.

Si nous avons $α + β = 90°$ (plan P_2), la perpendiculaire Sp_2 coïncidera avec la génératrice, et il y aura un point méplat.

Si nous avons $α + β < 90°$ (plan P_3), la perpendiculaire Sp_3 tombera en dehors du cône et il y aura deux inflexions.

Faisons varier le plan depuis la position P_1 où il est parallèle à la génératrice SA et où la section est parabolique , en passant par PP_1P_2 P_3 ; nous aurons des sections elliptiques qui pourront ne pas

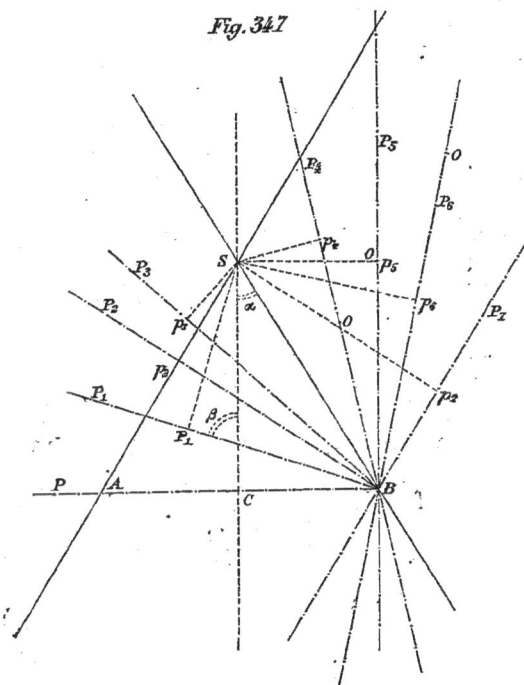

Fig. 347

donner d'inflexions sur la transformée, mais qui pourront en présenter à partir de la position P_2.

Les sections par les plans $P_4P_5P_6$ sont des hyperboles; la perpendiculaire tombera toujours en dehors du cône, nous aurons toujours $\alpha + \beta < 90°$, et il y aura toujours inflexion, la transformée passant par les trois formes : forme 1 correspondante au plan P_4, forme 3 correspondante au plan P_5 parallèle à l'axe, forme 2 correspondante au plan P_6 (en supposant toujours le cône développé sur le plan tangent suivant la même génératrice SB). La section parabolique P_7 donnera des points d'inflexion ; $\alpha + \beta$ est alors égal à 2α, et nous supposons $2\alpha < 90°$.

La condition pour qu'il y ait inflexion peut donc s'écrire $\alpha + \beta < 90°$.

L'hyperbole et la parabole donneront toujours des inflexions sur la transformée.

L'ellipse pourra en donner, ou n'en pas présenter et fournir un point méplat.

2° *Angle droit au sommet* (fig. 348).

$2\alpha = 90°$.

Si nous partons de la section parabolique P_2, elle présentera sur la transformée le point méplat.

Fig. 348

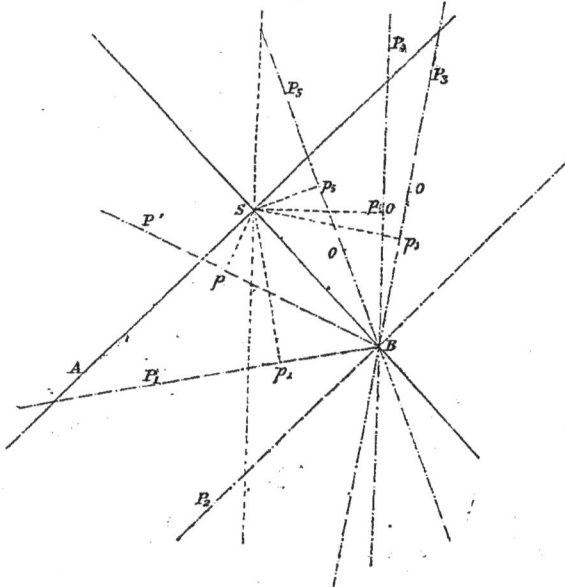

Dans les sections elliptiques P_1P, la perpendiculaire tombe en dedans du cône, il n'y a pas d'inflexions et l'on a $\alpha + \beta > 90°$.

Les sections hyperboliques $P_5P_4P_3$ ont nécessairement des inflexions, $\alpha + \beta$ est plus petit que 90°, et la transformée présentera les trois formes 1, 3, 2, comme dans le cas précédent.

La condition est donc encore :

$\alpha + \beta < 90°$.

L'ellipse et la parabole ne donneront pas d'inflexions sur la transformée, l'hyperbole en donnera toujours.

3° *Angle au sommet obtus* (fig. 349).

Les plans, tels que PP_1P_2, sont tels que $\alpha + \beta > 90°$.

La perpendiculaire Sp, Sp_1, Sp_2 tombe à l'intérieur, il n'y a pas inflexion ; les inflexions se rencontrent à partir du

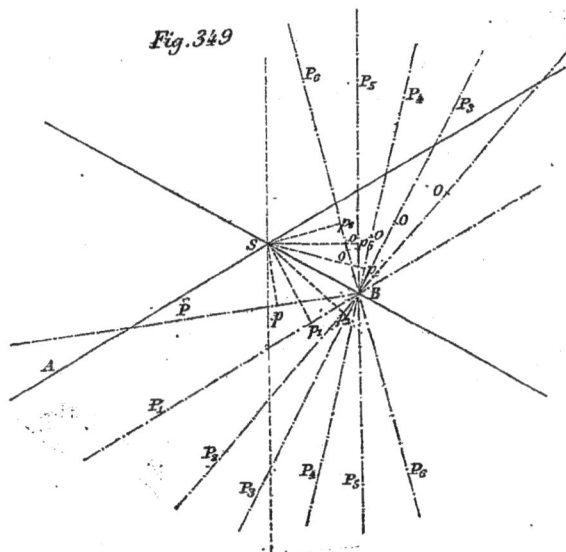

Fig. 349

plan P_3 perpendiculaire à SB, et on en trouvera sur les transformées des sections fournies par les plans $P_4P_5P_6$ pour lesquels $\alpha + \beta < 90°$.

Or les plans, tels que P, donnent des ellipses.

Le plan P_1 donne la parabole.

Les plans de P_1 à P_3, tels que P_2, donnent des hyperboles.

Toutes ces courbes ne donneront pas d'inflexions sur la transformée, et les sections hyperboliques donneront la quatrième forme.

La section P_3 donnera la cinquième forme, sans inflexions, avec le point méplat ; les autres sections hyperboliques donneront aux transformées la forme 1 ou 2 ou 3.

La condition est donc encore :

$$\alpha + \beta < 90^\circ.$$

Les sections elliptiques et paraboliques ne fournissent pas d'inflexions sur la transformée.

La section hyperbolique peut en présenter ou ne pas en offrir, et on rencontre sur ses transformées les cinq formes types que nous avons étudiées précédemment.

471. Hélices coniques.

Nous considérons un cône $s's$. (Fig. 350 et 351.)

Nous le développons sur le plan tangent le long de la génératrice sc, $s'c'$, en l'ouvrant par la génératrice opposée sd, $s'd'$; le cône recouvre le secteur D_1CD_2.

Traçons sur le développement une droite AM et enroulons cette droite sur le cône, nous prenons une génératrice SEF, nous mesurons l'arc af égal à AE (en longueur absolue) ; nous mesurons ensuite sur la génératrice $a's'$ une longueur $a'e'_1$ égale à FE, et nous menons la parallèle e'_1, e' à la ligne de terre ; le point e' obtenu ainsi est le point situé sur la génératrice sf, à une distance du point ff' égale à FE (c'est la construction inverse de celle que nous avons faite pour obtenir les longueurs des génératrices dans le tracé de la transformée).

La projection horizontale de ce point est e, et nous pouvons obtenir ainsi autant de points que nous le voudrons de la courbe qui aura pour transformée la ligne droite.

Nous avons une génératrice SH perpendiculaire à AM ; car il est évident que l'angle SAM étant aigu les génératrices, à partir du point A, feront des angles de plus en plus grands avec la droite. Au point K, correspondant à cette génératrice, la tangente à la courbe est perpendiculaire à la génératrice, et est horizontale.

Ainsi le point k, k' est le point le plus haut. Cette courbe, qui a pour transformée une droite, est une *hélice conique*; elle diffère de l'hélice cylindrique, d'abord en ce qu'elle ne monte pas indéfiniment sur le cône, comme sur le cylindre; elle a un point maximum et descend ensuite sur la nappe du cône, jusqu'à l'infini, dans une direction donnée par la génératrice SP qui est parallèle à la droite sur le développement, en sorte que sp, $s'p'$ est l'asymptote commune des deux branches de l'hélice; ensuite cette hélice fait avec les

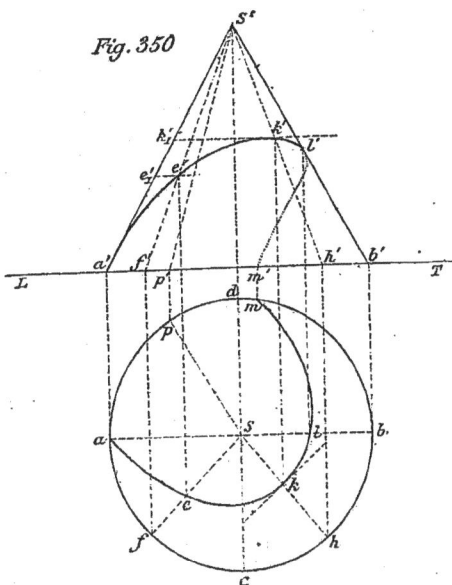

Fig. 350

Fig. 351

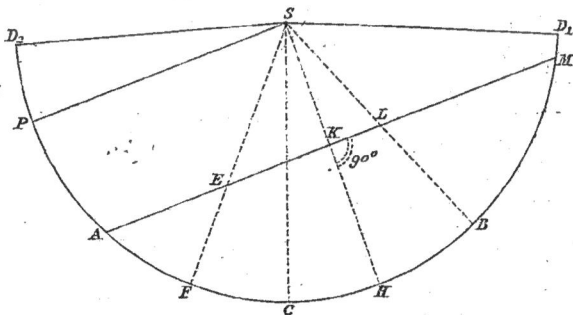

génératrices des angles variables de zéro à 90°. Pour que cette courbe s'étende ainsi à l'infini, il faut supposer, comme dans le cylindre, que le cône est une surface indéfinie enroulée sur elle-même. Mais elle présente encore cette propriété d'être le plus court chemin entre deux points de la surface du cône.

Et les courbes de cette nature sont les seules courbes tracées sur le cône qui se transforment en une droite par le développement du cône.

L'hélice conique joint encore à la propriété démontrée pour l'hélice cylindrique d'avoir tous ses plans osculateurs normaux au cône.

Considérons un cône (fig. 352) que nous supposons développé sur un de ses plans tangents que nous prenons pour plan de la figure. SG est la génératrice de contact ; nous traçons dans le plan du développement une droite A que nous enroulons ensuite sur le cône suivant une hélice conique H.

Nous imaginons une génératrice SG₁, voisine de SG, et rencontrant l'hélice au point m₁ ; la droite occupe alors la position A₁. Le plan osculateur de l'hé-

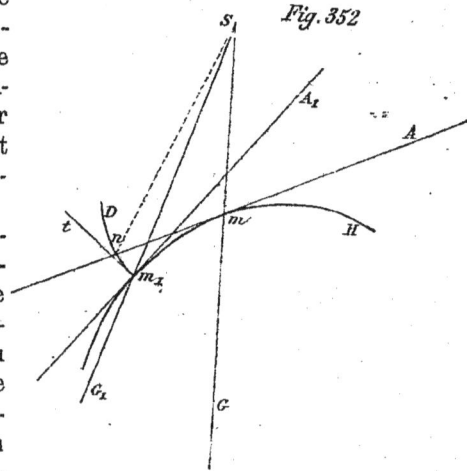

Fig. 352

lice au point m_1 est le plan tangent à la surface développable, lieu des tangentes à l'hélice (322), et ce plan tangent sera déterminé par la génératrice A_1 et par la tangente à une autre courbe tracée par ce point sur la surface.

Prenons sur la droite A le point n, tel que mn soit égal à la longueur de l'arc d'hélice mm_1, c'est le point n qui viendra en m_1 pendant l'enroulement de la droite, et qui décrira pour cela une courbe tracée sur la surface développable ; la tangente m_1t à cette courbe détermine le plan tangent avec la

droite A_4. Or la courbe décrite par le point n est une courbe
normale à la droite A et à la droite A_4, car, on peut supposer
que dans le mouvement infiniment petit de la droite pour
passer de la position A à la position A_4, le point n décrit un
arc de cercle ayant m pour centre (cette courbe est en réalité
une développante de l'hélice) ; la tangente $m_4 t$ est donc perpendiculaire à A_4.

D'autre part, la longueur sm_4 est égale à sn, car sn est la
position de la génératrice dans le plan du développement, et
la longueur des génératrices ne change pas (479), par conséquent la courbe nm_4 peut être regardée comme tracée sur
une sphère de centre s ; la tangente a cette courbe au point m_4
est perpendiculaire au rayon sm_4.

Cette tangente est donc perpendiculaire à la génératrice G_4
et à la tangente en m_4 à la courbe H tracée sur le cône, donc
elle est normale au cône, et *le plan osculateur de l'hélice qui
contient cette droite est normal au cône.*

Il en résulte d'abord que *l'hélice conique est une courbe gauche ;* car tous ses plans osculateurs normaux au cône ne peuvent se confondre, ce qui arriverait si la courbe était plane.

Nous pouvons déduire de cette propriété de l'hélice la
condition pour que la transformée d'une section plane d'un
cône présente un point d'inflexion.

Supposons qu'une transformée présente un point d'inflexion ; en ce point, elle a trois points infiniment voisins
communs avec sa tangente. Enroulons la courbe et la tangente sur le cône : la tangente donnera une hélice ayant toujours trois points communs avec la courbe, et par conséquent
même plan osculateur. Or la courbe est plane, le plan osculateur de l'hélice sera donc confondu avec le plan de la courbe
qui est alors normal au cône.

*Les points d'inflexion de la transformée correspondent donc
aux points de la section par lesquels le plan tangent au cône est
perpendiculaire au plan sécant,* proposition que nous avons déjà
établie par d'autres considérations (480).

DÉVELOPPEMENT

D'UN CÔNE OBLIQUE

472. Nous considérons un cône oblique qui a pour base une courbe située dans le plan horizontal. Nous coupons ce cône par un plan que nous prenons perpendiculaire au plan vertical, afin d'obtenir plus facilement la section, nous nous proposons de développer le cône et de construire la transformée de la section.

Le cône a son sommet au point SS', sa base est la courbe *acdbk*. (Fig. 353.)

Le plan sécant est P'αP (§ 473-475).

Nous conduisons d'abord par le sommet un plan parallèle S'βQ. Ce plan détermine dans le cône deux génératrices S*c* et S*d*. La section est une hyperbole ; nous menons les plans tangents le long de ces génératrices, et ces plans ont pour traces *ec* et *df* tangentes à la base, en sorte que les asymptotes sont *eh* et *fg* parallèles aux génératrices S*c* et S*d* (475).

Nous construisons un point de la courbe situé sur la génératrice S*k*, S'*k'*, nous obtenons le point *l'*,*l*. La tangente en ce point, intersection du plan sécant avec le plan tangent dont la trace est *km*, est *ml*. D'ailleurs, les points *a* et *b*, où la trace du plan P coupe la trace du cône, appartiennent à la courbe. Nous avons construit en outre les points sur les contours apparents horizontaux en *xx'*, et *yy'*, afin de déterminer la distinction des parties vues et cachées, et le point *vv'* qui appartient au contour apparent vertical. La projection horizontale de la courbe est *axvlyb* (473).

Nous voulons développer le cône sur le plan tangent le long de la génératrice S*p*, S'*p'*, qui est la génératrice de contour apparent vertical.

Nous inscrivons dans la base du cône un polygone dont nous supposons les côtés assez petits pour qu'on puisse les confondre sans erreur sensible avec les arcs, et dont nous plaçons des sommets aux points qui sont les traces de génératrices utiles, ou qu'il est nécessaire de construire particulièrement. Ce polygone n'a pas besoin d'avoir ses côtés égaux.

Ainsi nous plaçons des sommets aux points c,d pour obtenir les génératrices parallèles aux asymptotes, aux points a et b, aux points t et r pour les génératrices de contour apparent horizontal qui sont très importantes, comme nous le verrons, au point k, puisqu'on veut construire le point l, au point z, pour obtenir le point v sur la génératrice de contour apparent vertical.

La transformée de la section plane offrira des inflexions aux points où le plan tangent est perpendiculaire au plan sécant (nous n'avons pas construit ces points pour ne pas charger la figure, mais il y en aurait évidemment deux); on placera des sommets du polygone aux traces des génératrices sur lesquels ces points sont placés (480).

La transformée de la base offrira des inflexions aux points où le plan tangent est perpendiculaire au plan de la base, c'est-à-dire au plan horizontal, par conséquent aux points x et y situés sur les génératrices de contour apparent horizontal, c'est pour cela que ces génératrices sont si utiles à construire. Nous imaginons la pyramide dont ce polygone est la base et nous la développons.

Prenons pq pour un des côtés de la base; construisons le triangle Spq. Il faut d'abord connaître les longueurs des génératrices Sp, $S'p'$ et Sq, $S'q'$; nous amenons ces droites à être parallèles au plan vertical en les faisant tourner autour de la verticale du point s, s'; leurs projections horizontales se confondent suivant Sp_1q_1, parallèle à LT, et leurs projections verticales qui donnent leur vraie grandeur sont $S'p'_1$ et $S'q'_1$.

Nous traçons SP (fig. 354) égale $S'p'_1$; du point S comme centre avec $S'q'_1$ comme rayon, nous décrivons un arc; de P comme centre avec pq comme rayon, nous décrivons un autre arc qui croise le premier au point Q. La vraie grandeur de la face est PSQ. Nous répétons la même construction de proche en proche pour obtenir la génératrice SD parallèle au plan P; puis le point B, le point R qui est le point d'inflexion de la PQDB de la base, le point K sur lequel nous avons construit le point L et le point Z_2. En admettant que le cône soit ouvert suivant la génératrice Sz, $S'z'$, nous développons l'autre partie du cône de l'autre côté de SP, et nous obtenons successivement les points C, A, T point d'inflexion et Z_1.

Cette construction est la seule qui soit réellement pratique, et s'il est vrai que chacun des triangles PSQ, QSD.....
ait un angle en S très petit, les arcs décrits de S comme
centre avec SP, SQ... comme rayons sont coupés en général
par les petits arcs PQ, QD, sous des angles presque droits et
les sommets sont bien déterminés.

Figurons la transformée de la section.

Le point l, l' est sur la génératrice Sk, S'k' ; il faut connaître la distance de ce point au sommet. Or en amenant la
génératrice à être parallèle au plan vertical en Sk_1, S'k'_1 pour
avoir sa vraie grandeur, nous avons amené en même temps
le point l, l' en l'_1 sur l'horizontale qui passe par sa projection
verticale (la projection horizontale est inutile), et S'l'_1 est la
longueur cherchée que nous portons en SL sur la génératrice SK.

On construira de la même manière autant de points de la
courbe qu'on le jugera utile.

En particulier, le point v, v' situé sur la génératrice Sz,
S'z' donnera les deux points V$_2$ et V$_1$; on marquera les points
d'inflexion, et la courbe est partagée ici en deux arcs V$_2$LB
et V$_1$A.

Cherchons la tangente au point L.

La tangente lm fait partie d'un triangle lkm dont nous
allons obtenir les trois côtés en rabattant le plan de ce
triangle, c'est-à-dire le plan tangent, autour de la trace horizontale km, nous faisons les constructions ordinaires du
rabattement, le point l, l' vient en L$_1$, et les trois côtés du
triangle sont L$_1 k$, L$_1 m$ et km.

Nous reconstruisons ce triangle en vraie grandeur sur le
développement ; KL est déjà tracé, et nous décrivons des arcs
de cercle des points L et K, comme centres, pour obtenir le
point M ; ML est la tangente, car, d'après la construction,
l'angle de la tangente avec la génératrice est le même sur la
transformée que sur la figure dans l'espace.

Notons en passant que KM, transformée de la tangente à
la base, est la tangente à la transformée de la base, c'est-à-dire à la courbe ZKBP... Cela nous montre de quel côté nous
devons construire le triangle et placer le point M. Nous
avons déjà dit que nous devions supposer que dans le déve-

loppement du cône tous les plans tangents venaient successivement se rabattre sur le plan du développement, les points
conservant les uns par rapport aux autres les mêmes positions relatives; le point M doit donc venir se placer du même
côté que le point B par rapport au point K, ce que fixe le sens
de la tangente KM.

Construisons les asymptotes; elles restent à la même distance des génératrices qui leur sont parallèles, et nous pouvons déterminer la distance des deux droites Sc et eh en
rabattant le plan tangent qui les contient et dont la trace
est ce.

Nous opérons ce rabattement suivant la marche ordinaire,
et le sommet S,S' se rabat en S$_1$; la génératrice est S$_1c$ et
l'asymptote est la parallèle eh_1; nous obtenons donc la distance demandée. Mais afin de fixer le sens, nous étendons à
l'asymptote la construction de la tangente; l'angle S$_1ce$ est
l'angle de la génératrice avec la tangente à la base, nous
faisons au point C sur le développement un angle égal, en
plaçant le point E du même côté que le point A par rapport
à C; nous avons d'abord la tangente CE à la transformée de
la base. Nous prenons ensuite CE $= ce$ et nous menons par E
une parallèle à SC, nous obtenons enfin l'asymptote EH.

La seconde asymptote FG est construite exactement de la
même manière, ce qui justifie bien la forme que nous avons
tracée pour les deux branches de courbe qui constituent la
transformée de la section.

472 bis. Problème. — Construire la section plane d'un cône ou d'un cylindre de révolution.

Il est commode de se servir de la sphère auxiliaire inscrite
dans le cône ou dans le cylindre, et de prendre comme plans
auxiliaires des plans perpendiculaires à un des plans de projection passant par le sommet du cône ou parallèles aux génératrices du cylindre.

Ces plans couperont la sphère suivant des petits cercles
et les génératrices du cône ou du cylindre sont tangentes à
ces cercles.

On obtiendra ces génératrices en rabattant les plans auxi-

353

354

liaires sur le plan de projection auquel ils sont perpendiculaires ; comme nous l'avons montré n° 414.

472 ter. Exercices. — *Sur les sections planes des cônes et
des cylindres.*

1° On donne une droite qui est l'axe d'un cylindre de révolution dont le rayon est connu.

Représenter la partie du cylindre comprise entre deux
plans donnés par leurs traces.

Éclairer le cylindre par des rayons parallèles à une direction donnée et construire son ombre sur les deux plans sup-
posés opaques.

2° On donne un tétraèdre régulier SABC, la face ABC est
horizontale.

On considère un cylindre de révolution autour de SA, le
rayon est égal à la moitié du côté du tétraèdre. On construira
les intersections de ce cylindre avec les différentes faces du
tétraèdre ; et on représentera ce qui reste du tétraèdre supposé plein et solide après avoir enlevé la partie comprise
dans le cylindre.

On développera la partie du cylindre comprise dans le tétraèdre.

3° *Même tétraèdre.* — Le cylindre est de révolution autour
de la perpendiculaire à deux arêtes opposées AB et SC. Son
rayon est donné ; mêmes problèmes.

4° On donne un plan par ses traces ; dans ce plan, on a une
courbe connue par son rabattement sur l'un des plans de projection. Cette courbe, dans l'espace, est la directrice d'un
cylindre, dont les génératrices sont parallèles à une direction donnée. On coupe le cylindre par un plan, développer la
partie du cylindre comprise entre les deux plans.

5° On donne une sphère par ses deux projections, et un
point extérieur. On considère un cône ayant le point pour
sommet et circonscrit à la sphère. Développer la partie du
cône comprise entre le sommet et l'un des plans de projection, ou bien entre le sommet et un plan sécant. Faire varier
la position du sommet, de manière à obtenir une ellipse, une
hyperbole ou une parabole.

6° On donne la projection horizontale SABC d'un tétraèdre

comprise dans le cône.

Développer la partie du cône comprise dans le tétraèdre.

7° On donne un cylindre de révolution dont l'axe est vertical. On place sur la base supérieure un prisme hexagonal régulier de hauteur donnée. Le rayon de l'hexagone de base est plus grand que le rayon du cylindre.

Construire l'ombre portée par le prisme sur le cylindre, et les ombres portées par les deux solides sur les plans de projection, en éclairant l'ensemble par des rayons dont les projections font avec la ligne de terre des angles de 45°.

8° On donne un cône de révolution à axe vertical. On place sur le sommet un prisme droit dont la base est un hexagone régulier.

Construire les ombres portées par le prisme sur le cône et les ombres portées par les deux solides sur les plans de projection, en éclairant ces deux solides par des rayons dont les projections font avec la ligne de terre des angles de 45°.

SECTIONS CIRCULAIRES

DU CYLINDRE ET DU CÔNE ELLIPTIQUES

SECTIONS CIRCULAIRES

473. Cylindre. — Nous considérons d'abord un cylindre ayant pour base une ellipse *abcd*, nous plaçons le grand axe perpendiculaire au plan vertical, et nous prenons les génératrices parallèles au plan vertical. (Fig. 355.)

Nous pouvons toujours réaliser cette disposition ; en effet, étant donné un cylindre elliptique, que nous coupons par un plan de section droite, nous obtenons une ellipse ; par le grand axe nous menons un plan qui détermi-nera dans le cylin-dre une seconde el-lipse dont un des axes sera l'axe de la première, et si nous plaçons cette secon-de ellipse dans le plan horizontal, son axe perpendiculaire au plan vertical, les deux plans tangents aux extrémités de cet axe seront paral-lèles au plan ver-tical.

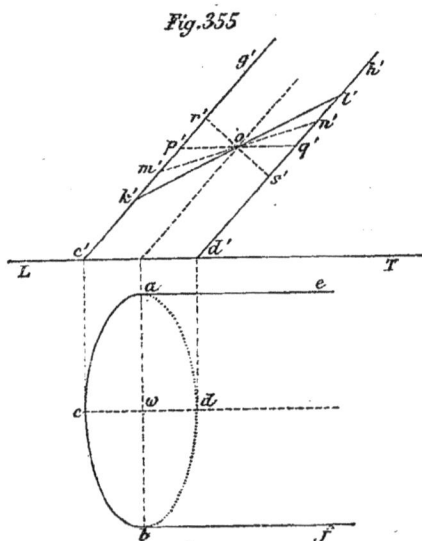

Fig.355

L'axe de ce cylin-dre est ω'o ; par le point o', imaginons une suite de plans perpendiculaires au plan vertical, ils donneront des ellipses ayant pour axe commun l'axe projeté en o' et égal à ab, les autres axes seront en grandeur $r's'$, $p'q'$.....; le plan $k'o'l'$, tel que $k'l' = ab$, coupera le cylindre suivant une ellipse dont les deux axes sont égaux, c'est-à-dire suivant un cercle. Si nous figurons la section droite $r's'$, en désignant par a le demi-axe perpendiculaire au plan vertical et égal à ωa ou $k'l'$, par b le demi-axe $o's'$, l'angle du plan sécant qui donnera les sections circulaires, avec l'axe sera fixé par la relation : $\sin c = \dfrac{b}{a}$.

Il y a évidemment une seconde solution anti-parallèle symétrique de la première par rapport à l'axe.

474. Problème. — *Couper un cylindre de révolution suivant une ellipse semblable à une ellipse donnée.* (Fig. 356.)

On donne le cylindre de révolution vertical qui a pour base le cercle o et l'ellipse $mnpq$.

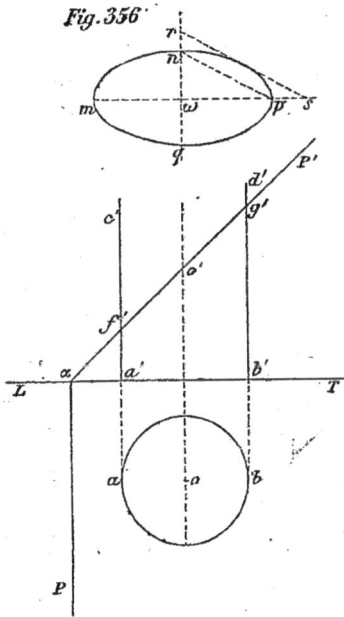

Fig. 356

Nous voulons déterminer un plan que nous prendrons perpendiculaire au plan vertical et qui coupe le cylindre suivant une ellipse semblable à $mnpq$.

Les sections par des plans perpendiculaires au plan vertical sont des ellipses ayant toutes pour petit axe le diamètre du cercle; l'ellipse cherchée aura ce même petit axe. Déterminons son grand axe; pour cela, joignons le point n au point p, prenons ωr égal au rayon du cercle, conduisons rs parallèle à sp, ωs est le grand axe demandé.

Il ne reste plus qu'à mener par un point o' quelconque pris sur l'axe du cylindre une oblique $f'd'$, telle que $o'f' = \omega s$;

le plan PαP′ ainsi déterminé coupera le cylindre suivant l'ellipse demandée.

475. Problème. — *Trouver un plan de projection sur lequel une ellipse donnée se projette suivant un cercle.* (Fig. 357.)

On donne une ellipse que nous supposons placée dans un plan perpendiculaire au plan vertical $a'b'$; sa projection horizontale est $abcd$, nous supposons ainsi que l'un des axes est perpendiculaire au plan vertical. Ces axes sont donc en grandeur $a'b'$ et cd.

Imaginons une sphère ayant son centre au centre de l'ellipse et dont le rayon soit égal au demi petit axe, et un cylindre circonscrit à cette sphère parallèle au plan vertical et passant par les points b' et a'. Les contours apparents du cylindre sont les tangentes $a'f'$ et $b'g'$ au contour apparent de la sphère ; et la section de ce cylindre par le plan $a'b'$ perpendiculaire au plan vertical, n'est autre que l'ellipse proposée ; donc, si nous prenons un second plan horizontal L_1T_1 perpendiculaire aux génératrices du cylindre, la section du cylindre sera un cercle égal au grand cercle de la sphère, son centre étant en o_1 avec un éloignement égal à celui du point o, et toutes les courbes tracées sur le cylindre et en particulier l'ellipse donnée se projetteront sur ce cercle.

Le plan horizontal L_1T_1 est donc le plan de projection demandé.

476. Cône elliptique. — Considérons un cône elliptique dont la base est l'ellipse $abcd$; le sommet est projeté en s',s au centre de la base (fig. 358). Nous avons placé le grand axe de l'ellipse parallèle au plan vertical.

Nous décrivons un cercle du point o' comme centre et tangent aux deux génératrices $s'a'$ et $s'b'$; nous considérons une sphère ayant pour rayon $o'f' = o'e'$; et nous cherchons com-

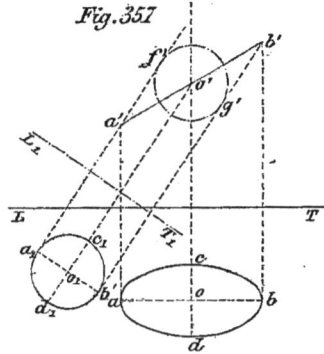

ment cette sphère coupe le cône. Nous effectuons un changement de plan vertical L_1T_1 en prenant un nouveau plan vertical perpendiculaire au premier; les contours apparents du
cône sur ce plan sont $s'c'_1$ et $s'd'_1$; nous décrivons le cercle de

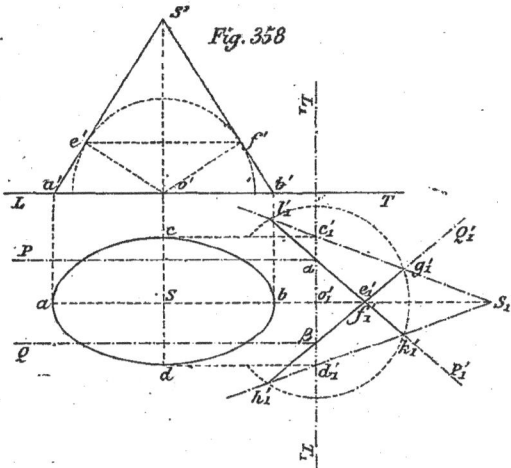

Fig. 358

contour ap-
parent de
la sphère
ayant pour
centre le
point o'_1,
qui rencon-
tre les con-
tours appa-
rents du
cône aux
points l',g',
k',h'; nous
joignons $l'k'$
et $h'g'$ et
nous consi-
dérons ces

droites comme les traces de deux plans perpendiculaires au
plan vertical L_1T_1.

Ces deux plans se coupent suivant une droite perpendiculaire au plan vertical L_1T_1, projetée en $e'_1f'_1$, qui est la projection verticale nouvelle de la corde $e'f'$.

Considérons $l'k'$, il coupe la sphère suivant un cercle dont
cette ligne est le diamètre, et le cône suivant une conique qui
a pour axe $l'k'$, qui passe par les deux points e' et f' projetés
au même point e'_1 et qui lui sont communs avec le cercle, et
qui a en ces points même tangente que le cercle, parce que le
plan tangent au cône et à la sphère aux points e' et f' sont les
mêmes; la conique est donc nécessairement confondue avec
le cercle.

Le plan $P_\alpha P'_1$ et tous les plans parallèles, le plan $Q_\beta Q'_1$
et tous les plans parallèles couperont le cône donné suivant
des cercles.

DES PLANS DIAMÉTRAUX

DANS LES CÔNES ET CYLINDRES

DES PLANS DIAMÉTRAUX

DANS LES CÔNES ET CYLINDRES

CYLINDRE OBLIQUE

477. 1° Considérons un cylindre oblique ayant pour base une conique à centre $abcdefg$ dans le plan horizontal, et cherchons quel est dans ce cylindre le lieu des milieux des cordes parallèles à une direction donnée $m'n'$, mn. (Fig. 359.)

Nous allons construire des cordes parallèles à la direction.

Pour cela, nous coupons le cylindre par des plans parallèles à la fois aux génératrices et à la direction mn, $m'n'$.

Nous obtenons un de ces plans en conduisant par le point m,m' une parallèle aux génératrices ; nk est la trace horizontale, que nous désignons par P, d'un plan auxiliaire.

Soit P la trace d'un de ces plans ; il coupe le cylindre suivant deux génératrices el, $e'l'$ — gi, $g'i'$; nous pouvons tracer entre ces deux génératrices une suite de droites parallèle à mn, $m'n'$; soit pq, $p'q'$ l'une d'elles, nous prenons son milieu o,o' ; il est évident que tous les milieux seront sur la parallèle or, $o'r'$ aux génératrices du cylindre, et cette parallèle située dans le plan P_1 a sa trace horizontale en r, milieu de cg. Si nous répétons la même construction pour un autre plan P_2, nous trouverons une trace r_1, milieu de c_1g_1, et tous ces points $r,r_1\ldots$ formeront le diamètre conjugué de la direction P.

La surface, lieu des milieux des cordes parallèles à mn, $m'n'$, est donc formée par toutes les droites parallèles à $r'o'$, ro et passant par les points $rr_1\ldots$ en ligne droite. *Cette surface est un plan.* Ainsi, la surface diamétrale conjuguée d'une direc-

tion donnée dans un cylindre qui a pour base une courbe du
second degré *est un plan dont la trace sur le plan de base du
cylindre passe par le centre de cette base.*

Déplaçons le plan auxiliaire $P_1P_2...$; il arrivera à une
position P_3 pour laquelle il est tangent au cylindre; les deux
génératrices suivant lesquelles il coupe le cylindre se confondent dans la génératrice de contact qui est, à la limite, le

Fig. 359

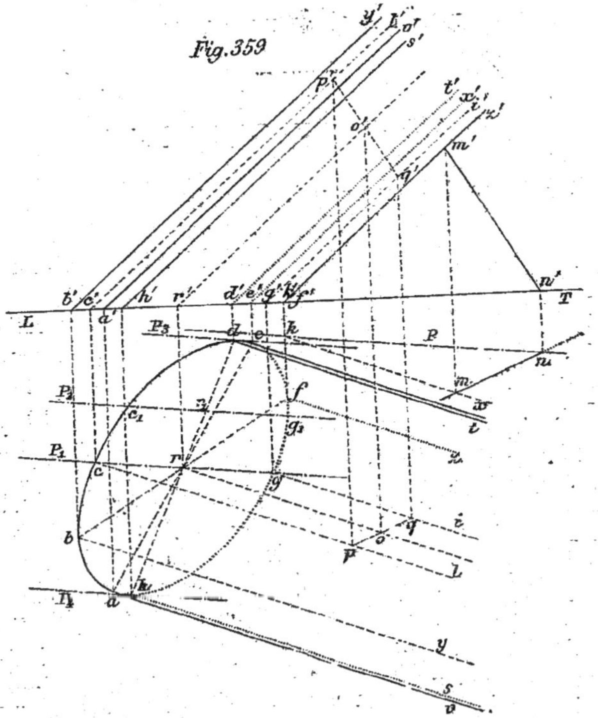

lieu des milieux des cordes parallèles à *mn*, *m'n'* situées dans
ce plan P_3 et qui fait partie du plan diamétral.

La même chose arrivera au plan P_4 tangent au cylindre à
l'autre extrémité, et d'ailleurs les points de contact *h* et *d*
sont sur le diamètre rr_1...

Le plan diamétral conjugué d'une direction donnée est donc

·déterminé par les génératrices de contact des plans tangents parallèles à cette direction.

Si les cordes pour lesquelles on veut chercher le plan
diamétral sont *verticales*, les plans tangents parallèles à ces
cordes sont les plans de contour apparent horizontal, et le
plan diamétral conjugué des cordes verticales *contient les génératrices de contour apparent horizontal av, a'v'* et *ex, e'x'*.

Si les cordes *sont perpendiculaires au plan vertical*, les plans
tangents sont perpendiculaires au plan vertical, ce sont les
plans de contour apparent vertical, et le plan diamétral conjugué *contient les génératrices de contour apparent vertical by, b'y'*
et *fz, f'z'*.

Tous les plans diamétraux passent par le centre de la conique, base du cylindre, sont parallèles aux génératrices et
contiennent par suite la parallèle aux génératrices menée
par le centre de la conique. *Cette parallèle est l'axe du cylindre*,
et tout plan mené par cette droite coupe le cylindre suivant
·deux génératrices équidistantes.

478. 2° Prenons pour base du cylindre une parabole *abcd ;
mn, m'n'* est la direction donnée. (Fig. 360.)

Nous construisons de même le plan P parallèle à la droite
et aux génératrices.

Nous coupons par un plan P_t parallèle à P ; il détermine
les deux génératrices *af, a'f'* et *cg, c'g'*, entre lesquelles nous
pouvons tracer des cordes telles que *kh, k'h'*. Le lieu des milieux de ces cordes sera une droite telle que *l'p', lp* dont la
trace est au point *p* milieu de *ac*.

Nous répéterons la construction pour un autre plan, et le
lieu des points P est le diamètre *bp* de la parabole. La surface
·diamétrale conjuguée de la direction est encore un plan parallèle aux diamètres de la parabole et aux génératrices du
·cylindre. Si nous déplaçons le plan de manière à l'amener
tangent au cylindre en P_2, le plan diamétral contiendra la
génératrice de contact.

Si *les cordes données sont verticales*, le plan diamétral conjugué passe par *la génératrice de contour apparent horizontal*,
qui est la génératrice de contact d'un plan tangent vertical.

Si *les cordes données sont perpendiculaires au plan vertical*, le plan diamétral conjugué passe par la *génératrice de contour apparent vertical.*

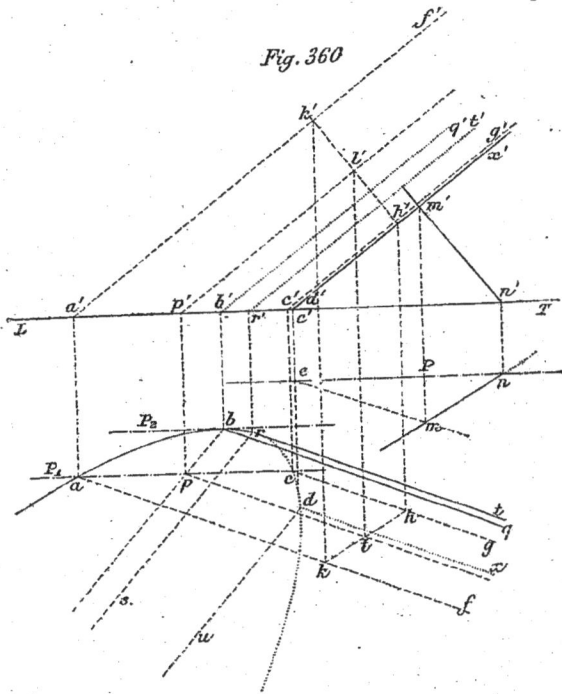

Fig. 360

Tous les plans diamétraux sont parallèles, et l'axe est alors rejeté à l'infini.

479. Remarque. — Nous devons faire observer qu'un cylindre hyperbolique peut ne pas avoir de contour apparent, si l'on ne peut mener à l'hyperbole des tangentes parallèles à la projection des génératrices. On peut voir aisément, en construisant, comme nous l'avons fait, la trace du plan diamétral conjugué des cordes verticales, que cette trace est le diamètre conjugué de la projection horizontale des génératrices.

Un cylindre parabolique n'aura pas de contour apparent, sur le plan horizontal, par exemple. Si la projection horizon n tale des génératrices est parallèle à l'axe de la parabole. Dans ce cas, les cordes verticales ne couperont le cylindre qu'en un seul point ; il n'y aura plus de plan diamétral conjugué de ces cordes.

480. Cône oblique. — Nous n'avons plus ici à nous inquiéter de la nature de la base ; tout cône oblique à base, section conique, peut toujours être coupé par un plan suivant une des trois coniques (nous admettrons cette proposition ; qu'il est trop facile de démontrer par l'analyse pour que nous essayions d'en donner une démonstration géométrique) ; nous pouvons donc choisir pour plan de base un plan qui donne une section elliptique *abcd*. (Fig. 361.)

Nous cherchons à construire le lieu des milieux des cordes parallèles à *mn, m'n'*. Nous allons couper le cône par des plans passant par le sommet et parallèles à *mn, m'n'*. Les traces de ces plans auxiliaires passent par la trace horizontale *h* de la parallèle à *mn, m'n'* menée par le sommet du cône.

1ᵉʳ cas. — *La parallèle est extérieure au cône*, soit P l'un de ces plans, il détermine dans le cône deux génératrices *gs, g's'* et *cs, c's'*, entre lesquelles nous pouvons tracer des cordes telles que *kl, k'l'* ; les milieux de ces cordes seront sur la droite *s'o'*, *so* dont la trace est au point *p* sur *h*P.

Remarquons que nous avons quatre droites *s'h', s'g', s'p' s'c'*, telles que les parallèles à l'une d'elles *s'h'* sont partagées en parties égales par les trois autres ; ces quatre droites forment un faisceau harmonique, et le point *p* est le conjugué harmonique de *h* par rapport aux points *e* et *g*. Le lieu des points, tels que *p*, est donc la polaire du point *h* par rapport à la conique, *et la surface diamétrale passant par cette droite et le sommet est un plan.*

Les positions limites du plan P sont P₁ et P₂ tangents au cône suivant les génératrices *as, a's'* et *es, e's'*, et ces droites font évidemment partie du plan diamétral, qui est déterminé par les génératrices de contact des plans tangents parallèles à la droite donnée.

Si les cordes données sont verticales, la verticale menée par le sommet étant extérieure au cône qui a ainsi deux généra-

trices de contour apparent horizontal; le plan diamétral conjugué est déterminé par *les génératrices de contour apparent
horizontal.*

Si les cordes données *sont perpendiculaires au plan vertical,*

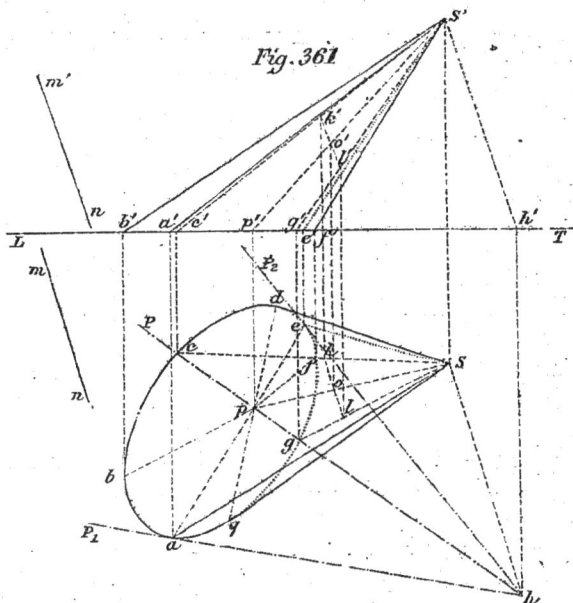

Fig. 361

la perpendiculaire au plan vertical étant extérieure au cône
et le cône ayant par suite un contour apparent vertical, le
plan diamétral conjugué sera déterminé *par les génératrices de
contour apparent vertical.*

481. 2ᵉ cas. — *La parallèle à la direction menée par le sommet du cône est intérieure.* (Fig. 362.)

On ne peut plus mener de plans tangents parallèles à la
droite. Ainsi la parallèle est *sh, s'h'* et tous les plans passant
par cette droite auront des traces telles que P rayonnant
autour du point *h*.

Nous coupons le cône par le plan P qui détermine les deux
génératrices *bs, b's'* et *es, e's'*, et pour mener entre les deux
droites une corde parallèle à *mn, m'n'*, il faut prolonger l'une

d'elles bs, $b's'$, par exemple, au delà du sommet. Nous traçons une corde gk, $g'k'$ et la droite si, $s'i'$ est évidemment le lieu des milieux des cordes parallèles menées dans le plan P.

La trace de cette droite est au point l.

Or les quatre droites $s'l'$, $s'e'$, $s'h'$, $s'b'$, sont telles qu'une parallèle à l'une d'elles $s'h'$ est partagée en deux parties égales

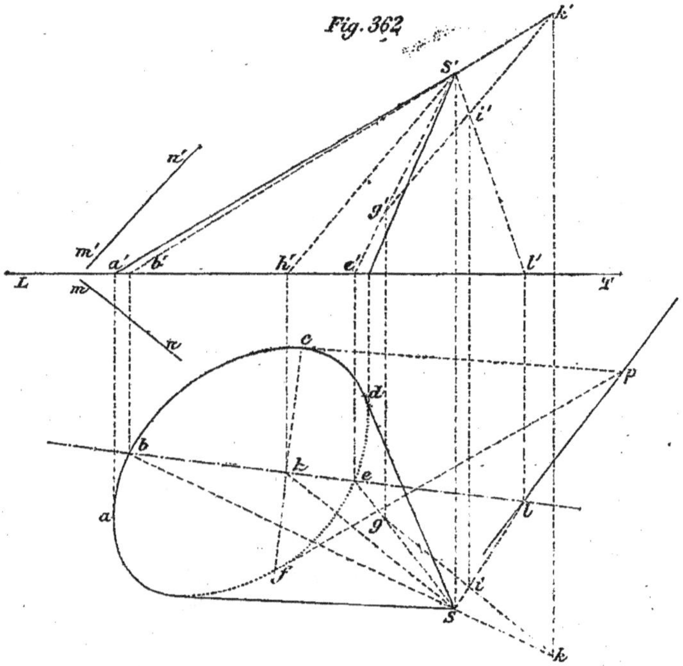

Fig. 362

par les trois autres ; elles forment un faisceau harmonique et le point l est conjugué harmonique de h par rapport aux points b et e.

Le lieu des points l est donc *la polaire* du point h par rapport à la conique ; c'est la droite lp qu'il est facile de construire directement, et la surface diamétrale déterminée par cette droite et *le sommet est un plan.* Ce plan est extérieur au cône. Cela aura lieu pour les cordes verticales, si le sommet se projette dans l'intérieur de la base du cône, cas dans lequel le cône n'a pas de contour apparent horizontal. On a besoin, dans certaines applications que nous verrons plus loin, de construire le plan diamétral, et on opère exactement comme nous venons de l'indiquer.

De même par les cordes perpendiculaires au plan vertical lorsque le cône n'a pas de contour apparent vertical.

POINTS SINGULIERS A L'INFINI

POINTS SINGULIERS A L'INFINI

482. Nous avons rencontré à propos de la transformée de la section hyperbolique d'un cône, un cas dans lequel le point d'inflexion de la transformée est à l'infini (486). Nous pensons qu'il est utile de justifier complètement la forme que nous avons tracée dans ce cas, et nous allons examiner la forme que présentent les branches infinies des courbes lorsqu'il y a un point singulier à l'infini.

Nous avons dit (326) que les points singuliers étaient : 1° le point d'inflexion caractérisé par ce fait que la tangente traverse la courbe, ayant en commun avec elle trois points infiniment voisins, placés sur la droite de part et d'autre du point de contact ;

2° Le point de rebroussement de première espèce, la courbe traverse la tangente, mais les points voisins sont situés sur la droite du même côté du point de contact ;

3° Le point de rebroussement de seconde espèce, la courbe se compose de deux branches situées du même côté de la tangente et les points infiniment voisins sont placés du même côté du point de contact. Pour étudier la forme des courbes qui ont un point singulier à l'infini, nous allons considérer un cône, dont la base admet un point singulier, et il est évident que toutes les sections planes du cône admettront ce point singulier à leur rencontre avec la génératrice qui le contient. En prenant ensuite un plan sécant parallèle à la génératrice, nous verrons ce que devient ce point qui se transportera ainsi à l'infini.

Nous examinerons le cas où la courbe est hyperbolique, et celui où elle est parabolique.

Courbes hyperboliques. — 1° *Cas général*. Nous allons d'abord nous rendre compte des positions des branches de la courbe hyperbolique par rapport à l'asymptote dans le cas général. (Fig. 363.)

bac est la courbe de base du cône, le sommet est SS', nous prenons pour plus de facilité le plan sécant P'αP perpendiculaire au plan vertical; la génératrice parallèle au plan est S'a, Sa. Nous traçons le plan tangent *ad* et la projection horizontale de l'asymptote est *df*, parallèle à *aS* (475).

Considérons maintenant une autre génératrice S*b*, S'*b'*, elle perce le plan sécant au point *k,k'* qui est un point de la courbe.

Abaissons du point *b* la perpendiculaire *bg* à la ligne de.

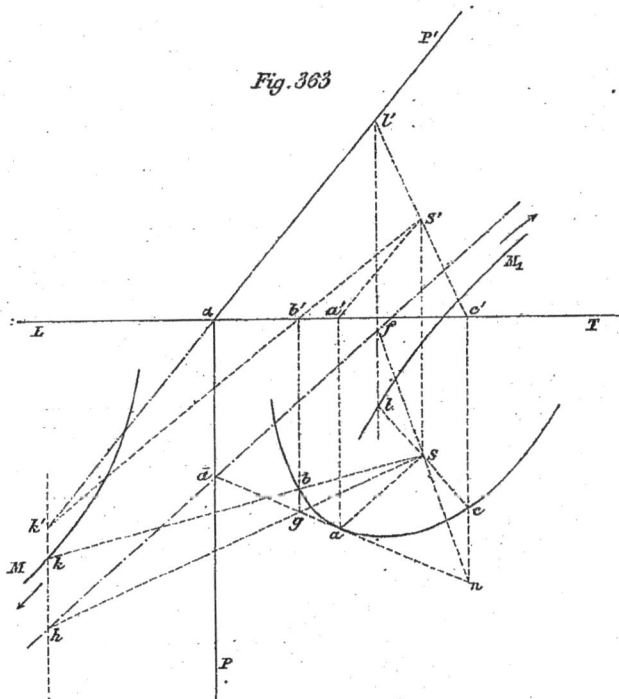

Fig. 363

terre jusqu'à sa rencontre avec la trace du plan tangent, et joignons le point *g* au point S. La droite *g*S rencontre l'asymptote en *h*; je dis que le point *h* se trouve sur la même perpendiculaire à la ligne de terre que le point *k*.

Les deux droites Sg et Sb ont même projection verticale S'b', et sont dans le plan qui projette verticalement S'b' ; elles rencontrent le plan P'αP sur l'intersection des deux plans qui est la perpendiculaire $k'k$ au plan vertical ; d'autre part, la droite Sg est dans le plan tangent da, puisqu'elle a deux points dans le plan ; — donc elle ne peut percer le plan P qu'en un point de l'intersection du plan tangent avec le plan sécant, c'est-à-dire en un point de l'asymptote ; le point h doit donc se trouver à la fois sur l'asymptote et sur la droite $k'k$.

Or à cause de la position de la courbe par rapport à la tangente, le point b est au-dessus du point g, le point k est au-dessus du point h, la branche correspondante est au-dessus de l'asymptote et va à l'infini dans le sens dh, lorsque la génératrice Sb se rapproche de Sa.

Prenons la génératrice Sc, de l'autre côté de Sa, et faisons les mêmes constructions ; le point l est un point de la courbe, et la droite Sn rencontre l'asymptote au point f, situé sur la même perpendiculaire à la ligne de terre ; mais comme la seconde branche de la courbe est sur la seconde nappe du cône, la droite Sc, d'abord au-dessus de Sn, puisque la courbe est toute entière du même côté de sa tangente, passe au-dessous dans le prolongement ; le point l est au-dessous de l'asymptote, et la seconde branche M$_1$ est au-dessous de l'asymptote, allant à l'infini dans le sens df.

Ainsi, dans le cas général d'une courbe hyperbolique, les branches présentent la forme 1 (fig. 363 *bis*), les deux courbes étant situées de part et d'autre de l'asymptote.

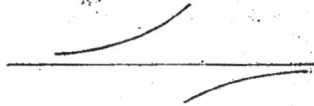

Fig. 363 *bis*

Forme 1

483. 2° *Point d'inflexion* (fig. 364). — La base du cône est la courbe $\gamma a \gamma_1$, présentant une inflexion au point a ; le plan P'αP est parallèle à la génératrice S'a', Sa. Nous construisons comme précédemment l'asymptote hdf ; nous considérons la génératrice Sb, S'b', qui perce le plan sécant en k,k' ; et nous reconnaissons, en répétant les mêmes raisonnements, et en nous servant de la droite Sg, que le point k est au-dessus de l'asymptote (nous avons placé les mêmes lettres aux points correspondants de cette figure et de la précédente afin qu'on puisse relire le raisonnement). La branche correspondante est la branche M.

Nous prenons ensuite la génératrice Sc, $S'c'$ qui donne le

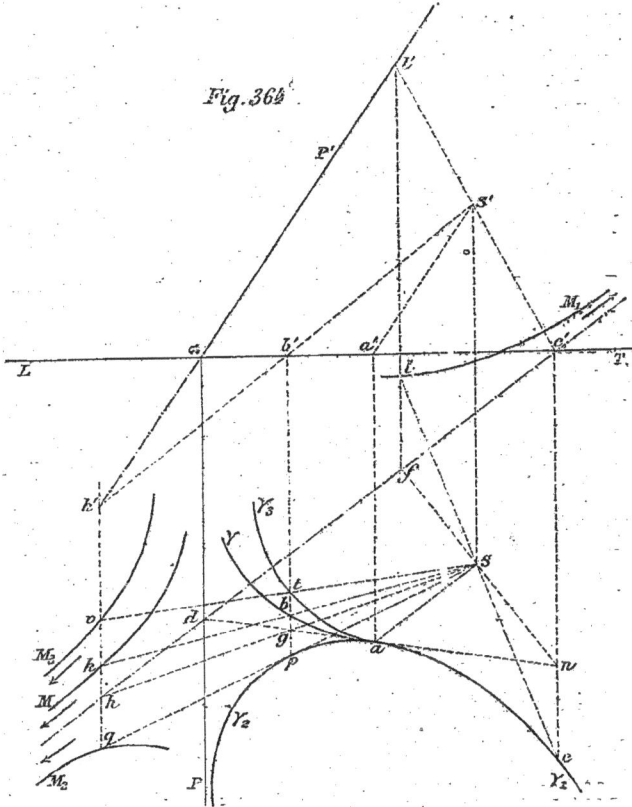

Fig. 364.

point l. Mais comme la courbe γ_1 a changé de situation par rapport à la tangente da, cette fois le point n est au-dessus du point c, et par contre, le point f est au-dessous du point l. La branche est donc M_1 au-dessus de l'asymptote.

Le point d'inflexion à l'infini

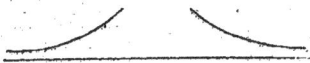

Fig. 364 bis
Forme 2

sur une courbe hyperbolique présente donc bien la forme 2
(fig. 364 *bis*) que nous avons dessinée pour la transformée de
la section plane hyperbolique quand le point d'inflexion est à
l'infini (486).

484. 3° *Rebroussement de première espèce.* (Fig. 364 et 364 *ter*).

La base du cône est la courbe γaγ₂ présentant un rebroussement de première espèce au point *a* ; le plan sécant est P'αP
parallèle à S'*a'*, S*a*.

Nous répétons les mêmes raisonnements et les mêmes
tracés, en considérant la génératrice S*b*, S'*b'* qui donne le
point *k* au-dessus de l'asymptote et la
branche de courbe M, et en prenant ensuite la génératrice S*p* qui a même projection verticale que S*b*, en sorte que la
droite S*p* est au-dessous de S*g* ; le point
correspondant de la courbe est *q* et la
branche est située en M₂ de l'autre côté
de M₁ par rapport à l'asymptote, mais
allant à l'infini dans le même sens. Les deux branches sont
sur la nappe inférieure du cône ; nous avons rencontré cette
disposition dans l'hélice conique (491), la courbe présente la
forme 3. (Fig. 364 *ter*.)

Fig. 364 ter
Forme 3

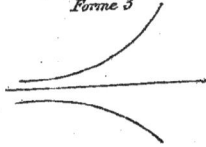

485. 4° *Rebroussement de seconde espèce.* (Fig. 364 et 364
quater.)

La base du cône est γaγ₃, présentant au point *a* un rebroussement de seconde espèce ; le plan P'αP est parallèle à S'*a'*, S*a*.
Les génératrices considérées sont S*b* et S*t*, telles que les
points *b* et *t* soient sur la même perpendiculaire à la ligne de terre. Les points obtenus sont *k* et *v*, tous deux au-dessus du
point *h* et les branches sont M et M₃ du
même côté de l'asymptote et allant à l'infini
dans le même sens, ce qui donne à la courbe la forme 4.
(Fig. 364 *quater*.)

Fig. 364 quater
Forme 4

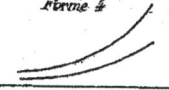

On voit clairement sur les formes 3 et 4 que le point de
rebroussement se transporte à l'infini, la disposition des branches de courbe présentant le même caractère.

486. Courbes paraboliques. — 1° *Cas général.* (Fig. 365 et 365 *bis*.)

La base du cône est la courbe *abcd*.

La génératrice de contour apparent vertical est S*b*, S'*b'*,

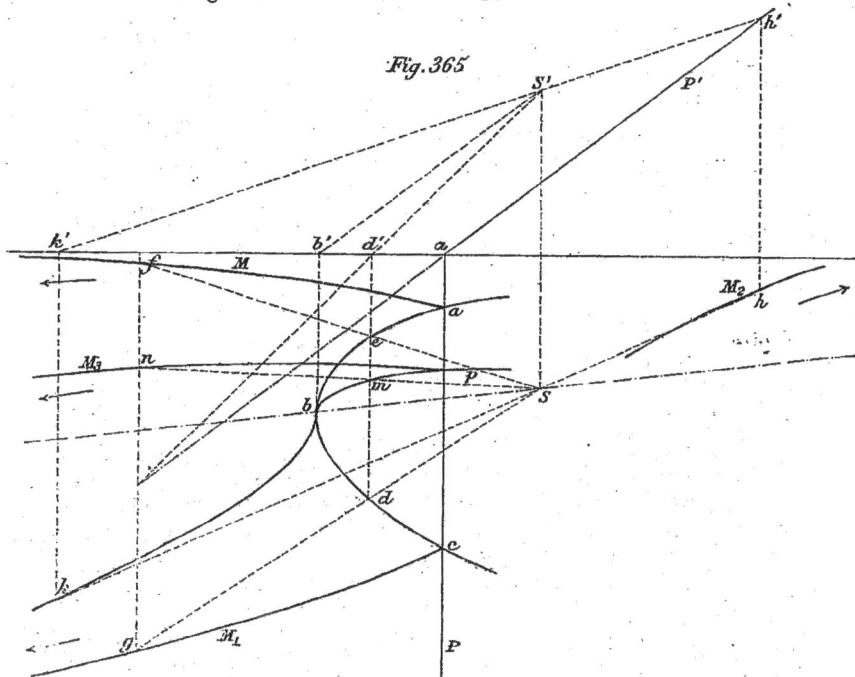

Fig. 365

et nous avons choisi le plan sécant P'αP parallèle à cette gé-nératrice, en sorte que nous obtiendrons une courbe parabo-lique, puisqu'il y a une génératrice, et le plan tangent sui-vant cette droite parallèles au plan sécant.

Nous considérons deux génératrices S*d*, S*e*, de part et d'autre du point *b*, ayant même pro-jection verticale S'*d'* ; elles percent le plan sécant aux points *f* et *g*, et nous construisons deux branches *af* et *cg*, qui vont se rejoindre à l'in-fini, en un point situé sur la droite S*b* comprise entre ces deux bran-

Fig. 365 bis
Forme 1

ches, les deux courbes M et M_1 vont à l'infini dans le même sens en tournant leur concavité vers la droite. Ce qui donne la forme 1. (Fig. 365 *bis*.)

487. 2° *Point d'inflexion.* (Fig. 365 et 365 *ter*.)

La base du cône est la courbe *abg* présentant une inflexion au point *b*, trace de la génératrice. S*b*, S'*b'* est parallèle au plan P ; le plan tangent étant perpendiculaire au plan vertical. Nous considérons les génératrices S*e* et S*k*, situées de côtés différents par rapport au plan tangent parallèle au plan P et qui donnent les points *f* et *h* situés de part et d'autre du sommet ; le point *f*
est au-dessus de S*b*, et
la génératrice S*k*, pla-
cée dans sa partie infé-
rieure au-dessous de S*b*
la traverse en S, en

Fig. 365 *ter*
Forme 2

sorte que *h* est au-dessus. Les deux branches M et M_2 vont couper la droite S*b* à l'infini, toutes deux au-dessus de S*b*, mais aux deux extrémités de la droite ; leurs concavités sont dans le même sens, la courbe présente la forme 2. (Fig. 365 *ter*.)

488. 3° *Point de rebroussement de première espèce.* (Fig. 365 et 365 *quater*.)

La base du cône est *cbk*, présentant en *b* un rebroussement de première espèce ; la tangente en *b* est perpendiculaire à la ligne de terre, le plan sécant P'αP parallèle à S'*b'*, S*b*.

Nous considérons deux génératrices S*d*, S*k*, qui donnent les points *g* et *h* situés de part et d'autre du sommet, parce que les génératrices sont
placées de côtés différents
par rapport au plan P pa-
rallèle au plan sécant. Ces
points sont en outre placés,
l'un au-dessus, l'autre au-
dessous de S*b*, et les bran-

Fig. 365 *quater*
Forme 3

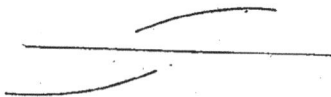

ches M_1 et M_2 ont un point à l'infini sur la droite S*b*, aux extrémités de cette droite, et tournent leur convexité vers la droite ; la forme est donc la forme 3, la direction des points à l'infini étant entre les deux branches de courbes. (Fig. 365 *quater*.)

489. 4° *Point de rebroussement de seconde espèce.* (Fig. 365 et 365 *quinto*.).

La base du cône est *aebmp* présentant en *b* un rebroussement de seconde espèce ; le reste de la figure disposé comme précédemment. Nous prenons deux génératrices S*e* et S*m*, elles sont du même côté par rapport au plan tangent, et elles donnent les points *f* et *n* situés du même côté de la droite S*b* ; les deux branches sont alors M et M₃ qui ont un point à l'infini sur la droite S*b* vers la même extrémité et qui tournent par suite leur concavité vers la droite. (Fig. 365 *quinto*.)

Fig. 365 quinter
Forme 4

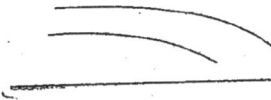

La courbe affecte la forme 4.

INTERSECTION DES CYLINDRES

INTERSECTION DES CYLINDRES

PREMIER CAS. — ARRACHEMENT

490. Nous considérons deux cylindres ayant leurs bases dans le plan horizontal; nous nous proposons de construire leur intersection. (Fig. 366.)

Nous allons couper ces surfaces par des plans parallèles à la fois aux génératrices des deux cylindres.

Construisons d'abord un plan parallèle aux plans sécants; pour cela, par un point o,o' de l'espace, nous menons des parallèles $o'z'$, $o\alpha$ et $o'\zeta'$, $o\beta$ aux génératrices, les traces de ces droites donnent la trace horizontale P d'un plan parallèle aux plans cherchés; les deux bases étant dans le plan horizontal, la trace horizontale du plan nous suffit.

Employons un de ces plans auxiliaires dont la trace est P_2 parallèle à P; il détermine dans chaque cylindre deux génératrices ayant leurs traces aux points o et d sur le cylindre A, aux points c et r sur le cylindre B. Ces quatre génératrices se coupent en quatre points, 2, 9, 11, 17, et nous pouvons construire les projections verticales de ces points, en prenant les points de rencontre des projections verticales des mêmes génératrices, ou en projetant simplement les points sur la projection verticale d'une des génératrices; c'est ainsi que nous avons obtenu la projection verticale du point 17.

Nous pouvons répéter cette construction autant de fois que nous le voudrons.

Le cylindre A a pour contour apparent horizontal les deux génératrices dont les traces sont p et h; le plan P_2 qui passe par la trace p, et qui coupe le cylindre B suivant les génératrices c et r, donne sur le contour apparent les points 9 et 11.

En ces points la courbe est tangente à la génératrice de contour apparent (330).

Le plan P_7, qui passe par la trace h, contient la seconde génératrice de contour apparent du cylindre A, et coupe l'autre cylindre suivant les génératrices g et v, qui déterminent sur la droite h les points 4 et 15 ; en ces points la courbe *est tangente à la génératrice de contour apparent horizontal du cylindre* A (330).

Le cylindre B a pour contour apparent horizontal les génératrices dont les traces sont i et s.

Le plan auxiliaire P_8, passant par i, coupe le cylindre A suivant les génératrices n et k, qui déterminent sur i les points 7 et 5 ; le plan auxiliaire P_5, passant par s, coupe le cylindre A suivant les génératrices t et x, qui déterminent sur s les points 12 et 16.

Aux points 7, 5, 12, 16, *la courbe est tangente au contour apparent horizontal du cylindre* B.

Le cylindre A a pour contour apparent vertical les génératrices dont les traces sont δ et θ ; le plan auxiliaire P_6 passant par δ, coupe le cylindre B suivant les génératrices λ et μ, qui donnent sur δ' le point 8 et le point 21, dont nous avons construit seulement la projection verticale ; le plan P_4 passant par θ donne les points 18 et 19 sur les génératrices π et ρ du cylindre B. *Aux points* 21, 8, 18, 19, *la projection verticale de la courbe touche le contour apparent du cylyndre* A.

Le cylindre B a pour contour apparent vertical les génératrices dont les traces sont γ et e.

Si nous conduisons un plan auxiliaire passant par γ, ce plan ne coupera pas le cylindre A, il n'y aura aucun point d'intersection sur la génératrice γ' ; le plan auxiliaire P_3, passant par e, donne au contraire sur cette génératrice les points 20 et 23 construits seulement sur la projection verticale. et *en ces points la courbe est tangente à la génératrice* e'.

Nous avons ainsi obtenu tous les points sur les contours apparents des deux cylindres.

491. Plans limites. — En déplaçant les plans auxiliaires, nous arrivons à une position P_1 pour laquelle la trace est tangente à la base du cylindre B au point a, et coupe la base de l'autre cylindre aux points b et q. Ce plan P_1 qui est parallèle aux génératrices du cylindre B, dont la trace est tangente à la base, est réellement tangent au cylindre, *et un plan infiniment voisin de celui-là, dont la trace serait au-dessous de P_1 ne couperait plus B.*

Ce plan est un plan limite.

Nous en trouvons un autre en P_9, tangent au cylindre A suivant la génératrice m, coupant le cylindre B suivant les génératrices l et u.

Marquons les points 1 et 10 contenus dans le plan P_1, et dont nous avons construit les projections verticales, cherchons la tangente à la courbe au point 1. Cette tangente, étant tangente aux deux cylindres, est contenue dans le plan tangent à chacun des deux cylindres au point 1 ; elle est leur intersection.

Or le plan tangent au cylindre B, le long de la génératrice a (qui donne le point 1) est le plan P_1, le plan tangent au cylindre A est le plan tangent suivant la génératrice b et dont la trace serait tangente à la base au point b ; ces deux plans, parallèles tous deux aux génératrices du cylindre A, et dont les traces se rencontrent au point b, se coupent réellement suivant la génératrice b, qui est la tangente à la courbe.

En répétant les mêmes raisonnements, on verra que la génératrice q est tangente à la courbe au point 10. Dans le plan limite P_9, les génératrices l et u sont tangentes à la courbe aux points 6 et 14.

Les projections d'une tangente à une courbe sont tangentes aux projections de la courbe (306), il en résulte que la propriété existe pour les deux projections, et nous pouvons énoncer le *théorème : Dans un plan sécant limite, les génératrices du cylindre coupé par le plan sont tangentes à la courbe.*

492. Construction de l'épure. — Quand on a déterminé la direction des plans auxiliaires, on cherche d'abord les plans limites, puis on trace les plans qui donnent

les points sur les contours apparents horizontaux et verticaux, et en général, ces plans, qui sont nécessaires, suffisent
pour obtenir d'une manière convenable la courbe d'intersection; on voit, en effet, que s'il y a des points sur tous les
contours, on trace 10 plans qui donnent 36 points d'intersection avec 12 tangentes.

Dans le cas *seulement* où quelques-uns de ces plans ne donnent pas de points ; ou bien encore, s'il arrive qu'ils sont très
rapprochés dans certaines parties, et laissent des intervalles
vides dans lesquels la courbe ne serait pas assez déterminée,
on ajoutera *un* ou *deux* plans auxiliaires intermédiaires. On
doit toujours figurer sur les deux projections les génératrices
limites.

On doit toujours construire directement les points sur les
contours apparents verticaux, et ne pas se contenter de les
ramener de la projection horizontale par des projetantes.

493. Tangente en un point. — On peut désirer
connaître la tangente en un point quelconque de la courbe.

Prenons pour exemple le point 17 obtenu dans le plan P_2,
intersection des génératrices d et r.

La courbe est tracée à la fois sur les deux cylindres, sa
tangente est tangente à la fois aux deux surfaces, elle est
contenue dans les plans tangents à chacune d'elles, elle est
donc l'intersection de ces plans tangents. Or le plan tangent
à un cylindre en un point est tangent tout le long de la génératrice qui passe par ce point, et sa trace est tangente à la
base, au point même où cette base est rencontrée par la génératrice (335, 338) ; les deux plans tangents, suivant les
génératrices $17r$ et $17d$, ont pour traces horizontales ry et dy,
tangentes aux bases.

Le point y, où les deux traces se croisent, est la trace
horizontale de la tangente, il se projette en y' sur la ligne de
terre, la tangente a pour projections $y17$ et $y'17'$.

Il peut arriver que le point de croisement des traces horizontales soit en dehors des limites de l'épure ; ainsi, supposons que nous ne puissions nous servir du point y.

Nous allons chercher un plan de la tangente, intersection
des deux plans tangents, en coupant ces deux plans par un

troisième. Ce plan sera un des plans auxiliaires qui servent à construire l'intersection des deux cylindres, par exemple le plan P_6.

Le plan P_6 est parallèle aux génératrices du cylindre A, il coupera le plan tangent dy, qui contient une génératrice suivant une droite parallèle aux génératrices, et dont la trace est au point w, w' ; cette droite est $w\omega$, $w'\omega'$. Le plan P_6, parallèle aux génératrices du cylindre B, coupera le plan ry tangent à ce cylindre, suivant une parallèle aux génératrices, dont la trace est au point z,z' et qui est $z\omega$, $z'\omega'$. Le point de croisement ω,ω' est un point de la tangente qu'il faut joindre au point $17,17'$.

494. Tangentes particulières. Tangentes horizontales.

— Il est impossible, en général, de construire à l'intersection de deux cylindres des tangentes horizontales. En effet, une tangente horizontale sera donnée par l'intersection de deux plans tangents, dont les traces horizontales sont parallèles ; il faut, en outre, que les génératrices de contact se rencontrent, elles doivent donc être situées dans un même plan auxiliaire ; il faut donc trouver parmi les plans P une trace telle que les tangentes aux bases aux points où cette ligne les rencontre, soient parallèles.

On ne peut, dans les cas ordinaires, obtenir cette trace que par tâtonnement, et le problème a une solution géométrique, seulement dans le cas où les deux bases sont homothétiques.

Prenons pour exemple deux cylindres à bases circulaires (fig. 367). Nous construisons d'abord le plan parallèle aux génératrices des deux cylindres, en menant par un point o,o' des parallèles à ces génératrices, $o's$, os et $o't'$, ot ; P est la trace du plan.

Les deux cercles ont leurs centres de similitude en a et b ; nous conduisons par le point a une trace P_1 parallèle à P ; le plan dont la trace est P_1 détermine dans les deux cylindres les génératrices d,e,f,g, qui se coupent en quatre points. Or aux points d et f, les tangentes aux courbes de base sont parallèles, par conséquent, aux points de rencontre p',p des deux génératrices, la tangente est horizontale, et sa projection horizontale est parallèle à la tangente au point d.

De même, la tangente est horizontale au point q', point de rencontre des génératrices e et g, pour lesquelles les tangentes aux bases sont parallèles (nous n'avons construit que la projection verticale), et sa projection horizontale serait parallèle à la tangente au point e.

367

Conduisons par le point b une trace P_2 parallèle à P; cette trace rencontre les deux bases aux points $h,i,$ $k,l,$ et les tangentes en h et l sont parallèles, ainsi que les tangentes en i et k; les quatre génératrices ainsi déterminées donnent quatre points; au point m,m', intersection des génératrices h et l, la tangente est horizontale, et sa projection horizontale est parallèle à la tangente en h ; au point n', intersection des génératrices k' et i' (nous n'avons pas construit la projection horizontale), la tangente est horizontale. Nous trouvons donc, dans le cas actuel, quatre points pour lesquels la tangente est horizontale.

Il peut arriver que l'une des traces conduite par un des centres de similitude ne coupe pas les deux cylindres, et alors deux des points disparaîtraient, il n'y aurait que deux tangentes horizontales.

Il est évident qu'il doit y en avoir au moins deux.

495. Ordre de jonction des points. — Nous allons maintenant examiner dans quel ordre il convient de joindre les points que nous venons d'obtenir. Nous prenons pour point de départ le point 1 obtenu dans le plan limite P_1 par l'intersection des génératrices a et b ; nous parcourons le cylindre A dans le sens $bdhm$, le cylindre B dans le sens $acgl$, le sens est d'ailleurs arbitraire.

Les génératrices d et c donnent le point 2.

— f et e — 3.

— h et g — 4,

point sur le contour apparent de A (nous avons passé des points intermédiaires).

Les génératrices k et i donnent le point 5 sur le contour de B.

Les génératrices m et l donnent le point 6.

La partie du cylindre B, située au delà du point l, est en dehors de l'intersection, donc, si nous voulons parcourir la courbe d'un mouvement continu, nous devons revenir de l vers a, et ensuite par s, v jusqu'au point u, tandis que nous continuons sur A, dans le même sens, de m en t, p, q.

Nous obtenons bien ainsi de nouveaux points de l'intersection :

i et n donnent le point 7.

δ et λ — 8 (point sur le contour apparent vertical de A).

p et c — 9 (contour apparent horizontal de A).

q et a — 10.

Nous ne pouvons nous déplacer dans le même sens sur le cylindre A, puisque la partie entre q et b ne donne pas de points d'intersection ; nous remontons de q en p, n et m, et nous obtenons de nouveaux points.

p et r donnent le point 11 (contour apparent horizontal de A).

t et s — 12 (contour apparent horizontal de B).

δ et μ — 13.

m et u — 14.

Nous rebroussons sur le cylindre B, en continuant sur le cylindre A de m par h en b.

h et v donnent le point 15 (contour apparent horizontal de A).

x et s — 16 (contour apparent horizontal de B).

d et r — 17.

b et a — 1, point de départ.

Les points étant ainsi numérotés, on les joint dans l'ordre des numéros. (Nous avons passé un certain nombre de points intermédiaires inutiles pour montrer la marche de la courbe.)

On met les mêmes numéros aux points de la projection verticale, et l'on joint dans le même ordre (nous avons intercalé sur notre projection verticale des numéros qui ne sont pas rangés dans l'ordre naturel et qui correspondent aux points de la projection verticale situés sur les contours apparents, dont la projection horizontale n'a pas été figurée pour rendre l'épure plus claire).

Il est indispensable de suivre cette marche pour joindre les points, on s'exposerait sans cela à de graves erreurs.

496. Nous avons donc pu suivre la courbe toute entière d'un seul mouvement, sans arrêt. L'intersection présente une seule courbe continue ; on dit alors qu'il y a ARRACHEMENT ; et l'arrachement est caractérisé par ce fait, que les plans auxiliaires limites ne sont pas tangents au même cylindre ; il y a alors, sur chaque surface, des génératrices qui ne rencontrent pas l'autre.

Au contraire, il peut arriver que les plans limites soient

tangents au même cylindre, toutes les génératrices de ce cylindre rencontrent l'autre, et nous verrons un peu plus loin, que dans ce cas, on obtient pour intersection deux courbes séparées et distinctes, on dit alors qu'il y a PÉNÉTRATION.

497. Parties vues et cachées. — Nous supposons d'abord que les deux cylindres forment un corps solide.

Projection horizontale. — La partie vue du cylindre A est la partie située au-dessus des génératrices de contour apparent horizontal *p* et *h*; elle correspond à l'arc *pmh*, et si le cylindre A existait seul, toute la partie de la courbe qui se trouve sur ces génératrices serait vue, mais il est clair que le cylindre B existant en même temps peut se placer au-dessus de A et cacher les courbes. De même, les parties vues du cylindre B correspondent à l'arc *ilus*.

Il est évident que si un point d'intersection se trouve à la fois sur les parties vues des deux cylindres, il *sera vu ;* mais si l'une des deux génératrices qui donnent le point est cachée, le point sera *caché*.

Suivons la courbe ; le point 1 donné par les génératrices *a* et *b*, cachées toutes deux, est *caché ;* l'arc qui passe par ce point est *caché*, au moins jusqu'au premier point de contact avec un contour apparent (332), ainsi 1, 2, 3, 4 est *caché*. Le point 4 est sur le contour apparent de A, et correspond au point *g* pris sur B, mais l'arc 4,5 est donné par l'arc *gi* caché sur B, et est *caché*. A partir du point 5, l'arc 5, 6, 7 correspond à *il* et à *kmn*, il est *vu ;* mais à partir du point 7, les génératrices qui donnent la courbe, vues sur A, correspondent sur B aux génératrices cachées *gcar*, et la courbe est *cachée* jusqu'au point 12.

Le point 13 correspond aux génératrices δ et μ, vues toutes deux, et l'arc 12, 13, 14, 15, fourni par δ*nmkh* et par μ*vu* est *vu*. A partir du point 15, la courbe est fournie par l'arc *hxb* caché sur A, et elle reste *cachée* jusqu'au point 1.

La génératrice de contour apparent *p* du cylindre A entre dans le cylindre B au point 9, point caché, donc, cette génératrice passe sous le cylindre B, et est *cachée* à partir du point où se croisent les projections horizontales ; elle en sort au point 11, point caché ; elle reste donc *cachée* à partir de 11 jusqu'au point où elle n'est plus recouverte par la projection horizontale de B.

La génératrice de contour apparent horizontal *h* de A entre dans B au point 4 caché, *elle cesse d'être vue* au point où elle croise le contour de B ; elle sort au point 15, *vu*, elle passe donc au-dessus du cylindre B et devient *vue*. La génératrice de contour apparent *i* du cylindre B entre au point 5, *vu*, elle est *vue* jusqu'à ce point, elle sort au point 7, *vu*, elle est *vue* à partir du point 7.

La génératrice de contour apparent *s* du cylindre B entre au point 16, caché, elle devient *cachée* à partir du point où elle croise le contour apparent de A ; elle sort au point 12 qui est *vu*, elle passe au-dessus de A et est *vue* à partir de ce point.

Projection verticale.

La partie du cylindre A, vue sur la projection verticale, correspond à l'arc δ*qb*θ ; la partie du cylindre B, *vue* sur la projection verticale, correspond à l'arc *ea*γ.

Le point 1 donné par les génératrices vues *a* et *b* est *vu*, ainsi que l'arc 19, 17, 1, 23.

Le point 18 est donné par la génératrice π *cachée*, le point 6 est donné par *m* et *l* cachées, l'arc 18, 6, 7, 8 est *caché* ; de 8 à 20, la courbe est fournie par l'arc δφ du cylindre A, et par l'arc caché λ*e* du cylindre B, l'arc est *caché*. Mais 20, 10, 21 correspond à δ*q* vu sur A, et à *ecar*μ vu sur B, l'arc est *vu*.

Enfin, 21, 14, 19, correspond à δ*m*θ de A, qui est caché, et la courbe est *cachée*.

La génératrice δ′, de contour apparent vertical de A, entre dans le cylindre B au point 8, *caché*, elle passe alors sous le cylindre à partir du point où se croisent les deux contours apparents, et y devient *cachée*, elle sort au point 21, *vu*, placé au-dessus du cylindre, et devient *vue*.

La génératrice θ′ entre au point 18 *caché*, et est *cachée* depuis le croisement avec le contour apparent de B, elle sort au point 19, *vu*, et devient *vue*.

La génératrice γ′ de B ne coupe pas le cylindre A, et elle est évidemment située derrière ce cylindre, elle est *cachée* dans la partie où elle est recouverte par la projection verticale de A. La génératrice *e*′ de B entre dans A au point 23,

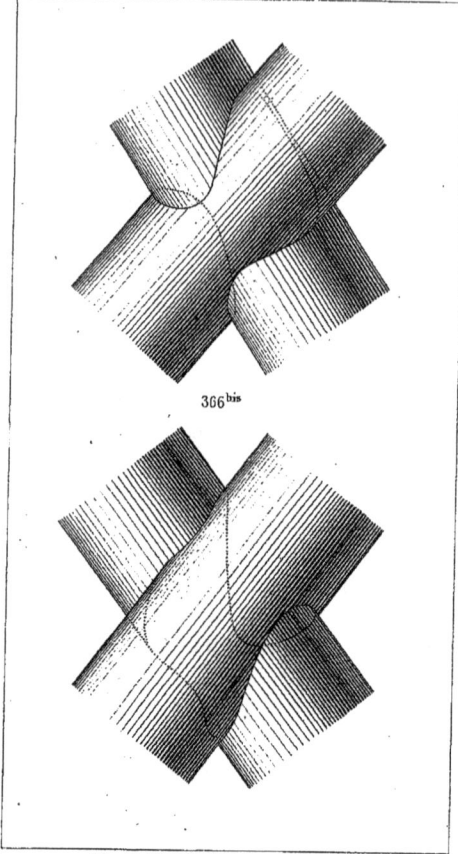

366bis

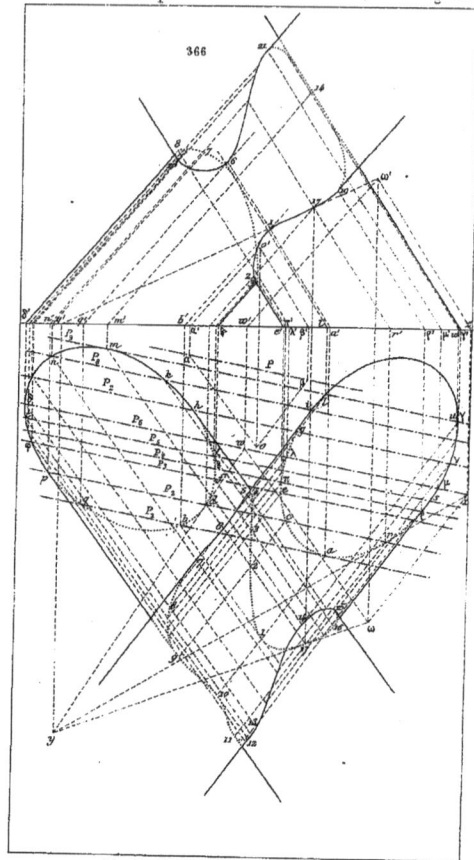

366

vu, elle est *vue* jusqu'à ce point, elle en sort au point vu, 20, elle devient *vue* à partir de ce point.

Nous avons supposé que les deux cylindres ne formaient qu'un seul corps solide , les portions de génératrices d'un cylindre contenues dans l'autre ne sont pas supposées exister, on les mettra sur l'épure en traits mixtes (—·—·—·—·)

On pourrait admettre qu'un des cylindres pénètre l'autre ; alors, les parties des génératrices de contour apparent du cylindre pénétrant, existant réellement dans l'autre, seront *cachées* et représentées en points ronds ; mais, on ne peut supposer que les deux cylindres pénètrent à la fois l'un dans l'autre, et ce serait une faute de tracer en même temps en points ronds les parties intérieures des contours apparents des deux cylindres.

Second exemple de ponctuation. (Fig. 368.)

Nous considérons les deux mêmes cylindres, et nous supposons que leur intersection a été construite. (Voir fig. 366 et § 490-491.)

Nous nous proposons de représenter le cylindre A avec l'entaille faite par le cylindre B.

Projection horizontale. — Examinons d'abord ce qui reste des contours apparents du cylindre A. La génératrice *p* entre dans le cylindre B au point 9, et en sort au point 11 ; la partie 9-11 est enlevée.

La génératrice *h* entre dans le cylindre B au point 14, en sort au point 15 ; la partie 14-15 est enlevée.

La courbe est *vue*, si elle est sur une partie *vue* du cylindre A.

Ainsi le point 14, qui correspond à la génératrice *m* est *vu*, avec l'arc 15, 14, 12, 11. Le point 7 est sur la génératrie *vue n*, et l'arc 9, 7, 6, 5, 4 est vu.

Le point 1 est sur la génératrice *b*, et l'arc 4, 1, 16 devrait être *caché*, seulement il est *vu*, depuis 4 jusqu'au moment où il passe au-dessous de l'arc 12, 14, 15, parce que la partie du cylindre située au-dessus de cet arc est enlevée.

Le point 10 est donné par la génératrice *q*, et devrait être *caché* avec l'arc 9, 11, 12, qui est *vu* à travers l'entaille faite dans le cylindre A par le cylindre B.

Il reste, pour compléter la projection horizontale, à tracer en points les portions 5-7 et 12-16 des génératrices de contour apparent du cylindre B, qui sont dans A, et qui limitent l'entaille faite dans A ; ces portions de contour apparent existent réellement, mais sont cachées.

Projection verticale. — La génératrice δ' *existe* jusqu'au point 8 et à partir du point 21 ; entre les deux points elle est *enlevée* en même temps que le cylindre B.

La génératrice θ' *existe* jusqu'au point 18 et à partir du point 19 ; la partie 18-19 est *enlevée* en même temps que le cylindre B.

Le point 10, sur la génératrice *q*, est *vu*, ainsi que l'arc 8, 20, 10, 21.

Le point 1, sur la génératrice *b*, est *vu*, ainsi que l'arc 18, 23, 1, 19.

L'arc 8, 6, 18 doit être *caché*, il est *vu* en partie à travers l'entaille faite par le cylindre B.

L'arc 21, 14, 19 est *caché* et reste *caché*.

La portion de génératrice 23-20 du cylindre B forme le contour apparent *caché* du trou fait dans le cylindre A, elle existe dans cet intervalle et doit être représentée *en points ronds.*

La génératrice γ' de B ne rencontre pas le cylindre A, et est tout entière *enlevée*.

Troisième exemple de ponctuation. (Fig. 369). Solide commun..

Nous nous proposons de représenter le solide commun aux deux cylindres.

Les parties des génératrices de contour apparent d'un des cylindres, contenues dans l'autre, forment le contour apparent du solide commun.

Projection horizontale : Les lignes 4-15 et 9-11 de A sont dans B.

Les lignes 5-7 et 12-16 de B sont dans A ; ces quatre lignes forment d'abord la limite de la projection horizontale, qu'il faut compléter, en mettant en plein les parties de courbes formant contour, 5-4, 15-16, 12-11, 9-7.

Puisque, dans le solide commun les deux cylindres exis-

368

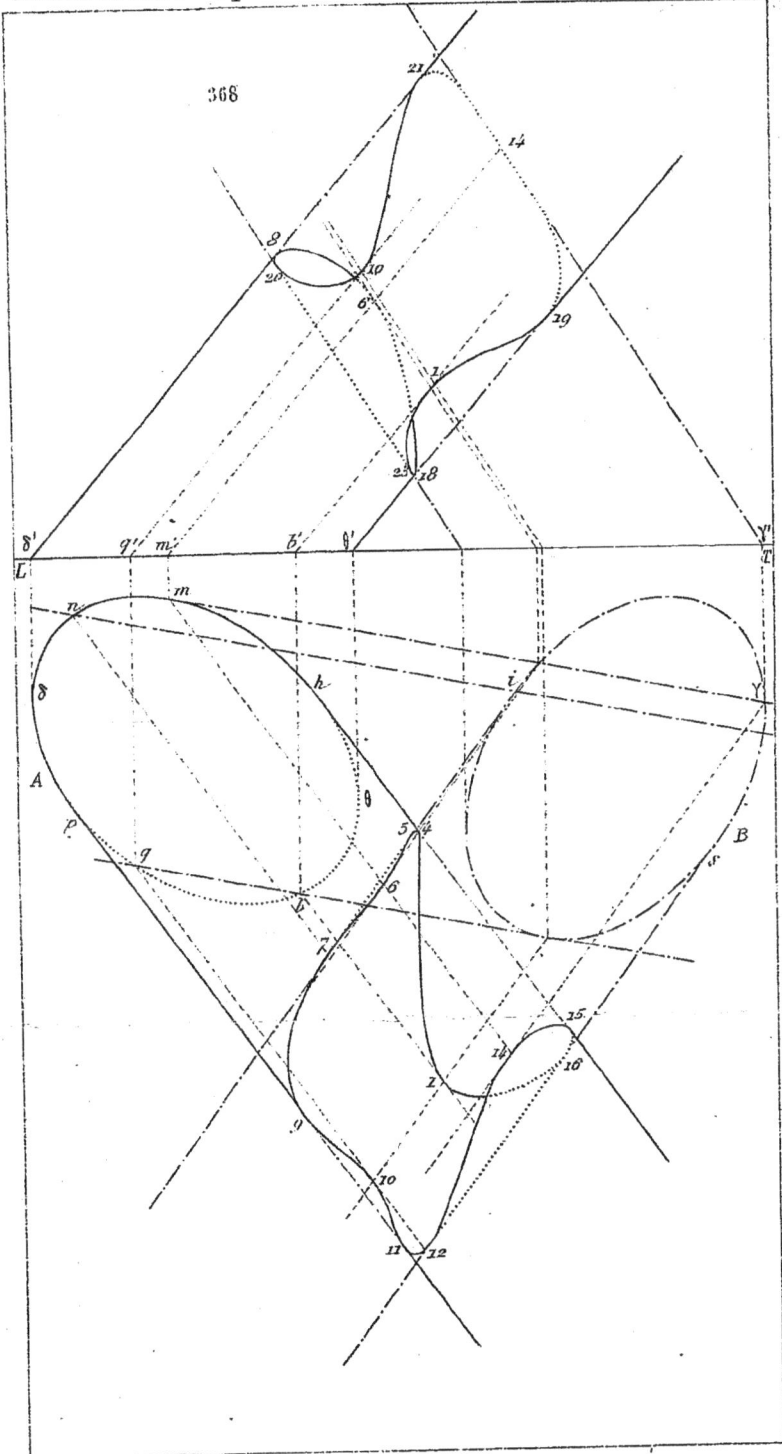

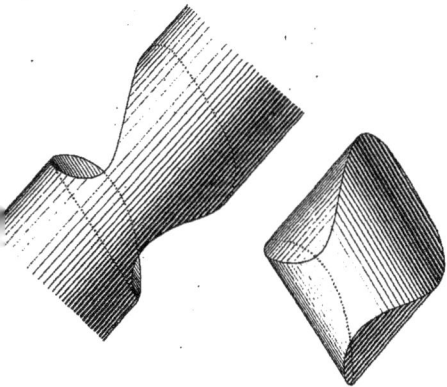

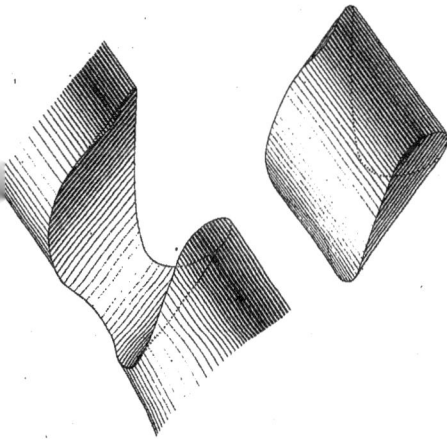

368.bis 369bis

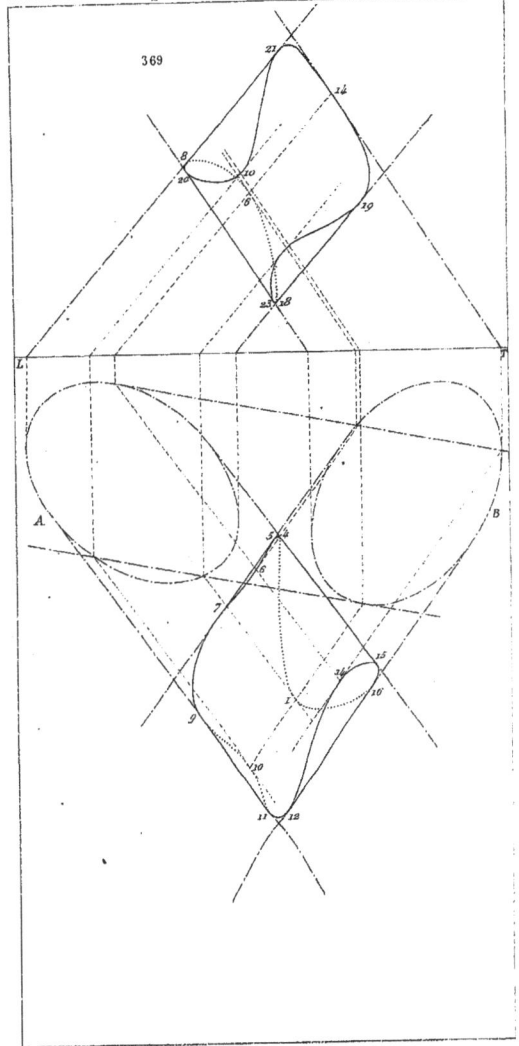

369

tent à la fois, les portions de courbes vues et cachées seront les mêmes que dans l'ensemble des deux cylindres, en dehors de ces arcs qui sont nécessairement vus comme formant le contour d'un corps solide.

Projection verticale. — Les lignes 8-21 et 18-19 de A sont dans B ; la ligne 20-23 de B est dans A ; ces trois lignes forment d'abord la limite du solide ; il faut compléter le contour extérieur par des lignes pleines, en sorte que les arcs 21, 14, 19, 8-20 et 23-18 sont *vus*.

Pour le reste des autres arcs, les parties vues et cachées sont les mêmes que dans le cas où l'on représente l'ensemble des deux cylindres. (Fig. 366.)

CAS DE PÉNÉTRATION

498. Nous prenons deux cylindres A et B. (Fig. 370.)

Le cylindre A a sa trace sur le plan horizontal, le cylindre B a sa trace sur le plan vertical.

Nous construisons un plan parallèle à la fois aux génératrices des deux cylindres, en menant par le point o', o des parallèles aux génératrices ; mais comme les deux cylindres n'ont pas leurs bases sur le même plan, nous devons employer à la fois la trace horizontale et la trace verticale des plans auxiliaires.

Les traces horizontales des parallèles aux génératrices menées par le point o, o' sont les points a et d, les traces verticales sont b' et c', et ces traces déterminent le plan $P\alpha P'$ parallèle aux plans auxiliaires.

Ainsi le plan $P_2\gamma P'_2$ donne dans le cylindre A deux génératrices, dont les traces sont g et s, et dans le cylindre B deux génératrices dont les traces verticales sont h' et β', en traçant les projections des génératrices g et β', par exemple, on obtient le point d'intersection 7.

Les plans limites sont, d'une part, le plan P_1, tangent au cylindre B suivant la génératrice f', et d'autre part, le plan P_8 tangent au cylindre B suivant la génératrice m'.

Les plans limites sont tangents au même cylindre.

Entre ces plans nous prendrons les plans P_3 et P_6 qui donnent les points sur le contour apparent horizontal du cylindre A, les plans P_4 et P_5 qui donnent les points sur le contour apparent vertical de ce cylindre. Nous prendrons ensuite les plans P_2 et P_7 qui donnent les points sur le contour apparent horizontal du cylindre B, les plans P_4 et P_5 déjà employés donneront les points sur le contour apparent vertical de B.

Les plans limites jouissent encore de la propriété déjà signalée. *Les génératrices du cylindre coupé par un plan limite sont tangentes à la courbe*, et cette propriété serait démontrée exactement dans les mêmes termes que dans le cas que nous avons examiné (491). Supposons tous les points construits, et suivons l'ordre des points comme nous l'avons fait dans l'exemple précédent.

Nous partons du plan auxiliaire P_1, la génératrice f' de B et la génératrice e de A donnent le point 1 ; la courbe touche la génératrice e. Nous marchons sur le cylindre B dans le sens $f'h'k'$ et sur le cylindre A dans le sens $egil$.

h' et g donnent le point 2 sur le contour apparent horizontal de B.

k' et i donnent le point 3 sur le contour apparent horizontal de A.

m' et l donnent le point 4, dans le plan limite, la courbe est tangente à la droite l.

Nous ne pouvons continuer à nous déplacer dans le même sens sur le cylindre A, l'arc lu étant en dehors de l'intersection, et nous remontons de l vers e, en continuant dans le même sens sur B, de manière à obtenir de nouveaux points d'intersection.

p et n' donnent le point 5 sur le contour apparent horizontal de B.

i et q' —   6 sur le contour apparent horizontal de A.

g et β' —   7.

e et f' —   1.

Nous revenons au point de départ, et nous avons construit les intersections de toutes les génératrices du cylindre B avec les génératrices du cylindre A qui ont leurs traces sur l'arc el; nous avons obtenu une courbe fermée.

Maintenant, pour obtenir de nouveaux points d'intersection, nous partons de nouveau du plan P_1, en prenant la génératrice f' du cylindre B, et la génératrice r du cylindre A.

Nous marchons sur le cylindre B, dans le même sens que la première fois, de f' en $h'\,k'$, et sur le cylindre A de r en u.

r et f' donnent le point 8, la courbe est tangente à la droite r.

s et h' donnent le point 9, sur le contour apparent horizontal de B.

t et π' donnent le point 10, sur le contour apparent horizontal de A.

u et m' donnent le point 11, la courbe est tangente à la droite u.

Nous remontons maintenant sur le cylindre A, et continuons dans le même sens sur le cylindre B ; nous obtenons de nouveaux points d'intersection :

v et n' donnent le point 12, sur le contour apparent horizontal de B.

t et x' donnent le point 13, sur le contour apparent horizontal de A.

r et f' donnent le point 8.

Nous revenons au point de départ, après avoir décrit une seconde courbe fermée, et nous avons pris ainsi tous les points d'intersection. (Dans notre épure, nous avons passé un grand nombre de points intermédiaires, nous n'avons marqué que les points utiles pour déterminer les parties vues et cachées, et ils indiquent suffisamment la marche de la courbe).

Les points de la projection verticale se joignent dans le même ordre que les points correspondants de la projection horizontale.

Mais nous répétons encore qu'il faut construire directement les points limites et les points sur les contours apparents de la projection verticale (nous avons affecté à ces points dont nous n'avons pas figuré les projections horizontales des numéros qui ne suivent pas l'ordre régulier).

Tangente. — Nous n'avons pas construit de tangente à la courbe.

Une tangente en un point est toujours l'intersection des plans tangents suivant les génératrices qui passent par ce point. La construction est la même que dans le cas précédent, seulement il faudra obtenir les traces des deux plans tangents sur le même plan de projection, ce qui se fera aisément puisqu'on aura une trace et la génératrice de contact. Il est préférable de couper ces plans tangents par un plan auxiliaire, en l'employant comme nous l'avons montré (493),

un des plans qui ont servi à construire les points de l'intersection des deux cylindres.

498 *bis*. Points singuliers. — Notre épure présente
deux points singuliers sur la projection verticale.

Il est arrivé que le plan $P_4P'_4$, qui passe par la génératrice ρ' de contour apparent vertical du cylindre B, passe en
même temps par μ, génératrice de contour apparent du cylindre A ; les deux génératrices de contour apparent vertical
se coupent au point ε'.

En ce point ε' les plans tangents aux deux cylindres sont
perpendiculaires au plan vertical, la tangente est perpendiculaire au plan vertical, et nous avons vu (326) que dans le
cas où l'on projette une courbe gauche sur un plan perpendiculaire à l'une de ses tangentes, *la projection présente un
point de rebroussement, qui est, en général, de première espèce.*

La courbe présente donc un point de rebroussement au
point ε' ; nous ne pouvons obtenir la tangente commune aux
deux arcs au point ε' ; nous indiquerons plus loin comment
on peut construire cette tangente dans certains cas particuliers. Le même fait s'est encore présenté sur notre épure,
avec le plan P'_5P_5, qui renferme la génératrice z' de contour
apparent vertical du cylindre B, et la génératrice w de contour apparent vertical du cylindre A ; nous avons un point
de rebroussement au point λ'.

Parties vues et cachées. — Nous avons représenté sur la figure le cylindre A percé par le cylindre B.

Nous répéterons encore ici ce que nous avons déjà dit à
propos de l'exemple précédent (497).

Projection horizontale. — Examinons d'abord ce qui reste
du contour apparent du cylindre A.

La génératrice p entre dans le cylindre B au point 3, en
sort au point 6 ; la partie 3-6 est dans le cylindre B et est
enlevée, le reste de la génératrice existe et est *vu.*

La génératrice t entre dans B au point 10 et en sort au
point 13 ; la partie 10-13 est *enlevée*, le reste est *vu*. Le
cylindre A restant seul, les courbes seront vues, si elles sont
tracées sur les parties vues de ce cylindre.

Ainsi, le point 1 étant *vu*, tout l'arc 3, 2, 1, 7, 6 est *vu*; l'arc 3, 4, 5, 6, qui correspond à l'arc *ipl* de la base, est *cachée*; sauf une partie *vue* à travers le trou fait par le cylindre B. Le point 8 est *vu*, l'arc 10, 9, 8, 13 est *vu*, car il correspond à l'arc *rst* de la base; l'arc 10, 11, 12, 13 est *caché*, comme répondant à l'arc *uvt caché* de la base; une partie de cet arc est *vue*, à partir du point 10, à travers le trou fait par le cylindre B.

Les portions de génératrices 2-9 et 5-12, de contour apparent horizontal du cylindre B renfermées dans le cylindre A, limitent dans ce cylindre le contour apparent du trou formé par le cylindre B, elles sont utiles et doivent être représentées en *points ronds*.

Projection verticale. — Nous ne jugeons pas utile de répéter tous les détails que nous venons de donner par la projection horizontale.

L'arc ε', 4, 16, 17 est *vu*; l'arc ε', 1, 17 devrait être *caché*, et est *vu* à travers le trou.

L'arc 14, 11, λ' est *vu*, et l'arc 14, 15, 8, λ' est *caché*.

Les génératrices de contour apparent vertical du cylindre B sont utiles et forment le contour apparent caché du trou entre les points ε', 15 et λ', 16; elles doivent être tracées en *points ronds*.

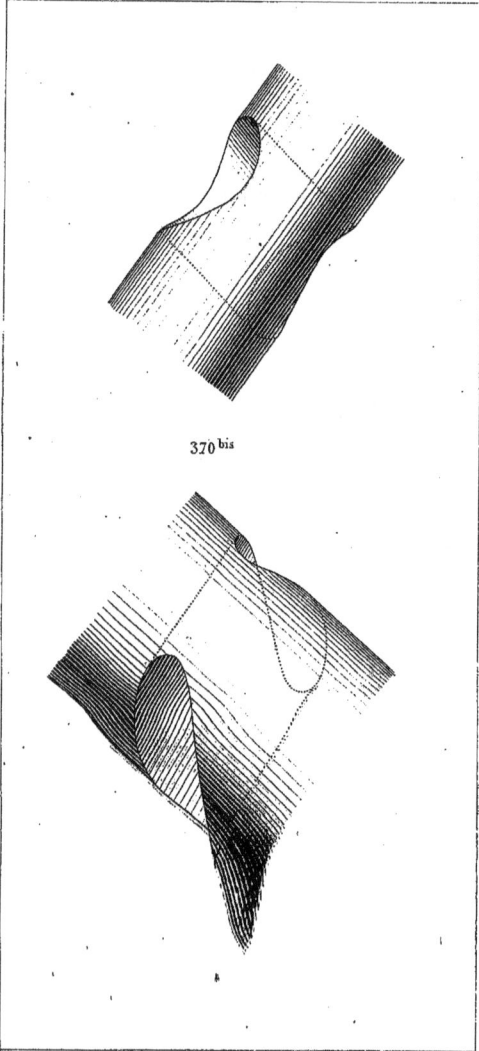

370 bis

370

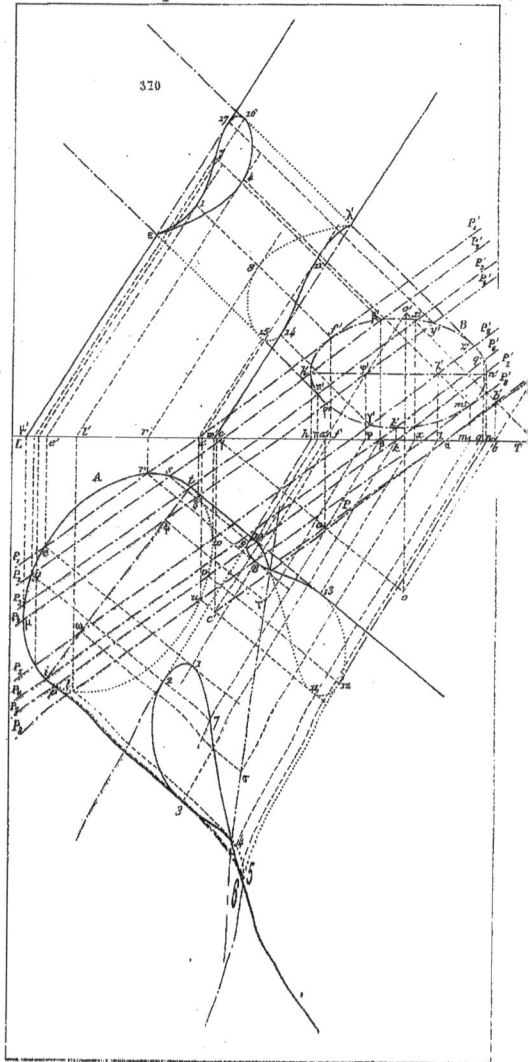

POINT DOUBLE RÉEL

499. L'intersection peut présenter un point tel que la courbe passe deux fois par ce point ; elle présente alors *un point double réel.*

Ce cas se présente lorsqu'il existe un plan limite tangent à la fois aux deux cylindres ; il est intermédiaire entre l'arrachement et la pénétration ; les deux courbes qui constituent une pénétration se rejoignent par un point.

Nous allons montrer qu'en joignant les points dans l'ordre régulier, on trouve deux arcs passant par le même point. Les deux cylindres ont leurs bases dans le plan horizontal, et il se trouve qu'un des plans auxiliaires P_{10} a sa trace horizontale tangente à la fois aux deux bases (fig. 371). (On peut se donner les projections horizontales des génératrices et déterminer leurs projections verticales par cette condition).

Le second plan limite est P_1, et nous construisons la projection horizontale de l'intersection, en prenant seulement les points sur les contours apparents horizontaux avec les points sur les génératrices limites, et un ou deux points intermédiaires pour bien établir la forme de la courbe.

a et *b* donnent le point 1, point limite.

d et *c*	—	2, sur le contour horizontal de B.
f et *e*	—	3.
g et *h*	—	4, sur le contour horizontal de A.
k et *l*	—	5, *c'est le point double.*
m et *i*	—	6, sur le contour horizontal de B.
n et *o*	—	7, — de A.
b et *p*	—	8, point limite.

A partir de ce point, nous rebroussons sur le cylindre B,

et nous continuons à nous déplacer dans le même sens sur le cylindre A.

d et *q* donnent le point 9.

r et *i*	—	10, sur le contour horizontal de B.
g et *s*	—	11, — de A.
k et *l*	—	12, *déjà nommé* 5, *point double*.
m et *t*	—	13.
n et *u*	—	14, sur le contour horizontal de A.
v et *c*	—	15, — de B.
b et *a*	—	1, point de départ.

Règle. — *Quand deux cylindres ont un plan tangent commun, l'intersection présente un point double réel, au point où se croisent les génératrices de contact du plan tangent commun.* Il est clair que la même disposition se présentera sur la projection verticale, nous nous sommes contentés de construire sur cette projection les points limites et les points sur les contours apparents, auxquels nous avons donné des numéros en dehors de la série de la projection horizontale.

L'épure représente ce qui reste du cylindre B, après qu'on a enlevé le cylindre A et la partie commune aux deux cylindres.

500. Tangentes au point double réel. — Les

deux branches de courbe qui se croisent au point double réel ont, en ce point, deux tangentes différentes, et ces deux tangentes échappent à la construction ordinaire, puisque les deux cylindres ont même plan tangent ; ce plan contient les deux tangentes, et l'on sait seulement qu'elles auront leurs traces sur la trace horizontale du plan. On peut déterminer ces traces par une construction approchée, en employant des courbes dites *courbes d'erreur*, et qui ne sont autres que les lieux géométriques des traces des tangentes aux points voisins du point double. (Fig. 372.)

Considérons les deux cylindres A et B, qui ont un plan tangent commun dont la trace est P ; l'intersection présente un point double réel au point *c,c'* situé sur les génératrices de contact du plan tangent commun.

Prenons des plans $P_1 P_2$ voisins du plan P.

Une des branches de la courbe d'intersection sera donnée par les génératrices g et h,

> f et i,
>
> a et b, *point double*,
>
> d et k,
>
> e et l ;

372

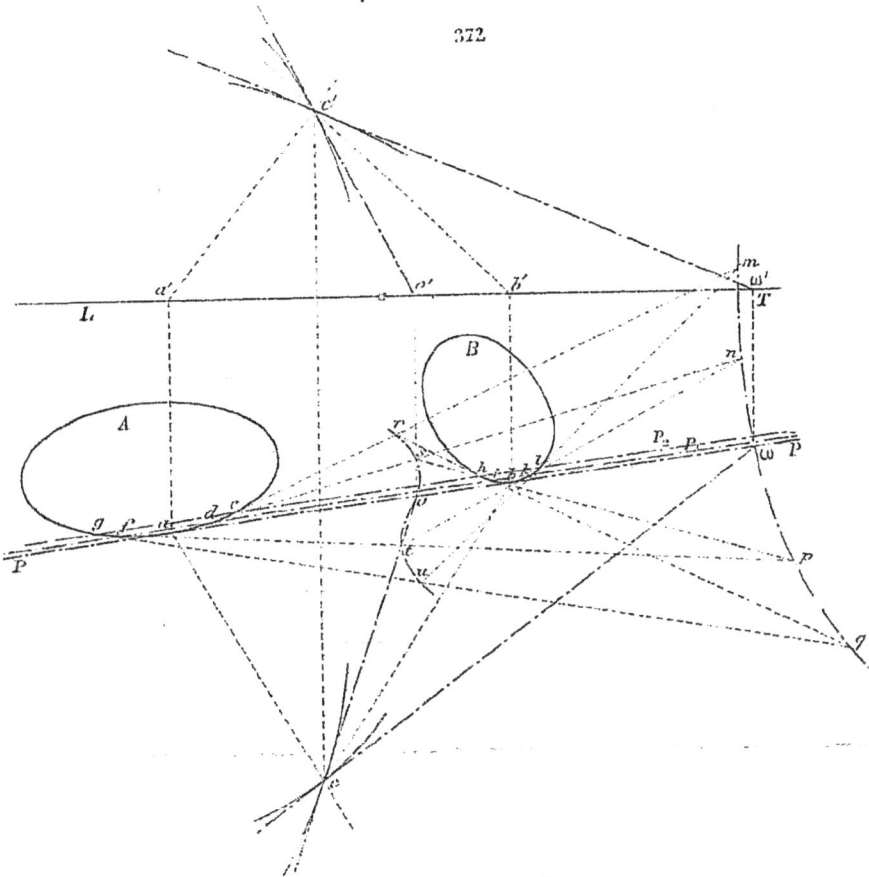

la seconde branche sera donnée par les génératrices :

> g et l,
>
> f et k,

a et b, *point double,*

d et i,

e et h,

sans construire les points d'intersection, construisons les traces des tangentes en ces points.

Les tangentes en g et h se coupent au point q,

   — f et i — p,

   — d et k — n,

   — e et l — m.

Nous joignons les points q,p,n,m par un trait continu, nous obtenons une courbe, lieu des traces des tangentes aux différents points de la branche d'intersection correspondante ; notre tangente aura sa trace sur la courbe, et aussi sur la trace P du plan tangent commun, donc le point ω est la trace de la tangente qui est ωc, $\omega'c'$.

Les tangentes en g et l se coupent au point u,

   — f et k — t,

   — d et i — s,

   — e et h — r.

Le lieu des points u,t,s,r est une courbe qui coupe la trace P au point o, trace de la seconde tangente qui est oc, $o'c'$.

En général, quatre points de chaque courbe suffisent pour la dessiner convenablement dans la partie utile, si l'on a soin de prendre les plans P_1 P_2 très rapprochés du plan P.

Nous verrons tout à l'heure que dans le cas des cylindres à base, section conique, *les points o et ω partagent harmoniquement la droite ab,* en sorte qu'il suffit de construire un des points directement.

Seconde construction. — On peut employer une autre courbe d'erreur : considérons les sécantes obtenues en joignant le point double à différents points de la courbe d'intersection de plus en plus rapprochés du point double, la tangente est une de ces sécantes, construisons les traces horizontales de ces sécantes et joignons-les par une courbe continue, la trace de la tangente cherchée sera sur cette courbe, à son point de rencontre avec la trace du plan tangent commun.

Ces sécantes forment un cône qui a son sommet au point double et qui a la courbe pour directrice; on peut démontrer

384 bis

371 bis

371

que ce cône est du second degré, sa trace sur le plan des bases est une conique qui rencontre la trace du plan tangent commun en deux points, traces des tangentes.

501. Théorème. — *En un point double réel, les tangentes à la courbe et les génératrices qui passent par le point forment un faisceau harmonique.*

En effet, dans un plan auxiliaire voisin du plan tangent commun, nous avons quatre génératrices qui forment un parallélogramme, et les sommets opposés de ce parallélogramme appartiennent à la même courbe. Les diagonales sont des sécantes dans les courbes.

A la limite, ce sont ces diagonales, dont les deux points d'intersection avec la courbe se rapprochent indéfiniment, qui deviennent tangentes à la courbe, et alors les diagonales et les génératrices passent par le point double.

Or, dans un parallélogramme, les diagonales et les parallèles aux côtés menées par le centre forment un faisceau harmonique. A la limite, les deux tangentes et les deux génératrices jouiront de la même propriété.

502. *Construction des tangentes.* — Nous pouvons construire les traces des tangentes dans le cas où les cylindres ont pour bases deux cercles situés dans le plan horizontal; les centres des cercles sont a et b (fig. 373).

P est la trace du plan tangent commun.

Nous figurons la trace Q d'un plan auxiliaire voisin du plan P, et nous construisons en k la trace de la tangente au point qui résulterait de l'intersection des génératrices f et h.

Lorsque le plan Q se rapproche indéfiniment du plan P, le point k se déplace, et nous cherchons sa position limite; il partagera alors la droite cd dans un certain rapport qui sera la limite du rapport $\dfrac{kh}{kf}$.

Dans le triangle hkf $\dfrac{kh}{kf} = \dfrac{\sin hfk}{\sin fhk} = \dfrac{\sin dbf}{\sin cah}$.

Nous pouvons écrire $\dfrac{\sin dbf}{\sin cah} = \dfrac{\dfrac{\sin dbf}{dbf}}{\dfrac{\sin cah}{cah}} \times \dfrac{dbf}{cah}$, et, quand le plan Q se rapproche indéfiniment du plan P, ces angles devenant très petits et tendant vers zéro ; nous pouvons écrire :

$$\lim \frac{kh}{kf} = \lim \frac{dbf}{cah};$$

or

$$\frac{dbf}{4 \text{ droits}} = \frac{df}{2\pi R} \text{ et } \frac{cah}{4 \text{ droits}} = \frac{ch}{2\pi r} \cdot$$

En désignant par R et r les rayons des cercles :

$$\lim \frac{kh}{kf} = \lim \frac{df}{ch} \cdot \frac{r}{R} \cdot$$

373

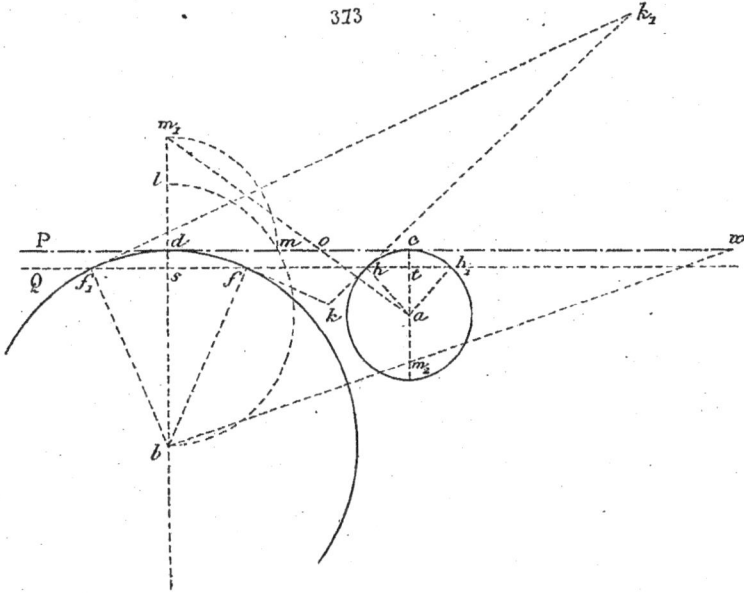

Les angles étant très petits, nous pouvons remplacer l'arc par la corde, et nous aurons :

$$\overline{df}^2 = ds \times 2R,$$
$$\overline{ch}^2 = ct \times 2r,$$

et comme $ds = ct \quad \dfrac{df}{ch} = \dfrac{\sqrt{R}}{\sqrt{r}}.$

Donc $$\lim \frac{kh}{kf} = \frac{r\sqrt{R}}{R\sqrt{r}} = \frac{\sqrt{r}}{\sqrt{R}},$$

que nous pouvons écrire $\dfrac{r}{\sqrt{R.r}}$.

Prolongeons le rayon bd d'une quantité $dl = r$.

Décrivons sur lb une $1/2$ circonférence : $dm = \sqrt{Rr}$.

Nous reportons dm en dm_1, et nous menons am_1, cette ligne coupe cd au point o qui partage cd dans le rapport donné.

Si nous considérons la trace k_1 de la tangente en un point de l'autre branche de courbe, et si nous cherchons la limite du rapport $\dfrac{K_1 h}{K_1 f}$ dans le triangle $f_1 k_1 h$, nous trouverons encore que cette limite est égale à $\dfrac{\sqrt{r}}{\sqrt{R}}$ que nous écrirons $\dfrac{\sqrt{rR}}{R}$.

Nous portons sur ac une longueur cm_2, égale à dm_1, égale à $\sqrt{Rr}$.

Nous menons la ligne bm_2 qui coupe la trace P au point ω, trace de la seconde tangente.

Or, nous avons évidemment, en tenant compte des signes des segments

$$\frac{r}{\sqrt{R.r}} : \frac{\sqrt{R.r}}{R} = -1.$$

Les points o et ω sont donc conjugués harmoniques par rapport aux points d et c, les deux tangentes qui passent par le point double et qui ont leurs traces en o et ω, les deux génératrices de contact qui ont leurs traces en c et d, *forment un faisceau harmonique.*

Si l'on a deux coniques pour bases des deux cylindres, on peut considérer les cercles osculateurs de ces deux coniques aux points de contact avec la trace du plan P, et étendre cette construction aux deux cylindres à base section conique.

POINTS DOUBLES EN PROJECTION

503. Nous avons pu observer, dans les différentes épures d'intersection de cylindres que nous venons de construire, que les projections des courbes d'intersection se croisent et présentent des nœuds, sans que cependant ces branches des courbes se coupent réellement.

Ces points de croisement sont des points doubles en projection, et l'on peut, sinon construire ces points, au moins trouver une droite sur laquelle ils sont placés.

Considérons (Fig. 374) deux cylindres ayant leurs bases sur le plan horizontal.

Nous nous proposons de trouver la ligne qui passera par les points doubles de la projection horizontale.

Un point double sur la projection horizontale provient de ce qu'il existe dans la courbe d'intersection deux points qui ont la même projection horizontale, c'est-à-dire deux points situés sur la même verticale.

Cette verticale qui rencontre la courbe en deux points est donc une corde verticale commune aux deux cylindres.

Dans le cylindre A, le milieu de cette corde verticale sera dans le plan diamétral conjugué des cordes verticales de ce cylindre (497) ; dans le cylindre B, le milieu de cette corde sera dans le plan diamétral conjugué des cordes verticales de ce cylindre. Donc le milieu de la corde commune sera sur la droite d'intersection des deux plans diamétraux, et comme la corde est verticale, elle se projettera tout entière en un point situé sur la projection horizontale de cette droite.

La projection horizontale de l'intersection des plans diamétraux conjugués des cordes verticales dans les deux cylindres, est la ligne qui passe par les points doubles de la projection horizontale.

Construisons cette projection horizontale :

Le plan diamétral conjugué des cordes verticales dans le cylindre A, est le plan qui passe par les génératrices de contour apparent horizontal; sa trace horizontale est *ab* (497).

Le plan diamétral conjugué des cordes verticales dans le

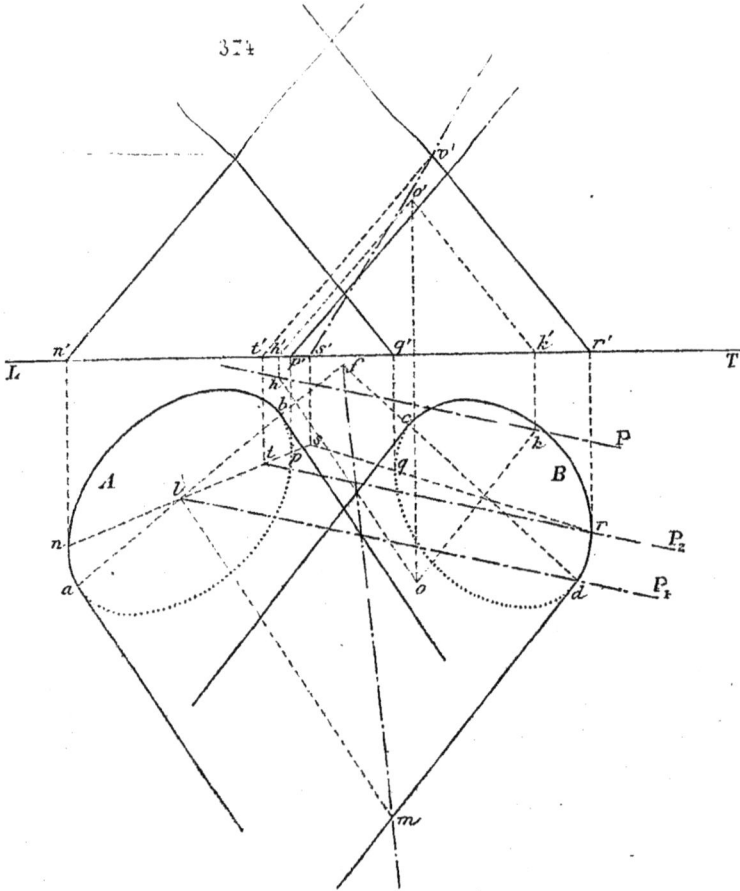

cylindre B, est le plan qui passe par les génératrices de contour apparent horizontal; sa trace horizontale est *cd*.

Nous voulons construire un point de l'intersection de ces deux plans. Nous les coupons par un des plans auxiliaires P_1,

qui servirait à construire l'intersection des deux cylindres :
(la direction de la trace de ces plans a été obtenue en joignant
les traces horizontales *h* et *k* de deux parallèles aux génératrices menées par un point o, o'_1). Le plan P coupe le plan *ab*,
suivant une parallèle aux génératrices (car les deux plans
sont parallèles aux génératrices) du cylindre A, et la projection de cette parallèle est *lm*; ce même plan coupe le plan *cd*
suivant la génératrice *dm*, qui est la génératrice de contour
apparent horizontal du cylindre B. Le point *m* est un point de
la projection horizontale de la ligne des points doubles; on
pourrait en construire un second de la même manière; nous
avons pris le point de rencontre *f* des traces horizontales,
qui est la trace de la ligne. *fm* est donc la ligne des points
doubles de la projection horizontale, et la projection verticale
de cette droite n'a aucune importance.

Si nous répétons exactement les mêmes raisonnements par
rapport au plan vertical, nous verrons *que la ligne des points
doubles de la projection verticale est la projection verticale de l'intersection des plans diamétraux conjugués des cordes perpendiculaires au plan vertical.*

Pour le cylindre A, le plan diamétral conjugué des cordes
perpendiculaires au plan vertical, est le plan qui passe par
les génératrices de contour apparent vertical (497).

La trace horizontale de ce plan est *np*.

Pour le cylindre B, la trace horizontale du plan est *qr*.

Nous coupons encore les deux plans par un des plans auxiliaires qui servent à l'intersection des cylindres; nous prenons par exemple le plan dont la trace est P_2; il détermine
dans le plan *np* une droite parallèle aux génératrices de A et
dont la projection verticale est *t'v'*; dans le plan *qr*, il détermine la droite *r'v'*, qui est ici la génératrice de contour apparent vertical, et le point *v'* est un point de la ligne des points
doubles; on en construira un second de la même manière, nous
nous sommes servis dans notre figure de la trace horizontale *s*,
point de rencontre des traces horizontales des deux plans, et *s'v'*
est la ligne des points doubles de la projection verticale (la
projection horizontale de cette ligne est sans intérêt).

Si les lignes de points doubles traversent la courbe, elles
la traversent en un point double.

Nous avons appliqué ces constructions sur la figure 370 : pour la projection horizontale, $\sigma\tau$ est la ligne des points doubles ; dans cette figure, les bases ne sont pas sur le même plan, on a la trace horizontale ti d'un (cylindre A) des plans diamétraux, et la trace verticale $h'n'$ de l'autre (cylindre B).

Le plan auxiliaire P_5P_5' a donné les droites $\omega\sigma$ et $\chi\sigma$.

Le plan auxiliaire P_4P_4' a donné les droites $\psi\tau$ et $\varphi\tau$.

Nous avons encore appliqué la construction pour la projection horizontale dans la figure 371.

Il est impossible, en général, de construire les points doubles eux-mêmes.

Les points doubles étant projetés sur la ligne des points doubles, il faut couper les deux surfaces par le plan qui projette cette ligne ; on obtiendra dans les deux surfaces deux courbes, qui devront avoir des points communs situés deux à deux sur des perpendiculaires au plan de projection.

Dans la plupart des cas, les courbes qu'on devra construire ainsi sont trop compliquées pour qu'il y ait avantage à faire le tracé, et l'on se contente de la ligne sur laquelle se trouvent les points. Nous allons donner un exemple dans lequel on peut construire un point double en projection. (Fig. 375).

On a deux cylindres à base circulaire, et l'on veut obtenir la ligne des points doubles en projection verticale.

Les plans diamétraux conjugués des cordes perpendiculaires au plan vertical, ont pour traces horizontales ef et gh ; ces deux droites sont parallèles, et par suite, la ligne des points doubles sera horizontale, et même ici parallèle à la ligne de terre.

Nous en construisons un point, en employant un plan auxiliaire dont la trace kh est parallèle à P.

Nous obtenons le point l', et la ligne des points doubles de la projection verticale est $l'm'p'$. Nous coupons les deux cylindres par le plan horizontal dont la trace verticale est $l'm'p'$: ce plan détermine deux cercles égaux aux bases.

Dans le cylindre A, le cercle a pour centre le point s', point de rencontre avec le plan $l'm'p'$ de la parallèle $a's'$ menée par le centre de la base.

Dans le cylindre B, le cercle a pour centre le point r', point de rencontre avec ce plan $l'm'p'$ de la parallèle $b'r'$ menée par le centre de la base. Les deux droites $a's'$ et $b'r'$ étant dans les plans diamétraux conjugués des cordes perpendiculaires au plan vertical, rencontreront la ligne des points doubles, et les deux points r' et s' sont sur cette droite qui est parallèle à la ligne de terre.

Les deux cercles ayant leurs centres sur une parallèle à la

375

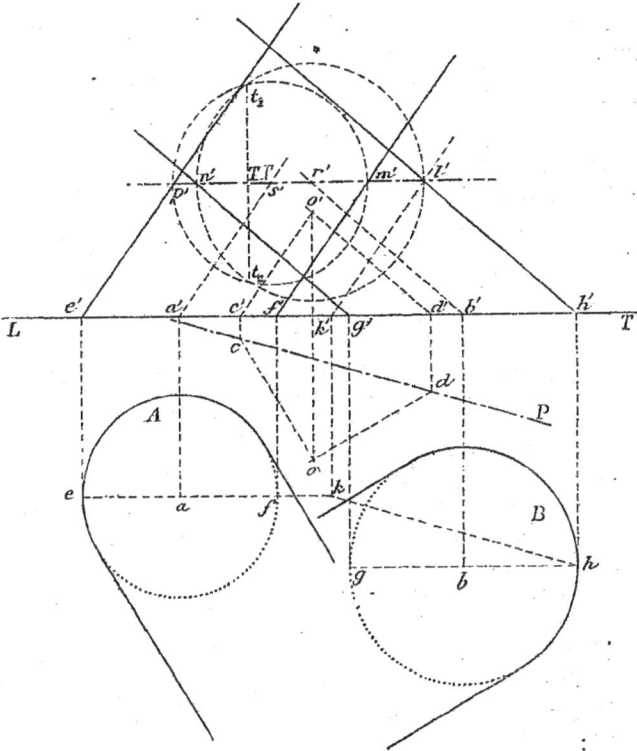

ligne de terre auront une corde commune perpendiculaire au plan vertical, et qui se projettera sur le plan vertical en un point, qui sera le point double.

Faisons tourner les deux cercles autour de cette ligne, pour les amener dans le plan de front passant par les deux centres; nous pouvons décrire les cercles qui se coupent en t_1 et t_2; la corde t_1t_2 rencontre la ligne des points *doubles* au point T, qui est le point double lui-même.

504. Nombre des points doubles en projection. — Nous venons de dire que si l'on veut obtenir les points doubles eux-mêmes, il faut couper les deux cylindres par le plan qui projette la ligne des points doubles, et marquer les projections des points d'intersection des courbes ainsi obtenues.

Si les cylindres ont pour base des sections coniques, ces courbes seront des sections coniques, et pourront se croiser au plus en quatre points, qui se trouveront deux à deux sur des perpendiculaires au plan de projection, et donneront au *plus deux points doubles.*

Ainsi, dans la figure 376, les deux coniques se coupent en quatre points a',b',c',d', qui donnent sur la projection horizontale deux points doubles A et D.

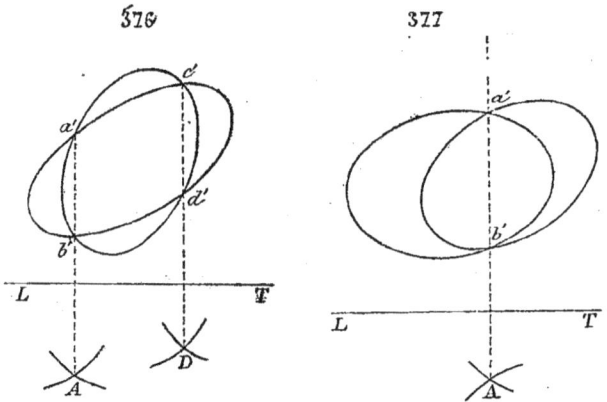

Les deux coniques peuvent être simplement sécantes en deux points (fig. 377) a' et b', donnant un seul point double A.

Elles peuvent être tangentes et sécantes (fig. 378), les deux points a' et b' donnent le point double A, le point de contact c' correspond à un point de rebroussement. En effet, en ce point, chacune des courbes a une tangente verticale, donc les plans tangents aux deux cylindres sont verticaux :

ce sont les plans de contour apparent horizontal, et nous avons vu (498 *bis*) que la courbe présente alors un point de rebroussement. Le point de rebroussement est donc un point double en projection, et doit se trouver sur la ligne des points doubles.

378

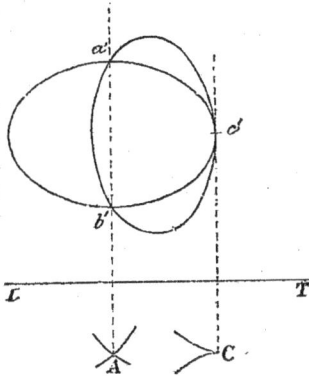

379

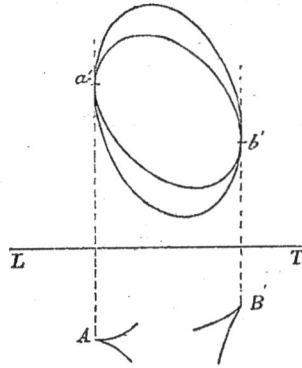

Les deux courbes peuvent être bi-tangentes. (Fig. 379.)
Les tangentes communes verticales correspondent à deux points de rebroussement qui sont les deux points doubles en projection, et il est bon, quand on obtient ainsi deux points de rebroussement sur une épure, de les vérifier par la ligne des points doubles.

380

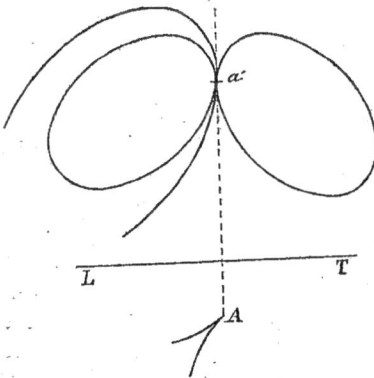

Enfin, les deux courbes peuvent être simplement tangentes, soit extérieures, soit intérieures (fig. 380); il n'y a qu'une tangente verticale et par suite un seul point double en projection, et ce sera un point de rebroussement.

Les points doubles réels ne sont pas sur les lignes de points doubles.

En un plan double réel, la perpendiculaire au plan de projection ne rencontre la courbe qu'en un seul point ; il n'y a pas deux points sur la droite, comme cela est nécessaire pour donner un point double en projection.

Il pourrait arriver qu'un point double réel se trouvât sur une ligne de points doubles, mais alors la projection d'une autre branche de courbe viendra passer par le point.

381

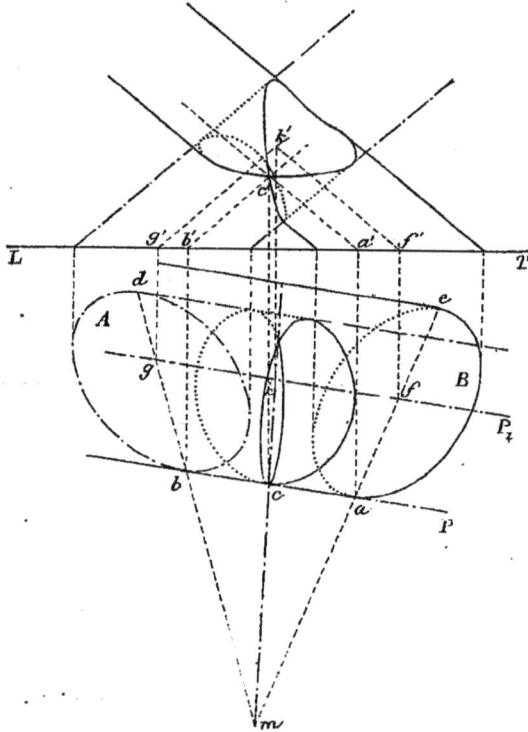

Il y a cependant un cas dans lequel le point double réel se projette sur la ligne des points doubles en projection.

Considérons deux cylindres A et B tels que le plan parallèle aux génératrices soit un plan vertical, les génératrices de contour apparent horizontal se confondent suivant *acb* (fig. 381).

Le point double réel est le point $c'c'$, déterminé par les génératrices *b* et *a* des deux cylindres. La courbe d'intersection a la forme indiquée sur la figure, et nous engageons les élèves à la construire. La projection horizontale présente *un point multiple de seconde espèce,* les deux arcs sont tangents à la droite *ab*. La ligne des points doubles en projection horizontale passera par le point *c*. En effet, les deux tangentes aux deux arcs de courbe qui se croisent au point *c*, sont contenues dans le plan vertical tangent commun aux deux cylindres ; une droite verticale placée dans ce plan rencontrera ces deux tangentes, et si la droite se rapproche du point double, elle rencontrera les deux arcs en deux points infiniment voisins du point double, qui à la limite donne un point double en projection horizontale.

Nous avons construit la ligne des points doubles, en prenant sa trace horizontale *m*, point de rencontre des traces horizontales *db*, *ea*, des plans qui contiennent les génératrices de contour apparent horizontal ; ensuite nous avons coupé les deux plans par un plan auxiliaire P_t, qui a donné le point $k'k$.

505. Construction de la tangente en un point de rebroussement dans un cas particulier.

Nous examinons le cas particulier de deux cylindres à base circulaire. Les plans auxiliaires ont leurs traces horizontales parallèles à la droite P, en sorte que les génératrices de contour apparent vertical *c* et *d* se coupent au point f',f', qui est un point de rebroussement sur la projection verticale (fig. 383). Nous nous proposons de construire la tangente à la projection verticale de la courbe au point f'.

Lemme. — *Si l'on fait dans un cylindre à base circulaire une section parallèle à la base, les normales au cylindre en tous les points de cette section rencontrent la perpendiculaire au plan du cercle, menée par son centre.*

Soit C le cercle (fig. 382), imaginons la normale *bm* au cylindre en un point *b*. Cette normale, perpendiculaire au

plan tangent au cylindre, est perpendiculaire sur *bd* tangente
au cercle, *bd* est perpendiculaire sur le rayon *bo*, et par suite
bm rencontre la perpendiculaire au plan
du cercle, menée par le point *o*.

La tangente à la courbe au point *f'*   382
est réellement perpendiculaire au plan
vertical, la projection présente un rebroussement de première espèce, et la
tangente à la projection est la trace
verticale du plan osculateur (326). Ce
plan osculateur mené par la tangente
perpendiculaire au plan vertical, parallèlement à la tangente en un point
infiniment voisin, aura pour trace verticale la limite de la
tangente en un point infiniment voisin du point *f'*. C'est cette
tangente que nous allons chercher.

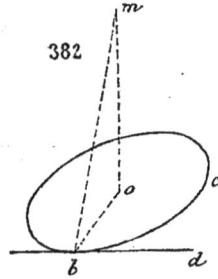

Nous pouvons construire la tangente en un point quelconque de l'intersection des deux cylindres par une méthode
différente de celle que nous avons suivie jusqu'à présent (493).
La tangente en un point d'un cylindre est perpendiculaire à
la normale en ce point; la tangente en un point de l'intersection est perpendiculaire aux normales aux deux cylindres au
point considéré, et par suite au plan de ces deux droites. Donc,
si nous pouvons obtenir les normales aux deux cylindres, puis
la trace verticale ou une ligne de front du plan passant par ces
deux droites, la projection verticale de la tangente sera rectangulaire sur cette trace verticale ou sur la droite de front.

Telle est la construction qui s'applique à tous les points
de la courbe, et que nous allons appliquer, comme construction limite, au point *f'*; la tangente que nous cherchons doit
être regardée comme la position limite d'une tangente en
des points qui se rapprochent de plus en plus du point *f'*

Remarquons d'abord (fig. 383) que la ligne des points
doubles en projection verticale passe par le point *f'* (304), et
qu'elle est parallèle à la ligne de terre; les centres des deux
cercles, sections des cylindres par le plan horizontal *f'k'*, sont
sur la ligne des points doubles, en *l'* et *m'*, et ces deux points
sont sur une droite de front; par suite, les perpendiculaires
m'p' et *n'l'* aux deux cercles *sont dans le même plan de front*,

Au point f', la normale au cylindre A, perpendiculaire au plan tangent qui est le plan de contour apparent vertical $c'f'$, se projette suivant $f'n'$ perpendiculaire à ce plan, et rencontre l'axe $l'n'$ du cercle $f'h'$ au point n'.

La normale au cylindre B se projettera de même suivant une perpendiculaire à $d'f'$, et rencontre l'axe $m'p'$ du cercle $f'k'$ au point p'.

Les deux points n' et p', qu'il faut regarder comme limites des points où les normales en un point infiniment voisin de f'

rencontrent les axes, *sont dans le même plan de front*, et la ligne $n'p'$ est une ligne de front du plan des deux normales. (En réalité, le plan des deux normales est de front, il faut regarder $n'p'$ comme la limite d'une ligne de front du plan des deux normales en un point infiniment voisin). La projection verticale de la tangente est $f'r'$, rectangulaire sur $n'p'$, et la courbe à la forme indiquée sur la figure.

BRANCHES INFINIES

506. Généralités. — Les courbes qui ont des points à l'infini peuvent être de deux espèces différentes ; elles peuvent avoir des asymptotes rectilignes, et elles sont dites hyperboliques ; elles peuvent ne pas admettre d'asymptotes, et elles sont dites paraboliques.

On appelle *branche* dans les courbes hyperboliques la partie de la courbe qui admet la même asymptote, une *branche* peut avoir plusieurs *bras*.

Dans *les branches paraboliques, les bras* se rejoignent à l'infini : lorsque les points d'une courbe s'éloignent à l'infini dans un certain sens, par exemple, vers une extrémité d'une asymptote, la courbe revient de l'infini de l'autre côté (sauf le cas des points singuliers à l'infini (482-489), et l'on doit considérer comme point succédant immédiatement à un point situé à $+$ l'infini celui qui est situé à $-$ l'infini, en sorte qu'on regarde la courbe comme continue.

Dans une intersection de surfaces réglées, on pourra rencontrer des points à l'infini, s'il arrive que des génératrices qui se coupent deviennent peu à peu parallèles ; et ce cas ne peut exister dans les cylindres, puisque toutes les génératrices conservent dans chaque cylindre une direction fixe.

On pourra rencontrer des points à l'infini, s'il arrive que des génératrices de l'une ou de l'autre surface s'éloignent à l'infini, c'est-à-dire que les directrices des cylindres soient des courbes à branches infinies ; c'est le seul cas qu'il y ait lieu d'examiner pour les cylindres.

Il faut encore observer que l'on peut rencontrer une

courbe d'intersection située tout entière à l'infini, cela ne
veut pas dire que l'intersection est à branches infinies, il faut
encore observer si les points à l'infini sont une suite régu-
lière de points à distance finie.

507. 1ᵉʳ cas. Cylindre elliptique et cylindre hyperbolique (fig. 384).

L'un des cylindres a pour base l'ellipse *abcdef*, nous ne
donnons que la projection verticale des génératrices, les génératrices de contour apparent sont *c'h'* et *f'i'*. Le second
cylindre a pour base l'hyperbole *age*, *bkd*, les génératrices de
contour apparent vertical sont *g'l'* et *k'm'*.

Admettons que les génératrices soient telles que les plans
auxiliaires aient pour traces des droites parallèles à Q. Les
plans limites sont Q et Q₁, et entre ces plans limites il est
clair qu'aucune génératrice du cylindre hyperbolique ne
s'éloigne à l'infini, par suite il n'y aura pas de branches infinies.

Admettons au contraire que les plans auxiliaires aient
leurs traces parallèles à l'asymptote *o*A; le plan auxiliaire *o*A
sera un plan asymptote du cylindre hyperbolique; les plans
limites sont les plans P et P₇. Les plans P, P₁, P₂, P₃ donnent les points à distance finie 1, 2 (contour apparent du
cylindre elliptique), 3, 4 (contour apparent du cylindre hyperbolique); puis nous avons le point *b* projeté en *b'*; entre P₃
et P₄ les génératrices du cylindre hyperbolique s'éloignent
de plus en plus, et les points passent à l'infini lorsque le plan
est confondu avec *o*A. La génératrice *n,n'r'* du cylindre elliptique rencontre à l'infini une génératrice du cylindre hyperbolique. Nous avons un bras allant à l'infini. Cherchons la
tangente au point situé à l'infini, c'est-à-dire *l'asymptote*. La
tangente est l'intersection des plans tangents aux deux cylindres suivant les génératrices qui donnent le point à l'infini.
Pour le cylindre hyperbolique, la trace du plan tangent à la
base à l'infini est l'asymptote *o*A; pour le cylindre elliptique,
c'est la tangente à l'ellipse au point *n*; le point *n* est donc la
trace de la tangente, et comme le plan *o*A (plan auxiliaire)
est parallèle aux génératrices du cylindre elliptique, l'intersection des deux plans, c'est-à-dire l'asymptote, est *n,n'r'*.

On pouvait dire aussi que le plan auxiliaire, dont la trace est oA, présente par rapport au cylindre hyperbolique le caractère d'un plan limite, et par suite la génératrice $n,n'r'$ du cylindre coupé est tangente à la courbe (491).

384

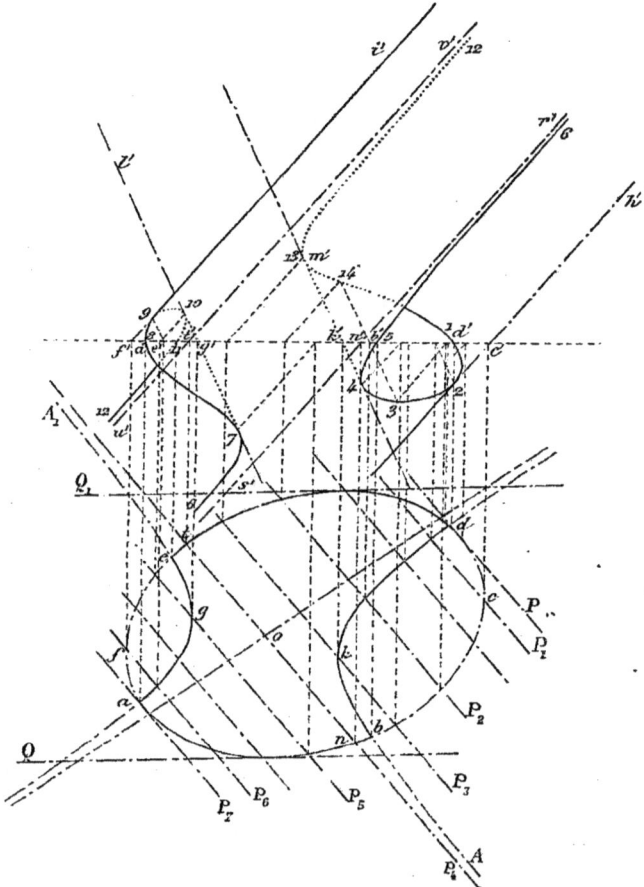

La courbe étant à l'infini dans la direction r' reviendra dans la direction s' de l'autre côté de l'asymptote, nous avons le point 6 à l'infini. En continuant à déplacer les plans auxiliaires, on voit qu'ils coupent la branche ega du cylindre

hyperbolique ; le plan P_6 donne le point 7 (contour apparent
du cylindre hyperbolique), le plan P_6 ne donne aucun point
remarquable de ce côté ; nous trouvons le point a, a' (point 8),
point de rencontre des bases, et nous arrivons au plan P_7 ;
nous continuons à nous déplacer dans le même sens sur la
base elliptique.

P_6 donne le point 9 (contour apparent du cylindre elliptique).

P_5 donne le point 10 (contour apparent du cylindre hyperbolique).

Nous trouvons le point e, e' où se rencontrent les deux
bases (point 11), et avec le plan P_4, le point 12 va à l'infini
dans la direction $t'u'$, la génératrice $t'u'$ est l'asymptote.

La courbe revient vers v', le plan P_3 donne le point 13
(point m' sur le contour apparent du cylindre hyperbolique).

Le plan P_2 donne un point 14.

Le plan P_1 ne donne aucun point important de ce côté.

Nous trouvons le point d, d', où se rencontrent les deux
bases, et avec le plan P, nous nous refermons sur le point 1.

Telle est, dans ce cas, la marche de la courbe, et il est
évident que nous n'aurions pas trouvé les points à l'infini,
même les plans auxiliaires étant parallèles à un plan asymptote, si ce plan asymptote ne coupe pas le cylindre elliptique.

Règle. — *Dans le cas d'un cylindre elliptique et d'un cylindre
hyperbolique, il y aura des branches infinies si l'un des plans
asymptotes est parallèle aux plans auxiliaires et coupe le cylindre
elliptique.*

Ponctuation. — Nous n'avons pas construit la projection
horizontale de la courbe afin de ne pas surcharger les deux
bases et de bien montrer la marche de la courbe.

La courbe passe au-dessous du plan horizontal, dans lequel
se trouvent les deux bases, nous n'avons pas tenu compte du
plan horizontal, et nous avons tracé la ligne de terre comme
ligne de construction afin d'éviter de cacher toute une partie
de la courbe.

Nous avons supposé que le cylindre elliptique était plein
et solide, et que le cylindre hyperbolique se composait de

deux parties isolées ayant pour bases les deux branches d'hyperbole. Dans cette hypothèse, nous avons représenté sur la projection verticale le cylindre elliptique, avec les deux entailles faites par les deux portions du cylindre hyperbolique.

Sur la projection horizontale nous n'avons représenté que la trace du solide restant. (Voir la figure 384 *bis* sur la même planche que la figure 371 *bis*.)

508. 2° cas. Cylindre elliptique et cylindre parabolique (fig. 385).

Les génératrices sont telles que les plans auxiliaires ont leurs traces parallèles à P, qui n'est pas parallèle à l'axe AB de la parabole ; on pourra mener à la parabole une tangente parallèle à P, les plans limites sont P et P₁, et il n'y aura pas de branches infinies.

Si les plans auxiliaires ont leurs traces parallèles à AB, axe de la parabole, les deux plans limites sont Q et Q₁, tan-

385

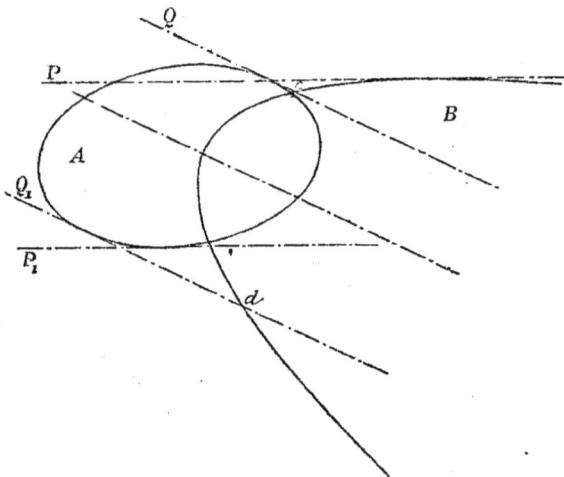

gents tous deux au cylindre elliptique, tous les plans auxiliaires couperont le cylindre parabolique suivant des génératrices à distance finie, ayant leurs traces sur l'arc *cAd*, et suivant des génératrices situées à l'infini; nous aurons une courbe fermée, à distance finie, correspondant à l'arc *cAd*, et une seconde courbe *tout entière à l'infini*. Ce n'est plus une courbe à branches infinies.

Nous pouvons donc dire que dans ce cas *il n'y a jamais de branches infinies.*

509. 3° cas. Deux cylindres à base hyperbolique. — 1° Les plans auxiliaires ne sont pas parallèles à un plan asymptote (fig. 386).

L'un des cylindres a pour base l'hyperbole AA_1, $A_2 A_3$, ses génératrices sont parallèles à la droite oa, $o'a'$.

Le second cylindre a pour base l'hyperbole BB_1, $B_2 B_3$, ses génératrices sont parallèles à la droite ob, $o'b'$.

Les plans auxiliaires ont leurs traces horizontales parallèles à ab. Il est évident qu'il n'y a pas de plans limites.

Nous partons d'une position initiale telle que P_1, et nous considérons les génératrices qui ont leurs traces sur les bras A et B ; le plan P_1, se déplaçant vers P_7, nous obtenons des points à distance finie, qui s'éloignent de plus en plus et qui donnent un point à l'infini, lorsque le plan est lui-même à l'infini, nous aurons donc un premier bras de courbe s'éloignant à l'infini.

Les plans tangents aux deux cylindres suivant les génératrices qui déterminent le point à l'infini sont les plans asymptotes, dont les traces horizontales sont oA et ωB, et se croisent au point δ, trace de leur intersection, c'est-à-dire de l'asymptote.

Le plan asymptote d'un cylindre est parallèle aux génératrices, nous pourrons obtenir un second point de l'intersection des plans asymptotes, en coupant ces deux plans par un plan parallèle aux plans auxiliaires.

Le plan auxiliaire P_1 coupe le plan oA suivant une parallèle aux génératrices, dont la trace est en v, et dont la projection verticale est $v'x'$; ce même plan détermine dans le plan ωB une parallèle aux génératrices, dont la trace horizontale est le point u, et dont la projection verticale est $u'x'$: le point x' est un point de l'asymptote, dont la projection verticale est $\delta'x'$.

(Nous ne construisons pas la projection horizontale des asymptotes).

Au lieu de A et B, prenons ensemble les arcs A_2 et B ; nous aurons des points à l'infini, et une asymptote dont la trace sera au point γ, point de rencontre des traces des plans asymptotes oA_2 et ωB ; nous obtenons un second point, en coupant les deux plans asymptotes par le plan auxiliaire P_2, qui détermine dans le plan oA_2 la parallèle $l,l'\psi'$, et dans le plan ωB la parallèle $\varphi,\varphi'\psi'$ aux génératrices ; ces deux droites se coupent au point ψ', et la projection verticale de l'asymptote est $\gamma'\psi'$. Les arcs A et B_2 donnent des points à l'infini, l'asymptote a pour trace β, le plan P_2 coupe les deux plans suivant $\lambda,\lambda'\mu'$ et $m,m'\mu'$; le point μ' est un point de l'asymptote qui est $\beta,\beta'\mu'$. Les arcs B_2 et A_2 donnent des points à l'infini, l'asymptote a pour trace α, le plan P_2 coupe les deux plans suivant $l,l'\varepsilon'$ et $m,m'\varepsilon'$. Le point ε' est un point de l'asymptote qui est $\alpha,\alpha'\varepsilon'$. Si l'on considérait ensemble les arcs B_1 et A_3, on aurait l'asymptote $\beta,\beta'\mu'$. Aux arcs A_1 et B_3 correspond l'asymptote $\gamma,\gamma'\psi'$.

Les arcs B_1 et A_1 donnent un bras infini, dont l'asymptote est $\alpha,\alpha'\varepsilon'$.

Les arcs B_3 et A_3 donnent un bras infini dont l'asymptote est $\delta,\delta'x'$.

Nous avons donc quatre asymptotes.

Suivons la marche de la courbe.

Prenons comme position initiale du plan auxiliaire le plan P_1, et commençons par les deux bras A et B.

Les génératrices qui ont pour traces d et c donnent le point 1.

Le plan P_2 passe par e, trace de la génératrice de contour apparent vertical de B, et donne le point 2 avec la génératrice f.

Le plan P_3 détermine les génératrices g et h, et donne le point 3 sur le contour apparent de A.

Les plans suivants ne donnent aucun point remarquable, nous avons construit le point 4 avec le plan P_6, ensuite la courbe va à l'infini, les points sur les bases s'éloignant sur A_1 et B_1, et est asymptote à la ligne $\alpha,\alpha'\varepsilon'$. Nous avons le point 5 à l'infini, et nous revenons de l'autre côté de la même asymptote vers α'_2; en même temps les points sur les bases passent de A_1 à A_2, et de B_1 à B_2, nous reprenons les plans tels que P_1; P_2 donne le point 6; P_4 donne le point 7 sur le contour apparent de A_2.

P_5 donne le point 8 sur le contour apparent de B_2.

Ensuite, les points sur les bases vont à l'infini sur les bras A_3 et B_3, et donnent le point 9 à l'infini; la courbe est asymptote à $\delta, \delta'x'$ vers δ'_1, et va revenir de l'infini vers δ'_2, de l'autre côté de l'asymptote; en même temps les points sur les bases passent de A_3 en A, et de B_3 en B, et quand nous retrouvons le plan P_1 la courbe se referme au point 1.

Nous obtenons donc ainsi une première courbe isolée avec deux branches infinies.

Prenons ensemble A_2 et B, partons du plan P_1, il détermine les deux génératrices, dont les traces sont y et d, et donne le point 10; P_2 donne le point 11 sur le contour apparent de B.

P_4 donne le point 12 sur le contour apparent de A_2.

Nous rencontrons ensuite le point θ, θ' (13), point de rencontre des deux bases.

Les points sur les bases vont à l'infini sur B_1 et A_3, nous obtenons le point 14 à l'infini vers l'extrémité β'_1 de l'asymptote $\beta'\mu'$.

Les points sur les bases passent de A_3 en A, et de B_1 en B_2; la courbe revient vers l'extrémité β'_2 de l'asymptote.

P_2 donne le point 15;

P_3 donne le point 16 sur le contour apparent de B_2;

P_4 donne le point 17 sur le contour apparent de A.

Nous rencontrons ensuite le point ρ, ρ' (18), point de rencontre des deux bases.

Les points sur les bases vont à l'infini sur A_1 et B_3, nous obtenons le point 19 à l'infini vers l'extrémité γ'_1 de l'asymptote $\gamma'\psi'$.

Les points sur les bases passent de A_1 en A_2, de B_3 en B, la courbe revient vers l'extrémité γ'_2, et quand nous retrouvons le plan P_1, la courbe se referme au point 10.

Nous avons encore une seconde courbe isolée à branches infinies.

L'intersection présente *donc un cas de pénétration* (498).

386

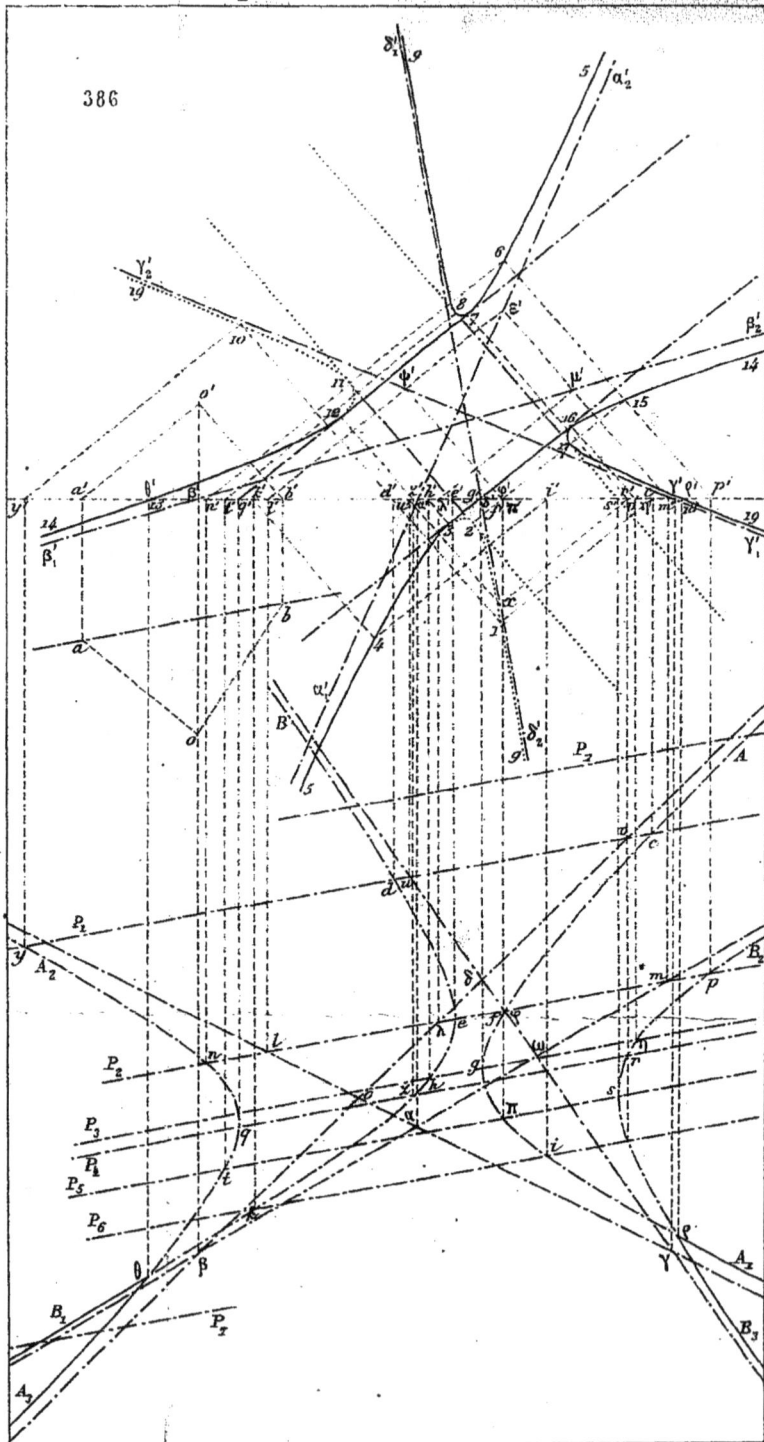

Nous avons supposé que chaque cylindre était formé de deux parties séparées, et nous avons représenté le cylindre A entaillé par le cylindre B. Chaque cylindre est composé de deux nappes isolées.

Sur la projection horizontale, nous ne conservons en lignes pleines que les arcs qui limitent la trace du solide restant.

509 *bis.* 2° *Les plans auxiliaires sont parallèles à un plan asymptote.*

Les bases sont les hyperboles $AA_1A_2A_3$ et $BB_1B_2B_3$. (Fig. 387.)

Nous ne prenons que les projections verticales des génératrices; $l'A'_1$ et $r'A'_2$ sont les génératrices de contour apparent vertical du cylindre A ; $k'B'_1$ et $a'B'_2$ sont les génératrices de contour apparent vertical du cylindre B.

Nous supposons que les projections horizontales sont telles, que les traces horizontales des plans auxiliaires sont parallèles à l'asymptote $B_1\omega B_2$.

Si nous considérons un plan auxiliaire tel que P_1, il coupera les nappes correspondantes à B_2B_3 et AA_1 suivant les génératrices des points a et b, qui fourniront le point 1 à distance finie.

Le plan se déplaçant vers P_2, P_3, la génératrice du cylindre B passera à l'infini vers B_2, nous aurons donc un bras de courbe allant à l'infini, et l'asymptote sera la génératrice C, dont la projection verticale est $c'_1c'c'_2$ du cylindre A. (1er cas, 507.)

Si nous prenons ensemble les arcs A_2A_3 et B_2B_3, nous aurons encore une asymptote intersection du cylindre A avec le plan asymptote P_3 ; ce sera la génératrice $q, q'q'_1q'_2$ du cylindre A (507).

En considérant ensemble les branches B et A_2, nous aurons des points à l'infini, et une asymptote dont la trace est β, intersection des traces horizontales des deux plans asymptotes. Nous obtenons un autre point de cette asymptote, en coupant les deux plans par le plan auxiliaire P_7 qui donne les deux génératrices $u'x'$ et $v'x'$; le point x' est un point de l'asymptote $\beta'x'$.

En considérant ensemble les branches A_3 et B_3, nous avons des points à l'infini, l'asymptote a pour trace α, et nous avons construit un point z' de sa projection verticale, à l'aide du plan auxiliaire P_7. Cette asymptote est donc $\alpha'_1 z' \alpha \alpha'_2$.

Nous trouvons encore quatre asymptotes, et il est aisé de voir qu'il n'y en a pas d'autres.

Suivons la courbe.

P_1 donne avec A_1 et B_3 le point 1 sur le contour apparent de B ;

Le plan marchant vers P_2P_3, les génératrices du cylindre B vont à l'infini, nous trouvons le point 2 à l'infini et l'asymptote est la génératrice $C'C'_2$.

La courbe revient vers l'autre extrémité C'_1 de l'asymptote, en même temps le point sur la base du cylindre B passe de B_2 en B_1.

Le plan P_4 donne les génératrices dont les traces sont e et f, et qui fournissent le point 3 ; nous trouvons ensuite le point g, g' (4) où les deux bases se coupent.

Le plan P_5 donne le point 5 sur le contour apparent de B ;

Le plan P_6 donne le point 6 sur le contour apparent de A ;

Puis les points sur les bases s'éloignant à l'infini sur A et B donnent des points allant vers le point 7 ; l'asymptote est $\alpha, \alpha', \alpha'_1$.

Les points sur les bases passent sur les bras A_3 et B_3,

La courbe revient de l'autre côté de l'asymptote $\alpha' \alpha'_2$, passe au point 8 qui est le point n, n' de rencontre des bases ;

Le plan P_1 donne le point 9, sur le contour apparent de B, et le plan P_3 donne le point 10 à l'infini, l'asymptote étant la génératrice $q, q'q'_1$ du cylindre A.

Le point sur la base du cylindre B passe de B_2 en B_1, la courbe revient par l'extrémité q'_2 de l'asymptote, de l'autre coté ;

Le plan P_4 donne le point 11 sur le contour apparent de A ;

Le plan P_5 donne le point 12 sur le contour apparent de B ;

Les points sur les bases s'éloignant à l'infini sur B et A_2, la courbe va à l'infini vers le point 13, asymptote à $\beta, \beta'\beta'_1$.

Les points sur les bases passent de A_2 en A_1, et de B en B_3 ;

386 bis

387

387 bis

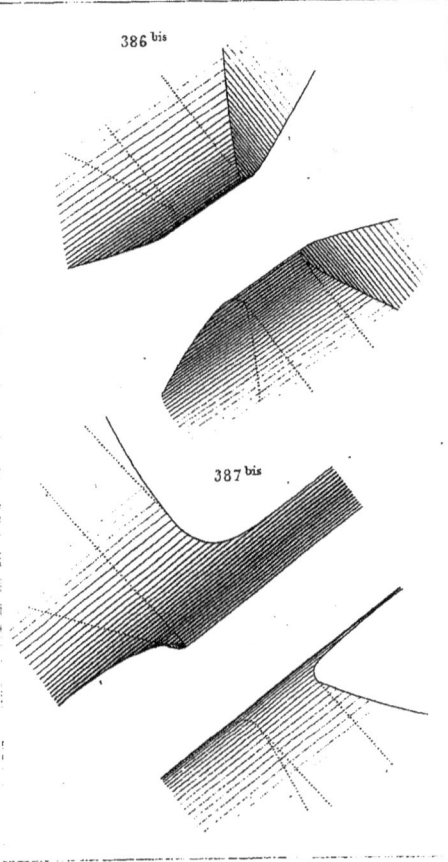

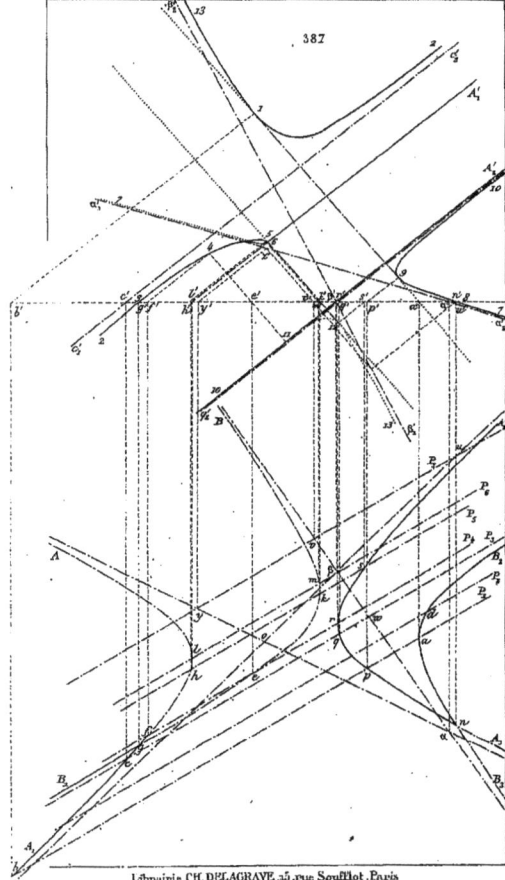

La courbe revient par l'extrémité β'_2 de l'asymptote $\beta'\beta'_2$, et quand le plan auxiliaire est P_1, nous retrouvons le point 1.

La courbe est donc parcourue tout entière d'un mouvement continu ; *il y a arrachement.*

Nous avons encore représenté le cylindre A entaillé par le cylindre B.

510. 4ᵉ cas. Cylindre à base hyperbolique et cylindre parabolique.

Le cylindre hyperbolique a pour base l'hyperbole $AA_1A_2A_3$, et le cylindre parabolique a pour base la parabole BB_1. (Fig. 388.)

1° Nous ne nous donnons encore que la projection verticale des génératrices, *et nous supposons que les plans P n'ont aucune direction particulière* par rapport aux asymptotes, ou à l'axe de la parabole.

Nous avons un plan limite P_1, et il est clair, qu'en déplaçant le plan vers $P_2P_3\ldots$, nous aurons des points à l'infini, provenant : 1° de l'intersection de A et B ; 2° de A et B_1 ; 3° de A_2 et de B ; 4° de A_2 et B_1 ; donc, quatre bras de courbes iront à l'infini.

Si nous voulons construire l'asymptote, tangente à l'infini, au point qui résulte de l'intersection des génératrices à l'infini sur A et B, nous voyons que le plan tangent au point situé à l'infini sur la branche B est tout entier à l'infini ; par suite il n'y a pas d'asymptote ; il en est de même pour les autres branches ; et, par suite, nous avons quatre branches paraboliques. Suivons la courbe :

Le plan P_1 donne les génératrices des points a et b qui se croisent au point 1.

Nous rencontrons le point c' où se coupent les deux bases, c'est le point 2.

P_2 donne les génératrices d et e, qui se croisent au point 3 situé sur le contour apparent du cylindre B ;

P_4 donne les génératrices f et g, qui se croisent au point 4 sur le contour apparent de A ;

Nous rencontrons le point h, où se coupent les deux bases, c'est le point 5 ;

Ensuite, les plans s'éloignant vers P_5, nous avons le point 6 à l'infini ;

Le point sur la base parabolique étant à l'infini sur B revient sur B_{12} et nous devons redescendre en même temps sur A.

P_4 donne les génératrices k et g, qui se croisent au point 7 sur le contour apparent de A ;

Ensuite, les plans redescendant jusqu'au plan P_1 nous donnent une courbe qui se referme au point 1.

En suivant la même marche sur la branche A_2A_3, on trouve l'autre courbe, partant du point 8, et se refermant en ce point, après avoir passé par l'infini au point 12.

L'intersection présente donc *une pénétration*.

Nous avons représenté le cylindre parabolique entaillé par le cylindre hyperbolique considéré comme composé de deux parties séparées.

Sa figure tracée sur le plan horizontal est la trace sur ce plan du solide qui reste.

2° *Les plans auxiliaires sont parallèles à un plan asymptote.*

Les plans P sont parallèles à l'asymptote OAA_2. (Fig. 389.)

Le plan auxiliaire P_4, confondu avec le plan asymptote, détermine dans le cylindre parabolique les génératrices $a,a'_1a'a'_2$ et $b,b'_1b'b'_2$, qui sont des asymptotes de l'intersection.

Outre les points à l'infini donnés par les génératrices A et A_2, et formant quatre bras hyperboliques, nous aurons deux branches infinies paraboliques provenant de l'intersection des génératrices partant de A_3, combinées avec les génératrices partant de B et de B_1.

Suivons la courbe :

P_1 est le plan limite ;

Nous prenons la branche A_1A et l'arc $cebB_1$ de la parabole ;

Le plan P_1 détermine les génératrices c et d qui se croisent au point 1 ;

Le plan P_2 détermine les génératrices e et f, qui se croisent au point 2, sur le contour apparent de B.

Le plan P_3 détermine les génératrices g et h, qui se croisent au point 3, sur le contour apparent de A.

Nous trouvons le point k, où se croisent les deux bases, nous le nommons 4 ;

388 bis

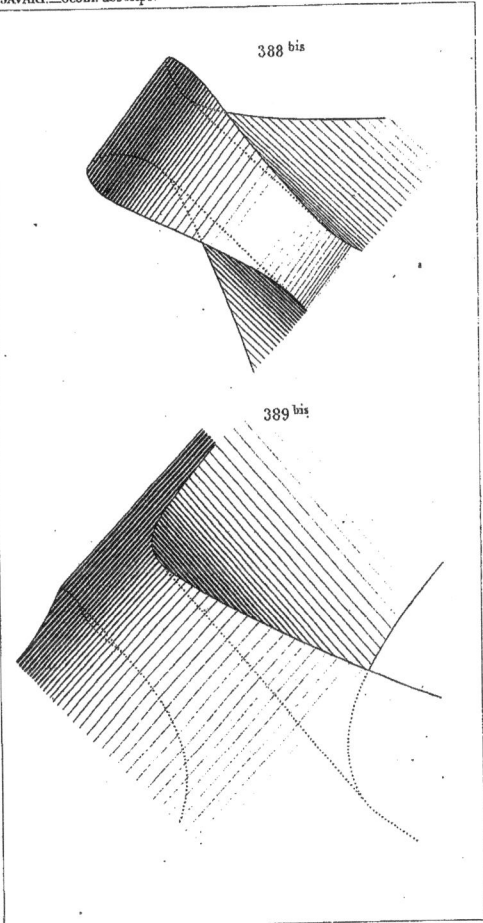

389 bis

388

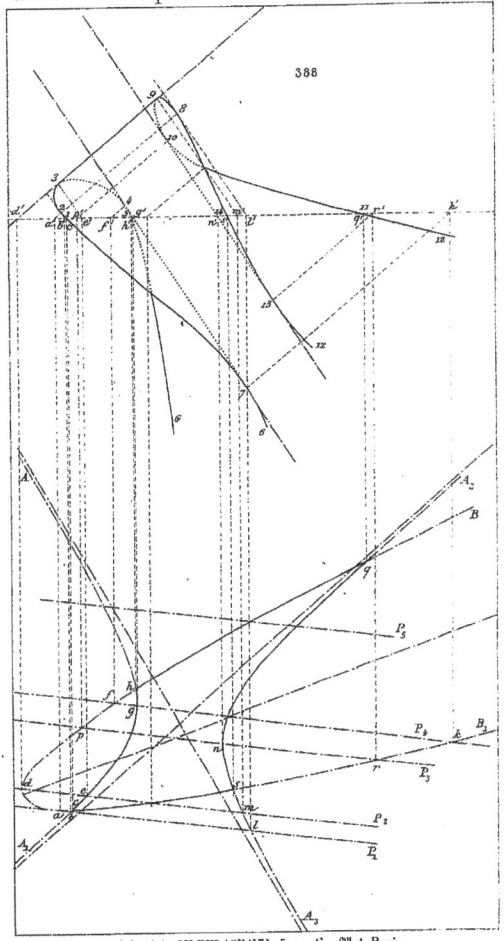

Ensuite, la courbe va à l'infini avec le plan P_4, et est asymptote de la génératrice $b,b'b'_2$, le point 5 est à l'infini.

Les points sur la base passent de A en A_2, mais continuent dans le même sens sur le cylindre parabolique ; la courbe d'intersection revient de l'autre côté de l'asymptote vers b'_1 ;

Le plan P_5 contient les génératrices m et l, qui se croisent au point 6, sur le contour apparent vertical de A ;

Le plan P_6 donne le point 7 ;

Nous rencontrons le point q où se croisent les deux bases, c'est le point 8 ;

Les plans continuant à se déplacer vers P_7 donnent une branche infinie parabolique, le point 9 est à l'infini.

Le point de la base à l'infini sur B_1 revient sur B ;

Le plan P_3 contient les génératrices r et l, qui se croisent au point 10, sur le contour apparent de A ;

Nous rencontrons ensuite le point s, où se croisent les deux bases ; c'est le point 11 ; et la courbe passe à l'infini avec le plan P_4 ; elle a pour asymptote la génératrice $a'a'_1$; le point 12 est à l'infini.

Le point sur la base A passe de la branche A_2 à la branche A, et nous continuons sur la parabole dans le sens *atce*.

La courbe d'intersection revient de l'autre côté de l'asymptote, vers a'_2 ; le plan P_2 contient les génératrices t et f, et donne le point 13 sur le contour apparent de A ;

Le plan P_1 nous ramène au point 1.

Nous avons ainsi obtenu une seule courbe continue, et l'intersection présente un *arrachement*.

Nous avons encore représenté le cylindre parabolique entaillé par le cylindre hyperbolique, supposé formé de deux cylindres séparés.

3º *Les plans auxiliaires ont leurs traces parallèles à l'axe de la parabole.* (Fig. 390.)

Les plans auxiliaires sont parallèles à l'axe CD de la parabole.

Il est clair que des plans, tels que P_1P_2, couperont toujours les deux bases.

A et B donneront un bras à l'infini ; A_2 et B, A_3 et B_1

A_1 et B_1 donneront des bras à l'infini, et les courbes seront évidemment paraboliques.

390

De plus, nous aurons une courbe tout entière à l'infini, parce que chaque plan coupera le cylindre parabolique suivant une génératrice à distance finie et suivant une autre à l'infini.

511. 5° cas. Deux cylindres paraboliques. (Fig. 391.)

On a deux bases paraboliques, qui sont les paraboles AbA_1 et BcB_1.

1° Les traces des plans auxiliaires étant parallèles à une direction telle que P ; nous avons deux plans limites P_1 et P, entre lesquels il n'y a aucune génératrice allant à l'infini, et l'intersection sera une courbe fermée.

2° Les plans auxiliaires étant parallèles à une direction telle que Q, nous avons un plan limite Q ; mais tous les plans, tels que $Q_1 Q_2$... couperont les deux cylindres; nous aurons donc quatre bras paraboliques, provenant des génératrices à l'infini sur A avec B et B_1, et des génératrices de A_1 avec B et B_1.

3° Les plans auxiliaires étant parallèles à l'un des axes bk, nous aurons un plan limite R, et tous les plans, tels que R_1, donneront des points d'intersection. Nous aurons deux bras paraboliques résultant des points de rencontre des généra-

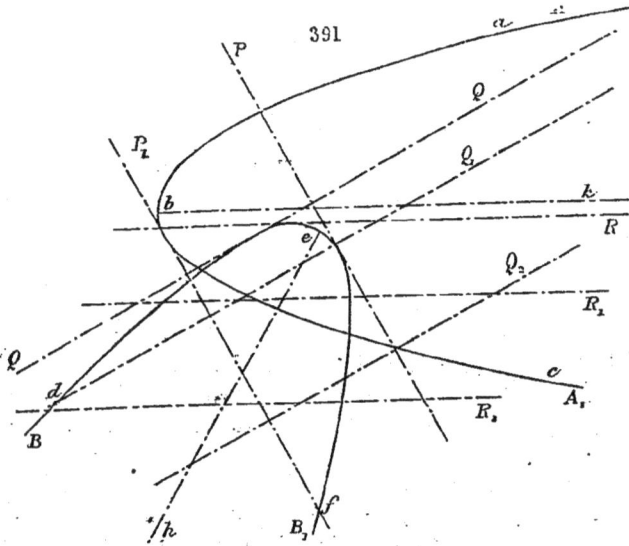

trices de A_1 avec les génératrices de B et B_1 et une courbe tout entière à l'infini.

Nous engageons les élèves à s'exercer à suivre les courbes d'intersection dans ces différents cas, la marche est tout à fait analogue à celle que nous avons expliquée dans les exemples précédents.

CAS PARTICULIER

512. Nous nous proposons seulement ici de donner un exemple des constructions qu'il convient d'effectuer.

On donne la projection horizontale SABC d'un tétraèdre régulier (fig. 392) ; la base ABC est dans le plan horizontal.

On considère un cylindre qui a pour base le cercle inscrit dans la face ASC, et dont les génératrices sont parallèles à l'arête SB.

Un second cylindre est de révolution autour de SC, son rayon est égal à la moitié du côté du tétraèdre.

On demande de construire l'intersection des deux cylindres.

Nous commençons par rabattre la base située dans la face ASC; cette face se rabat suivant AS_2C et nous décrivons le cercle inscrit dans le triangle.

Nous prendrons pour le second cylindre un plan de base perpendiculaire à l'arête SC, et il sera commode de prendre le plan passant par AB. Nous choisissons pour plan vertical le plan qui projette horizontalement SC ; LT est la ligne de terre, le sommet S aura sa projection verticale en S', tel que S'C = CB ; S'C est la projection verticale de l'arête SC ; le plan perpendiculaire à cette arête et passant par AB a pour trace verticale do' perpendiculaire sur S'C, $o'o$ est le centre de la base.

Nous rabattons le plan $o'd$A sur le plan horizontal, le point o',o se rabat en o_1, et nous décrivons le cercle de base avec le rayon donné.

Les plans auxiliaires sont parallèles à l'arête SB et à

l'arête SC, donc à la face BSC ; leurs traces sur le plan de la base ASC seront parallèles à SC, et les rabattements de ces traces seront parallèles à S_2C.

Le plan de la face SBC coupe le plan $o'd$A suivant une

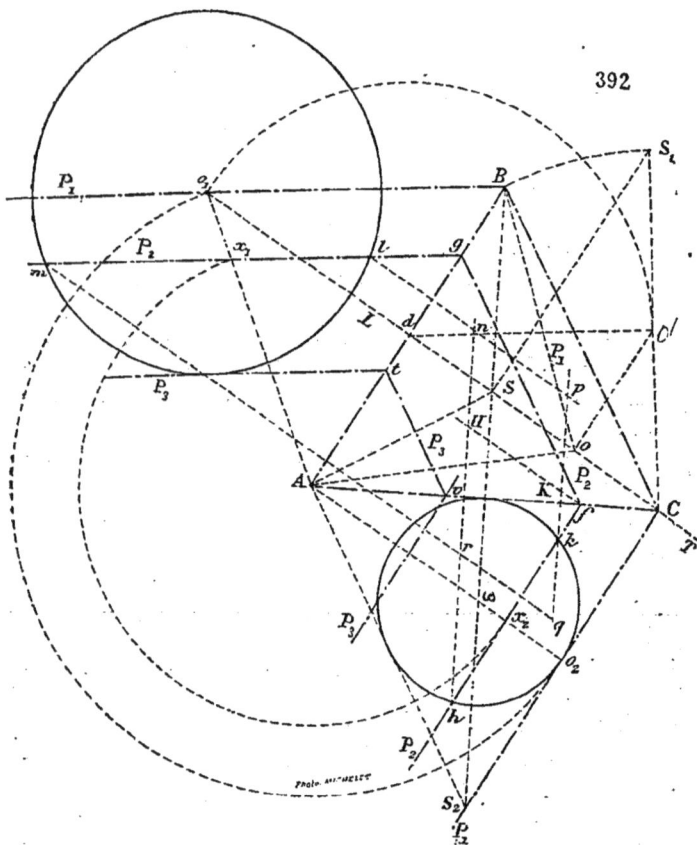

392

droite qui passe par le point B et par le point o', o, cette droite projetée en Bo se rabat en Bo_1, et les traces de tous les plans auxiliaires sur le plan de base du second cylindre se rabattront suivant des droites parallèles à BO_1.

Ainsi, on a un plan auxiliaire P_1 qui est un plan limite, et dont les traces sont : P_1C, trace rabattue sur le plan de base du premier cylindre, BC, trace horizontale, BO_1, trace rabattue sur le plan de la base du second cylindre.

Un autre plan P_2 aura pour traces : P_1f rabattue, fg, trace horizontale, gx_1 trace rabattue ; il coupe les bases aux points h,k,l,m. Les projections des génératrices du premier cylindre étant perpendiculaires à AC, il est inutile, dans ce cas particulier, de relever les points h et k, on n'a qu'à mener les perpendiculaires à AC, pour avoir les projections des génératrices. De même, les perpendiculaires à AB, menées par m et l, sont les projections des génératrices du second cylindre, et ces quatre droites se coupent en quatre points n,p,q,r, qui sont les projections horizontales de quatre points de l'intersection.

Observons d'ailleurs qu'il est très facile de relever les points h et k ; il suffit de relever la droite fkh, qui a pour projection une parallèle à SC menée par le point f, et les points viennent en H et K ; il serait tout aussi facile de relever les points m et l. Le second plan limite est ici le plan P_3tvP_3, et il y a *arrachement*.

Dans le cas où les traces horizontales des plans auxiliaires seraient d'un usage incommode pour donner les traces d'un même plan sur les plans des deux bases, on peut employer un autre moyen.

Considérons l'intersection des plans des deux bases ; elle passe par le point A, point de rencontre des traces, et par le point o, c'est la droite Ao. Rabattons-la dans les plans des bases, elle se rabattra en $A\omega o_2$ dans la première base, et en Ao_1 dans la seconde.

Un plan auxiliaire quelconque coupera cette intersection en un point, qui se rabattra sur les deux rabattements à la même distance de la trace A.

Ainsi, nous prenons la trace P_2l sur le plan de la seconde base, elle rencontre l'intersection Ao_1 au point x_1, nous prenons sur Ao_2, $Ax_2 = Ax_1$, et la trace du plan auxiliaire sur le plan de la première base devra passer par le point x_2, c'est donc x_2k parallèle à cs_2.

Nous ne construisons pas complètement l'intersection, nous engageons les élèves à la tracer.

CYLINDRES

513. Théorème. — *Deux cylindres du second degré qui ont une première courbe plane commune se coupent suivant une seconde courbe plane.* (Fig. 393.)

Nous prenons pour plan de projection le plan de la courbe plane commune, c'est l'ellipse *agbf*. Soit P la trace d'un plan auxiliaire parallèle à la fois aux génératrices des deux cylindres.

Ce plan détermine dans le premier cylindre les génératrices *ac* et *bd*, dans le second cylindre les génératrices *ad* et *bc* qui se coupent en deux points *c* et *d*, appartenant à la seconde courbe d'intersection ; la figure *cabd* est un parallélogramme, et les diagonales se coupent en leur milieu ; le point *e* est donc le milieu de *ab*. Dans tout autre plan auxiliaire, la corde, telle que *cd*, qui joindra les points de la seconde courbe, passera toujours par le milieu de la corde, telle que *ab* ; donc toutes les cordes rencontreront le diamètre *gf* conjugué de *ab*.

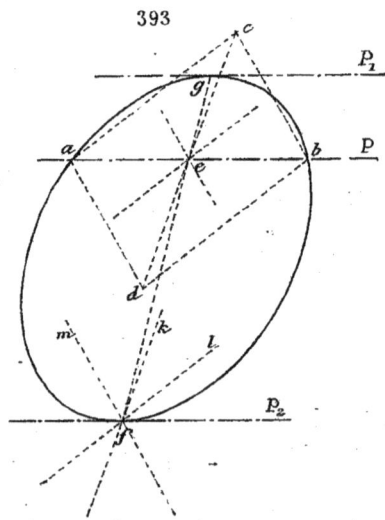

393

Toutes les cordes *ef* sont évidemment parallèles ; car les.

parallélogrammes qu'on obtiendra dans les plans auxiliaires sont semblables. Par conséquent, toutes les cordes parallèles rencontrant une même droite forment un plan qui est celui de la seconde courbe.

Corollaire. — Aux points f et g, extrémités du diamètre conjugué de ab, les quatre points $cadb$ sont réunis, les deux cylindres ont pour plans tangents communs les plans auxiliaires P_1 et P_2. Nous pouvons donc ajouter à l'énoncé du théorème : *que les deux cylindres ont deux plans tangents communs parallèles entre eux.* Les points f et g sont deux points doubles réels ; or nous avons vu que les tangentes aux deux branches de courbe en un point double réel et les deux génératrices forment un faisceau harmonique ; ici, les deux tangentes sont les traces des plans des deux courbes sur le plan tangent commun ; le plan de la seconde courbe a sa trace parallèle à dc, soit fk, et si nous menons les parallèles fl et fm aux génératrices, nous formons bien un faisceau harmonique avec des parallèles aux côtés et aux diagonales d'un parallélogramme.

Remarque. — *Il peut arriver que l'un des plans tangents communs, ou même les deux, soient rejetés à l'infini.*

Prenons pour premier exemple (fig. 394) deux cylindres paraboliques, ayant pour bases deux paraboles égales, dont les axes sont parallèles, et qui sont tangentes en leurs sommets à une même droite. Cette droite est parallèle à la trace des plans auxiliaires, et par suite est la trace d'un plan tangent commun avec deux cylindres.

Les génératrices étant parallèles à ef et bf, nous avons en f le point double réel ; prenons un second plan auxiliaire P_1, les segments ad, cf, sont égaux entre eux et égaux à be.

Traçons les génératrices ahk, cgl, dgh, flk, nous obtenons quatre points de l'intersection g, h, k, l.

Les triangles bfe, ahd, clf, sont égaux en projection, ils sont dans des parallèles, et par suite sont égaux dans l'espace ; donc les points f, h, l, ont la même cote, et le lieu de ces points est une courbe plane horizontale, c'est donc une section plane parallèle à la base de chacun des cylindres paraboliques, et par suite une parabole égale aux paraboles de base.

Le lieu des points g, k est aussi une courbe plane; car tous les parallélogrammes $g h k l$ sont égaux, semblablement placés, leurs diagonales gk sont parallèles, et rencontrent la droite fm.

Nous trouvons donc, par l'intersection, deux courbes planes, et le second plan tangent commun parallèle à P est rejeté à l'infini.

Prenons pour second exemple deux cylindres paraboliques : (fig. 395), l'un a pour base une parabole dans le plan vertical, nous plaçons l'axe dans le plan horizontal, et les génératrices sont perpendiculaires au plan vertical ; l'autre a sa base dans un plan vertical L_1T_1, perpendiculaire au premier, son axe dans le plan horizontal, ses génératrices perpendiculaires au plan de la base ; les deux paraboles n'ont pas le même paramètre.

Les génératrices des sommets f' et g' se coupent en un point a, les plans auxiliaires sont horizontaux. Prenons un plan auxiliaire H, il détermine dans les deux cylindres les génératrices b', bd et c', cd, qui donnent un point d'intersection dont d est la projection horizontale. Or nous savons que dans deux paraboles rapportées à leurs axes les abscisses correspondantes à une même ordonnée sont proportionnelles

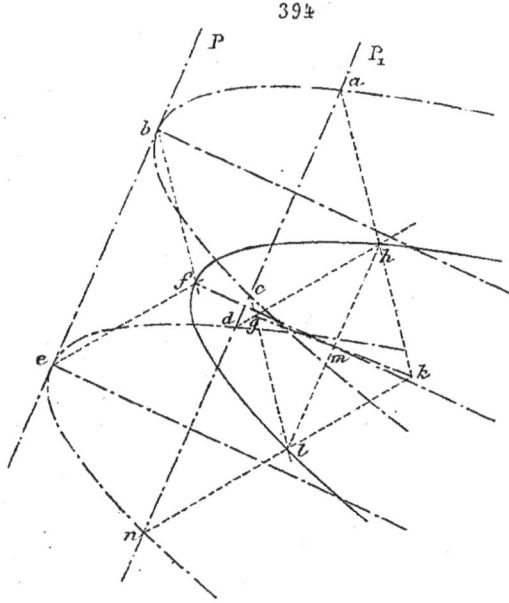

aux paramètres, par conséquent $\dfrac{g'b}{f'c}=\dfrac{p'}{p}$ et le lieu des points d est une droite passant par a. La courbe d'intersection est

395

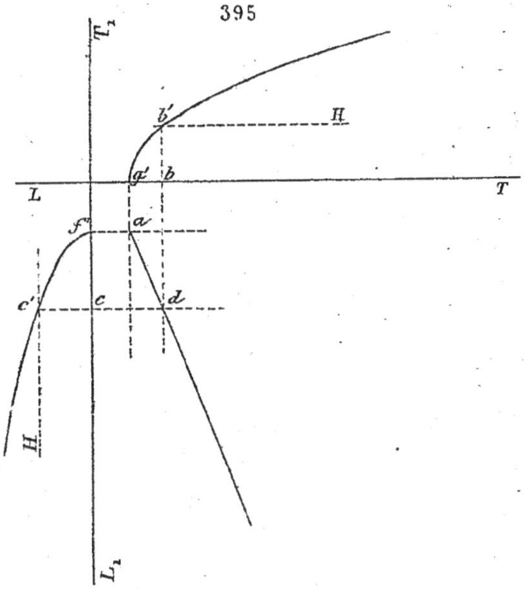

donc plane, il y a ici une seconde courbe plane à l'infini, et les cylindres ont deux plans horizontaux tangents communs à l'infini.

514. Théorème. *Deux cylindres qui ont deux plans tangents communs, se coupent suivant deux courbes planes* (Fig. 396).

Ce théorème est, en réalité, la réciproque du théorème précédent. Les bases des deux cylindres sont les coniques *abcd*, *efgh*; les plans tangents communs sont deux plans auxiliaires limites P_1 et P_2 dont les traces parallèles sont tangentes aux deux bases. Les génératrices *ar* et *er* donnent le point double réel *r*; les génératrices *cs* et *sg* donnent le point double réel *s*; nous traçons la droite *rs*.

Considérons un plan auxiliaire P_3, il donne dans les deux

cylindres les génératrices *dkl, bnm, hnk, fml* qui fournissent
quatre points d'intersection *k, l, m, n*. Les deux diagonales *ln* et *mk* du parallélogramme *klmn* se coupent en un
point *o* situé sur la droite *rs* ; en effet, si nous menons par le
point *p* milieu de la corde *bd* une parallèle aux génératrices, cette parallèle également distante des deux droites passera par le point *o* et sera dans le plan *scar ;* de même la parallèle aux génératrices du cylindre B menée par le milieu *q* de
hf sera dans le plan *sger*, et passera par le point *o* : donc le

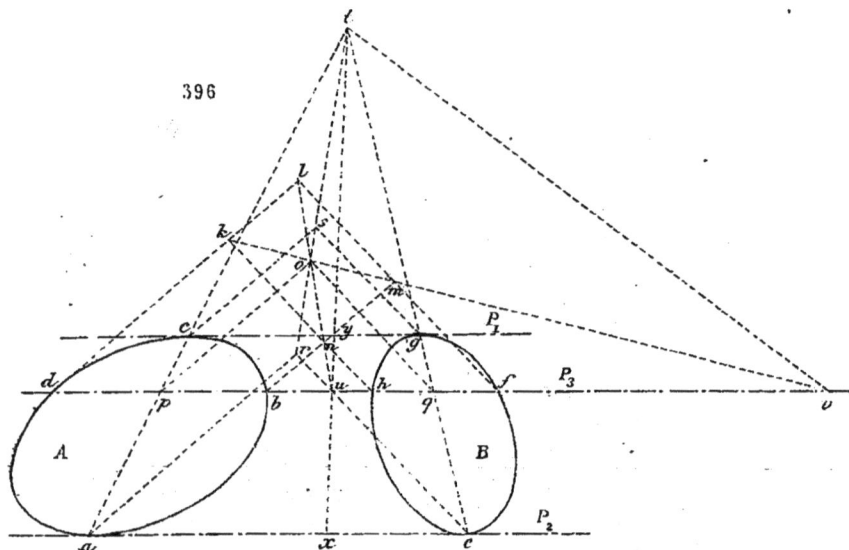

396

point *o* est sur la droite *rs* intersection des deux plans *scar* et
sger. Dailleurs cette droite *rs* a sa trace au point *t* où se coupent les traces des deux plans. Les diagonales *lom* et *kom* ont
leurs traces en *u* et *v* sur la trace P₃ du plan auxiliaire, d'ailleurs les parallélogrammes tels que *klmn* obtenus dans les
plans auxiliaires successifs sont tous semblables entre eux,
car leurs côtés sont parallèles, et le rapport des côtés
qui est égal à celui des cordes *db* et *hf* est constant, et égal
au rapport des diamètres des ellipses parallèles aux traces P ;
par suite les diagonales de ces parallélogrammes sont paral-

lèles, ces diagonales parallèles qui rencontrent une même droite forment deux plans dans lesquels se trouvent les points tels que l et n d'une part, tels que k et m d'autre part. On a donc deux courbes planes.

Si nous prolongeons les diagonales jusqu'à leur point de rencontre en u et v avec la trace du plan P_3, ces points u et v sont les traces des diagonales, les lieux de ces traces sont des droites, traces des plans des sections, et comme ces plans passent par la droite rst, ces traces doivent passer par le point t; ce sont les droites tu et tv.

Observons que les quatre droites op, ou, oq, ov, diagonales, et parallèles aux côtés d'un parallélogramme, forment un faisceau harmonique; par suite les quatre droites tp, tu, tq, tv forment aussi un faisceau harmonique.

Le point x où la droite tu trace du plan d'une courbe rencontre la trace du plan tangent commun aux deux cylindres est la trace de la tangente à une branche de la courbe d'intersection au point double r, et comme ce point est conjugué par rapport aux points a et h du point analogue situé sur la droite tv, nous retrouvons le théorème déjà démontré : *En un point double réel, les tangentes à la courbe et les génératrices qui passent par le point forment un faisceau harmonique.*

515. Théorème. — *Deux cylindres circonscrits à une même sphère se coupent suivant deux courbes planes.*

Ce théorème peut être considéré comme une conséquence du théorème précédent; en effet, les cylindres touchent la sphère suivant des grands cercles qui se coupent en deux points et en ces deux points, les deux cylindres ont même plan tangent. On peut aussi le démontrer directement. (Fig. 397).

Nous prenons pour plan de projection le plan mené par le centre de la sphère parallèlement aux génératrices des deux cylindres; les cylindres auront pour contours apparents les tangentes cb, fd et cf, bd, qui se coupent en quatre points.

Les plans des courbes de contact sont perpendiculaires au plan de projection et se projettent suivant les droites ae et hg perpendiculaires aux génératrices; nous traçons les diagonales bof, cod du parallélogramme, elles se coupent au point o.

Considérons un plan perpendiculaire au plan de projection

et conduit par *bof*; il coupe chaque cylindre suivant une ellipse, ces ellipses ont en commun les points *b* et *f*, et il est
évident, à cause de la symétrie, que *bf* est un axe; elles ont
en commun les deux points de la sphère projetés en *o*. car

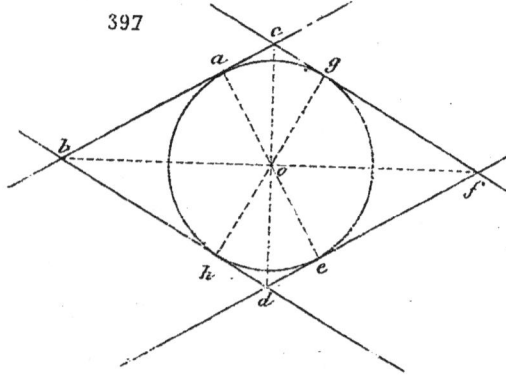

397

ces deux points où se croisent les courbes de contact, appartiennent à la fois aux deux cylindres, et la droite qui les
joint est le second axe des ellipses.

Les deux ellipses sont donc confondues, et constituent
une première courbe d'intersection, la seconde est de même
projetée en *cod*.

Remarque. Ce théorème est vrai pour deux cylindres circonscrits à une même surface du second degré, et la démonstration est identique à celle que nous venons de donner.

Applications. Ces cas sont d'une application très fré-
quente dans la pratique.

1° Dans les constructions : on emploie souvent des voûtes
cylindriques qui se croisent, les axes des cylindres se rencontrent et sont dans le même plan horizontal; les rayons des
sections droites, si les cylindres sont de revolution, ou les
seconds axes des ellipses sont égaux en sorte que les cylindres complets auraient deux plans tangents communs horizontaux, et se coupent suivant deux courbes planes. La voûte
ainsi constituée se nomme *voûte d'arêtes*.

516. 2° Dans les ombres. (Fig. 398)

Une voûte cylindrique s'ouvre dans un mur vertical MN, les génératrices du cylindre sont horizontales et le cylindre a pour contour apparent horizontal *af* et *eg*; le demi-cylindre

398

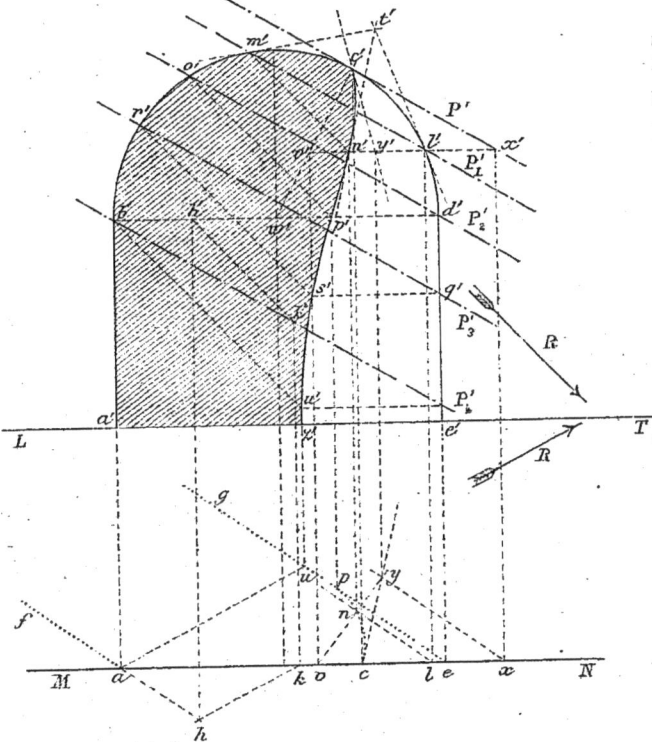

qui forme la voûte et qui est coupé par le mur MN suivant le demi cercle *b'm'd'* est supporté par deux murs verticaux qu'on nomme *pieds-droits*, et qui ont pour hauteur *b'a' = d'e'*. Cette voûte est éclairée par des rayons parallèles à une direction R, R', on demande de construire l'ombre dans l'intérieur de la voûte.

Cette ombre est l'intersection du cylindre horizontal, avec le cylindre qui a la même directrice, et qui est parallèle à R, R'. Nous construisons d'abord un plan parallèle à la fois aux génératrices des deux cylindres.

Nous prenons sur la génératrice ah, $b'h'$, un point h,h' et nous menons par ce point une parallèle à R, R'; la génératrice a sa trace sur le plan de la directrice au point b', la parallèle a sa trace au point k, k' et $b'k'$ est la trace sur le plan de la directrice d'un des plans auxiliaires.

Figurons une de ces traces P'_1, parallèle à $b'k'$; ce plan P'_1, détermine dans le cylindre horizontal la génératrice $l'n'$, dans le cylindre d'ombre, la génératrice $m'n'$; le point n' est un point de l'ombre, et la projection horizontale est le point n, sur la projection ln de la génératrice.

La tangente en ce point n' est l'intersection des plans tangents aux deux cylindres suivant les génératrices qui passent par ce point. Ces plans tangents ont pour traces sur le plan de tête, les tangentes $m't'$ et $l't'$ à la directrice, le point t' est un point de la tangente qui est alors $n't'$.

Lorsque le plan auxiliaire vient en P', tangent à la directrice au point c', on obtient en c' un point de la courbe d'intersection; menons la tangente en ce point, la courbe est plane et la tangente est l'intersection du plan de la courbe avec le plan tangent dont la trace est P'.

Le plan de la courbe est déterminé par ce point n', par exemple, et par le diamètre $c'\omega'$; le plan tangent au cylindre horizontal est déterminé par sa trace P' et une parallèle aux génératrices horizontales.

Nous coupons les deux plans par un plan horizontal $v'y'x'$; il détermine dans le plan de la courbe la droite nv, $n'v'$, dans le plan tangent la parallèle xy aux génératrices, le point y,y' est un point de la tangente qui est yc, $y'c'$.

Le plan auxiliaire P'_2 donne le point p' sur le diamètre horizontal; c'est en ce point que se termine l'arc d'ellipse, intersection des deux cylindres; l'ombre se continue par l'intersection du cylindre qui a pour directrice l'arc $o'b'$ avec le plan vertical du pied-droit eg.

Nous obtiendrons des points de la même manière; le plan vertical eg pouvant être regardé comme un cylindre dont les génératrices sont parallèles à *eg*. Nous obtenons ainsi l'arc de courbe *p's'n'* qui se raccorde avec le premier au point *p'*, parce que en ce point le cylindre horizontal est tangent au plan vertical *eg*, et que la tangente sera pour les deux courbes l'intersection du plan tangent au cylindre d'ombre avec le plan tangent *eg*.

A partir du point *b'* nous n'avons plus que l'ombre de la verticale *b'a'* qui est la verticale *u'z'*.

EXERCICES & ÉPURES

CONTENANT DES EXEMPLES DE SECTIONS PLANES
ET INTERSECTIONS DE CYLINDRES

517. 1° *Construire l'ombre portée dans un cylindre vertical creux par sa base supérieure.*

2° On donne un cylindre de révolution horizontal, posé sur le plan horizontal, la projection horizontale des génératrices fait avec la ligne de terre un angle de 33° à gauche, le rayon du cylindre est égal à 24 millimètres. On le limite à deux plans de section droite. On pose sur ce premier cylindre un second cylindre de révolution incliné, les génératrices sont perpendiculaires à celles du premier cylindre, son rayon est égal à 27 millimètres, il est limité à deux plans de section droite, et touche le plan horizontal en un point situé à 80 millimètres en avant de la génératrice de contact du premier cylindre avec le plan horizontal.

On éclaire les deux cylindres par des rayons parallèles dont la projection horizontale fait avec la ligne de terre un angle de 45°, et la projection verticale un angle de 30°.

2° On donne la projection horizontale (fig. 399) d'un tétraèdre régulier, la face ABC est horizontale. On considère un cylindre de révolution autour de SB, le rayon est égal à la moitié du côté du tétraèdre.

Un second cylindre a pour base le cercle circonscrit au triangle vertical ASD, ses génératrices sont horizontales et parallèles à BC.

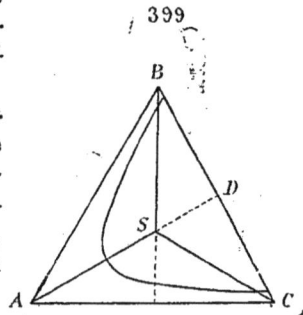

Représenter le cylindre horizontal entaillé par le cylindre oblique.

Prendre le côté du tétraèdre égal à 14 centimètres.

2° *Même tétraèdre.* — Cylindre de révolution autour de SC, ayant pour rayon la moitié du côté du tétraèdre. Second cylindre ayant pour base le cercle circonscrit au triangle vertical ASD, génératrices parallèles à l'arête SB.

Représenter le solide commun.

4° *Même tétraèdre.* — Cylindre de révolution autour de SC, ayant pour rayon la moitié du côté du tétraèdre ; cylindre ayant pour base le cercle inscrit dans la face BSC, et dont les génératrices sont parallèles à SA. — Solide commun. —

Représenter à part ce qui reste du tétraèdre supposé plein et solide après qu'on a enlevé les parties comprises dans les deux cylindres.

5° *Même tétraèdre.* — Cylindre de révolution autour de SC, ayant pour rayon la moitié du côté du tétraèdre. Cylindre hyperbolique ayant pour base une hyperbole située dans la face BAC, ayant AB et AC pour asymptotes ; le demi-axe, transverse, est égal à 3 centimètres. On emploiera les deux nappes du cylindre hyperbolique qu'on considère comme formé de deux parties solides séparées.

On représentera le cylindre de révolution entaillé par les deux nappes du cylindre hyperbolique.

Représenter à part ce qui reste du tétraèdre supposé plein et solide après qu'on a enlevé les parties comprises dans les deux cylindres.

6° *Même tétraèdre.* — Deux cylindres de révolution autour de AS et de SC, ayant tous deux pour rayon la moitié du côté du tétraèdre. — Représenter le solide commun. (2 courbes planes.)

7° *Même tétraèdre.* — Cylindre ayant pour base le cercle inscrit dans la face ASB, génératrices parallèles à SC. Cylindre de révolution ayant pour axe la perpendiculaire commune à BC et à SA. Même rayon que le cercle de base du premier cylindre. — Représenter le solide commun.

8° On donne par ses traces un plan P'P parallèle à la ligne de terre. (Fig. 400.)

Un cercle dans le plan vertical tangent en a' à la trace

verticale P'. On mène une droite *a'b'*, *ab* du plan P. Le cercle
est la directrice d'un
cylindre dont les gé-
nératrices sont paral-
lèles à *ab*, *a'b'*. On
donne un plan de pro-
fil RR', dans ce plan
un cercle tangent au
plan P; le cercle est
la directrice d'un se-
cond cylindre dont
les génératrices sont
parallèles à la ligne
de terre. Construire
l'intersection des
deux cylindres.

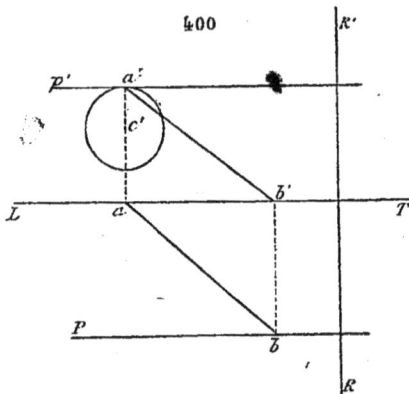

9° On donne une droite de profil dont la trace horizontale
est au point *a*, et la trace verticale au point *b'*, et une ellipse
située dans un plan perpen-
diculaire à la droite *ab'* au
point *a*, cette ellipse se projette suivant un cercle dont
le rayon est donné et dont
le centre est en O sur le prolongement de la ligne *b'a*.

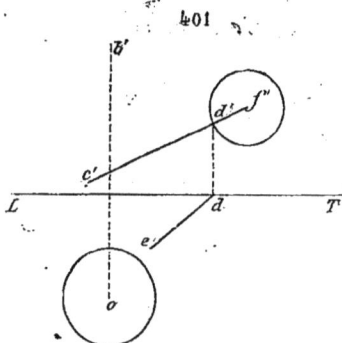

L'ellipse est la direc-
trice d'un cylindre dont les
génératrices sont parallèles
à *ab'*. Un second cylindre
a pour base un cercle situé
dans le plan vertical et dont le centre est au point *f'*, ses
génératrices sont parallèles à *cd*, *c'd'*.

Construire l'intersection des deux cylindres et représenter
le solide commun.

10° On donne dans un plan horizontal *mn* (fig. 402) une
hyperbole et une parabole, l'axe transverse de l'hyperbole
coïncide avec l'axe de la parabole.

Les génératrices du cylindre parabolique sont parallèles

à une droite de front *bc*, *b'c'* ; on donne la projection horizontale *oa* des génératrices du cylindre hyperbolique, on déterminera leur projection verticale par la condition que les plans auxiliaires aient leurs traces horizontales parallèles à l'asymptote *dbf*.

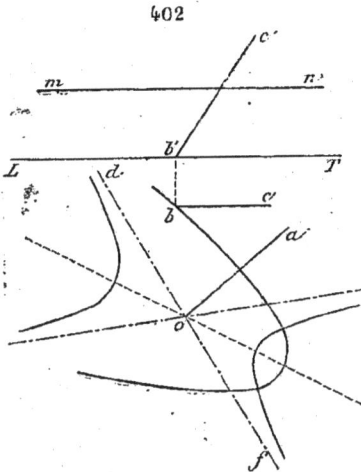

402

On considère comme solides les deux nappes séparées du cylindre hyperbolique, et on représentera le solide commun aux deux cylindres.

11° On donne une sphère par ses deux projections, et on considère un cylindre circonscrit à cette sphère et dont les génératrices sont parallèles à la ligne de terre. On coupe la sphère par un plan passant par la ligne de terre et le centre de la sphère, et on prend le grand cercle comme base d'un second cylindre dont les génératrices sont parallèles à *a'b'* *ab*. Représenter le cylindre parallèle à la ligne de terre avec l'entaille faite par le cylindre oblique.

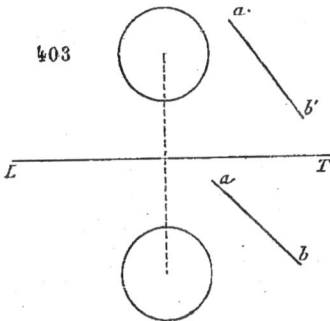

403

12° On considère un demi-cylindre vertical creux *ab*, *a'b'*. Ce cylindre est recouvert par un cylindre plein circulaire *cde*, *c'd'e'*. Construire l'ombre portée par ce cylindre *cde*, *c'd'e'* dans l'intérieur du cylindre creux.

Les deux cylindres étant éclairés par des rayons dont les deux projections font avec la ligne de terre des angles de 45°.

13° On considère un demi-cylindre vertical creux $a'b'$, ab; dans l'intérieur se trouve un petit cylindre vertical plein cd, $c'd$.

Éclairer les deux corps par des rayons dont les projections font avec la ligne de terre des angles de 45° et construire les ombres.

404

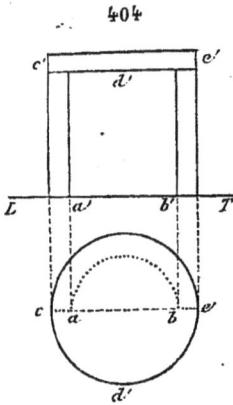

405

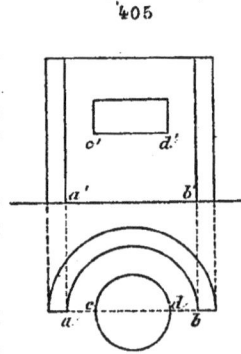

(Voir dans notre *Recueil d'épures*, les épures 10, 11, 12, 13, 14.)

INTERSECTION DE DEUX CONES

INTERSECTION DE DEUX CONES

513. Méthode générale. — La méthode générale
pour construire l'intersection de deux cônes consiste à couper
ces deux cônes par des plans auxiliaires passant par la droite
des sommets ; ces plans donneront dans les deux cônes des
génératrices, et les points de rencontre de ces génératrices
seront des points de l'intersection.

Il faut donc prendre un plan de base pour chaque cône, et
les traces des plans auxiliaires sur ces plans couperont les
bases en des points qui seront les traces des génératrices.

1ᵉʳ cas. Les deux cônes ont leurs bases dans un même plan.

Nous prenons deux cônes ayant leurs bases dans le plan
horizontal. (Fig. 406).

Le cône SS' a pour base la courbe *afm.*

Le cône TT' a pour base la courbe *txβε.*

Les plans auxiliaires doivent contenir la droite ST, S'T' ;
donc leurs traces horizontales passeront par le point A, trace
horizontale de cette droite.

Ainsi menons une ligne A*hkz*γ ; le plan, dont cette ligne
est la trace, coupe les deux cônes suivant les génératrices S*h*, S*k*
et T*z*, T*γ* qui se croisent en quatre points : *k* et *z* donnent le
point 7, *k* et γ donnent le point ω, *h* et *z* donnent le point 5,
h et γ donnent le point ψ.

Les projections verticales de ces points sont faciles à
obtenir, il suffit de les relever sur les projections verticales
des génératrices correspondantes.

Si nous voulons obtenir les points sur les génératrices de
contour apparent horizontal du cône S, S*f* et S*n*, nous tracerons les plans auxiliaires dont les traces sont A*f* et A*n*.

Les plans, dont les traces sont Ag et Ap, donneront les points sur les génératrices de contour apparent vertical de ce cône.

Nous pourrons tracer de même les plans auxiliaires donnant les points situés sur les contours apparents du cône T.

519. Plans limites. — En figurant les traces de tous les plans auxiliaires utiles, nous arrivons à un plan Aiα$β$, tangent au cône S suivant la génératrice Si, coupant le cône T, et tel qu'un plan situé un peu au-dessous ne rencontrerait plus le cône S. *Ce plan est un plan limite, et les génératrices du cône coupé par le plan limite sont tangentes à la courbe.*

Ainsi la génératrice Si et la génératrice T$β$ se rencontrent au point 19. La génératrice T$β$ est dans le plan tangent au cône T suivant cette génératrice, et dans le plan auxiliaire Ar tangent au cône S; elle est l'intersection des deux plans tangents, et par suite tangente à la courbe d'intersection au point 19. De même, T$α$ est tangent à la courbe au point 6. (Voir dans l'intersection des cylindres, 491.)

Nous avons un autre plan limite Aarb, tangent au cône T suivant Tb, et les génératrices Sa et Sr du cône coupé sont tangentes à la courbe.

Quand on doit construire l'intersection de deux cônes, on doit : 1° chercher la trace de la droite des sommets; 2° tracer les plans limites ; 3° mener les plans auxiliaires nécessaires, qui donnent les points sur les contours apparents tant horizontaux que verticaux des deux cônes.

520. Arrachement. Jonction des points. — Lorsque les plans limites ne sont pas tangents au même cône, l'intersection est une seule courbe qu'on peut parcourir d'un mouvement continu, et il y a *arrachement*. On détermine l'ordre de jonction des points de la même manière que dans l'intersection de deux cylindres (495).

Ainsi nous avons marqué les plans qui donnent tous les points sur les contours apparents, et nous sommes partis du plan limite Aab ;

Les génératrices des points a et b donnent le point 1, la courbe est tangente à la génératrice Sa ;

c et s donnent le point 2 ;

f et *x* donnent le point 3 sur le contour apparent horizontal de S ;

g et *y* donnent le point 4 sur le contour apparent vertical de S ;

h et *z* donnent le point 5 sur le contour apparent vertical de T ;

i et α donnent le point 6, point limite.

Arrivés au plan A*ix*, nous obtenons de nouveaux points de la courbe en remontant en sens contraire sur la base du cône T, et en continuant dans le même sens sur la base du cône S.

z et *k* donnent le point 7 , contour vertical de T ;

y et *l*	—	8 ;
x et *m*	—	9 ;
v et *n*	—	10, contour horizontal de S ;
u et *p*	—	11, contour vertical de S ;
r et *b*	. —	12, point limite.

Nous reprenons les génératrices du cône S en sens contraire, en continuant sur la base du cône T.

π et *q* donnent le point 13, contour horizontal de T ;

μ et *p*	—	14, contour vertical de S ;
θ et *o*	—	15, contour vertical de T ;
λ et *n*	—	16, contour horizontal de S ;
ε et *m*	—	17 ;
δ et *l*	—	18 ;
γ et *k*	—	ω ;
β et *i*	—	19; point limite.

Nous continuons le déplacement sur la base du cône S, et remontons sur la base du cône T.

γ et *h* donnent le point ψ ;

δ et *g*	—	20, contour vertical de S ;
ε et *f*	—	21, contour horizontal de S ;
θ et *e*	—	22, contour vertical de T;
π et *c*	—	23, contour horizontal de T ;
b et *a*	—	1, point de départ.

Nous avons reporté sur la projection verticale seulement les points limites et les points sur les contours apparents.

520 *bis*. Parties vues et cachées. — La distinction entre les parties vues et cachées se fait exactement

d'après les mêmes règles que pour les cylindres (497). Les
génératrices *vues* sur la projection horizontale du cône S sont
celles qui ont leurs traces sur l'arc *fimn*.

Les génératrices *vues* sur la projection verticale de ce
même cône correspondent à l'arc *glmp*.

Il est facile de faire la même distinction pour le cône T. Un
point de l'intersection est *vu*, s'il est à l'intersection de deux
génératrices vues ; il est *caché* si l'une des génératrices qui y
passent est cachée.

Nous avons supposé dans la figure que les deux corps
existent ensemble, de manière à former un seul solide, et
c'est dans cette hypothèse que nous avons ponctué la courbe.

Le contour apparent horizontal S*f* entre dans le cône T au
point 22 qui est *vu*, la génératrice est donc *vue* jusqu'à ce
point, elle en sort au point 3 qui est *caché*, elle devient *cachée*
à partir de ce point, jusqu'au moment où elle n'est plus recouverte par la projection du cône T.

La génératrice S*n* entre dans le cône T au point 16 qui
est *vu*, elle est *vue* jusqu'à ce point ; elle en sort au point 10
qui est *caché*, et elle reste *cachée* parce qu'elle est entièrement
couverte par la projection du cône T.

La génératrice Tπ entre dans le cône S au point 13, sort
au point 23, les deux points sont *cachés*, et la génératrice est
cachée dans les parties où elle est couverte par la projection
du cône S.

La seconde génératrice de contour apparent horizontal du
cône T est *vue* tout entière ; elle ne rencontre pas le cône S
et elle est projetée au-dessus de la génératrice S*f* de ce
cône.

La distinction des parties vues et cachées sur la projection verticale est faite d'après les mêmes règles.

Nous faisons encore observer ici, comme nous l'avons fait
dans les cylindres (497), que nous ne représentons pas les
portions de génératrices intérieures aux deux corps.

Nota. — Nous engageons vivement les lecteurs à représenter sur cette même figure chacun des corps isolément,
et ensuite le solide commun, comme nous l'avons fait dans les
cylindres (497) ; il faut calquer au crayon les contours des

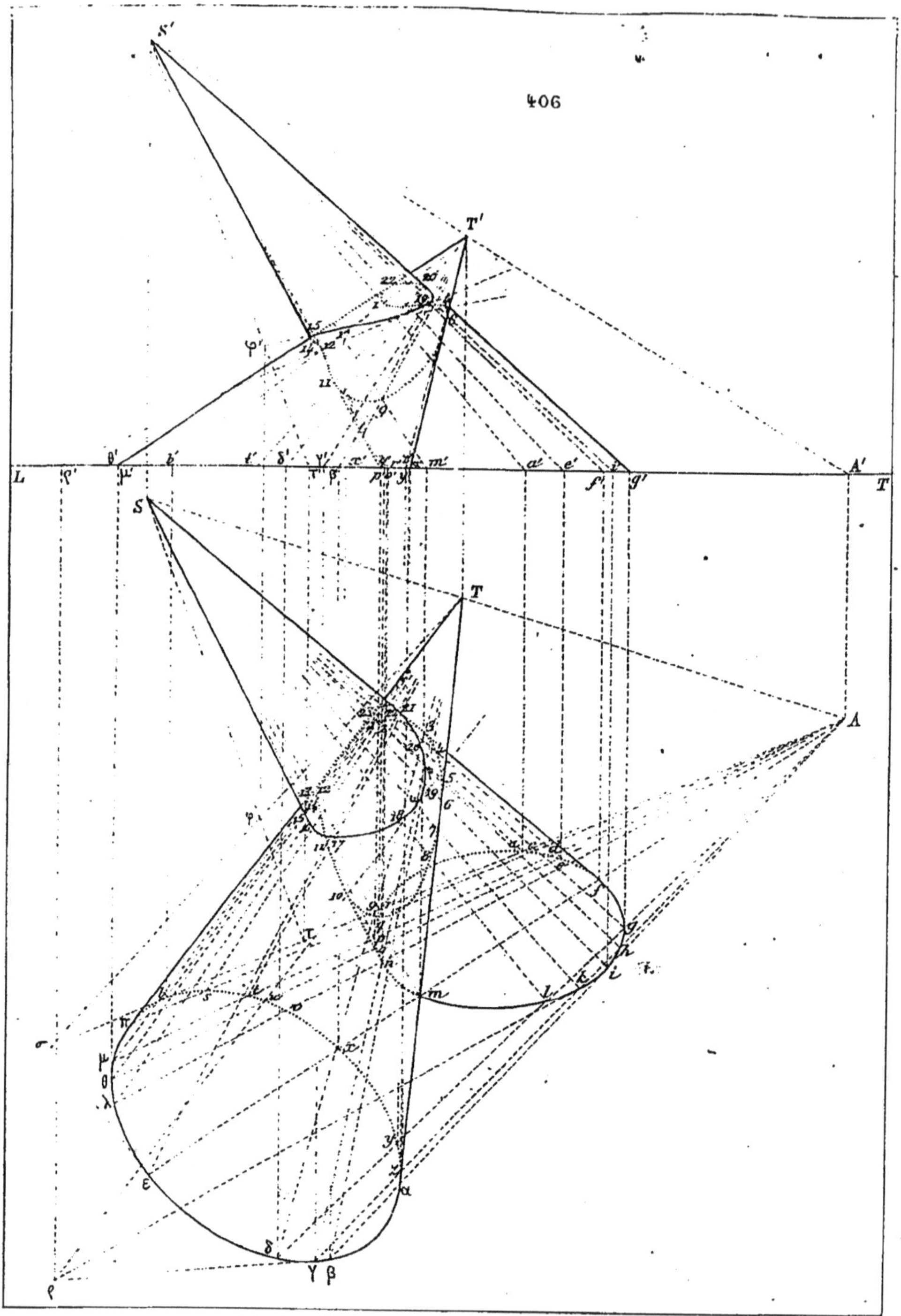

Librairie CH. DELAGRAVE, 15, rue Soufflot, Paris

deux cônes et la courbe d'intersection, et s'exercer à faire dans chacun de ces cas la ponctuation de la figure.

521. Pénétration. — Nous avons trouvé arrachement, et une seule courbe d'intersection continue ; nous trouverons *pénétration* et deux courbes séparées si les plans limites sont tangents au même cône.

Nous renvoyons encore aux cylindres (498), pour l'ordre de jonction des points.

522. Tangentes. — Nous nous proposons de construire la tangente au point ω, situé sur les génératrices Tγ et Sk.

La droite cherchée étant tangente à une courbe située à la fois sur les deux cônes, est dans les deux plans tangents à ces cônes au point considéré ; elle est donc l'intersection des plans tangents.

Le plan tangent au cône T suivant la génératrice Tγ a pour trace γρ, tangente à la base au point γ ; le plan tangent au cône S suivant Sk a pour trace kρ, tangente à la base au point k : le point ρ où se coupent les traces est la trace horizontale de la tangente, qui est ρω ; nous n'avons pas construit sa projection verticale pour ne pas trop charger la figure, il suffit de projeter le point ρ sur la ligne de terre, et de joindre cette projection à la projection verticale du point ω.

Si nous voulons appliquer la construction au point 17 donné par les génératrices Tε et Sm, nous trouvons que les traces εσ et mτ des plans tangents se coupent en dehors des limites de l'épure, il est alors nécessaire de construire un point de la tangente, c'est-à-dire un point de l'intersection des deux plans.

Nous opérons d'une manière analogue à celle que nous avons indiquée à propos des cylindres (493) ; nous coupons les deux plans tangents par un plan auxiliaire, en choisissant un de ceux qui ont servi à construire l'intersection, par exemple le plan limite A*ab* ; ce plan passe par le sommet S, le plan tangent dont la trace est mτ passe par ce même point, l'intersection des deux plans a pour trace horizontale le point τ, et passe par ce sommet, c'est la droite τS. De même l'intersection du plan auxiliaire avec le plan tangent dont la trace est εσ est la droite σT passant par le sommet T.

Ces deux droites se rencontrent au point φ, qui est un
point de la tangente cherchée, et qu'il suffit de joindre au
point 17.

Pour obtenir la projection verticale, on trace la projection
verticale S'τ' de la droite Sτ, on projette le point φ sur cette
ligne en φ' et on joint le point φ' au point 17.

523. Tangentes horizontales.

Il est impossible, en général, de trouver les points pour
lesquels la tangente est horizontale ; il faut, en effet, obtenir
une trace de plan auxiliaire, telle que les tangentes aux bases
aux points où elles sont rencontrées par cette trace soient

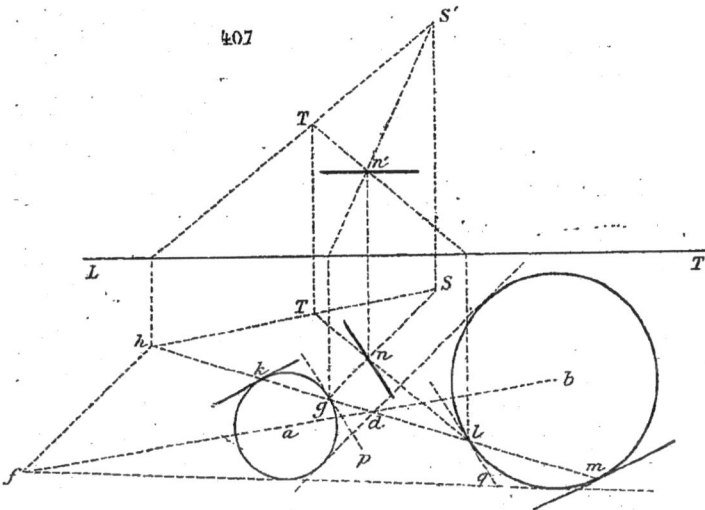

407

parallèles, alors les deux plans tangents ayant leurs traces
parallèles se couperont suivant une horizontale.

On ne peut trouver ces points que si les bases des deux
cônes sont homothétiques.

Prenons pour exemple deux cônes, le cône S,S' dont la
base est le cercle a, le cône T,T' dont la base est le cercle b.
(Fig. 407.)

La trace de la droite des sommets est le point h, et les
traces des plans auxiliaires passent ar ce point.

Construisons les centres de similitude d et f des deux cercles; conduisons le plan dont la trace est hd, il coupe les bases en quatre points k, g, l, m : aux points g et l les tangentes sont parallèles, et si nous construisons le point n, n' sur les deux génératrices qui passent par ces points, la tangente au point n, n' est horizontale et sa projection horizontale est parallèle aux droites gp et lq. De même aux points k et m, les tangentes sont parallèles et les génératrices correspondantes donneront un second point pour lequel la tangente est horizontale. Le plan auxiliaire, dont la trace est hf, ne coupe pas les deux cônes; s'il les coupait, nous aurions encore deux points pour lesquels la tangente est horizontale.

524. 2° cas. Les deux cônes n'ont pas leurs bases dans le même plan.

Les plans des deux bases sont les plans P'αP et Q'βQ. (Fig. 408.)

Ces directrices des cônes sont des cercles situés dans ces plans, nous prenons leurs rabattements ; le cercle o_1 rabattu dans le plan Q, le cercle ω_1 rabattu dans le plan P.

Le cercle o est la directrice d'un cône dont le sommet est au point T, T', le cercle ω est la directrice d'un cône dont le sommet est au point S, S'.

Nous construisons les intersections de la droite des sommets avec les plans des deux bases ; nous considérons le plan qui projette horizontalement la ligne ST, il coupe l'intersection cd, $c'd'$ des deux plans P et Q au point f, f', il coupe la trace αP au point a, a', en sorte que af, $a'f'$ est l'intersection du plan auxiliaire vertical ST avec le plan P. Ce même plan coupe la trace horizontale βQ au point b, b', en sorte que bf, $b'f'$ est l'intersection du plan auxiliaire vertical ST avec le plan Q. La droite af, $a'f'$ croise S'T' au point p', dont la projection est p et qui est le point où la ligne des sommets perce le plan P ; la droite bf, $b'f'$ croise S'T' au point q' dont la projection est q, et qui est le point où la ligne des sommets perce le plan Q.

Les plans auxiliaires qu'on emploiera pour construire les points de l'intersection des deux cônes, auront pour traces sur le plan P des droites passant par p, p', et pour traces sur

le plan Q des droites passant par q,q' ces droites rencontreront d'ailleurs l'intersection cd, $c'd'$ en un même point.

Rabattons le plan P : le point d,d' vient en d_3 (202), et

408

l'intersection est rabattue en cd_2 ; le point f vient en f_2, et le
point p,p' vient en p_1 sur le rabattement af_2 de af, $a'f'$.

Nous obtenons de la même manière le rabattement du
point q,q' en q_1 dans le rabattement du plan Q, en rabattant
d'abord le point d,d' en d_1, puis le point f en f_1, sur la droite cd_1,
ensuite le point q_1 sur la droite bf_1.

Nous traçons une droite quelconque q_1k_1, et nous la considérons comme la trace sur le plan Q d'un plan auxiliaire ; elle rencontre l'intersection cd_1 au point k_1. Nous prenons sur le rabattement cd_2 une longueur $ck_2 = ck_1$, et nous menons la droite p_1k_2 ; il est clair que cette ligne est la trace sur le plan P du même plan auxiliaire qui coupe le plan Q suivant q_1k_1.

Les points k_1 et k_2 se relèvent au même point k de l'intersection cd, et les deux traces du plan auxiliaire sont qk et pk.

La trace q_1k_1 rencontre la directrice o_1 en deux points, nous prenons un seul de ces points, le point h_1, il se relève en h,h' sur la droite qk, $q'k'$, et la génératrice correspondante est Th, $T'h'$.

La trace p_1k_2 rencontre ω_1 au point g_1, nous relevons ce point en g sur la droite pk, et nous menons la génératrice Sg. Les deux génératrices se coupent en un point m,m', qui est un point de l'intersection cherchée.

Il est facile de comprendre qu'on trouvera aisément tous les points de l'intersection, d'une manière analogue.

Si l'on veut obtenir la tangente au point m,m', on détermine les deux plans tangents. Le plan tangent au cône T est déterminé par la tangente h_1s_1 à la directrice, et la génératrice ; le plan tangent au cône S est déterminé par la tangente g_1t_1 à la directrice et la génératrice.

On coupe les plans tangents par un plan auxiliaire, dont les traces sont q_1v_1 et p_1v_2 $(cv_1 = cv_2)$; ce plan coupe les plans tangents suivant des droites passant par les points s_1 et t_1 et par les sommets ; on les construit comme les génératrices des cônes et on prend leur point d'intersection qui est un point de la tangente (522).

POINT DOUBLE RÉEL

525. Les deux cônes peuvent avoir un plan tangent commun, et leur intersection présente un point double réel.

Ainsi la base du cône S est la courbe $abcde$, la base du cône T est la courbe $fghkl$. (Fig. 409).

La trace de la droite des sommets est le point *m*, et les deux cônes ont un plan tangent commun, dont la trace est *mhc*.

Les génératrices de contact S*c*, S'*c'* et T*h*, T'*h'* se rencontrent en un point *o,o'* ; ce point est un point double réel, et la courbe d'intersection des deux cônes passe deux fois par ce point.

Pour le reconnaître, il suffit de joindre dans l'ordre régulier les points de l'intersection : *a* et *f*, *b* et *g*, *c* et *h*, *k* et *d*... donnent une première branche de la courbe 1,2,3,4 ; au con-

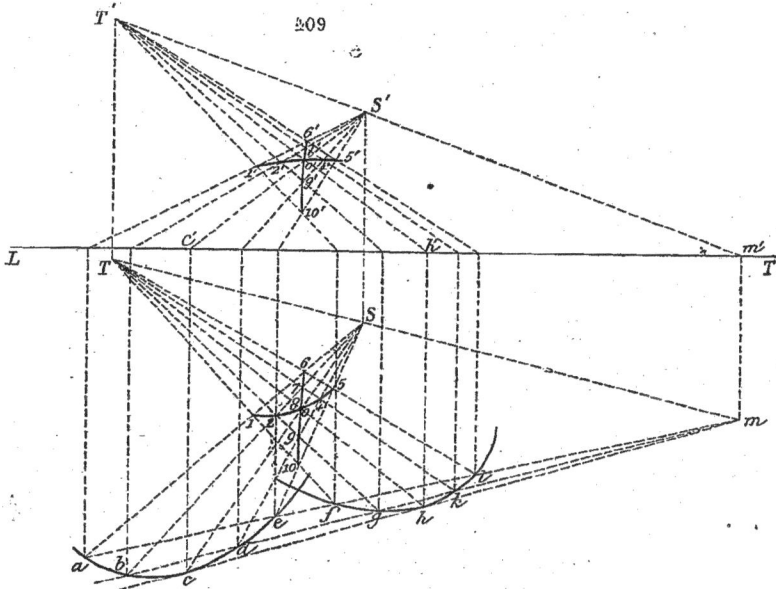

209

traire *a* et *l*, *b* et *k*, *c* et *h*, *d* et *g*... donnent une seconde branche 6,7,8,9,10, et ces deux branches passent par le point *o*. De même que dans l'intersection de deux cylindres (499), il est impossible de construire les tangentes aux deux branches de courbe par les méthodes ordinaires.

On peut employer les courbes d'erreur, dont nous avons indiqué la construction à propos des cylindres (500).

526. On peut aussi construire les traces des tangentes par une autre courbe d'erreur.

Considérons la branche de courbe 6,7,8,9,10 ; menons les sécantes $o9$, $o'9'$ — $o10$, $o'10'$ — $o7$, $o'7'$ — et prenons leurs traces horizontales ; en joignant ces traces par un trait continu, nous obtiendrons une courbe, lieu des traces des sécantes ; la tangente cherchée est une de ces sécantes, et sa trace doit être sur cette courbe, et aussi sur la trace mhc du plan tangent commun, elle se trouve donc au point de croisement de la courbe avec la droite : une construction analogue donnera la tangente à la seconde branche de courbe.

Cette méthode revient à considérer un cône ayant son sommet au point double, et ayant pour directrice la courbe d'intersection, les tangentes cherchées sont les génératrices de ce cône situées dans le plan tangent commun ; on prend la trace du cône, et ses points de rencontre avec la trace du plan tangent sont les traces des tangentes.

On peut démontrer que ce cône est un cône du second degré.

Cette méthode est inférieure au point de vue graphique à celle que nous avons exposée à propos des cylindres (500).

527. Théorème. — *Les tangentes au point double, et les génératrices qui passent par ce point, forment un faisceau harmonique.*

Considérons, en effet (fig. 410), un plan sécant voisin du plan tangent commun, et coupant chacun des cônes suivant deux génératrices qui se rencontrent aux quatre points m,n,p,q. Les points n et m appartiennent à la même courbe, les points p et q à la seconde branche. Or dans le quadrilatère $mnpq$, si l'on joint le point de rencontre o des diagonales aux deux sommets S et T, les quatre droites oS, oT, on et oq forment un faisceau harmonique. Quand le plan sécant devient le plan tangent commun, les deux points m et n sont confondus, et la diagonale nm devient la tangente à la courbe.

De même, la limite de la diagonale pq est la tangente à la seconde branche. Ce qui démontre le théorème.

On peut même, dans le cas où les deux bases sont deux coniques, construire les traces des tangentes, en substituant

aux bases leurs cercles osculateurs, aux points de contact
avec la trace du plan tangent.

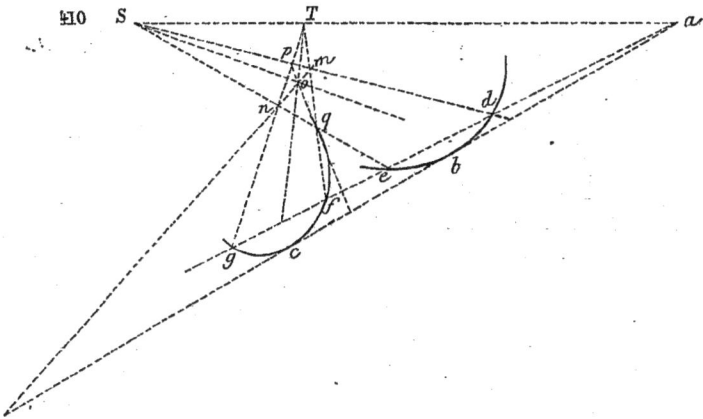

Prenons pour bases deux cercles dans le plan horizontal,
les centres sont en d et f (fig. 411), les rayons sont r et R.

Soient o la trace de la droite des sommets, ohg la trace du
plan tangent commun P. Nous coupons les deux cônes par un
plan auxiliaire voisin du plan P, dont la trace est oca, et nous
construisons en b la trace de la tangente au point résultant de
l'intersection des génératrices a et c; nous allons chercher la
position limite du point b lorsque le plan P_1 viendra se confondre avec le plan P.

Ce point b se trouvera alors sur la droite ohg, et partagera hg en deux segments dont le rapport sera la limite du
rapport $\dfrac{ab}{bc}$.

Nous allons chercher cette limite.

Le triangle abc nous donne : $\dfrac{ab}{bc} = \dfrac{\sin bca}{\sin bac}$, et en remplaçant
à la limite les sinus par les angles $\dfrac{ab}{bc} = \dfrac{bca}{bac}$.

Nous désignons par α l'angle des traces des deux plans,
par β l'angle bmo, par γ l'angle bng.

Alors l'angle $bca = \gamma - \alpha$, l'angle $bac = \beta + \alpha$.

$$\text{Lim} \frac{ab}{bc} = \lim \frac{\gamma - \alpha}{\beta + \alpha} = \lim \frac{1 - \frac{\alpha}{\gamma}}{\frac{\beta}{\gamma} + \frac{\alpha}{\gamma}}, \text{ l'angle } \alpha \text{ devenant infi-}$$

niment petit,

$$\lim \frac{ab}{bc} = \lim \frac{\gamma}{\beta} = \lim \frac{cfh}{gda} \cdot$$

Or $cfh = \dfrac{4^{\text{ droits}} \times hc}{2\pi R}$,

$gda = \dfrac{4^{\text{ droits}} \times ag}{2\pi r}$, hc et ag représentent les arcs.

411

Donc $\lim \dfrac{ab}{bc} = \dfrac{hc}{ag} \times \dfrac{r}{R} = \dfrac{r}{R} \lim \dfrac{\text{corde } hc}{\text{corde } ag} = \dfrac{r \sqrt{lh \times 2R}}{R \sqrt{gk \times 2r}} \cdot$

$\text{Lim} \dfrac{ab}{bc} = \dfrac{\sqrt{R}}{\sqrt{r}} \cdot \dfrac{\sqrt{lh}}{\sqrt{gk}}$; or $\dfrac{lh}{gk} = \dfrac{oh}{og}$,

donc $\lim \dfrac{ab}{bc} = \dfrac{\sqrt{R \times oh}}{\sqrt{r \times og}} \cdot$

Il est facile de construire les termes de ce rapport :

Nous portons R en *hp*, nous décrivons sur *po* une demi-circonférence; $hg = \sqrt{R \times oh}$.

Nous portons *r* en *gs*, nous décrivons sur *os* une demi-circonférence; $gt = \sqrt{r \times og}$.

Nous portons *gt* en *hv*, et *hq* en *gx*, nous joignons les deux points *v* et *x*, et nous obtenons le point ω, trace de la tangente. Il serait facile d'obtenir la seconde trace en construisant le conjugué harmonique de ω par rapport aux points *g* et *h*. Cette trace est ici hors de l'épure.

POINTS DOUBLES EN PROJECTION

528. Nous renvoyons le lecteur à l'intersection de deux cylindres (503-504) pour l'explication des points doubles en projection.

Nous avons démontré (480-481) que dans un cône du second degré le lieu des milieux des cordes parallèles à une direction donnée est un plan.

Ce plan diamétral conjugué d'une direction connue, qui existe toujours, passe par les génératrices de contact des plans tangents parallèles à cette direction, lorsque ces plans peuvent être construits.

Nous résumerons seulement ce que nous avons dit à propos des cylindres.

La ligne des points doubles en projection horizontale est la projection horizontale de l'intersection des plans diamétraux conjugués des cordes verticales (503).

La ligne des points doubles en projection verticale est la projection verticale de l'intersection des plans diamétraux conjugués des cordes perpendiculaires au plan vertical.

1° Considérons deux cônes (Fig. 412) : Le cône S a pour base la courbe *abcd*, le cône T a pour base la courbe *kfhg*.

Cherchons la ligne des points doubles en projection horizontale.

Le plan diamétral conjugué des cordes verticales dans le cône S passe par les génératrices de contour apparent horizontal, sa trace est *ab* (480).

Le plan analogue dans le cône T a pour trace *gf*.

Nous obtiendrons un point de l'intersection des deux plans en les coupant par un plan auxiliaire, conduit par la droite des sommets, et dont la trace passe par le point *m*; prenons le plan *mpq*. Le plan auxiliaire et le plan *ab* passent

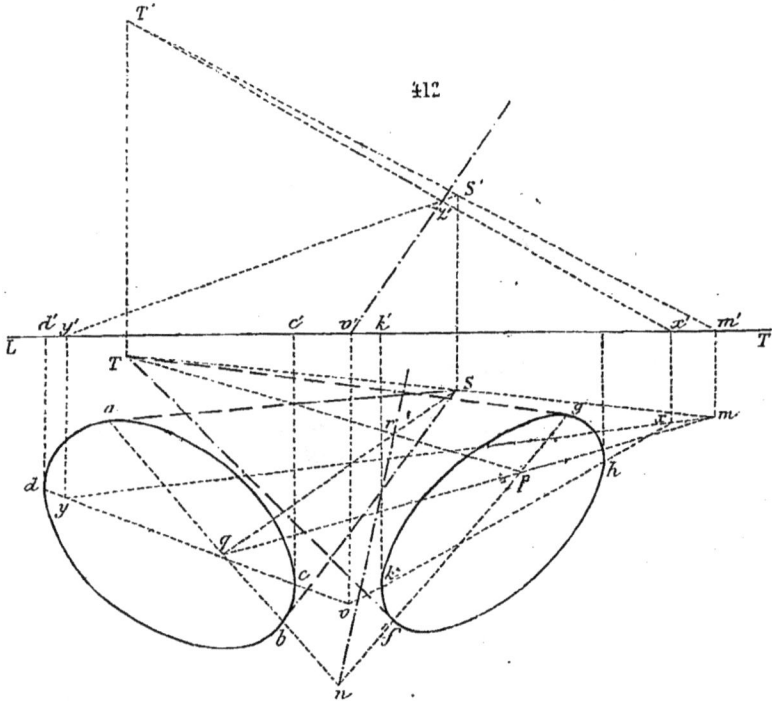

par le sommet S, leur intersection est la droite S*q*; le plan auxiliaire et le plan *gf* passent par le sommet T, leur intersection est la droite T*p*; ces deux droites se croisent en un point *r*, projection horizontale d'un point de la ligne des points doubles. On en obtiendra un second de la même manière; ici, les traces horizontales se rencontrent au point *n*, et *nr* est la ligne.

Cherchons la ligne des points doubles en projection verticale :

Les plans diamétraux conjugués des cordes perpendiculaires au plan vertical passent par les génératrices de contour apparent vertical ; leurs traces sont *dc* et *kh* (480).

Nous obtiendrons un point de leur intersection en les coupant par un plan auxiliaire conduit par la droite des sommets.

Soit *mxy* la trace de ce plan : il détermine dans le plan *cd* la droite S'*y'*, dans le plan *kh* la droite *x'*T' ; et le point de rencontre *z'* de ces deux droites est un point de la ligne des points doubles en projection verticale ; un second plan auxiliaire donnera un autre point ; ici, les traces des deux plans se coupent au point *v*, et *v'z'* est la ligne.

2° Le cône S a pour base une ellipse *abcd* et le sommet est projeté dans l'intérieur de cette ellipse, en sorte que le cône n'a pas de contour apparent horizontal ; le cône T a pour base le cercle O. (Fig. 413.)

Nous construisons le plan diamétral des cordes verticales dans le cône S, nous coupons ce cône par le plan vertical *cSa*, les deux génératrices sont *a'*S'*c''* et *c'*S', nous menons la corde verticale *c'c''*, nous prenons son milieu *e'* et nous menons la ligne S'*e'*, dont la trace est en *g* ; cette ligne est une droite du plan diamétral.

Nous coupons le cône par le plan vertical *dSb*, nous menons entre les deux génératrices la corde verticale *d'd''*, et nous traçons la ligne S'*f'* passant par le milieu *f'* de cette corde, la droite S'*f'*, dont la trace est en *h*, est une seconde droite du plan diamétral. La trace du plan est *gh*.

On eût pu la construire par les procédés connus pour obtenir la polaire du point S par rapport à la conique (481).

La trace du plan diamétral dans le cône T est *kl*, et nous avons coupé les deux plans par deux plans auxiliaires conduits par la droite des sommets, *mkn, mlp* ; nous avons aussi obtenu la ligne des points doubles *qr*.

En répétant les raisonnements déjà faits (504), nous voyons :

1° Il ne peut y avoir deux points doubles en projection sur un plan.

2° Ces points doubles peuvent être des points de rebroussement si les génératrices de contour apparent des cônes se coupent.

3° Le point double réel n'est pas sur la ligne des points doubles en projection.

4° Pour avoir les points doubles eux-mêmes, il faut cou-

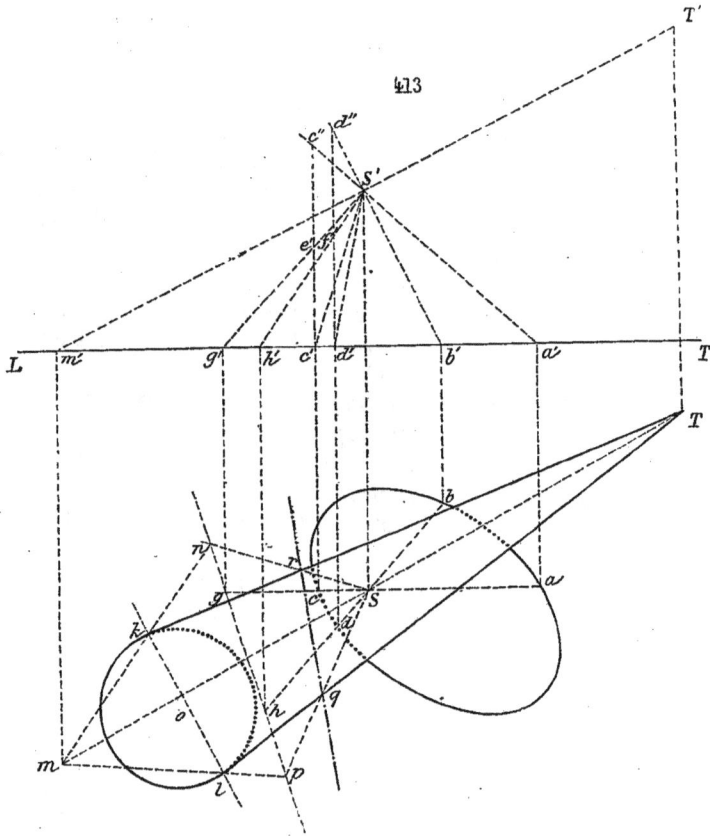

413

per les deux surfaces par le plan qui projette la ligne des points doubles, et cette construction n'est possible que dans le cas où les sections faites ainsi dans les deux surfaces sont faciles à construire.

Nous en donnerons encore un exemple. (Fig. 444) :

529. Les deux cônes ont pour bases deux cercles situés dans le plan horizontal; les plans diamétraux conjugués des

cordes perpendiculaires au plan vertical ont pour traces *bc*
et *df* parallèles à la ligne de terre, en sorte que la ligne des
points doubles est parallèle à la ligne de terre; nous coupons
les deux plans par le plan auxiliaire *ahc*, qui détermine dans
les deux plans les droites S'*h'* et T'*c'* ; le point *k'* est un point

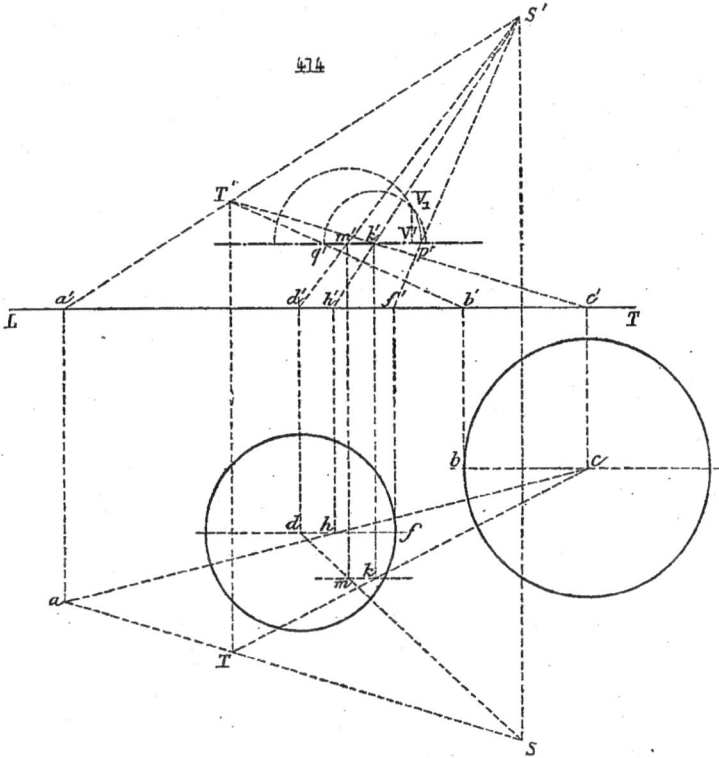

414

de la ligne des points doubles, cette ligne est *k'm'*, et la projection horizontale est *km*.

Nous coupons les deux cônes par le plan qui projette verticalement cette ligne ; les sections sont deux cercles, et les
centres de ces cercles sont en *k'*, *k* et *m'm*, sur la ligne des
points doubles ; en effet, la droite *c'*T', *c*T est dans le plan
diamétral *bc*, et rencontre nécessairement l'intersection des

deux plans diamétraux, et de même $d'S'$, dS est dans le plan diamétral df, et rencontre leur intersection.

Les centres des deux cercles sont une parallèle à la ligne de terre, leurs points d'intersection sont donc sur une perpendiculaire au plan vertical et se projettent au point double cherché.

Nous rabattons les deux cercles sur le plan horizontal $k'm'$; les rayons sont $k'q'$ et $m'p'$, et le point v_1, qu'on ramène en v', est le point double.

BRANCHES INFINIES

530. L'intersection de deux cônes peut présenter des branches infinies, la nature des bases des deux cônes est indifférente.

Il n'y a jamais sur un cône, de génératrices transportées à l'infini, puisque le sommet est nécessairement à distance finie.

Quand un cône a pour base une hyperbole, cela veut dire seulement qu'il y a deux génératrices parallèles au plan de la base, et que les plans tangents suivant ces génératrices ne sont pas parallèles au plan de base (455).

Quand un cône a pour base une parabole, cela veut dire seulement que le cône a un plan tangent parallèle au plan de la base (456).

Les points de l'intersection de deux cônes sont donnés par les rencontres des génératrices des deux cônes; il se peut que des génératrices soient parallèles sur les deux cônes, et il y aura des points de l'intersection à l'infini; ce cas ne pouvait se présenter dans les cylindres.

Nous devons donc examiner si les cônes donnés n'ont pas de génératrices parallèles.

Pour cela, *nous transportons les deux cônes au même sommet*, et nous construisons leurs traces sur le même plan; si les cônes ont des génératrices parallèles, ces génératrices se confondront, et les bases auront des points communs aux traces de ces génératrices communes.

A chaque point de rencontre des bases transportées correspondront deux génératrices confondues des cônes transportés au même sommet, deux génératrices parallèles des cônes primitifs, un point à l'infini sur une courbe.

Le cône SS' a pour base l'ellipse *adcb*; le cône TT' a pour base le cercle o (Fig. 415). Nous voulons chercher si les cônes ont des génératrices parallèles. Nous transportons le cône T de manière à amener son sommet au point SS′.

Nous avons vu (382) que dans le transport d'un cône parallèlement à lui-même, *la base primitive et la base transportée sont deux courbes semblables. ayant pour centre de similitude la trace de la droite des sommets.*

Nous rappelons seulement, que, transporter un cône pa-

415

rallèlement à lui-même en un point, c'est construire, en ce point, un cône homothétique du cône donné, et par suite les bases sont semblables.

La trace de la droite des sommets est le point f; nous menons $fo\omega$, nous joignons To et nous menons Sω parallèle à To, le point ω est le centre du cercle de base du nouveau cône; nous traçons fg, qui rencontre Sω au point g_1, ωg_1 est le rayon.

Les deux bases transportées se coupent aux points b et d, par suite les deux cônes transportés ont deux génératrices communes Sb, $S'b'$ et Sd, $S'd'$.

Ramenons le cône T a sa position première, le point d vient en d_1 obtenu en traçant fd; le point b vient b_1, (il faut faire attention à bien prendre sur les bases les points homologues) et les deux génératrices parallèles aux génératrices du cône S sont Td_1 et Tb_1.

531. Asymptotes.

L'asymptote à une courbe est une tangente dont le point de contact est à l'infini; nous devons donc construire la tangente au point situé sur les génératrices parallèles, c'est-à-dire l'intersection des plans tangents aux deux cônes suivant les génératrices parallèles.

Le plan tangent suivant Sb a pour trace bk, le plan tangent suivant Tb_1 a pour trace b_1k; le point k est la trace de l'asymptote, intersection des deux plans tangents, et comme ces deux plans passent par des droites parallèles, leur intersection est parallèle à ces droites Sb et Tb_1.

La première asymptote est donc kH, dont la projection verticale est $k'H'$, parallèle à $S'b'$.

Si l'on ne pouvait obtenir la trace de l'asymptote, on en construirait un point en coupant les deux plans tangents par un plan auxiliaire conduit suivant la droite des sommets, comme nous l'avons déjà indiqué pour obtenir un point de la tangente (522). La seconde asymptote s'obtiendra de la même manière; les deux plans tangents suivant les génératrices parallèles Sd et Td_1 ont pour traces dM et d_1M, le point M est la trace de l'asymptote, qui est parallèle aux génératrices Sd et Td_1, et dont les projections sont MN, M'N'.

532. Courbes paraboliques.

Considérons les deux cônes : S, S', dont la base est l'ellipse bkh, et T, T', dont la base est le cercle o. (Fig. 416.)

Nous transportons le cône TT' au sommet S, S', et il arrive que la base o_1, construite comme nous l'avons indiqué, est tangente au point b à l'ellipse, base du cône S.

Les deux cônes de même sommet ont alors la génératrice

commune Sb, S'b', et les deux cônes donnés ont les génératrices parallèles Sb, S'b', et Ta, T'a'. Nous aurons encore une courbe à branche infinie, le point à l'infini étant donné par l'intersection de ces deux génératrices. Mais les plans tan-

416

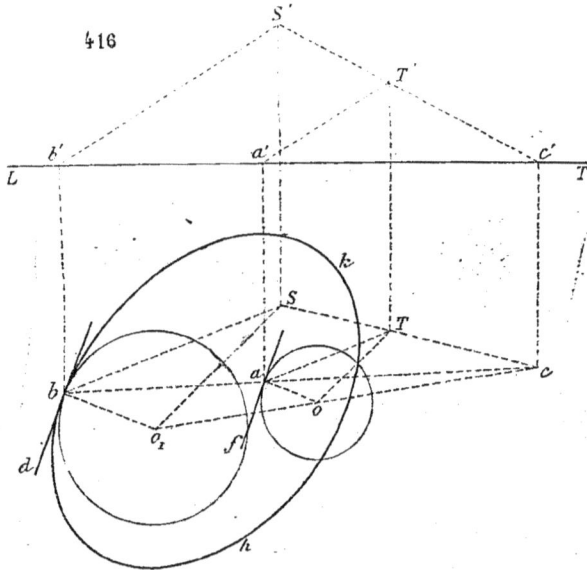

gents suivant ces deux génératrices sont parallèles ; car, ils ont leurs traces confondues sur db, lorsque les deux cônes ont même sommet, et après le retour à la position primitive, les deux traces sont les parallèles db et af. *L'asymptote est à l'infini.* La courbe est une *courbe parabolique*

533. Nombre et nature des branches infinies. — Si nous considérons deux cônes ayant pour bases des sections coniques, lorsque nous transportons ces deux cônes au même sommet, les sections coniques bases peuvent avoir les unes par rapport aux autres les cinq positions suivantes :

1º Elles peuvent être sécantes en quatre points, a, b, c, d. (Fig. 417.) Les deux cônes auront quatre génératrices paral-

lèles correspondantes à ces quatre points; mais les plans tangents suivant ces génératrices sont différents, et ne seront
pas parallèles sur les cônes donnés; par suite, l'intersection
présentera *quatre branches infinies hyper-*
boliques, avec *quatre asymptotes*.

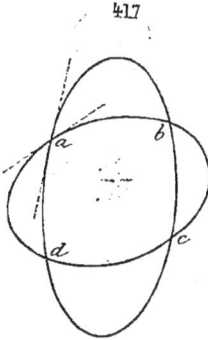

2° Les deux
bases des deux
cônes transpor-
tés peuvent être
simplement sé-
cantes en deux
points a et b; il y
aura seulement
deux génératri-
ces parallèles
(Fig. 418) et les
plans tangents suivant ces génératrices se couperont de manière à donner deux asymptotes; l'intersection présentera
deux branches hyperboliques.

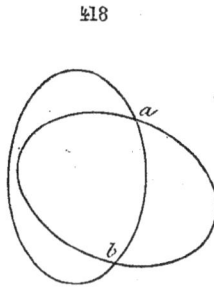

3° Les bases peuvent être sécantes en deux points a et b et
être tangentes en un point c (Fig. 419); aux points a et b
correspondront deux génératrices parallèles, donnant *des*
branches hyperboliques; au point c correspondent deux géné-
artrices parallèles, donnant *une branche parabolique.*

4° Les bases peuvent être simplement tangentes, soit in-

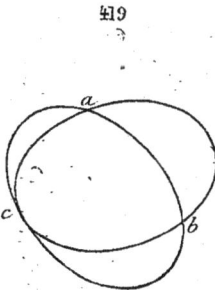

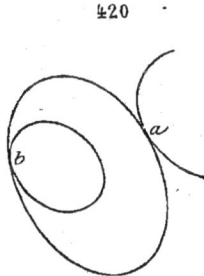

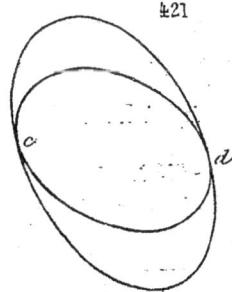

térieurement en a, soit extérieurement en b (Fig, 420); il y a
alors une *seule branche parabolique.*

5° Les bases peuvent être bitangentes (Fig. 421); alors

aux points c et d correspondent deux génératrices parallèles, donnant *deux branches paraboliques*.

534. Branches de nature différente dans une même intersection.

Il est très important d'observer que dans une même intersection de deux cônes, on peut rencontrer à la fois des courbes de nature différente, qu'il y ait *arrachement* ou *pénétration*.

Nous allons montrer ce fait sur des exemples.

1er Exemple. Pénétration avec une courbe *hyperbolique*, et une courbe *parabolique*. (Fig. 422.)

Le cône S, S' a pour base l'ellipse *abcd*; le cône T, T' a pour base le cercle dont le centre est au point O ; h est la trace horizontale de la droite des sommets. (Nous ne construirons que la projection horizontale de l'intersection.

Nous transportons le sommet T au sommet S, et nous obtenons en O_1 le centre du nouveau cercle de base, dont nous trouvons le rayon par la construction déjà indiquée plus haut (530).

Le cercle transporté coupe l'ellipse aux points c et d, et la touche au point f. Nous aurons *deux branches hyperboliques* et *une branche parabolique* (533, 3°).

D'ailleurs, les plans limites sont les plans tangents au cône elliptique dont les traces horizontales sont hg et hk, par conséquent il y a *pénétration* (521).

Nous ramenons le cône T à sa position primitive et nous construisons les asymptotes. Le point c se ramène en c_1 ; les génératrices parallèles des deux cônes sont Sc et Tc_1 ; nous menons, suivant ces génératrices, les deux plans tangents dont les traces sont cl et c_1l : Le point l est la trace de l'asymptote (531) et cette droite est ll_1, parallèle aux deux génératrices Tc_1 et Sc.

De même le point d se ramène en d_1, et nous construisons la seconde asymptote mm_1, dont la trace est au point m, et qui est parallèle aux deux génératrices Sd et Td_1.

Le point f vient en f_1, et la branche parabolique correspond aux deux génératrices Sf et Tf_1.

Nous allons suivre la courbe d'intersection ; nous partons du plan limite $hnkp$.

Tn et Sk donnent le point 1 ; Tu est la tangente ; nous nous déplaçons sur le cercle dans le sens $nfqrs$, et sur l'ellipse dans le sens $kfag$;

Les génératrices parallèles Sf et Tf_1, donnent le point 2 à l'infini. Les génératrices a et q donnent le point 3, sur le contour apparent de S. La courbe est revenue de l'infini du côté 2'.

r et t donnent le point 4, sur le contour apparent de T ;

s et g donnent le point 5, Ts génératrice limite.

Nous remontons sur la base du cône T, de s en n, en continuant dans le même sens sur la base du cône S.

c et r donnent le point 6, contour apparent de T ;

u et v donnent le point 7, contour apparent de S ;

k et n donnent le point 1.

Nous avons parcouru la première des courbes qui constitue une partie de l'intersection, nous n'avons trouvé d'autre branche infinie que la branche parabolique.

Pour obtenir la seconde courbe, nous recommençons au plan limite $hnkp$, en prenant le point p sur le cercle, et en marchant dans le sens pd_1c_1b.

h et p donnent le point 8 ;

Le cercle et l'ellipse h coupent au point 9 ; la courbe passe au-dessous du plan horizontal, (nous traçons ses prolongements en pointillé).

Nous trouvons ensuite les points d et d_1, qui donnent le point 10 à l'infini ; la courbe étant asymptote à m M.

La courbe revient de l'infini vers M_1, à l'autre extrémité, et de l'autre côté de l'asymptote.

De d en c sur l'ellipse nous obtenons des points fort éloignés tels que 11, et en c, auquel correspond le point c_1 sur le cercle, nous avons un point 12 à l'infini, la courbe asymptote à la droite ll_1, du côté l_1.

La courbe revient alors à l'autre extrémité de la même asymptote, de l'autre côté ; elle passe par le point b, où se croisent le cercle et l'ellipse (point 13) ; nous arrivons au plan limite, et nous reprenons sur le cercle les points $c_1 dip$, mais en même temps, nous prenons sur l'ellipse les points t, a, f, et nous ne trouvons plus de génératrices parallèles.

Ainsi *t* et *c* donnent le point 14 ;

a et *x* donnent le point 15, contour apparent de S ;

Et nous nous refermons sur le point 8, ayant ainsi parcouru la seconde courbe d'intersection.

535. Ponctuation. — Nous avons représenté les deux cônes réunis ; limités au plan horizontal sur lequel se trouvent leurs bases, et nous avons prolongé seulement les courbes au-dessous de ce plan pour montrer leur forme.

De l'autre côté, nous avons laissé les cônes indéfinis.

Les règles que nous avons indiquées (497 520) pour la détermination des parties vues et cachées s'appliquent ; on doit encore commencer par les contours apparents. Seulement, il faut remarquer que les parties des génératrices *vues* au-dessous du sommet sont *cachées* au-dessus, et inversement. Ainsi le point 1 est donné par l'intersection des génératrices T*n* et S*k*, ces deux génératrices sont *cachées* au-dessous des sommets, elles passent à partir des sommets a la partie supérieure, sont *vues*, en sorte que le point 1 est *vu*.

La courbe ne rencontre aucun contour apparent jusqu'au point 7 : l'arc 7—6 est donné par l'arc *vr* du cône T, et les génératrices cachées au-dessous du sommet seraient *vues* au-dessus ; mais en même temps, il est donné par l'arc *cu* du cône S, et les génératrices correspondantes, vues sur la nappe inférieure, sont *cachées* sur les prolongements ; l'arc 7 — 6 est *caché*.

L'arc 6 — 5 — 4 est *caché*, car le point 5 est situé sur la génératrice *sg* cachée sur la nappe supérieure.

L'arc 4—3 est *caché*, il correspond à l'arc *ga* de la base du cône S, et les génératrices correspondantes sont *cachées* sur la nappe supérieure. Au-delà de 3, l'arc 3 —2′ est *vu*, il correspond à l'arc *af* sur l'ellipse, à l'arc *qf* sur le cercle, et les génératrices des deux cônes qui ont leurs traces sur cesarcs sont *cachées* au-dessous du sommet et *vues* sur la nappe supérieure.

L'arc 10 — 11 — 12 est entièrement caché.

536. 2ᵉ Exemple. Pénétration. Courbe fermée et Courbe hyperbolique.

Le cône S à pour base l'ellipse *abdg*. Le cône T a pour base le cercle (Fig. 423).

Nous ne représentons pas la projection verticale, et nous supposons que le point z est la trace de la droite des sommets. Les plans limites ont pour traces $znab$ et $zogf$, et sont tangents au cône circulaire, Il y a donc *pénétration*. Nous transportons le cône T au sommet S ; il suffit de mener SO_1 parallèle à TO, jusqu'à la rencontre avec ZO prolongé. Le cercle est tangent aux deux traces des plans limites. Cette base transportée

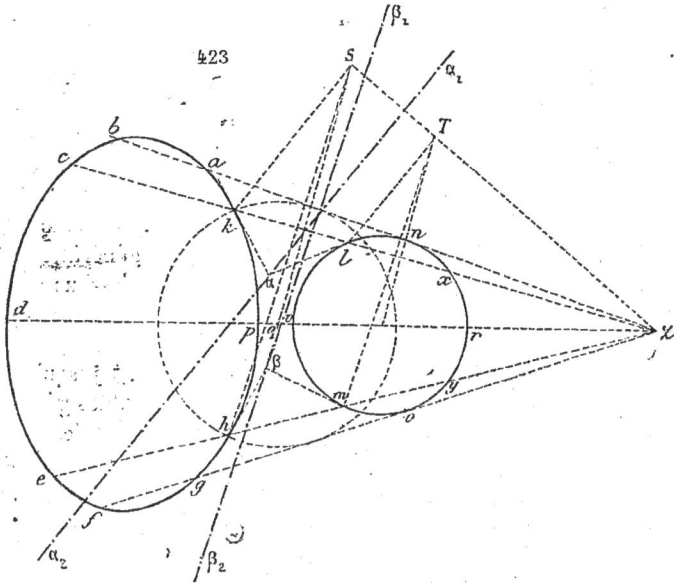

coupe l'ellipse en deux points h et k; nous trouverons dans l'intersection deux branches hyperboliques.

Nous ramenons les points h et k en l et m, nous menons les tangents aux bases, et nous obtenons en α la trace d'une asymplote $\alpha_1\alpha\alpha_2$ parallèle aux droites Sk et Tl; nous obtenons de même en β la trace d'une autre asymptote $\beta_1\beta\beta_2$ parallèle aux droites Sh et Tm.

Suivons l'ordre régulier des points (sans construire la courbe).

La première des courbes de la pénétration sera obtenue en prenant les intersections des génératrices qui ont leurs traces sur l'arc $akphg$ de l'ellipse avec toutes les génératrices

422 bis   422

Librairie CH. DELAGRAVE, 15, rue Soufflot, Paris

du cône à base circulaire ; il n'y a parmi ces génératrices aucune parallèle, donc cette première courbe n'aura aucun point à l'infini, elle sera *fermée*.

La seconde courbe sera obtenue en prenant les génératrices du cône à base elliptique, qui ont leurs traces sur l'arc *bcdef*, avec toutes les génératrices du cône à base circulaire : nous rencontrerons alors les génératrices parallèles S*k*, T*l* et S*h*, T*m* ; c'est donc sur cette courbe que nous aurons les deux branches infinies avec les deux asymptotes α et β.

Nota. — Nous engageons le lecteur à effectuer la construction des courbes, et à répéter ces exemples en variant la forme des intersections ; s'il arrivait dans un cas de pénétration analogue à celui que nous venons d'indiquer que le cercle transporté coupât l'ellipse en quatre points, on aurait sur chacune des courbes qui constituent la pénétration des branches hyperboliques ; si le cercle transporté était simplement tangent, on aurait une courbe fermée et une courbe parabolique ; s'il était bi-tangent on aurait deux courbes paraboliques.

537. 3ᵉ exemple. Arrachement. — Il est clair que dans le cas d'un arrachement, la courbe devant être parcourue d'un mouvement continu, il ne peut y avoir une courbe fermée jointe à une courbe à branches infinies.

Mais nous pouvons rencontrer toutes les combinaisons de branches infinies dont nous avons trouvé l'existence possible (533).

L'exemple que nous donnons (fig. 424) présente une *branche parabolique* et deux *branches hyperboliques*.

Nous ne figurons que la projection horizontale.

Le cône S a pour base le cercle O.

Le cône T a pour base l'ellipse *cbfd*.

La trace de la droite des sommets est au point *h*.

Les plans limites ont pour traces *hikb*, tangente au cercle en *b*, et *hlmn*, tangente à l'ellipse au point *m*, il y a donc *arrachement*.

Nous transportons les deux cônes au même sommet T.

Nous construisons le centre o_1 en menant *ho*, et en pre-

nant son intersection avec To_1 parallèle à So ; nous traçons
ensuite le cercle tangent à la droite hb.

Il arrive que ce cercle o_1 touche l'ellipse au point p et la
coupe aux points e et q ; nous aurons (533, 3°) une *courbe pa-*
rabolique et *deux branches hyperboliques*.

Nous ramenons le Cône S, la génératrice Te devient Se_t ;
nous traçons les deux plans tangents suivant Te et Se_1, leurs
traces se rencontrent au point α, trace d'une asymptote $\alpha_1\alpha\alpha_2$
parallèle à Se_1 et à Te.

Nous ramenons le point q en q_1, la génératrice Tq devient Sq_1 ; nous conduisons les deux plans tangents suivant Tq
et Sq_1, leurs traces se rencontrent au point β, trace d'une
asymptote $\beta\beta_1\beta_2$ parallèle à Tq et Sq_1.

Le point de contact p vient en p_1, et les génératrices qui
donnent le point à l'infini sur la branche parabolique sont Tp
et Sp_1. Suivons la courbe d'intersection:

Nous partons du plan limite hmn.

Les génératrices Sn et Tm donnent le point 1, la courbe
est tangente à Sn ;

Nous marchons sur l'ellipse dans le sens $mrcpb$;

Sq_1 et Tr donnent le point 2 ;

St et Tu donnent le point 3 ;

Sv et Tc (Tc génératrice de contour apparent) donnent le
point 4 ;

Sa et Tx (Sa génératrice de contour apparent) donnent le
point 5 ;

Sp_1 et Tp, parallèles, donnent le point 6 à l'infini. (Courbe
parabolique).

Les génératrices suivantes :

Sy et Tz donnent un point très éloigné dans le même sens
sur la branche de courbe qui revient de l'infini ;

Les plans auxiliaires entre hy et hb donnent la branche 6, 7, 8;

Sb et Tk donnent le point 9 (Tk tangente à la courbe);

Nous sommes au plan limite, nous continuons notre déplacement sur le cercle dans le même sens, et nous rebroussons sur l'ellipse. Le cercle et l'ellipse se coupent au point 11;

$S\gamma$ et Tz se coupent au point 12 ($S\gamma$ contour apparent de S);

$S\delta$ et Tc donnent le point 13 (Tc contour apparent);

Sl et Tm, dans le plan limite, donneraient le point 14 (Sl serait tangente à la courbe) ;

(Sur l'épure les points m et l sont sensiblement confondus avec le point 15, les génératrices ne sont pas tracées).

Nous continuons le déplacement dans le même sens sur l'ellipse et nous rebroussons sur le cercle ;

Le cercle et l'ellipse se coupent au point 15 ;

Sθ et Tε donnent le point 16 ;

Sδ et Tη donnent le point 17 ;

Se_1 et Te donnent le point 18 à l'infini, la courbe asymptote à la droite $\alpha\alpha_1$.

La courbe revient à l'autre extrémité α_2, et de l'autre côté de l'asymptote.

Sb et Ti, dans le plan limite, donnent le point 19 (Ti tangente à la courbe) ;

Nous continuons le déplacement dans le même sens sur le cercle, et rebroussons chemin sur l'ellipse ;

Sa et Tλ donnent le point 20 (Sa contour apparent) ;

Les génératrices qui ont leurs traces de a en q_1 sur le cercle et de λ en q sur l'ellipse donnent une branche d'intersection 21-22, qui a pour asymptote $\beta\beta_2$.

La courbe revient par l'autre extrémité β_1 de l'asymptote et de l'autre côté de cette droite ;

Les génératrices qui ont leurs traces de q_1 en n sur le cercle, et de q en m sur l'ellipse, donnent un arc de courbe qui revient au point 1.

La courbe est donc parcourue d'une manière continue.

Ponctuation.

Nous nous proposons de représenter le cône S entaillé par le cône T. Nous opérons exactement comme dans le cas précédent.

Le contour apparent Sa *existe* depuis le point 20 jusqu'au point 5 ;

Le contour apparent Sγ *existe* depuis le point 12 jusqu'à un point très éloigné, non construit et situé à l'intersection des génératrices Tμ et Sγ.

La branche de courbe depuis 13, 14, 18-∞ est *vue*.

La branche 12, 11, 8 devrait être cachée, elle est *vue* à

travers le trou fait dans le cône S, depuis le point 12 jusqu'à son croisement avec l'autre branche.

La branche ∞-22, 1, 2, 3, 4, 5 est *vue* jusqu'au point 5, et devrait être cachée au delà de ce point jusqu'à l'infini, elle est *vue* parce que le contour apparent est enlevé.

La branche 20, 19 est *vue* jusqu'au point très éloigné où elle touche le contour apparent, et 20, 21, 22 qui devrait être cachée est *vue* parce que le contour apparent n'existe plus. La portion de génératrice TC de contour apparent du cône T existe dans l'intérieur du cône S, et forme fond du trou caché depuis le point 13 jusqu'au point 4. (Nous avons supposé les cônes indéfinis ; seulement pour aider à la distinction des parties vues et cachées nous avons représenté les bases comme des courbes tracées sur les cônes, en tenant compte des parties vues, cachées et enlevées de ces bases).

424

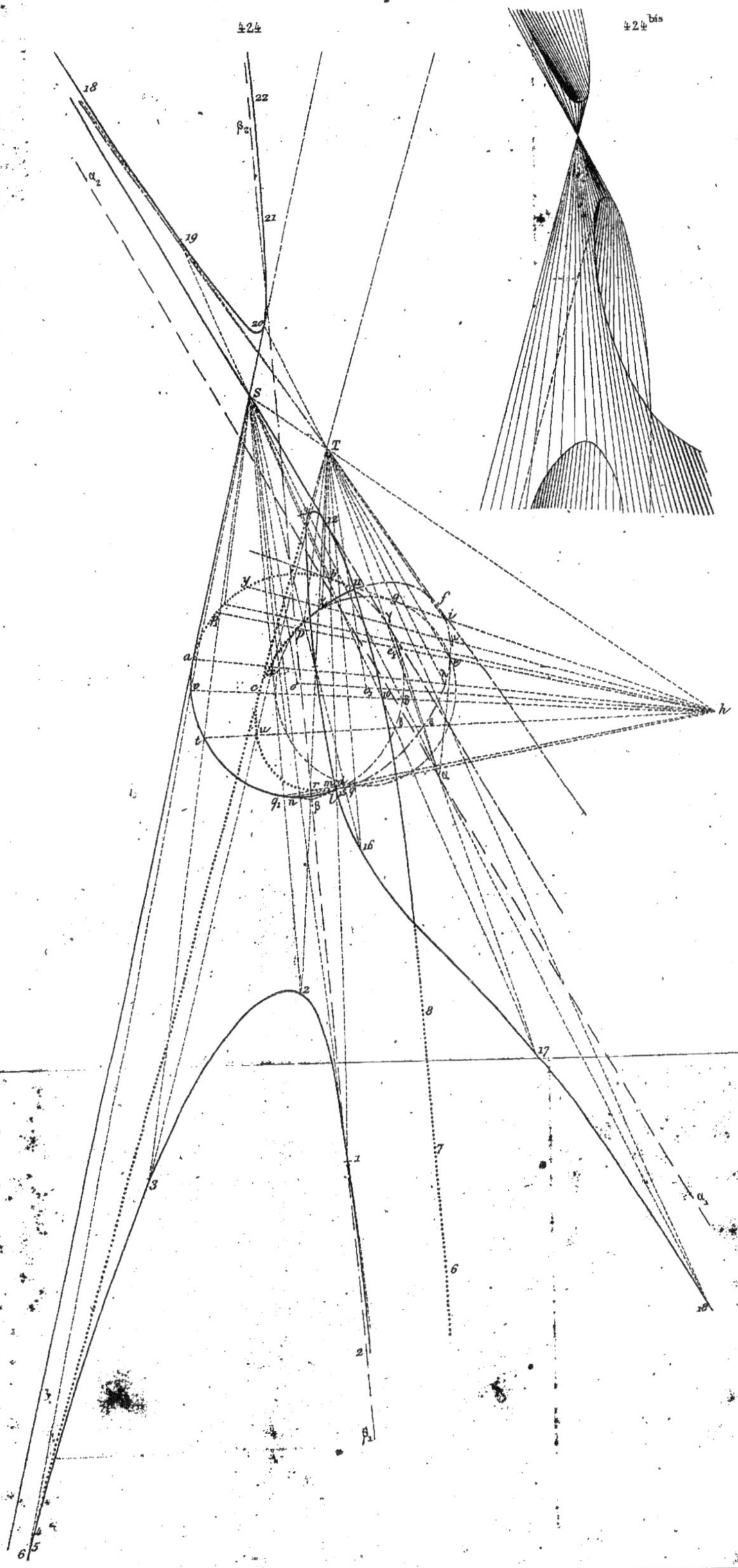

424 bis

CAS PARTICULIER

DE L'INTERSECTION DE DEUX CONES

COURBES PLANES

538. Théorème. — *Deux cônes du second degré qui ont une première courbe plane commune se coupent suivant une seconde courbe plane.*

1ᵉʳ cas. — Soit C la conique commune à deux cônes, nous prenons les projections S et T des sommets des deux

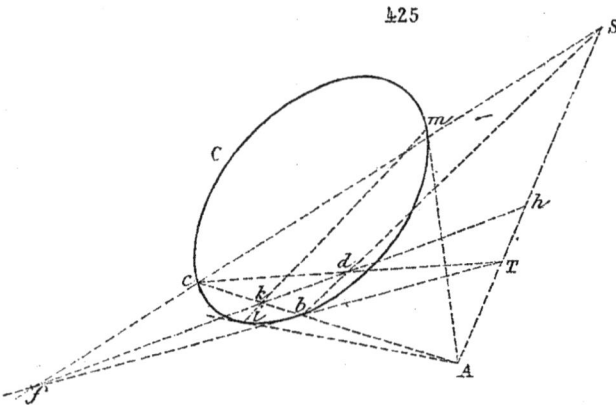

425

cônes sur le plan de cette base commune (fig. 425), soit A la trace de la droite des sommets, par laquelle nous devons faire passer les plans auxiliaires nécessaires pour construire l'in-

tersection des deux cônes. Menons la trace A*bc* d'un plan sécant, ce plan détermine dans le cône S les deux génératrices S*b* et S*c*, et dans le cône T les deux génératrices T*b*
et T*c* qui croisent les deux premières aux points *d* et *f*, qui
sont des points de la nouvelle courbe d'intersection.

Traçons la diagonale *df*, elle rencontre la ligne des sommets au point *h*, et si nous considérons le quadrilatère complet *fcdb*ST, le point *h* est conjugué harmonique du point A
par rapport aux points S et T; donc, toutes les diagonales,
telles que *df*, passent par le point fixe *h*. D'ailleurs, les deux
diagonales *bc* et *fd* se coupent en un point *k* conjugué harmonique de A par rapport aux points *b* et *c* ; le lieu du point *k*
est *la polaire lkm* du point A par rapport à la conique, et par
conséquent toutes les diagonales, telles que *df*, rencontrent
une droite fixe et passent par un point fixe. *Elles forment un
plan*, lieu des points *d* et *f*.

La droite *lkm* est l'intersection des deux plans ; les points *l*
et *m* sont des *points doubles réels* de l'intersection des deux
cônes qui ont même plan tangent en ces deux points.

Corollaire. — Nous pouvons déduire de ce théorème
cette conséquence :

*Les plans des courbes partagent harmoniquement la droite des
sommets.*

2ᵉ cas. — La démonstration subsiste, si le point A, trace
de la droite des
sommets, est à
l'intérieur de la
conique (fig. 426.)
Nous menons en-
core la trace *bc*, et
nous obtenons les
points nouveaux
d et *f*, la droite *df*
coupe ST au point
h, conjugué har-
monique de A par
rapport aux deux

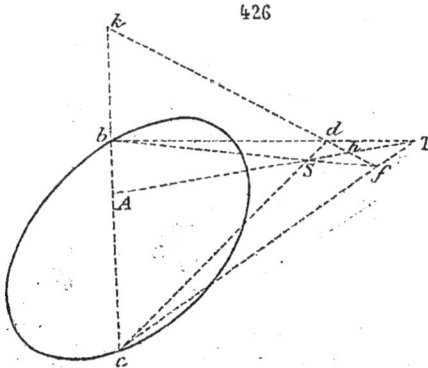

points S et T, et la droite *bc* au point K, conjugué harmonique de A par rapport aux deux points b et c. Le point h est fixe, le lieu des points k est la polaire du point A.

Mais ici on ne peut mener aux deux cônes des plans tangents communs, parce que la droite des sommets est intérieure aux deux cônes. La polaire du point A est bien l'intersection des plans des courbes, mais les courbes ne se coupent pas.

Ainsi : *deux cônes qui se coupent suivant deux courbes planes n'ont pas nécessairement deux plans tangents communs.*

539. Théorème. Deux cônes circonscrits à la même sphère, ou à une même surface du second degré, se coupent suivant deux courbes planes.

Nous prenons pour plan de la figure le plan qui passe par le centre de la sphère et par les sommets des deux cônes. (Fig. 427.)

1er cas. — La courbe de contact du cône S est le cercle projeté horizontalement en ab ; la courbe de contact du cône T

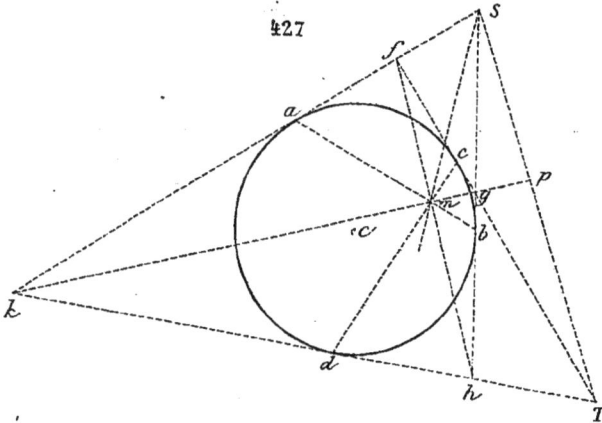

427

est le cercle projeté horizontalement en cd, et ces deux cercles se coupent ici en deux points projetés au point m et qui déterminent *la polaire réciproque* de la droite ST par rapport à la sphère (406), et les deux cônes ont même plan tangent en ces deux points. Dans le quadrilatère *kfgh*, circonscrit au cercle, les diagonales passent par le point *m*, et se partagent harmoniquement; les points *p* et *q* sont conjugués par rapport aux points S et T. Considérons la section faite dans chaque cône par le plan vertical *kmg*; il coupe le cône S suivant une ellipse dont le grand axe est *kg* (à cause de la symétrie par rapport au plan horizontal); les deux points projetés en *m* appartiennent à cette ellipse; ce sont les points d'intersection du plan avec les deux génératrices projetées sur S*m*; la tangente à l'ellipse en un de ces points est l'intersection du plan sécant avec le plan tangent au cône.

Dans le cône T, le plan *kmg* détermine une ellipse qui a même axe *kg*, mêmes points projetés en *m*, mêmes tangentes en ces points, puisque les deux cônes ont le même plan tangent. L'ellipse est donc une courbe d'intersection des deux cônes. Il en est de même de la section par le plan *fmh*.

Remarque. — Il est très facile d'étendre cette démonstration au cas où les deux cônes sont circonscrits à une surface quelconque du second degré.

2° Nous allons considérer d'une manière générale deux cônes circonscrits à une même surface du second degré, la droite des sommets traversant la surface. (Fig. 428.)

Les sommets des deux cônes circonscrits à la surface sont S et T, la droite ST traverse la surface aux points *a* et *b*; nous considérons un plan quelconque passant par ST, coupant la surface suivant une courbe du second degré, et les deux cônes suivant quatre génératrices tangentes à cette courbe, et donnant par leurs rencontres les points *d* et *c* qui appartiennent à l'intersection des deux cônes.

Nous savons que les deux tangentes à la courbe aux points *a* et *b* se coupent en un point *h* situé sur la droite *cd*.

Les trois couples (*h*S, *h*T), (*ha*, *hb*), (*hd*, *hc*), sont en involution, et les rayons *hc* et *hd* étant confondus forment un rayon double de l'involution définie par les deux autres couples.

Par suite, le point *f* est un point double de l'involution définie par les deux couples (S,T) (*a*,*b*).

Si nous faisons tourner le plan sécant passant par ST autour de cette ligne, pour obtenir d'autres points de l'intersection des deux cônes, les points S, T, a, b restent fixes; donc le point f est fixe.

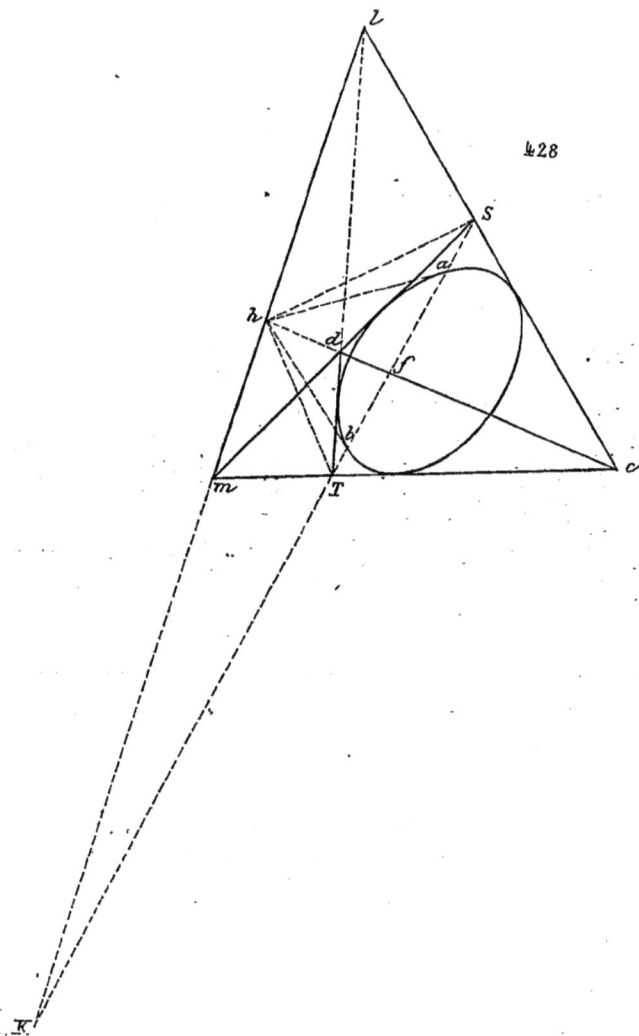

D'autre part, les tangentes ah et bh engendrent les plans tangents à la surface aux points a et b, et la droite cfd,

corde de la courbe d'intersection, rencontre toujours la droite
d'intersection de ces deux plans, qui est la polaire conjuguée
de la droite ST par rapport à la surface. Donc la droite *cfd*
passe par un point fixe et rencontre une droite fixe ; elle
engendre un plan qui est le plan d'une des courbes d'intersection.

Par suite, l'intersection comprend une seconde courbe
plane, dont le plan est engendré par la droite *lm*, le point *k*
étant fixe, et ainsi que nous l'avons déjà fait observer, *les*
plans des deux courbes partagent harmoniquement la droite des
sommets.

Nous avons préféré présenter ici cette démonstration sous
la forme la plus générale, il est facile de la répéter pour la
sphère *.

* Dans le cas particulier d'une sphère (fig. 428 *bis*) on prend pour
plan de la figure le plan passant par le centre de la sphère et par la
droite des sommets. Les plans des courbes sont alors perpendiculaires
au plan de la figure et ont pour traces *bd* et *gh*. Les courbes de contact se projettent suivant *pq* et *mn* et les quatre plans de ces courbes
passent par la droite projetée en *f*.

Si l'on considère un cône ayant son sommet dans le plan de la

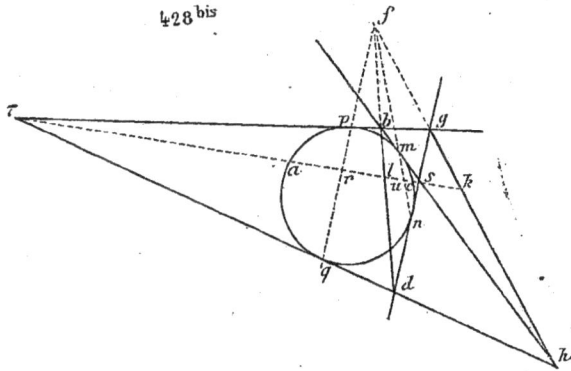

428 bis

figure et circonscrit à la sphère, la courbe de contact passera par la
droite ST et sera projetée suivant *ac*. Ce cône et le cône T auront un
plan tangent au point *r*; ce cône et le cône S auront un plan tangent
commun au point *u*.

540. Théorème. — *Deux cônes du second degré qui ont deux plans tangents communs se coupent suivant deux courbes planes.*

Les bases des deux cônes sont les deux courbes du second ordre *dfbg* et *ehci* (fig. 429), les sommets sont aux points S et T, et la trace de la droite des sommets est le point *a*, tel qu'on peut mener de ce point aux deux bases deux tangentes communes *ade*, *abc*.

Les deux cônes ont donc deux plans tangents communs.

Menons un plan auxiliaire, dont la trace est *afghi*; ce plan donne dans le cône S les deux génératrices S*f* et S*g*, et dans le cône T, les deux génératrices T*h* et T*i*, qui fournissent quatre points d'intersection *k,l,m,n*. Nous figurons les diagonales du quadrilatère formé par ces quatre génératrices, ces diagonales se coupent en *o*.

Nous allons d'abord chercher le lieu des points *o*.

Menons S*op*; les quatre droites S*g*, S*p*, S*f*, S*a*, forment un faisceau harmonique; le lieu des points *p* est la polaire *dpr* du point *a* par rapport à la conique; de même, les quatre droits T*i*, T*q*, T*h*, T*a*, forment un faisceau harmonique, et le lieu des points *q* est la polaire *eqr* du point *a* par rapport à la seconde conique; donc, le lieu du point *o* est la droite intersection du plan formé par S et *rbd* et du plan formé par T et *rce*; c'est la droite *or*.

Cherchons les tangentes aux quatre points d'intersection,

Par suite, la tangente à la courbe d'intersection des cônes S et T au point projeté en *l* est l'intersection des plans tangents au cône *f* suivant les génératrices *fr* et *fl*, et cette intersection est projetée suivant *fbd*.

Si nous considérons une suite de cônes ayant leurs sommets sur la droite projetée en *f* et circonscrits à la sphère, leurs courbes de contact passeront toujours par les points *a* et *c*; chacun de ces cônes aura avec les cônes S et T deux plans tangents communs, et les génératrices de contact sont toujours projetées sur *fprq* et *fmun*; les droites d'intersection de ces deux plans tangents aux cônes *f* se projetteront toujours sur *fbld*, parce que ce sont les tangentes à la courbe d'intersection des deux cônes S et T, projetée sur *bd*, et par suite le lieu des droites suivant lesquelles se coupent les deux plans tangents aux cônes *f* est un plan. En considérant les quatre plans tangents aux cônes *f*, symétriques deux à deux, nous obtenons les plans *fbld* et *fqkh* pour lieu des droites suivant lesquelles se coupent ces plans.

en menant aux deux bases les tangentes gv et hv, qui donnent le point v, trace de la tangente au point n, fx et ix qui donnent le point x, trace de la tangente au point l, fxy et hy donnent y, trace de la tangente au point k, la trace de la quatriéme tangente est trop éloignée.

Or on sait que les tangentes en f et g se coupent en un point β situé sur dr, les tangentes en h et i se coupent en un

429

point α situé sur er, et les points β et α sont en ligne droite avec le point a.

Imaginons que nous coupons les plans tangents gv et hv par un plan auxiliaire passant par la droite des sommets et par la droite $a\beta\alpha$; ce plan déterminera dans le plan tangent βgv une droite ayant sa trace au point β et passant par le sommet S, il déterminera dans le plan tangent αhv une droite ayant sa trace au point α et passant par T, et l'intersection de ces deux droites sera un point de la tangente en n; intersection des deux plans tangents ; or la droite βS est dans le plan formé par *dr* et S, la droite *α*T est dans le plan formé par *er* et T, ces deux droites se coupent en un point de la ligne *or*, intersection des deux plans ; ainsi toutes les tangentes à la courbe, lieu des points *ln*, rencontrent la droite *or*. D'autre part, les traces *v* et *x* de ces tangentes sont sur une droite passant par le même point *r* ; les tangentes sont donc dans le même plan, la courbe est plane, et la trace du plan de la courbe est la ligne *vx* sur laquelle se trouve la trace *u* de la corde *ln*.

De même, la seconde courbe. lieu des points *k* et *m*, est plane, son plan a pour trace *zyr*.

Ainsi : *deux cônes qui ont deux plans tangents communs se coupent suivant deux courbes planes, mais deux cônes peuvent se couper suivant des courbes planes et ne pas avoir deux plans tangents communs.*

INTERSECTION DE DEUX CONES

AYANT UNE GÉNÉRATRICE COMMUNE

541. 1ᵉʳ cas. — Considérons deux cônes ayant pour bases deux cercles situés dans le plan horizontal, et qui se coupent en deux points a et i. Les sommets sont sur une même droite qui a nécessairement sa trace en un des points de rencontre des deux cercles, en a, par exemple (fig. 430). Les sommets sont S,S' pour le cercle b et T,T' pour le cercle c.

Les plans auxiliaires passent par la droite des sommets, ce sont des plans dont la trace horizontale passe par le point a.

Prenons immédiatement le plan dae qui contient la génératrice de contour apparent dT ; il détermine dans le cône S la génératrice eS qui croise la première au point f.

Faisons tourner la trace du plan auxiliaire autour du point a, nous obtiendrons tous les points de l'intersection.

La courbe présente des branches infinies.

En effet, si nous transportons les deux cônes au même sommet, ils glisseront sur la génératrice commune, qui restera commune ; donc, les deux bases transportées auront un point commun qui est la trace de cette génératrice, elles en auront nécessairement un second, au moins.

Transportons le sommet S au sommet T: le centre de similitude de la base primitive et de la base transportée est le point a ; donc le centre b du cercle viendra sur ab. Nous traçons Sb et la parallèle Tb_1 nous donne le centre b_1 ; le rayon est $b_1 a$.

Le cercle décrit du point b_1 comme centre avec $b_1 a$ comme rayon coupe le cercle c au point m, trace d'une génératrice commune aux deux cônes qui ont même sommet et qui est Tm.

Nous ramenons le cône S à sa position primitive, le point m vient en n; nous menons les plans tangents aux deux cônes suivant les génératrices Tm et Sn; leurs traces mo et no se coupent au point o, trace de l'asymptote qui est $\alpha o \alpha_1$ parallèle à Tm.

Traçons la courbe: La génératrice commune fait partie de l'intersection qui est en outre formée par une courbe du troisième degré.

Nous avons construit le point f par le plan *dae*.

Le plan auxiliaire arrive en ag, tangent au cône T, suivant aT; il coupe le cône S suivant gS, le point S appartient donc à l'intersection, et en ce point, la tangente est évidemment la génératrice gS.

Le plan vient ensuite en $a\beta\gamma$: γS étant la génératrice de contour apparent: γS et βT se rencontrent au point h.

La courbe passe ensuite au point i, point de rencontre des deux cercles;

On trouve alors le plan *anm*, qui donne le point k à l'infini, du côté $o\alpha$ de l'asymptote.

Le plan arrive en ap, tangent au cône S suivant aST; la courbe qui est au point k_1 à l'infini de l'autre côté de l'asymptote, passe au point T où elle a pour tangente la génératrice Tρ;

On trouverait ensuite le point r sur la génératrice Tq de contour apparent, point fourni par le plan aq;

Le plan utile est ensuite *vau* qui contient la génératrice vS de contour apparent, et qui donne le point x;

Quand le plan a pour trace *waz*, il est vertical, et nous ne pouvons construire le point correspondant qu'en nous servant de la projection verticale que nous avons faite sur un plan vertical parallèle à la génératrice commune: les génératrices S$'w'$ et T$'z'$ se croisent au point y',y, point où la projection de la courbe croise la génératrice commune (point double en projection;

Nous revenons ensuite avec le plan *dae* au point f.

On pourrait construire, comme dans toute intersection de deux cônes, la ligne des points doubles en projection, elle devrait passer par le point y.

Ponctuation. — Nous supposons que le cône T reste seul, et que nous enlevons de ce cône la partie contenue dans le cône S.

Le contour apparent dT est dans le cône S, depuis le point f jusqu'au point T ; fT est enlevé.

Le contour apparent qT est dans le cône S, depuis le point r jusqu'au point T ; rT est enlevé.

La courbe est d'abord nécessairement *vue* de i en f, car les points sont donnés par les génératrices de i en a et d qui sont *vues*.

De f en r, elle devrait être cachée, elle est vue jusqu'au point y, parce que le contour apparent est enlevé, et qu'elle forme contour du solide.

De r en T elle forme contour du solide, et au delà elle est *vue*.

La génératrice commune *vue* nécessairement de a en T, puisqu'elle est sur la partie vue du cône T, passe ensuite sous le cône et devient *cachée*.

La génératrice de contour apparent Sγ du cône S est dans le cône T depuis le point h jusqu'au point S ; elle forme le fond du trou, elle est utile et *cachée*.

La génératrice de contour apparent vS est dans le cône T depuis le point S jusqu'au point x ; elle forme le fond du trou, elle est utile et *cachée*.

Enfin, pour compléter le solide que nous limitons au plan horizontal de projection, il faut tracer en plein l'arc ani de la base du cône S : la figure de la projection horizontale du solide est celle que nous avons dessinée. (Fig. 431.)

Nous engageons le lecteur à dessiner la projection verticale.

542. 2° cas. — *Les deux cônes ont une génératrice commune et un plan tangent commun le long de cette génératrice commune.* (Fig. 432).

Le cône S$_c$ a pour base le cercle a.

Le cône T$_e$ a pour base l'ellipse bcd.

Le cercle et l'ellipse se touchent au point b, et bST est la génératrice commune.

Les deux cônes ont en commun un plan tangent suivant

431

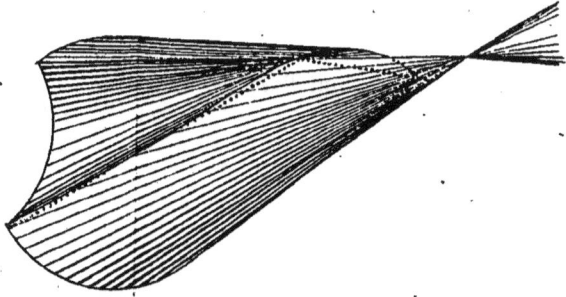

430

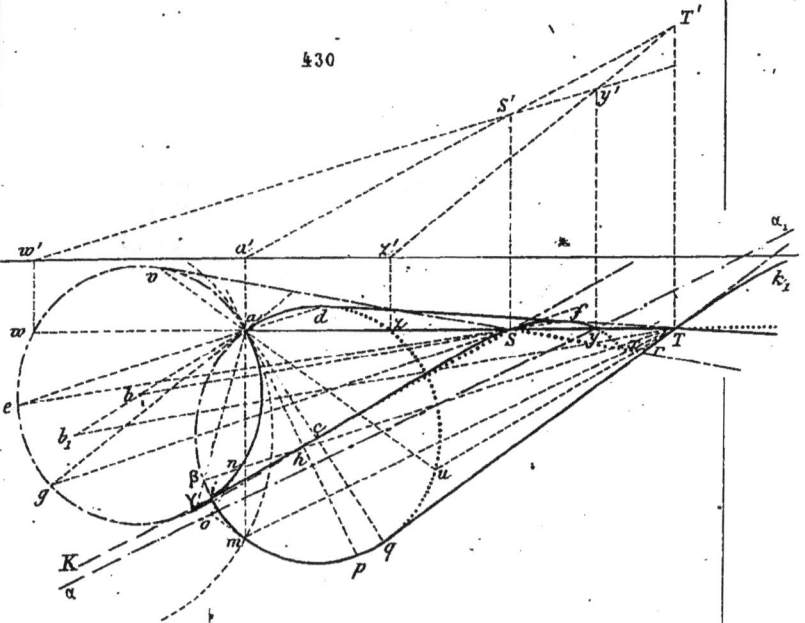

une génératrice commune ; ils ont en commun deux génératrices infiniment voisines, qui constituent une première
courbe plane ; leur intersection se composera d'une seconde

432

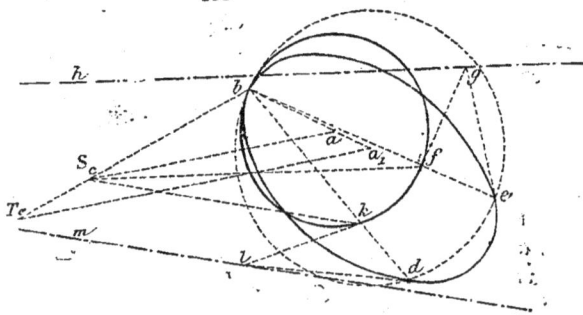

courbe plane qui est une section plane d'un des cônes et
peut-être une des trois coniques.

Ici, en transportant le cône S au sommet T, nous voyons que
la base qui est le cercle $a_1 b$ coupe l'ellipse aux points c et d ;
nous ramenons ces points sur le cercle primitif en f et k, nous
construisons les asymptotes : gh parallèle à Sf et lm parallèle à Sk. La courbe est une hyperbole. Nous engageons le
lecteur à la construire.

Exemples. 1° On donne un cône de révolution dont
l'axe est parallèle au plan vertical, tangent au plan horizontal.
Un second cône de révolution a son axe parallèle au plan
vertical et touche le plan horizontal suivant la même génératrice que le premier. Construire leur intersection.

2° On considère deux cônes ayant pour bases dans le plan
horizontal deux cercles tangents et une génératrice commune. Construire leur intersection.

Remarque. — On démontre en géométrie analytique
que deux surfaces du second degré qui ont une génératrice
commune se coupent suivant une cubique gauche, qui rencontre la génératrice commune en deux points, pour lesquels
les deux surfaces sont tangentes.

Ce théorème n'est applicable aux deux cônes qu'à cause de l'indétermination du plan tangent au sommet d'un cône.

Cas particuliers : 1° Point double à l'infini.

543. On considère (fig. 433) un cône S' qui a pour base le cercle C, et un cône T qui a pour base l'ellipse *bdgh*. La trace de la ligne des sommets est le point *a*. Les deux cônes ont un plan tangent commun dont la trace est *akh*, et les génératrices de contact *k*S et *h*T sont parallèles.

L'intersection présente un point double à l'infini.

Nous allons voir comment sont disposées les branches de la courbe.

Les tangentes au point double sont parallèles aux génératrices S*k* et T*h*.

Nous construisons la trace α de l'une d'elles au moyen de la courbe d'erreur, lieu des traces des tangentes aux points voisins λμυ (500) ; et nous avons obtenu la trace β de la seconde, en prenant le conjugué harmonique de α par rapport aux points *k* et *h*. (La construction du point β n'est pas figurée). Les asymptotes sont $α_1αα_2$ et $β_1ξβ_2$.

Nous examinons s'il y a d'autres branches infinies en transportant le cône S au sommet T (530). Les deux bases transportées sont tangentes en *h* et se coupent aux points *e* et *g*. Nous construisons les deux asymptotes $γγ_1γ_2$ et $δδ_1δ_2$ (531).

Suivons la courbe en partant d'un plan limite *lmf*.

l et *f* donnent le point 1, *l*S est tangente à la courbe ;

n et *p*   —   2, T*p* contour apparent du cône T ;

q et *r*   —   3, S*q* contour apparent de S ;

Le point 4 est à l'infini, courbe asymptote à $αα_1$.

La courbe part de l'extrémité $α_2$ de l'asymptote ;

u et *x* donnent le point 5, T*x* contour apparent de T ;

La courbe passe au point 6, où se croisent les deux bases ;

z et *y* donnent le point 7, S*z* contour apparent de S ;

La courbe passe au point 8, où se croisent les deux bases ;

m et *e* donnent le point 9 à l'infini, asymptote $γγ_1$.

La courbe continue vers $γ_2$ de l'autre côté de l'asymptote, nous arrivons au plan limite, et nous rebroussons chemin sur le cercle.

Nous obtenons une branche de courbe très éloignée,

433

La courbe 9, 10, 11, est hors de
l'épure, on l'a figurée ici en la
rapprochant, afin de représenter
toutes les courbes qui font partie
de l'intersection.

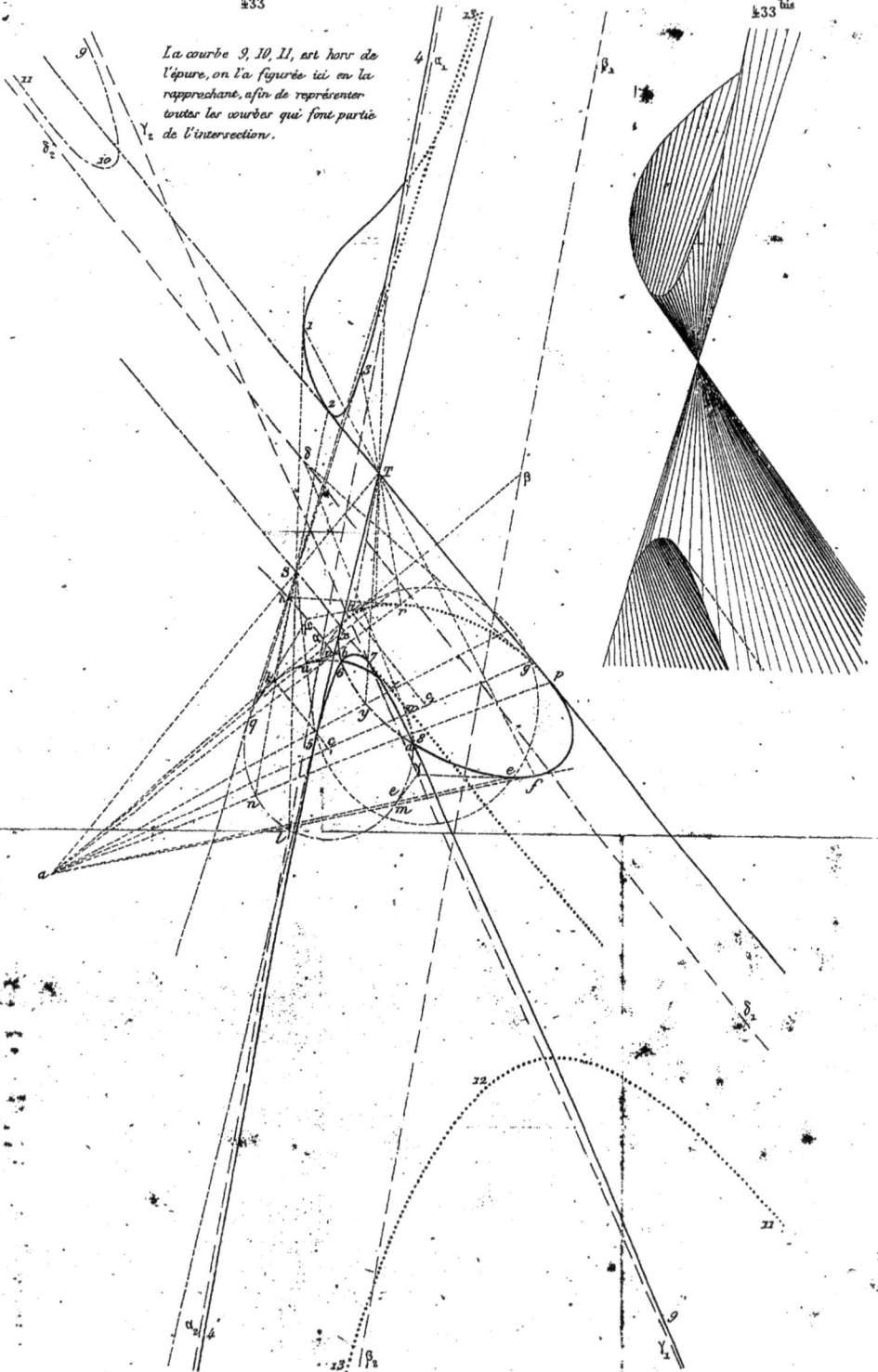

433 bis

9, 10, 11 ; le point 11 à l'infini étant donné par w et g, asymptote $\delta\delta_2$.

Nous retrouvons le point 11 à l'infini vers δ_1, et les arcs wzk et grh, fournissent une courbe éloignée 11, 12, 13 ; le point 13 à l'infini et l'asymptote est $\beta\beta_2$.

La courbe se retrouve de l'autre côté de l'asymptote vers β_1, et les arcs knl et $hbdf$ fournissent une branche qui revient au point 1.

Cette courbe a des points sur les contours apparents, mais ils sont éloignés et hors de l'épure.

Ponctuation. — Nous représentons le cône elliptique avec l'entaille faite par le cône circulaire. Nous ne limitons pas les cônes au plan horizontal, et nous figurons les courbes de bases avec parties vues et cachées comme des courbes tracées sur le cône.

Exercice. — On donne un cône de révolution S, ayant sa base dans le plan horizontal (fig. 434), et un second cône T ayant pour base le cercle C, dont le diamètre est égal à la moitié du diamètre de la base du cône S. Cette base est comprise entre la verticale SS′ et la tangente bd perpendiculaire à la ligne de terre. Le sommet est en TT′, projeté sur le diamètre horizontal dcT et verticalement en T′ ; il est donc sur la même perpendiculaire au plan vertical que le sommet S.

Les deux cônes ont donc un plan tangent commun suivant deux génératrices parallèles.

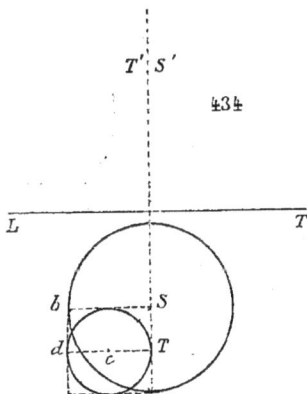

2° Cas particulier. Intersection de deux cônes homothétiques.

Nous devons faire remarquer d'abord que deux cônes homothétiques ont deux plans tangents communs, et se cou-

pent suivant deux courbes planes. Toutes les génératrices de
l'un des cônes étant parallèles à celles de l'autre, il y aura
une courbe tout entière à l'infini. Les génératrices de contact
des plans tangents communs étant parallèles, il y aura deux

435

points doubles à l'infini, situés sur la courbe d'intersection
qui est nécessairement à branches infinies hyperboliques.

Nous donnons pour exemple (fig. 435) deux cônes de révolution dont l'axe est vertical. La droite des sommets est parallèle au plan vertical.

Les plans tangents communs ont pour traces abc et ade.

Les génératrices qui ont les points doubles à l'infini sont S*b*
et T*c*, et S*d* et T*e*. Les asymptotes sont parallèles à ces
droites.

Pour les obtenir, nous remarquons que le plan de la courbe
d'intersection a pour trace *mn* (si les deux bases ne se coupent
pas, cette trace est l'axe radical des deux cercles) ; les asymptotes auront leurs traces sur *mn* et sur les traces des plans
tangents communs ; donc ces traces sont *p* et *q*, et les projections horizontales des asymptotes sont *po* parallèle à S*b*, et *qo*
parallèle à S*d*.

Les projections verticales sont confondues ici suivant $q'y'o'z'$
qui est la trace du plan de la courbe dont les sommets
sont y',y et z',z.

Nous avons construit des points en employant un plan
sécant auxiliaire *afghi* qui détermine dans chaque cône deux
génératrices.

T*i* et S*f* se coupent au point *k*, *g*T et S*h* se coupent au
point *l*.

T*g* est parallèle à S*f*, et la tangente au point à l'infini situé
sur ces deux génératrices est horizontale, car les tangentes
en *g* et *f* sont parallèles.

Nous pouvons donc admettre que la courbe à l'infini est
une section plane horizontale, c'est-à-dire un cercle.

EXERCICES & ÉPURES

544. 1° Intersection de deux cônes de révolution ayant leurs sommets sur une même horizontale.

La projection horizontale de l'intersection est un cercle ; si les axes sont parallèles au plan vertical, la projection verticale est une parabole.

2° On donne un tétraèdre régulier SABC, reposant sur le plan horizontal par la face ABC, on considère un cône de révolution ayant pour sommet le point C et pour base le cercle inscrit dans la face BSA ; un second cône a pour sommet le point A et pour base le cône circonscrit à la face BSC. (Fig. 436). *Donner au tétraèdre un côté de 12 centimètres.*

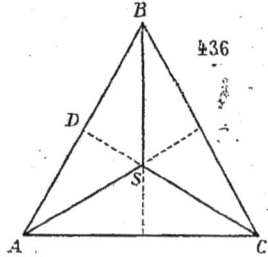

436

3° *Même tétraèdre.* — Cône ayant pour base le cercle inscrit dans la face BSA et le sommet en C ; deuxième cône ayant pour base le cercle inscrit dans la face BSC et son sommet en A. (Deux courbes planes.)

4° *Même tétraèdre.* — Cône de révolution autour de SA, le sommet en A, engendré par la rotation de AC ; second cône ayant son sommet en C, et pour base le cercle inscrit dans la face BSA.

5° *Même tétraèdre.* — Cône oblique ayant pour base le cercle circonscrit au triangle vertical DSC et son sommet au point A ; second cône de révolution autour de BS, le sommet en B, BA est la génératrice. (Génératrice commune.)

6° *Même tétraèdre.* — Premier cône engendré par AS, tournant autour d'une parallèle à la droite horizontale DC menée par le sommet S.

Second cône engendré par une parallèle à AS, menée par le point C et tournant autour de la verticale du point C. — Côté du tétraèdre, 55 millimètres. (Epure supplémentaire donnée à l'École polytechnique en 1878.)

7° On donne un cône de révolution à axe vertical, on le coupe par un plan, la section est prise pour directrice d'un second cône dont le sommet est en un point donné ; construire l'intersection des deux cônes.

On peut faire varier la position du second sommet, de manière que les deux cônes aient ou n'aient pas de plans tangents communs.

8° On donne une sphère par ses deux projections, et deux points sur la ligne de terre qui sont les sommets de deux cônes circonscrits à la sphère. Construire l'intersection de ces deux cônes.

9° Construire l'intersection de deux cônes de révolution, l'un vertical, l'autre perpendiculaire au plan vertical, les axes étant dans un même plan de profil. (On peut trouver des données numériques convenables dans notre *Recueil d'épures.*)

10° On donne un plan par ses traces, on construit deux cônes de révolution tangents à ce plan. L'un a son axe perpendiculaire au plan vertical, l'autre a son axe perpendiculaire au plan horizontal. Construire leur intersection.

INTERSECTION DES CONES ET DES CYLINDRES

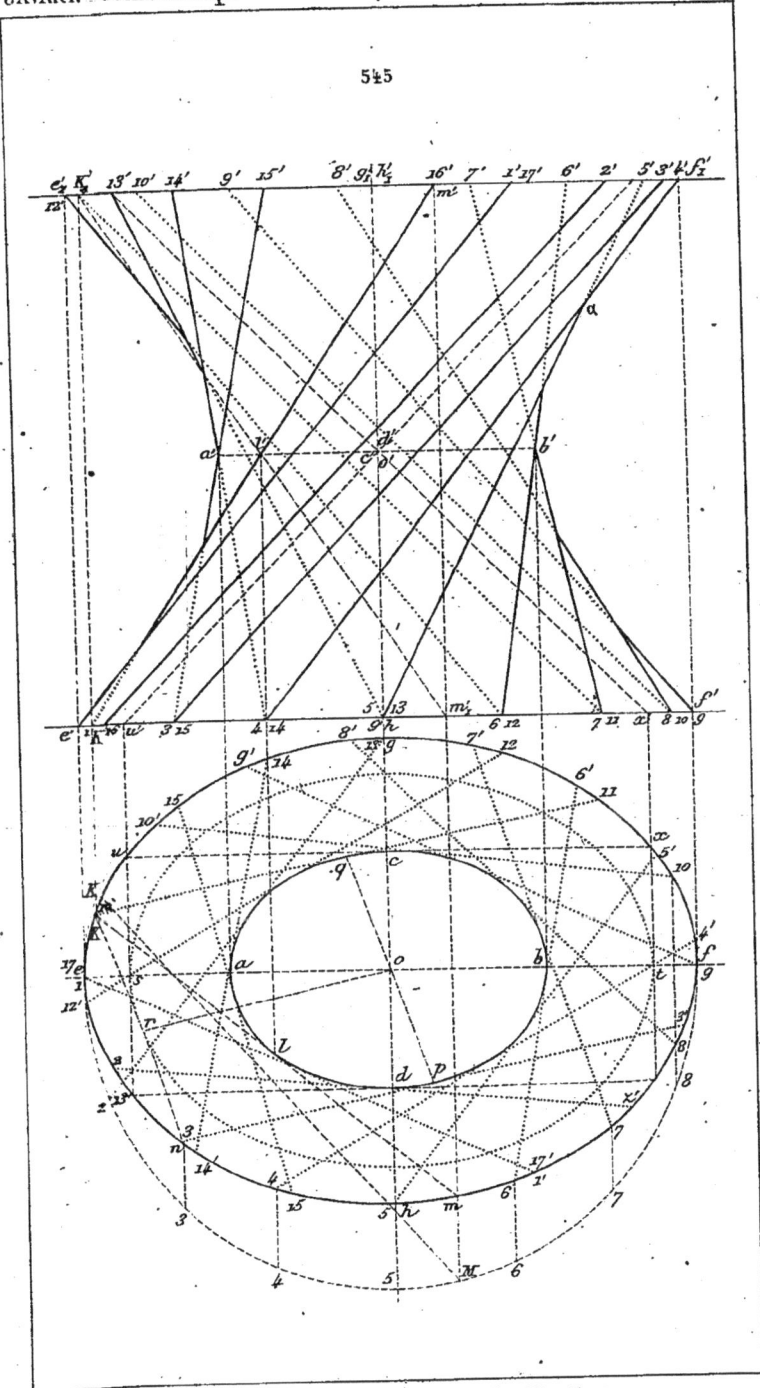

545

INTERSECTION DES CONES

545. Méthode générale. La méthode générale consiste à couper les deux surfaces par des plans auxiliaires, passant par le sommet du cône et parallèles aux génératrices du cylindre. C'est la même méthode que celle que nous avons employée pour construire l'intersection d'un prisme et d'une pyramide (152) : on mène donc par le sommet du cône, une droite parallèle aux génératrices du cylindre, et on fait passer des plans par cette droite.

Ainsi le cône a son sommet au point S,S', et sa base est le cercle dont le centre est au point ω; le cylindre a pour base le cercle dont le centre est en O (fig. 437). La parallèle aux génératrices du cylindre conduite par le sommet est SA, S'A'. Les traces horizontales des plans auxiliaires passeront par le point A.

Comme dans l'intersection de deux cônes, les plans limites seront les plans tangents à une surface et coupant l'autre. Les plans limites ont pour traces P et P_7; et les deux plans n'étant pas tangents à la même surface, il y aura *arrachement* (495, 496, 520), c'est-à-dire que la courbe d'intersection sera parcourue d'un seul trait continu.

Nous pouvons construire la courbe d'intersection en nous bornant aux points donnés par les plans limites, et aux points situés sur les génératrices de contour apparent des deux solides.

L'ordre dans lequel on joint les points est le même que dans l'intersection des deux cylindres (495, 520).

b et c donnent le point 1, génératrice b tangente à la courbe;

e et d — 2, génératrice e, de contour vertical;

g et f — 3, génératrice f, de contour horizontal;

i et h — 4, génératrice h, de contour vertical;

l et k — 5, génératrice k, tangente à la courbe;

v et h — 6, { génératrice v, de contour horizontal; génératrice h, de contour vertical;

m et n — 7, génératrice m, de contour vertical;

p et f — 8, génératrice f, de contour horizontal;

q et c — 9, génératrice q, tangente à la courbe;

y et s — 10, génératrice s, de contour vertical;

m et u — 11, génératrice m, de contour vertical;

v et z — 12, génératrice v, de coutour horizontal

l et x — 13, génératrice x, tangente à la courbe;

t et s — 14, génératrice s, de contour vertical;

e et r — 15, génératrice e, de contour vertical;

b et c donnent le point de départ 1.

Il n'y a pas de points sur la génératrice de contour apparent horizontal a du cylindre, ni sur la génératrice de contour apparent Sw du cône. Nous nous sommes contentés de relever sur la projection verticale les points limites et les points sur les contours apparents verticaux.

Si les plans limites étaient tangents à la même surface, il

y aurait *pénétration*, et en joignant les points dans l'ordre régulier, comme nous l'avons montré pour les deux cylindres (498), on trouverait deux courbes distinctes.

546. Parties vues et cachées.

Sur chacune des surfaces, les génératrices *vues* et les génératrices *cachées* se distinguent comme nous l'avons indiqué (340 et 363); et les règles à suivre pour représenter les solides, sont les mêmes que celles que nous avons suivies pour l'intersection des cylindres (497) et des cônes (520 *bis*).

Nous représentons le cône seul, après avoir enlevé la partie comprise dans le cylindre.

Nous examinons ce qui reste des contours apparents.

La génératrice de contour horizontal S*w* reste entière.

La génératrice S*f* est enlevée entre les points 3 et 8.

La génératrice S*s'* est enlevée entre les points 10 et 14.

La génératrice S*h'* est enlevée entre les points 4 et 6.

Sur la projection horizontale, le point 1 situé sur la génératrice *c* est *vu*, et tout l'arc 3, 2, 1, 15, 14, 13, 12, 11, 10, 9, 8 est *vu* puisqu'il n'a aucun point sur le contour du cône.

L'arc 3, 4, 5, 6, 7, 8, devrait être *caché*, mais une partie de cet arc est *vu*, depuis le point 3 jusqu'au point où il croise l'autre arc de courbe ; il est *vu* à travers le trou fait dans le cône par le cylindre.

Il reste, pour compléter la représentation de la projection horizontale, à tracer en points la portion de génératrice du cylindre 6, 12, contenue dans l'intérieur du cône, formant fond du trou, c'est-à-dire contour apparent utile, existant réellement, mais *caché*.

Sur la projection verticale, il est facile de voir que l'arc 14, 15, 1, 2, 4, 5 est *vu*, puisque le point 1 est situé sur la génératrice S'*c'* *vue*.

L'arc 4, 5, 6 devrait être *caché*, et est *vu* parce que le contour apparent est enlevé.

L'arc 6, 7, 9, 10, qui a le point 9 sur la génératrice S'*c'*, est *vu*.

L'arc 10, 11, 14 devrait être *caché*, mais une partie est encore vue à travers le trou.

Les génératrices de contour apparent vertical du cylindre

existent en partie dans le cône, du point 2 au point 15, et du
point 7 au point 11 ; elles forment fond du trou, contour apparent utile, mais *caché*.

547. Tangentes. Nous n'avons pas construit la tangente en un point de la courbe, on l'obtiendrait encore en
prenant l'intersection des plans tangents aux deux surfaces
suivant les génératrices qui passent par le point considéré.

On pourra encore couper les deux plans tangents par un
des plans auxiliaires qui servent à construire l'intersection
pour obtenir un point de la tangente dans le cas où les traces
des plans tangents ne se coupent pas dans les limites de
l'épure, et aussi dans le cas où les bases des deux surfaces
ne sont pas dans le même plan (493, 522, 524).

Il est, en général, impossible d'obtenir les points pour lesquels la tangente est horizontale 494-(523); ici, les deux bases
étant deux cercles, nous pouvons prendre le centre de similitude inverse α des deux bases, et si nous conduisons un plan
auxiliaire dont la trace soit Aα, les points situés dans ce plan
et correspondant aux génératrices β et γ d'une part, δ et ε
d'autre part, seront des points pour lesquels la tangente est
horizontale.

Le centre de similitude directe ne donnerait pas de plan
utile.

Ligne des points doubles en projection.
Nous renvoyons aux paragraphes 503 et 528 pour la théorie
de la construction des lignes des points doubles en projection,
et nous prions le lecteur de se reporter au n° 481 (2ᵉ)pour le
cas où le cône n'a pas de contour apparent.

Point double réel. Il y aura encore un point double
réel, si les deux surfaces ont un point tangent commun; ce
point double réel se trouve à l'intersection des génératrices
de contact du plan tangent commun, ainsi qu'on peut s'en
assurer, en joignant les points dans l'ordre régulier, comme
nous l'avons déjà montré (499, 525).

Les tangentes au point double se construisent encore par
les mêmes courbes d'erreur que nous avons employées (500,
525, 526).

437

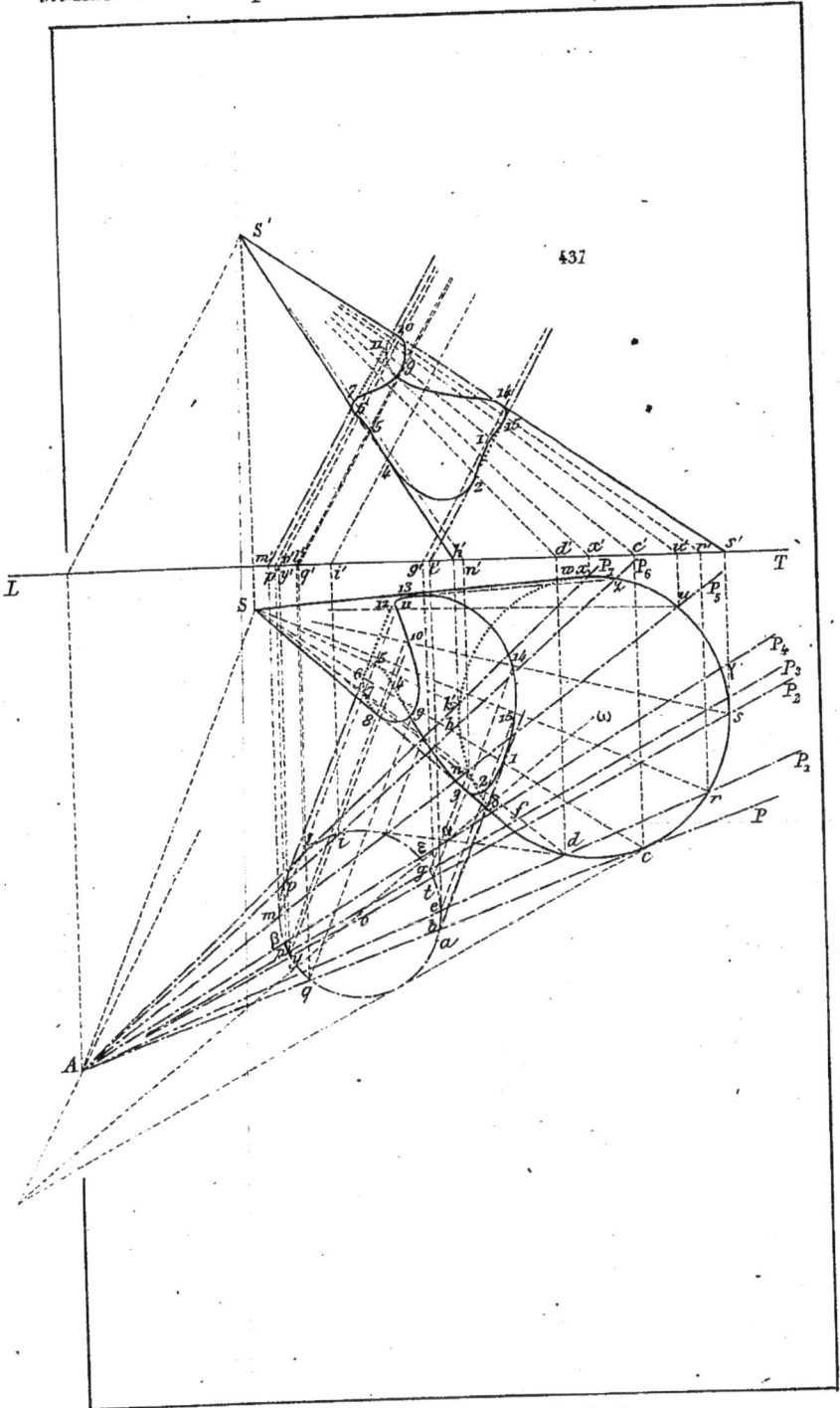

Le théorème : « *Les tangentes au point double forment avec les génératrices qui passent par le point un faisceau harmonique,* » est encore vrai dans ce cas, et la démonstration se fait très aisément en étendant la propriété du quadrilatère complet au cas où l'un des sommets s'éloigne à l'infini (527).

548. Cas où les bases ne sont pas dans le même plan.

On donne (fig. 438) la projection horizontale SABC d'un

438

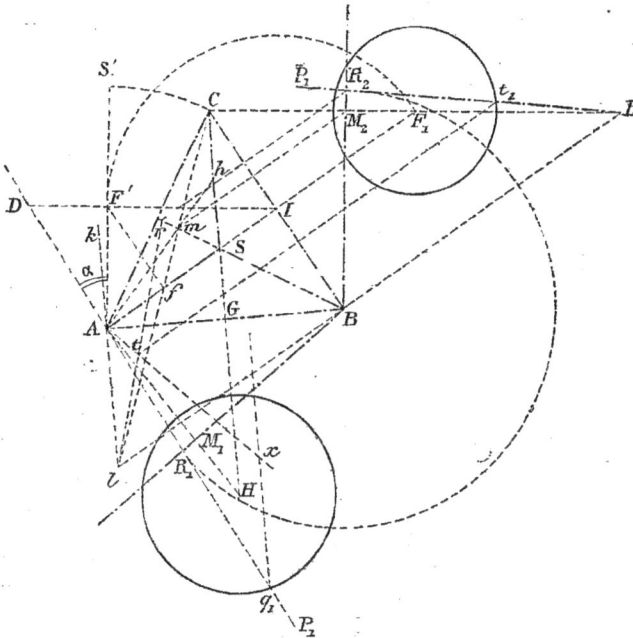

tétraèdre régulier, la face ABC est horizontale.

Un cylindre de révolution autour de l'arête SC a un rayon connu ; un cône de révolution a pour axe SA, son sommet au point A, et l'on connaît l'angle générateur α.

D'abord nous choisissons des plans de base. Pour le cône,

nous prenons le plan passant par CB perpendiculaire à l'arête SA, et nous le rabattons sur le plan horizontal autour de CB.

Pour faire ce rabattement, nous prenons pour plan vertical, le plan de l'arête SA; le point S a pour projection verticale S', tel que AS′ = AC; le plan de base a pour traces BIF', et le point F′f est le centre de la base; nous menons ensuite AD faisant avec AF′ l'angle α, F'D est le rayon de la base. Dans le rabattement du plan autour de CB, le point F′f vient en F_1 et nous décrivons le cercle de base avec le rayon DF′.

Pour le cylindre, nous prenons pour plan de base le plan mené par AB perpendiculairement à CS, il coupe CS en son milieu h qui est le centre de la base, et qui se rabat en H, tel que GH = IF,; nous décrivons ensuite la base avec le rayon donné. (Méthode identique à celle du numéro 512.) Nous traçons par le sommet du cône une parallèle aux génératrices du cylindre. Cette parallèle a pour projection kAl, et elle rencontre le plan de la base du cylindre au point A. Donc les traces des plans auxiliaires sur le plan de la base du cylindre passeront par le point A.

Cherchons le point où cette parallèle rencontre le plan de base du cône, déterminé par BC et le point f: il suffit évidemment de prolonger la ligne Cf jusqu'à sa rencontre en l avec la parallèle KAl. Car les droites CS et kAl parallèles entre elles, et Cf sont dans le même plan. Les traces de tous les plans auxiliaires sur le plan de base du cône passeront par le point l, que nous rabattons avec la base du cône en L, sur le rabattement CF_1 de la droite Cf.

Pour obtenir les traces correspondantes d'un même plan auxiliaire sur les plans des deux bases, nous cherchons l'intersection de ces deux plans; l'un est déterminé par CB et Cf, l'autre par AB et Ah; or, Cf et Ah se rencontrent au point projeté en m, et nous rabattons ce point sur AH en M_1, et sur CF_1 en M_2; l'intersection des deux plans se rabat en BM_1 et en BM_2.

Prenons une trace quelconque AP_1 d'un plan auxiliaire sur le plan de base du cylindre; cette trace rencontre BM_1 au point R_1; nous prenons $BR_2 = BR_1$, et LR_2 est la trace correspondante sur le plan de base du cône. (Méthode identique à celle du numéro 524.)

Ce plan auxiliaire P_1 donne dans le cylindre deux génératrices; l'une rencontre le plan de base au point rabattu en q_1, et $q_1 x$ parallèle à SC est la projection de la génératrice.

Pour obtenir la génératrice du cône dont la trace sur le plan de base est rabattue en t_1, il faut d'abord relever le point R_2 en r sur Bm, joindre l et r, et abaisser de t_1 une perpendiculaire sur CB; le point t est la trace de la génératrice sur le plan de base du cône, la génératrice est At, et x est un point de l'intersection que nous laissons au lecteur le soin de terminer.

549. Nous remarquons d'abord que la nature de la base du cône est indifférente ; il n'y aura pas sur le cône de génératrices transportées à l'infini, puisque le sommet du cône est à distance finie.

Nous pouvons obtenir des points à l'infini de deux manières différentes :

1° Il peut y avoir une génératrice du cône parallèle aux génératrices du cylindre, et en même temps les génératrices voisines doivent donner des points d'intersection à distance finie ;

2° La base du cylindre peut être une courbe à branches infinies, et les génératrices à l'infini rencontrer le cône.

Nous allons examiner successivement ces deux cas.

550. 1ᵉʳ Cas. Génératrice du cône parallèle aux génératrices du cylindre.

Le cône a pour base la courbe b, son sommet est au point S,S'. Une génératrice est Sa, S'a'. (Fig. 439.)

Un cylindre a pour base le cercle c, et ses génératrices sont parallèles à Sa, S'a'.

Pour construire l'intersection des deux surfaces, nous devons mener par le sommet du cône une parallèle aux génératrices du cylindre, c'est la droite S'a', Sa, et les traces des plans auxiliaires passeront toutes par le point a (545). Les deux plans limites sont aP$_1$ et aP$_2$, et l'arc utile de la base du cône est l'arc compris entre ces deux traces ; or, aucune génératrice ayant sa trace sur cet arc n'est parallèle aux génératrices du cylindre. Nous aurons bien dans chaque plan auxiliaire la génératrice Sa parallèle aux génératrices du cylindre, et les rencontrant toutes à l'infini ; nous obtenons une courbe tout entière à l'infini, et non pas une courbe à branches infinies. Au contraire, plaçons le cercle de base du cylindre en *mk*; les plans limites sont aQ_1 et aQ_2. Or, à mesure que le plan auxiliaire devient aQ_1, aQ_3, aQ_4, la génératrice correspondante du cône passe par les points h, h_1, h_2, elle donne toujours avec les génératrices du cylindre des points à distance finie; mais elle tend à se confondre avec Sa,

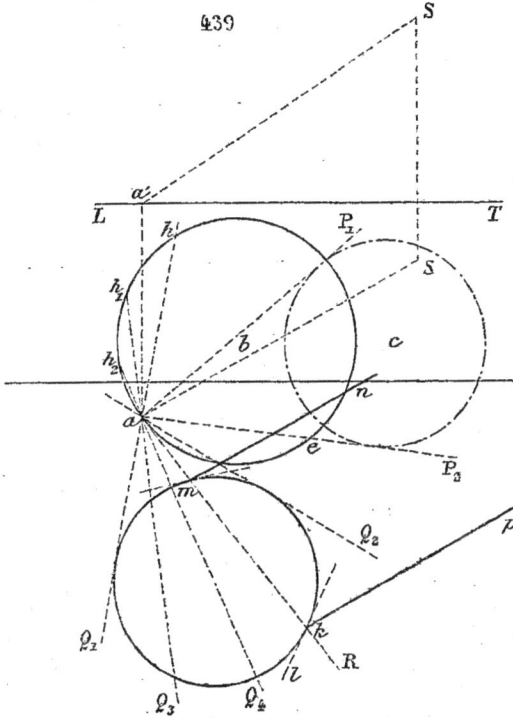

les points s'éloignent de plus en plus, et la courbe passe à l'infini quand le plan auxiliaire est le plan R tangent au cône suivant la génératrice *Sa*.

Nous pouvons donc formuler comme il suit les conditions nécessaires pour que l'intersection d'un cône et d'un cylindre présente des branches infinies :

La base du cylindre étant une courbe fermée, il faut qu'il y ait une génératrice du cône parallèle aux génératrices du cylindre, et

*que le plan tangent au cône suivant cette génératrice coupe le
cylindre.*

Cherchons les asymptotes, c'est-à-dire les tangentes aux
points situés à l'infini sur les génératrices *kp* et *mn* du cylindre situées dans le plan sécant R. Nous devons prendre l'intersection des deux plans tangents : au cylindre suivant *kp*
(sa trace est *kl*), au cône suivant S*a* (sa trace est *a*R); leur
intersection est la droite *kp*.

*Les asymptotes sont les génératrices du cylindre contenues dans
le plan tangent au cône.*

Nous ne construisons pas la courbe, les exemples que
nous avons donnés dans les intersections des cylindres et
cônes, pour le cas des branches infinies permettront au lecteur de la suivre facilement.

551. 2° Cas. Cylindres à nappes infinies.

1° Le cylindre a pour base l'hyperbole dont le centre est
en *o*, les asymptotes *ox* et *oy*; les génératrices sont parallèles
à *oa*, *o'a'*. (Fig. 440.) Le cône a son sommet au point S,S', et
pour base le cercle *c*. Nous menons par le point S,S' une
parallèle S'*b'*, S*b* aux génératrices du cylindre, les traces des
plans auxiliaires passeront par le point *b* (545).

Les plans limites sont *b*P$_1$ et *b*P$_2$. Le plan auxiliaire, en
s'éloignant de *b*P$_1$, rencontre le cylindre suivant une génératrice qui s'éloignera de plus en plus, et passera à l'infini
quand le plan auxiliaire aura la position *b*Q parallèle à l'a-
symptote *ox*. Nous aurons une branche de courbe ayant un
point à l'infini, sur la génératrice S*k* du cône, de même une
autre branche aura un point à l'infini sur la génératrice
S*l*. Le plan auxiliaire se déplaçant à partir de *b*Q, arrivera à
*b*R parallèle à l'asymptote *oy*, et les génératrices S*c* et S*d* du
cône rencontreront le cylindre à l'infini : nous aurons donc
quatre branches infinies.

Cherchons les asymptotes : une des asymptotes est la
tangente au point situé à l'infini sur la génératrice S*c*. Cette
tangente est l'intersection du plan tangent au cône suivant
S*c*, plan dont la trace est *cf*, avec le plan tangent au cylindre
suivant la génératrice à l'infini, c'est-à-dire avec le plan
asymptote dont la trace est *oy*.

Le point f est la trace de l'asymptote, et comme le plan asymptote est parallèle au plan Sbc, c'est-à-dire au plan sécant dont la trace est bR, il est parallèle à la génératrice Sc,

440.

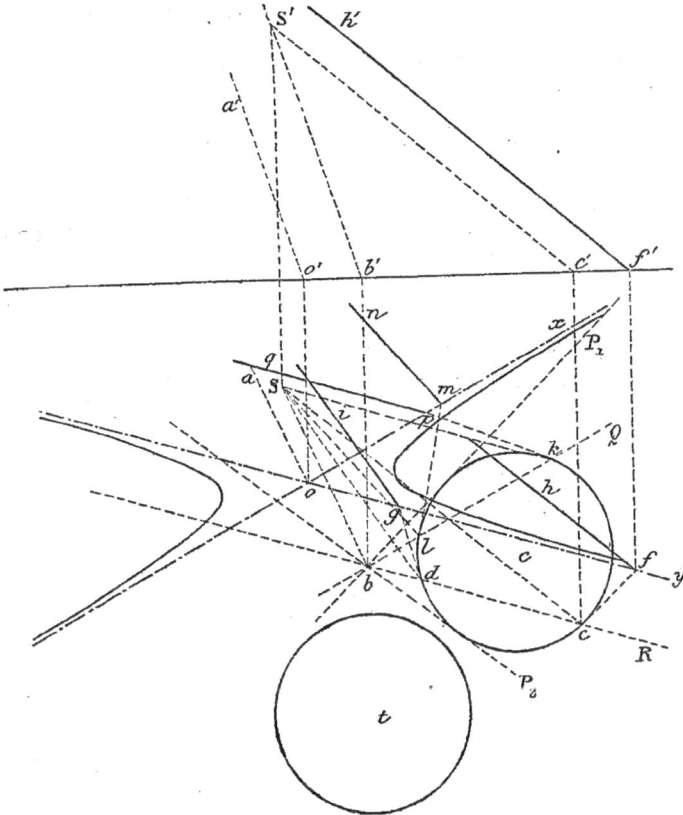

donc l'asymptote intersection des deux plans est parallèle à Sc, $S'c'$; c'est la droite fh, $f'h'$.

Nous avons obtenu les autres asymptotes de la même manière, mais nous n'avons tracé que leurs projections horizontales, gi parallèle à Sd, mn parallèle à Sl, pq parallèle à Sk.

On voit clairement que si les plans auxiliaires parallèles

aux plans asymptotes ne sont pas compris entre les plans limites, c'est-à-dire ne coupent pas le cône, il n'y aura pas de points à l'infini. L'intersection peut donc présenter deux ou quatre branches infinies, et il peut aussi arriver qu'aucune branche infinie n'existe dans l'intersection. La condition d'existence des branches infinies peut être exprimée comme il suit :

Dans l'intersection d'un cylindre hyperbolique avec un cône, l'intersection offrira des branches infinies, si les plans auxiliaires parallèles aux plans asymptotes du cylindre hyperbolique coupent le cône.

552. La base du cylindre peut être une parabole. (Fig. 441.)

2° La base du cylindre est une parabole dont l'axe est *fh*, les génératrices sont parallèles à *lm*, *l'm'*. Le cône a pour base le cercle *c*, son sommet est au point S,S'.

Nous menons la parallèle S*k*, S'*k'* aux génératrices du cylindre et les traces des plans auxiliaires passeront par le point *k* (545).

Si nous partons du plan limite P, nous trouvons des points à distance finie jusqu'au moment où le plan ayant pour trace *kd* parallèle à *fh*, la génératrice du cylindre parabolique s'éloigne à l'infini.

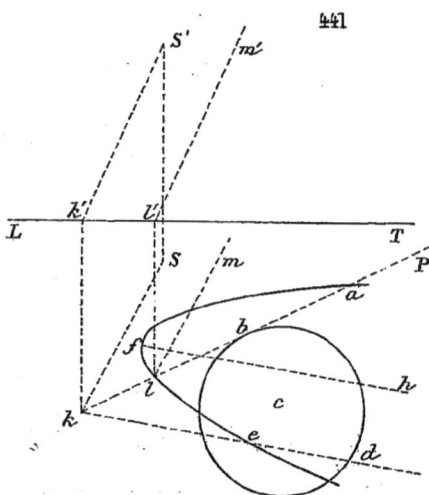

Nous obtenons encore une courbe à branches infinies paraboliques, car le plan tangent au cylindre s'éloigne à l'infini et par suite l'asymptote est à l'infini.

Nous pouvons exprimer la condition de l'existence des branches infinies de cette manière :

Dans l'intersection d'un cylindre parabolique avec un cône, l'intersection présentera des branches infinies si le plan auxiliaire parallèle à l'axe de la parabole coupe le cône.

553. Exercice. — On donne une hyperbole dans le plan horizontal, une asymptote est parallèle à la ligne de terre, les génératrices du cylindre dont cette hyperbole est la base sont parallèles à ab, $a'b'$. On donne un cercle dans le plan ver-

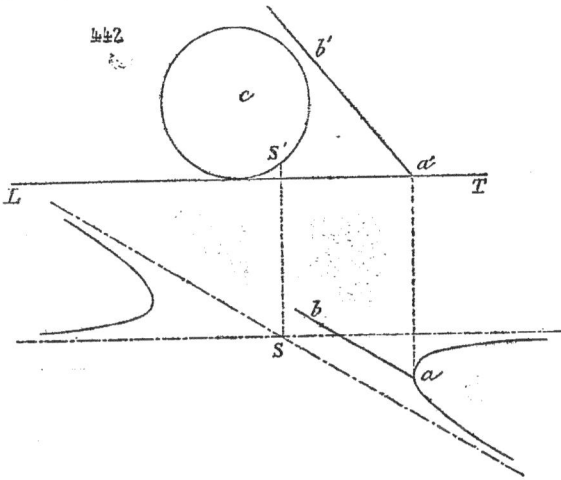

tical comme base d'un cône dont le sommet est en un point S, S', la projection horizontale du sommet est au centre de l'hyperbole, la projection verticale est sur le cercle de base.

Construire l'intersection du cône et du cylindre.

554. 3e Cas. Les deux sources de branches infinies peuvent exister à la fois. (Fig. 443.)

Le cône a pour base le cercle ω, son sommet est au point S, S', nous prenons une génératrice Sb, S'b'.

Le cylindre a pour base une hyperbole dont les asymptotes sont ox et oy, les génératrices sont parallèles à Sb, S'b'. Nous avons une génératrice du cône parallèle aux génératrices du cylindre, et le plan tangent au cône suivant cette génératrice a pour trace *cbd*; il coupe le cylindre suivant deux génératrices *cf* et *de* qui sont asymptotes de l'intersection. (1ᵉʳ cas, 550.)

Les plans auxiliaires dont les traces sont *bg* et *bl*, paral-

443

lèles aux plans asymptotes coupent le cône, nous avons deux asymptotes parallèles aux génératrices S*g* et S*l* du cône (2ᵉ cas, 551); ces deux asymptotes dont les traces sont aux points *h* et *m*, sont *hk* et *mn*.

555. Exercice. On a dans le plan horizontal un cercle base d'un cône et une hyperbole équilatère ayant son centre au centre du cercle, ses asymptotes sont *ox* parallèle à la ligne de terre et *oy*, ses sommets sont placés sur le cercle aux points a et b. Cette hyperbole est la directrice d'un cylindre dont les génératrices sont verticales.

Le cercle est la base d'un cône dont le sommet se projette en S sur le diamètre perpendiculaire à ab.

Construire la projection verticale de l'intersection.

Il est facile de voir que la génératrice S′,S du cône est parallèle aux génératrices du cylindre, le plan tangent au cône est vertical, a pour trace cSd et donne les deux asymptotes verticales cc' et dd'.

Le plan auxiliaire Sa, parallèle au plan asymptote oy, donne une asymptote dont la trace est au point y qui est parallèle à la génératrice Sa, et projetée verticalement suivant $e'k'$.

Le plan auxiliaire Sb, parallèle au plan asymptote ox, donne une asymptote dont la trace est en f et qui est fg' parallèle à la génératrice S′b'.

Nous engageons le lecteur à suivre cette courbe qui est fort intéressante.

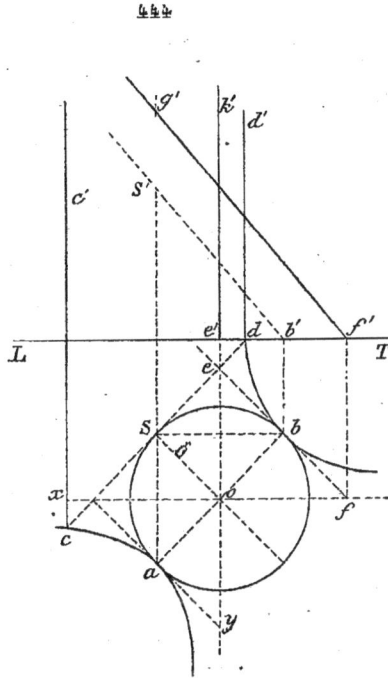

CAS PARTICULIERS

DEUX COURBES PLANES

556. Théorème. — *Un cône et un cylindre du second degré qui ont une première courbe plane commune se coupent suivant une seconde courbe plane, et peuvent avoir ou ne pas avoir deux plans tangents communs.*

La démonstration de ce théorème est semblable à celle que nous avons don-

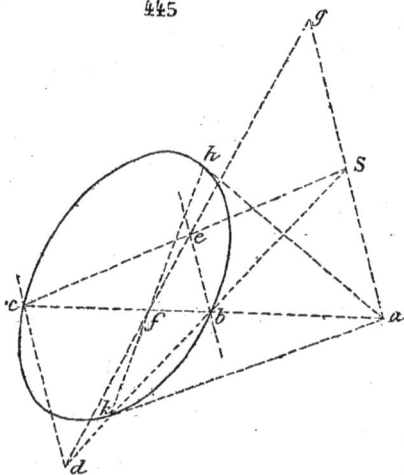

née pour les deux cônes. Nous la rappelons rapidement pour indiquer la différence. (Fig. 445.)

Nous prenons pour plan de la figure le plan de la courbe plane commune *ckbh*. (La propriété n'est vraie que dans le cas d'une conique.) Soit $\check{S}$ la projection du sommet, S*a* la parallèle aux génératrices du cylindre, dont la trace est au point *a*.

Nous figurons un plan auxiliaire *abc*, il détermine dans le cône les deux génératrices S*b* et S*c*, dans le cylindre, les deux génératrices *be* et *cd*; les points *e* et *d* sont des points de l'intersection.

Traçons la diagonale *ed* du quadrilatère *becd*.

Si nous prolongeons les côtés opposés, nous formons un quadrilatère complet ayant un sommet à l'infini.

Le point *f* est conjugué harmonique de *a* par rapport à la conique.

Le lieu du point *f* est la polaire *hk* du point *a*.

D'autre part, les points *g* et *a* sont conjugués par rapport au point S et au point à l'infini sur *a*S, donc le point *g* est fixé et *g*S = S*a*.

Par conséquent, toutes les diagonales *gefd* rencontrent la droite *kh* et passent par le point fixe *g*; elles forment un plan qui est celui de la seconde courbe.

Dans le cas de la figure, le cône et le cylindre ont deux plans tangents communs dont les traces sont *ak* et *ah*.

Il est facile de voir comment il faudrait modifier la démonstration donnée pour les deux cônes dans le cas où la parallèle S*a* aux génératrices du cylindre a sa trace à l'intérieur de la courbe commune.

Exemple. — Cône et cylindre circonscrits à une même sphère.

Les deux surfaces auront deux plans tangents communs si la parallèle aux génératrices du cylindre menée par le sommet du cône ne coupe pas la sphère.

Si la parallèle coupe la sphère, il n'y aura pas de plans tangents communs.

Cependant dans les deux cas, les deux surfaces se couperont suivant deux courbes planes. (Démonstrations analogues à celles des numéros 539,540.)

CONE ET CYLINDRE

AYANT UNE GÉNÉRATRICE COMMUNE

557. Le cône a son sommet au point SS', et pour base le cercle *abdc*. (Fig. 446.) Le cylindre a pour base le cercle *depgc*, et les deux surfaces ont une génératrice commune S*d*, S'*d'*, qui fixe la direction des génératrices du cylindre. Les traces des plans auxiliaires passent par le point *d*.

Nous voyons tout d'abord que l'intersection aura des
branches infinies, car il y a sur le cône la génératrice Sd parallèle aux génératrices du cylindre, et le plan tangent au
cône suivant cette génératrice coupe le cylindre (550); sa
trace est dp, et nous avons une seule asymptote, qui est la
génératrice rpq du cylindre.

Traçons la courbe, en prenant seulement les points remarquables.

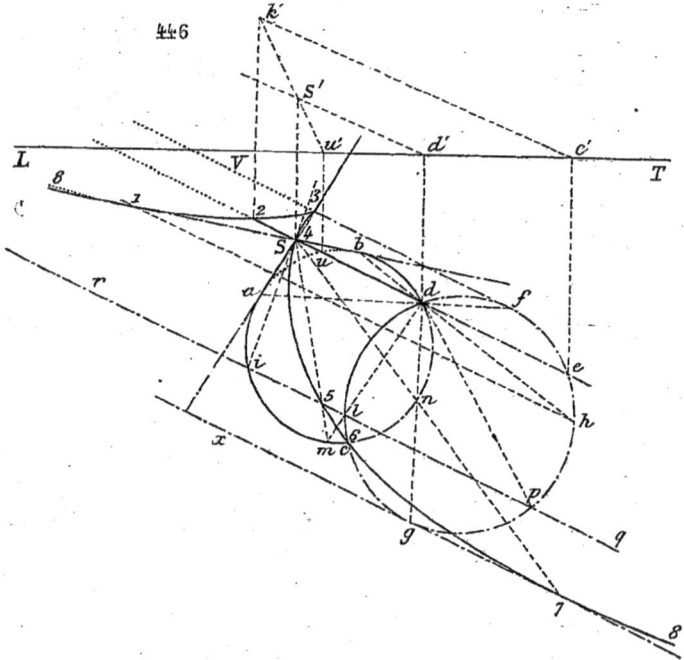

446

Plan bdh : point 1, sur la génératrice de contour apparent
Sb;

Plan ude : pour obtenir le point situé dans ce plan, qui est
vertical, nous prenons les projections verticales $u's'$ et $e'k'$
des génératrices, et nous obtenons le point kk' qui est le
point 2;

Plan adf : point 3, sur la génératrice de contour apparent
Sa, et aussi sur la génératrice de contour apparent fv du

cylindre ; le point 3 est ici, par hasard, un point de rebroussement (504) ;

Plan *id* tangent au cylindre, donne le sommet S et la génératrice S*i* qui est tangente à la courbe (541) ;

Plan *mld* : donne le point 5 projeté sur l'asymptote ;

Le point *c*, où se coupent les deux bases, est le point 6 ;

Plan *gnd* : point 7, sur la génératrice de contour apparent *gx* du cylindre ;

Plan *pd* : tangent au cône, donne le point 8 à l'infini ;

La courbe revient ensuite de l'autre côté de l'asymptote, et se referme sur le point 1.

446 ^bis

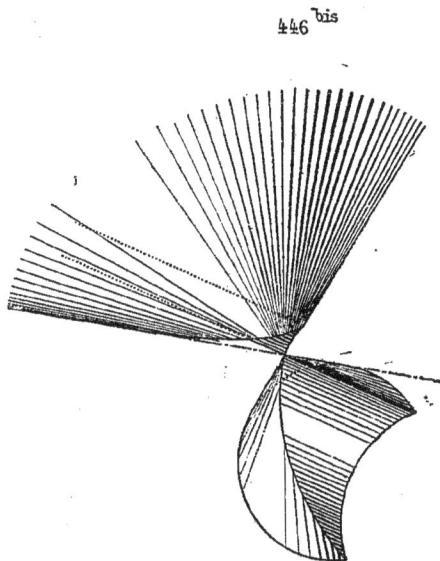

Parties vues et cachées. — Nous représentons le cône seul avec l'entaille faite par le cylindre. La figure (446 *bis*) fait comprendre la forme du solide restant.

Remarque. — La courbe coupe la génératrice commune au point S, et en un second point situé à l'infini.

558. Génératrice commune et plan tangent commun.

Les deux surfaces ont un plan tangent commun suivant la génératrice commune ; alors cette génératrice forme une première courbe plane. Les deux surfaces se coupent suivant une seconde courbe plane.

1° *Exemple.*(Fig.447.)—On donne un cercle dans le plan horizontal, et une hyperbole équilatère, tangente au cercle, dont
les asymptotes sont *ox* et *oy* passant par le centre du cercle.

L'hyperbole est la base d'un cylindre vertical, le cercle
est la base d'un cône dont
le sommet se projette en
SS'.

Les deux surfaces ont
bien un plan tangent com-
mun, dont la trace est *mn*,
suivant la génératrice
commune S',S.

Les plans auxiliaires S*b*
et S*c*, parallèles aux plans
asymptotes, donnent les
deux asymptotes : *h*, *h'k'*
et *d'f'* parallèle à la génératrice S'*b'*, S*b*. La section
est une hyperbole, comme
on devait s'y attendre,
puisque c'est une section plane du cylindre hyperbolique.

447

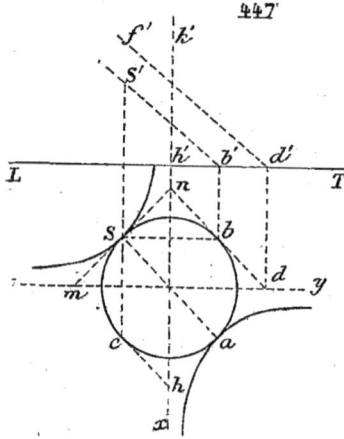

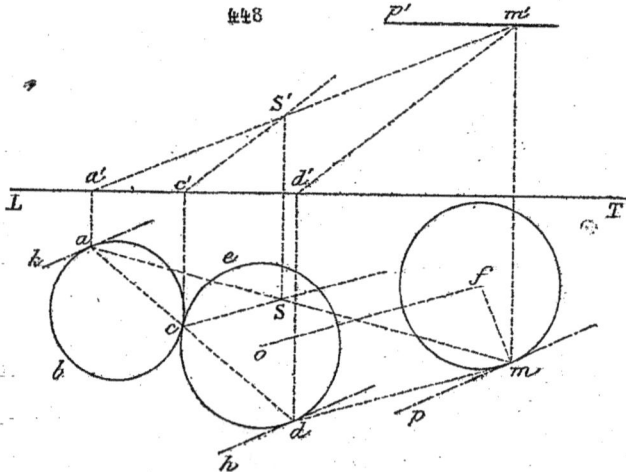

448

2° *Exemple.* (Fig. 448.)

Le cône a pour base le cercle *abc*, son sommet est en S,S'.

Le cylindre a pour base le cercle *cdc*, tangent au premier au point *c* ;

La génératrice commune est S*c*, S'*c'*, qui donne la direction des génératrices du cylindre.

Coupons les deux surfaces par un plan dont la trace est *acd* ; les génératrices *a*S*m* et *dm* se rencontrent au point *m*, qui appartient à l'intersection. Mais je remarque que les tangentes aux deux cercles aux points *d* et *a* sont parallèles, donc la tangente au point *m,m'* est horizontale ; et, comme il en sera de même en tous les points de la courbe d'intersection, cette courbe est une section plane horizontale du cylindre ; c'est donc un cercle égal au cercle de base. Il est facile d'avoir son centre ; la tangente en *m* est *mp*, parallèle aux tangentes *dh* et *ak* ; on mène *mf* perpendiculaire à *mp* et égal au rayon de la base.

Le point *f* est le centre de la section.

EXERCICES

559. 1° On donne la projection horizontale SABC d'un tétraèdre régulier, la face ABC est horizontale. (Fig. 449.)

On prend un cône ayant pour axe AB et engendré par la rotation de AC. — On prend un cylindre ayant pour axe SA et pour rayon la moitié du côté du tétraèdre.

Représenter le solide commun. Prendre AB = 14 centimètres.

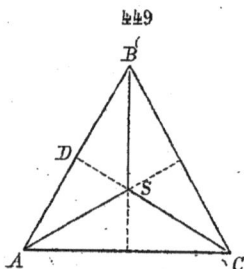

449

2° *Même tétraèdre.*

Cône ayant pour base le cercle inscrit dans la face ASB, et son sommet au sommet opposé C du tétraèdre. — Cylindre ayant pour base le cercle inscrit dans la face ASC et les génératrices parallèles à SB.

Représenter le solide commun.

3° On donne un plan perpendiculaire au plan horizontal, et dans ce plan un cercle dont on connaît le centre et le rayon. Ce cercle est la base d'un cylindre dont les génératrices sont perpendiculaires au plan. Ce cylindre est supposé creux ; construire l'ombre portée dans l'intérieur du cylindre par le cercle de base, éclairé par des rayons divergents d'un d'un point donné.

4° et 5° Prendre les exercices 12 et 13 de l'intersection de deux cylindres, en éclairant les solides par des rayons divergents.

INTERSECTION DES CONES ET CYLINDRES

AVEC LA SPHÈRE

CYLINDRE OBLIQUE ET SPHÈRE

560. On considère une sphère ayant son centre au point OO'; le cylindre a pour base l'ellipse $abcdefgh$. (Fig. 450.)

Nous coupons le cylindre et la sphère par des plans verticaux parallèles aux génératrices du cylindre; et pour réaliser plus facilement la construction, nous faisons une projection verticale auxiliaire sur un plan parallèle aux génératrices, et dont la ligne de terre est $L_1 T_1$. La nouvelle projection du centre de la sphère est au point o'_1; et il est facile de construire la nouvelle projection verticale des génératrices.

Le plan de contour apparent horizontal gik, touche le cylindre suivant la génératrice gk, $g'k'$, $g'_1 k'_1$, il donne dans la sphère un petit cercle dont le diamètre est égal à lm et qui se projette en vraie grandeur en $l'_1 m'_1$. Le cercle et la droite se coupent aux points i'_1 et k'_1, qu'on projette en i, i' et k, k' : ce sont les points où la génératrice perce la sphère. On peut obtenir par des constructions analogues, tous les autres points de l'intersection. Nous avons marqué la construction des points n, n' et pp' sur la génératrice de contour apparent vertical dnp, $d'n'p'$, et la construction des points p, q' et r, r' sur la seconde génératrice sqr, $s'q'r'$ de contour apparent vertical.

Il n'y a pas de points sur la génératrice tb de contour apparent horizontal. Quand nous coupons ainsi les deux surfaces par des plans verticaux parallèles aux génératrices, nous arrivons à des plans voisins du plan bt pour lesquels les génératrices ne rencontrent plus la sphère. Il y a lieu de chercher les plans limites, pour lesquels les génératrices du cylindre touchent la sphère.

Ces droites limites font partie d'un cylindre circonscrit à la sphère, et sont l'intersection des deux cylindres.

Le cylindre circonscrit à la sphère a pour trace une ellipse ; l'axe de ce cylindre est la parallèle aux génératrices menée par le centre, et sa trace horizontale est au point ω, centre de l'ellipse. Le petit axe de cette ellipse est égal au diamètre de la sphère ; nous obtiendrons facilement son grand axe en menant sur la projection verticale L_1T_1, des tangentes parallèles aux projections verticales nouvelles des génératrices, tangentes dont les traces sont u et v. (Cette ellipse est l'ombre de la sphère et nous venons de répéter la construction indiquée n° 401.)

Les ellipses, bases des deux cylindres, se coupent en deux points a et c, et si nous menons le plan auxiliaire cx, il coupe le cylindre donné suivant une génératrice tangente au cercle de section de la sphère au point x,x'_1, qu'on ramène en x,x'. De même, la génératrice ay est limite, et donne le point y'_1y, qu'on ramène en y,y'.

561. Méthode de la projection cylindrique.

Nous pouvons construire d'une manière différente les points de l'intersection. Nous coupons le cylindre et la sphère par des plans horizontaux, qui donnent dans la sphère des cercles, et dans le cylindre des ellipses égales à l'ellipse de base.

Ainsi le plan $\alpha'\beta'$ coupe la sphère suivant le cercle dont la projection horizontale est $\alpha\beta$, et le cylindre suivant une ellipse qui croise le cercle.

Pour éviter de construire de nouveau l'ellipse section du cylindre, nous imaginons un cylindre auxiliaire parallèle au premier, ayant pour directrice le cercle : les deux cylindres auront en commun les génératrices qui passent par les points de rencontre cherchés de l'ellipse et du cercle, et leurs bases sur le plan horizontal se croiseront en des points qui sont les traces de ces génératrices.

Il est facile d'avoir la base du cylindre circulaire ; c'est un cercle égal à $\alpha\beta$, dont le centre est au point γ, trace de la parallèle aux génératrices menée par le centre du cercle.

Le cercle γ et l'ellipse de base se croisent aux points f et z traces de deux génératrices $f\delta$, $f'\delta'$ et $z\varepsilon$, $z'\varepsilon'$, qui coupent le cercle aux points δ,δ' et ε,ε' points d'intersection cherchés.

Cette méthode qui consiste, comme on le voit, à projeter obliquement les divers cercles horizontaux de la sphère, a reçu le nom de *Méthode de la projection cylindrique*.

Nous l'avons appliquée à la recherche des points sur le contour apparent horizontal de la sphère.

Le cercle de contour apparent horizontal $\theta'\lambda'$ se projette obliquement suivant le cercle égal qui a son centre en ω, et qui croise l'ellipse aux points h et e. Le cylindre donné et le cylindre projetant obliquement le cercle se coupent suivant les génératrices $h\mu$, $h'\mu'$ et $e\pi$, $e'\pi'$ qui donnent sur le cercle les points μ,μ' et π,π'.

Il faut bien prendre garde, dans le cas où l'on ne figurerait que la projection horizontale, à choisir sur le cercle les points μ et π homologues des points h et e.

561 bis. Remarque. — On voit que lorsqu'il s'agit de construire l'intersection d'une manière complète, il est nécessaire d'employer concurremment les deux méthodes; la première pour obtenir les points sur les contours apparents du cylindre; la seconde pour obtenir les points sur le contour horizontal de la sphère.

Nous ne construisons pas les points sur le contour apparent vertical de la sphère; il faudrait couper le cylindre par le plan de front passant par le centre de la sphère, et nous aurions une ellipse qu'il serait nécessaire de tracer par points; il faut se contenter, dans ce cas, de relever les points ρ,ρ', σ,σ' et φ,φ', où la projection horizontale de la courbe d'intersection traverse la droite $\rho\sigma\varphi$ projection horizontale du cercle de contour apparent vertical.

Nous n'avons pas figuré la tangente en un point; on l'obtiendrait en prenant l'intersection du plan tangent à la sphère au point considéré, avec le plan tangent au cylindre.

562. Parties vues et cachées.

Nous avons représenté la sphère entaillée par le cylindre.

Projection horizontale. Nous examinons (comme nous l'avons recommandé 497, 520, 546) ce qui reste du contour apparent.

Le point ψ du contour apparent est hors du cylindre, et l'arc μψπ, qui entre dans le cylindre aux points μ et π, existe.

Comme il n'y a plus d'autres points sur le contour, le reste du cercle est dans l'intérieur du cylindre et est *enlevé*.

La projection verticale montre que l'arc μqρkπ est au-dessus du contour apparent horizontal, et est *vu*; le reste de la courbe devrait être caché, mais comme le contour apparent horizontal n'existe plus, cette courbe est *vue* en partie jusqu'au point où elle croise la branche vue. Nous avons une partie du contour apparent horizontal du cylindre, qui est dans la sphère entre les points *i* et *k*. Cette portion de génératrice forme contour apparent *caché* intérieur, ou fond de l'entaille faite par le cylindre dans la sphère ; elle doit être représentée en points ronds.

Projection verticale.

Le point β' du contour apparent est hors du cylindre; l'arc β'φ' est *vu*, entre dans le cylindre au point φ' et est *enlevé* à partir de ce point jusqu'au point ρ'; en ce point le contour sort du cylindre et *existe* de ρ' en μ'; il entre de nouveau dans le cylindre et est *enlevé* de μ' en σ'; il sort du cylindre et est *vu* de σ' en β'.

La projection horizontale montre que les arcs σ'x'φ et μ'ρ' sont en avant du contour apparent vertical, et sont *vus*. Les autres arcs devraient être cachés, mais se trouvent *vus* parce que le contour apparent de la sphère est enlevé.

Les génératrices de contour apparent vertical du cylindre existent dans la sphère entre les points q' et r' et entre n' et p'; elles doivent être représentées dans ces intervalles en points, elles forment le fond caché de l'entaille faite dans la sphère.

Nous engageons le lecteur à étudier la représentation du solide commun, ou celle du cylindre entaillé par la sphère; il suffit de calquer les contours des deux corps et la courbe; cette étude est très utile pour familiariser avec la représentation des solides.

563. Points doubles en projection. — Il est encore facile ici d'obtenir la ligne sur laquelle se trouvent les

450

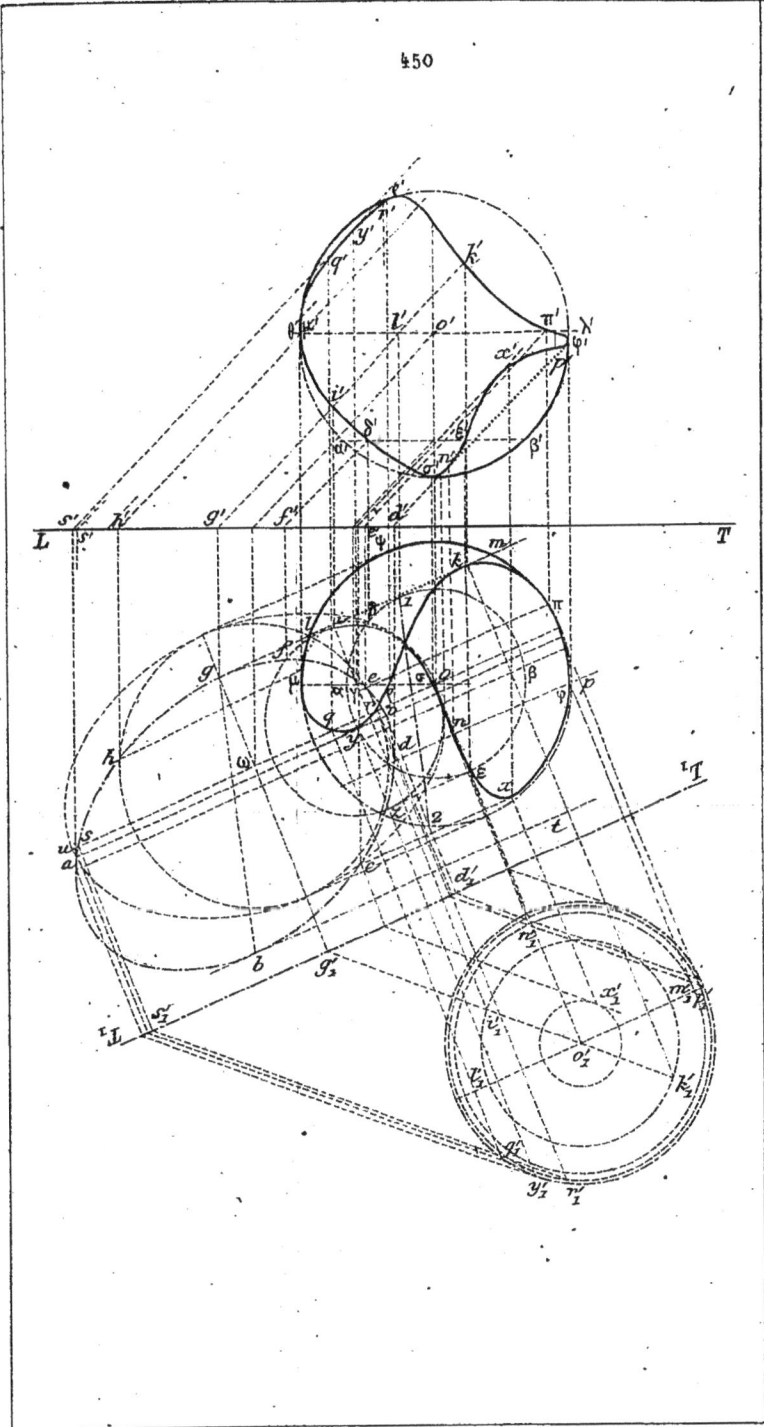

points doubles en projection horizontale. Cette ligne est l'intersection des plans diamétraux coujugués des cordes perpendiculaires au plan horizontal dans les deux surfaces; on le verrait en répétant exactement les raisonnements que nous avons faits lorsque nous avons exposé la théorie de ces points doubles en projection (503). Nous rappelons que, dans le cylindre, le plan diamétral conjugué des cordes verticales est le plan qui contient les génératrices de contour apparent horizontal (477); la trace de ce plan est gb.

Dans la sphère, le plan diamétral est le plan horizontal passant par le centre; la ligne des points doubles en projection horizontale est donc parallèle à gb, et il suffit d'en avoir un point.

Nous prenons le point $1', 1$ où la droite gk, $g'k'$ perce le plan horizontal $\theta'\lambda'$, et nous menons par le point 1 une parallèle $1, 2$ à gb, c'est la ligne des points doubles.

Une construction analogue donnerait, s'il y avait lieu, la ligne des points doubles en projection verticale.

564. Cône oblique et sphère.

Le cône a pour base l'ellipse abc, son sommet est au point SS'.

La sphère a son centre en O', O. (Fig. 451.)

On peut encore employer les deux mêmes méthodes que dans le cas précédent: 1° couper par des plans verticaux passant par le sommet du cône et rabattre ces plans sur le plan horizontal.

Le plan vertical Sd contient deux génératrices du cône ayant leurs traces aux points e et d, et le cercle de la sphère projeté horizontalement en gh; nous rabattons ce plan, le sommet SS' vient en S'_1 et les génératrices sont rabattues en $S'_1 d$ et $S'_1 e$, le centre du cercle se rabat en f_1 à une cote égale à la cote du centre de la sphère, son diamètre est égal à gh.

Le cercle et les droites se rencontrent en quatre points i'_1, k'_1, l'_1, m'_1, nous avons marqué leurs projections horizontales en i, k, l, m, et nous avons relevé deux de ces points en i et k' sur la génératrice $S'd'$.

Nous n'avons plus ici la simplification qu'avait amenée le changement de plan de projection de la figure précédente; et nous sommes obligés de rabattre isolément tous les plans.

On obtiendra encore toutes les génératrices limites, tangentes à la sphère, en circonscrivant à la sphère un cône de sommet S, et en prenant la trace du cône sur le plan horizon-

451

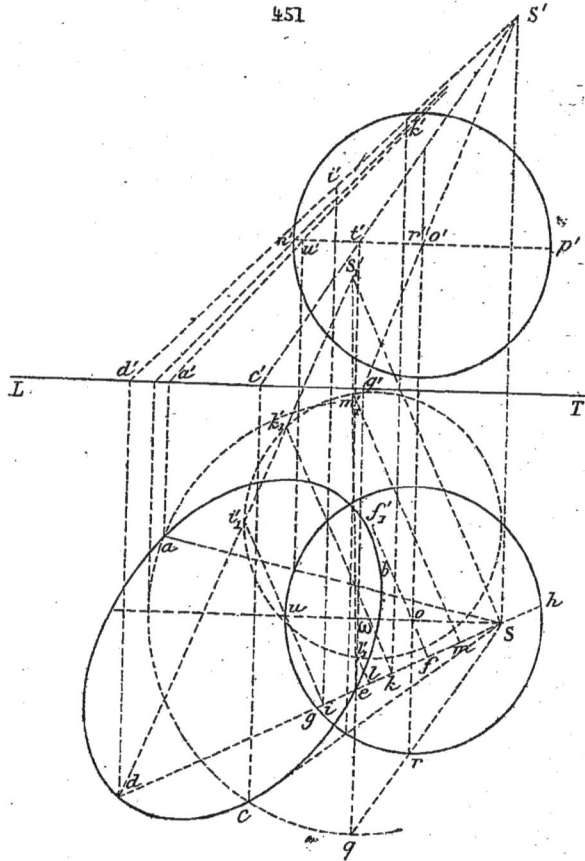

-tal; cette trace est l'ombre de la sphère éclairée par des rayons divergents, et il est encore facile d'obtenir les axes de la section.

565. Méthode de la projection conique. —

Cherchons les points sur le contour apparent horizontal de la sphère, qui est projeté verticalement suivant $n'p'$. Le plan horizontal $n'p'$ coupe le cône suivant une ellipse semblable à l'ellipse de base et qui croise le cercle aux points cherchés ; joignons ces points cherchés au sommet S,S', nous obtiendrons deux génératrices du cône qui aurait pour directrice le cerle $n'p'$, et communes à ce cône et au proposé.

Construisons les bases des deux cônes dans le plan horizontal, ces deux bases se couperont en des points, traces des génératrices communes aux deux cônes.

Or la base du cône proposé est l'ellipse donnée ; la base du cône auxiliaire est un cercle, ayant pour centre la trace ω de la droite So, S'o', et dont nous obtiendrons le rayon en prenant la trace d'une génératrice de ce cône ; par exemple nous prenons la trace q, de la génératrice S'r', Sr ; le rayon du cercle est ωq, et il coupe l'ellipse aux points a et c, traces des deux génératrices qui passent par les points de rencontre cherchés de l'ellipse et du cercle contenues dans le plan horizontal $n'p'$.

Ces deux génératrices Sa, S'a' et Sc, S'c' rencontrent le cercle aux points t,t' et u,u' ; il faut encore observer de choisir les points du cercle homologues des points a et c.

On pourra construire par cette méthode, autant de points de l'intersection que l'on voudra, mais nous faisons encore observer que les deux méthodes doivent être employées concurremment pour obtenir l'intersection complète.

566. Cônes et cylindres de révolution.

Quand on doit construire l'intersection de cônes ou cylindres de révolution avec la sphère, il faut se servir d'une sphère inscrite dans le cône ou dans le cylindre.

Ainsi on donne une sphère ayant son centre au point O,O', et un cône ayant son sommet en SS', dont l'axe est Sa, S'a', et dont on connaît l'angle au sommet. (Fig. 452.)

On commence par déterminer une sphère inscrite dans le cône (411) ; supposons cette construction faite ; nous avons obtenu le rayon de la sphère inscrite, qui a son centre au point a,a' ; figurons cette sphère et nous pouvons tracer les contours apparents du cône. Nous coupons encore les deux surfaces par un plan vertical dont la trace est Sn.

Il détermine, dans la sphère *o*, un cercle dont le centre est au point *e*, et dont le diamètre est *hb* ; dans la sphère *a*, un cercle dont le centre est au point *l*, et dont le diamètre est *in*, dans le cône deux génératrices tangentes à ce second cercle.

Nous rabattons le plan vertical : le centre du cercle *hb*

452

vient en e'_1, à une cote égale à la cote du centre *o,o'*, le centre du cercle *in* vient en l'_1, à une cote égale à la cote du centre *a,a'*, le sommet du cône vient en S'_1, et les génératrices S'_1 k'_1, S'_1 m'_1, tangentes au cercle l'_1, coupent le cercle e'_1 en quatre points c'_1, d'_1, g'_1, f'_1, dont les projections horizontales sont *c, d, g, f* et dont on a les cotes.

D'ailleurs les projections verticales de ces points sont sur les projections verticales *s'm'* et *s'k'* des génératrices du cône.

On obtiendra ainsi autant de points de l'intersection qu'on le voudra ; mais on n'aura pas les points sur les contours apparents de la sphère, et on sera obligé de construire la courbe avec beaucoup de soin, afin de pouvoir relever les points où la projection de la courbe coupe la projection du contour apparent comme nous l'avons montré (561 *bis*).

Nota. Nous donnerons plus loin une autre méthode pour construire l'intersection des deux surfaces de révolution.

567. Sphère et cône oblique ayant son sommet au centre.

La sphère a son centre en S,S'; le cône a pour sommet S,S' et pour base une ellipse *albo*. (Fig. 453.)

Nous coupons encore les deux surfaces par des plans verticaux qui passent par le sommet; seulement, au lieu de rabattre ces plans, nous les faisons tourner autour de la verticale du sommet de manière à les amener à être de front. Ces plans déterminent dans la sphère, des grands cercles qui se confondront, après la rotation, avec le grand cercle de contour apparent vertical.

Cherchons, par exemple, les points sur la génératrice Sa, S'a' de contour apparent vertical; le plan vertical Sa étant ramené à être de front, la génératrice devient Sa_1, S'a'_1, le grand cercle obtenu dans la sphère se confond avec le cercle de contour apparent vertical, et la nouvelle projection verticale de la génératrice rencontre le cercle au point c'_1, qu'on ramène ensuite en c',c, par une rotation en sens inverse.

La même construction s'applique d'abord à la génératrice de contour apparent vertical Sb, S'b' sur laquelle on trouve le point d',d, et. ensuite à autant de génératrices qu'on voudra.

En particulier, le plan de front qui contient le contour apparent vertical de la sphère coupe le cône suivant les deux génératrices Se, S'e' et Sf, S'f', sur lesquelles nous trouvons les points g',g et h',h.

En construisant la courbe, on trouve qu'elle a un point double sur la projection verticale. Cherchons la ligne des points doubles.

Dans la sphère, le plan diamétral conjugué des cordes perpendiculaires au plan vertical, est le plan de front passant

par le centre; dans le cône c'est le plan dont la trace est ab
(480). Ces deux plans passent par le point S,S', leurs traces

453

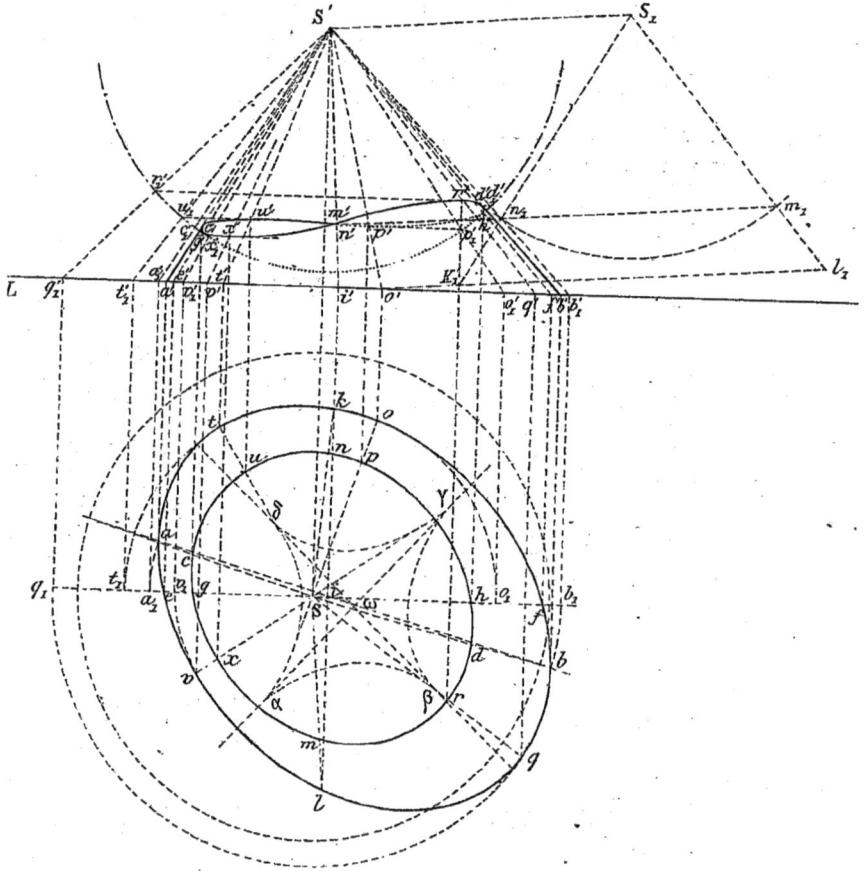

se coupent au point i, leur intersection est la droite S′i′, Si,
ligne des points doubles.

Mais on peut ici construire les points doubles eux-mêmes,
car le plan qui projette verticalement la droite, coupe le cône
suivant deux génératrices dont les projections horizontales

sont Sk et Sl. Rabattons le plan sur le plan vertical, le point S vient en S_1, le grand cercle de la sphère se rabat suivant un cercle égal, et les deux génératrices se rabattent suivant S_1k_1 et S_1l_1, qui coupent le cercle aux points m_1n_1, placés sur une parallèle à l_1k_1, et qui n'ont qu'une seule projection verticale m' qui est le point double.

Tangentes horizontales. Nous pouvons trouver les points de la courbe pour lesquels la tangente est horizontale.

Il faut trouver les points pour lesquels les traces horizontales des plans tangents au cône et à la sphère sont parallèles.

Or, le plan tangent à la sphère étant perpendiculaire au rayon du point de contact, si nous menons du point S, projection du sommet et du centre de la sphère, des normales à l'ellipse, ce seront des projections de génératrices du cône, pour lesquelles la trace du plan tangent sera normale à la projection de la génératrice, c'est-à-dire parallèle à la trace du plan tangent à la sphère. Nous n'aurons donc qu'à chercher les points d'intersection situés sur ces génératrices.

Soit So une de ces normales à l'ellipse, cherchons le point situé sur la génératrice So, $S'o'$; nous appliquons la construction indiquée, nous faisons tourner le plan vertical So, pour l'amener à être de front, la génératrice vient en So_1, $S'o'_1$ la projection verticale nouvelle coupe le cercle de la sphère au point p'_1 qu'on ramène en p', p, point pour lequel la tangente est horizontale.

Autant nous pourrons tracer de normales à l'ellipse, autant nous aurons de points pour lesquels la tangente est horizontale.

Ici nous avons pu mener quatre normales, auxquels correspondent quatre génératrices, So, $S'o'$ sur laquelle nous avons trouvé le point p, p', Sq, $S'q'$ sur laquelle on trouve, par la même construction, le point r, r', St, $S't'$ sur laquelle on trouve le point u, u', et enfin Sv, $S'v'$ sur laquelle on trouve le point x, x'.

Le nombre des normales qu'on peut mener dépend de la position de la projection S, par rapport à la développée $\alpha\beta\gamma\delta$ de l'ellipse (qui est, comme on sait, l'enveloppe des normales); si le point S était extérieur à la développée on ne pourrait

mener que deux normales. Nous n'avons considéré que la
nappe inférieure du cône ; la nappe supérieure donnerait une
courbe symétrique par rapport au centre.

Ponctuation. Nous avons représenté ce qui reste du cône,
après avoir enlevé la partie comprise dans la sphère. Il est
clair que la projection horizontale de la courbe est entièrement *vue*. L'arc *n'p'd'* est seul *caché* sur la projection verticale,
car *n'u'c'* qui devrait être caché est *vu*, parce qu'il forme contour du solide restant.

Le contour apparent vertical de la sphère existe dans le
cône entre les deux points *g'* et *h'*, cet arc doit être *caché* et
marque le fond de l'entaille faite par la sphère dans le cône.

563. Théorème. — *Quand un cylindre du second degré entre dans une sphère par un cercle, il en sort par un second cercle égal au premier.*

Nous prenons pour plan de la figure un plan parallèle aux génératrices passant par le centre de la sphère et perpendiculaire au plan de la courbe plane ; cette courbe se projette suivant *ab* (fig. 454), les génératrices de contour apparent du cylindre sont *bc* et *ad*, en sorte que les points *c* et *d* appartiennent à la seconde courbe d'intersection.

Prenons une génératrice quelconque du cylindre dont *eg* est la projection ; elle coupe la sphère en un point projeté au point *e*, et faisant partie de la première courbe ; si nous imaginons le plan vertical, perpendiculaire aux génératrices, et passant par le centre de la sphère, plan dont la trace est *of*, le second point

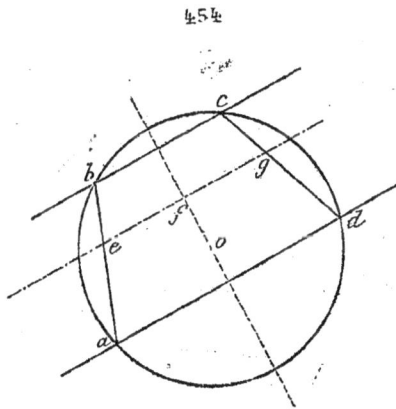

454

d'intersection avec la sphère sera un point *g* tel que $ef = fg$.

Par suite, le lieu des points tels que *g* est une droite *cgd*, symétrique de *bca* par rapport à *of*. C'est la projection de la seconde courbe d'intersection ; cette seconde courbe est donc plane, et c'est un cercle égal au premier.

Si la courbe d'entrée est un grand cercle, l'intersection comprend un autre grand cercle, section anti-parallèle du cylindre oblique.

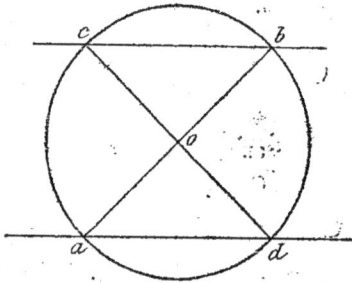

455

Il er ait aisé de répéter dans le cas de la figure 455, ce que nous venons de dire ; si la courbe d'entrée est le grand cercle *ab*, la courbe de sortie est le grand cercle *cd*.

Cette remarque est très importante; ainsi l'ombre portée par une demi-sphère creuse dans son intérieur est un grand cercle. En effet l'ombre portée est l'intersection du cylindre qui a pour directrice le grand cercle base de la demi-sphère, avec la sphère.

L'exemple se rencontre dans l'ombre de la niche. (Fig. 456.)

569. Une niche se compose d'un demi-cylindre vertical creux *a'b'c'd'* (nous supposons les deux génératrices *a'c'* et *b'd'* placées dans le plan vertical, et le cylindre derrière le plan vertical) surmonté d'une demi-sphère creuse.

Nous figurons la projection horizontale placée derrière la ligne de terre.

Nous éclairons par des rayons parallèles à *ce, c'e'*.

L'ombre intérieure se composera de 3 parties : 1° l'ombre portée par la génératrice *a'c'*, 2° l'ombre portée par l'arc *c'f'* sur le cylindre, 3° l'ombre portée par la demi-circonférence dans l'intérieur de la sphère.

1° L'ombre de la génératrice *a'c'* est l'intersection avec le cylindre d'un plan mené par cette droite, parallèlement à *ce, c'e'*, c'est donc un plan vertical dont la trace est *ce*, et qui coupe le cylindre suivant la génératrice *ee'*; cette ombre est utile jusqu'au point *e'*, situé sur le rayon qui passe par le point *c'*.

2° L'ombre de la circonférence sur le cylindre s'obtiendra en menant par un point *f,f'* une parallèle au rayon, le plan qui projette ce rayon est le plan vertical fg, qui détermine dans le cylindre la génératrice gg' : le point g' est l'ombre du point f', et on construira ainsi par points, la courbe $e'g'h'k$,

456

utile jusqu'au point h' où elle rencontre le cercle de contact du cylindre et de la sphère.

D'ailleurs il est facile de voir que cette courbe est tangente à la génératrice ee'.

3° L'ombre de la circonférence sur la sphère est un grand

cercle, nous allons déterminer les axes de l'ellipse projection de ce cercle.

Le grand axe est égal au diamètre du cercle, et si nous menons le diamètre $o'p'$ perpendiculaire à la projection verticale du rayon, le point p' sera un point de ce grand cercle d'ombre ; car, en ce point, le plan perpendiculaire au plan vertical et parallèle au rayon, est tangent à la fois à la sphère et au cylindre, le point p' est donc le point double réel, où se croisent les deux courbes d'intersection du cylindre et de la sphère.

Nous faisons un changement de plan horizontal, en prenant un plan horizontal L_1T_1 parallèle à la projection verticale du rayon, c'est-à-dire à $c'e'$.

Nous cherchons la nouvelle projection horizontale de la droite ce, $c'e'$; c'est la droite c_1e_1, la nouvelle projection de la sphère est un demi-cercle décrit du point o_1 comme centre.

Considérons le diamètre $f'o'$ parallèle au plan horizontal L_1T_1 ; la nouvelle projection du rayon passant par le point $f'f_1$ est f_1m_1, qui rencontre la sphère au point m_1, en sorte que le plan de la courbe d'ombre est le plan o_1m_1 ; le point m_1 projeté en m' donne en $o'm'$ le petit axe de l'ellipse.

Le rayon du point c, c', a pour projection horizontale nouvelle c_1q_1 et rencontre la courbe d'ombre au point q_1 qu'on ramène en q', point de la courbe ; de même le rayon du point r' donne le point d'ombre s_1, s'.

Nous pouvons donc tracer l'ellipse $p'm'q'$, qui doit toucher la courbe d'ombre dans le cylindre au point h'. En effet, en ce point h', le plan tangent est le même au cylindre vertical et à la sphère ; et la tangente à chacune des courbes, en ce point, serait l'intersection de ce plan tangent commun avec le plan tangent au cylindre d'ombre suivant la génératrice $t'h'$.

570. Théorème. — *Quand un cône du second degré entre dans une sphère par un cercle il en sort par un cercle.*

Considérons une sphère (fig. 457), et un cône qui coupe cette sphère suivant deux courbes ABC et DEF, nous supposons que la courbe ABC est un cercle dont le plan est le plan P.

Traçons une génératrice SEB, abaissons du point S une perpendiculaire SH sur le plan, joignons B et H, puis dans le plan du triangle BSH menons EM perpendiculaire à SB et rencontrant SH au point M.

Le quadrilatère EMHB est inscriptible, et l'on a

SM × SH = SE × SB

= constante.

Le point M est donc fixe sur la droite SH, et le lieu du point E est une sphère décrite sur SM comme diamètre, la seconde courbe est donc l'intersection de cette sphère avec la sphère proposée, c'est un cercle. (Desboves, *Questions de Géométrie*.)

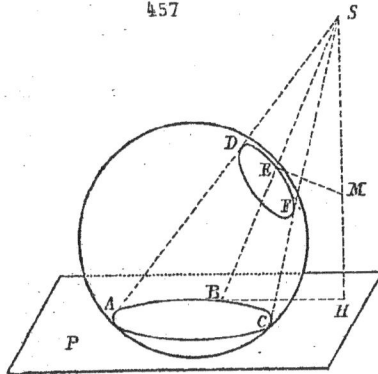

571. Exercices. — 1° Construire les ombres de la niche éclairée par des rayons divergents (on prendra le point lumineux un peu en avant, au-dessus et à gauche de la niche.)

2° On donne un axe vertical, une droite qui rencontre l'axe et un point *m,m'*.

Faire tourner la droite autour de l'axe jusqu'à ce qu'elle soit à une distance donnée du point *m,m'*.

3° On donne les deux projections d'une demi-sphère creuse ayant une épaisseur. La demi-sphère est posée sur le plan horizontal et son plan de base est horizontal.

Construire les ombres propres et portées de la sphère, sur elle-même, dans son intérieur et sur le plan horizontal.

On éclairera la sphère soit par des rayons parallèles, soit par des rayons divergents.

4° On donne une pile de quatre boulets posée sur le plan horizontal.

Construire les ombres propres et portées, par les sphères sur elles-mêmes et sur le plan horizontal.

On éclairera les sphères soit par des rayons parallèles, soit par des rayons divergents.

5° On donne deux sphères posées sur le plan horizontal. Construire les projections d'un cône de révolution dont on donne l'angle, qui a son sommet en un point donné du plan horizontal, et qui est posé sur les deux sphères.

Éclairer les 3 corps par des rayons parallèles.

6° On donne la projection horizontale SABC d'un tétraèdre régulier, on considère un cône de révolution, ayant pour axe l'arête AS, l'angle générateur du cône (demi - angle au sommet) est égal à 30° (fig. 458).

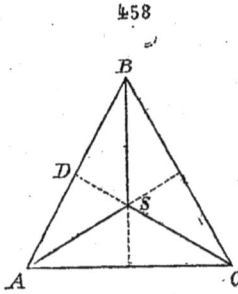

On décrit une sphère sur le côté SC comme diamètre.

Représenter ce qui reste de la sphère, après en avoir enlevé la partie comprise dans le cône. — Le côté du tétraèdre = 12 cent.

Représenter, à part, sur une partie libre de la feuille, ce qui reste du tétraèdre supposé plein et solide, après en avoir enlevé les parties comprises dans le cylindre et dans la sphère.

7° Même sphère, et cylindre de révolution autour de AS, ayant pour rayon la moitié du côté du tétraèdre.

8° Même sphère, et cône ayant pour directrice le cercle inscrit dans la face BSC, son sommet au point A. (*École polytechnique*, 1873).

9° Même sphère et cylindre ayant pour directrice le cercle inscrit dans la face BSC, les génératrices parallèles à AS. (*École centrale*, 1874).

10° Cône de révolution, ayant son sommet au point S, l'arête SC et la droite SD située dans la face BSA sont deux génératrices du cône, situées dans un même plan avec l'axe.

Sphère tangente à la face ASB au point S et ayant pour diamètre le côté du tétraèdre.

Représenter le solide commun.

SURFACES DE RÉVOLUTION

SURFACES DE RÉVOLUTION

572. Définition. — Une surface de révolution est la surface engendrée par une ligne quelconque, droite ou courbe, plane ou gauche qui tourne autour d'un axe.

Dans ce mouvement chaque point de la ligne génératrice décrit un cercle dont le plan est perpendiculaire à l'axe, dont le centre est sur l'axe, dont le rayon est la distance du point à l'axe.

Ces cercles se nomment des *parallèles*, ce sont des sections faites dans la surface par des plans perpendiculaires à l'axe.

Un plan passant par l'axe coupe la surface suivant une courbe qu'on nomme *un méridien*.

En sorte qu'on peut toujours imaginer par chaque point de la surface un parallèle et un méridien, et les tangentes à ces courbes déterminent le plan tangent à la surface de révolution.

573. Tous les méridiens sont égaux. — Considérons une surface de révolution engendrée par une courbe dont les deux projections sont ab, $a'b'$, l'axe est la verticale o, o', qui a sa trace au point o. (Fig. 459).

Nous construirons un méridien de la surface en prenant les points de rencontre de tous les parallèles qui sont des génératrices de la surface avec un plan passant par l'axe.

Ainsi nous cherchons le méridien contenu dans le plan vertical of; le parallèle du point a,a' est le cercle de rayon oa, et sa projection verticale est $a'o'$; ce cercle perce le plan vertical of au point h,h' qui est un point du méridien contenu dans ce plan. Cherchons le méridien contenu dans le plan de

front *od*. Le parallèle du point *a,a′* perce ce plan au point *c,c*
qui est un point de ce méridien.

Si nous faisons tourner le méridien *of* autour de l'axe pour
le faire coïncider avec le plan de front *od*, le point *h,h′* viendra
s'appliquer sur le point *c,c′* puisque ces points décrivent le
même cercle, et il en sera de même pour tous les autres points
de la courbe méridienne.

Par conséquent tous les méridiens sont égaux entre eux

459

et superposa-
bles, et le mé-
ridien de front
ocd fait connaî-
tre la vraie
grandeur du
méridien ; on
le désigne sous
le nom de *mé-
ridien princi-
pal*. Quel que
soit le mode de
définition de
la surface, on
peut toujours
la regarder
comme engen-
drée par la ro-
tation du mé-
ridien qui don-
nera tous les parallèles de la surface.

Inversement, si l'on connaît une surface de révolution par
son méridien, on peut y tracer une courbe quelconque et imaginer que cette courbe tourne autour de l'axe, elle engendrera
une partie de la surface, parce que tous ses points décriront
des parallèles de la surface ; mais pour que la courbe engendre
la surface complète, il est nécessaire qu'elle rencontre tous
les parallèles de la surface proposée.

574. Théorème. — *Les tangentes aux différents méridiens* *de la surface en tous les points situés sur un même parallèle rencontrent l'axe au même point,* et par suite :

Les plans tangents à la surface en tous les points d'un même parallèle coupent l'axe au même point. (Fig. 460.)

460

Soit, en effet, AB, le méridien d'une surface de révolution dont l'axe est OC. Menons en un point A la tangente AC, elle est dans un même plan avec l'axe et le rencontre au point C.

Dans le mouvement de rotation pendant que la courbe engendre la surface, la droite AC reste tangente au méridien et le point C reste fixe.

D'ailleurs le plan tangent en un point quelconque du parallèle AD décrit par le point A contient la tangente au méridien qui passe par ce point. Donc, tous les plans tangents à la surface dont les points de contact sont sur le parallèle AD rencontrent l'axe au même point.

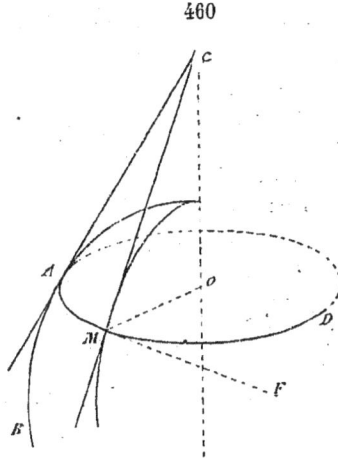

575. Théorème. — *Le plan tangent en un point est perpendiculaire au plan de méridien qui passe par le point de contact.* (Fig. 460).

Le plan tangent au point M est déterminé par la tangente MC au méridien et par la tangente MF au parallèle, or MF est perpendiculaire à MO, et par suite à MC, donc au plan méridien OMC ; le plan tangent qui contient MF est donc perpendiculaire au plan méridien.

576. Contours apparents. — Considérons le méridien principal d'une surface de révolution, ce méridien *est de front,* tous les plans tangents en tous les points de ce méridien lui sont perpendiculaires, par conséquent sont perpendiculaires au plan vertical ; donc *le méridien principal est le contour apparent* de la surface de révolution sur un plan parallèle à l'axe.

Pour obtenir le contour apparent sur un plan perpendiculaire à l'axe, il faut mener à la surface des plans tangents perpendiculaires au plan de projection, c'est-à-dire parallèles à l'axe, rencontrant l'axe à l'infini, et les tangentes aux méridiens situés dans ces plans tangents seront parallèles à l'axe.

Par conséquent, il faut mener à la méridienne une tangente parallèle à l'axe, le parallèle engendré par le point de contact est le contour apparent sur un plan perpendiculaire à l'axe ; et si la méridienne est telle qu'on ne puisse lui mener une semblable tangente, la surface n'a pas de contour apparent.

577. Problème. — *Étant donnée l'une des projections d'un point d'une surface de révolution, construire l'autre projection.*

La surface est engendrée par la courbe *cb*, *c'b'* tournant autour de l'axe vertical *o,o'o''*. (Fig. 461.)

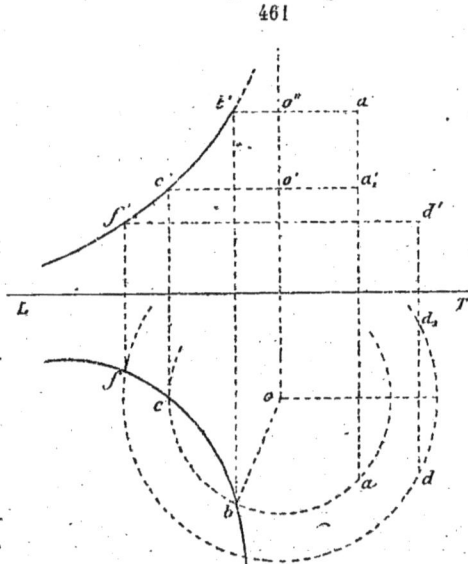

On donne la projection horizontale *a* d'un point.

Concevons le parallèle qui passe par ce point, la projection horizontale de ce parallèle est le cercle décrit du point O comme centre avec *oa* comme rayons.

Ce parallèle doit être fourni par un point de la courbe génératrice, et la projection de ce point est le point b, ou le point c, dont les projections verticales sont b' ou c' ; par suite le cercle cba est la projection horizontale de deux cercles, dont les projections verticales sont $c'o'$ et $b'o''$. La projection verticale du point a est donc a' ou a'_1.

On donne la projection verticale d'. Concevons le parallèle qui passe par ce point, ce parallèle est un cercle horizontal dont la projection verticale est $d'f'$; ce cercle est décrit par le point de la génératrice dont les projections sont $f''f$ et dont le rayon est of ; traçons le cercle, la projection horizontale du point d' est en d ou en d_1.

Les mêmes constructions s'appliquent exactement au cas où la courbe est définie par sa méridienne principale, dont la projection horizontale est une droite.

578. Problème. — *Construire le plan tangent en un point d'une surface de révolution :*

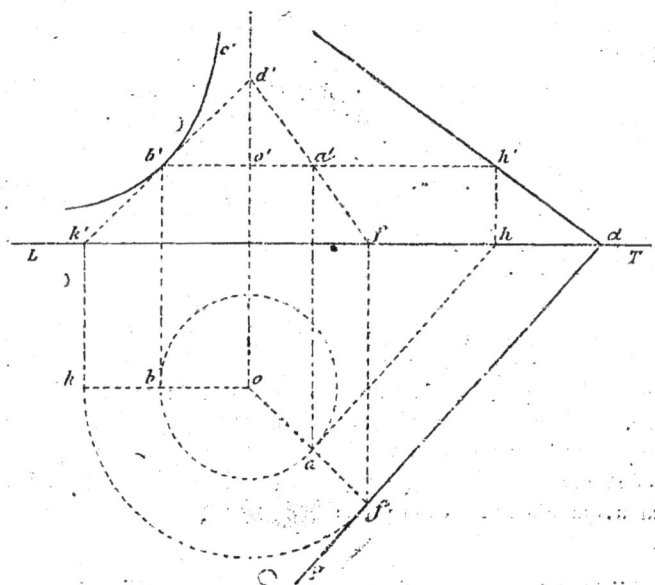

1° *On connaît le méridien.* (Fig. 462.)

Le méridien est la courbe $b'c'$ projetée horizontalement

suivant *bo*, nous prenons les projections *a,a'* d'un point de la
surface sur le parallèle *a'b'*, *ab*.

Les tangentes aux méridiens en tous les points d'un même
parallèle rencontrent l'axe au même point (574) ; nous traçons
la tangente *b'd'* qui rencontre l'axe au point *d'* ; la tangente
au méridien qui passe par le point *a,a'* a pour projections
a'd', *oa* ; la tangente au parallèle a pour projection horizontale *ah* et pour projection verticale *a'h'* confondue avec la projection verticale du parallèle.

Ces deux droites déterminent le plan tangent au point *a,a'*.
Si l'on veut construire les traces du plan, on observera que
la trace horizontale de la tangente au méridien est le point *f*,
par suite la trace horizontale du plan tangent est la ligne *fα*
parallèle à *ah* ; puisque *ah*, *a'h'* est une horizontale du plan ; la
trace verticale est alors *αh'* passant par la trace verticale de
l'horizontale. Dans le cas où le point α serait trop éloigné on
obtiendrait un second point de la trace verticale au moyen
d'une autre horizontale du plan qu'on conduirait par un point
de la tangente *oa*, *d'a'* contenue dans ce plan.

Il peut arriver que le point *d'* auquel la tangente au méridien rencontre l'axe soit trop éloigné pour qu'on puisse en
faire usage. On remarque que la tangente *a'd'*, *oa* est une
position particulière de la tangente *b'd'*, *bo* lorsque cette tangente tourne autour de l'axe ; la trace horizontale *f* est donc
la position prise après la rotation par la trace *k* de la tangente *b'd'*, *bo*.

Il faut encore remarquer que la droite *b'd'*, tangente à la
méridienne principale, est la trace du plan tangent au point *b'*,
puisque en ce point du contour apparent vertical le plan
tangent est perpendiculaire au plan vertical ; la trace horizontale de ce plan est alors *k'k*, et nous devons faire tourner
le plan autour de l'axe vertical jusqu'à ce qu'il passe par le
point *a,a'* problème que nous avons déjà résolu dans les
mouvements de rotation (174.)

579. Tangente à la méridienne. (Fig. 463). —
Nous avons déjà expliqué comment on peut obtenir la méridienne d'une surface de révolution définie par une courbe

génératrice (573). Nous allons montrer comment on peut obtenir la tangente à la méridienne.

L'axe est o,o', la courbe génératrice ab, $a'b'$.

Nous construisons le point A',A du méridien correspondant au point a,a' de la génératrice et nous cherchons la tan-

463

gente en ce point. Pour cela nous déterminons le plan tangent
au point a,a' situé sur le même parallèle. Ce plan tangent est
donné par la tangente ac, $a'c'$ à la génératrice qui est une
courbe tracée sur la surface, et par la tangente ad, $a'd'$ au
parallèle.

Nous prenons l'intersection de ce plan avec l'axe, en
faisant passer par l'axe un plan de front qui coupe la droite
ac, $a'c'$ au point c,c' et la droite ad, $a'd'$ au point d,d', en sorte

que $c'd'$, ligne de front du plan tangent, coupe l'axe au point f'; c'est le point par lequel passent tous les plans tangents en tous les points situés sur le parallèle du point A', et les tangentes à tous les méridiens aux différents points de ce parallèle. Donc f'A' sera la tangente au méridien au point A'.

Si l'on veut mener le plan tangent en un autre point m',m du même parallèle, $f'm'$ sera la tangente au méridien de ce point. Il peut arriver que ce point f' soit trop éloigné.

On construit alors la trace du plan tangent au point aa', elle passe par la trace horizontale h de la tangente ac, $a'c'$ et est parallèle à ad, c'est la ligne hP; on fait tourner cette trace jusqu'à ce qu'elle devienne perpendiculaire au plan vertical. Pour cela nous abaissons la perpendiculaire ok sur hP, et la trace reste tangente au cercle de rayon ok; nous menons la tangente perpendiculaire à la ligne de terre $P_1k_1k'_1$, cette tangente est la trace d'un plan tangent perpendiculaire au plan vertical, c'est-à-dire tangent en un point du contour apparent ou de la méridienne principale. Nous joignons k'_1A' et nous avons la trace verticale du plan tangent qui est la tangente à la méridienne.

Si l'on veut mener le plan tangent au point m,m' on arrêtera le mouvement de rotation de la trace lorsque le méridien oak vient en omk_2, la trace du plan tangent est P_2k_2, la tangente à la méridienne est k'_2m'.

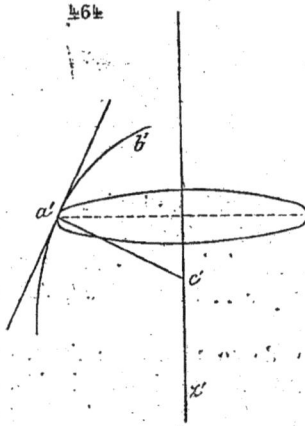

464

Cette construction nous montre en même temps comment on peut *déterminer le plan tangent en un point d'une surface de révolution donnée par une courbe génératrice dont on connaît les deux projections.*

580. Théorème. — *Les normales à une surface de révolution, en tous les points situés sur une même parallèle, coupent l'axe au même point.*

Nous considérons un méridien $a'b'$ (fig. 464); la tangente

et la normale au point a'. La normale $a'c'$, contenue dans le plan méridien, rencontre l'axe au point c' et il est évident que, dans le mouvement de rotation du méridien autour de l'axe, le point c' restera fixe. Toutes les normales, en tous les points d'une même parallèle, forment donc un cône de révolution dont le sommet est sur l'axe.

Ce théorème va nous permettre de faire la construction du plan tangent en un point et de la tangente à la méridienne.

581. *Construction du plan tangent en un point et de la tangente à la méridienne par la normale.*

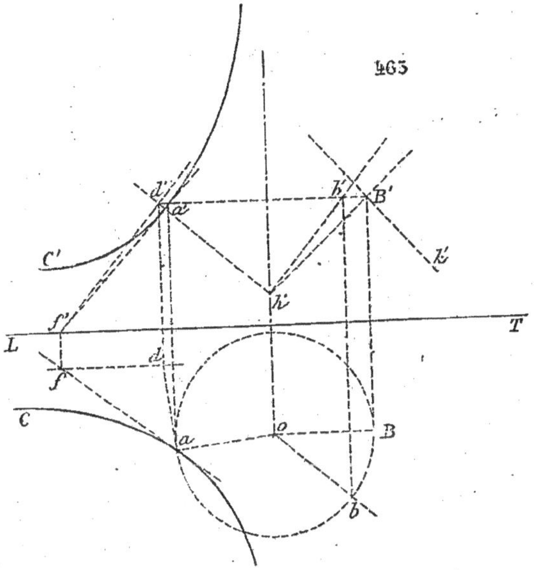

La surface de révolution est engendrée par la courbe C, C' tournant autour de l'axe vertical oo' (fig. 465).

Nous prenons un point b, b' de la surface, sur le parallèle engendré par le point a, a'.

Nous déterminons le plan tangent au point a, a', en menant en ce point la tangente af, $a'f'$ à la courbe génératrice, et la tangente ad, $a'd'$ au parallèle; nous obtenons une ligne de front

de ce plan tangent, en coupant le plan par le plan de front dont
le tracé est *fd;* la ligne de front a pour projection verticale *f'd';* nous menons par le point *a'* une perpendiculaire à *f'd'*,
c'est la projection verticale de la normale du point *a,a'*. La
projection horizontale de cette normale est *ao*, puisqu'elle
rencontre l'axe au point *h',o*.

En vertu du théorème précédent, la normale au point *b,b'*
est *h'b'*, *ob*, et le plan tangent à la surface au point *b,b'* est le
plan perpendiculaire à *h'b'*, *ob* ou point *b',b*. Il sera donc facile
d'obtenir ce plan.

Si nous désirons connaître la tangente à la méridienne au
point B',B situé sur le même parallèle, nous tracerons la normale *h'*B', *o*B, et la tangente au méridien est B'*k'* perpendiculaire à *h'*B'.

582. Théorème. — *Une surface de révolution peut être
considérée comme enveloppe de cônes de révolution, qui la touchent
suivant des parallèles.*

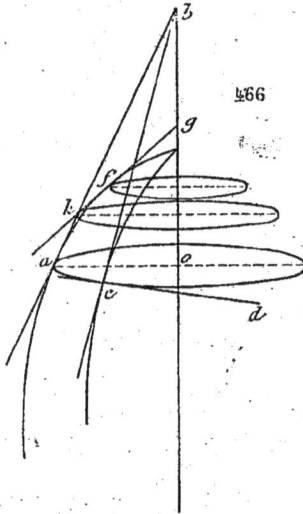

Considérons une surface de
révolution donnée par sa méridienne (fig. 466), nous menons au point *a* la tangente à la
méridienne, elle rencontre
l'axe au point *b*. Dans la rotation
autour de l'axe, la tangente *ab*
reste tangente à la méridienne,
rencontre toujours l'axe au
même point (574) et engendre un
cône qui a en commun avec la
surface le parallèle décrit par
le point *a*. Le cône est tangent
à la surface en tous les points
de ce parallèle; en effet, prenons un point *c*, le plan tangent
au cône en ce point est déterminé par la génératrice *bc* et
par la tangente *cd* à la base;
le plan tangent à la surface de révolution est donné par la
tangente à la méridienne, qui est *bc*, et par la tangente *cd* au
parallèle. C'est donc le même plan tangent.

Le cône est circonscrit à la surface suivant le parallèle.

Si l'on considère un second cône circonscrit à la surface
suivant le parallèle du point f, engendré par la tangente fg ;
ces deux cônes se couperont suivant le cercle engendré par
le point k, point de rencontre des deux tangentes ; et si le
point f se rapproche indéfiniment du point a, le cercle engendré par k tendra à se confondre avec les deux cercles a et f.
Ce cercle k est la caractéristique de la surface enveloppe des
cônes (318-319) et l'enveloppe est bien tangente à l'enveloppée tout le long de la caractéristique. — Ce cône est lui-
même l'enveloppe des plans tangents à la surface en tous les
points du parallèle.

Cette propriété sera utilisée plus tard ; nous verrons qu'au
lieu de déterminer le plan tangent à la surface de révolution
en un point, nous construirons le plan tangent au cône qui
touche la surface suivant le parallèle passant par le point.

583. Théorème. — *Une surface de révolution peut être
considérée comme l'enveloppe de cylindres qui la touchent suivant
des méridiens.*

Considérons (fig. 467) une surface de révolution ; menons
en un point a la tangente ac
au parallèle engendré par le
point. Cette tangente est évidemment perpendiculaire au
plan du méridien.

Traçons de même la tan-
gente de au parallèle engendré
par le point d ; toutes ces tangentes aux différents parallèles
sont perpendiculaires au plan
du méridien, et forment un
cylindre droit ayant le méridien pour directrice. Ce cylindre
a même plan tangent que la surface de révolution en tous les

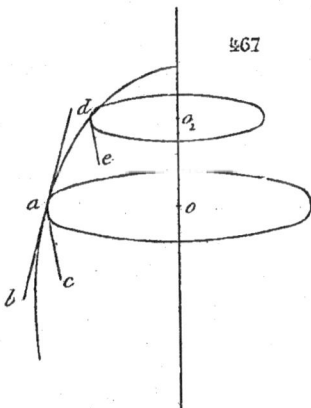

467

points du méridien ; au point a, par exemple, le plan tangent
au cylindre est déterminé par la génératrice ac, qui est la

tangente au parallèle, et par la tangente ab à la directrice qui est la tangente au méridien.

Si l'on considère les cylindres circonscrits suivant deux méridiens infiniment voisins, ces deux cylindres se coupent suivant une courbe qui est la caractéristique de la surface enveloppe des cylindres et qui tend à se confondre avec le méridien.

Cette propriété sera encore utilisée pour remplacer la construction du plan tangent à la surface de révolution, par la construction du plan tangent à un cylindre.

584. Théorème. — *Une surface de révolution peut être considérée comme enveloppe et sphères qui la touchent suivant des parallèles.*

On donne le méridien M de la surface (fig. 468).

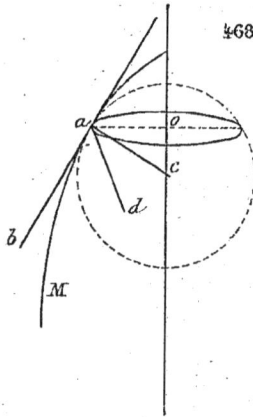

Menons la normale ac au point a et décrivons du point c comme centre un cercle, avec ac comme rayon. Ce cercle tournant autour de l'axe engendre une sphère qui a en commun avec la surface de révolution le parallèle décrit par le point a.

La sphère est tangente à la surface en tous les points du parallèle; il est aisé de voir que le plan tangent à la surface au point a et le plan tangent à la sphère sont déterminés par les deux mêmes droites; et il en résulte que la surface peut encore être considérée comme enveloppe de toutes les sphères qui la touchent suivant des parallèles. On utilisera encore cette propriété pour construire des plans tangents.

Problème. — *Mener à une surface de révolution un plan tangent passant par un point extérieur.*

Le problème est indéterminé, et il en est de même toutes les fois que la surface à laquelle on veut mener le plan tangent

n'est pas une surface développable pour laquelle le plan tangent est le même en tous les points d'une génératrice.

Tous les plans tangents enveloppent *un cône ayant son
sommet au point donné et circonscrit à la surface.*

Dans le cas des surfaces de révolution, on limite l'indétermination en cherchant un plan tangent dont le point de
contact soit sur un parallèle ou sur un méridien donné.

De là, deux méthodes pour construire le plan tangent passant par un point extérieur; la méthode dite *du parallèle*, dans
laquelle on cherche les points de contact sur les parallèles de
la surface, *la méthode du méridien*, dans laquelle on cherche les
points de contact sur les méridiens.

CONE CIRCONSCRIT

585. — Méthode du parallèle. On donne une surface
de révolution par sa méridienne principale, on donne un point
extérieur S,S′ qui doit être le sommet d'un cône circonscrit à
la surface; nous allons construire, par points, la courbe de
contact du cône, en cherchant successivement les points sur des
parallèles de la surface (fig. 469).

Nous cherchons le point de contact d'un plan tangent passant par le point S,S′, ce point de contact devant se trouver
sur un parallèle donné $a'b'$, dont la projection horizontale est
le centre du rayon ao.

Considérons le cône de révolution circonscrit à la surface,
le long de ce parallèle, et engendré par la tangente $a'c'$ au
méridien. Cette tangente rencontre l'axe au point c' qui est
le sommet du cône.

Le cône a mêmes plans tangents que la surface tout le
long du parallèle, et nous allons conduire par le point S,S′
un plan tangent à ce cône. Pour cela, nous joignons le point
S,S′ au sommet, nous prenons la trace de la droite oS, $c'S′$
sur le plan de base du cône, en d',d et nous menons par le
point d des tangentes df et de à la base; ces tangentes déterminent deux plans tangents au cône suivant les génératrices dont les projections horizontales sont of et oe, et
ces plans tangents touchent la surface de révolution aux
points e,e' et f,f'.

Nous pourrons répéter cette construction. Mais nous
devons observer qu'il arrivera que les sommets des cônes
seront en dehors des limites de l'épure. Dans ce cas, il est
commode de prendre pour plan de base des cônes le plan horizontal qui passe par le point S,S′ lui-même. En effet, le point

S,S' sera la trace fixe sur le plan de base des droites qui join-
draient les sommets des cônes au point.

Ainsi, nous construisons la base du cône c' sur le plan hori-

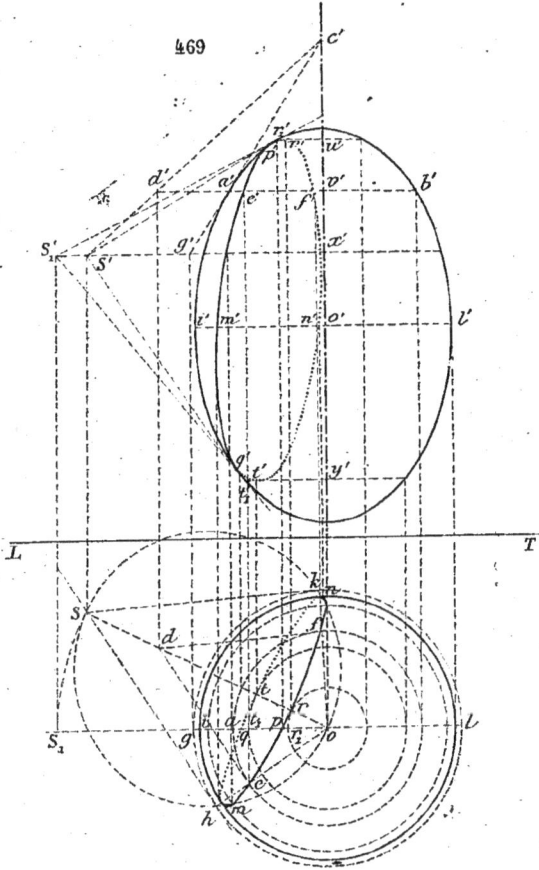

zontal S'x', c'est un cercle qui a pour rayon $x'g'$, et dont nous
dessinons la projection horizontale, qui est le cercle de
rayon og.

Nous menons des tangentes à ce cercle par le point S, et
ces tangentes Sk et Sh déterminent les deux génératrices de

contact dont les projections horizontales sont *ok* et *oh*, qui rencontrent le parallèle *ab*, *a'b'* de contact du cône avec la surface, aux points *e* et *f* qui sont les projections des points cherchés.

Cette construction a, d'ailleurs, un autre avantage ; on doit mener par le point fixe S, des tangentes à une suite de cercles ayant leurs centres au point *o* ; il est commode de tracer une circonférence sur *o*S comme diamètre ; et les points où cette circonférence croise tous les cercles sont les points de contact ; on évite ainsi de tracer les tangentes et l'on peut obtenir rapidement autant de points qu'on voudra sur les parallèles de la surface.

Quand nous arrivons au parallèle *i'l'*, *il*, qui forme le contour apparent horizontal, la tangente au méridien est verticale, et le cône devient un cylindre vertical circonscrit à la surface ; nous menons encore des plans tangents à ce cylindre par le point S,S', et, pour cela, nous imaginons la parallèle aux génératrices passant par S,S', c'est la verticale qui passe par le point, nous prenons sa trace S sur le plan de base du cylindre, qui est le plan horizontal, et les points de contact des tangentes à la base conduites par le point S sont les points *m* et *n*.

Les plans tangents touchent donc la surface aux points *m,m'* et *n,n'*.

Nous obtiendrons les points de contact sur le contour apparent vertical de la surface, contour qui est la méridienne, en imaginant le cylindre perpendiculaire au plan vertical, qui a cette méridienne pour directrice, et en menant à ce cylindre des plans tangents par le point S,S' ; il suffit de tracer les tangentes à la méridienne, par le point S', les points de contact sont *p'* et *q'* dont les projections horizontales sont *p* et *q*.

On ne peut obtenir des points sur tous les parallèles de la surface ; il peut arriver, en effet, que le cône circonscrit renferme le point S,S' ; les parallèles limites seront ceux pour lesquels le cône circonscrit passera par le point S,S'. Pour obtenir ces parallèles limites, nous faisons tourner le point S,S' autour de l'axe, de manière à l'amener dans le plan du méridien principal en S_1, S'_1 ; si nous figurons la tangente $S'_1 r'_1$ au méridien, cette tangente, en tournant autour de l'axe

engendrera un cône qui passera par le point S,S'. Le parallèle
de contact est le cercle $r'_1 u'$, dont la projection est $r_1 o$; et il
n'y a qu'un seul plan tangent au cône, c'est le plan qui passe
par la génératrice du cône projetée en oS, et que touche la
surface de révolution au point r,r' où cette génératrice rencontre le parallèle ; ce point est le point le plus haut de la
courbe de contact du cône circonscrit à la surface.

Nous pouvons figurer une autre tangente $S'_1 t'_1$ à la méridienne, et obtenir un second parallèle limite $t'_1 y'$ sur lequel
nous trouvons le point le plus bas de la courbe t, t'.

586. Méthode du parallèle avec la sphère inscrite.

On peut obtenir les points en se servant de la sphère
inscrite. (Fig. 470.)

La surface est donnée par sa méridienne, le sommet est
au point S,S'. Nous nous proposons de trouver le point de contact d'un plan tangent passant par le point S,S', ce point de
contact étant situé sur le parallèle ab, $a'b'$. Nous considérons
la sphère inscrite le long de ce parallèle et dont le centre est
au point c', sur la normale $a'c'$, et nous circonscrivons à cette
sphère un cône ayant son sommet au point S,S' ; la courbe de
contact du cône avec la sphère, croisera le parallèle $a'b'$, ab
en deux points pour lesquels le plan tangent à la surface sera
le même que le plan tangent à la sphère, et par suite passera
par le point S,S'.

Pour effectuer simplement les constructions, nous ramenons le sommet du cône dans le plan de la méridienne principale en $S_1 S'_1$; dans cette position, la courbe de contact du cône
et de la sphère se trouve dans un plan perpendiculaire au
plan vertical et dont la trace verticale est $d'e'$.

Le plan du parallèle et le plan de la courbe de contact se
coupent suivant une droite perpendiculaire au plan vertical,
dont la projection verticale est f'_1, dont la projection horizontale est $f_1 g_1$, qui croise le parallèle ab aux points f_1 et g_1.
Quand on ramène le sommet S',S à sa position primitive, la
droite $f_1 g_1$ doit tourner du même angle que le point S,S', et
elle vient en fg ; on prend ensuite les projections verticales
f' et g' des points f et g.

On pourra ainsi obtenir autant de points qu'on le voudra.

Le parallèle limite sera celui pour lequel le point e' coïncidera avec le point a'.

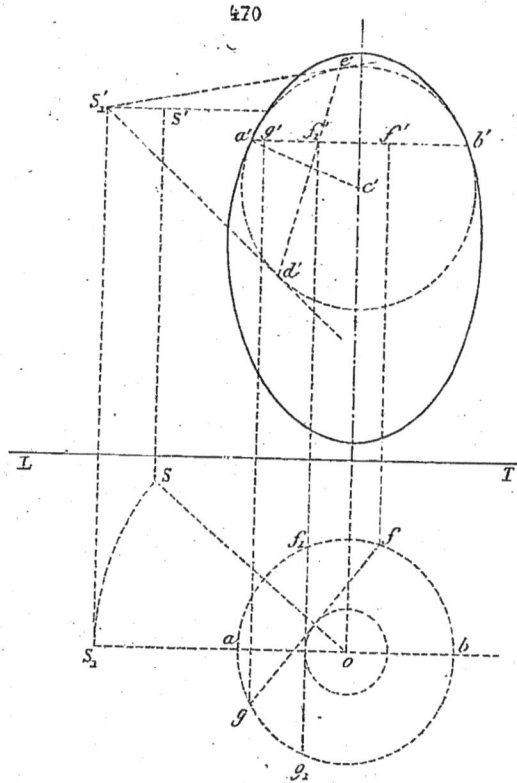

470

Les points sur les contours apparents s'obtiennent comme dans la construction précédente.

587. Méthode du méridien.

La surface de révolution est encore donnée par son méri-

dien (fig. 471) ; le point par lequel on veut mener les plans
tangents est le point S,S'.

Nous voulons construire un plan tangent ayant son point

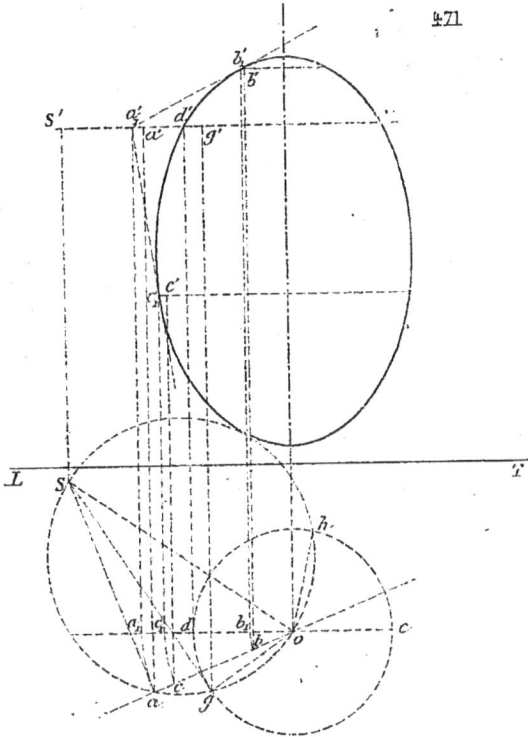

471

de contact sur un méridien donné, dont la projection horizontale est *ao*.

Nous considérons le cylindre circonscrit à la surface le
long de ce méridien.

Les génératrices sont perpendiculaires au plan vertical
dont la trace est *oa*.

Nous allons conduire par S,S' un plan tangent au cylindre.
Nous menons par le sommet S,S' une parallèle aux généra-

trices, sa projection horizontale est perpendiculaire à *oa*, sa projection verticale est S'*a'* et elle perce le plan vertical du méridien au point *a,a'* ; c'est par ce point que nous devons tracer deux tangentes au méridien (342), pour cela, nous rabattons le plan du méridien autour de l'axe pour l'amener à être confondu avec le méridien principal, le point *a,a'* vient en a'_1, a_1, et nous traçons les deux tangentes $a'_1b'_1$ et $a'_1c'_1$; les points b'_1b_1 et c'_1c_1, sont les points de contact cherchés ; seulement il faut faire tourner le méridien de manière à le ramener à la position première, le point b_1,b'_1 vient en *b,b'* et le point c_1,c'_1 vient en *c,c'*.

On pourra répéter la même construction pour autant de méridiens qu'on voudra ; et nous faisons remarquer que, pour obtenir les pieds de toutes les perpendiculaires, tels que *a*, sur les plans des méridiens, il est commode de décrire un cercle sur S*o* comme diamètre ; ce cercle coupera les traces des divers méridiens aux points demandés.

On ne peut obtenir des points sur tous les méridiens de la surface, il y a des méridiens limites ; il faut évidemment que le point tel que *a,a'* tombe en dehors de la surface ; et comme tous ces points sont dans le point horizontal conduit par le point S,S', il faut que le point soit en dehors du parallèle *d'e'*, *de* contenu dans ce plan.

La position limite du méridien est donc *oq* passant par le point où se croisent la projection du parallèle et le cercle décrit sur S*o* comme diamètre. Le pied de la perpendiculaire est alors le point *g,g'* qui est le point de contact cherché. Nous aurons un autre méridien limite *oh*.

D'ailleurs les points remarquables s'obtiennent comme dans la première construction.

Remarque. — *Sur l'emploi de ces méthodes.* Quand on veut obtenir exactement les formes des courbes de contact des cônes circonscrits, il est bon d'employer simultanément ces méthodes. La méthode du parallèle permet de placer, à volonté, des points sur la projection verticale de manière à déterminer cette projection aussi exactement que possible.

La méthode du méridien permet de placer les points sur

la projection horizontale de manière à faire connaître la forme de la courbe.

Application. — Ce problème du cône circonscrit à une surface de révolution est le problème de l'ombre propre et de l'ombre portée de la surface de révolution éclairée par des rayons divergents.

Problème. — *Mener à une surface de révolution un plan tangent parallèle à une droite.*

Ce problème est indéterminé, il y a une infinité de plans tangents parallèles à une droite, et les plans tangents enveloppent un cylindre circonscrit.

Le problème devient déterminé seulement dans le cas des surfaces développables.

On peut se proposer de trouver les plans tangents ayant leurs points de contact, soit sur des parallèles, soit sur des méridiens donnés de la surface, et nous allons exposer la construction de la courbe de contact du cylindre circonscrit par ces deux méthodes.

CYLINDRE CIRCONSCRIT

588. Par les parallèles. — La surface de révolution est définie par sa courbe méridienne, et l'on se propose de construire les plans tangents parallèles à R,R'. (Fig. 472.)

Nous allons chercher à construire les plans tangents ayant leurs points de contact sur les parallèles.

Ainsi nous nous proposons de trouver le plan tangent parallèle à R,R' et ayant son point de contact sur le parallèle $a'b'$ dont la projection horizontale est le cercle dont le rayon est ao.

1° *Cônes circonscrits.* Considérons le cône circonscrit à la surface suivant ce parallèle et ayant son sommet au point c'. Nous allons construire un plan tangent à ce cône parallèlement à R,R' (370). Pour cela nous menons par le sommet c' une parallèle à R,R'; cette parallèle $c'd'$, od rencontre le plan de la base au point d',d par lequel nous menons à la base la tangente de. Le point e et le point symétrique f, que nous relevons sur la projection verticale du parallèle en e' et f' sont les points de contact des plans tangents cherchés.

Nous observons encore ici que le sommet c' peut s'éloigner en dehors des limites de l'épure; et la construction directe devient impossible.

Il faut alors déplacer le cône, le transporter parallèlement à lui-même, en prenant son sommet en un point S' choisi arbitrairement sur l'axe, et il est commode de prendre une fois pour toutes, ce point S', et de transporter tous les cônes en ce point.

Considérons en particulier le cône Sc', traçons S'g' parallèle à $c'a'$, et nous obtenons pour base du cône le cercle dont le rayon est og. Nous menons par le sommet la parallèle S'h', oh à R,R' et par la trace h de cette parallèle passent les

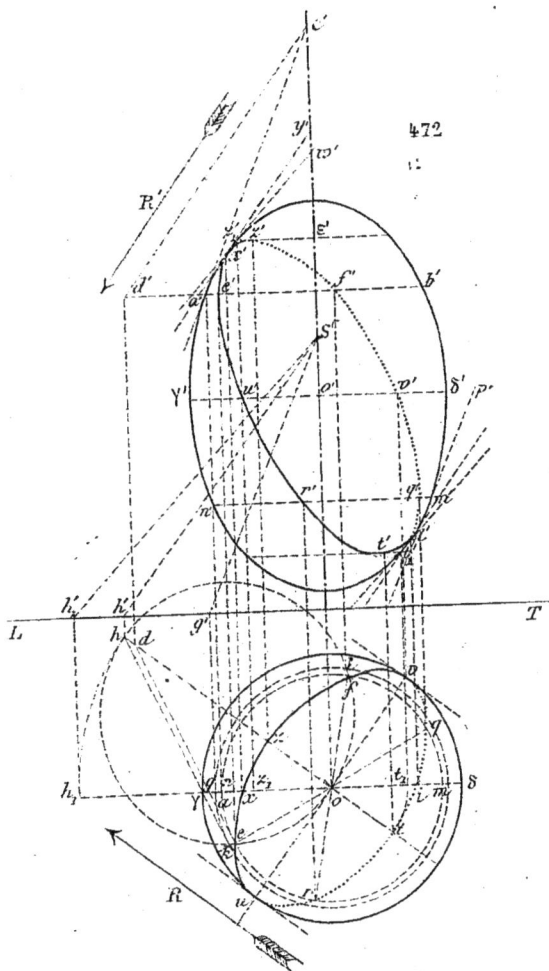

472

traces hk et hl (hl non tracé) de deux plans tangents au cône ; les génératrices de contact ont pour projections horizontales ok et ol

Si nous relevons le cône jusqu'à sa position primitive, les deux génératrices restent dans le même plan vertical, et conservent la même projection horizontale ; elles rencontrent le parallèle *ab* aux points projetés en *e* et *f* qui sont les points de contact cherchés.

Cette manière de disposer les constructions présente plusieurs avantages : d'abord, la ligne S'*h'*, *oh*, parallèle au rayon, est tracée une fois pour toutes, les traces de toutes les tangentes passent par le point *h*, et les points de contact avec les différents cercles de base des cônes sont sur une même circonférence décrite sur *oh* comme diamètre.

Secondement, il peut arriver que la méridienne ait une autre tangente parallèle à *a'ç'*, par exemple *p'm'*. Le cône circonscrit à la surface le long du parallèle *m'n'* sera homothétique du cône *c'*, et transporté au même sommet, se confondra avec lui. Les génératrices de contact des plans tangents ont pour projections *ok* et *ol*, mais comme la partie utile du cône engendré par *p'm'* serait précisément la nappe supérieure, il faut prolonger les génératrices jusqu'à leurs points de rencontre en *q* et *r* avec le parallèle *mn*.

La même construction donnera donc ici quatre points, et si la méridienne était un cercle engendrant un tore, il pourrait y avoir quatre cônes homothétiques circonscrits, et chaque construction donnerait huit points.

Points sur les contours apparents. Si l'on veut trouver les points sur le parallèle *γ'δ'* qui est le parallèle de contour apparent de la surface, le cône circonscrit est devenu un cylindre vertical, et les plans tangents à ce cylindre parallèles à R,R' ont leurs traces horizontales parallèles à R (347-349), les deux tangentes·parallèles à R, donnent les points *u,u'* et *v,v'* points sur le contour apparent horizontal.

Si l'on veut les points sur le contour apparent vertical, on imaginera le cylindre perpendiculaire au plan vertical circonscrit à la surface le long du méridien principal, et l'on mènera à ce cylindre des plans tangents parallèles à R,R', plans tangents dont les traces verticales seront les tangentes parallèles à R'.

Les points de contact ainsi obtenus sur le méridien principal sont *x',x* et *i'',i*.

Parallèles limites. On peut aussi trouver le point le plus haut et le point le plus bas, points situés sur les parallèles limites.

Si l'angle générateur du cône circonscrit suivant un parallèle devient égal à l'angle de la ligne R,R′ avec l'axe ; il n'y aura plus qu'un plan tangent parallèle à R,R′ ; et le cercle de contact du cône qui remplira cette condition sera un parallèle limite.

Cherchons l'angle du rayon avec l'axe, et pour cela, faisons tourner oh, S′h' autour de l'axe, pour l'amener à être de front ; l'angle h'_1S′o' est l'angle cherché ; menons au méridien une tangente parallèle à h'_1S′, cette tangente engendrera le cône limite, et le parallèle de contact $z'_1 ε'$ est le parallèle limite. Le point de contact est z'_1, z_1 lorsque le rayon est parallèle au plan vertical, et quand le rayon revient à sa position, le point doit tourner du même angle et revient en z, z' — c'est le point le plus haut. — Nous avons pu tracer une seconde tangente au point t'_1, parallèle à h'_1S′, elle nous donne le point t, t' qui est le point le plus bas.

589. 2° Sphères inscrites. — Nous voulons tracer le plan tangent dont le point de contact est sur le parallèle $a'b'$, ab ; nous considérons la sphère ayant son centre au point c' (fig. 473), sur la normale $a'c'$.

Imaginons le cylindre circonscrit à la sphère, et dont les génératrices sont parallèles à R,R′. La courbe de contact est un cercle, contenu dans un plan perpendiculaire à RR′ conduit par le centre, et que nous avons construit au moyen de la droite de front $c'd'$, od. Ce plan est PαP′ (400).

La courbe de contact du cylindre circonscrit à la sphère coupe son parallèle de contact avec la surface de révolution en deux points, pour lesquels la sphère et la surface ont même plan tangent, et qui sont les points cherchés. Ces points sont donc sur la droite d'intersection du plan du parallèle, avec le plan P′αP ; cette intersection est l'horizontale $c'f'e', cfe$, et les points où cette droite croise le parallèle, sont les points f, f' et e, e' points de contact cherchés.

Les parallèles limites sont encore ceux pour lesquels le cercle de contact du cylindre circonscrit à la sphère touche le parallèle de la surface, et l'horizontale correspondante telle que *cfe* serait tangente au parallèle.

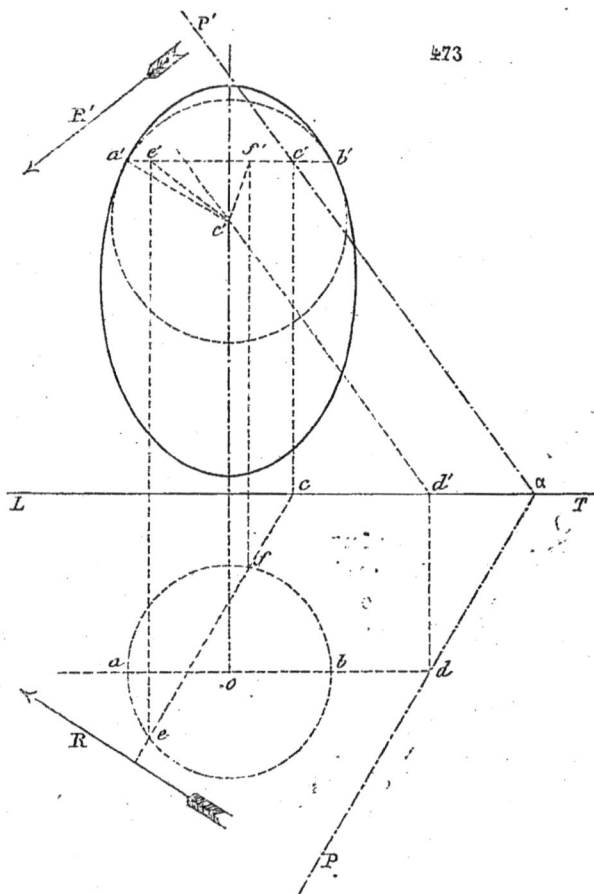

On obtiendrait du reste les points remarquables comme dans le cas précédent.

590. Cette construction peut être effectuée d'une manière, en quelque sorte, mécanique, de manière à diminuer les lignes à tracer sur la projection verticale de la surface.

Observons que si nous joignons sur la figure 473 le point
c' aux points f' et e', nous obtiendrons des droites $c'e'$, $c'f'$, et
si nous supposons que toute la figure soit réduite ou amplifiée
dans un rapport quelconque, les lignes $c'd'$, $c'e'$, $c'f'$, $a'b'$ resteront toujours parallèles à elles-mêmes.

En un point quelconque o' (fig. 474), traçons une sphère
de rayon arbitraire, et figurons l'ellipse, projection du cercle
de contact du
cylindre circon-
scrit. Nous ob-
tiendrons les
axes $f'g'$ et $k'h$
de cette ellipse,
comme nous
l'avons expliqué
(399, 400) en ra-
battant la paral-
lèle à R_2R con-
duite par le cen-
tre en $o'R_1$ et
en menant $k'_1 h'_1$
perpendiculaire
à $o'R_1$.

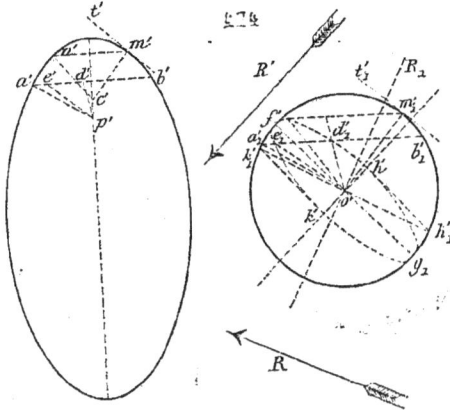

Nous nous proposons d'obtenir les points situés sur le
parallèle $a'b'$ de la surface, nous traçons la normale $a'p'$, et
nous menons sur la sphère $o'a'_1$ parallèle à $a'p'$; nous traçons
$a'_1 b'_1$ parallèle à $a'b'$ et qui coupe l'ellipse aux points e'_1, d'_1,
points de contact de plans tangents parallèles à R_2R' sur une
surface de révolution circonscrite à la sphère suivant le
parallèle $a'_1 b'_1$; alors nous reportons sur la surface les lignes
$p'e'$, $p'd'$ parallèles à $o'c'_1$ et $o'd'_1$, et nous avons en e' et d' les
points demandés.

Cette construction permet de déterminer immédiatement
les parallèles limites. Ainsi nous figurons la tangente à l'ellipse parallèle à $a'b'$, la normale correspondante au parallèle
limite sera parallèle à $o' m'_1$; nous cherchons sur le méridien
le point par lequel la tangente est parallèle à $t'_1 m'_1$, nous trouvons le point m', d'où le parallèle $m'n'$, la normale $m'c'$: nous

ramenons le point de contact par la même construction que
pour un parallèle quelconque.

Cette construction est rapide, elle a l'avantage de ne pas
fatiguer le papier, mais elle est peu précise ; elle est suffi-
sante et utile dans quelques applications où la rigueur n'est
pas nécessaire, et il est bon de savoir la mettre en pratique.

591. Méthode du méridien.

La surface est définie par son méridien, les génératrices
du cylindre sont parallèles à R,R′ (fig. 475).

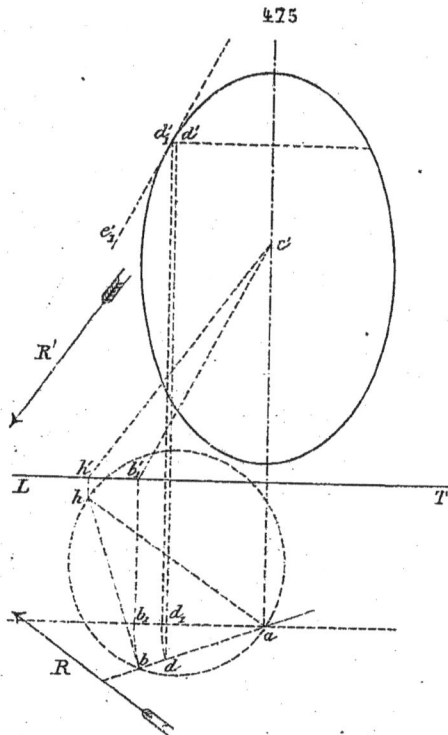

475

Nous nous
proposons de dé-
terminer les
plans tangents
dont les points
de contact sont
situés sur des
méridiens don-
nés. Ainsi nous
voulons con-
struire un plan
tangent qui ait
son point de con-
tact sur le méri-
dien dont la pro-
jection horizon-
tale est *ab*. Nous
imaginons le cy-
lindre circon-
scrit à la surface
le long de ce
méridien, et
dont les généra-
trices sont hori-
zontales et per-
pendiculaires à

ab, et nous déterminons un plan tangent à ce cylindre parallèle à R,R′. Pour cela, suivant la règle (346), nous devons,

d'abord, construire un plan parallèle à ce plan tangent en menant par un point une parallèle au rayon et une parallèle aux génératrices du cylindre, prendre la trace de ce plan sur le plan de la directrice du cylindre et mener à la directrice une tangente parallèle à cette trace.

Voici comment il convient d'effectuer ces tracés : — on mène par un point c',a pris sur l'axe, une parallèle $c'h'$, ah à RR', par la trace de cette droite ou même hb perpendiculaire à ab.

Le plan parallèle au plan tangent est déterminé par les deux droites ch, $c'h'$ et hb dont la projection verticale est LT.

La trace sur le plan du méridien ab passe par les deux points b et c', rabattons le plan ab sur le méridien principal par une rotation autour de l'axe ; le point c' ne change pas, le point bb' vient en b_1,b'_1 et la trace du plan parallèle au plan tangent est $c'b'_1$. Nous dessinons la tangente $d'_1e'_1$ parallèle à $c'b'_1$, et nous avons en d'_1d_1, le point de contact après la rotation du méridien ; quand le méridien revient à sa position primitive, le point d'_1,d_1 vient en d,d'.

Cette méthode ainsi employée conduit aux mêmes tracés en ordre inverse que la méthode du parallèle avec cônes circonscrits ; les perpendiculaires sur les méridiens sont encore déterminées par le cercle décrit sur ha comme diamètre, parce que le point h est fixe.

D'ailleurs, les points limites, les points sur les contours apparents s'obtiennent comme dans la méthode du parallèle.

Remarque. Nous répétons ici l'observation que nous avons déjà faite à propos du cône circonscrit. La méthode du parallèle donne les points de la projection verticale, et permet de construire exactement la projection verticale de la courbe. La méthode du méridien permet de placer à volonté les points sur la projection horizontale de manière à permettre de dessiner exactement les formes de la courbe de contact.

592. Applications aux ombres. — La courbe de contact d'un cône circonscrit est la courbe d'ombre propre de la surface éclairée par des rayons divergents, la trace du cône sur un plan est l'ombre portée sur le plan. De même la courbe de contact et la trace du cylindre circonscrit, sont la courbe d'ombre propre et la courbe d'ombre portée de la surface éclairée par des rayons parallèles.

593. Influence de la méridienne. Si la méridienne de la surface de révolution est formée d'arcs simplement tangents l'un à l'autre, les différentes parties de la courbe de contact comprises entre les parallèles de raccordement n'ont pas la même tangente à leur point de rencontre, elles se coupent en faisant un certain angle.

Nous avons déjà fait cette remarque (n° 402) pour le cas de cônes ou de cylindres circonscrits à la sphère.

Nous ne pouvons expliquer ici comment on trace les tangentes aux courbes d'ombre.

Les ombres portées se raccordent ; effectivement au point où se croisent les deux arcs sur le parallèle commun, les tangentes sont dans le plan tangent au cylindre d'ombre, et les ombres portées ont la même tangente qui est la trace de ce plan tangent commun.

AXE PARALLÈLE AU PLAN VERTICAL

594. On donne une surface de révolution (fig. 476) par son axe ab $a'b'$ parallèle au plan vertical et par une courbe génératrice C,C' connue par ses deux projections.

On connaît la projection verticale d' d'un point de la surface, on veut déterminer sa projection horizontale.

Le parallèle qui passe par le point dont la projection verticale est d', est perpendiculaire à l'axe, dont il est perpendiculaire au plan vertical, et sa trace verticale est $d'f'$ perpendiculaire à $a'b'$. Cherchons le rayon : le point f,f' est le centre du parallèle; son plan coupe la génératrice au point $g,'g$, et le rayon est la vraie grandeur de fg, $f'g'$; nous rabattons cette ligne sur le plan de front passant par l'axe, le point g, g' vient en g_1, et le rayon du parallèle est $f'g_1$; nous pouvons décrire ce parallèle rabattu et le point d'_1 dont nous cherchons la projection horizontale se rabat en d_1; donc, $d'd_1$ est l'éloignement du point d, d' par rapport au plan de front passant par l'axe, et nous pouvons marquer la projection horizontale d du point.

595. Méridienne. — On ne peut déterminer un point dont on connaît seulement la projection horizontale, parce qu'on ne peut tracer l'ellipse projection du parallèle, il faut se donner la projection verticale. La construction que nous venons de faire nous fait connaître, en même temps, le méridien de la surface. En effet, l'axe étant parallèle au plan vertical, la courbe méridienne sera formée par les points de rencontre des parallèles avec le plan de front passant par l'axe; le parallèle que nous venons de décrire rencontre le plan de front passant par l'axe aux points G' et D' qui sont des points du méridien.

Cherchons la tangente à la méridienne au point G′ (579..
Pour cela, nous déterminons le plan tangent au point g,g'.
Ce plan est déterminé par la tangente à la courbe génératrice
de la surface, tangente dont les deux projections sont $g'h'$, gh,
et par la tangente au parallèle, qui est rabattue en g,k'. Nous

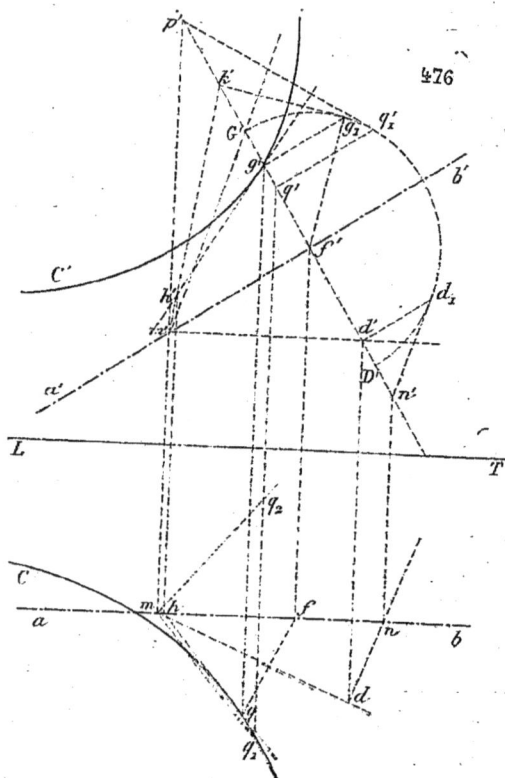

476

allons chercher le point où ce plan rencontre l'axe, et pour
cela nous prenons les points de rencontre des deux droites qui
le déterminent avec le plan de front passant par l'axe ; la
tangente au parallèler encontre le plan de front au point dont
la projection verticale est k', la tangente à la courbe génératrice rencontre le plan de front au point h,h' ; dont $k'h'$ est la
projection verticale de la ligne de front du plan tangent ; elle

croise l'axe au point m', m; c'est le point par lequel passent toutes les tangentes aux méridiens, pour les points situés sur le parallèle. Donc, la tangente au méridien au point G' est $m'G'$, la tangente au méridien qui passe par le point d, d' est la droite $m'd'$, md.

596. Plan tangent en un point. — Nous pouvons maintenant construire le plan tangent en un point tel que d, d'. Nous avons trouvé la tangente md, $m'd'$ au méridien qui passe par ce point, la tangente au parallèle se rabat en $d_1 n'$ et sa projection horizontale est dn. Les deux droites dm, $d'm'$, et dn, $d'n'$ déterminent le plan tangent.

597. Contours apparents. — Le contour apparent vertical est la courbe méridienne, car en tous les points de cette courbe les tangentes aux parallèles sont perpendiculaires au plan vertical, ainsi que les plans tangents à la surface.

Pour déterminer le contour apparent horizontal, nous allons mener à la surface des plans tangents verticaux, c'est-à-dire parallèles à une verticale. Nous chercherons encore les points de contact sur des parallèles de la surface (la méthode du méridien est peu commode) et nous pouvons employer soit des cônes, soit des sphères, tangentes le long des parallèles.

Ainsi nous voulons trouver le point de contact situé sur le parallèle $G'D'$. Le cône circonscrit suivant ce parallèle a son sommet au point m, m', nous conduisons par le sommet une verticale, nous prenons le point p' où elle perce le plan de la base, et nous menons par ce point des tangentes à la base ; le point p' est dans le plan de front passant par l'axe et sa projection horizontale est le point m ; nous avons rabattu le cercle de base, le point p' ne change pas. Soit $p'q'_1$ une de ces tangentes, le point de contact du plan tangent cherché est q'_1, qu'on relève en q' et dont on obtient la projection q à l'aide de son éloignement $q'q'_1$. Il y a ici évidemment deux points q_1 et q_2 symétriques par rapport au plan de front passant par l'axe. Ces points sont deux points du contour apparent horizontal et la tangente à la courbe de contour apparent au point q_1 est mq_1. Il peut arriver que le sommet m,m' du cône soit trop éloigné; on se sert alors de la sphère inscrite. (Flg. 477.)

598. L'axe est ao, $a'o'$, la courbe génératrice C,C'; nous prenons un parallèle $b'd'$ dont le centre est au point d',d. Le

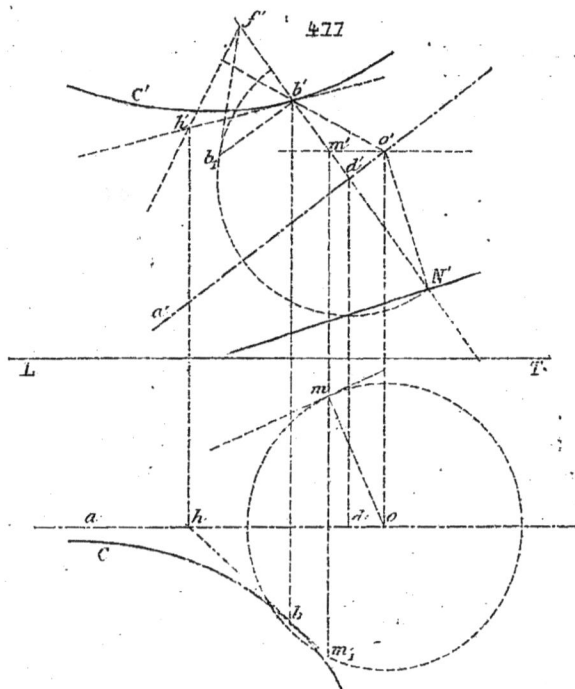

477

rayon s'obtient, comme nous venons de le faire, en rabattant le point b,b', au point b_1. Nous déterminons le plan tangent en ce point b,b' par la tangente à la courbe bh, $b'h'$ et par la tangente au parallèle rabattue en b_1f' (596); $h'f'$ est la ligne de front du plan tangent qui rencontre l'axe en un point éloigné. Nous menons par le point b',h la normale à la surface; sa projection verticale est perpendiculaire à la ligne de front $h'f'$ du plan tangent, elle rencontre l'axe au point o',o centre de la sphère qui touche la surface le long du parallèle, et le rayon de la sphère est $o'N'$.

Nous imaginons le cylindre vertical circonscrit à cette sphère, la courbe de contact est située dans le plan horizontal passant par le point o' ; ce plan horizontal coupe le plan du parallèle suivant la perpendiculaire m', mm_1 au plan vertical, et les points m et m_1 où cette droite rencontre le contour apparent horizontal de la sphère, qui est le cercle décrit de o comme centre sont des points du contour apparent horizontal.

La tangente au point m au cercle est la tangente au contour apparent.

Les méthodes de la sphère et du cône sont en quelque sorte complémentaires l'une de l'autre ; quand le sommet du cône est très éloigné, le centre de la sphère est rapproché et inversement.

Les deux mêmes méthodes permettent encore d'obtenir des plans tangents parallèles à une direction oblique, et en particulier la construction par la sphère ne diffère pas de la méthode que nous avons indiquée (589, 590) et nous n'y reviendrons pas.

Voir dans notre *Recueil d'épures* (2me édition) les épures 6 et 7.

AXES OBLIQUES

599. Nous nous contenterons de montrer comment on peut déterminer les contours apparents de la surface. L'axe est oz, $o'z'$, la courbe génératrice est donnée par ses deux projection C,C'. (Fig. 478.)

Nous faisons observer que nous ne pouvons, dans ce cas, nous donner les projections d'un point de la surface ; pour prendre au point de la surface, nous devons construire, d'abord, le parallèle passant par un point pris sur la courbe génératrice et prendre un point sur ce parallèle.

Considérons le parallèle décrit par le point a,a' de la génératrice, le plan P de ce parallèle est perpendiculaire à l'axe ; nous avons construit les traces PαP' de ce plan au moyen de la ligne de front $a'b'$, ab.

Nous cherchons le point de rencontre du plan et de l'axe (le plan qui projette horizontalement l'axe rencontre la ligne de front $a'b'$, ab au point d,d' et la trace du plan au point $c'c$; $c'd'$ est la projection verticale de la droite d'intersection avec le plan P du plan qui projette l'axe). Le point cherché est f,f', c'est le centre du parallèle, nous rabattons le plan P sur le plan horizontal, le point f,f' vient en F, le point a,a' vient en A (nous avons effectué et écrit les constructions ordinaires du rabattement), AF est le rayon du parallèle que nous décrivons.

Nous pourrions ensuite prendre un point sur ce parallèle rabattu et le relever pour obtenir les projections d'un point de la surface.

Nous allons chercher les contours apparents, et pour cela, nous allons construire le plan tangent au point a, a', et déter-

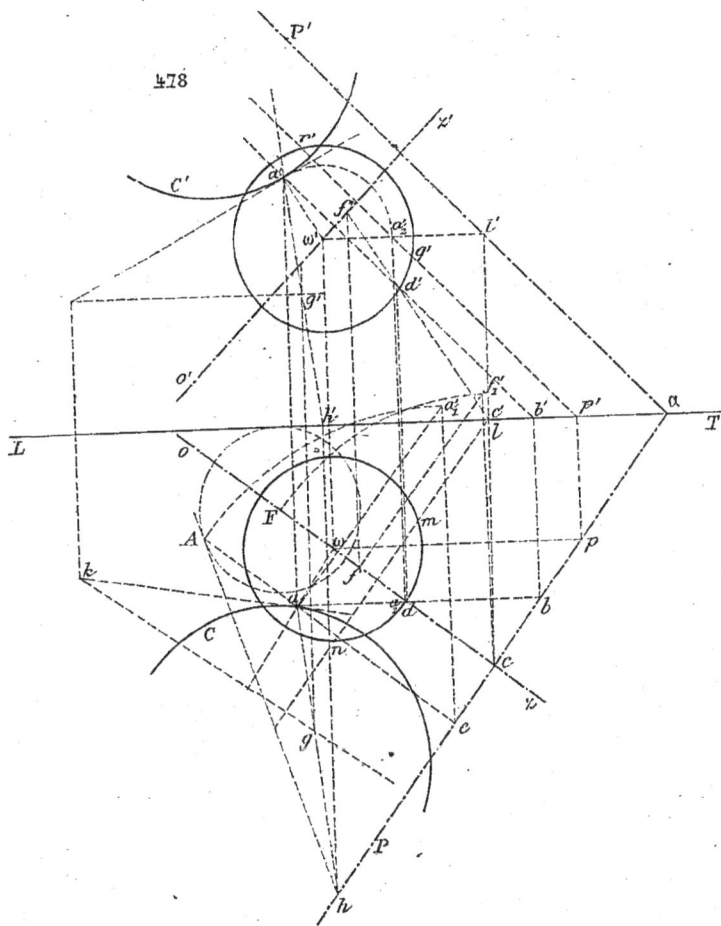

miner la sphère inscrite suivant le parallèle qui passe par ce point.

Nous menons la tangente Ah au parallèle rabattu, et nous relevons cette tangente en ah, $a'h$; la tangente à la courbe génératrice est ak, $a'k'$, et ces deux droites déterminent le plan tangent au point a,a'.

Nous obtenons une horizontale de ce plan en coupant par le plan horizontal $k'g'$.

La projection de l'horizontale est kg, et la projection horizontale de la normale est $a\omega$ perpendiculaire à kg ; le point ω,ω' est le centre de la sphère inscrite ; son rayon est la vraie grandeur de la ligne ωa, $\omega'a'$, que nous obtenons en ramenant cette ligne parallèle au plan horizontal en ωa_2 qui est la grandeur. Nous dessinons les contours apparents de la sphère.

Le cylindre circonscrit à la sphère, perpendiculaire au plan horizontal, touche la sphère suivant le grand cercle horizontal projeté verticalement en $\omega'a'_2$; le plan horizontal $\omega'a'_2$ coupe le plan du parallèle suivant l'horizontale $l'\omega'$, lmn, qui rencontre le contour apparent horizontal de la sphère aux points m et n, points du contour apparent horizontal.

Le cylindre circonscrit à la sphère, perpendiculaire au plan vertical, touche la sphère suivant un grand cercle de front. Le plan ωp du grand cercle coupe le plan du parallèle suivant la ligne de front $p\omega$, $p'q'r'$. Les points q' et r' sont des points du contour apparent vertical.

600. Problème. — *Mener à une surface de révolution un plan tangent parallèle à un plan.*

Il est nécessaire de connaître la méridienne de la surface, et nous supposerons que cette méridienne a d'abord été obtenue ou donnée.

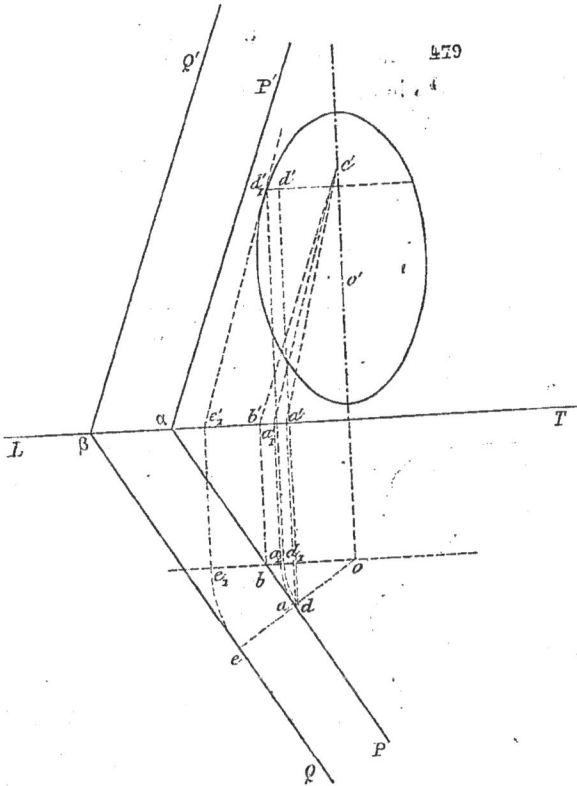

L'axe est vertical. (Fig. 479). Le plan P donné est le plan P'αP.

Le plan du méridien qui passe par le point de contact du plan cherché est perpendiculaire à ce plan et par suite au plan P'αP, c'est le méridien *oa*.

L'intersection de ce plan méridien avec le plan tangent est

tangente à la méridienne, et parallèle à son intersection avec
le plan P, intersection que nous cherchons d'abord; nous
fixons au moyen du plan de front ob, le point c' ou l'axe rencontre le plan ; les traces horizontales se croisent au point a,
donc le plan méridien oa coupe le plan P suivant une droite
dont la projection verticale est $a'c'$.

La tangente à la méridienne, au point où le plan cherché
touchera la surface sera parallèle à $a'c'$.

Nous rabattons le méridien sur le plan de front passant
par l'axe, son rabattement recouvre le méridien principal, la
droite $a'c'$ se rabat en a'_1c', et nous menons à la méridienne la
tangente $d'_1e'_1$ parallèle à a'_1c'. Le point d'_1 est le point de
contact du plan tangent, lorsque le méridien du point de
contact est rabattu sur le méridien principal, et le point $e'e'_1$,
trace de la tangente au méridien, est un point de la trace du
plan qui est alors perpendiculaire au plan vertical.

En ramenant le méridien à la position, le point e_1 vient
en e, la trace du plan tangent est $Qe\beta$ perpendiculaire à la
trace du plan du méridien et on en déduit la trace verticale
$\beta Q'$ parallèle à $\alpha P'$.

601. Problème. *Construire l'intersection d'une surface de
révolution avec un plan.*

1er *Cas.* La surface est engendrée par une courbe dont on
donne les deux projections C,C'. (Fig. 480). Le plan est PαP'.

Nous coupons la surface et le plan par des plans horizontaux. Ainsi le plan horizontal $a'b'$ détermine dans le plan
P'αP l'horizontale $b'a'$, bcd, et dans la surface, le parallèle engendré par le point a',a et dont le rayon est oa. Le cercle et
la droite se coupent aux points c et d, qui sont les projections
horizontales de deux points de l'intersection dont les projections verticales sont c' et d'.

On peut obtenir la tangente au point d,d', en construisant
l'intersection du plan sécant avec le plan tangent à la surface.

Nous déterminons le plan tangent à la surface au point
a',a situé sur la même parallèle, et pour cela, nous menons la
tangente $a'f'$, af à la courbe génératrice ; la trace horizontale
du plan tangent est fh perpendiculaire au méridien oa (575).

Nous faisons tourner la trace de ce plan jusqu'à ce que le méridien *oa* vienne passer par le point *d*, la trace du plan tangent restera tangente à un cercle décrit avec *oh* comme rayon et viendra prendre la position *h,k* perpendiculaire à *od*.

Le point *k* est la trace horizontale de la tangente qui est *kd, k'd'*.

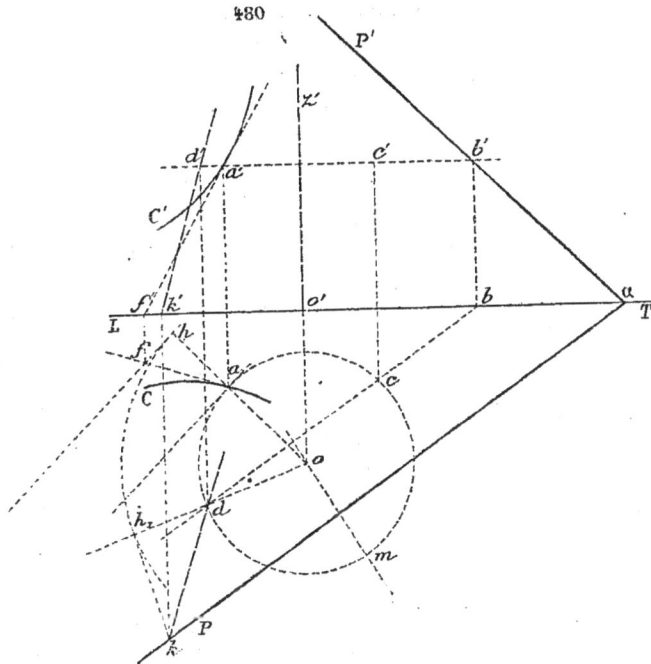

480

Il peut évidemment arriver que l'horizontale du plan ne rencontre pas le parallèle, et nous trouverons des parallèles limites pour lesquels le cercle est tangent à la droite.

On ne peut obtenir ces parallèles limites que lorsqu'on connaît le méridien de la surface, et nous reviendrons sur ce sujet dans le cas suivant :

De même les points sur le contour apparent vertical ne peuvent s'obtenir qu'avec le méridien.

602. 2⁰ *Cas.* La surface est donnée par sa courbe méridienne M′. (Fig. 481.)

Nous pouvons employer comme plans auxiliaires des plans méridiens. Ainsi un plan méridien dont la trace est *oa* coupe la surface suivant un méridien et le plan suivant une droite, dont la trace est au point *a*. Nous commençons par chercher, au moyen du plan de front *ob*, le point *c′* où l'axe perce le plan et les intersections de tous les méridiens avec le plan P passeront par le point *c′*. Ainsi l'intersection du plan P avec le méridien *oa* a pour projection verticale *a′c′*. Nous faisons tour-

481

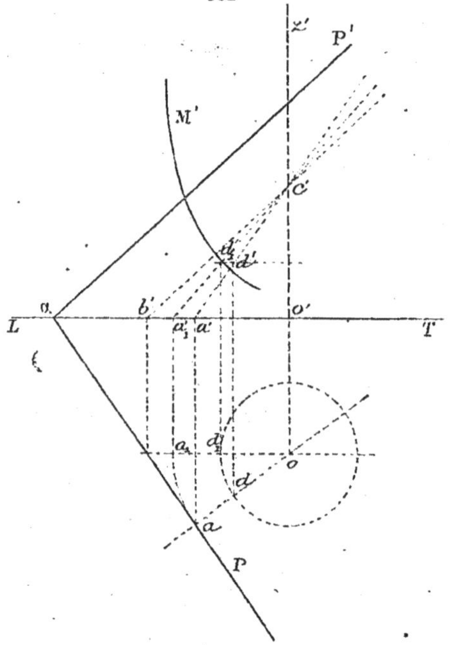

ner le méridien *oa* de manière à l'amener à être parallèle au plan vertical, la courbe méridienne coïncidera avec M′, la droite devient *a′₁c′* et rencontre la méridienne au point *d′₁*, qu'on ramène en *d′,d* sur la droite *a′c′*, *oa*.

Selon la position du point *c′* par rapport à la courbe méri-

dienne, on aura ou on n'aura pas de points sur tous les méridiens de la surface. ·

Dans le cas ou le plan sécant rencontre l'axe au point c'
situé en dehors de la courbe méridienne (fig. 481 bis), on peut
trouver les méridiens limites.

Menons par c' une tangente $c'f'_1$ à la méridienne, la droite

$c'f'_1 d'_1, od_1$, peut être
regardée comme l'in-
tersection d'un plan
méridien avec le plan
P, après la rotation de
cette droite autour de
l'axe.

Décrivons de o com-
me centre avec od_1,
comme rayon un arc de
cercle. Le méridien
dont la trace est od est
un méridien limite,
l'intersection de son
plan avec le plan P est
tangente à la courbe
méridienne au point
f'_1, f_1, qu'on ramène en
f, f'. Il y aura un autre
méridien limite symé-
trique du premier par
rapport au méridien oa
perpendiculaire au
plan P.

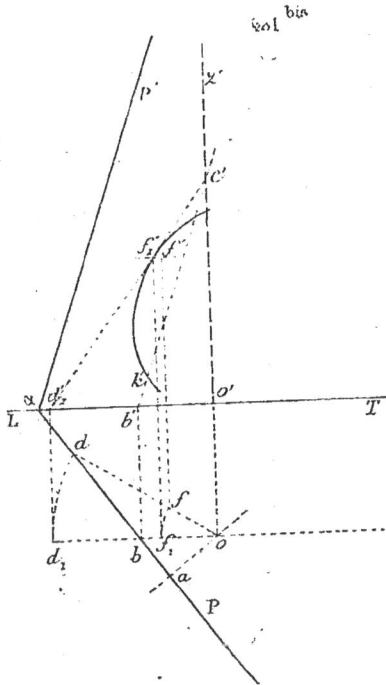

Le plan de front ob donne le point k', situé sur le contour
apparent vertical de la surface.

Revenons maintenant à la méthode précédente ; le parallèle limite sera tangent à l'horizontale du plan, par conséquent
les deux points d'intersection c et d (fig. 480) seront réunis
en un seul, qui devra se trouver évidemment sur le méridien
om perpendiculaire à αP.

En appliquant la méthode par le méridien au méridien
perpendiculaire à αP nous obtiendrons les points situés sur

les parallèles limites ; ces points seront, l'un, le point le plus
haut, l'autre, le point le plus bas de la courbe, puisqu'on ne
trouverait plus de points sur des parallèles situés au-dessus
ou au-dessous des parallèles limites. On peut, du reste, voir
directement que la tangente est horizontale.

Nous avons effectivement pris dans la figure 481 le méridien *oa* perpendiculaire à αP, et obtenu le point *d, d'*.

En ce point le plan tangent est perpendiculaire au méridien *oa*, donc sa trace horizontale est perpendiculaire à *oa*,
c'est-à-dire parallèle à αP, donc la tangente est horizontale.

603. Axes obliques. — Il est presque toujours avan-
tageux de faire des changements de plan, au moins pour
amener l'axe à être parallèle à un plan de projection, et alors,
on emploie des plans auxiliaires perpendiculaires à l'axe,
qu'on rabat successivement.

**604. Intersection d'une surface de révolu-
tion avec un cône ou un cylindre oblique.**

Les méthodes à employer sont celles que nous avons indiquées à propos de la sphère (565) (561) sous le nom de méthode de la *projection conique* et méthode de la *projection cylindrique*.

Nous n'y reviendrons pas ici.

605. Problème. — *Construire les points de rencontre
d'une droite et d'une surface de révolution.*

Il faut faire passer un plan par la droite, et prendre les points
de rencontre de la droite avec la courbe déterminée par le
plan dans la surface.

Il n'y a de méthodes particulières que dans le cas des surfaces du second ordre, et nous indiquerons alors, en détail,
les constructions à faire pour chacune d'elles.

Problème. — *Construire l'intersection de deux surfaces de
révolution.*

Nous traiterons ce problème plus loin, lorsque nous aurons étudié les surfaces du second degré, afin de pouvoir lui
donner, d'un seul coup, tous les développements qu'il comporte,
ce que nous ne pourrions faire actuellement.

606. Exercices.

1º On donne un axe vertical, un cercle dans le plan vertical, le cercle tourne autour de l'axe et engendre une surface de révolution ; construire la méridienne et la tangente en un point de cette courbe.

2º On donne un plan perpendiculaire au plan vertical dans ce plan, une ellipse dont on connaît la projection horizontale, on fait tourner l'ellipse autour d'un axe vertical, construire la méridienne de la surface de révolution ainsi engendrée ; chercher les points doubles de cette courbe, les points pour lesquels la tangente est horizontale ou verticale (1).

3º On donne un plan par ses traces, et dans le plan vertical, une droite verticale, on a dans le plan une courbe qui se projette horizontalement suivant un cercle, et qui engendre une surface de révolution autour de la droite. On demande le point de la surface qui a pour projection horizontale un point donné, le plan tangent en ce point. Construire la méridienne.

4º On donne un plan par ses traces et dans ce plan une courbe connue par le rabattement du plan sur le plan horizontal, cette courbe engendre une surface de révolution en tournant autour d'un axe vertical, on donne un point de la projection horizontale de la surface, tracer la projection verticale du point.

5º On donne dans un plan un cercle par son centre et son rayon, ce cercle tourne autour d'un axe vertical et engendre une surface de révolution, construire la méridienne. Condition pour que la surface engendrée soit une zone sphérique.

6º On donne dans le plan horizontal un cercle et une droite ; le cercle, en tournant autour de la droite, engendre une surface de révolution ; par un point du plan horizontal, on veut mener un plan tangent à la surface tel que le point de

---

(1) Nous reviendrons sur ce problème, après avoir étudié les surfaces du second degré ; nous montrerons alors que l'ellipse peut occuper, par rapport à l'axe, des positions telles qu'elle peut engendrer toutes les surfaces du second degré, et qu'on peut connaître la nature de la surface engendrée.

contact soit situé sur un méridien faisant un angle de 45°
avec le plan horizontal.

7°. On donne une ellipse dans le plan horizontal, elle tourne
autour de son grand axe et engendre une surface de révolu-
lion. On donne une droite par sa trace horizontale et la cote
d'un point, mener par cette droite un plan tangent.

8° On donne un cercle et une droite dans le plan horizontal, le cercle tourne autour de la droite; on donne la projection horizontale d'un point de la surface déterminer la normale à la surface en ce point.

9° On donne une ellipse dans ce plan horizontal, cette
ellipse tourne autour de son grand axe. On donne un plan par
sa trace horizontale et son angle avec le plan horizontal,
mener un plan tangent parallèle à ce plan.

10° On donne un cercle dans le plan vertical, et un axe
parallèle au plan vertical. Ce cercle tourne autour de l'axe
et engendre une surface de révolution.

Déterminer les contours apparents de la surface.

11° On donne un cercle dans le plan horizontal et une
droite. Le cercle tourne autour de la droite et engendre une
surface de révolution, construire l'intersection de cette surface
avec un plan donné par sa trace horizontale et son angle avec
le plan horizontal.

SURFACES DU SECOND ORDRE

Généralités sur les surfaces du second ordre.

On désigne sous le nom de surfaces du second ordre cinq surfaces qui jouissent de la propriété d'admettre uniquement pour sections planes des courbes du second ordre, et dont l'équation est, d'ailleurs, du second degré.

Ces cinq surfaces sont l'ellipsoïde, l'hyperboloïde à une nappe, l'hyperboloïde à deux nappes, le paraboloïde elliptique, le paraboloïde hyperbolique.

Les quatre premières peuvent être des surfaces de révolution.

607. Ellipsoïdes : Considérons une ellipse fixe ; imaginons une ellipse mobile, variable de grandeur, toujours semblable à elle-même et qui se déplace en satisfaisant aux conditions suivantes ; son plan reste perpendiculaire à l'axe de l'ellipse fixe, et ses sommets parcourent cette ellipse. La surface engendrée est une surface fermée qui est toujours coupée par un plan suivant des ellipses. On l'appelle *ellipsoïde*, c'est l'ellipsoïde à axes inégaux. (Fig. 482.)

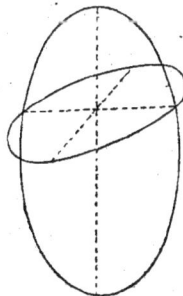
482

Si l'ellipse mobile est remplacée par un cercle, la surface est de révolution ; il est évident en effet que ces cercles successifs sont les parallèles de la surface engendrée par la rotation de l'ellipse fixe autour de son axe.

608. Hyperboloïde à une nappe. Considérons
une hyperbole fixe *abcdef*, et assujettissons encore une ellipse
mobile, variable de gran-
deur, toujours semblable à
elle-même, à se déplacer en
satisfaisant aux conditions
suivantes : son plan reste
perpendiculaire à l'axe non
transverse de l'hyperbole,
et ses sommets parcourent
la courbe.

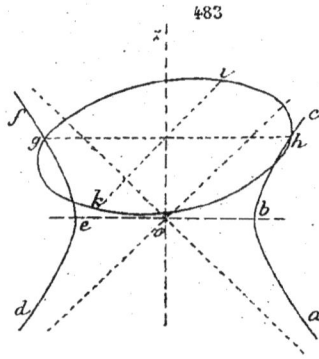

La surface engendrée
est indéfinie, et constitue
l'hyperboloïde à une nappe.
(Fig. 483.)

Si l'ellipse mobile est remplacée par un cercle, l'hyperboloïde devient de révolution, et peut être regardé comme
engendré par la rotation de l'hyperbole fixe autour de son axe
imaginaire.

609. Hyperboloïde à deux nappes. Considérons
une hyperbole fixe *abcdef*, assujettissons une hyperbole *ghiklm*
mobile, variable de grandeur, toujours semblable à elle-même
à se déplacer en remplissant les conditions suivantes : son
plan reste perpendi-
culaire à l'axe *oz* de
l'hyperbole directri-
ce, et les sommets
parcourent la courbe.

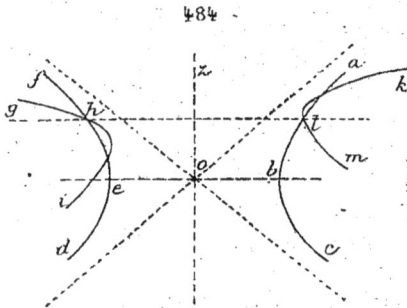

La surface engen-
drée sera évidem-
ment composée de
deux parties distinc-
tes, on la nomme hy-
perboloïde à deux
nappes. (Fig. 484.)

Si l'hyperbole génératrice est semblable à l'hyperbole directrice, les sections faites dans la surface par des plans perpendiculaires à l'axe *eob* sont des cercles, la surface est de

révolution et peut être regardée comme engendrée par la rotation de l'hyperbole *abcdef* autour de son axe transverse.

610. Paraboloïde elliptique. — Considérons une parabole directrice *abc* et une parabole mobile *fdg* ; les axes *bk* et *de* sont parallèles et dirigés dans le même sens ; le plan de la parabole mobile est perpendiculaire au plan de la parabole fixe, et son sommet parcourt la parabole directrice ; on engendre ainsi une surface indéfinie d'un seul côté, et c'est cette surface qu'on nomme le paraboloïde elliptique, parce que ses sections planes sont des ellipses ou des paraboles. (Fig. 485.)

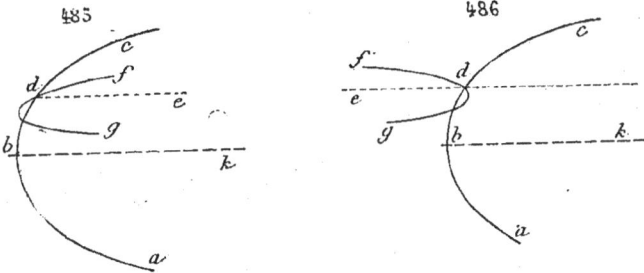

Si les deux paraboles, directrice et génératrice sont égales, les sections faites par des plans perpendiculaires à l'axe *bk* sont des cercles, et on obtient le paraboloïde de révolution qui peut être regardé comme engendré par la rotation de la parabole *abc* autour de son axe.

611. Paraboloïde hyperbolique.
Les axes des deux paraboles sont dirigés en sens contraire, la surface engendrée est le paraboloïde hyperbolique. (Fig. 486.)

Nous verrons, en étudiant ces surfaces, que l'hyperboloïde à une nappe, et le paraboloïde hyperbolique peuvent être engendrés par le mouvement d'une droite et *sont des surfaces gauches*.

ELLIPSOÏDES

ELLIPSOÏDE DE RÉVOLUTION

612. Nous venons de dire qu'un ellipsoïde de révolution est la surface engendrée par une ellipse qui tourne autour d'un de ses axes; quand la rotation est effectuée autour du grand axe, l'ellipsoïde est allongé; quand la rotation est effectuée autour du petit axe, l'ellipsoïde est aplati.

La construction d'un point de la surface, la détermination du plan tangent en ce point se font en suivant exactement les méthodes générales que nous avons données pour les surfaces de révolution (578).

Il en est de même de la construction par points des courbes de contact des cônes et cylindres circonscrits (de 585 à 592.)

Nous allons démontrer que la courbe de contact d'un cône ou d'un cylindre circonscrit est une courbe plane, et par suite une ellipse, et nous allons faire voir comment il est possible de construire facilement ses projections.

613. Théorème. — *La courbe de contact d'un cylindre circonscrit à un ellipsoïde de révolution est une courbe plane, dont le plan passe par le centre de la surface.* (Fig. 487.)

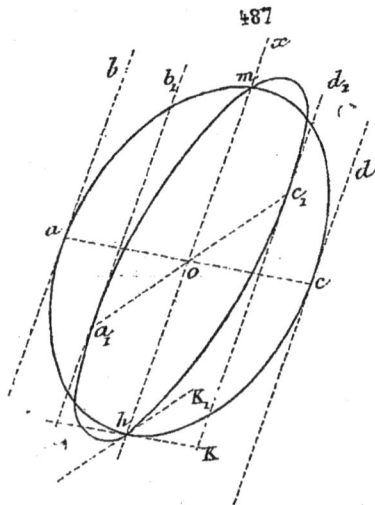

487

Nous considérons une section faite dans la surface par un plan passant par le centre et parallèle aux génératrices, il coupe la surface suivant l'ellipse *amch*; traçons par le centre *homx* parallèle aux génératrices, et menons les tangentes *ab* et *cd* parallèles à la même direction. Le diamètre *ac* sera parallèle à la tangente *hk* à l'ellipse au point *h*; faisons tourner le plan de la section autour du diamètre *ox*; dans une seconde position, nous obtiendrons une ellipse a_1hc_1m, à laquelle nous pourrons mener les deux tangentes a_1b_1 et c_1d_1 parallèles aux génératrices, et le diamètre a_1c_1 sera parallèle à la tangente hk_1 à l'ellipse.

Tous les diamètres ac, a_1c_1 qui passent par les points successifs, a,c, a_1,c_1 de la courbe de contact de cylindre circonscrit passent par le centre *o*, sont parallèles aux tangentes hk, hk_1 aux diverses ellipses sections de la surface; ces tangentes forment le plan tangent en *h*, les diamètres forment un plan parallèle.

Ainsi la courbe de contact du cylindre circonscrit est une courbe plane, dont le plan est le plan diamétral conjugué de la direction des génératrices du cylindre, et qui est parallèle au plan tangent à la surface à l'extrémité du diamètre parallèle aux génératrices.

614. Théorème. — *La courbe de contact d'un cône circonscrit à un ellipsoïde de révolution est une courbe plane, le plan* *de la courbe est parallèle au plan diamétral conjugué de la droite qui joint le centre au sommet du cône.*

Nous considérons (fig. 488) une section faite dans l'ellipsoïde par un plan passant par le centre et par le sommet S du cône ; la section dans la surface est l'ellipse *acb*, nous menons les deux tangentes S*a* et S*b*, la corde *ab* est parallèle à la tangente *ch* au point où l'ellipse est rencontrée par le diamètre S*o* ; or, on sait qu'on a $oc^2 = of \times oS$.

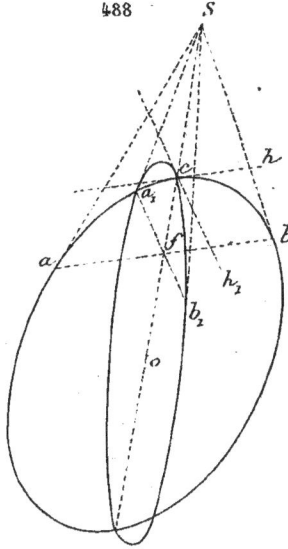

Par conséquent, en répétant la même construction dans une autre section, on obtiendra encore une corde a, b_1 de la courbe de contact, parallèle à la tangente ch_1, et passant par le point fixe *f*.

Toutes les cordes parallèles au plan tangent à l'ellipsoïde au point *c*, et passant par un point fixe forment un plan, parallèle au plan tangent en *c*, et par suite, parallèle au plan diamétral conjugué de la direction *os*.

615. Problème. — *Construire la courbe de contact d'un cylindre circonscrit à un ellipsoïde de révolution dont l'axe est vertical.* (Fig. 489.)

Nous supposons que les génératrices du cylindre sont parallèles à RR' ; nous menons par le centre une parallèle $o'e'$, oe à RR', le plan de la courbe de contact est conjugué de cette droite. Nous faisons tourner la droite autour de l'axe de l'ellipsoïde de manière à l'amener à être parallèle au plan vertical en oe_1, $o'e'_1$, et en traçant les tangentes $f'_1 g'_1$, $h'_1 i'_1$ parallèles à oe_1, $o'e'_1$, nous déterminons le diamètre $f'_1 h'_1$ qui est la projection verticale de la courbe de contact (le plan de cette courbe est, pour raison de symétrie, perpendiculaire au plan vertical, et sa trace horizontale est perpendiculaire à oe_1.)

L'ellipse de contact se projette sur le plan horizontal suivant une ellipse dont un des axes est f_1h_1 et l'autre axe, qui est le diamètre horizontal de cette ellipse, égal au diamètre

489

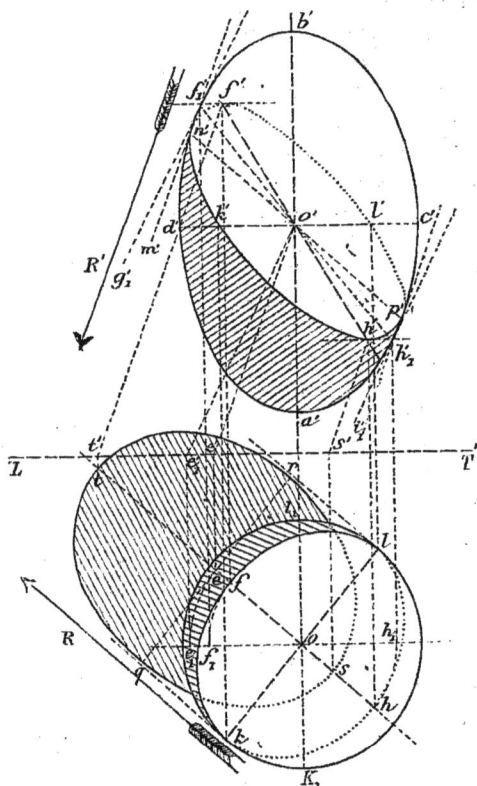

du parallèle central de l'ellipsoïde, se projette en vraie grandeur en l_1k_1.

Nous ramenons la droite à sa direction primitive, les axes de la projection horizontale deviennent fh et lh.

Nous ne pouvons pas trouver les axes de la projection verticale.

Le point f_1, f''_1 se ramène en f, f'' et en ce point la tangente

à la courbe est horizontale, puisque la trace du plan tangent
et la trace du plan de la courbe qu'on peut regarder comme
un plan sécant sont toutes deux perpendiculaires à la trace *oe*
du plan méridien ; de même au point *h',h*. Donc le diamètre
f'h' est conjugué de l'horizontale *d'o'c'*, les points situés sur
cette horizontale sont les points *l* et *k*, projections verticales
des points *l* et *k* situés sur le contour apparent horizontal.

On a donc deux diamètres conjugués de la projection verticale ; on peut en outre fixer les points de contact de l'ellipse
avec le contour apparent vertical, ces points sont les points
de contact des tangentes parallèles à R' (588) ; ainsi *m'n'* tangente parallèle à R' donne le point de contact *n'*, le second
point est le point *p'* diamétralement opposé.

On pourrait, en outre, obtenir autant de points qu'on le
voudrait de cette ellipse, en prenant des points lorsque le
plan de la courbe est perpendiculaire au plan vertical, et en
les faisant tourner.

616. Ombres. Ce problème est celui de l'ombre propre
et de l'ombre portée par un ellipsoïde de révolution.

La courbe de contact du cylindre circonscrit est la courbe
d'ombre propre ; l'ombre portée est la trace du cylindre
d'ombre.

Cette trace sur le plan horizontal est une ellipse ; il est
évident qu'un des axes de cette ellipse est dirigé suivant *oe*,
parce que le plan vertical *oe* est un plan de symétrie. Les
extrémités de l'axe seront les ombres portées par les points
de la courbe d'ombre situés dans ce plan, c'est-à-dire par les
points *f',f* et *h',h*. Ce sont les points *s* et *t*. L'autre axe sera
égal au diamètre horizontal *kl*, *k'l'* de l'ellipse d'ombre, car ce
diamètre se projettera en vraie grandeur.

Nous avons au point *e* l'ombre du centre, nous menons *qer*
perpendiculaire à *oe* et égal à *kl* ; les axes de l'ellipse d'ombre
portée sont *st* et *ql*.

617. Problème. — *Construire les contours apparents d'un
ellipsoïde de révolution dont l'axe est oblique par rapport aux plans
de projection.*

On donne (fig. 490) l'axe d'un ellipsoïde de révolution
ao, *a'o'*.

On donne en CBDE, la vraie grandeur de l'ellipse méridienne ; le centre est au point o,o', et l'ellipse tourne autour de son grand axe ; on veut tracer les contours apparents de l'ellipsoïde.

Il faut circonscrire à l'ellipsoïde un cylindre vertical, la courbe de contact est une ellipse dont le plan est conjugué de la direction verticale, nous allons chercher les axes de la projection horizontale de cette ellipse ; le grand axe est projeté suivant ao.

Nous construisons d'abord l'angle de l'axe de la surface avec la verticale, en rabattant cet axe en ao'_1 sur le plan horizontal ; l'angle ao'_1o est l'angle α que fait l'axe de l'ellipsoïde avec la verticale.

Nous reportons cet angle α en BFG sur l'ellipse méridienne, et nous construisons le diamètre conjugué de la direction FG, ce diamètre est II_1, c'est le grand axe de l'ellipse qui est la courbe de contact du cylindre ; projetons ce grand axe par des parallèles à FG, nous aurons la projection sur un plan perpendiculaire à FG, c'est-à-dire la longueur du grand axe de la projection horizontale ; HK est cette longueur, nous la portons en hk sur la droite ao.

D'ailleurs le petit axe de la projection horizontale de l'ellipsoïde est évidemment égal au petit axe de l'ellipse méridienne, car le cercle engendré par ce petit axe est perpendiculaire à l'axe ao, et son diamètre horizontal se projette en vraie grandeur.

Nous faisons une construction analogue pour la projection verticale.

L'angle de l'axe avec une perpendiculaire au plan vertical est l'angle β que nous reportons sur l'ellipse méridienne en BFM, nous construisons le diamètre PP, conjugué de la direction FM, et la projection QR de ce diamètre sur une droite perpendiculaire à FM est la longueur du grand axe de la projection verticale, nous le portons en $q'r'$; le petit axe est encore égal au petit axe de l'ellipse méridienne.

Nous avons aussi obtenu les deux axes des ellipses projections de l'ellipsoïde.

Nous aurions pu employer les méthodes indiquées au n° 599 et obtenir les contours par points. Nous aurions pris sur l'axe de l'ellipse donnée un point qu'il eût été facile de reporter sur les projections *ao*, *a'o'*, et la méridienne nous eût fait connaitre le rayon du parallèle passant par ce point, et le rayon de la sphère inscrite.

490

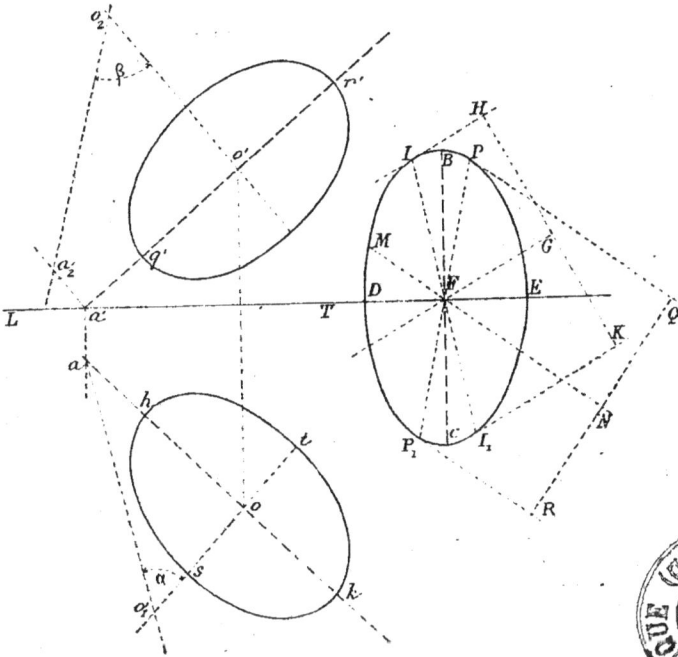

618. Problème. — *Construire les projections de la courbe de contact d'un cône circonscrit à un ellipsoïde, et ayant son sommet en un point* S,S'. (Fig. 491.)

Nous pouvons obtenir, par points, les projections de la courbe de contact en employant les méthodes générales que nous avons indiquées à propos des surfaces de révolution (585). Il vaut mieux ici construire le plan de la courbe (614). Nous faisons tourner le point S, S' autour de l'axe de manière à l'amener dans le même plan de front que l'axe en S₁,S'₁, alors nous menons par ce point les tangentes au méridien, et le plan de la courbe de contact est perpendiculaire au plan vertical et se projette en $a'_1 b'_1$; $a'_1 b'_1$ est le grand axe de l'ellipse de contact, sa projection horizontale est $a_1 b_1$. Nous pouvons connaître le petit axe de l'ellipse, ce petit axe est la corde de l'ellipsoïde projetée verticalement au point c'_1; nous considérons le parallèle $d'e'$ qui se projette en vraie grandeur suivant le cercle décrit du point o comme centre avec oe comme rayon, la corde c'_1 se projette horizontalement suivant $f_1 g_1$ qui est le petit axe cherché.

Nous pouvons encore marquer les points de l'ellipse situés sur le contour apparent horizontal, ce sont les points projetés verticalement en k'_1 sur le parallèle qui passe par le centre, et les projections horizontales de ces points sont l_1 et m_1.

Ensuite nous ramenons le point S,S' dans la véritable position, et nous faisons tourner les points de la courbe de l'angle SoS_1.

Les points a_1 et b_1 viennent en a,a' et b,b', et sont, l'un, le point le plus bas, l'autre, le point le plus haut de la courbe de contact (601, 602).

Nous faisons tourner le point k_1 en k, et la droite $l_1 m_1$ vient en lkm perpendiculaire à oS, nous obtenons les points sur le contour apparent horizontal en m,m' et $l_1 l'$.

Nous faisons tourner de même le petit axe $f_1 h_1 g_1$, pour l'amener en fhg, les extrémités de cet axe viennent en f,f' et $g_1 g'$.

$f'g'$ et $a'b$ forment un système de diamètres conjugués de l'ellipse ainsi que nous l'avons vu (615.)

On obtient encore les points sur le contour apparent vertical en menant par le point S' des tangentes $S'p'$ et $S'q'$ à la méridienne principale, il est évident, en effet, que les plans tangents aux points p' et q', perpendiculaires au plan vertical, puisque les points de contact sont sur la méridienne, passent par le point S'. (Nous avons montré sur la figure la construction de points de l'ellipse, construction analogue à celle de l'axe horizontal, nous ne la détaillons pas, et nous n'avons pas mis de lettres.)

La courbe de contact est la courbe d'ombre de l'ellipsoïde éclairé par des rayons divergents, et il serait facile d'avoir l'ombre portée sur les plans de projections en prenant la trace

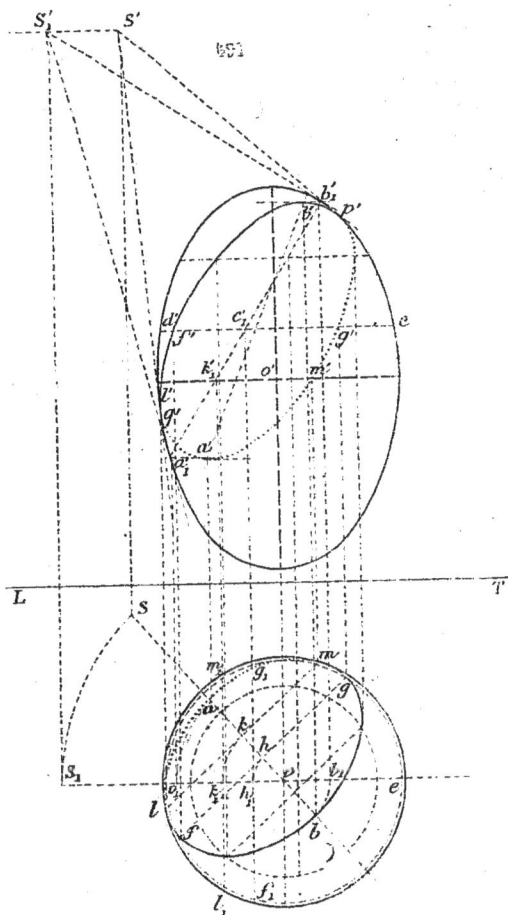

du cône ; trace dont les axes pourraient se construire aisément.

619. Problème. — *Mener à un ellipsoïde de révolution
un plan tangent passant par une droite.*

La droite est ab, $a'b'$. (Fig. 492.)

Nous prions le lecteur de se reporter aux n°s 404 à 408 dans lesquels nous avons exposé les méthodes qu'on peut employer pour mener à une surface un plan tangent passant par une droite. Les trois méthodes s'appliquent à l'ellipsoïde ; nous allons appliquer la seconde, en la modifiant de manière à rendre les constructions plus commodes.

Nous considérons un cône circonscrit à l'ellipsoïde et ayant son sommet au point b,b' de la droite situé dans le même plan de front que l'axe.

La courbe de contact du cône est alors dans un plan perpendiculaire au plan vertical, et se projette verticalement en $e'd'$.

Nous devons mener au cône un plan tangent passant par la droite ; nous allons prendre un autre plan de base du cône, en choisissant une courbe qui se projette suivant un cercle.

Pour cela, nous remarquons que le cylindre vertical circonscrit à l'ellipsoïde coupe le cône circonscrit suivant deux courbes planes ; le plan d'une de ces courbes est le plan dont la trace verticale $k'h'$ passe par les points de rencontre k' et h' des contours apparents (l'autre plan passe par le point i' et par le point m' où se croisent les courbes de contact.)

Prenons le plan $k'h'$ pour plan de base du cône, il coupe la droite au point a,a' et nous devons mener par ce point des tangentes à la base.

Or, la base se projette suivant le cercle lg, nous traçons les deux tangentes al et ap, les génératrices de contact des deux plans tangents au cône sont bl, $b'l'$ et pb, $p'b'$.

Ces génératrices rencontrent la courbe de contact du cône avec la surface aux points q',q, et $r'r$, qui sont les points de contact des plans tangents demandés.

On peut obtenir facilement les traces de ces plans tangents ; ainsi, la trace horizontale du plan tangent au point r,r' passe par la trace c de la droite ab, $a'b'$, et est perpendiculaire au plan méridien passant par le point de contact. Cette trace horizontale est αcP, et nous avons pris un point de sa trace verticale, sur l'horizontale rs, $r's'$; P'α est la trace verticale.

492

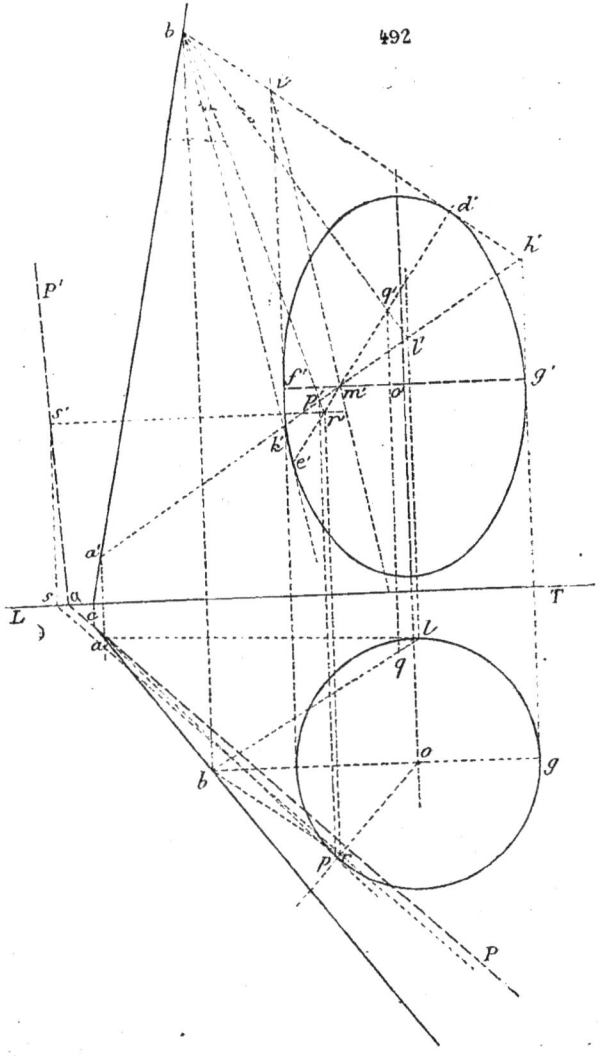

Problème. — *Mener à un ellipsoïde de révolution, un plan tangent parallèle à un plan.*

La construction générale que nous avons indiquée (600) pour une surface de révolution quelconque s'applique absolument au cas de l'ellipsoïde, et nous prions le lecteur de s'y reporter.

620. Problème. — *Construire les points de rencontre d'un ellipsoïde de révolution avec une droite.* (Fig. 493.)

L'ellipsoïde a son axe vertical, les projections de la droite sont *ab*, *a'b'*.

Nous considérons le plan qui projette verticalement la droite ; il coupe l'ellipsoïde suivant une ellipse dont *d'f'* est la

493

projection verticale ; nous imaginons un cône ayant cette ellipse pour directrice, et son sommet au point *c'* sur l'ellipsoïde.

Le cône et l'ellipsoïde se coupant suivant la courbe plane projetée sur *d'f'*, doivent avoir en commun une autre courbe

plane, qui est le point c', et on doit regarder ce point comme
une courbe plane horizontale, et par suite cette courbe est
un cercle. Donc les sections faites dans le cône par des plans
horizontaux sont des cercles.

Nous allons chercher les points de rencontre de la droite
avec le cône (478). Pour cela, nous construisons la base du
cône dans le plan horizontal, les génératrices de front dont
les projections verticales sont $c'f'$ et $c'd'$ ont leurs traces aux
points g et h, et la base du cône est le cercle décrit sur gh
comme diamètre.

Ensuite, nous déterminons un plan passant par la droite
et par le sommet, en traçant par le sommet une parallèle
$c'k'$, ok à la droite, le plan demandé a pour trace la ligne ka
conduite par les traces des deux droites.

Ce plan coupe le cône suivant deux génératrices dont les
traces sont l et m, nous figurons les projections horizontales
ol, om de ces génératrices, elles rencontrent la projection ab
aux points p et q, dont on relève les projections verticales en
p' et q' ; pp' et qq' sont les points de rencontre de la droite et
de l'ellipsoïde.

621. Problème. — *Construire la section plane d'un ellipsoïde de révolution.*

Les procédés qu'on doit employer pour obtenir des points
de la section ont été exposés complètement pour une surface
de révolution quelconque (601, 602), et nous ne les répéterons
pas.

Les points pour lesquels la tangente est horizontale, sont
les sommets de l'ellipse de section, on obtient ainsi l'un des
axes ; l'autre axe est une horizontale du plan passant par le
milieu du premier, et il est facile de trouver les points sur
cette horizontale.

Au reste, on pourrait appliquer d'une manière très commode, les méthodes des numéros 615 et 618, en amenant d'a-
bord, par une rotation, le plan sécant à être perpendiculaire
au plan vertical.

Nous indiquerons seulement d'une manière particulière la
solution du problème suivant :

622. Problème. — *Trouver les points de la section plane d'un ellipsoide de révolution pour lesquels la tangente a ses projections perpendiculaires à la ligne de terre ; c'est-à-dire, le point le plus à droite, et le point le plus à gauche de la courbe de section.* (Fig. 494.)

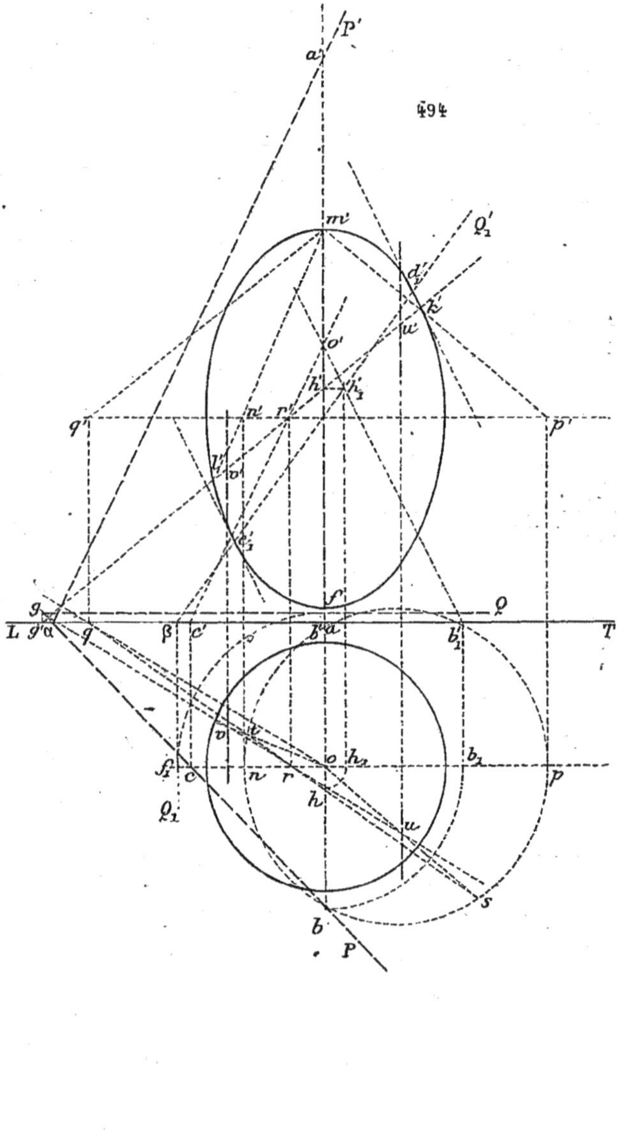

494

La tangente cherchée est dans un plan de profil, elle doit être dans le plan sécant, par conséquent, elle est parallèle à l'intersection d'un plan de profil avec le plan sécant; nous considérons le plan de profil qui passe par l'axe et qui coupe le plan sécant suivant une droite dont la trace horizontale est au point b, et la trace verticale au point a'.

Cette droite ab, $a'b'$, rencontre l'axe, au même point que le plan, et nous fixons ce point o' au moyen de la droite de front oc, $c'o'$.

Imaginons un cylindre circonscrit à l'ellipsoïde et parallèle à ab, $a'b'$; les tangentes cherchées sont les génératrices de ce cylindre contenues dans le plan P'αP.

Nous allons construire le plan de la courbe de contact du cylindre circonscrit à l'ellipsoïde, puis, la droite d'intersection de ce plan avec le plan P'αP, et enfin les points où cette droite perce l'ellipsoïde. Les génératrices menées par ces points seront les tangentes cherchées.

Nous faisons tourner la droite ab, $a'b'$, autour de l'axe de manière à l'amener à être de front; le point o' reste fixe, le point b vient en b_1, b'_1; la droite a pour nouvelle projection verticale $b'_1 o'$; il est alors facile de tracer le diamètre $e'_1 d'_1$ conjugué de $b'_1 o'$ et le plan $Q'_1 d'_1 e'_1 \beta Q_1$, est le plan de la courbe de contact.

Nous ramenons ce plan à sa position réelle, en le faisant tourner de 90°.

Le point f_1 vient en f, et la trace $Q_1 \beta$ vient en gQf, le point g est la trace horizontale de l'intersection du plan P et du plan Q.

Il serait incommode ici de prendre la trace verticale du plan Q. Nous obtenons un autre point de l'intersection des deux plans, au point où la droite ab, $a'b'$ située dans le plan P, perce le plan Q; ce point, après la rotation est en $h_1 h'_1$, et se ramène en h, h'; par conséquent, la droite d'intersection des deux plans est gh, $g'h'$.

Nous construisons les points de rencontre de cette droite et de l'ellipsoïde comme nous l'avons indiqué (620); nous employons le cône auxiliaire qui a son sommet au point m' et pour directrice l'ellipse projetée en $l'k'$ intersection avec l'ellipsoïde du plan qui projette la droite; nous prenons la

base de ce cône sur le plan horizontal qui passe par le centre ;
la base du cône est le cercle décrit sur np comme diamètre.

Nous menons par le sommet m',o du cône, la ligne $m'q'$, oq
parallèle à gh, $g'h'$, le plan des deux droites a pour trace sur
le plan de la base du cône la droite qr qui coupe la base du
cône aux points s et t.

Les génératrices os et ot croisent la droite gh, $g'h'$, aux
points u,u' et v,v' qui sont les points pour lesquels la tangente
a ses projections perpendiculaires à la ligne de terre.

ELLIPSOÏDE A AXES INÉGAUX

623. Nous avons indiqué (607) la génération de l'ellipsoïde à axes inégaux; nous supposerons connue la propriété de cette surface de présenter 3 plans principaux rectangulaires qui déterminent dans la surface 3 ellipses principales dont les axes sont les axes de la surface.

Nous plaçons un plan principal horizontal $a'b'$. (Fig. 495.)

L'ellipse principale est projetée en $aebf$; le second plan principal est de front, sa trace horizontale est ab, l'ellipse principale est projetée en $a'd'b'c'$; le troisième plan principal est de profil, l'ellipse est projetée en ef et $c'd'$. Les trois axes sont ab, $c'd'$, ef.

624. Problème. — *Trouver les projections d'un point de la surface.*

Nous nous donnons (fig. 495) la projection horizontale h, d'un point de la surface, nous voulons construire la projection verticale.

Nous coupons la surface par un plan vertical passant par le point h, ce plan donnera dans la surface une courbe sur laquelle se trouvera la projection verticale cherchée.

Nous pourrions prendre le plan de front, et obtenir dans la surface une ellipse homothétique de l'ellipse principale; il est préférable de chercher un plan vertical qui coupe la surface suivant une ellipse dont la projection verticale est un cercle.

Imaginons un plan vertical passant par l'axe vertical $c'd'$, sa trace horizontale passe par le point O, l'ellipse suivant laquelle ce plan coupe l'ellipsoïde se projettera suivant une el-

lipse dont $c'd'$ sera un des axes ; il faut que le second axe soit
égal à $c'd'$, donc nous prenons

$$g'o' = o'i' = o'd',$$

nous menons les verticales $g'gl$ et $i'ki$; les deux plans verti-

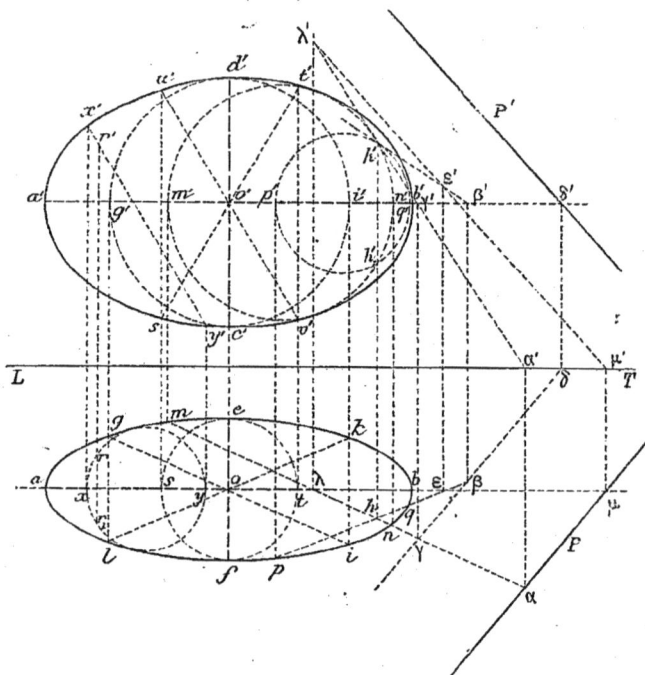

495

caux dont les traces horizontales sont ig et lk répondent à la
question.

Les plans parallèles donneront aussi des ellipses projetées
suivant des cercles.

Ainsi nous conduisons par h une parallèle nhm à ig, le plan
dont cette ligne est la trace coupe l'ellipsoïde suivant une
ellipse qui se projette verticalement suivant un cercle dont le
diamètre est $m'n'$.

Le point h a sa projection verticale sur ce cercle en h' ou h'_1.

Nous pouvons mener phq parallèle à kl, et obtenir un cercle dont le diamètre est $p'q'$ et qui passera par les mêmes points.

Si l'on donne la projection verticale r' d'un point de la surface, nous chercherons des plans perpendiculaires au plan vertical, qui coupent la surface suivant des ellipses projetées horizontalement sur des cercles.

Il suffira de prendre $os = ot = oe$ et de mener les projetantes $ss'u'$ et $tv't'$; il est évident que les ellipses projetées verticalement en $u'v'$ et $s't'$ auront pour projection horizontale commune le cercle $setf$.

Conduisons par r' une parallèle $x'r'y'$ à $u'v'$; l'ellipse tracée sur la surface et passant par r', projetée verticalement sur $x'y'$ a pour projection horizontale le cercle xy, et le point r' a pour projection horizontale le point r ou le point r_1.

625. Problème. — *Construire le plan tangent en un point de la surface.*

Cherchons le plan tangent au point h, h' (fig. 495), et pour cela traçons deux courbes sur la surface ; ces deux courbes sont les cercles projections des ellipses situées dans les plans verticaux mhn et pq.

Les tangentes à ces cercles au point hh' sont $h'\beta'$ projetée suivant $pq\beta$ et $h'\alpha'$ projetée suivant $mn\alpha$.

Ces deux droites déterminent le plan tangent.

Nous avons construit une horizontale $\gamma\beta$ du plan, et une ligne de front $\varepsilon'\lambda'$ dont la trace est le point μ, μ' ; ensuite nous avons déterminé la trace α de la tangente $h'\alpha$ et la trace δ' de l'horizontale $\gamma\beta$, ce qui nous a permis de figurer les traces P' et P du plan tangent.

626. Théorèmes. — 1° *La courbe de contact d'un cône circonscrit à un ellipsoïde à axes inégaux est une courbe plane.*

2° *La courbe de contact du cylindre circonscrit à un ellipsoïde à axes inégaux est une courbe plane.*

Nous avons démontré ces deux théorèmes (613, 614) et nous prions le lecteur de se reporter à notre démonstration qui est indépendante de la nature de l'ellipsoïde.

627. Problème. — *Mener à un ellipsoïde à axes inégaux un plan tangent passant par un point extérieur.*

Nous plaçons l'ellipsoïde, comme nous l'avons déjà indiqué (623.)

Le point donné est S,S'. (Fig. 496.)

Le problème est indéterminé, et nous allons encore chercher les plans tangents ayant leurs points de contact sur des courbes tracées sur la surface.

Nous pouvons chercher les points de contact situés sur des ellipses horizontales remplaçant les parallèles de la surface de révolution.

Ainsi, cherchons le point de contact d'un plan tangent passant par S,S' et situé sur le parallèle dont la projection verticale est $g'i'$.

Nous pouvons imaginer le cône qui est circonscrit à la surface le long de ce parallèle ; ce cône aura son sommet sur le diamètre conjugué de ce plan, c'est-à-dire, sur l'axe vertical, et nous obtiendrons ce sommet en menant au point g' une tangente $g'l'$ à l'ellipse de front ; l' est le sommet du cône.

Nous allons prendre pour plan de base du cône la courbe d'intersection de ce cône avec le cylindre vertical circonscrit à l'ellipsoïde. Cette courbe est une courbe plane dont la projection verticale est $k'k'$, et qui est projetée horizontalement suivant l'ellipse principale.

Nous joignons le point S,S' au sommet du cône, et nous prenons le point m,m' où la droite os, $l's'$ rencontre $k'k'$; par ce point nous menons à la base les deux tangentes mn, mp, qui déterminent les deux génératrices de contact on, op, dont nous figurons les projections verticales $l'n'$ et $l'q'p'$.

Ces deux génératrices rencontrent le parallèle $g'i'$ aux points r' et q' dont les projections horizontales sont r et q, et qui sont les points de contact demandés.

Lorsqu'il arrivera que le sommet l' est en dehors des limites de l'épure, on prendra encore pour plan de base des cônes le plan horizontal qui passe par le point S',S ; seulement, on aura une suite d'ellipses concentriques, semblables à l'ellipse principale horizontale, dont on pourra connaître facilement les axes, et auxquelles on mènera des tangentes par le point S.

On obtiendra les parallèles limites, en menant par le point
S,S′ des tangentes à l'ellipse contenue dans le plan vertical
dont la trace est *o*S.

L'un des axes de cette ellipse est *c′d′*, et la projection verticale de l'autre axe est *o′α′* ; on peut mener par la règle et le
compas, une tangente passant par le point S′ à cette ellipse

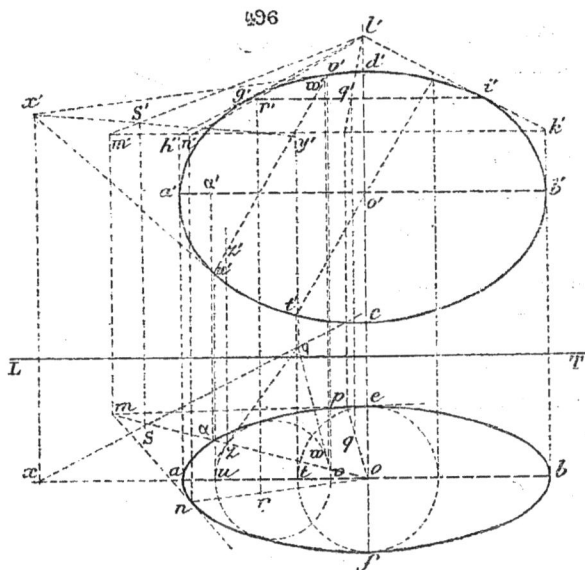

496

donnée par ses axes, sans tracer l'ellipse ; les points de contact détermineront les parallèles limites.

On trouvera les points de la courbe de contact situés sur
le contour apparent vertical, en traçant au contour apparent
vertical les tangentes passant par le point S′.

On trouvera les points sur le contour apparent horizontal,
en traçant par le point S les tangentes au contour apparent
horizontal.

On pourra encore employer, pour construire les points de
la courbe de contact, les courbes qui se projettent suivant des
cercles.

Ainsi, nous cherchons les plans perpendiculaires au plan
vertical coupant la surface suivant des ellipses qui se projet·
tent suivant des cercles, en prenant $ot = oe$, et en menant la
verticale $t't$. Le plan dont la trace verticale est $o't'$ est un de
ces plans.

Nous prenons un plan parallèle $u'v'$, coupant l'ellipsoïde
suivant une courbe dont la projection horizontale est le cercle uv.

Le cône circonscrit à l'ellipsoïde suivant cette courbe a
son sommet au point x',x sur le diamètre $o'x'$, ox conjugué de
ce plan, et obtenu en menant aux points u' et v' des tangentes
à l'ellipse principale.

Nous joignons x,x' au point S,S' et nous prenons la trace
y',y de la droite ainsi obtenue sur le plan de base du cône ;
nous traçons les tangentes yz, yw à la base, et nous relevons
les points de contact en z' et w'.

Cette construction cesse d'être applicable lorsque les sommets des cônes s'éloignent hors des limites de l'épure, et ne
donne pas les points limites.

On pourrait, à la rigueur, employer ici une méthode analogue à celle du méridien, en cherchant les points de contact
sur les ellipses situées dans des plans passant par l'axe vertical. Mais toutes ces ellipses ne sont pas semblables, et la
construction devient très compliquée.

628. Problème. — *Mener à un ellipsoïde à axes inégaux
un plan tangent parallèle à une direction donnée.*

On cherchera encore les points de contact successifs de
ces plans tangents soit sur des ellipses horizontales, soit sur
des ellipses dont la projection horizontale est un cercle, et
les constructions sont tout à fait analogues à celle que nous
venons d'exposer par le problème précédent ; au lieu de joindre les sommets des cônes au point S,S', on mènera par ces
sommets des parallèles à la direction donnée.

629. Problème. — *Mener à un ellipsoïde à axes inégaux
un plan tangent parallèle à un plan.*

Nous plaçons toujours l'ellipsoïde dans la même situation
(623) et le plan donné est P'αP. (Fig. 497.)

Le point de contact du plan tangent cherché se trouve

sur le diamètre conjugué de la direction du plan P, et le plan diamétral de l'ellipsoïde, vertical passant par ce diamètre aura pour trace horizontale le diamètre conjugué des horizontales du plan P dans l'ellipse principale horizontale ; en effet, les cordes horizontales parallèles au plan P seront partagées en deux parties égales par le plan diamétral, et par

497

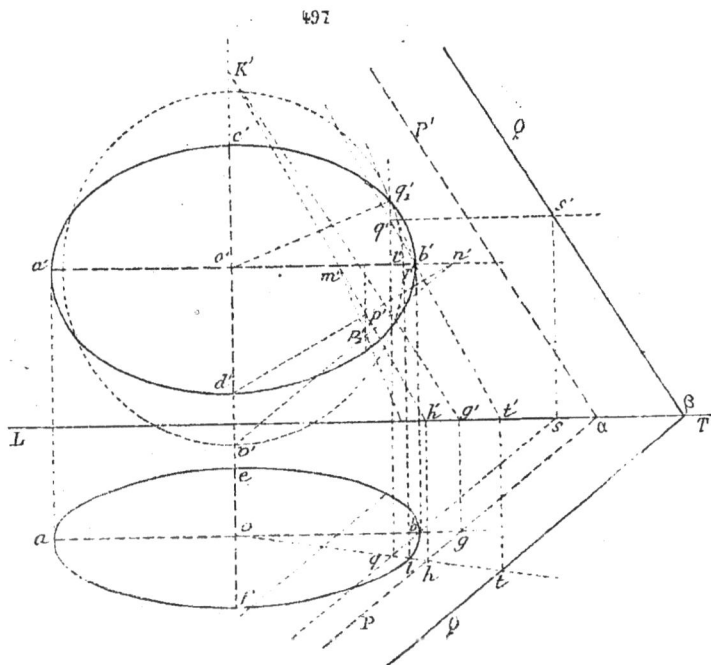

suite leurs projections horizontales seront partagées en deux parties égales par la trace du plan diamétral vertical.

La trace de ce plan diamétral est donc *olh*.

Le plan tangent sera coupé par ce plan diamétral, suivant une droite, parallèle à l'intersection du plan P par le même plan diamétral, et tangente à l'ellipse située dans ce plan diamétral.

Construisons d'abord l'intersection du plan diamétral *olh* avec P.

Le plan P coupe l'axe vertical au point k' obtenu à l'aide de la ligne de front og, $g'k'$; l'intersection du plan diamétral avec le plan P a pour projection verticale $h'k'$.

Nous devons mener à l'ellipse située dans le plan vertical ol, et dont les axes se projettent verticalement en $o'c'$ et $o'l'$, une tangente parallèle à $h'k'$.

Nous considérons le cercle décrit avec $o'l'$ comme rayon, et nous augmentons les ordonnées de la droite dans le rapport de $o'l'$ à $o'd'$ ou de $o'v'$ à $o'd'$.

Pour cela, nous joignons un point quelconque n' de l'axe aux points d' et v' ; $n'd'$ croise $k'h'$ au point p', nous menons $p'p'_1$ perpendiculaire à l'axe, et le point p'_1 est un point de la droite transformée, le point m' est fixe et la droite est $m'p'_1$.

Nous menons au cercle une tangente q'_1r' parallèle à $m'p'_1$, et cette tangente au cercle se transforme en une tangente à l'ellipse, $r'q'$ parallèle à $m'p'$, le point de contact est le point q', q sur une perpendiculaire à $o'l'$ menée par q'_1.

Nous prenons la trace horizontale de la tangente $q'r'$, oq ; c'est le point t, et nous faisons passer par t, la trace horizontale Q du plan parallèle au plan P ; nous faisons ensuite passer par le point q,q' l'horizontale qs, $q's'$ dont la trace verticale est s' et nous menons par ce point la trace verticale Q'ß parallèle à αP'.

630. Problème. — *Mener à un ellipsoïde à axes inégaux un plan tangent passant par une droite.*

L'ellipsoïde est toujours placé de la même manière (623), la droite est ab, $a'b'$. (Fig. 498.)

Nous prions le lecteur de se reporter aux paragraphes 404 à 408, dans lesquels nous avons exposé les diverses méthodes qu'on peut employer pour construire à une surface un plan tangent passant par une droite.

Nous allons employer ici la 2ᵉ méthode qui repose sur l'emploi d'un cône circonscrit auquel on conduit un plan tangent par la droite.

Nous prenons le sommet du cône au point b,b' situé sur la droite dans le plan de front passant par le centre de l'ellipsoïde ; nous traçons les tangentes $b'h'$ et $b'k'$ à l'ellipse principale, et le plan de la courbe de contact perpendiculaire au plan vertical a pour trace verticale K'h'.

Nous changeons de base pour le cône ; nous considérons le cylindre vertical circonscrit à la surface et qui coupe le cône

suivant deux courbes planes qui se projettent horizontalement sur l'ellipse tracée *chdg*. Nous prenons le plan d'une de ces courbes dont la projection verticale est *m'l'* pour plan de base du cône (619.)

Ce plan coupe la droite au point *p',p* par lequel nous menons à la base les tangentes dont les projections horizontales sont *pq* et *pr* ; les génératrices de contact se projettent horizontalement en *bq* et *br*, et leurs projections verticales sont *b'q'* et *br'*.

Ces génératrices de contact rencontrent la courbe de base projetée en *m't'* aux points *s',s* et *t',t* qui sont les points de contact des plans tangents cherchés avec l'ellipsoïde.

Il serait facile d'obtenir les traces de ces plans tangents.

631. Problème. — *Construire la section d'un ellipsoïde par un plan.*

L'ellipsoïde est placé de la même manière, le plan est P'αP. (Fig. 499.)

Nous pourrions couper par des plans horizontaux qui donneraient dans l'ellipsoïde des ellipses homothétiques de l'ellipse principale, dont on obtiendrait facilement les intersections avec les horizontales du plan.

Nous pouvons aussi employer des plans coupant l'ellipsoïde suivant des ellipses qui se projettent sur des cercles.

Nous déterminons comme nous l'avons déjà fait (624) la trace *xh* d'un plan qui donne une ellipse dont la projection verticale est le cercle *x'c'g'd'*.

Ce plan détermine dans le plan P une droite dont *k,k'* est la trace horizontale, et dont nous obtenons un autre point en considérant le point *m'* où l'axe vertical rencontre le plan, point obtenu à l'aide de la ligne de front *l'm'*.

La ligne *k'm'* croise le cercle aux points *n'*, et *p'*, qui sont les projections verticales de deux points de l'intersection et dont nous construisons les projections horizontales.

Un plan parallèle dont la trace est *rqb* détermine dans l'ellipsoïde l'ellipse projetée verticalement sur le cercle dont *q'b'* est le diamètre, et dans le plan la droite dont la projection verticale est *r's't'* parallèle à *k'm'* qui croise le cercle aux points *s',s* et *t',t*.

Nous ne construisons pas la tangente en un de ces points, nous renvoyons pour la construction du plan tangent à la surface au problème 625.

On peut connaître les points pour lesquels la tangente est horizontale, ces points seront dans le plan diamétral conjugué des horizontales du plan P et nous avons déjà dit (629) que ce plan diamétral a pour trace horizontale le diamètre *ozvu* conjugué des horizontales du plan.

Ce plan diamétral donne dans le plan P la droite *uo*,

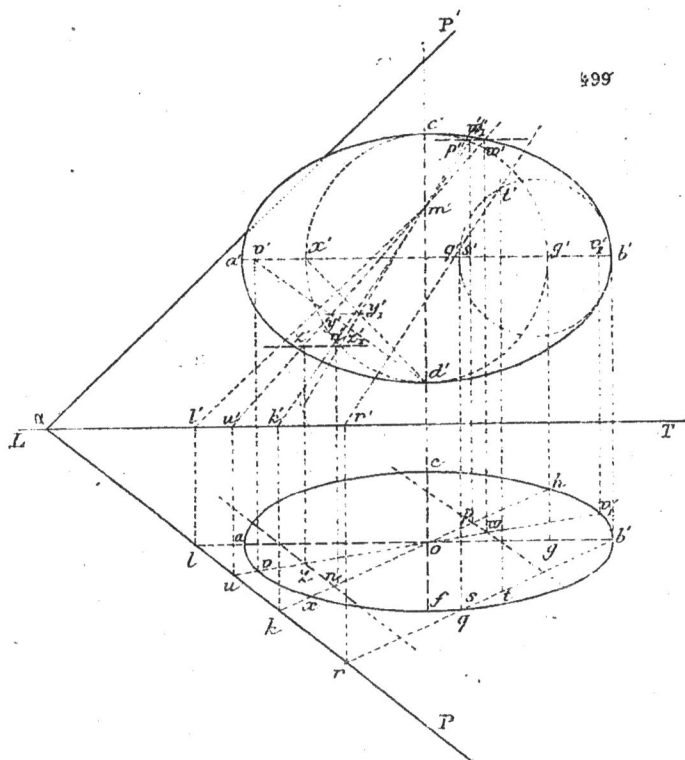

499

u'm' dont il faut chercher les points de rencontre avec la surface.

Nous considérons pour cela l'ellipse section de la surface par ce plan, les axes de la projection verticale de cette ellipse sont *d'c'* et *v'v'$_1$*.

Nous devons construire les points de rencontre de cette ellipse donnée par les axes avec *n'm'*. Nous nous servons du

cercle décrit sur le petit axe $c'd'$, et nous diminuons les ordonnées de la droite dans le rapport $\dfrac{o'x'}{o'v'}$.

Le point y' vient en y'_1, le point m' reste fixe, la droite devient $m'y'_1$ qui croise le cercle aux points z'_1 et w'_1 qu'on ramène en z',z et w',w.

Ce sont les points où la tangente est horizontale.

632. Problème. — *Construire les points de rencontre
d'une droite avec un ellipsoïde à axes inégaux.*

Nous ferons une construction analogue à celle que nous
avons faite pour l'ellipsoïde de révolution (620.)

Nous considérons le plan qui projette verticalement la
droite, et qui coupe l'ellipsoïde suivant une ellipse.

Nous prenons cette ellipse pour base d'un cône dont le
sommet est au sommet supérieur de l'ellipsoïde (placé comme
précédemment) (623). Ce cône à pour section horizontale des
ellipses homothétiques de l'ellipse principale horizontale, et
nous cherchons son intersection avec la droite.

633. Sections circulaires. L'ellipsoïde à axes inégaux peut être coupé par des plans suivant des sections circulaires. (Fig. 499 bis.)

Considérons l'ellipsoïde placé comme nous l'avons indiqué
(623), et prenons une sphère ayant son centre au centre de la
surface et pour rayon le demi-axe moyen $o'c'$. Le contour
apparent horizontal de la sphère est le cercle $kglh$, qui est
situé dans le même plan horizontal que l'ellipse principale
$aebf$ qu'il croise en quatre points.

Le plan vertical hog, coupe la sphère suivant un grand
cercle, et l'ellipsoïde suivant une ellipse dont un des axes est
hg, l'autre est l'axe moyen $c'o'd' = hog$; c'est donc le même
cercle, et les plans parallèles à hog et à kol couperont l'ellipsoïde suivant des cercles.

On peut se servir des plans de sections circulaires pour
construire la section plane de la surface, en faisant un changement du plan de projection de manière à amener le plan
vertical à être parallèle à l'un des plans de sections circulaires.

Nous avons figuré le changement de plan L_1T_1 et projeté verticalement un certain nombre de sections obtenues par des plans parallèles à *kl*. Nous avons tracé le diamètre *nmop* conjugué de *kl* ; le centre d'une section telle que *qr* se projette

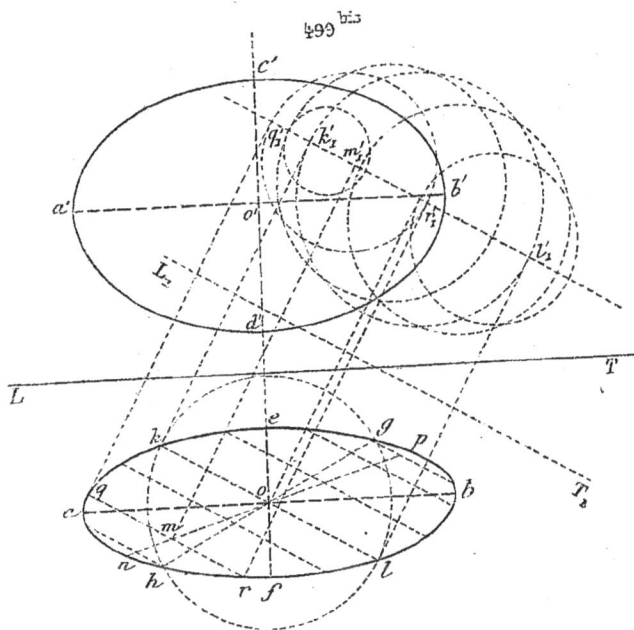

en m', à une cote égale à la cote du centre de l'ellipsoïde ; le rayon du cercle est égal à *qm*.

Les cercles projetés dessinent par leur enveloppe le contour apparent de la surface sur le plan L_1T_1.

634. Exercices sur les ellipsoïdes.

1° On donne un ellipsoïde de révolution dont l'axe est vertical, et un point extérieur, sommet d'un cône circonscrit à la surface ; on connaît la projection horizontale d'un point du cône, trouver sa projection verticale et le plan tangent en ce point.

2° On donne un ellipsoïde de révolution à axe vertical, et

la direction des génératrices d'un cylindre circonscrit à la surface, on connaît la projection horizontale d'un point du cylindre, construire sa projection verticale et le plan tangent en ce point.

3° et 4° Mêmes questions pour un ellipsoïde à axes inégaux.

5° Un ellipsoïde de révolution a son axe parallèle au plan vertical, construire les projections d'un méridien dont le plan fait avec le plan vertical un angle donné ; on connaît les axes de l'ellipse méridienne.

6° On donne une droite parallèle au plan vertical, on considère une ellipse placée dans le plan qui projette la droite sur le plan horizontal, on demande de construire l'intersection de la surface engendrée par cette ellipse tournant autour de la droite avec un plan quelconque donné par ses traces.

7° On donne une ellipse dans le plan horizontal, cette ellipse tourne autour de son grand axe et engendre un ellipsoïde. Construire les points de rencontre de cet ellipsoïde avec une droite donnée par la projection et la cote de deux points.

8° On donne une ellipse dans le plan horizontal, cette ellipse tourne autour de son grand axe et engendre un ellipsoïde. Construire l'intersection de cet ellipsoïde avec un plan donné par sa trace horizontale et son angle avec le plan horizontal.

9° On donne une ellipse dans le plan horizontal, cette ellipse tourne autour de son grand axe et engendre un ellipsoïde, construire la courbe de contact d'un cône circonscrit à cet ellipsoïde et ayant son sommet en un point donné par sa projection horizontale et sa cote.

10° On donne la projection horizontale SABC d'un tétraèdre régulier, la base ABC est horizontale. Le côté est égal à 14 centimètres.

On considère un ellipsoïde de révolution autour de SA, le grand axe est SA, le petit axe de l'ellipse méridienne est égal à 8 centimètres.

Représenter ce qui reste du tétraèdre supposé plan et solide après avoir enlevé la partie comprise dans l'ellipsoïde.

HYPERBOLOÏDES

HYPERBOLOÏDES

HYPERBOLOÏDE DE RÉVOLUTION
A UNE NAPPE

OU SURFACE GAUCHE DE RÉVOLUTION

635. Nous avons vu que l'hyperboloïde de révolution est engendré par la rotation d'une hyperbole autour de son axe non transverse (608.)

Nous allons montrer que cette surface est identique à la surface engendrée par une droite tournant autour d'un axe qu'elle ne rencontre pas.

Prenons une droite ab, $a'b'$ tournant autour d'un axe vertical $o,o'z'$. (Fig. 500.)

Chaque point de la droite décrit un cercle autour de l'axe, et la plus courte distance entre l'axe et la droite, bo, $b'o'$, engendre un cercle minimum, qu'on appelle *cercle de gorge* de la surface. Toutes les projections horizontales de la génératrice dans ses positions successives sont tangentes au cercle de gorge (220.)

Cherchons à construire la méridienne ; au lieu de prendre les intersections avec le plan méridien des différents parallèles de la surface, comme nous l'avons fait pour une surface de révolution quelconque, prenons les intersections de diverses positions successives de la génératrice avec ce plan.

Ainsi, la projection de la génératrice étant ef, nous pouvons construire sa projection verticale $e'f'$, car le point f se projette sur le cercle de gorge en f', et la trace horizontale a ayant décrit un cercle autour du point O, vient se placer au point e.

Le point m, m' est un point du méridien.

Cherchons l'équation du lieu des points tels que m'.

Nous prenons pour axes coordonnés $o'z'$ et l'horizontale $o'n'$,

soit $o'n' = x$ et $m'n' = z$ $of = od' = r$.

Nous avons dans le triangle rectangle ofm

$$fm^2 = x^2 - r^2.$$

Mais si nous désignons par α l'angle constant de la génératrice avec le plan du cercle de gorge ou avec le plan horizontal, le triangle vertical de l'espace dont la projection horizontale est *fm* et qui est projeté verticalement en *f'm'n'* nous donne

$$fm = m'n' \text{ cotg. } \alpha = \frac{z}{tg\alpha}.$$

Par suite l'équation du lieu est

$$z^2 - x^2 tg^2\alpha = r^2 tg^2\alpha.$$

Équation d'une hyperbole, dont le centre est au point *o'*, dont l'axe transverse est égal à *r*, et dont les sommets sont *c'* et *d'*.

En faisant *r = o* nous aurons les asymptotes données par l'équation

$$z^2 - x^2 tg^2\alpha = o.$$

Les asymptotes sont donc deux droites menées par le centre *o'* et faisant avec le plan horizontal un angle égal à α.

Or, si nous amenons la génératrice donnée à être parallèle au plan vertical, sa trace horizontale étant au point *kk'*, la projection verticale de cette génératrice est *k'o'p'* et fait avec la ligne de terre l'angle α, c'est un des asymptotes, l'autre est symétrique.

Ainsi, la courbe méridienne de la surface engendrée par une droite est une hyperbole, et la surface est identique à un hyperboloïde de révolution.

636. *La surface est doublement réglée.* (Fig. 500.)

Considérons la génératrice dans sa position *kr,k'o'* parallèle au plan vertical, sa projection verticale donne en vraie grandeur son angle avec le plan horizontal.

Imaginons une autre droite ayant la même projection horizontale, et dont la projection verticale *h'o'* fait avec la ligne de terre le même angle que *k'o'*.

Cette seconde droite fera avec le plan horizontal le même angle que la génératrice donnée ; et en tournant autour de l'axe, elle engendrera un hyperboloïde qui aura le même cercle de gorge que le premier, car les distances des deux droites à l'axe sont égales. De plus les points tels que *s',s* et *t',t* situés dans le même plan horizontal engendreront le même parallèle, car leurs distances à l'axe sont égales ; les deux hyperboloïdes coïncident, les deux droites décrivent la même surface, elles font avec le plan horizontal le même angle, mais en sens contraire.

La trace de la surface sur le plan horizontal est le cercle décrit par les traces de ces droites.

Une même projection horizontale de génératrice, tangente au cercle de gorge, correspond à deux projections verticales différentes.

Ainsi considérons la projection ab, si nous prenons la trace en a nous avons la génératrice $a'b'$; si nous plaçons la trace en v nous avons la génératrice du second système $v'b'$.

La génératrice ef, $e'f'$, est de même système que ab, on voit en effet que si l'on fait tourner la génératrice, de manière à faire coïncider les traces horizontales, le point f viendra en b et les droites coïncideront.

Si l'on fait tourner la génératrice ef de manière à amener sa trace en v, le point de contact f viendra en d et les deux droites ne coïncideront pas.

501

Nous devons faire observer que si l'on mène au cercle de gorge une tangente xy parallèle à ef, cette tangente est la projection d'une génératrice de système différent de ef, et qui lui sera parallèle dans l'espace, en sorte qu'il existe toujours deux génératrices de système différent parallèles.

637. La surface est gauche. (Fig. 501.)

Nous considérons la génératrice ab, $a'b'$, le cercle de gorge est le cercle de rayon ob sa projection verticale est l'horizontale $b'o'$.

Nous voulons déterminer le plan tangent en un point c',c pris sur cette génératrice, nous construisons le parallèle qui passe par ce point, et le plan tangent est déterminé par la droite et par la tangente au parallèle, tangente dont *cd* est la projection.

En un autre point *a,a'* par exemple, le plan tangent est déterminé par la génératrice et la tangente au parallèle, tangente dont *af* est la projection.

Mais les tangentes aux différents cercles horizontaux de la surface ne sont pas parallèles entre elles ; les plans tangents fournis par la génératrice et ces différentes tangentes sont différents en tous les points de la génératrice et la surface est *gauche* (316.)

638. *En un point passe une génératrice de chaque système.* (Fig. 502.)

L'hyperboloïde est défini par l'axe vertical et par la génératrice *ab, a'b'*.

Nous pouvons nous donner un point de la surface, soit en opérant comme pour une surface de révolution quelconque et prenant ce point sur un parallèle, soit en prenant le point sur une génératrice.

Nous avons pris le point *c,c'* sur la génératrice *abc, a'b'c'*.

Les projections horizontales des génératrices des deux systèmes sont toujours tangentes au cercle de gorge qui est le cercle dont le rayon est *ob*, et dont la projection verticale est *o'b'* ; les traces des génératrices sont toujours sur le cercle décrit par la trace de la génératrice *ab* (636.)

Menons par le point *c* une tangente au cercle de gorge, cette tangente est *cde* ; projetons le point *d* en *d'* sur le cercle de gorge, abaissons du point *e* la perpendiculaire sur la ligne de terre et joignons le point *e'* au point *d'* ; nous allons montrer que les trois points *e'd'c'* sont en ligne droite.

En effet, l'angle de la partie *dc, d'c'* de la droite avec le plan horizontal est l'angle aigu en *d'* d'un triangle rectangle, dont *c'h'* est un côté, l'autre côté étant *cd* ; or *cd = cb*, donc ce triangle est égal à la vraie grandeur du triangle *b'h'c'*, et la droite *dc, d'c'* fait avec le plan horizontal le même angle que *ab, a'b'*.

De même nous considérons le triangle rectangle projeté en *e'd'l'* et dont *ed* est un côté de l'angle droit, ce triangle est

égal à la vraie grandeur du triangle projeté en $a'b'm'$, car
$ab = ed$; l'angle en a' est égal à l'angle en e'; la partie $e'd'$, ed
de la droite fait donc avec le plan horizontal le même angle
que $a'b'$, ab, et la droite
dont les deux projections
sont cde, $c'd'e'$ est bien
une génératrice, et cette
génératrice est de sys-
tème différent de ab;
car, si nous la faisons
tourner de manière à
amener le point e à coïncider avec le point a, le
point d sera sur le cercle de gorge de l'autre
côté par rapport au
point b.

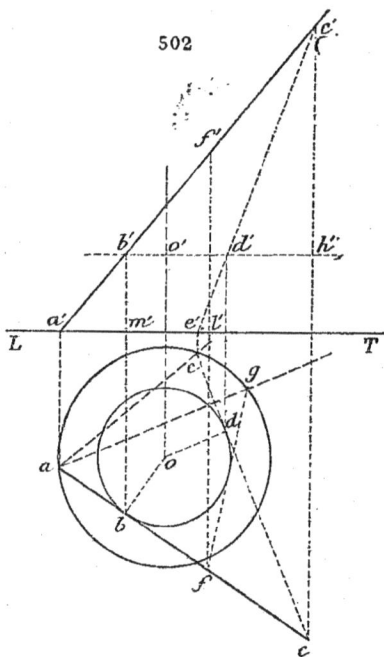

Nous prouvons en-
core une fois *que la surface est gauche*; en effet,
le plan tangent au point
c,c' est évidemment dé-
terminé par les deux gé-
nératrices qui passent
par ce point, et sa trace
horizontale est ae.

Prenons un autre point f, f', la génératrice du second système a pour projection fg, sa trace est au point g, la trace du
plan tangent est ag.

Le plan tangent est donc différent aux différents points
d'une génératrice.

639. *Deux génératrices de même système ne se rencontrent pas.*
(Fig. 503.)

Considérons le cercle de gorge (la figure est une figure
en perspective), et la projection sur son plan de deux génératrices d'un même système.

Ces génératrices sont G et G₁ projetées en eb et ab sur

des tangentes au cercle. Ces génératrices font le même angle, *dans le même sens*, avec leurs projections.

Si ces deux droites se coupent, elles ne peuvent se couper qu'en un point de l'intersection des deux plans qui les projettent et qui est la droite *dbf* perpendiculaire au plan du cercle de gorge.

Or, à cause de la position des angles égaux α, la droite G rencontrera *bd* au-dessous du cercle de gorge, et la droite G_1 au-dessus.

Les deux droites ne peuvent se rencontrer.

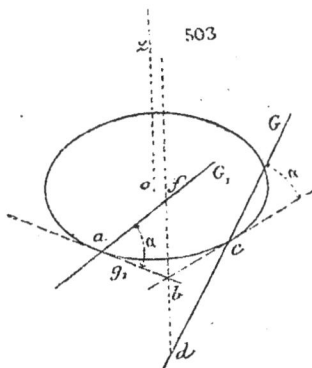

640. *Deux génératrices de système différent se rencontrent toujours.* (Fig. 504.)

Nous considérons encore les génératrices G et K, faisant le même angle α avec leurs projections *ab* et *eb* sur le cercle de gorge, ces deux droites rencontrent au même point la droite *bd*, intersection des plans qui les projettent et qui est perpendiculaire au plan du cercle de gorge au même point; en effet, $cb = ba$, les angles en *b* sont droits, l'angle en *c* est égal à l'angle en *a*, et par suite, le troisième côté est égal dans les deux triangles rectangles *cbd* et *bad*.

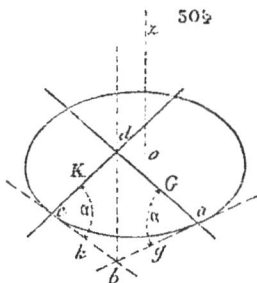

641. *Tout plan mené par une génératrice est un plan tangent.*

Considérons en effet (fig. 502) le plan dont la trace est *ae* et qui contient la génératrice *ab*, *a'b'*.

La génératrice du second système dont la trace est au point *e*, et dont la projection est *ed* est contenue dans ce plan;

car, le point e est dans le plan, et de plus la génératrice
ed, e'd' rencontre nécessairement la génératrice ab, a'b' en un
point situé aussi dans ce plan. Donc ed, e'd' a deux points
dans le plan et y est contenue tout entière. Le plan est donc
tangent et son point de contact est le point c,c' où se croisent
les deux génératrices.

642. *Trouver le point de contact d'un plan tangent donné par
sa trace.* (Fig. 505.)

L'hyperboloïde est défini par sa génératrice ab, a'b' ; son
cercle de gorge est le
cercle de rayon oa, et
sa projection verticale
est o'a', le cercle engendré par le point b est
la trace de la surface.

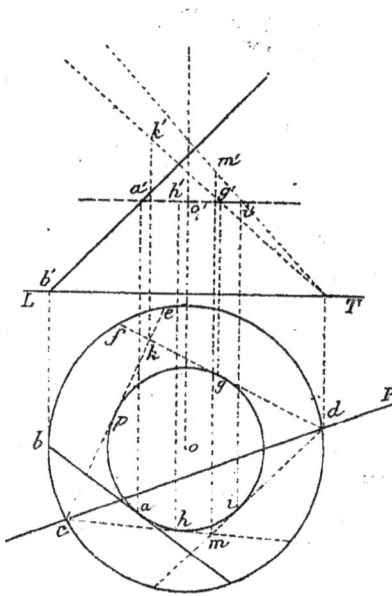

505

Soit Pcd la trace
d'un plan tangent.

Ce plan contient
deux génératrices dont
les traces sont c et d,
les projections de ces
génératrices sont tan-
gentes au cercle de
gorge ; menons ce et
df ; ce sont les projec-
tions horizontales de
deux génératrices de
système différent, car
on voit que si l'on amène
le point d au point c,
le point de contact avec
le cercle de gorge sera de l'autre côté du point p.

Ces deux génératrices se rencontrent au point projeté en
k, qui est le point de contact ; nous obtenons la projection
verticale de ce point en prenant la projection verticale d'g'k',
de la génératrice dgk.

Nous pouvons tracer deux autres génératrices dont les
projections sont ch et di, qui sont aussi de système différent,

et qui se rencontrent au point *m*, dont nous obtenons la projection verticale en *m'*, sur la projection verticale *d'i'm'* de la génératrice *dim*.

643. *Tout plan tangent parallèle à l'axe de rotation est tangent en un point du cercle de gorge.* (Fig. 506.)

Considérons un plan tangent dont la trace est *acb* tangente au cercle de gorge ; ce plan contient les génératrices projetées en *ac* et *bc* qui sont les deux génératrices de système différent ayant même projection horizontale, et qui se coupent au point *c,c'* sur le cercle de gorge ; ce plan tangent est donc vertical et parallèle à l'axe.

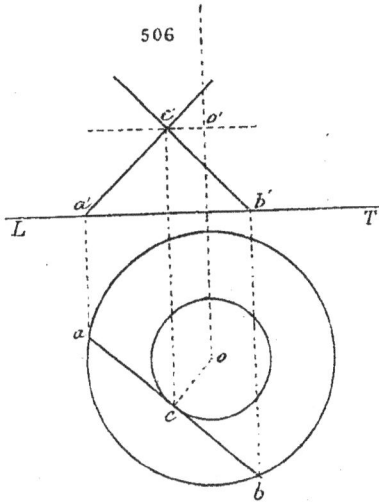

Or, deux génératrices ne peuvent se couper sur le cercle de gorge sans être dans le même plan vertical, par conséquent, tous les plans tangents en des points du cercle de gorge sont verticaux ; et aussi tout plan tangent vertical devant contenir des génératrices qui se projettent sur la trace horizontale du plan doit avoir sa trace horizontale tangente au cercle de gorge.

Corollaire. Il résulte du théorème que nous venons de démontrer que *le cercle de gorge est le contour apparent de l'hyperboloïde sur un plan perpendiculaire à l'axe.*

644. *Tout plan passant par une génératrice et le centre du cercle de gorge est un plan asymptote, et ce plan fait avec l'axe un angle égal à celui des génératrices.* (Fig. 507.)

L'hyperboloïde est défini par la génératrice *ab*, *a'b'*, le cercle de gorge est *ob*, *o'b'* ; la trace de la surface est le cercle de rayon *oa*.

Considérons un plan passant par le centre oo' du cercle de gorge et par la génératrice ab, $a'b'$ qui touche le cercle de gorge au point b,b'. Ce plan contient la droite horizontale $b'o'$, bo du cercle de gorge, et par suite le point d,d', sa trace est ac parallèle à bd et égale à bd, donc il contient la génératrice cd, $c'd'$ qui est la génératrice de système différent de ab, $a'b'$, parallèle à cette droite.

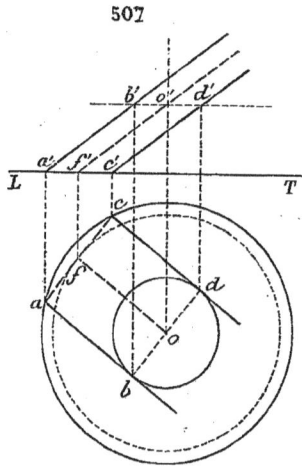

Le point de contact de ce plan tangent est à l'infini, puisque les deux génératrices dont l'intersection donne le point sont parallèles.

Ce plan est un plan asymptote, et il est clair que la génératrice ab, $a'b'$ est une ligne de plus grande pente de ce plan, qui fait avec le plan horizontal et avec l'axe des angles constants, égaux aux angles que fait la génératrice avec le plan horizontal et avec l'axe.

645. Cône asymptote. (Fig. 507.)

Traçons dans le plan la droite of, $o'f'$, passant par le centre et parallèle aux deux génératrices $a'b'$, ab et cd, $c'd'$; si nous imaginons que le plan tourne autour de l'axe, cette droite engendre un cône de révolution faisant avec l'axe le même angle que les génératrices et dont la base est le cercle de rayon of.

Tous les plans tangents à ce cône, coupent la surface suivant deux génératrices de système différent, parallèles, équidistantes de la génératrice de contact du plan avec le cône, et sont des plans asymptotes de l'hyperboloïde.

Ce cône a reçu le nom de cône asymptote, et il est engendré par une parallèle à la génératrice menée par le centre du cercle de gorge et tournant autour de l'axe.

646. Variation du plan tangent aux différents points d'une génératrice. (Fig. 508.)

Nous prenons la génératrice de l'hyperboloïde dans sa position parallèle au plan vertical *ab*, *a'b'*. Nous construisons le plan tangent au point *c,c'* pris sur cette génératrice, en menant par le point la génératrice du second système dont *cd* est la projection horizontale.

Cette génératrice doit avoir sa trace au point *d*, d'abord,

508

parce que si elle avait sa trace en *p*, elle serait du même système que *ab*, *a'b'* ensuite, parce que le point *c* étant au-dessous du cercle de gorge, doit se trouver sur la projection *dc* de la génératrice entre la trace et le point de contact *r* avec le cercle de gorge.

La trace P du plan tangent est la ligne *ad*.

Si nous déplaçons le point *c,c'* sur la génératrice, au moment où ce point passe en *f,f'*, le plan tangent devient vertical (643) et sa trace est P₁.

Considérons le point *h',h*, tel que *hf = cf*.

La génératrice du second système a pour projection horizontale hk et sa trace est au point k, en sorte que ka est la trace horizontale P_2 du plan tangent.

Ce plan fait avec le plan P_1 le même angle que le plan P; le plan P_1 étant vertical, et les traces des deux plans P et P_2 sur le plan P_1 étant confondues, il suffit de montrer que les traces horizontales font des angles égaux avec la trace ab du plan P_1.

Or, $ac = hq$, par suite sq et da font avec aq des angles égaux, sq est parallèle à ak, donc le plan P_2 fait avec P_1 le même angle que le plan P.

Il en sera de même pour les plans tangents pris deux à deux dont les points de contact sont également distants du point f, f'.

Si le point de contact s'éloigne à l'infini dans le sens $f'b'$, en montant sur la génératrice, la génératrice du second système sera la génératrice parallèle dont la projection horizontale est mn, dont la trace est en m; le plan tangent devient le plan asymptote P_3.

Si le point de contact s'éloigne à l'infini dans le sens $f'a'$, en descendant sur la génératrice, la génératrice du second système est encore la génératrice projetée en mn; le plan tangent est le même plan asymptote P_3.

En résumé. Le plan tangent tourne autour de la génératrice d'un angle de 180° lorsque le point de contact parcourt cette génératrice dans toute sa longueur ; les plans tangents en deux points également éloignés du point où la génératrice rencontre le cercle de gorge font avec le plan tangent en ce point, des angles égaux, placés en sens contraire.

Le point où la génératrice rencontre le cercle de gorge se nomme pour ces raisons *le point central*.

Le plan tangent en ce point est *le plan central* de la génératrice.

Théorème. — *Tout plan coupe l'hyperboloïde et son cône asymptote suivant des courbes semblables ; ces courbes sont concentriques si elles sont des ellipses ou des hyperboles; elles sont semblablement placées si elles sont des ellipses ou des paraboles ; elles peuvent être inversement placées si elles sont des hyperboles.*

Nous renvoyons pour la démonstration de ce théorème aux traités de géométrie analytique.

Corollaire. — *Tout plan coupe l'hyperboloïde suivant une courbe du second degré.*

Nous reviendrons plus loin (648, 650) sur les sections planes

509

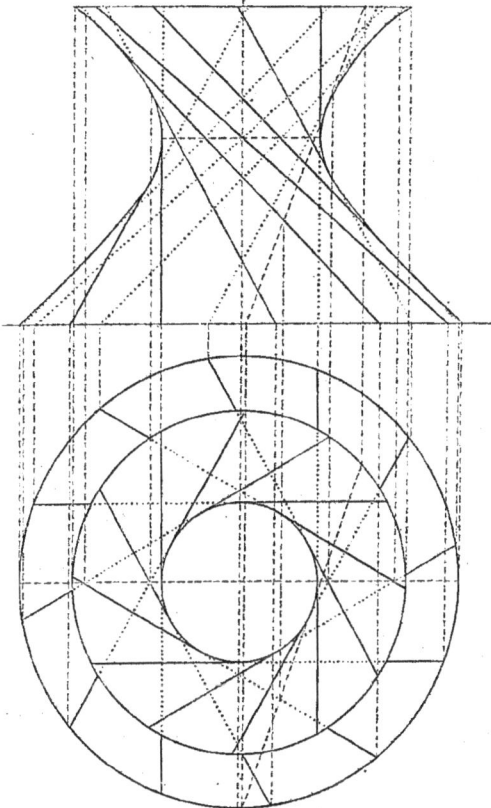

de l'hyperboloïde, et nous montrerons dans quels cas les sections hyperboliques sont directement ou inversement sem-blables aux sections faites dans le cône asymptote.

647. Méridienne.—Nous avons déjà montré (635) que la méridienne est une hyperbole, dont les asymptotes font

avec l'axe le même angle que les génératrices de la surface ;
par conséquent, les asymptotes de la méridienne sont les génératrices du cône asymptote contenues dans le plan méridien,
et qui forment le contour apparent vertical du cône asymptote.

Le contour apparent de la surface sur un plan parallèle à
l'axe est la courbe méridienne (576) ; les projections des génératrices sur le plan parallèle à l'axe sont tangentes aux projections de la méridienne ; car chacune de ces génératrices
rencontre le plan méridien en un point de la méridienne, et
en ce point la génératrice est dans le plan tangent à la surface ;
comme le plan tangent est perpendiculaire au plan vertical,
la projection de la génératrice confondue avec la trace verticale du plan tangent est la tangente à la courbe.

On représente souvent l'hyperboloïde de révolution en
construisant les projections d'un certain nombre de génératrices de l'un ou l'autre système ; les projections verticales
des génératrices enveloppent l'hyperbole méridienne et représentent la surface sans qu'il soit utile de tracer la courbe.
(Fig. 509.)

648. Section elliptique.

On donne un hyperboloïde de révolution dont l'axe est
vertical, et défini par la génératrice ab, $a'b'$, et un plan $P'\alpha P$.
(Fig. 510.)

La méthode consiste à couper le plan et la surface par des
plans auxiliaires horizontaux.

Le plan horizontal $c'd'$ coupe la surface suivant un parallèle qui passe par le point c',c de la génératrice, qui se projette sur le plan horizontal suivant le cercle de rayon oc, et le
plan suivant l'horizontale dont la projection def croise le
cercle aux points e,e' et f,f' qui sont deux points de l'intersection cherchée.

Nous pouvons construire la tangente au point f,f'.

Cette tangente est l'intersection du plan sécant avec le
plan tangent à la surface en ce point. Le plan tangent est déterminé par les deux génératrices qui passent par ce point ;
les projections de ces génératrices sont les tangentes fg et fh
au cercle de gorge, leurs traces sont les points g et h parce

que le parallèle du point *f* est situé au-dessous du cercle de gorge et que le point doit se trouver entre la trace de la génératrice et son point de contact avec le cercle de gorge. La trace du plan tangent est *gh* qui rencontre la trace du plan sécant au point *l*, trace de la tangente.

La tangente est *fl*, *f'l'*.

Nous pouvons chercher les points pour lesquels la tangente est horizontale ; ces points sont situés dans le plan méridien dont la trace est *ok* perpendiculaire à αP ; en effet, pour tous les points situés sur ce méridien, les traces des plans tangents sont perpendiculaires à *ok*, c'est-à-dire parallèles à αP.

Le plan du méridien *ok* détermine dans le plan P une droite dont la trace horizontale est le point *kk'*, et qui passe par le point où l'axe perce le plan, point *p'* que nous déterminons par la ligne de front *om*, *m'p'* ; la ligne de plus grande pente du plan, dont la projection horizontale est *ok*, a pour projection verticale *k'p'*.

Les points où la tangente est horizontale sont les points où cette droite *ko*, *k'p'* rencontre l'hyperboloïde.

Nous allons chercher ces points.

Imaginons que la droite tourne autour de l'axe, elle engendre un cône de révolution dont la trace est le cercle décrit du point *o* comme centre avec *ok* comme rayon.

Les points communs à la droite et à l'hyperboloïde engendrent deux parallèles communs au cône et à la surface de révolution, et qui rencontrent la génératrice *ab*, *a'b'* aux points où cette génératrice perce le cône.

Nous allons chercher les points où la génératrice *ab*, *a'b'* perce le cône engendré par la droite *ko*, *p'k'*, nous décrirons les parallèles qui passent par ces points, ils détermineront sur la droite *ko*, *p'k'* les points de rencontre cherchés.

Le cône a pour base le cercle de rayon *ok*, et son sommet est en *p'*.

Nous conduisons par le sommet *p'*, une parallèle *p'n'*, *on* à la génératrice *a'b'*, *ab* ; le plan des deux droites a pour trace *an* et coupe le cône suivant deux génératrices dont les projections sont *oq* et *or* passant par les points *q* et *r* où la trace du plan rencontre la base du cône ; les projections *oq* et *or* des génératrices, situées dans un même plan avec *ab*, *a'b'*, renrontrent cette droite aux points projetés en t_1 et s_1 ; la projection verticale de t_1 est t'_1 et le parallèle $t'_1 t'$ dont la projection horizontale est le cercle qui a ot_1 pour rayon, rencontre la droite ok, $p'k'$ au point t',t qui est un des points cherchés.

Le point s_1 a sa projection verticale en s'_1 et le parallèle $s'_1 s'$ dont la projection horizontale est le cercle qui a os_1 pour rayon rencontre la droite au point s,s'.

Nous obtenons les deux points pour lesquels la tangente est horizontale et la droite st, $s't'$ est un axe de la courbe.

Le second axe passe par le milieu ω de la droite st, sa projection est perpendiculaire à st, c'est-à-dire parallèle à αP, c'est une horizontale du plan dont la projection horizontale est ωu, et nous obtenons sa projection verticale en $u'v'$.

Coupons l'hyperboloïde par le plan horizontal $u'v'$, il détermine le cercle de rayon ov, qui croise la droite ωu aux points x et y dont les projections sont x' et y'.

La courbe a quatre sommets réels, c'est une *ellipse*.

On obtient les points sur le cercle de gorge, c'est à dire sur le contour apparent horizontal, en coupant par le plan du cercle $o'z'$. On a aussi les points β,β' et γ,γ'.

On ne peut obtenir les points sur le contour apparent vertical qu'en traçant l'hyperbole méridienne dont les asymptotes sont les projections verticales $a'o'b'$ et $\pi'o'$ des génératrices de front des deux systèmes ayant même projection horizontale $ab\pi$.

Les sommets de cette hyperbole sont μ' et θ', les points δ' et λ' sont les points sur le plan horizontal. On peut construire, en outre, des points de la méridienne en prenant les intersections des parallèles de la surface avec le plan du méridien principal. On prend les points de rencontre ρ' et σ' de cette hyperbole avec la droite de front du plan dont la projection verticale est $m'p'$.

Nous avons supposé l'hyperboloïde plein, et nous représentons la partie inférieure de l'hyperboloïde au-dessous du plan sécant.

La partie du cercle de gorge qui n'est pas enlevée est *cachée*, et le cercle de gorge est toujours *caché* quand l'hyperboloïde est plein.

510

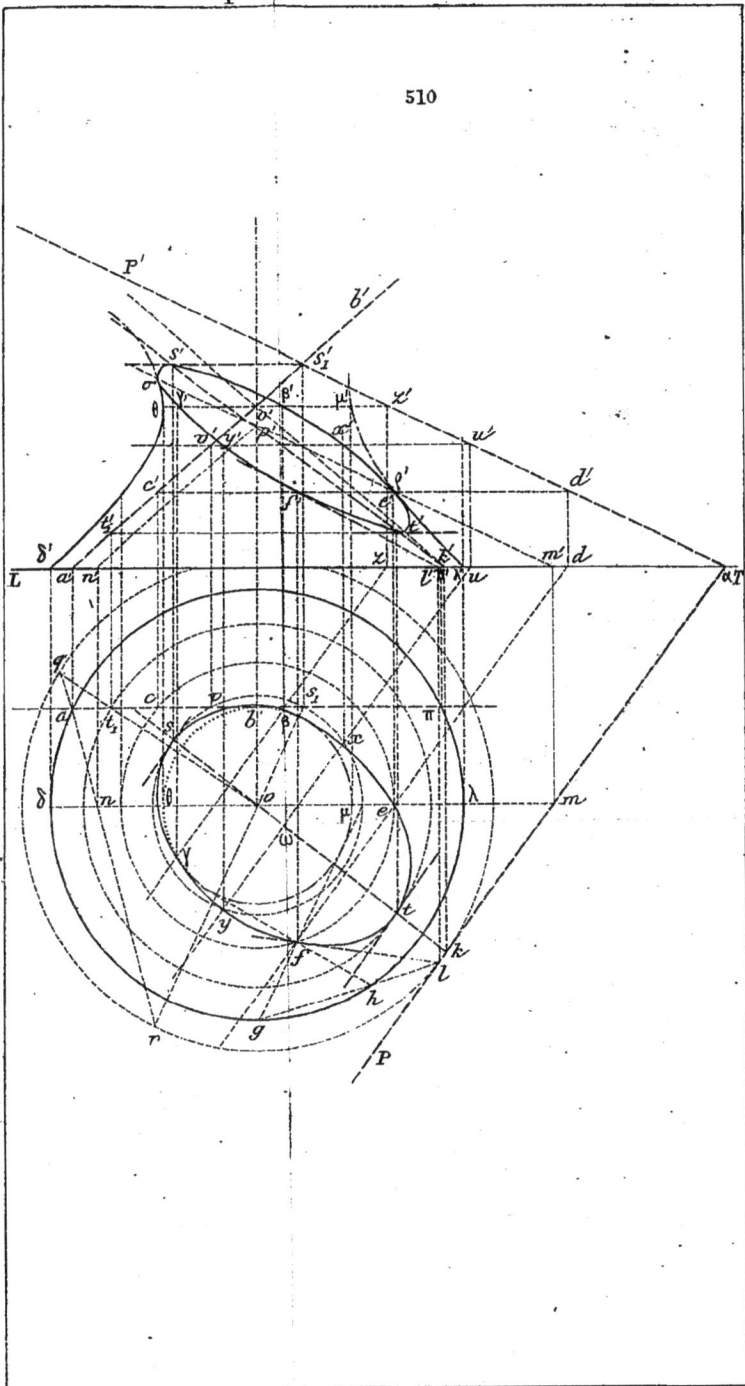

Remarque. Nous avons conclu que la courbe était une ellipse, parce qu'elle a quatre sommets réels; nous allons voir comment on peut reconnaître la nature de la courbe d'intersection.

649. Nature de la courbe d'intersection.

Les sections par un même plan dans l'hyperboloïde et dans le cône asymptote sont des courbes semblables, nous cherchons donc la nature de la section faite dans le cône asymptote.

Pour cela (466) nous menons par le sommet du cône un plan parallèle au plan sécant, et nous prenons la trace de ce plan parallèle sur le plan de base du cône.

Si la trace du plan ne coupe pas la trace du cône, il n'y aura pas de génératrices parallèles au plan, pas de points à l'infini, la courbe sera une ellipse.

650. Section hyperbolique.

Le plan est P'αP, l'hyperboloïde est défini par la génératrice $a'b'$, ab. (Fig. 511.)

Le cône asymptote à son sommet au point o,o' centre du cercle de gorge, et sa base engendrée par la trace de la parallèle $o'a'$, od à la génératrice de l'hyperboloïde est le cercle dont od est le rayon.

Nous figurons l'horizontale oc, $o'c'$ parallèle au plan P'αP, et nous déterminons le plan Q'βQ parallèle à ce plan. La trace du plan coupe la trace du cône aux points e et f, et les deux génératrices du cône oe, $o'e'$ — of, $o'f'$ sont parallèles au plan sécant.

La section faite dans le cône est une hyperbole dont les asymptotes sont parallèles à ces génératrices; par suite, la section de l'hyperboloïde sera une hyperbole ayant les mêmes asymptotes.

Les génératrices de l'hyperboloïde parallèles au plan sécant sont les génératrices dont les projections sont hg et ik parallèles à oe (leurs traces sont en g et k parce que leurs angles de pente doivent être placés dans le même sens que l'angle de pente de la génératrice oe, $o'e'$), et les génératrices dont les projections sont ml et np et dont les traces sont en l et p.

Asymptotes. L'asymptote parallèle aux génératrices *hg*, *h'g'* et *ik*, *i'k'* est donnée par l'intersection du plan sécant avec le plan asymptote de ces génératrices, plan dont la trace *gk* doit être tangente à la base du cône asymptote au point *e*, puisque ce plan est tangent au cône asymptote suivant la génératrice *oe*, *o'e'*. Le point *s* est la trace de l'asymptote, et cette asymptote a pour projection horizontale *sω* parallèle à *oe*, et pour projection verticale *sω'* parallèle à *o'e'* (nous n'avons pas figuré les projections verticales des génératrices de l'hyperboloïde).

La seconde asymptote est l'intersection du plan asymptote, tangent au cône asymptote suivant *of*, *o'f'* dont la trace *l/p* passe par les traces *l* et *p* des génératrices *lm*, *l'm'* et *np*, *n'p'*, avec le plan sécant.

La trace de l'asymptote est le point *r*, et ses projections sont *rω* parallèle à *of* et *r'ω'* parallèle à *o'f'*.

On voit donc bien que les asymptotes sont les mêmes pour la section du cône et pour la section de l'hyperboloïde.

651. Situation des courbes.—Examinons comment sont placées les courbes de section dans les deux surfaces.

La section dans l'hyperboloïde a deux points sur le cercle de gorge ; en effet, coupons par le plan horizontal du cercle de gorge ; il détermine dans le plan la droite *v'u't'*, *vtu* qui croise le cercle aux points *u*, *u'* et *v*, *v'*.

D'ailleurs, les points *x* et *y* où la trace du plan coupe la trace de l'hyperboloïde sont deux points de la section ; la courbe est nécessairement formée des deux branches

$$xwu, \; x'u' \text{ et } yzv, \; y'v',$$

ayant ses sommets sur l'horizontale *zωw* passant par le point de rencontre des asymptotes ; il est facile de trouver ces sommets comme nous l'avons fait pour l'ellipse en coupant par le plan horizontal qui contient l'horizontale. (La construction des points *z* et *w* est faite sur la figure.)

La ligne de plus grande pente *oγ* du plan P est l'axe imaginaire.

Au contraire, la section dans le cône asymptote a nécessairement cette ligne de plus grande pente *oγ* pour axe réel

511

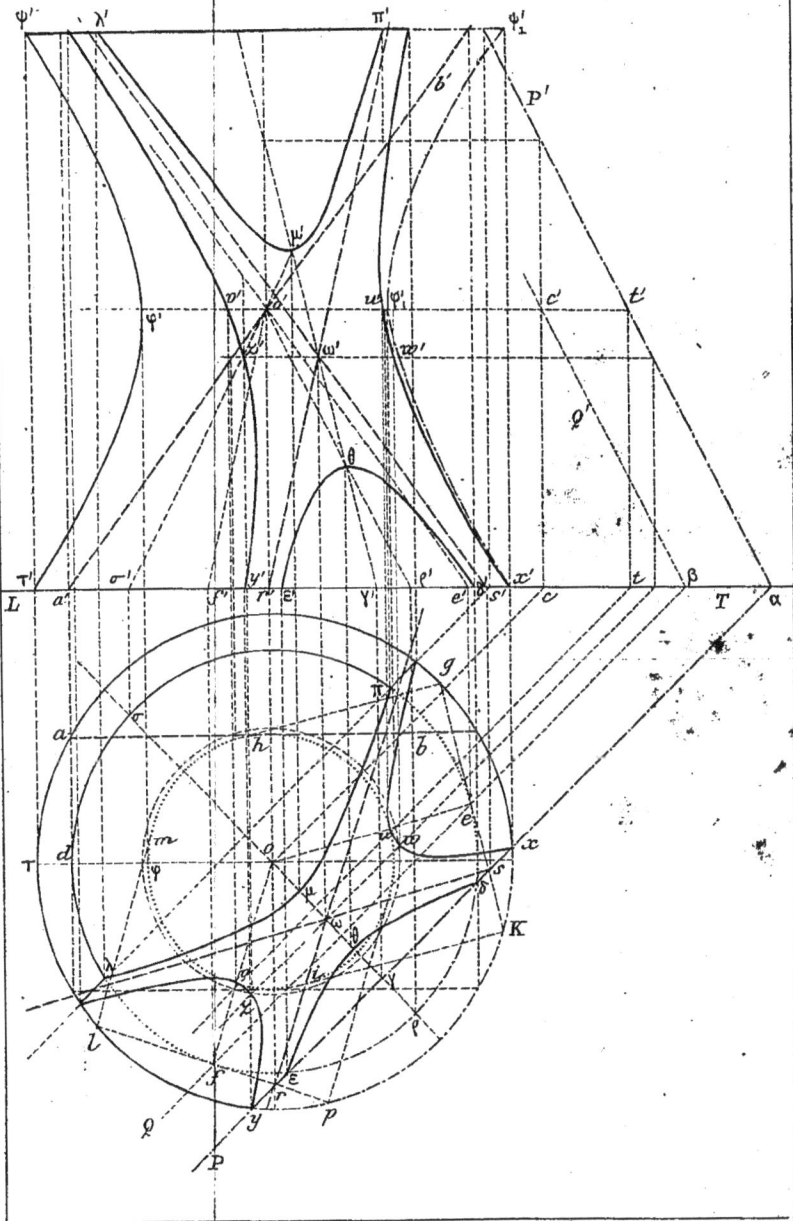

(467) ; du reste, les points δ et ε où la trace du plan rencontre la base du cône sont des points de la courbe.

La section faite dans le cône est placée en δθε, λμπ.

Les deux courbes *sont des hyperboles inversement placées ;* et cela a lieu toutes les fois que le plan sécant qui donne une section hyperbolique rencontre le cercle de gorge.

Nous avons construit sur la figure les sommets μ et θ, en prenant l'intersection de la droite ωγ, ω'γ' avec le cône ; le plan qui projette horizontalement cette droite coupe le cône suivant deux génératrices oρ, o'ρ' et oσ, o'σ' qui croisent ωγ, ω'γ' aux points μ, μ' et θ,θ' sommets cherchés.

Nous avons représenté sur la figure le corps solide compris entre le cône asymptote et l'hyperboloïde, en enlevant de ce corps la partie située au-dessus du plan sécant. Nous avons limité le solide à un plan horizontal placé à une distance au-dessus du centre, égale à la cote de ce centre, de manière à déterminer dans le cône et l'hyperboloïde des cercles égaux aux cercles de base.

La demi-hyperbole τ'φ'ψ' méridienne existe et forme le contour du solide.

L'autre demi-hyperbole est enlevée par la section.

652. 2ᵉ Cas. Considérons l'hyperboloïde défini par la génératrice *ab, a'b'*, le plan sécant P'αP ne rencontre pas le cercle de gorge ; il est facile de s'en convaincre en menant l'horizontale dont la trace est au point *v'*, et en vérifiant que sa projection horizontale ne coupe pas la projection horizontale du cercle. (Fig. 512.)

Menons par le sommet un plan Q'ξQ parallèle au plan PαP', cette construction a été faite en employant l'horizontale *oc, o'c'*.

Nous trouvons que la trace du plan coupe la base du cône asymptote qui est le cercle de rayon *ok* aux points *d* et *e*.

Les génératrices du cône *od, o'd', oe, o'e'* sont parallèles au plan, et sans figurer les génératrices parallèles de l'hyperboloïde, nous obtiendrons, d'après la construction précédente, les asymptotes en prenant les intersections du plan sécant avec les plans tangents au cône suivant les généraratrices *oe, o'e'* et *od, o'd'*.

Les traces des asymptotes sont les points g et h, et les asymptotes ont pour projections horizontales les droites $h\omega$, parallèle à od, et $g\omega$ parallèle à oe.

Les points i et l, où la trace du plan rencontre la trace de

512

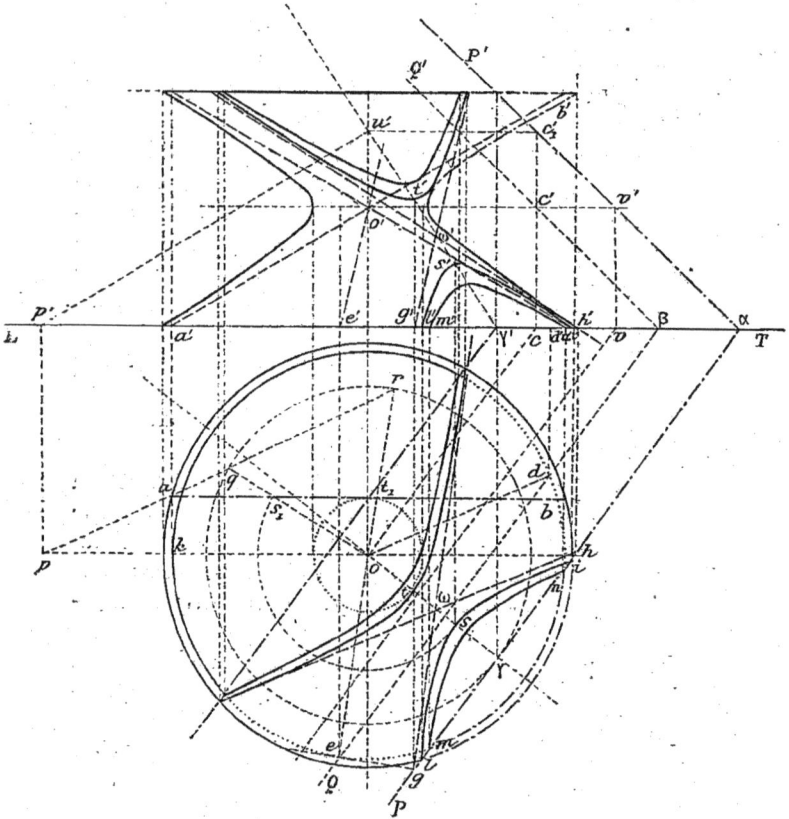

l'hyperboloïde, sont des points de la section qui est contenue dans l'angle inférieur des asymptotes, et qui a ses sommets réels sur la ligne de plus grande pente $\omega'\gamma'$, $o\gamma$ du plan P.

Les points m et n, où la trace du plan rencontre la base du cône, sont des points de la section du cône par le plan; et cette section a aussi pour axe transverse la ligne de plus grande pente projetée sur $o\gamma$ (467).

Les deux sections ont donc la situation indiquée sur la figure, elles sont comprises dans le même angle des symptotes, elles sont concentriques et directement semblables.

Du reste, la recherche des sommets qui a été faite sur l'épure et que nous expliquons dans le paragraphe suivant, va montrer encore la position de ces points et la situation des courbes.

Nous avons représenté le solide compris entre l'hyperboloïde et le cône asymptote, en supprimant la partie du solide située au-dessus du plan sécant, et en limitant les deux corps à un plan horizontal, placé à une hauteur au-dessus du centre égale à la cote du centre.

653. Sommets. — 1° L'hyperboloïde est donné par la génératrice $ab, a'b'$, le plan est $P'\alpha P$. (Fig. 513.) Ce plan fait avec ce plan horizontal un angle plus grand que les génératrices du cône asymptote, et coupera ce cône suivant une hyperbole (466).

Nous pouvons, du reste, construire le plan $Q'\beta Q$, parallèle au plan $P'\alpha P$, et passant par le sommet o, o' du cône asymptote, et nous voyons que ce plan coupe le cône.

De plus, il est aisé de vérifier que le plan $P'\alpha P$ ne rencontre pas le cercle de gorge. Cherchons les sommets situés sur la droite de plus grande pente du plan P, qui rencontre l'axe et dont la projection est oc (648).

Nous déterminons d'abord le point de rencontre f de l'axe et du plan au moyen de la ligne de front $od, d'f'$.

Les sommets sont sur la droite $oc, c'f'$, et nous devons prendre les points de rencontre de cette droite avec l'hyperboloïde.

Nous concevons le cône engendré par cette droite, tournant autour de l'axe, et nous cherchons l'intersection de ce cône avec la génératrice $ab, a'b'$, ces points engendreront des parallèles communs au cône et à l'hyperboloïde, et rencontreront la droite aux points où elle perce la surface.

La base du cône est le cercle décrit du point o comme centre avec oc comme rayon.

Nous déterminons un plan passant par la génératrice

513

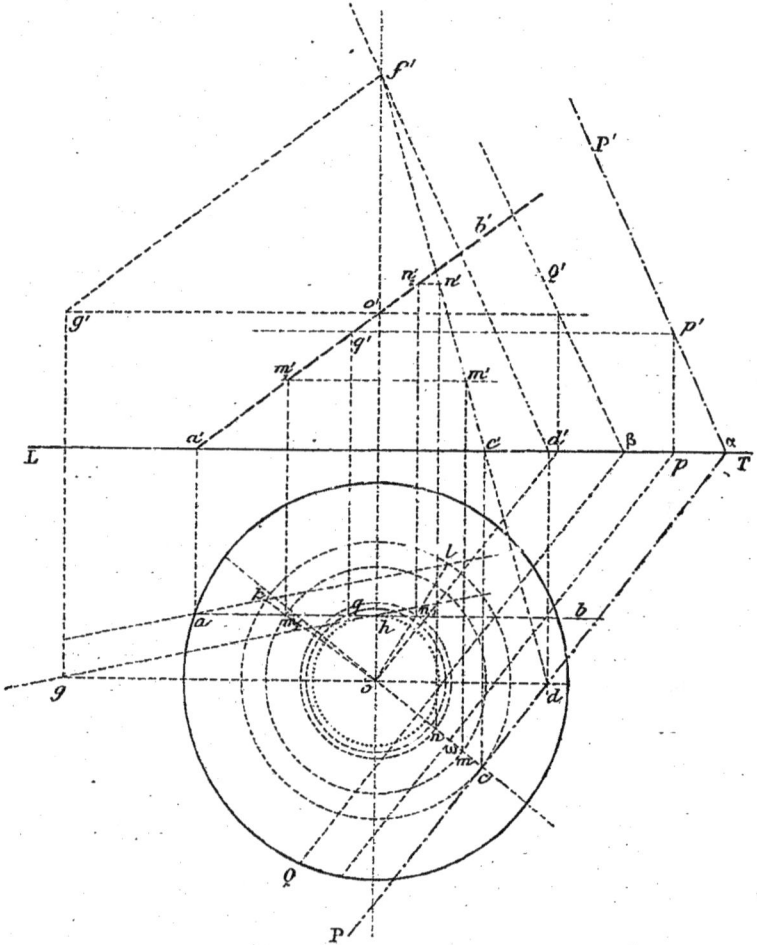

$ab,a'b'$, et par le sommet f' du cône, en conduisant par le sommet o,f' une droite $og,f'g'$ parallèles à $ab,a'b'$.

La trace de cette droite étant un peu éloignée, nous prenons la trace du plan qu'elle détermine avec la droite $a'b',ab$, en marquant en o',h et $g'g$ les traces des deux droites sur un plan horizontal; gh, est la projection d'une horizontale du plan, et la trace horizontale est akl, parallèle à gh.

La ligne akl croise le cercle de base du cône aux points k et l, et les deux génératrices du cône auxiliaire dont les projections sont ko et lo, coupent $ab,a'b'$ aux points $m_1m'_1$ et $n_1n'_1$.

Ces deux points engendrent des parallèles qui rencontrent la droite $oc,c'f$ aux points m',m et $n',n,$ qui sont les deux sommets.

Nous trouvons donc les deux sommets réels de l'hyperbole sur la ligne de plus grande pente du plan, les deux sommets de l'hyperbole section du cône, sont aussi sur cette droite, et les deux courbes ont la situation que nous avons indiquée. (§ 652, Fig. 512.)

Nous avons répété la construction sur la figure 512, et nous avons obtenu sur la droite $o\gamma, \gamma'u'$ les sommets s,s' et t,t'.

Nous pouvons vérifier que les deux autres sommets sont imaginaires.

En effet, ces sommets seraient situés sur l'horizontale $\omega p,p'q'$, passant par le milieu ω de l'intervalle mn, et si nous coupons l'hyperboloïde par le plan horizontal $p'q'$, nous obtenons le parallèle de rayon oq qui ne rencontre pas ωp; il n'y a pas de points sur cette droite.

2° Le plan coupe le cercle de gorge. (Fig. 514.)

Nous déterminons comme plus haut, la ligne de plus grande pente du plan $oh,h'f'$. Le cône engendré par cette droite a son sommet au point f', et sa base est le cercle de rayon oh.

Nous menons par le sommet du cône, la parallèle $ok,f'k'$ à la génératrice $ab,a'b'$, et le plan déterminé par ab et fk a pour trace ka qui ne rencontre pas le cercle oh base du cône.

Donc la droite $oh,f'h'$, ne rencontre pas l'hyperboloïde; c'est un axe sur lequel il n'y a pas de sommets, c'est l'axe imaginaire, et la courbe a la situation indiquée. (§ 650, Fig. 514.)

Dans ce cas, on commencera par construire les asymptotes, et par leur point de rencontre qui est le centre de la courbe, on

mènera l'horizontale du plan sur laquelle on trouvera les
deux sommets, comme nous l'avons déjà indiqué pour l'ellipse
et comme nous l'avons encore réalisé. (§ 651, Fig. 511.)

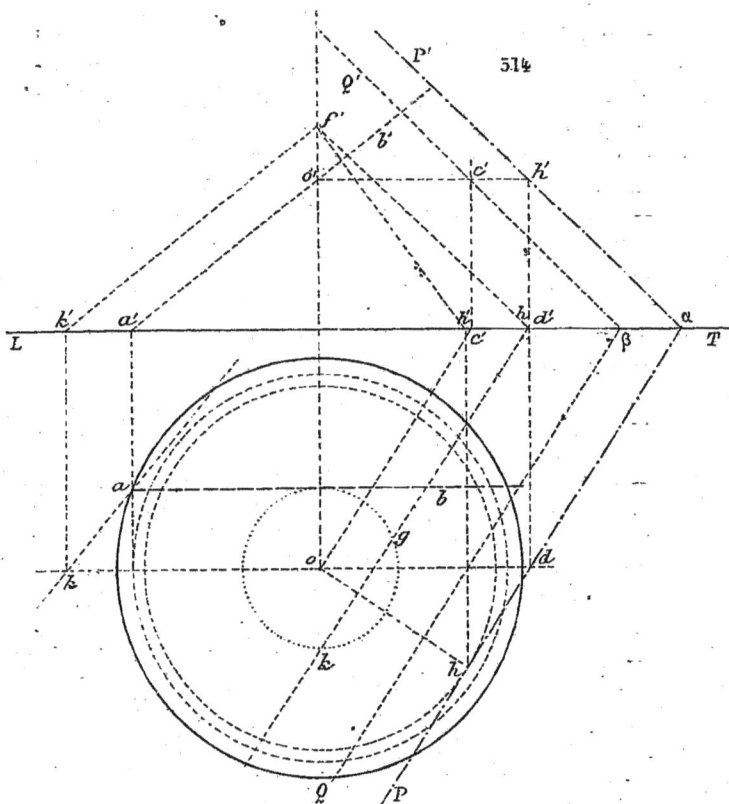

Remarque. — Nous devons faire observer que la
recherche des sommets faite sans qu'on ait transporté le plan
au sommet du cône pour fixer la nature de la courbe, suffit
pour la faire connaître.

En effet, si nous ne trouvons pas de sommets sur la ligne
de plus grande pente du plan, la courbe est nécessairement

une hyperbole, et l'on fera les constructions pour obtenir les asymptotes et les sommets réels.

Si nous trouvons deux sommets; ces deux sommets placés de part et d'autre, du cercle de gorge indiquent une ellipse, le plan ne coupe qu'une seule nappe du cône asymptote et les deux sommets de la section du cône placés sur les génératrices de ce cône apposées, sont de part et d'autre de l'axe (Fig. 515). D'ailleurs, la trace horizontale de l'axe est le foyer de la projection de la courbe et doit se trouver entre les deux sommets.

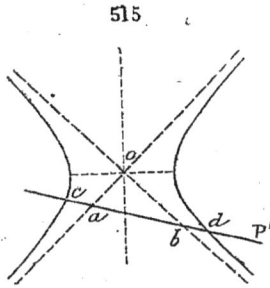

Au contraire dans l'hyperbole, les sommets sont sur la génératrice inférieure, et sur le prolongement de la génératrice opposée, du même côté, par rapport à l'axe, et par conséquent par rapport au cercle de gorge (Fig. 516). Le foyer de la projection qui est la trace de l'axe ne peut être entre les sommets.

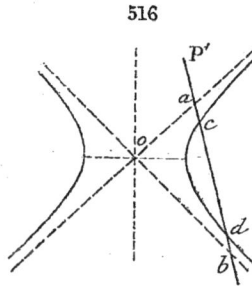

654. Section parabolique.

Le plan P'αP, transporté parallèlement à lui-même au sommet du cône asymptote en Q'βQ, est tangent au cône, suivant la génératrice oe, o'e'. (Fig. 517.)

La section est une *parabole*. L'axe est parallèle à la génératrice oe, o'e' du cône asymptote parallèle au plan P.

On obtiendra des points de la section en employant des plans auxiliaires horizontaux.

Cherchons encore le sommet :

La ligne de plus grande pente du plan est of, fk'. Le sommet du cône auxiliaire engendré par cette droite est k', o, et la base est le cercle du rayon of.

Menons par le sommet k', o, la parallèle k'l', ol, à la génératrice ab, a'b', le point l est sur le cercle of, car la droite k'l', ol, fait avec l'axe le même angle que $k'f',of$, puisque ces deux droites font avec l'axe l'angle des génératrices du cône asymptote ($k'f',of$, est parallèle à $oe,o'e'$).

Le plan auxiliaire mené par $ab,a'b'$ et $k'l',ol$, coupe le cône

auxiliaire suivant la génératrice dont la projection ol rencontre ab à l'infini, et suivant la génératrice dont la projection om rencontre ab au point n_1, dont la projection verticale sur $a'b'$ est n'_1. Ce point décrit le parallèle dont la projection verticale est $n'_1 n'$, et ce parallèle rencontre la droite $of,k'f'$, au point n' dont la projection horizontale est le point n.

Nous avons donc un sommet à distance finie, un sommet à l'infini.

La courbe est une parabole; et nous remarquons encore que

la recherche des sommets suffit pour indiquer la nature de la
section.

655. Deux droites. — Le plan donné peut être tangent à la surface, et coupe l'hyperboloïde suivant deux droites.
(Fig. 518.)

On en sera encore averti par la recherche des sommets.

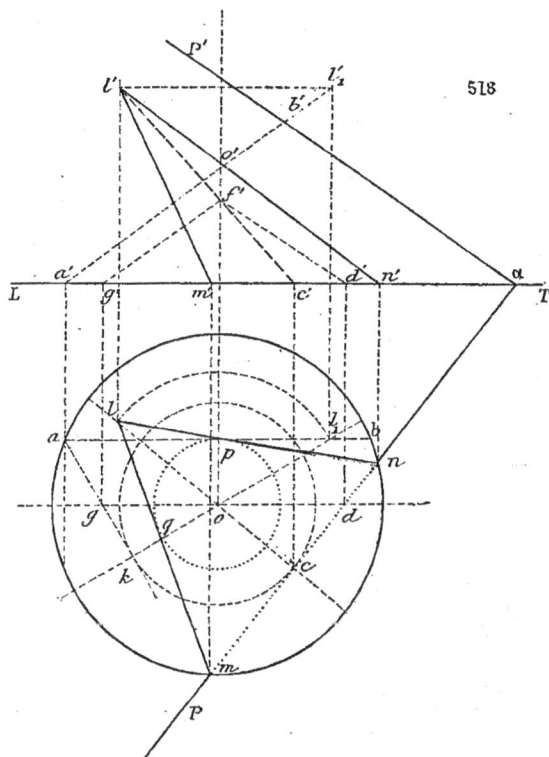

518

Nous répétons la construction déjà indiquée trois fois, et
nous trouvons que la trace du plan auxiliaire est ag, tangente en k à la trace du cône auxiliaire qui est le cercle de
rayon oc.

Nous obtenons dans le cône auxiliaire une seule génératrice dont la projection horizontale est ok, et cette projec-

tion rencontre la ligne ab, au point l_1, dont on prend la projection verticale l'_1, ensuite on trace le parallèle dont la projection verticale est $l'_1 l'$, et dont la projection horizontale est le cercle qui a pour rayon ol_1. Ce parallèle détermine sur la droite $oc, f'c'$ le point l, l' qui est le sommet.

La courbe est donc une courbe du second degré, qui n'a *qu'un sommet*, elle ne peut être que le système de deux droites.

En effet, le plan dont la trace est agk, est tangent au cône auxiliaire, comme le plan sécant, c'est donc une situation particulière du plan sécant; or, dans cette situation ce plan dont la trace est agk renferme la génératrice $ab, a'b'$, donc il renferme une autre génératrice.

Par conséquent le plan sécant P'αP, qu'on peut considérer comme une position particulière du plan agk, quand ce plan tourne autour de l'axe, contient deux droites, et l'on doit vérifier que les deux génératrices de système différents, dont les projections horizontales sont les tangentes np, mq, menées au cercle de gorge par les points m et n, se rencontrent au point l. Nous avons figuré les projections verticales de ces génératrices, qui représentent la courbe d'intersection:

656. Théorème. — *La courbe de contact d'un cône circonscrit à un hyperboloïde de révolution est une courbe plane.* — *Le plan de la courbe est parallèle au plan diamétral conjugué de la droite qui joint le sommet du cône au centre de sa surface.*

1° Le point S étant le sommet du cône, nous considérons le méridien de la surface dont le plan passe par le point S.

Nous supposons d'abord que le point S, est en dehors du cône asymptote et entre ce cône et la surface (Fig. 519); nous figurons par ce point S deux tangentes SH et SK, à la courbe de section; la corde de contact KH, est parallèle à la tangente FM au point F.

Nous avons la relation
$$OF^2 = OS \times OL.$$

Nous coupons la surface par une suite de plans passant par la droite OS, ces plans déterminent des sections coniques, sur lesquelles nous répétons la même construction.

Le point F est fixe ;

Le point L est fixe, et toutes les cordes de contact passent par ce point; elles sont parallèles aux tangentes menées au point F, aux diverses sections faites dans la surface, tangentes qui constituent le plan tangent à la surface, en F. Donc ces cordes de contact forment un plan.

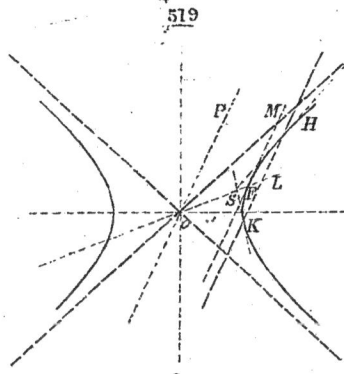

Dans chaque section, nous menons une droite telle que oP,
passant par le centre parallèle à la tangente FM et à la corde
HK, toutes ces droites forment le plan diamétral conjugué
de OS, et le plan de la courbe du contour est parallèle à ce
plan.

Le plan de la courbe de contact, étant parallèle au plan
tangent en F est parallèle aux deux génératrices qui sont
contenues dans ce plan tangent, et coupera la surface *suivant
une hyperbole* (649).

2° Le point S (Fig. 520), est extérieur au cône asymptote
et à la surface.

520

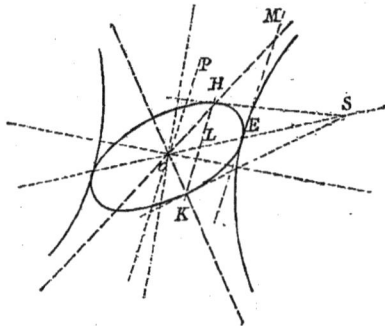

Nous avons encore
la relation $OE^2 = OL
\times OS$. Nous pouvons ré-
péter les raisonnements
dont le détail a été don-
né dans le cas précédent
et nous voyons que le
plan de la courbe de
contact est encore pa-
rallèle au plan tangent
à la surface au point E,
et au plan diamétral
conjugué de la direction OS la courbe de contact est *une hyperbole.*

3° Le point S est dans le cône asymptote. (Fig. 521.)

La droite SO ne coupe plus la surface.

Toutes les sections faites par un plan contenant la droite
OS, sont nécessairement des hyperboles, la figure représente
une section.

Nous menons à l'hyperbole les tangentes SE et SF, la
corde de contact EF, est parallèle au diamètre MOH de l'hyperbole conjugué de la direction O3, et le produit des deux
segments OS $\times$ OL est égal à une quantité constante que
nous pouvons représenter par $-K^2$, parce que les deux segments sont de sens contraire. — Le point L est encore
fixe.

Toutes les droites MH forment le plan diamétral conjugué
de OS, et ce plan diamétral est le même dans l'hyperboloïde

et dans le cône asymptote, parce que les portions de sécantes comprises entre l'hyperbole et ses asymptotes sont égales.

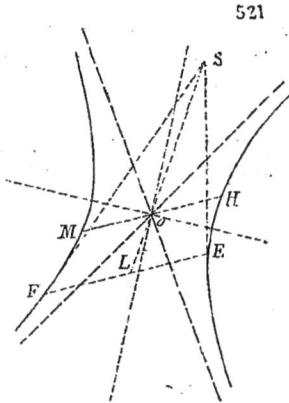

521

La courbe de contact est plane, mais son plan étant parallèle au plan diamétral formé par les droites MOH, extérieures au cône asymptote, plan qui n'a de commun avec le cône que son sommet, la courbe de section par un plan parallèle est *une ellipse* (649).

4° *Le point* S *sur le cône asymptote.* (Fig. 522.)

La figure est disposée comme dans les cas précédents, les sections faites dans la surface par des plans passant par OS sont des hyperboles, l'une de ces sections se composera de deux droites parallèles. (644.) L'une des tangentes est SE, l'autre est la génératrice SO, du cône.

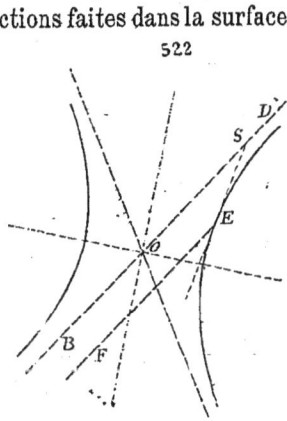

522

Toutes les cordes de contact telles que EF, sont parallèles au plan diamétral conjugué de BOS, c'est-à-dire au plan tangent à la surface, aux points situés à l'infini sur OB et OD, par conséquent parallèles au plan tangent au cône asymptote suivant la génératrice BOSD.

Le plan de la courbe de contact parallèle à ce plan tangent au cône asymptote, coupera la surface suivant *une parabole.*

5° *Le point est sur la surface.*

Le plan polaire conjugué de ce point, est le plan tangent au point lui-même, et par suite la courbe de contact se compose des deux génératrices passant par le point.

Conclusion. — *La courbe de contact d'un cône circon-*

scrit à un hyperboloïde de révolution est une ellipse, une parabole ou une hyperbole, selon que le point est dans le cône asymptote, sur le cône asymptote ou extérieur à ce cône. Quand le sommet est sur la surface, la courbe de contact se compose des deux génératrices qui passent par ce point.

657. Théorème. — La courbe de contact d'un cylindre circonscrit à un hyperboloïde de révolution est une courbe plane.

1° La direction des génératrices du cylindre fait avec l'axe un angle plus petit que les génératrices de l'hyperboloïde. (Fig. 523.)

Menons par le centre la parallèle OR, à la direction des

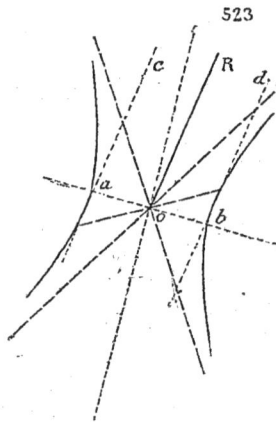

523

génératrices du cylindre, et faisons passer des plans par cette droite, ces plans coupent nécessairement la surface suivant des hyperboles, nous figurons une section et nous pouvons mener à cette section hyperbolique deux tangentes ac, bd, parallèles à OR les points de contact seront sur un diamètre ab, conjugué de OR, et cette droite sera conjuguée de OR dans le cône asymptote et dans l'hyperboloïde.

Faisons tourner le plan sécant autour de OR, toutes les cordes de contact telles que ab, formeront le plan conjugué de OR dans le cône asymptote, et contiendront la courbe de contact du cylindre et de l'hyperboloïde, la courbe de contact est plane, et son plan coupe l'hyperboloïde suivant une *ellipse* puisqu'il n'a de commun avec le cône asymptote que son sommet.

2° La direction des génératrices, du cylindre fait avec l'axe un angle plus grand que les génératrices de la surface. (Fig. 524.)

La parallèle OR, menée par le centre, est extérieure au cône asymptote et coupe la surface aux deux points a et b, menons des plans par cette droite ab.

Les plans sécants conduits par OR, pourront couper la surface suivant des courbes qui seront des ellipses ou des hyperboles.

Imaginons une de ces courbes *abcd*, nous lui menons deux tangentes *cf* et *dh*, parallèles à OR, ces tangentes donneront une corde de contact, telle que *cd*, parallèle à la tangente, à la courbe de section, aux points *a* et *b;* en répétant la construction, nous voyons que les cordes de contact forment un plan parallèle aux plans tangents à l'hyperboloïde, aux points *a* et *b*, et ce plan est le plan diamétral conjugué de la direction OR, dans le cône asymptote et dans l'hyperbo-

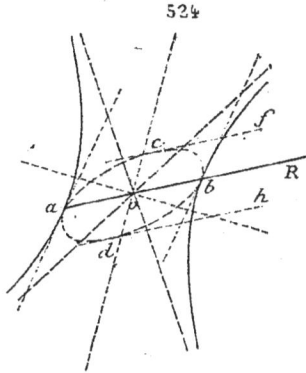

loïde. La courbe de contact est une courbe plane, dont le plan passe par le centre, et comme ce plan est parallèle à un plan tangent, et par suite à deux génératrices de l'hyperboloïde. La courbe de contact est *une hyperbole.*

Le plan de la courbe étant, dans le cône comme dans l'hyperboloïde, le plan diamétral conjugué de la direction O'R, passe par les génératrices de contact du cône asymptote avec les plans tangents parallèles à OR (480), ces génératrices sont les asymptotes de l'hyperbole.

3° *La direction des génératrices du cylindre, fait avec l'axe le même angle que les génératrices de l'hyperboloïde.*

La parallèle à cette direction, menée par le centre est une génératrice du cône asymptote. Le plan diamétral est le plan tangent au cône suivant cette génératrice, et la courbe de contact se compose de deux génératrices de systèmes différents, parallèles à la direction donnée.

Conclusion. — *La courbe de contact d'un cylindre circonscrit à un hyperboloïde de révolution est une courbe plane, le plan passe par le centre; la courbe est une ellipse ou une hyperbole, selon que la direction des génératrices du cylindre fait avec l'axe un angle plus petit, ou plus grand, que celui des génératrices de l'hyperbo-*

loïde. Si l'angle de la direction avec l'axe est égal à l'angle des génératrices, la courbe se compose du système de deux droites parallèles.

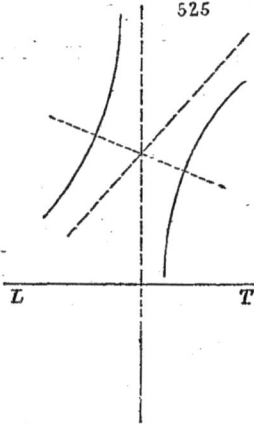

525

Il en résulte que le contour apparent d'un hyperboloïde, peut être une ellipse ou une hyperbole; mais le contour apparent sur un plan perpendiculaire à une génératrice, se compose seulement de la droite qui joint les traces des deux génératrices parallèles à la direction des projetantes. (Fig. 525.) La projection de l'hyperboloïde couvre alors tout le plan de projection.

CONE CIRCONSCRIT

658. Problème. — *Construire la courbe de contact d'un cône circonscrit à un hyperboloïde de révolution.*

Nous pouvons d'abord construire la courbe de contact par points, en opérant pour l'hyperboloïde, comme pour une surface de révolution quelconque, et cherchant les points sur les parallèles de la surface. (585.)

Nous voulons seulement indiquer comment on trouvera la tangente à la méridienne, au point situé sur le parallèle considéré.

La génératrice est $ab,a'b'$. Le point donné est S,S'. (Fig. 526.)

Nous voulons trouver le point de contact d'un plan tangent, qui touche la surface, en un point d'un parallèle $cd,c'd'$.

Nous considérons le point c,c', du méridien situé sur le parallèle, et nous nous proposons de construire, en ce point, la tangente au méridien. Pour cela, nous menons par la projection horizontale de ce point, la tangente cef au cercle de gorge ; cette tangente est la projection d'une génératrice du système différent de $ab,a'b'$; sa trace est au point f, et la projection verticale $c'e'f'$, de cette génératrice est tangente au méridien au point c'. (647). Le point k', est le sommet du cône circonscrit suivant le parallèle.

Remarquons que si nous prenons la génératrice du second système, passant par le point cc', la projection cgh, de cette génératrice est symétrique de la première, par rapport au

plan de front, passant par l'axe et les projections verticales
des génératrices *cef* et *cgh*, se confondent.

659. Autrement. Il est préférable de chercher les
points de contact des plans tangents passant par le point, ces
points de contact de-
vant se trouver sur
des génératrices don-
nées.

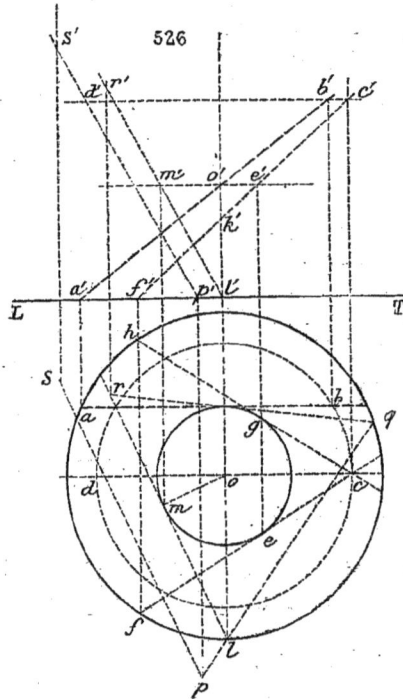

Ainsi, nous vou-
lons trouver le point
de contact situé sur
la génératrice *lm*, *l'm*
d'un plan tangent pas-
sant par SS'.

Tout plan passant
par la génératrice est
tangent (641).

Déterminons un
plan passant par la gé-
nératrice et le point
S,S', en conduisant
par S,S' une parallèle
S'*p'*, S*p* à la généra-
trice ; le plan tangent
a pour trace *pl*.

Nous cherchons le
point de contact (642)
de ce plan tangent en
traçant la génératrice
du second système contenu dans ce plan, génératrice dont
la trace est au point *q* ; sa projection est *qr*, et le point de contact est le point *r* dont nous prenons en *r'* la projection verticale sur *l'm'*.

On obtiendra ainsi autant de points de la courbe qu'on le
voudra.

660. Plan de la courbe.

1° La génératrice de l'hyperboloïde est *ab*, *a'b'* le point est
S,S'. (Fig. 527.)

Nous déterminons le cône asymptote (645).

Nous prenons le point extérieur au cône asymptote (656 1° et 2°).

La courbe est une hyperbole dont le plan est parallèle au plan diamétral conjugué de oS, $o'S'$.

Nous déterminons ce plan diamétral dans le cône, en con-

527

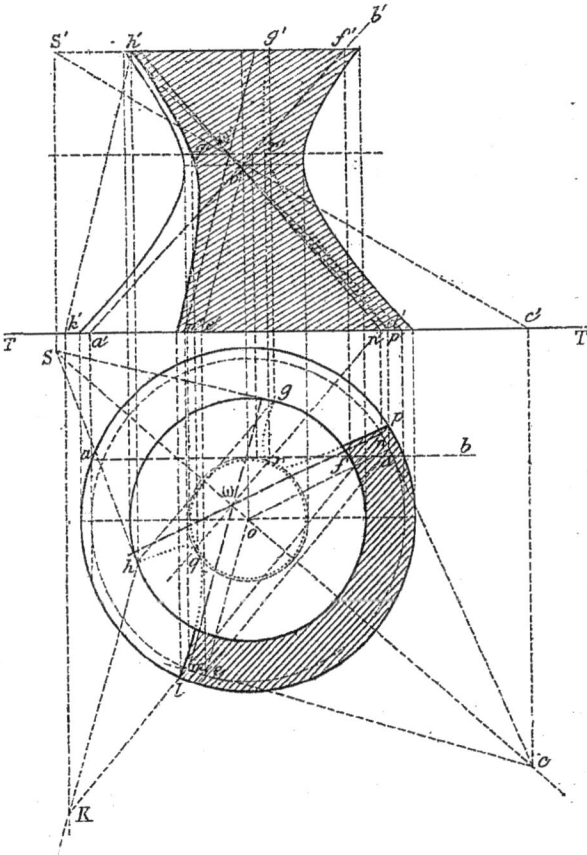

duisant des plans tangents par le point S,S' (481). Nous joignons le point au sommet, la trace de la droite S'o', So est le point *c*, et nous traçons les deux tangentes *cd*, *ce* à la base du cône. Les génératrices de contact sont *oe*, *o'e'* et *od*, *o'd'*, et le plan déterminé par ces deux droites est le plan diamétral cherché (481).

Les asymptotes de l'hyperbole seront parallèles à ces deux génératrices.

Considérons le plan horizontal passant par le point, il coupe la droite *ab*, *a'b'* au point *f'*,*f* et donne dans la surface le parallèle dont le rayon est *of*, nous pouvons tracer des tangentes à ce parallèle par le point S, et les deux points de contact *g*,*g'* et *h*,*h'* appartiennent à la courbe cherchée.

Le plan de cette courbe passe par l'horizontale *gh*, *g'h'* et est parallèle aux deux génératrices *od*, *o'd'* et *oe*, *o'e'*.

Nous allons déterminer la trace de ce plan.

Pour cela, nous conduisons par le point *h*,*h'* une parallèle *h'k'*, *hk* à la génératrice *oe*, *o'e'*, le point *k* est un point de la trace du plan et cette trace est *klmnp* parallèle à *gh* et à *ed*.

Nous construisons les asymptotes de la courbe (650).

Les plans asymptotes dont les traces sont *cd* et *ce* coupent le plan de la courbe suivant les deux asymptotes. La première a pour projection horizontale *mω*, passant par le point de rencontre *m* des traces horizontales du plan de la courbe et du plan asymptote, parallèle à *oe* ; sa projection verticale est *m'ω'* parallèle à *o'e'*. La seconde est *nω*, *n'ω'* parallèle à *od*, *o'd'*.

Le point de rencontre ω,ω' des deux asymptotes est un peu au-dessus du cercle de gorge.

Nous coupons l'hyperboloïde par le plan horizontal passant par ce point et nous avons les deux sommets dont les projections horizontales sont *r* et *q*, leurs projections verticales sont *r'* et *q'* (632, 653), les points *l* et *p* où la trace du plan croise la trace de l'hyperboloïde sont aussi des points de la courbe.

Il est facile de tracer l'hyperbole qui a deux points sur le cercle de gorge.

Nous avons limité la surface au plan horizontal passant par le point S',S, et considéré le point comme un point lumineux, la courbe contacte est la courbe d'ombre propre.

2° *Le point est dans l'intérieur du cône asymptote.*

Le point est S,S'. (Fig. 528.)

Le plan de la courbe de contact est parallèle au plan diamétral conjugué de la droite S'o', So.

Nous construisons ce plan diamétral dans le cône asymptote.

Nous faisons passer des plans par la droite S'o', So dont la trace est au point c.

Par exemple, le plan dont la trace est la droite de front dce donne dans le cône deux génératrices dont les projections verticales sont $o'd'$ et $o'e'$; nous pouvons figurer entre ces deux génératrices une parallèle à S'o'So, parallèle dont la projection verticale est, par exemple, $e'k'$, et prendre le milieu f' de $e'k'$, la droite dont la projection est $o'f'$ située dans le plan auxiliaire sécant, est une droite du plan diamétral, et sa trace est au point h sur la trace du plan auxiliaire dce. D'ailleurs, le plan diamétral est évidemment pour raison de symétrie, perpendiculaire au méridien dont la trace est oc, dont Ph est la trace de ce plan, qui est, d'ailleurs, bien déterminé puisqu'il passe par le centre. Nous avons déjà vu (481) que la trace de ce plan est la polaire du point c par rapport à la base du cône, ce qui permet de construire directement cette trace.

Nous obtiendrons un point de la courbe de contact, soit en menant par le point S,S' une tangente à l'hyperbole méridienne contenue dans le plan du méridien qui passe par ce point, soit en cherchant un point sur une génératrice (659) et nous construirons un plan passant par le point obtenu et parallèle au plan P.

Il sera facile, en opérant comme nous l'avons indiqué (653) d'obtenir les sommets de l'ellipse qui est la courbe de contact.

Il faut remarquer que cette construction peut être utile dans la pratique pour représenter un corps dont le vide intérieur est limité par un hyperboloïde, cas dans lequel la projection du cercle de gorge sur un plan perpendiculaire à l'axe serait vue, et l'ellipse de contact du cylindre circonscrit sera le contour apparent intérieur du corps.

3° *Le point est sur le cône asymptote.*

Nous ne ferons pas la construction. Le plan de la courbe est parallèle au plan tangent au cône asymptote suivant la génératrice qui passe par le point, et on construira directement un point de la courbe.

661. Problème. — *Construire la courbe de contact d'un cylindre circonscrit à un hyperboloïde de révolution.*

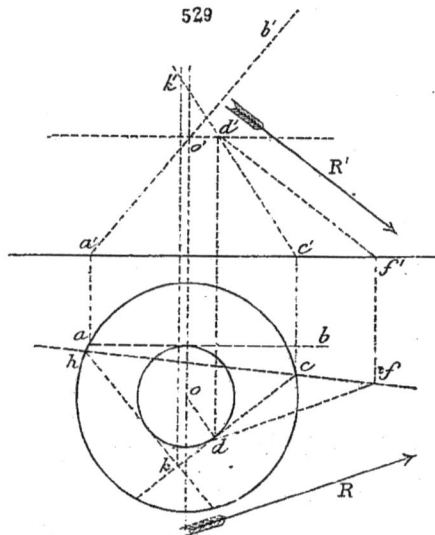

529

On peut encore obtenir la courbe par points en opérant comme pour une surface quelconque de révolution et nous avons déjà montré (658) comment on construit la tangente à la méridienne en un point d'un parallèle donné.

Il est encore préférable de chercher les points situés sur les génératrices successives de la surface.

Ainsi, la direction donnée est R',R ; on veut trouver le point de contact d'un plan tangent parallèle à R',R et situé sur la génératrice *cd, c'd'*. (Fig. 529.)

Nous faisons passer par un point *d,d'* pris sur cette génératrice une parallèle *df, d'f'* à R,R' et le plan mené par *cd, c'd'* parallèlement à R,R' a pour trace horizontale *fc*. Ce plan est le plan tangent qu'on se proposait de construire (641).

Nous cherchons la génératrice du second système contenue dans ce plan (642). La trace de cette génératrice est le point *h*, et la génératrice a pour projection horizontale *hk* qui croise *cd* au point *k*, projection horizontale du point de contact cherché, dont nous pouvons relever en *k'* la projection verticale.

Nous obtiendrons ainsi autant de points de contact que nous jugerons utile d'en déterminer.

Plan de la courbe.

662. 1° Nous pouvons encore construire le plan de la courbe. (Fig. 530.)

Prenons la direction R,R' faisant avec l'axe un angle plus grand que la génératrice de l'hyperboloïde. La courbe de contact est une hyperbole (657).

Le plan de la courbe est le plan diamétral conjugué de R,R et nous pouvons construire ce plan dans le cône asymptote en menant à ce cône des plans tangents parallèles à R,R' (480).

Nous avons conduit par le sommet *o, o'* une parallèle *oc, o'c'* à R,R' et nous avons tracé par le point *c*, trace de la parallèle, des tangentes *ce* et *cf* à la base du cône asymptote qui est le cercle dont *od* est le rayon.

Les génératrices de contact *oe, o'e'* et *of, o'f'* déterminent le plan diamétral dont la trace est *ef*, et sont les asymptotes de la courbe (657-2°).

Le plan est donc déterminé par sa trace *ef* et le centre.

Les sommets de l'asymptote sont aux points de rencontre du cercle de gorge avec l'horizontale *lm* bissectrice de l'angle des asymptotes.

Les points *k* ou *h* où la trace du plan croise la trace de l'hyperboloïde appartiennent à la courbe, qu'il est facile de tracer.

Nous avons noté les points u,u' et v,v' qui sont les points auxquels les asymptotes rencontrent le plan horizontal supérieur qui limite l'hyperboloïde, la droite $u'v'$, uv, est la trace du plan de la courbe sur le plan horizontal supérieur,

530

d'ailleurs, le cercle trace de la surface est le cercle décrit avec ob comme rayon, et les points x',x et y',y sont deux points de la courbe.

Si la direction R,R' est une direction de rayon lumineux éclairant la surface, la courbe est l'ombre propre de l'hyperboloïde ; nous obtiendrons facilement l'ombre portée sur le plan horizontal. Le centre de l'hyperbole d'ombre propre se projette au point c centre de l'ombre portée, les asymptotes de cette ombre portée sont ec et fc, ombres des deux asymptotes, le diamètre lm du cercle de gorge se projette en vraie grandeur en l_1m_1. et si nous considérons les points x,x' et y,y' situés dans le plan horizontal supérieur auquel nous avons limité la surface, la corde horizontale xy, $x'y'$ se projette horizontalement en x_1y_1 et il n'y a plus qu'à tracer l'hyperbole, ombre portée, dont on a les asymptotes, les sommets et les points extrêmes.

Autres méthodes pour tracer les ombres.

On peut tracer l'ombre portée par l'hyperboloïde sur un plan, en construisant les ombres d'un certain nombre de génératrices, dont l'enveloppe est l'ombre portée ; cette méthode est surtout commode lorsque l'hyperboloïde est représenté lui-même par des génératrices ainsi que nous l'avons fait (647).

Si l'ombre doit se faire sur un plan perpendiculaire à l'axe, on peut projeter obliquement un certain nombre de parallèles de la surface, l'enveloppe de toutes ces projections obliques des cercles donnera l'ombre portée.

2° La direction donnée fait avec l'axe un angle plus petit que les génératrices ; la courbe de contact est une ellipse (657).

Nous ne donnerons pas le détail de cette construction identique à celle que nous avons indiquée dans le cas du cône circonscrit lorsque le sommet est intérieur au cône asymptote. (§ 660, 2° fig. 528.)

On cherche le plan diamétral dans le cône asymptote (480).

3° La droite étant parallèle à une génératrice du cône asymptote, nous avons vu qu'il suffisait de tracer les génératrices de l'hyperboloïde parallèles à cette direction.

663. Contour apparent *d'un hyperboloïde dont l'axe est incliné sur le plan horizontal.*

Le problème du cylindre circonscrit est, comme toujours, le problème du contour apparent.

On donne un hyperboloïde défini par sa génératrice et un axe qui est parallèle au plan vertical. (Fig. 531.)

La génératrice est cd, $c'd'$, l'axe est la droite de front ab, $a'b'$.

Nous commençons par chercher la perpendiculaire com-

531.

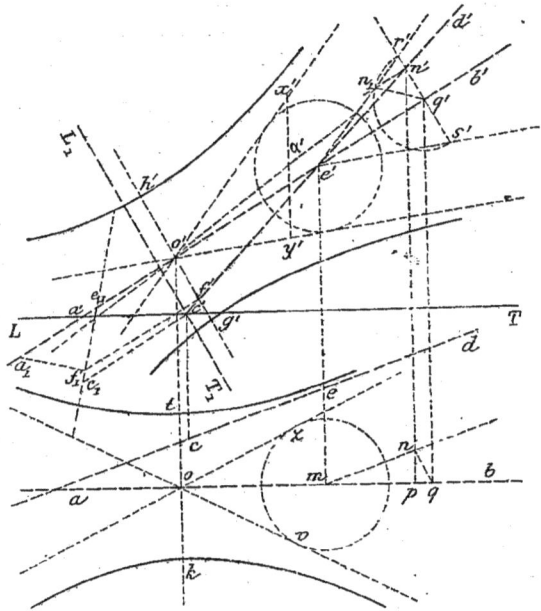

mune aux deux droites pour connaître le centre et le rayon du cercle de gorge (220).

Nous faisons un changement de plan horizontal, en prenant le plan horizontal L_1T_1 perpendiculaire à l'axe. L'axe a pour trace horizontale nouvelle le point a_1 dont l'éloignement est le même que l'éloignement de tous les points de l'axe.

La nouvelle projection horizontale de la droite dc, $d'c'$ est e_1c_1.

La plus courte distance a pour projections a_1f_1, $f'o'$, le point o',o est le centre du cercle de gorge et a_1f_1 est le rayon.

Nous portons une longueur égale au diamètre du cercle de gorge sur la perpendiculaire à $a'b'$ menée par o', h' et g' sont les deux extrémités du diamètre de front du cercle de gorge, et sont les sommets de l'hyperbole méridienne.

Le diamètre horizontal de ce cercle se projette en vraie grandeur suivant tok et les points t et k sont les sommets de la projection horizontale.

Nous cherchons l'angle de la génératrice avec l'axe.

Pour cela, nous menons par le point m,e' pris sur l'axe une parallèle à la génératrice; ses projections sont $e'd'$ et mn; nous faisons tourner cette droite autour de l'axe pour la rabattre dans le plan de front passant par l'axe. Le point n,n'; décrit un cercle dont le rayon projeté en qn, $q'n'$ est rabattu en $q'n_1$ ($n'n_1 = np$); et la droite se rabat en e'_1' ou $e's'$; ces deux lignes qui font avec l'axe le même angle que la génératrice figurent le contour apparent vertical d'un cône homothétique du cône asymptote; nous traçons des parallèles par le point o', et nous obtenons en $o'x'$ et $o'y'$ les lignes qui forment le contour apparent vertical du cône asymptote et qui sont les deux asymptotes de l'hyperbole méridienne.

Il est facile de voir, en ce moment, que le contour apparent horizontal de l'hyperboloïde sera une hyperbole; car les projetantes verticales qui sont les génératrices du cylindre circonscrit fournissant le contour apparent, font avec l'axe un angle plus grand que la génératrice (657).

Nous devons alors nous rappeler que le plan diamétral conjugué des cordes verticales, qui renferme la courbe de contour apparent horizontal, est le même dans l'hyperboloïde et dans son cône asymptote, et que ce plan contient dans le cône asymptote les génératrices de contour apparent horizontal (480).

Il faut donc construire les génératrices de contour apparent horizontal du cône. Pour cela (411), nous inscrivons dans le cône une sphère, dont nous prenons arbitrairement le centre au point e',m, son rayon est donné en vraie grandeur par la projection verticale, nous traçons le contour apparent horizontal et les deux tangentes oz, ov menées par le point o au cercle qui représente la projection horizontale de la sphère donnent le contour apparent du cône.

Ces génératrices *oz*, *ov* sont en même temps (657) les asymptotes de l'hyperbole qui forme le contour apparent de l'hyperboloïde et dont les sommets sont les points *t* et *k* précédemment obtenus.

Le plan diamétral conjugué des cordes verticales, et qui contient les génératrices de contour apparent du cône et l'hyperbole contour apparent de l'hyperboloïde est perpendiculaire au plan vertical, et se projette verticalement suivant une droite facile à construire.

Nous figurons dans le cône une corde verticale $x'y'$, nous prenons son milieu α' et la droite $o'\alpha'$ est la trace verticale du plan diamétral, projection de la courbe de contour apparent horizontal.

664. Problème. — *Mener à un hyperboloïde de révolution un plan tangent, parallèle à un plan.*

La génératrice est $ab, a'b'$; le plan est P'αP. (Fig. 532.)

Le plan tangent doit contenir deux génératrices, et par conséquent le plan donné doit être parallèle à ces deux droites.

Nous devons donc chercher les génératrices parallèles au plan donné; et nous cherchons d'abord les génératrices du cône asymptote parallèles à ce plan.

Pour cela, nous menons par le centre o, o', un plan parallèle au plan P.

Ce plan a été construit par l'horizontale $oc, o'c'$, ses traces sont $c'\beta df$; il détermine dans le cône asymptote, dont la base est le cercle de rayon oi, deux génératrices parallèles au plan P, dont nous figurons seulement les projections horizontales od, et of, nous dessinons les projections horizontales des génératrices de l'hyperboloïde parallèles à ces droites.

Nous avons gh, et kl, parallèles à od, mn et pq, parallèles à of.

Les traces de ces génératrices sont aux points g et k, p et m, sur le cercle qui est la trace de l'hyperboloïde; ces points étant choisis par la condition que la pente des génératrices sont dans le même sens que la pente des droites correspondantes du cône asymptote.

En prenant ensemble les génératrices de systèmes différents gn et pq, nous obtenons un plan parallèle au plan P; sa trace horizontale est gp, (qui doit, comme vérification, être parallèle à αP), son point de contact est projeté au point r, où se croisent les projections horizontales des deux génératrices, et nous avons relevé ce point en r', sur la projection verticale $p'q'r'$, de la génératrice pq. Le plan est RγR'.

En prenant ensemble les génératrices kl et mn, de système différent, nous obtenons un plan parallèle au plan P; sa trace

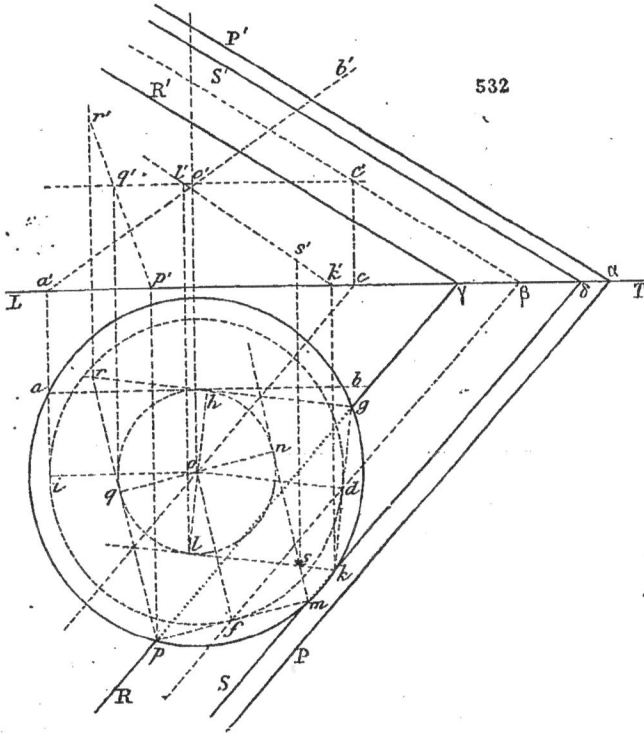

532

horizontale est mk (parallèle à αP, comme vérification). Son point de contact est projeté en s, et nous avons relevé sa projection verticale en s', sur la projection verticale $k'l'$, de la génératrice kl.

Le plan est S&S'.

Il n'y a pas d'autre solution.

Il y a une condition de possibilité. Il faut que le plan fasse avec le plan horizontal un angle plus grand que les génératrices de l'hyperboloïde.

Si les angles sont égaux, il n'y a plus qu'un plan tangent au cône asymptote parallèle au plan donné.

665. Problème. — *Mener à un hyperboloïde de révolution, un plan tangent, passant par une droite.*

Nous avons déjà résolu un problème analogue pour les surfaces courbes, et indiqué les différentes méthodes applicables dans ces cas (406); nous avons fait observer, alors, que la droite ne devait pas rencontrer la surface.

Dans le cas de l'hyperboloïde, *la droite doit nécessairement couper la surface.*

En effet, le plan tangent contiendra deux génératrices, qui, étant dans un même plan avec la droite donnée, la couperont nécessairement en

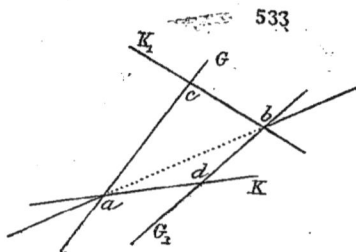

deux points qui sont ceux auxquels la droite traversera la surface.

Si *ab* est la droite donnée (Fig. 533), nous devons donc chercher les points de rencontre de cette droite avec l'hyperboloïde; soient *a* et *b* ces points.

Imaginons les génératrices de système différent G et K, qui passent par le point *a*, les génératrices G_1 et K_1, qui passent par le point *b*.

Les génératrices de système différent G et K_1 se croisent au point *c*, point de contact d'un plan tangent, passant par la droite ; les génératrices de système différent G_1 et K se croisent au point *d*, point de contact d'un plan tangent passant par la droite.

Nous obtenons donc deux plans tangents.

Avant de réaliser les constructions, nous devons chercher les points de rencontre de la droite avec l'hyperboloïde.

666. Problème. — *Construire les points de rencontre d'une droite et d'un hyperboloïde de révolution.*

1° Nous avons déjà résolu ce problème pour le cas où la droite rencontre l'axe, en cherchant les sommets des sections planes. (653.)

Nous ne reviendrons pas sur cette construction.

2° *La droite ne rencontre pas l'axe.*

La génératrice de front de l'hyperboloïde est *ab, a'b'*. (Fig. 534.)

Nous supposons qu'on a amené la droite donnée à être pa-

534

rallèle au plan vertical, les projections dans cette position sont *cd,c'd'*; on ramènera ensuite, facilement les points obtenus sur la droite dans sa position primitive.

Imaginons qu'on connaisse un des points d'intersection de

la droite et de la surface, le point qq', par exemple. Nous pourrons tracer par ce point une droite horizontale qr, $q'r'$, qui rencontrera la génératrice ab, $a'b'$, et cette droite qr,$q'r'$, sera une corde de l'hyperboloïde. Nous allons chercher cette corde.

Concevons une série de droites horizontales, s'appuyant sur la droite ab,$a'b'$, et sur la droite cd,$c'd'$, la corde cherchée sera une de ces droites.

Nous remarquons d'abord que les milieux de ces droites seront tous dans un plan vertical parallèle aux deux plans verticaux ab, et cd, et équidistant de ces plans, la trace de ce plan est klm, et les milieux de toutes les droites horizontales sont projetées sur glm.

Les projections horizontales de toutes ces droites passant par un même point ;

En effet, une de ces droites est ac, dans le plan horizontal de projection nous prenons, $d'f'$,df, dans un plan horizontal supérieur, et enfin nous prenons la perpendiculaire au plan vertical xy projette verticalement en x'.

Les deux droites sont coupées en parties proportionnelles par les trois plans horizontaux qui renferment ces trois horizontales ; nous avons

$$\frac{d'x'}{f'x'} = \frac{x'c'}{x'a'}.$$

Les projections sont dans le même rapport

$$\frac{dy}{bx} = \frac{yc}{xa}.$$

Les trois droites passent donc par un même point h ; or le point h, intersection de deux droites fixes ac et xy est fixe, donc les projections de toutes les autres droites situées dans des plans horizontaux quelçonques passeront par le point h.

La projection de la corde cherchée de l'hyperboloïde passera par le point h.

Mais le méridien qui est perpendiculaire à cette corde la coupe en son milieu ; ainsi la corde étant *hq*, nous avons vu que son milieu est sur *klm* au point *l*, et le méridien *ol* qu'il est inutile de tracer doit être perpendiculaire sur *hq* en ce point *l*.

Par suite, nous décrivons sur *ho* une circonférence qui passera par le point *l*.

La construction est donc évidente. — On détermine le point fixe *h*, au moyen de la perpendiculaire au plan vertical passant par le point *x′* où se croisent les projections verticales et de la droite *ac ;* on décrit sur *oh* une circonférence ; on trace une parallèle équidistante de deux droites *ab* et *cd*, cette parallèle rencontre la circonférence en deux points *l*, *m*. Les droites *hl*, *hm* sont les projections des cordes de l'hyperboloïde qui rencontrent la projection *cd* aux points *p* et *q*, projections des points de rencontre cherchés et dont on prend les projections verticales en *p′* et *q′*.

Remarquons qu'il n'est pas indispensable d'amener la droite parallèle au plan vertical ; il faut alors prendre la génératrice dont la projection est parallèle à la droite ; la construction est la même ; et c'est seulement pour rendre la figure plus claire que nous avons effectué cette rotation (*).

667. Épure *du plan tangent passant par une droite.* — La génératrice de l'hyperboloïde est *ab′*, *a′b′* ; la droite est *cd*, *c′d′*. Nous cherchons les points où la droite rencontre l'hyperboloïde ; nous appliquons la construction précédente, nous l'avons répétée sur la figure (Fig. 535). Nous avons obtenu les points *pp′* et *qq′*.

Nous traçons par le point *p* les lignes *pu* et *pr* tangentes au cercle de gorge, les génératrices dont ces droites sont les

(*) Nous verrons plus tard que les droites horizontales que nous considérons et qui s'appuient sur les deux lignes *ab*, *a′b′* et *cd*, *c′d′* forment un paraboloïde hyperbolique dont le plan horizontal est le plan directeur, et les projections des génératrices sur ce plan passant par un point fixe.

La construction que nous venons d'indiquer est due à M. Barbier, ous en donnerons une autre après avoir étudié le paraboloïde.

projections ont leurs traces en u et r, en effet le point p, p' est au-dessous du cercle de gorge.

Nous imaginons par le point q,q' les génératrices dont

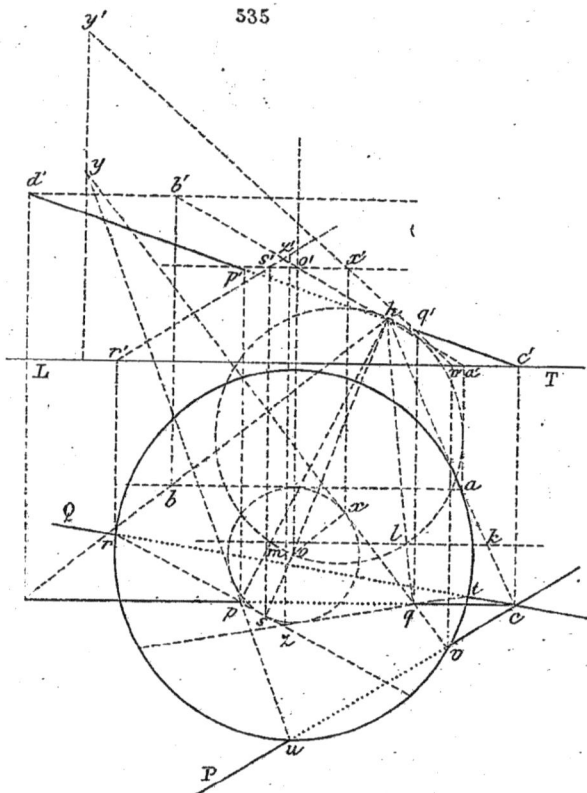

535

les projections sont qv et qt, les traces de ces génératrices sont v et t.

La trace d'un plan tangent passant par la droite est uvc (ces trois points doivent être en ligne droite). Le point de contact est projeté en y, et sa projection verticale est en y', sur la projection verticale $y'x'v'$ de la génératrice xqv.

La trace du second plan tangent est rtc (ces trois points

doivent être en ligne droite). Le point de contact est projeté au point z, et sa projection verticale est z'_1, sur la projection verticale de la génératrice $zspr$.

668. Autre mode de génération de l'hyper-boloïde. — On donne trois cercles situés dans trois plans parallèles, les centres sont sur une même perpendiculaire à

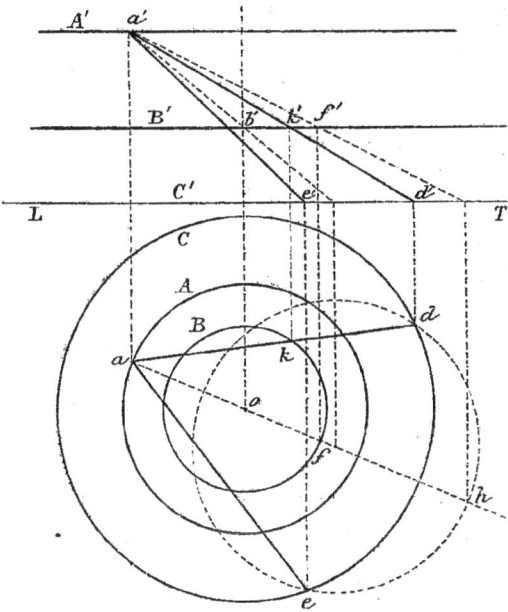

ces trois plans; une droite s'appuyant sur ces trois cercles engendre un hyperboloïde de révolution.

Nous prenons (Fig. 537) les trois cercles A, A'; B,B'; C,C dans trois plans horizontaux parallèles, leurs projections horizontales sont concentriques. Nous imaginons un cône ayant son sommet au point a,a' sur le cercle A et pour directrice le cercle B; un second cône a son sommet au même point et

pour directrice le cercle C ; les deux cônes se couperont suivant des génératrices qui rencontrent les trois cercles.

Construisons la trace du cône B sur le plan horizontal; cette
trace sera un cercle. Nous aurons le centre b, en prenant la
trace de la droite $a'b'$, ao, et le rayon en prenant la trace h d'une
génératrice quelconque $af, a'f'$; cette trace coupe le cercle C
en deux points d et c et les deux droites ad, $a'd'$, ae, $a'e'$ sont
deux génératrices de la surface engendrée.

Or, si nous prenons un autre point quelconque du cercle
A pour sommet des deux cônes, la base du cône B sera toujours
un cercle égal, et dont le centre sera toujours à la même distance du point o; par conséquent, la longueur des projections ad et ae est constante, et la cote du point a étant la
même, toutes ces droites ainsi obtenues feront avec le plan
horizontal un angle constant et engendreront un hyperboloïde
de révolution.

Si l'on considère le point k', k où la droite $a'd', ad$ rencontre
le cercle B comme sommet de deux cônes ayant pour directrices les deux autres cercles ; la droite $a'd', ad$ est une génératrice commune à ces deux cônes, et par raison de symétrie
toutes les autres génératrices obtenues en prenant les sommets sur le cercle B, feront avec le plan horizontal le même
angle que $ad, a'd'$; nous engendrerons toujours le même hyperboloïde, quel que soit le cercle sur lequel nous prenons les
sommets des cônes.

Si les plans sont équidistants, et les cercles situés dans
les plans extrêmes égaux en eux et plus grands que le cercle
situé dans le plan moyen, il est facile de voir que le cercle
dans le plan moyen sera le cercle de gorge, et que les
projections de toutes les génératrices seront tangentes à ce
cercle.

669. Exercices. — 1° Étant donnée une génératrice d'un
hyperboloïde construire un plan tangent faisant avec l'axe un
angle donné et passant par cette droite.

2° Trouver l'intersection d'un hyperboloïde avec une
droite parallèle à une de ses génératrices.

3° On donne les projections d'un point et un cône de révolution. — Ce cône est le cône asymptote d'un hyperboloïde passant par le point. — Construire le plan tangent à l'hyperboloïde au point considéré.

4° On donne deux génératrices de même système d'un hyperboloïde de révolution; on donne un point sur chacune d'elles ; ces points sont deux points d'un même parallèle de l'hyperboloïde ; déterminer la surface.

5° On donne un cercle dans un plan horizontal dont on connait la cote. Un point dans le plan horizontal en dehors de la projection du cercle. Le cône est le cercle de gorge d'un hyberboloïde. Le point est un point de la trace horizontale. — Prendre un point de la surface et mener le plan tangent en ce point.

6° Hyperboloïde défini comme précédemment. — On mène une droite tangente au cercle trace horizontale de la surface, et par cette droite on fait passer un plan incliné à 45°. — Construire l'intersection par ce plan et mener la tangente en un point.
Faire varier la cote du plan du cercle de gorge de manière à obtenir une des trois sections coniques.

7° Étant donné un hyperboloïde à axe vertical défini par une génératrice, mener par un point de la ligne de terre un plan tangent incliné à 45° sur le plan horizontal.

8° Faire tourner deux droites données autour d'un même axe vertical jusqu'à ce qu'elles se rencontrent.

9° On donne un hyperboloïde de révolution à axe vertical défini par sa génératrice et un cône de révolution à axe vertical, mener par un point une tangente commune au cône et à l'hyperboloïde.

10° On donne la projection horizontale SABC d'un tétraèdre régulier.
Un hyperboloïde a pour axe BC, et est engendré par une

parallèle *df* au côté *ac* située à une distance $ad = \frac{2}{3} as$. (Fig. 536.)

536

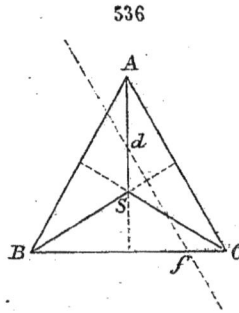

Représenter ce qui reste du tétraèdre supposé plein et solide après avoir enlevé la partie comprise dans l'hyperboloïde.

HYPERBOLOÏDE A UNE NAPPE

670. Généralités. — Le mouvement d'une droite indépendamment de ses points est défini par la condition de rencontrer constamment trois droites données.

La surface engendrée est un hyperboloïde à une nappe, si les trois droites ne sont pas parallèles au même plan, et ne sont pas deux à deux dans ce même plan.

Cette dénomination est basée sur les analogies qui existent entre la surface et l'hyperboloïde de révolution.

Ces analogies sont les suivantes :

La surface est du second degré et a un centre.

Elle est doublement réglée, et elle est gauche.

Elle admet un cône asymptote, enveloppé de tous les plans tangents à la surface aux points situés à l'infini, et les plans tangents au cône asymptote coupent la surface suivant des génératrices parallèles à la génératrice de contact et équidistantes de cette droite. Les sections faites dans le cône et dans la surface par un plan sont des coniques semblables, concentriques si ces sections sont des ellipses ou des hyperboles. — La surface peut être déduite de l'hyperboloïde de révolution en transformant tous les parallèles de cette surface en des ellipses homothétiques.

Nous allons démontrer la plupart des propriétés que nous venons d'énoncer, nous renvoyons pour les autres aux traités de géométrie analytique.

On donne trois droites A, B, C; nous allons montrer comment on peut construire une droite rencontrant ces trois droites.

671. Parallélipipède des directrices. — Nous

voulons construire une droite rencontrant trois droites. Nous pouvons faire passer par une des droites un plan qui coupe les deux autres, la droite joignant les points d'intersection sera la droite demandée. (Fig. 538.)

Nous supposons que les trois droites données ne sont pas

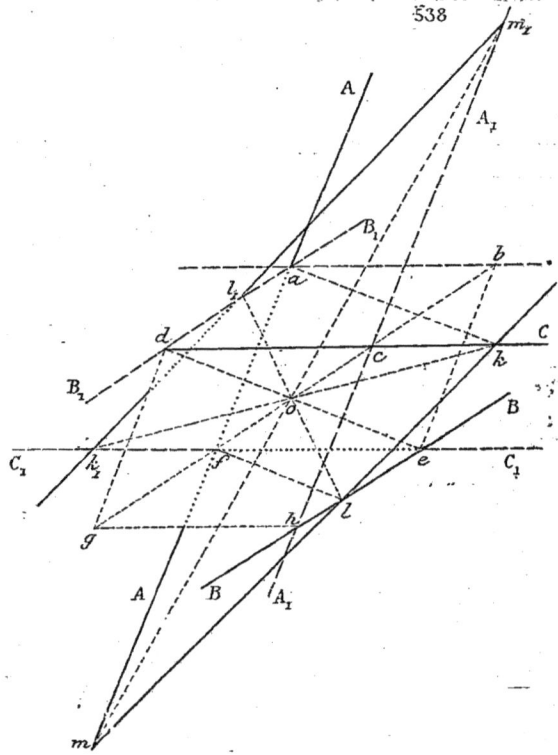

parallèles à un même plan et ne se coupent pas deux à deux.

Nous allons d'abord montrer qu'on peut construire trois droites parallèles aux directrices. — Imaginons par la droite A et par la droite B des plans parallèles à la droite C, ces deux plans se couperont suivant une droite parallèle à la droite C qui rencontrera les deux droites données A, B et la droite C à l'infini. Ce sera une génératrice C_i.

Nous pouvons de même obtenir une génératrice B_1 parallèle à la droite B, et une génératrice A_1 parallèle à la droite A. Sur ces six droites parallèles deux à deux nous pouvons établir un parallélipipède que nous représentons en *abcdefgh*.

La considération de ce parallélipipède va être très commode pour la détermination des génératrices et l'étude des propriétés de la surface.

Imaginons par la droite A un plan quelconque, sa trace sur la face *abcd* est une droite *ak* qui croise au point *k* la génératrice C placée dans le plan de cette face, sa trace sur la face *efgh* est une droite *fl* parallèle à *ak*, et qui croise au point *l* la génératrice B placée dans le plan de la face, *lk* est une génératrice qui s'appuie sur A au point *m*.

672. *A chaque génératrice telle que* klm *correspond une droite parallèle s'appuyant sur les trois droites* $A_1B_1C_1$, *et qui est une génératrice.*

Nous prenons sur A_1 $cm_1 = fm$, ces deux longueurs étant comptées en sens inverse à partir des sommets *c* et *f* opposés; la droite mm_1 passe par le centre *o* du parallélipipède et est partagée en ce point en deux parties égales.

Nous prenons sur B_1 $al_1 = hl$, longueurs comptées en sens contraire à partir des sommets opposés; la droite ll_1 passe par le centre *o* et est divisée en ce point en parties égales.

Nous prenons sur C_1 $fk_1 = ck$. en sens contraire, la droite kk_1 passe par le centre *o* et y est divisée en deux parties égales.

Nous joignons les points k_1 et l_1, l_1 et m_1, et il est facile de voir que ces trois points sont sur une droite parallèle à *klm*; cela résulte de l'égalité des triangles k_1l_1o, et *klo*, l_1m_1o et *lmo*. La droite $k_1l_1m_1$ est une génératrice de la surface puisqu'elle a trois points sur cette surface.

673. Centre du parallélipipède. — Le centre du parallélipipède est le centre de la surface, car si nous imaginons une corde passant par ce point et s'appuyant sur une génératrice, nous aurons une autre génératrice parallèle rencontrant la corde à la même distance du centre.

Nous allons montrer comment on peut construire le centre. (Fig. 539.)

Les trois directrices données sont A' perpendiculaire au plan horizontal au point o ; ab, $a'b'$ que nous désignons par B, droite de front; et la droite cd, $c'd'$ quelconque que nous désignons par C.

Observons, d'ailleurs, que ces données sont générales et que nous pouvons toujours faire les changements de plan

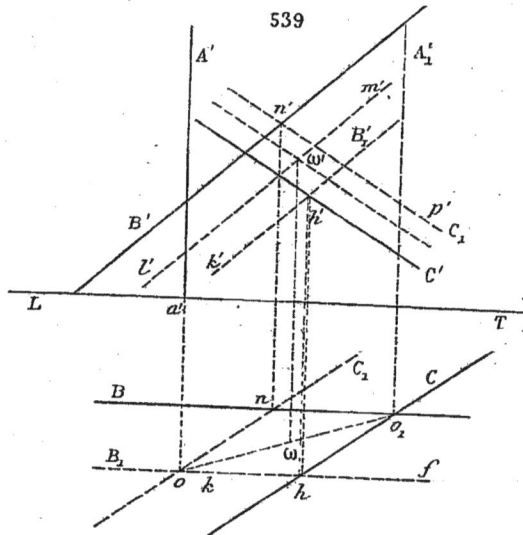

539

nécessaires pour amener trois droites quelconques dans cette situation particulière.

Cherchons la droite A'_1 : nous menons par B et C des plans parallèles à A', ce sont les plans verticaux qui projettent horizontalement les droites B et C, et ils se coupent suivant une verticale o_1 A_1' passant par le point de rencontre des projections horizontales.

Le centre du parallélipipède est à égale distance de ces deux droites, par suite il est sur la verticale qui passe par le point ω, milieu de oo_1, et ce point ω est sa projection horizontale.

Cherchons la droite B_1 : nous menons par la verticale A un plan parallèle à B, plan dont la trace *of* est parallèle à *ab* et cette ligne est la projection horizontale de la génératrice cherchée, mais cette génératrice B_1 doit rencontrer la droite C, le point de rencontre se projette en *h*, *h'* et la projection verticale B'_1 de B_1 est *h'k'*.

Le centre est à égale distance de B, et B_1 par conséquent sa projection verticale est sur une parallèle *l'm'* aux deux projections verticale et équidistante des deux droites, le centre est donc au point ω'.

Nous pouvons construire, comme vérification la génératrice C_1 parallèle à C, sa projection horizontale est *on* parallèle à *cd*, et sa projection verticale est *n'p'* parallèle à *c'd'* ; la parallèle aux deux droites *c'd'* et *n'p'*, équidistante de ces deux droites est un lieu de la projection verticale du centre et doit passer par le point ω' déjà obtenu.

674. Théorème. — *Par un point pris sur une génératrice s'appuyant sur ABC, on peut toujours faire passer une droite s'appuyant sur $A_1B_1C_1$.*

Construisons (Fig. 540) le parallélipipède ; conduisons par A un plan dont les traces sur les faces parallèles sont *en* et *al* et déterminons ainsi, comme nous l'avons déjà fait (671), la génératrice *nlk*. Prenons le point *m* sur cette droite et faisons passer par ce point *m* une parallèle *mpq* à A, cette parallèle rencontre *al* au point *p* et *en* au point *q*.

Les deux lignes *gq* et *cp* sont parallèles, car elles rencontrent les deux parallèles *pq* et *cg* et sont les traces d'un plan passant par A_1 sur les faces *efgh* et *abcd* ; *gq* rencontre B_1 au point *r*, et *cp* rencontre C_1 au point *s*.

Je dis que les trois points *r,s,m*, sont en ligne droite ; la droite ainsi déterminée étant dans un plan qui passe par A_1 rencontrera cette ligne en un point *x* et sera la génératrice demandée.

gvr croise *ef* au point *v* ; joignons *vt* et *rn*.

Les deux triangles *spl* (dans la face supérieure) et *vqt* sont égaux ; car *pl* et *qt* sont égaux et parallèles, *sp* et *vq* sont égaux et parallèles.

Les deux triangles *vqt* et *rqn* sont semblables :

En effet, les deux triangles semblables evq et gqn donnent

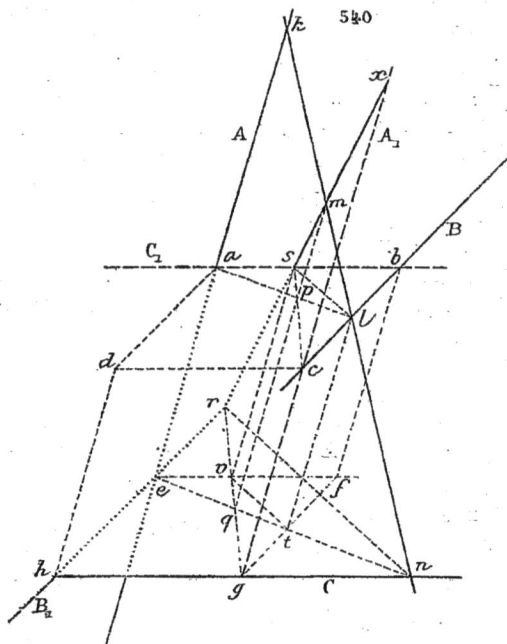

540

$$(1) \qquad \frac{vq}{gq} = \frac{eq}{qn}.$$

Les deux triangles semblables eqr et gqt donnent

$$(2) \qquad \frac{qr}{gq} = \frac{eq}{qt}$$

et en divisant membre à membre nous obtenons

$$(3) \qquad \frac{vq}{qr} = \frac{qt}{qn},$$

donc le triangle rqn est semblable à vqt et à spl, par suite les trois droites nl, qp, rs, vont concourir au même point m.

675. Théorème. — *Deux génératrices de même système ne se rencontrent pas.*

Si nous imaginons que deux génératrices G et G, rencontrant à la fois A et B se coupent, A et B seront dans le même plan, ce qui est contraire à l'hypothèse (670).

676. Théorème. — *Deux génératrices de système différent se rencontrent toujours.* La démonstration de ce théorème repose sur les deux lemmes suivants:

1º Quand on mène une transversale dans un triangle ABC, cette transversale détermine sur les côtés six segments tels que le produit des trois segments non contigus est égal au produit des trois autres. (Géométrie élémentaire, Liv. III.)

2º *Quand dans un quadrilatère gauche on mène deux droites rencontrant les côtés opposés et se coupant en un point, le produit des quatre segments non contigus est égal au produit des quatre autres.*

Le quadrilatère est *aceg* (fig. 541); les deux droites *hd* et *bf* se rencontrent au point *o*. Les deux droites *bd* et *hf* doivent se couper; la première est dans le plan du triangle *ace*, la seconde est dans le plan du triangle *aeg*, elles se coupent en un point

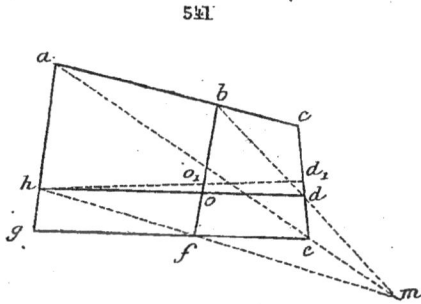

541

m situé sur l'intersection des deux plans.

Cela posé, nous avons deux triangles coupés par des transversales:

Le triangle *ace* donne:

(1) $ab \times cd \times em = bc \times de \times am$.

Le triangle *age* donne:

(2) $hg \times fe \times am = ah \times gf \times em$.

Multipliant membre à membre et divisant les deux membres par les facteurs communs, il vient:

$$ab \times cd \times ef \times gh = bc \times de \times fg \times ha.$$

Réciproquement si deux droites coupent les côtés opposés

d'un quadrilatère gauche en vérifiant l'égalité des produits des seg-
ments non contigus, ces deux droites se rencontrent.

Si les deux droites *hd* et *bf* qui vérifient l'égalité ci-dessus
ne se coupent pas, je pourrai mener par le point *h* une droite
ho₁d₁ rencontrant *bf* et coupant *ce* en un point *d₁*. (Il suffira de
faire passer un plan par *h* et *bf* et de prendre son intersection
avec *cd*.)

L'égalité des produits des segments devrait exister en
remplaçant dans un membre *cd* par *cd₁* et dans l'autre *ed* par
ed₁, ce qui est impossible.

Passons maintenant à la démonstration du théorème. Nous considérons trois génératrices du même système AA'A", nous
construisons trois droites BB'B" de l'autre système s'appuyant sur AA'A" (Fig. 542). Nous construisons une droite α
appuyée sur BB'B" et une droite β appuyée sur AA'A" je dis
que α et β se rencontrent.

Considérons le quadrilatère gauche *adqm* coupé par les

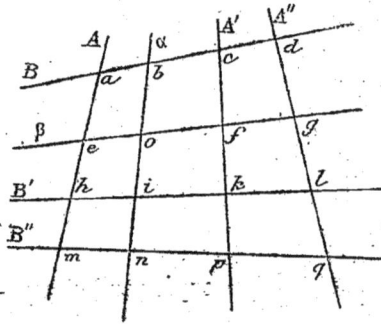

542

deux droites β et A'
qui se rencontrent au
point *f*, nous avons
la relation.

(1) $ac \times dg \times qp$
$\times me = cd \times gq \times pm$
$\times ea$.

Le même quadrila-
tère coupé par les
droites α et B₁ qui se
rencontrent au point *i*
nous donne :

(2) $ab \times dl \times qn$

$\times mh = bd \times lq \times nm \times h$.

Le même quadrilatère coupé par les droites A' et B' qui
se rencontrent au point *k* donne :

(3) $ac \times dl \times qp \times mh = cd \times lq \times nm \times ha$.

Multiplions membre à membre les égalités (1) et (2) et
divisons par l'égalité (3) il vient :

(4) $ab \times dg \times qn \times me = bd \times gq \times nm \times ea$.

Egalité qui montre d'après la réciproque précédente
que les droites α et β se rencontrent en un point *a*.

Corollaire. — *Trois droites quelconques d'un système peuvent être prises pour directrices de l'autre système.*

677. Plan tangent en un point. — Puisqu'on peut faire passer par un point une génératrice de chaque système, ces deux droites déterminent le plan tangent au point considéré, et nous observons que le plan tangent tourne autour de la génératrice et est différent en tous les points d'une même génératrice.

Il est impossible, en général, d'obtenir simplement la seconde projection d'un point de la surface dont une des projections est donnée. Si l'on donnait la projection horizontale, il faudrait faire passer par le point un plan perpendiculaire au plan horizontal, construire l'intersection de ce plan avec l'hyperboloïde et prendre le point ou la verticale menée par la projection donnée croise cette courbe. La solution de ce problème est facile dans le cas où l'une des directrices est perpendiculaire au plan de projection sur lequel la projection du point est donnée (673). Ainsi l'une des directrices (Fig. 543) est la verticale A' qui a sa trace au point *o*, les deux autres sont B, B' et C, C'. On connaît la projection horizontale *m* d'un point de la surface.

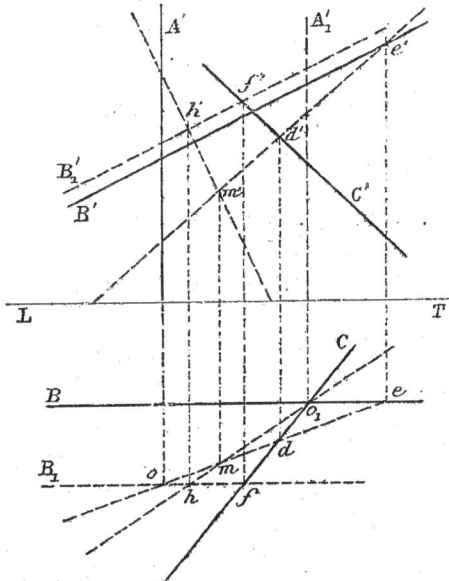

5.43

La génératrice qui passe par le point cherché et qui est du système différent de A, B, C rencontre A', et sa projection horizontal est *mo*. Cette droite croise B au point *e*, dont *e'* est la projection verticale, et C, au point *d* dont *d'* est la projection verticale ; *d'e'* est la projection verticale de la génératrice *edmo* et le point *m* a sa projection verticale en *m'*.

Nous pouvons obtenir la génératrice du premier système (ABC). Nous construirons la génératrice A_1' parallèle à A; elle a sa trace au point o_1, où se rencontrent les projections horizontales des génératrices B_1 et C_1 et c'est la verticale o_1 A_1'. La génératrice du système ABC qui rencontre A_1 a pour projection horizontale mo_1.

Construisons B_1 ; sa projection horizontale est *ohf* parallèle à A et passant par *o*, cette génératrice rencontre C au point projeté en *f*, et sa projection verticale est *f'h'* B' parallèle à B_1'.

La droite dont la projection est mo_1 rencontre B_1 au point h_1h' et la génératrice du premier système a pour projection verticale *m'h'*.

678. Plans asymptotes. — Nous avons vu qu'à chaque génératrice correspond une droite parallèle de système différent. Ces droites parallèles forment un plan tangent au point situé à l'infini sur les génératrices parallèles, c'est-à-dire un plan asymptote.

Le centre de la surface est toujours situé dans le plan de ces deux droites, et lorsque la génératrice se déplace, tous ces plans asymptotes passant par un point fixe enveloppent un cône qui jouit des propriétés que nous avons démontrées ou énoncées pour le cône asymptote de l'hyperboloïde de révolution (645).

Nous pouvons vérifier que ce cône est du second degré :

679. Cône asymptote. — Il est engendré par des parallèles aux différentes génératrices menées par le centre du parallélipipède et nous allons chercher l'équation de la section par le plan d'une face du parallélipipède.

Les trois directrices données sont A,B,C; les directrices du second système sont $A_1B_1C_1$ (Fig. 544) ; nous construisons une génératrice G du second système s'appuyant sur

B en h et sur C en d ; nous construisons la génératrice G_1 du premier système parallèle à G, rencontrant C_1 au point k et B_1 au point l (672). Ensuite, nous faisons passer par le centre o une parallèle om à ces deux droites ; cette parallèle perce la face supérieure du parallélipipède en un point m situé sur la droite kh, intersection avec le plan de cette face du plan des

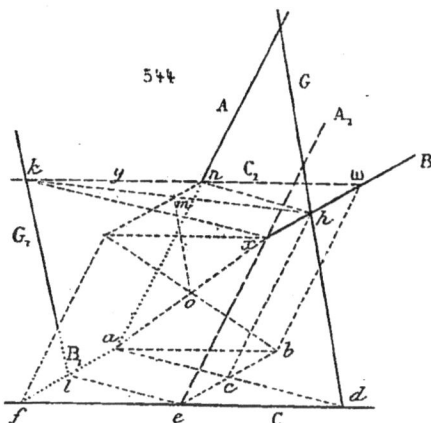

deux parallèles G et G_1. Nous allons chercher le lieu du point m.

Nous prenons pour axes ωx et ωy, c'est-à-dire B et C_1, nous traçons mn parallèle à B ; le point m étant le milieu de kh,

$$h\omega = 2mn = 2x.$$
$$k\omega = 2n\omega = 2y,$$

Les deux triangles acb et afd sont semblables ; et donnent :

$$\frac{ab}{fd} = \frac{bc}{af} \text{ ou } ab \times af = fd \times bc \qquad (1).$$

Or $bc = h\omega$ et $fd = k\omega$.

La relation (1) devient donc $ab \times af = 4\,xy$.

ab et af sont constants, par conséquent le lieu est une hyperbole dont les asymptotes sont B et C_1.

L'existence de ces asymptotes était évidente quel que soit le degré du cône. Car la génératrice B étant dans le plan

sécant, la génératrice du cône parallèle à B et B, est parallèle
au plan sécant, le plan tangent au cône est le plan asymptote
donné par les deux génératrices B et B₁, et l'asymptote intersection du plan tangent avec le plan sécant est la droite B.

On fera le même raisonnement pour la seconde asymptote.

Comme les six faces du parallélipipède présentent une disposition analogue, les sections par ces six faces sont des hy-
boles.

680. Autre génération de l'hyperboloïde. —

1° Considérons trois ellipses *semblables* situées dans trois plans
horizontaux parallèles et équidistants (Fig. 545), les trois
centres sur une même perpendiculaire à ces plans. Les deux
ellipses situées dans les plans extrêmes sont égales, et l'ellipse
placée dans le plan moyen est plus petite que les autres.

L'ellipse moyenne est *abcd*, *a'b'c'd'*, les deux autres ont la
même projection horizontale *efgh*.

Nous pouvons assujettir une droite à rencontrer ces trois
ellipses.

Menons une tangente *klm* à l'ellipse moyenne, projetons
le point *l* en *l'*, le point *k* en *k'* sur la ligne de terre, et le point
m en *m'* sur l'ellipse supérieure, *kl* est la projection horizontale
de *k'l'*; *lm* est la projection horizontale de *l'm'*, et il est évident
que ces lignes se prolongent, de manière à former une seule
droite *k'l'm'*. Si nous plaçons au point *m* la trace horizontale d'une
droite projetée suivant *mlk*; en projetant le point *k* en *k₁'* sur
l'ellipse supérieure, nous obtiendrons la projection verticale
m'l'k₁' d'une autre droite ayant même projection horizontale.

2. A chaque génératrice telle que *klm*, correspond une autre ligne ayant même projection horizontale, faisant le même
angle avec le plan horizontal, mais dirigée en sens inverse :
nous trouvons donc ainsi un double système de génération
pour la surface, et il est facile de voir que *l'on peut toujours
faire passer par un point une génératrice de chaque système.*

3. L'ellipse moyenne est l'ellipse de gorge de la surface
ainsi engendrée, qui est gauche, comme il est facile de le voir,

ainsi que nous l'avons fait pour l'hyperboloïde de révolution
(637).

Le plan tangent en un point est déterminé par les deux
génératrices qui passent par le point.

4. Cône asymptote. — Etant donnée une génératrice
d'un système, dont la projection est kq, nous pouvons trouver
une génératrice parallèle de l'autre système, cette génératrice parallèle aura pour projection np parallèle à kq, ces
génératrices feront le même angle avec le plan horizontal.
elles déterminent un plan tangent dont le point de contact
est à l'infini, c'est un plan asymptote.

La trace de ce plan est kn; menons par le point o,o', une
droite parallèle aux deux génératrices, elle sera équidistante de ces droites; sa projection horizontale sera or, sa
trace horizontale sera le point r situé au milieu de kn ; le lieu
du point r est évidemment une ellipse semblable aux ellipses
données, et trace d'un cône dont le sommet est au point
O, O'.

Tous les plans tangents à ce cône sont asymptotes de la
surface, et la coupent suivant deux droites parallèles à la
génératrice de contact, et équidistantes de cette génératrice.

5. Il est encore facile de montrer par un calcul tout à fait
analogue à celui que nous avons fait (635) que la section par
un plan passant par la verticale o,o' est une hyperbole,
ayant pour asymptotes les parallèles aux génératrices parallèles elles-mêmes au plan sécant.

En sorte que si l'on considère dans la figure la section
faite par le plan de front conduit par le grand axe des ellipses,
cette section est une hyperbole dont les sommets sont a' et b
et dont les asymptotes sont les lignes $u'o'$ et $x'o'$ projections
verticales des génératrices de front uc et cx.

6. Dans notre figure, les plans tangents en tous les points
de l'hyperbole de front sont perpendiculaires au plan vertical
parce que l'axe des ellipses est de front.

Cette hyperbole forme contour apparent.

Nous pouvons la construire par points, en prenant les points
de rencontre des génératrices successives avec le plan de

front ; et les projections verticales des génératrices seront tangentes au contour apparent (647).

7. Nous pouvons nous servir de cette propriété pour dessiner le contour apparent vertical, comme enveloppe des projections verticales des génératrices.

Afin de bien dessiner cette enveloppe, nous prendrons des génératrices espacées régulièrement.

Nous considérons le cercle décrit sur le grand axe *ef*, comme diamètre et nous divisons ce cercle en 16 parties égales, nous portons les divisions sur l'ellipse par des parallèles au petit axe.

Nous obtenons les points de division 1. 2. 3…, par lesquels nous figurons les tangentes 1,1′ — 2,2′— 3,3′…. à l'ellipse de gorge. Les projections verticales des génératrices ainsi déterminées enveloppent et décrivent l'hyperbole de contour apparent.

Nous avons figuré les parties cachées de ces génératrices, ainsi la génératrice 5,5′ est d'abord *vue* puisque sa trace horizontale est en avant, elle passe sur le contour apparent au point α et devient *cachée*. — De même pour les autres.

8. L'ellipse de gorge forme le contour apparent horizontal et nous avons supposé ici *exceptionellement* que la surface est sans épaisseur, en sorte que cette ellipse est vue.

9. Ces propriétés que nous venons de montrer, jointes à la propriété qu'on démontrerait par le calcul que les sections faites dans la surface et dans le cône asymptote sont des courbes semblables, établissent *l'identité de cette surface avec l'hyperboloïde à une nappe.*

10. On voit qu'on peut la déduire de l'hyperboloïde de révolution en transformant tous les parallèles en ellipses semblables par la réduction proportionelle des cordes perpendiculaires à un même plan méridien.

11. La surface a trois plans principaux rectangulaires, comme l'ellipsoïde à axes inégaux, et trois axes ; les deux axes *ab* et *cd* de l'ellipse de gorge, et l'axe imaginaire *o,o′*.

681. Plans tangents. — Nous avons déjà montré la construction du plan tangent en un point de la surface (677).

On peut obtenir des plans tangents parallèles à une direction donnée ou passant par un point extérieur, en considérant la surface comme surface gauche, ainsi que nous l'avons expliqué dans l'hyperboloïde de révolution (659-661).

C'est ainsi qu'il conviendrait d'opérer si la surface était définie par *trois directrices*, et encore il est utile d'observer qu'il faut d'abord amener une génératrice à être perpendiculaire à un plan de projection, afin de pouvoir tracer les droites du second système; on doit ensuite construire la trace de la surface sur un plan, et c'est par le point de rencontre de cette courbe avec la trace du plan tangent qu'on fera passer la génératrice du second système.

Si la surface est définie par trois ellipses, on pourra opérer par les cônes circonscrits suivant des ellipses situées dans des plans parallèles, comme nous l'avons fait pour l'ellipsoïde à axes inégaux (627-628).

D'ailleurs, les courbes de contact de cônes et cylindres circonscrits sont des courbes planes, et les démonstrations que nous avons données (656-657), sont identiquement applicables; on peut remarquer que rien, dans ces démonstrations ne suppose que l'hyperboloïde est de révolution.

Les plans des courbes s'obtiendront d'une manière identique (660, 662).

La recherche des génératrices parallèles à un plan ne peut se faire qu'en employant la trace du cône asymptote, il faut donc recourir à la disposition de la figure 545.

Le plan tangent passant par une droite ne peut s'obtenir que dans le cas où la droite rencontre l'hyperboloïde, et le plan est déterminé par les génératrices de systèmes différents qui passent par les points de rencontre de la droite et de la surface (665).

Nous allons indiquer un peu plus loin la construction qu'il convient d'effectuer.

682. Sections planes.

Nous pouvons employer comme plans auxiliaires des plans horizontaux donnant des ellipses dont les projections sont semblables et concentriques à la projection de l'ellipse de gorge.

Nous pouvons aussi prendre les intersections des génératrices successives avec le plan sécant.

La recherche des points à l'infini, et des asymptotes se fait d'une manière identique à celle que nous avons exposée (649, 650).

La construction des sommets ne peut s'effectuer dans ce cas.

683. Problème. — *Construire les points de rencontre d'une droite avec un hyperboloïde défini par trois directrices* A, B, C.

Construire une droite rencontrant quatre droites, A, B, C, D.

Nous allons voir d'abord que le premier problème donne immédiatement la solution du second.

Soient quatre droites A, B, C, D. (Fig. 546.)

Imaginons un hyperboloïde construit sur trois droites A, B, C, par exemple ; cherchons les points où la droite D rencontre cet hyperboloïde, soit d un des points, et menons par ce point une génératrice du second système ; elle rencontrera les directrices A, B, C, et par suite les quatre droites. Comme il y a un second point de rencontre d_1, nous aurons deux solutions, $dcba$ et $d_1c_1b_1a_1$.

546

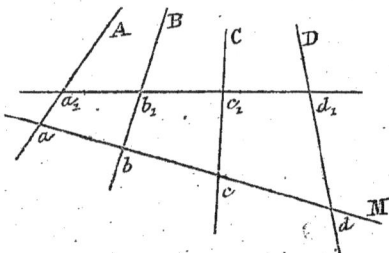

Si nous imaginons maintenant un hyperboloïde ayant pour directrices les trois droites B, C, D ; la droite A coupera cet hyperboloïde aux points a et a_1 déjà obtenus, et par le point a nous ne pourrons conduire qu'une droite rencontrant B, C, D. Nous retrouvons donc la droite déjà obtenue $abcd$; de même le point a_1 donne la droite $a_1b_1c_1d_1$.

Ainsi, quelle que soit la manière de grouper les quatre droites données pour obtenir un hyperboloïde, nous retrouvons toujours les deux mêmes solutions.

Nous allons montrer comment on peut disposer les contructions : nous supposons, et cela est toujours possible, qu'on a fait les changements de plan nécessaires pour amener une droite à être perpendiculaire au plan horizontal, et une autre à être parallèle au plan vertical.

684. Nous avons (fig. 547) la droite A',a verticale, la droite B',B de front, la droite C',C et la droite D',D.

Nous construisons l'hyperboloïde sur A, B, C, et nous cherchons les points de rencontre de la droite D avec cet hyperboloïde.

Pour cela, nous coupons l'hyperboloïde par le plan qui projette horizontalement la droite D, et nous voyons tout d'abord que la section aura des branches infinies puisque nous avons la génératrice A' qui est parallèle au plan sécant.

Nous traçons la droite A'_1, a_1, parallèle à A', en menant par les lignes B et C des plans parallèles à A', c'est-à-dire des plans verticaux qui sont les plans projetants des droites et qui se coupent suivant la verticale A'_1, a_1.

Ces deux génératrices parallèles forment un plan asymptote dont la trace est aa_1 et qui coupe le plan vertical D suivant une verticale $f, f'f'_1$ qui est une asymptote de la section.

Donc, la section est une hyperbole, nous allons chercher la seconde asymptote.

Nous déterminons la génératrice du second système parallèle au plan D.

Sa projection horizontale est ak; car cette projection doit être parallèle à la trace du plan vertical D et elle doit rencontrer la droite verticale A',a; elle croise les directrices B et C aux points projetés en h et k, qu'on relève en h' et k' en sorte que la projection verticale de cette ligne est $h'k'$. Nous construisons, comme nous l'avons montré (673) le centre o, o' du parallélipipède.

Nous menons par le centre la parallèle ol, $o'l'$ à hk, $h'k'$ et les deux lignes constituent le plan asymptote de la génératrice hk, $h'k'$.

Nous voulons obtenir l'intersection de ce plan asymptote avec le plan vertical D.

Il est commode ici de se servir d'une ligne de front $o'n'$, on

du plan asymptote, qui perce le plan D au point m, m' point de l'asymptote.

547

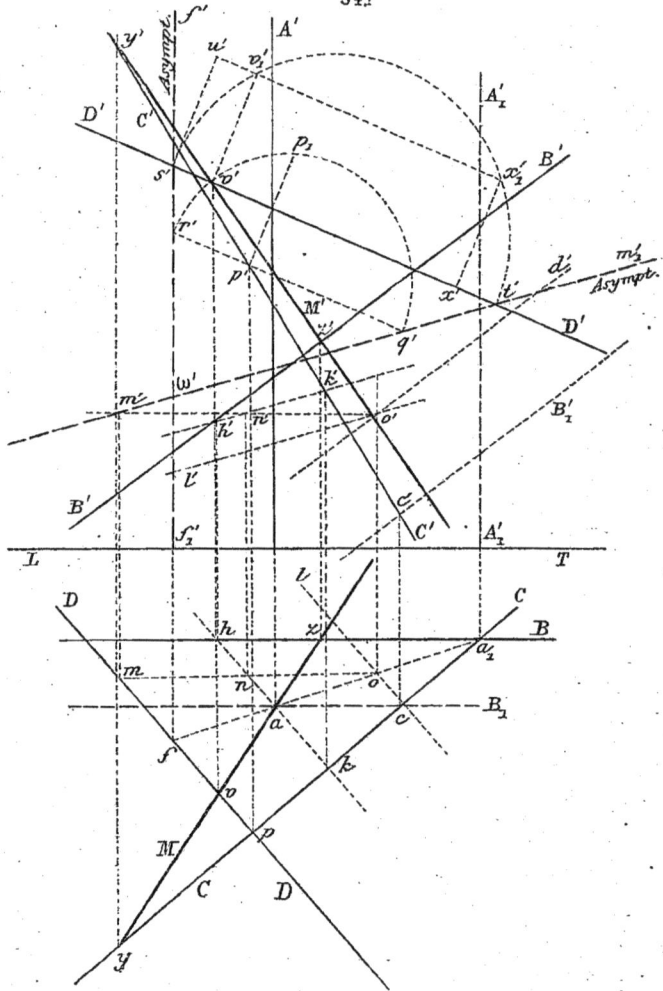

L'asymptote est d'ailleurs parallèle à $k'h'$, kh (649), et la projection verticale est $m'\omega'm'_1$.

Le cercle de l'hyperbole est en ω'.

Nous pouvons trouver facilement un point de cette hyperbole, en prenant le point de rencontre p, p' d'une des droites C, C' avec le plan D.

Il nous reste à obtenir les points où la projection verticale D' traverse l'hyperbole donnée par ses asymptotes et un point.

Nous rappelons les construtions.

On fait passer par p' une parallèle $r'q'$ à D', on décrit un cercle sur $r'q'$ comme diamètre, le produit $r'p' \times p'q'$ est constant et égal à $\overline{p'p_1}^2$.

Nous décrivons un cercle sur $s't'$ comme diamètre, nous traçons la tangente $s'u' = p'p_1$, et la ligne $u'v'_1x'_1$ parallèle à D'; nous projetons les points $v'_1x'_1$ en v' et x' qui sont les points de rencontre cherchés.

Prenons le point v',v. La génératrice de l'hyperboloïde, qui est la droite M rencontrant les quatre droites, a pour projection horizontale va, et sa projection verticale s'obtient en projetant les points y en y' sur la droite C', z en z' sur la droite B'.

Les trois points y',v',z' doivent être en ligne droite et donnent la projection verticale M' de la droite.

Nous n'avons pas marqué la projection horizontale x du point x', parce que cette projection horizontale est trop éloignée, et nous n'avons pas construit la seconde solution.

685. Problème. — *Reconnaître si un hyperboloïde défini par trois directrices est ou n'est pas de révolution.*

Les trois directrices sont A, B, C. Construisons le parallélipipède et son centre.

Si l'hyperboloïde est de révolution, les génératrices sont également distantes du centre, et les perpendiculaires abaissées du centre sur ces droites sont dans le plan du cercle de gorge ; nous abaissons du centre des perpendiculaires sur les trois directrices, et nous *vérifions sur l'épure :*

1° Si ces trois droites sont dans le même plan.

2° Si elles sont égales.

Si cela se présente, l'hyperboloïde est de révolution et son axe est la perpendiculaire au plan des trois droites menées par le centre.

En particulier, si ce parallélipipède est un cube, l'hyperboloïde est de révolution.

Autrement : Imaginons quatre génératrices quelconques ; les trois directrices, par exemple, et une droite du second système.

Construisons les quatre plans asymptotes ; nous avons montré dans l'exemple précédent comment on pouvait les obtenir.

Si l'hyperboloïde est de révolution, son cône asymptote est de révolution, et on peut y inscrire une sphère qui sera tangente aux quatre plans asymptotes.

Alors, nous prendrons en un point quelconque une sphère de rayon arbitraire, nous mènerons à cette sphère quatre plans tangents parallèles aux quatre plans asymptotes, et nous vérifierons si ces plans tangents se coupent en un même point. La droite joignant ce point de rencontre au centre de la sphère est parallèle à l'axe.

Applications. Cet hyperboloïde défini par trois directrices est très fréquemment employé dans les arts ; il sert, comme nous le verrons plus tard, à construire le plan tangent en un point d'une surface gauche, et c'est pour cela que son étude est importante.

Exercices.

1° On donne pour directrices d'un hyperboloïde deux droites situées dans des plans de profil, et une troisième droite parallèle à la ligne de terre. Représenter les projections de l'hyperboloïde au moyen d'un certain nombre de génératrices, et le limiter à deux plans parallèles.

2° On donne une directrice verticale, une parallèle au plan vertical, la troisième quelconque.

Représenter les projections de l'hyperboloïde, et le limiter à deux plans horizontaux parallèles.

HYPERBOLOÏDE A DEUX NAPPES

Nous avons indiqué (607) la génération de cet hyperboloïde, il ne présente aucune propriété particulière, et il n'est
d'aucun emploi dans les arts.

Il n'y a pas lieu d'en faire une étude spéciale.

Nous rappellerons que cette surface a un cône asymptote
engendré, dans le cas où elle est de révolution, par les asymptotes de l'hyperbole méridienne; les sections faites par un
plan dans la surface et dans le cône sont des courbes homothétiques.

PARABOLOÏDES

PARABOLOÏDE DE RÉVOLUTION

686. Nous avons indiqué (610) la génération du paraboloïde de révolution, que nous pouvons aussi considérer comme engendré par la rotation d'une parabole autour de son axe, et toutes les constructions que nous avons faites sur les surfaces de révolution, en général, s'appliquent à celle-ci.

Cette surface jouit des propriétés suivantes, pour la démonstration desquelles nous renvoyons aux traités de géométrie analytique :

1° *Les plans parallèles à l'axe de rotation coupent la surface suivant des paraboles identiques et superposables.*

2° *Des plans parallèles entre eux, et obliques à l'axe, coupent la surface suivant des ellipses semblables et semblablement placées.*

3° *La courbe de contact d'un cône circonscrit est une parabole.*

4° *La courbe de contact d'un cylindre circonscrit est une ellipse.*

Nous allons démontrer directement une propriété importante très utile dans les constructions.

687. Théorème. — *La projection d'une section plane*

d'un paraboloïde de révolution sur un plan perpendiculaire à l'axe est une circonférence.

Nous considérons (fig. 549) un paraboloïde de révolution dont l'axe est vertical $o, o'z'$. Nous coupons la surface par un plan P'αP perpendiculaire au plan vertical, et qui déter-

549

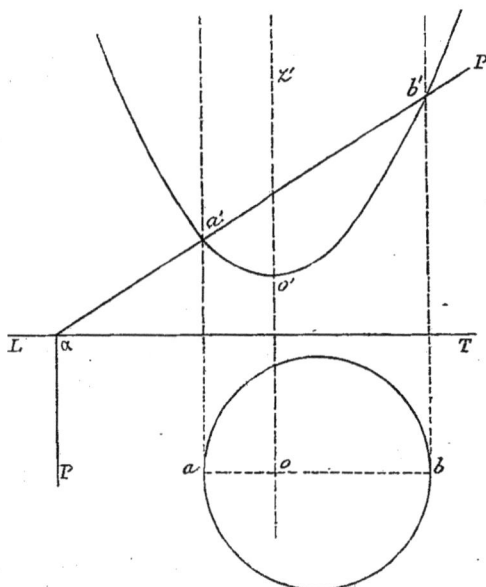

mine dans la surface une ellipse dont la projection verticale est $a'b'$.

Imaginons un cylindre vertical ayant pour directrice cette ellipse ; ce cylindre et le paraboloïde ont en commun la courbe plane projetée en $a'b'$ et se coupent suivant une seconde courbe plane située à l'infini. Ce cylindre vertical et le paraboloïde sont donc deux surfaces homothétiques ; par suite le cylindre est de révolution et sa base est un cercle décrit sur ab comme diamètre. Ce cercle est la projection de l'ellipse.

On peut, du reste, démontrer directement ce théorème

(fig. 550). Soit P_1 le plan directeur du paraboloïde engendré par la rotation de la directrice de la parabole méridienne, et Q le plan sécant.

Considérons un point M de la section ; ce point est également distant du foyer F et du plan P ; donc, on peut le regar-

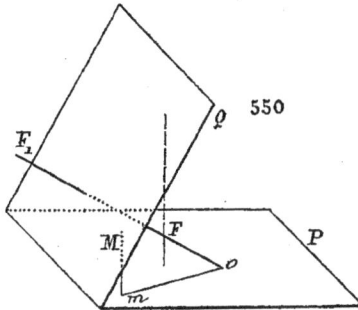

der comme le centre d'une sphère passant par F et tangente au plan P ; et cette sphère passera par le point F_1, symétrique de F par rapport au plan Q.

Nous prolongeons la droite F_1F jusqu'à sa rencontre en O avec le plan P, nous joignons le point O au point m, projection de M sur le plan P, la droite om est tangente à la sphère et nous avons la relation : $Om^2 = oF \times oF_1$.

La longueur om est constante et le lieu du point m est une circonférence.

688. Problème. — *Construire la courbe de contact d'un cône circonscrit.*

Le sommet du cône donné est le point S,S'. Nous avons pris le paraboloïde à axe vertical et nous l'avons limité par le plan horizontal $a'b'$ qui donne le cercle ab (fig. 551).

Nous pourrions construire la courbe par points, en appliquant identiquement les constructions indiquées d'une manière générale pour les surfaces de révolution (585, 586, 587).

Nous allons chercher le plan de la courbe.

Pour cela, nous ferons tourner le point S,S' autour de l'axe jusqu'à ce que ce point vienne en S_1,S'_1 dans le plan de front passant par l'axe, et nous traçons les deux tangentes $S'_1 c'_1$, $S'_1 d'_1$ à la méridienne.

Le plan de la courbe est alors perpendiculaire au plan vertical et la projection verticale de la courbe est $c'_1 d'_1$.

551

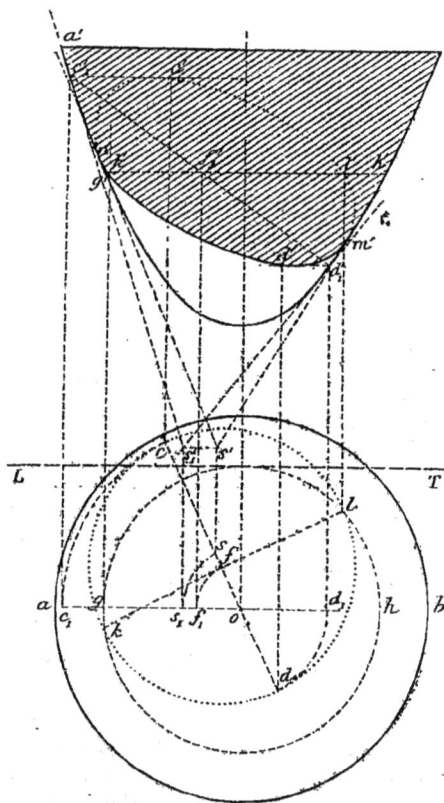

La projection horizontale est le cercle qui a pour diamètre $c_1 d_1$ et dont le centre est au point f_1 (687).

Nous ramenons le point S,S′ dans sa position primitive ; le point f_1 vient en f et le cercle conserve le même rayon ; la projection horizontale du point $c_1 c'$ vient en c et sa projection verticale en c', le point $d_1 d'_1$ vient en d, d'. Nous pouvons tracer le cercle sur cd comme diamètre, et ce cercle est la projection horizontale de la courbe de contact. Nous obtiendrons facilement autant de points de la projection verticale que nous jugerons utile d'en prendre.

Ainsi, nous coupons ce paraboloïde par le plan horizontal $g'f'_1h'$ qui passe par le milieu de $c'_1d'_1$.

Ce plan détermine dans le paraboloïde un cercle dont la projection horizontale est le cercle gh, et coupe le plan de la courbe suivant une horizontale passant par le centre de l'ellipse de contact.

Cette horizontale a pour projection kfl qui passe par les points auxquels la projection du parallèle $g'h'$ traverse la projection horizontale de la courbe de contact, et les points k,k' et l,l' sont les points cherchés. Nous trouverons les points situés sur le contour apparent vertical en traçant par le point S' des tangentes $s'm'$ et $s'n'$ à la courbe de contour apparent vertical (585).

689. Problème. — Construire la courbe de contact d'un cylindre circonscrit.

La direction des génératrices du cylindre est la droite R,R' (fig. 552). Nous menons par un point de l'axe une parallèle $c'd'$, od à R,R' et nous faisons tourner cette droite jusqu'à ce qu'elle soit parallèle au plan vertical, sa projection verticale est alors $c'd'_1$.

Traçons la tangente $e'_1h'_1$ au contour apparent, parallèle à $c'd_1'$, le plan de la courbe de contact passe par le point h'_1 c'est un plan perpendiculaire au plan vertical, parallèle à l'axe; par conséquent la droite verticale h'_1k_1' représente la courbe de contact, située dans un plan de profil, et sa projection horizontale est $k_1h_1k_2$. Si nous faisons tourner la figure pour ramener la direction à sa situation primitive, le point h'_1h_1 vient en h,h'. C'est le point de la courbe pour lequel la tangente est horizontale.

La projection horizontale de la courbe est la droite lhm, perpendiculaire à oh.

Les points l et m, situés sur le cercle ab, ont leurs projections verticales en l' et m' sur la projection $a'b'$, du cercle ab.

On peut obtenir d'autres points en employant un plan horizontal $n'p'q'r'$, qui détermine, dans le paraboloïde le cercle $n'r'$, nr; les points p et q, qu'on relève en p' et q', sont deux points de la courbe de contact.

552

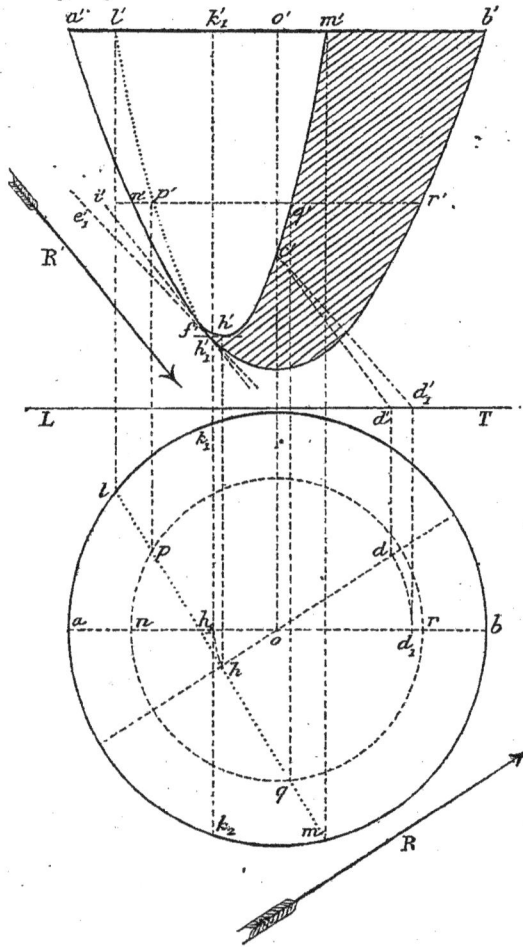

Le point sur le contour apparent vertical est le point de contact f' de la tangente $i'f'$, parallèle à R' — (558).

On pourrait encore obtenir la courbe de contact par points comme pour une surface de révolution quelconque (588 à 591).

Nota. La direction donnée ne peut être parallèle à l'axe de la surface.

Cette courbe de contact est la courbe d'ombre propre du paraboloïde éclairé par des rayons parallèles à R,R′.

690. Problème. — *Construire des plans tangents passant par une droite.*

Remarquons d'abord que la droite donnée ne peut être paral-

553

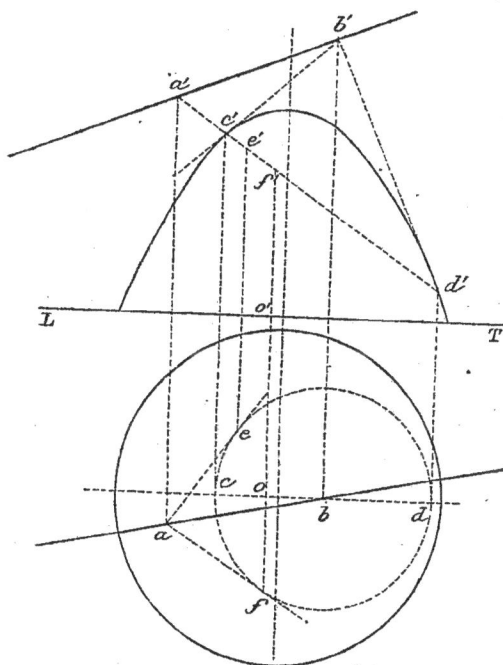

lèle à l'axe du paraboloïde, le problème serait alors impossible, parce que la droite rencontrerait nécessairement la surface.

Considérons une droite $a'b'$, ab (fig. 553).

Nous allons employer un cône circonscrit à la surface, et ayant son sommet en un point de la droite, nous conduirons à ce cône un plan tangent par la droite (407).

Nous prenons sur cette droite le point b', b contenu dans le plan de front passant par l'axe, et nous construisons le cône qui a son sommet en ce point et qui est circonscrit à la surface.

Nous traçons les tangentes $b\ddot{e}'$ et $b'd'$ et la courbe de contact du cône est projetée sur le plan vertical, suivant $a'c'd'$, et horizontalement suivant le cercle qui a pour diamètre cd (687); le plan de cette courbe croise la droite au point dont la projection verticale est a' et dont la projection horizontale est le point a.

Nous devons mener par ce point des tangentes à la base du cône; les projections horizontales de ces tangentes sont ae, af, et les points e et f sont les projections horizontales des points de contact des plans tangents cherchés. Les projections verticales de ces points sont e' et f'. Il est facile ensuite d'obtenir les traces des plans tangents.

691. Problème. — *Mener un plan tangent parallèle à un plan.*

La solution de ce problème ne présente rien de particulier dans le cas de paraboloïde; il faut appliquer la construction générale donnée pour les surfaces de révolution (600).

Le plan donné ne peut être parallèle à l'axe.

692. Problème. — *Trouver les points de rencontre d'une droite et d'un paraboloïde de révolution.*

Le paraboloïde a son axe vertical, la droite a pour projection $(ab, a'b')$ (fig. 554).

Nous considérons le plan qui projette verticalement la droite; ce plan coupe le paraboloïde suivant une ellipse dont la projection verticale est $c'd'$, et dont la projection horizontale est le cercle décrit sur cd comme diamètre (687).

Les points de rencontre de la droite avec cette ellipse ont

pour projections horizontales *e* et *f*, et il suffit de relever ces points en *e'* et *f'*.

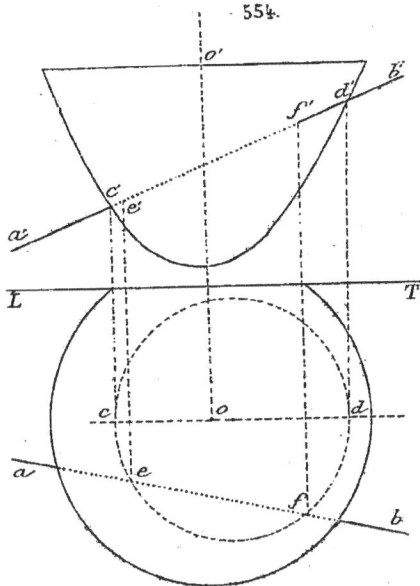

554.

Nous avons supposé le paraboloïde plein, et nous avons représenté en points la partie de la droite comprise dans le solide.

693. Problème. — *Construire la section plane d'un paraboloïde de révolution.*

On pourrait employer des plans sécants quelconques perpendiculaires au plan vertical; il vaut mieux employer des plans perpendiculaires à l'axe donnant dans la surface des parallèles, comme pour une surface quelconque de révolution (602). La construction des axes de l'ellipse, projection horizontale de l'intersection, se fera exactement comme pour l'ellipsoïde (621).

PARABOLOÏDE ELLIPTIQUE

694. Nous pouvons déduire le paraboloïde elliptique du paraboloïde de révolution en transformant tous les cercles, sections de la surface par des plans perpendiculaires à l'axe, en ellipses homothétiques.

Les axes de ces ellipses homothétiques sont contenus dans deux plans rectangulaires entre eux passant par l'axe, et qui sont les plans principaux de la surface.

Les principales propriétés de la surface ainsi engendrée sont les suivantes :

1° *La surface est coupée par des plans parallèles à l'axe suivant des paraboles.*

2° *Des plans parallèles entre eux et obliques à l'axe coupent la surface, suivant des ellipses semblables et semblablement placées.*

3° *La courbe de contact d'un cylindre circonscrit est une parabole.*

4° *La courbe de contact d'un cône circonscrit est une ellipse.*

On peut construire, par points, les courbes de contact des cônes et cylindres circonscrits, en cherchant à placer les points de contact des plans tangents sur des sections faites dans la surface par des plans perpendiculaires à l'axe, ainsi que nous l'avons fait pour l'ellipsoïde à axes inégaux (627, 628).

Nous ne reviendrons pas sur ces constructions.

695. Section plane. — La construction de la section plane ne peut se faire qu'en employant des plans sécants auxiliaires perpendiculaires à l'axe, coupant le paraboloïde suivant des ellipses homothétiques dont les axes sont faciles à obtenir.

Nous plaçons un des plans principaux du paraboloïde parallèle au plan vertical ; l'axe vertical et le second plan principal est un plan de profil (fig. 555), en sorte que l'ellipse qui est la section par le plan horizontal est *abcd*. Le plan est P'αP.

Nous coupons la surface par un plan horizontal *e'f'g'*,

555

La section dans le plan P est une horizontale dont la projection horizontale est *gik*.

La section dans le paraboloïde se projette suivant une ellipse homothétique de l'ellipse *abcd*, et dont le grand axe est *ef* projection de *e'f'*.

Nous figurons le cercle décrit sur *ef* comme diamètre, et nous transformons la ligne *gik*, en augmentant les ordonnées dans le rapport du grand axe au petit axe de l'ellipse *abcd*.

La transformée de la droite est k_1hi_1 (le point *h* est

resté fixe) (631, 632), et elle rencontre le cercle aux points k_1 et i_1 qu'on ramène en k et i sur la projection horizontale de la droite.

Ces points sont les projections horizontales de deux points de l'intersection, et les projections verticales de ces points sont k' et i'.

Nous avons répété la construction pour une autre section horizontale $l'n'm'$, qui donne dans le plan P l'horizontale projetée en nqr, dont la transformée, obtenue en augmentant les ordonnées dans le rapport du grand axe au petit axe des ellipses horizontales, est r_1q_1, parallèle à k_1i_1, en sorte qu'on a déterminé une fois pour toutes la direction de ces transformées. Nous trouvons dans ce second plan horizontal, les points r,r' et q,q'.

696. Plan tangent. Tangente. — Nous allons construire la tangente à la section au point r,r', et pour cela il faut déterminer le plan tangent à la surface en ce point.

Nous allons déterminer ce plan par les tangentes à deux courbes tracées sur la surface. Les deux courbes sont : l'ellipse, section par le plan horizontal $l'r'm'$, et la parabole, section de la surface par le plan de front dont la trace est ru.

La tangente à l'ellipse s'obtient en traçant la tangente au point r_1, correspondant au point r sur le cercle décrit sur le grand axe lm comme diamètre ; le point v, où cette tangente croise l'axe, est fixe et la projection de la tangente est vr, c'est une horizontale du plan tangent.

La parabole, section de la surface par le plan de front ru, est homothétique de la parabole principale de front ; c'est donc une parabole identique et que nous pourrions figurer en déplaçant la parabole $a'o'b'$ parallèlement à elle-même de manière à faire coïncider avec le point r', le point s' situé sur la même ordonnée.

Donc, si nous menons au point s' la tangente $s't'$ à la parabole $a'o'b'$, la tangente à la parabole cherchée au point r' sera la parallèle $r'u'$ à $s't'$.

Cette droite $r'u'$ est la projection verticale d'une droite de front du plan tangent et sa trace est le point u.

La trace horizontale du plan tangent est ux, parallèle à

l'horizontale vr. La trace horizontale de la tangente est le point x, et les projections de la tangente sont xr et $x'r'$.

Tangentes horizontales. (Fig. 555 *bis*.) — Nous

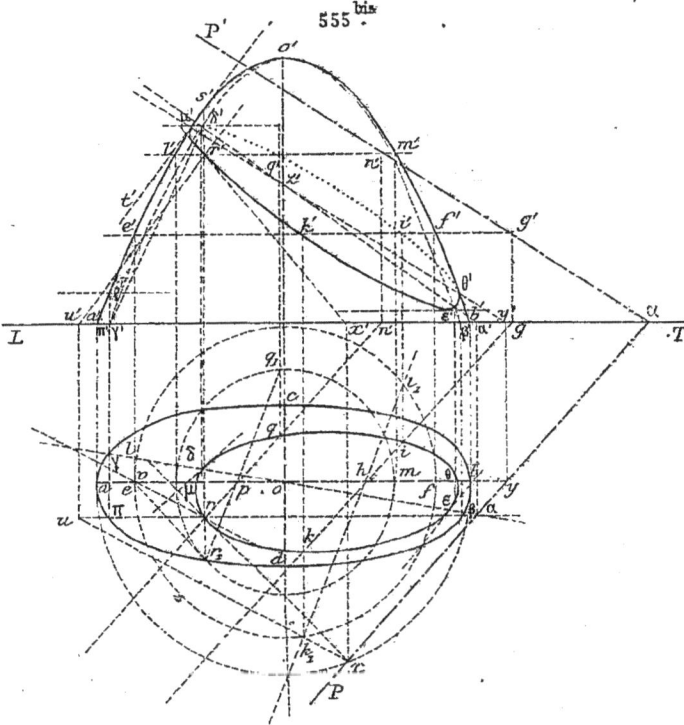

555 bis.

remarquons que, si nous traçons dans les ellipses horizontales les diamètres conjugués de la direction αP, trace horizontale du plan, tous les points seront symétriques deux à deux, par rapport à ces diamètres (en considérant la symétrie déterminée par des parallèles à αP), et ces points symétriques seront dans l'espace sur des droites horizontales. Considérons le plan vertical qui passe par le diamètre $\beta o \gamma$ conjugué de αP. Ce plan détermine dans la surface une parabole facile à construire; son sommet est au point $o'o$, elle passe par les points γ et β, dont les projections verticales sont β' et γ'. On aurait d'ailleurs autant de points qu'on le voudrait en se servant des ellipses horizontales, et nous pouvons tracer sa projection verticale γ'o'β'. Ce plan coupe le plan P suivant une droite dont la projection horizontale est *o*α, dont la trace est au point α, et dont la projection verticale est α'*z*'. (Nous avons obtenu le point de rencontre *z*' de l'axe et du plan P en nous servant de la droite de front *oy*, *y*'*z*'.)

La droite *o*α, α'*z*' croise la parabole dont la projection verticale est γ'o'β', aux points δ',δ et ε',ε, qui sont évidemment les points pour lesquels la tangente est horizontale.

La droite de front *oy*, *y*'*z*' nous a encore servi à déterminer les points θ' et μ' sur le contour apparent vertical, et les projections horizontales μ et θ de ces points sont sur l'axe *ab*.

697. *L'ellipse projection horizontale de la section est homothétique de l'ellipse* abcd.

En effet, considérons un cylindre dont les génératrices sont parallèles à l'axe et qui a la section pour directrice. Ce cylindre coupe le paraboloïde suivant la section et suivant une seconde courbe plane à l'infini, il est homothétique du paraboloïde, et sa section par le plan perpendiculaire à l'axe est homothétique de la section *abcd* du paraboloïde.

Les points μ et θ, que nous avons trouvés sur l'axe *ab*, et qui sont donnés par les points de rencontre μ' et θ' de la droite de front *oy*, *y*'*z*' avec la parabole principale, sont les sommets de la projection horizontale de l'ellipse de section.

Nous aurions pu construire d'abord ces sommets, tracer la projection horizontale de la section et obtenir la projection verticale en prenant les projections verticales des points situés sur des horizontales du plan sécant.

698. Projections d'un point de la surface. — Les constructions que nous venons de faire montrent comment il est facile d'obtenir les projections d'un point de la surface. — Si l'on donne la projection horizontale *r*, on mène le plan de front dont la surface est *r*π*u*, ce plan coupe la surface suivant une parabole identique à la parabole principale, et les projections verticales des deux paraboles sont telles, que la différence des ordonnées est constante; on cherche cette différence.

Il suffit de mener l'ordonnée $\pi,\pi'\rho'$; — $\pi'\rho'$ est la différence cherchée; on trace la verticale r,s', on porte $s'r' = \pi'\rho'$, et l'on obtient la projection verticale r' du point r.

Si l'on donne la projection verticale r' du point, on obtiendra la projection horizontale en mesurant la longueur verticale $r's'$; ensuite, on tracera une parallèle à la ligne de terre, distante de cette ligne de la longueur $r's'$, cette parallèle coupe la parabole au point ρ', on mène la verticale $\rho'\pi',\pi$, et le point est un point de la trace du plan de front qui contient le point $r'r$, on trace la ligne de front πr.

On peut aussi chercher la projection horizontale du point en se servant de l'ellipse horizontale passant par r'.

Nous avons montré (696) la construction du plan tangent en un point.

699. Sections circulaires. — Le paraboloïde est placé comme nous l'avons indiqué (695) (fig. 556), nous abaissons du point c' (point quelconque pris sur l'axe) une normale $c'f'$ à la parabole principale, nous traçons le cercle qui a pour rayon $c'f'$ et qui touche la parabole principale aux points f' et g'. Imaginons la sphère dont le centre est au point c', et qui a pour rayon $c'f'$; cette sphère a mêmes plans tangents que le paraboloïde aux points g' et f', car, en ces points, les plans tangents aux deux surfaces sont perpendiculaires au plan vertical.

Or : *deux surfaces du second degré qui ont deux plans tangents communs se coupent suivant deux courbes planes, et les plans des courbes passent par la ligne qui joint les points de contact.*

(Nous démontrerons plus loin ce théorème (754).

Donc la sphère et le paraboloïde se coupent suivant deux cercles. Pour déterminer facilement les plans de ces cercles, nous faisons un changement de plan vertical, en prenant un plan vertical perpendiculaire à la corde de contact, c'est-à-dire parallèle au second plan principal, la ligne de terre est L_1T_1, et nous figurons la seconde parabole principale $c'_1o'_1d'_1$. Le grand cercle de la sphère, situé dans le plan de cette seconde parabole, se projette en $k'_1l'_1m'_1h'_1$ et coupe cette parabole aux points l'_1 et m'_1.

La corde de contact $f'g'$ se projette au point f'_1, et les plans des deux courbes planes ont pour traces $q'_1 f'_1 p'_1$ et $m'_1 f'_1 n'_1$

556

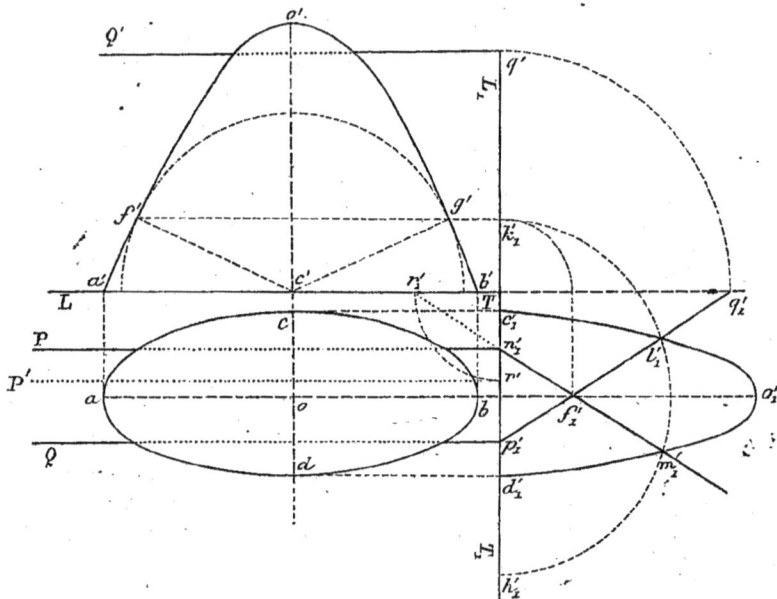

sur le plan vertical $L_1 T_1$. Ce sont des plans parallèles à la ligne de terre LT. Leurs traces horizontales sont Pn'_1, Qp'_1, et leurs traces verticales dans le système primitif sont Q'q' et P'r'.

Tous les plans parallèles coupent le paraboloïde suivant des cercles.

On pourrait, au moyen de changements de plans, se servir de ces sections circulaires pour faire toutes les constructions sur le paraboloïde.

PARABOLOIDE HYPERBOLIQUE

700. Nous avons indiqué au numéro 611 un mode de génération du *paraboloïde hyperbolique*.

Nous avons énoncé la propriété de la surface d'être coupée par des plans suivant des hyperboles ou des paraboles.

Nous allons considérer ici une surface engendrée par une droite qui s'appuie sur deux droites, et qui reste parallèle à un plan (315) qu'on nomme *plan directeur*.

La surface engendrée est une surface identique au paraboloïde que nous avons défini au numéro 611; l'identité des deux surfaces résulte de l'existence des mêmes propriétés.

Les deux droites directrices ne doivent pas se rencontrer; la surface engendrée serait un plan.

Examinons d'abord comment nous pourrons tracer des génératrices : nous considérons deux droites ab, $a'b'$ et cd, $c'd'$, et nous assujettissons une droite à rencontrer ces deux lignes en restant parallèle au plan horizontal (fig. 557).

Nous construirons une génératrice en coupant ces deux droites par un plan horizontal, dont la trace verticale est $e'f'$; il croise la droite ab, $a'b'$ au point dont la projection verticale est le point e' et dont la projection horizontale est le point e; il croise la droite cd, $c'd'$ au point dont les projections sont f', f. La droite ef, $e'f'$ est une génératrice.

La droite ad qui joint les traces horizontales des deux droites est une génératrice, c'est la trace de la surface sur le plan horizontal. Si nous imaginons le plan horizontal conduit par le point h' auquel se croisent les projections verticales, nous obtenons une autre génératrice projetée verticalement au point h', perpendiculaire au plan vertical, et dont la projection horizontale est *hk*; et il est clair que toutes les fois que l'un des plans de projection sera plan directeur, nous trouve-

557

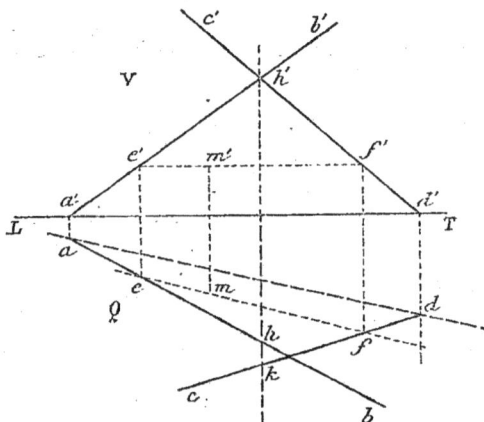

rons toujours une génératrice perpendiculaire à l'autre plan de projection.

La direction des projections verticales des génératrices est seule connue, il en résulte que, si nous avons la projection verticale *m'* d'un point de la surface droite, nous pouvons mener la génératrice qui passe par ce point et dont la projection verticale est *e'f'*, trouver sa projection horizontale *ef* et par suite connaître la projection horizontale *m* du point.

Mais si l'on donne la projection horizontale du point, nous ne pourrons en déduire sa projection verticale.

On ne peut donc donner un point que par sa projection sur un plan de projection différent du plan directeur. Autrement il faut prendre le point en prenant d'abord une génératrice.

701. Mode particulier de projection. — Nous allons employer un mode de projection particulier qui nous permettra d'étudier facilement les propriétés de la surface, et nous montrerons ensuite comment il faut conduire les constructions dans le cas général.

Nous pouvons construire un plan parallèle à la fois avec deux droites données; ce plan ne sera pas, en général, per-

pendiculaire au plan directeur; et nous prendrons pour plans
de projection le plan directeur et le plan parallèle aux deux
droites.

Les plans de projection ne seront pas rectangulaires.

Ainsi les plans de projection sont des plans P et Q. Nous
projetterons un point A sur le plan P par une droite Aa' parallèle à Q, et située dans un plan conduit par A perpendiculairement à l'intersection LT des deux plans P et Q; nous
projetterons le point A sur le plan Q par une droite Aa parallèle au plan P, et située dans le même plan perpendiculaire à
LT. La figure Aa α a'A est un parallélogramme; et si nous
faisons le rabattement du plan P sur le plan Q, les points a'
et a viendront sur une perpendiculaire à LT, la distance $a'\alpha$

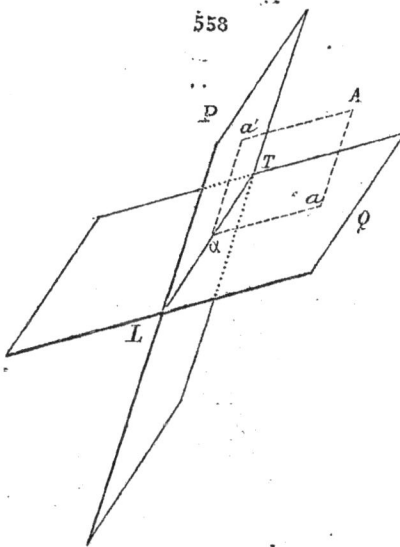

558

sera la cote comptée parallèlement au plan P, la distance $a\alpha$
sera l'éloignement compté parallèlement au plan Q.

Nous appellerons encore le plan P plan vertical par analogie, le plan Q étant horizontal, et les propriétés suivantes
sont évidentes :

Une droite parallèle à un des plans de projection se projette sur l'autre suivant une parallèle à LT.

Si la droite est, en même temps, dans un plan parallèle au plan P et dans un plan perpendiculaire à LT, sa projection sur le plan P sera perpendiculaire à LT, sa projection sur le plan Q se réduira à un point.

Les droites parallèles ont leurs projections parallèles.

Le point de rencontre de deux droites a pour projections les points de rencontre des projections des deux droites, et ces points de rencontre se trouvent sur une perpendiculaire à LT.

Nous définirons de la même manière que dans le cas des projections rectangulaires les traces d'une droite et les traces d'un plan ; les traces d'un plan se coupent en un même point de la ligne de terre.

Des plans parallèles ont leurs traces parallèles.

La trace sur le plan Q d'un plan parallèle au plan P sera parallèle à LT.

En un mot, toutes les propriétés qui ne sont pas relatives à des grandeurs de lignes ou d'angles sont les mêmes dans ce système de projection et dans le système rectangulaire.

Nous considérons donc (fig. 559) deux droites ab, $a'b'$ et cd, $c'd'$ parallèles au plan P, que nous appelons vertical ; le plan horizontal Q est le plan directeur.

702. Les projections horizontales des génératrices passent par un point fixe. — Nous construirons une génératrice en coupant les deux directrices par un plan horizontal dont la trace verticale est $e'f'$; ce plan rencontre les deux droites aux points e', e et f', f, en sorte que les projections d'une génératrice sont ef, $e'f'$.

La droite ad qui joint les traces des deux droites est une génératrice et la trace de la surface sur le plan horizontal.

La droite projetée verticalement en h', et dont la projection horizontale est hk, est une génératrice.

Nous allons démontrer que les projections horizontales des génératrices passent par un point fixe.

Les deux droites ab, $a'b'$ et cd, $c'd'$ sont coupées par trois plans horizontaux parallèles, en segments proportionnels.

Ces trois plans horizontaux sont : le plan horizontal Q, le plan $e'f'$ et le plan horizontal passant par h'.

$$\frac{a'e'}{e'h'} = \frac{d'f'}{h'f'}.$$

Ce même rapport a lieu entre les projections des segments.

559

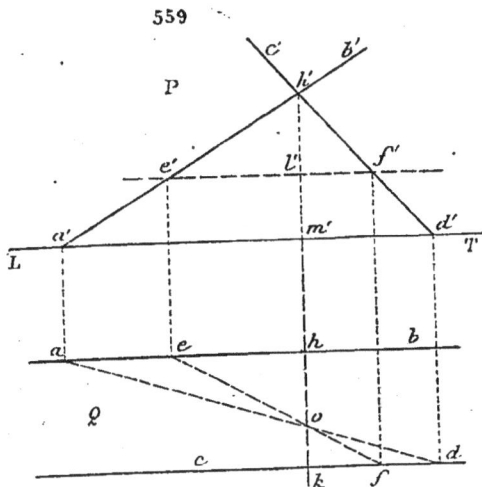

$$\frac{ae}{eh} = \frac{df}{fk}.$$

Les trois droites passent par le même point o.

Nous pouvons écrire ce rapport

$$\frac{ae}{df} = \frac{eh}{fk} = \frac{e'l'}{l'f'} = \frac{a'm'}{m'd'}.$$

Or

$$\frac{eh}{fk} = \frac{oh}{ok}.$$

Donc

$$\frac{h}{ok} = \frac{a'm'}{m'd'}.$$

Nous voyons donc bien que le point o est fixe et sa position est déterminée par le rapport ci-dessus. Cette propriété n'existe que parce que le plan vertical est parallèle aux deux directrices, et nous y revenons plus loin.

703. Second système de génératrices. — Nous avons déterminé (fig. 560) la génératrice ef, $e'f'$, la trace ad, la génératrice h', hk.

Coupons la surface par un plan de front (parallèle à P) dont la trace horizontale est lmn.

Ce plan rencontre la trace ad de la surface au point l, l', il

560

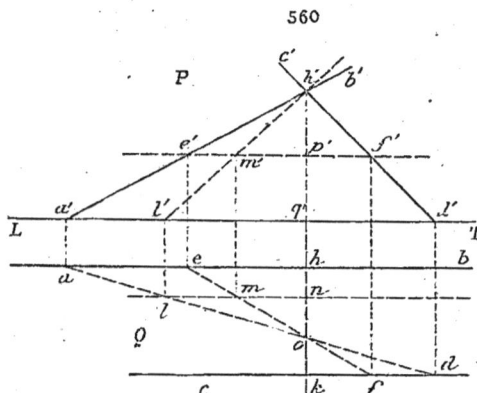

rencontre la génératrice quelconque ef, $e'f'$ au point m, m', il rencontre la génératrice hk, h' au point n dont la projection est h'; nous allons montrer que les trois points l', m', h', sont en ligne droite.

Nous avons

$$\frac{eh}{mn} = \frac{ho}{no} = \frac{ah}{ln}$$

Ou

$$\frac{e'p'}{m'p'} = \frac{a'q'}{l'q'}.$$

Ce qui montre que les trois points sont en ligne droite; donc les sections faites dans la surface par des plans parallèles au plan P sont des droites engendrant la même surface que les premières.

Le plan P étant à son tour plan directeur, si nous considérons deux droites quelconques ad, par exemple, et ef, $e'f'$

parallèles à Q, nous assujettirons les droites du second système à rencontrer deux droites du premier en restant parallèles au second plan directeur.

Les projections verticales de toutes les droites du second
système que nous appellerons le système P passeront par le
point fixe h'.

La trace de la surface sur le plan P sera une droite, et il
est clair que les traces horizontales et verticales de la surface
se rencontreront en un même point de la ligne de terre.

704. *Paraboloïde rapporté à ses deux plans directeurs.*

Un paraboloïde étant rapporté à ses deux plans directeurs
comme plans de projection; les traces seront deux droites

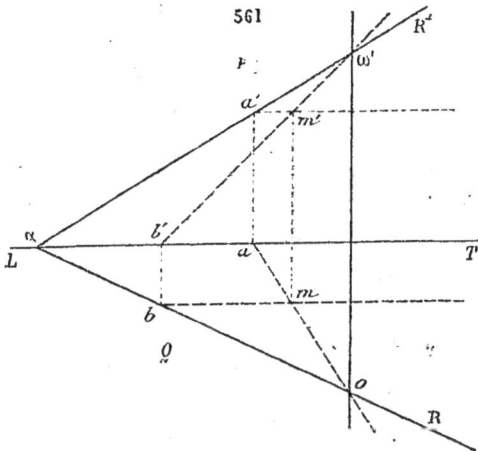

R'α et Rα se coupant en un même point de la ligne de terre.
(Fig. 561.)

Les projections verticales des génératrices du système P
passeront par un point fixe ω' situé sur la trace verticale.

Les projections horizontales des génératrices du système Q
passeront par un point fixe o situé sur la trace horizontale.

Le point o est la projection d'une génératrice du système P
rencontrée par toutes les droites du système Q.

Le point ω' est la projection d'une génératrice du système Q
rencontrée par toutes les droites du système P.

Les points o et ω' sont sur une même perpendiculaire à LT.

On peut se donner un point de la surface en prenant ce point sur une horizontale $m'a'$, amo, ou en prenant ce point sur une ligne de front $b'm'\omega'$, bm, nous allons montrer que par le point on peut toujours mener une droite de chaque système.

Mais nous faisons remarquer l'analogie qu'il y a entre le paraboloïde et un plan. Les horizontales, au lieu d'être parallèles à la trace horizontale, passent par un point fixe ; les lignes de front passent par un point fixe.

Cette analogie justifie la dénomination qu'on donne quelquefois à cette surface qui est très employée dans les arts, et que les praticiens appellent *Plan gauche*.

705. *Deux génératrices de même système ne se rencontrent pas.* Elles sont dans des plans parallèles.

706. *Deux génératrices de système différent se rencontrent toujours.*

Nous considérons deux génératrices A et B du système Q

562

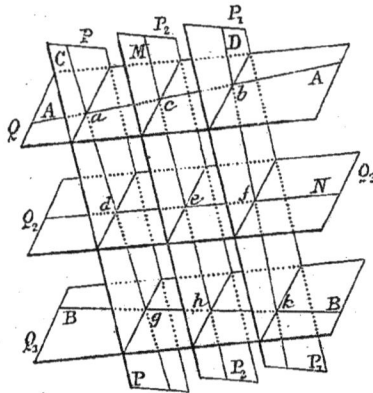

(fig. 562), et deux génératrices C et D du système P construites en coupant les génératrices A et B par des plans P et P₁, parallèles au plan directeur P.

Nous coupons les droites A et B par un plan P_2 qui rencontre les deux droites aux points c et h, et détermine la droite M du système P.

Nous coupons les droites C et D par un plan Q_2 parallèle à Q, qui rencontre les deux droites C et D aux points d et f et détermine une droite N du système Q.

Je dis que les deux droites M et N se rencontrent.

Les deux droites A et B sont coupées par les trois plans parallèles en parties proportionnelles.

$$\frac{ac}{cb} = \frac{hg}{kh}$$

Ou

$$ac \times kh = cb \times hg.$$

Les deux droites C et D sont coupées par les trois plans parallèles en parties proportionnelles.

$$\frac{gd}{da} = \frac{fk}{bf}$$

Ou

$$gd \times bf = da \times fk.$$

Multipliant les deux égalités membre à membre, nous trouvons

$$ac \times bf \times kh \times gd = cb \times fk \times hg \times da.$$

Cette relation montre que les deux droites se rencontrent en un point e (676).

Il résulte encore de ce théorème qu'une droite d'un système rencontre toutes celles de l'autre.

707. *Par un point on peut toujours faire passer une génératrice de chaque système.*

Cette propriété résulte de la construction que nous avons montrée (703).

Par le point m,m' pris sur la génératrice du système Q, nous avons fait passer un plan parallèle au plan P, et montré que ce plan coupe la surface suivant la droite du second système.

708. *Projection de la surface sur un plan perpendiculaire à un plan directeur.*

Le plan horizontal étant plan directeur, sans que les directrices soient parallèles au plan vertical de projection, ou à un même plan vertical, ce qui reviendrait au même puisqu'on pourrait effectuer un changement de plan ; il y a une génératrice perpendiculaire au plan vertical qui est rencontrée par toutes celles de l'autre système, et les projections verticales des génératrices du système qui n'est pas horizontal passeront par un point fixe, qui est le point de rencontre des projections verticales des directrices données.

Ainsi, si le lecteur veut bien se reporter à la figure 557, les projections verticales des génératrices du second système passent par le point h' ; mais les projections horizontales ne passent pas par un même point c.

Le plan horizontal étant plan directeur, la surface couvre entièrement le plan vertical, et chaque point du plan vertical est la projection d'un seul point de la surface.

Quelle que soit la projection verticale du point, on pourra figurer la projection verticale d'une génératrice menée par ce point et passant par le point fixe.

Il n'y aura qu'une seule génératrice du système horizontal passant par ce point, et une seule génératrice du second système.

Ainsi, aucun point de la projection verticale du paraboloïde ne pourra être caché.

Il n'en est pas de même pour la projection horizontale, les projections horizontales de deux génératrices horizontales *ef* et *ad*, par exemple, se coupent ; il y a donc deux points projetés au point de rencontre de ces projections.

Il est clair que si le second plan directeur est vertical, il peut être pris pour plan de projection ; les mêmes propriétés existent par rapport au plan horizontal.

Si le paraboloïde est rapporté à ses deux plans directeurs, les propriétés que nous venons d'énoncer existent à la fois pour les deux plans.

709. Le paraboloïde est rapporté à ses plans directeurs P et Q. (Fig. 563.)

Les deux directrices données sont *ab*, *a'b'* et *cd*, *c'd'* appartenant au système P.

La trace de la surface sur le plan Q est la droite *ad*.

Les projections verticales des génératrices du système P passeront par le point ω'.

Les projections horizontales des génératrices du système Q passeront par le point *o*.

Nous prenons la projection horizontale *m* d'un point.

La projection horizontale de la génératrice P passant par ce point est *mh* parallèle à LT; la trace de cette génératrice

563

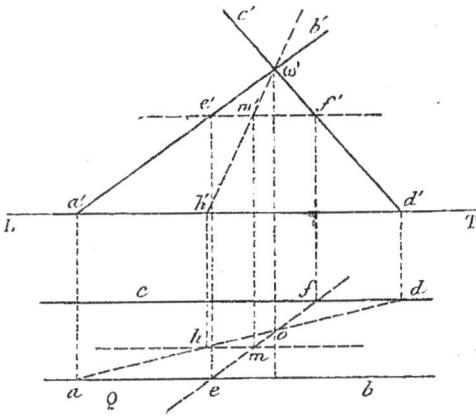

est au point *h*, sur la droite *ad*, sa projection verticale est *h'ω'* et le point *m* a sa projection verticale au point *m'*. Il ne peut exister une autre génératrice du système P ayant même projection horizontale, car la projection verticale de cette génératrice doit passer par les mêmes points *h'* et ω'.

La génératrice du système Q, conduite par le point, a pour projection horizontale *emof*, et sa projection verticale est *e'f'* et doit passer par le point *m'*. Si cette projection verticale ne passait pas par *m'*, on pourrait faire passer par le point *m'* une horizontale projection verticale d'une génératrice du système Q, dont la projection horizontale serait confondue

avec *mo* et rencontrant les deux directrices aux mêmes points
e, *e'* et *ff'*.

710. Génératrices à l'infini. — Examinons la
disposition des génératrices du système Q.

Nous définirons le paraboloïde par les traces R'αR et les
deux points fixes *o* et ω'. (Fig. 564.)

Une génératrice du système Q a pour projections *oa* et *a'b'*,
sa trace verticale est au point *a'*.

Nous faisons tourner la projection horizontale autour du

564

point *o*, et nous trouvons la génératrice projetée verticalement en ω', ensuite la trace verticale de la génératrice s'éle-
vant sur la trace verticale de la surface nous trouvons des
génératrices telles que *oc*, *cd'* — ; la trace étant à l'infini sur
R'α, la génératrice a pour projection horizontale *of* parallèle
à la ligne de terre, la projection verticale est toujours parallèle à cette ligne ; donc : *la génératrice à l'infini dans le système
Q est parallèle à l'intersection des deux plans directeurs.*

On verrait de même qu'il existe dans le système P une
génératrice à l'infini parallèle à l'intersection des deux plans
directeurs.

711. Autre mode de génération.

Nous pouvons assujettir une droite à se déplacer sur trois

directrices d'un système, c'est-à-dire sur trois droites parallèles à un même plan.

Nous allons montrer que les génératrices ainsi déterminées sont aussi parallèles à un même plan.

Nous considérons trois droites A,B,C du système Q (Fig.

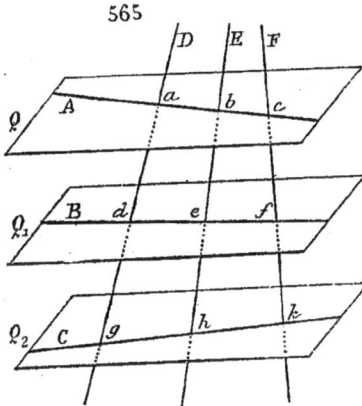

565), et nous construisons trois droites D,E,F s'appuyant sur A,B,C.

Le quadrilatère gauche *ackg* coupé par deux transversales E et B qui se rencontrent au point *e* donne la relation

$$ab \times cf \times kh \times gd = bc \times fk \times hg \times da.$$

Les plans Q, Q_1, Q_2 étant parallèles on a :

$$\frac{gd}{da} = \frac{fk}{cf}$$

La relation précédente devient : $ab \times kh = bc \times hg$.

ou

$$\frac{ab}{bc} = \frac{hg}{kh}$$

par conséquent les deux droites A et C sont coupées par 3 plans parallèles contenant les droites D′EF.

Ce second mode de génération rapproche le paraboloïde de l'hyperboloïde.

Nous pouvons énoncer que : *le paraboloïde hyperbolique est la surface engendrée par une droite qui s'appuie sur trois droites parallèles à un même plan.*

712. Plan tangent. — Le plan tangent en un point est déterminé par les deux génératrices qui passent par le point.

Nous montrons la construction du plan tangent en supposant les plans de projection rectangulaires, et en supposant seulement (ce qu'on peut toujours réaliser) que le plan horizontal est parallèle au plan directeur.

Les deux génératrices données sont ab, $a'b'$, et cd, $c'd'$; la trace de la surface sur le plan horizontal est la droite ad. (Fig 566.)

Nous construisons une génératrice $e'f'$, ef, nous prenons

566

un point m', m sur cette génératrice et nous nous proposons de construire le plan tangent en ce point.

Remarquons d'abord que nous aurons une génératrice du système P projetée verticalement au point ω' où se croisent les projections verticales et par suite perpendiculaire au plan vertical de projection.

Toutes les génératrices de l'autre système doivent rencontrer cette génératrice, et leurs projections passeront par le point ω′.

Ainsi quand un des plans de projection est plan directeur, les projections des génératrices sur l'autre plan de projection passent par un point fixe. — Nous nous sommes déjà servis de cette propriété que nous avons alors montrée directement (666) dans la construction du point de rencontre d'une droite avec un hyperboloïde de révolution.

La génératrice du second système passant par le point *m, m′* a pour projection verticale ω′*m′*, sa trace horizontale doit être sur la trace *ad* de la surface, elle est donc au point *h*, et la projection horizontale de la génératrice est *mh*.

La trace horizontale du plan tangent passe par le point *h*, et comme *ef, e′f′* est une horizontale de ce plan, cette trace horizontale est S*h*β parallèle à *ef*. La trace verticale passe par le point *k′* trace verticale de la génératrice *mh, m′h′* et est S′β*k′*.

713. La surface est gauche.

La construction du plan tangent montre que le plan tangent sera différent en tous les points d'une génératrice, car en déplaçant le point *m, m′* sur la génératrice *ef, e′f′*, la trace *h* de la génératrice du second système se déplacera et la trace du plan tangent passant toujours par ce point mobile *h* sera toujours parallèle à *ef*.

714. Variation du plan tangent.

Nous reprenons, pour étudier la variation du plan tangent, le système de projections obliques (701).

Le paraboloïde a pour traces R′α et Rα (704), les deux points fixes sont *o* et ω′ (Fig. 567).

Nous prenons une génératrice *ab, a′*ω′*b′* du système P.

Nous construisons le plan tangent en un point *c, c′* pris sur cette droite ; nous menons pour cela, la génératrice *ocd, c′d′* du système Q dont la trace verticale est *d′*. Le plan tangent a pour trace verticale S′*d′*β parallèle à *a′b′* et pour trace horizontale β*a*S.

Déplaçons le point sur la génératrice.

Ce point venant en $\omega'k$, la génératrice Q est la génératrice projetée tout entière au point ω', le plan a pour trace $S_1'\omega'a'$, sa trace horizontale est $a'aS_1$; c'est le plan qui projette la génératrice sur le plan P.

Prenons le point e', e, tel que $\omega'e' = \omega'c'$, la génératrice

567

du second système a pour projection $oef, e'f'$, et les traces du plan tangent sont $S_2'\gamma S_2$.

Nous pouvons voir facilement que le plan $S'\beta S$ et le plan $S_2'\gamma S_2$ font des angles égaux avec le plan $S_1'a'S_1$.

Les traces verticales sont équidistantes, et les trois plans passent par une même ligne de front.

Si le point de contact s'éloigne à l'infini, la génératrice du second système devient la génératrice parallèle à l'intersection des deux plans directeurs (710), la projection horizontale est ol; la trace horizontale du plan tangent est aS_3 parallèle à ol; sa trace verticale est à l'infini, le plan tangent est parallèle au plan directeur P.

715. Ainsi : *le plan tangent à l'infini sur une génératrice est parallèle au plan directeur de cette génératrice.*

Il est évident que ce plan tangent est le même pour le point placé à l'infini à l'autre extrémité de la génératrice.

Le plan tangent tourne de 180° autour de la génératrice. quand le point de contact se déplace de $-\infty$ à $+\infty$ sur cette génératrice.

Le point où une génératrice d'un système rencontre la génératrice de l'autre système perpendiculaire à l'intersection des deux plans directeurs, est le *point central* de la génératrice, le plan tangent en ce point est le plan *central*.

716. *Une droite ne peut rencontrer la surface en plus de deux points.*

Si la droite rencontrait la surface en trois points, elle rencontrerait trois génératrices d'un même système passant par ces trois points, elle serait elle-même une génératrice de la surface et y serait contenue tout entière *.

717. *Construire un plan tangent parallèle à une droite donnée.*

C'est-à-dire un point de la courbe de contact du cylindre circonscrit parallèle à la droite.

Nous faisons la construction dans le cas de plans de projections rectangulaires, en supposant seulement (ce qu'on peut réaliser) que le plan horizontal est un plan directeur (712). Les deux directrices sont ab, $a'b'$ et cd' $c'd'$, la trace horizontale de la surface est ad, les projections verticales des génératrices de même système que ab, $a'b'$ et cd, $c'd'$ passent par le point ω' (Fig. 568).

Tout plan passant par une génératrice est un plan tangent (317); nous conduisons par une génératrice quelconque ef, $e'f'$ du système Q' un plan parallèle à R, R'; pour cela, nous faisons passer par le point h, h' pris sur cette génératrice une parallèle $h'k'$, hk à R, R'.

---

* Pour trouver le point de rencontre de la droite avec la surface, il faudra faire passer un plan par la droite, déterminer la courbe suivant laquelle ce plan coupe la surface, et prendre les points de rencontre de la droite avec cette courbe.

Le plan dont la trace horizontale Sα passe par le point k et est parallèle à ef est un plan tangent parallèle à la direction donnée, il ne reste plus qu'à déterminer son point de contact.

Nous construisons la génératrice du second système (système des directrices $a'b'$, ab, et $c'd'$, ca) contenue dans ce plan.

Sa trace est sur la trace du plan et sur la trace ad de la

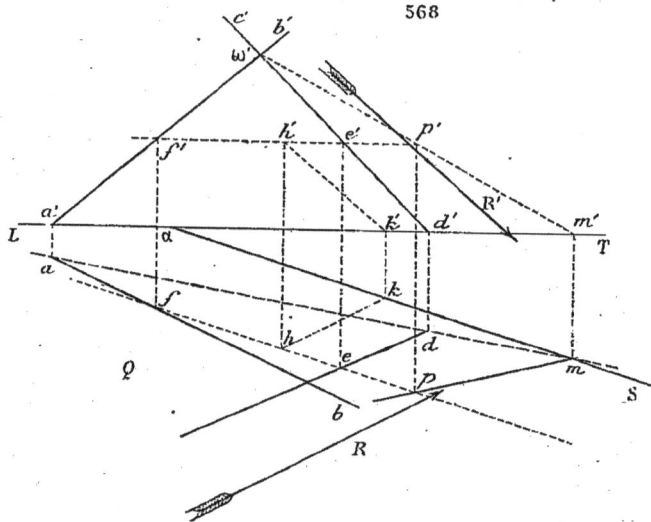

568

surface, c'est le point m dont la projection verticale est m', en sorte que $m'\omega'$ est la projection verticale de la génératrice cherchée.

$m'\omega'$ croise $e'f'$ au point p' dont la projection horizontale est le point p; le point p', p est le point de contact, et nous pouvons tracer la projection horizontale mp de la génératrice dont la projection verticale est $m'\omega'$.

On pourra construire ainsi par points la courbe de contact du cylindre circonscrit.

Nous n'avons pas figuré la trace verticale du plan tangent, il serait très facile de l'obtenir.

On sait d'ailleurs (géométrie analytique) que la courbe de contact est une courbe plane.

718. *Construire un plan tangent passant par un point extérieur.*

C'est-à-dire un point de la courbe de contact du cône circonscrit ayant son sommet au point donné.

Nous prenons encore les mêmes données que dans le cas précédent (données que nous pouvons regarder comme générales), le sommet du cône est le point S, S' (Fig. 569).

569

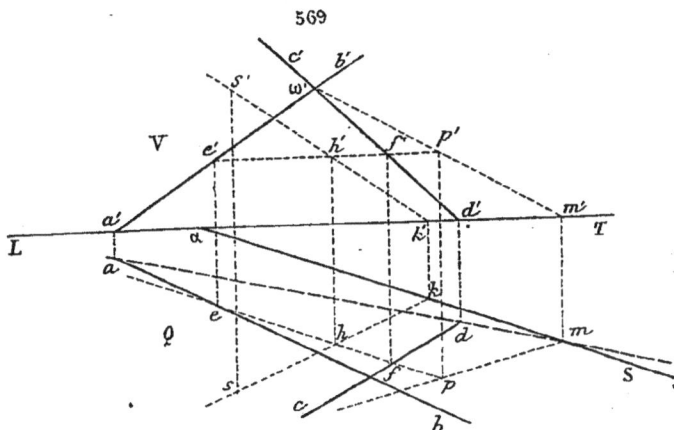

Nous faisons passer un plan par le point S', S et par une génératrice quelconque ef, e'f' du système Q. — Nous obtenons la trace horizontale du plan en joignant le point S, S' à un point quelconque h, h' pris sur la droite.

La trace horizontale du plan conduit par le point et par la droite ef, e'f' est Skα parallèle à ef et passant par la trace k de la trace droite S'h', Sh.

Ce plan est un plan tangent; la génératrice du second système contenue dans ce plan a sa trace au point m où la trace Sα rencontre la trace ad de la surface.

La génératrice du second système (système des droites ab, a'b' et cd, c'd') contenue dans le plan a pour projection verticale m'ω', elle croise la projection verticale e'f' au point p', projection verticale du point de contact.

La projection horizontale de ce point est le point p sur ef, et mp est la projection horizontale de la génératrice.

La courbe de contact, qu'on pourrait ainsi obtenir par points, est une courbe plane (géométrie analytique).

719. *Construire un plan tangent parallèle à un plan.*

Le plan tangent contient deux génératrices, par conséquent, nous devons chercher les génératrices de système différent du paraboloïde qui sont parallèles au plan donné et faire passer un plan par ces deux droites.

Nous prenons encore les données générales : (Fig. 570.)

Les deux directrices sont ab, $a'b'$, et cd, $c'd'$, le plan horizontal est plan directeur; les projections verticales des génératrices du même système que ab, $a'b'$ passeront par le point ω' ; ad est la trace horizontale de la surface.

Le plan est donné par les traces P'αP.

Une génératrice du système horizontal doit être parallèle au plan P; par conséquent, elle sera parallèle à la fois au plan horizontal et au plan P, c'est-à-dire parallèle à la trace horizontale αP.

Nous devons donc construire une droite parallèle à αP et rencontrant les deux droites (133, 134).

Nous faisons passer par la droite ab, $a'b'$ un plan parallèle à αP.

La trace horizontale de ce plan est δaR parallèle à αP, sa trace verticale passe par la trace verticale n' de la droite ab, $a'b'$, c'est la droite $n'\delta$R'. Nous cherchons l'intersection de la droite cd, $c'd'$ avec ce plan ; pour cela, nous conduisons le plan $q'd'p$ qui projette verticalement la droite et nous prenons son intersection qp, $q'u'$ avec le plan R'δR.

Cette droite rencontre cd, $c'u'$ au point r, r', point de rencontre de la droite et du plan, et nous traçons par ce point la droite horizontale parallèle à αP dont les projections sont rs, $r's'$, qui doit être contenue dans le plan R'δR, et dont la trace verticale s' doit se trouver sur la trace du plan.

C'est la génératrice du système horizontal, il ne peut y en avoir qu'une seule, parce qu'il n'y a jamais sur le paraboloïde deux génératrices qui soient parallèles.

Pour trouver l'autre génératrice, nous allons construire

le second plan directeur parallèle à la fois aux deux directri-

570

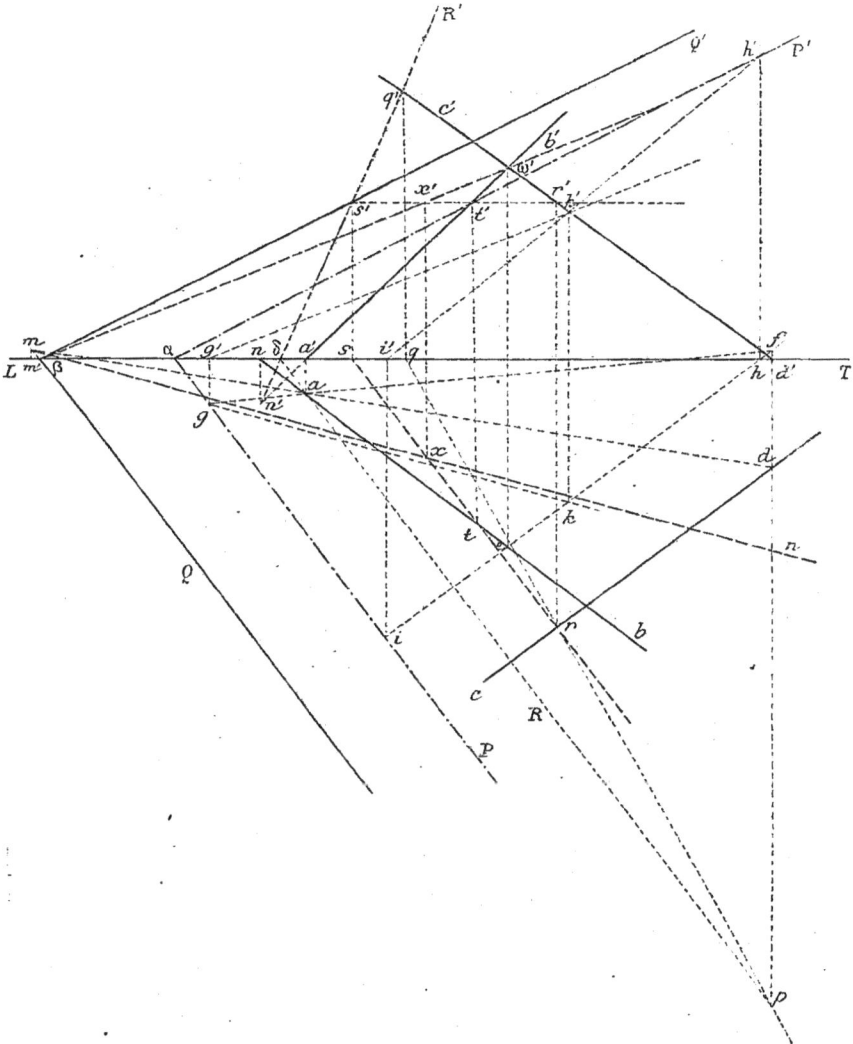

ces données; nous faisons passer par le point ω', e pris sur $a'b'$, ab une parallèle $\omega'd'$, ef à $c'd'$, cd, et le plan déterminé par ab, $a'b'$ et $\omega'd'$, ef est parallèle au plan directeur, sa trace horizontale est af.

La génératrice cherchée est parallèle à ce plan directeur et au plan P; elle est parallèle à l'intersection des deux plans, et nous construisons d'abord cette intersection.

Les traces horizontales des deux plans se coupent au point g, g', nous prenons l'intersection de la droite ef, $\omega'd'$ avec le plan P en employant comme plan auxiliaire le plan qui projette horizontalement la droite ef, $\omega'd'$ (ce plan coupe le plan P suivant ih, $i'h'$ qui croise la droite ef, $\omega'd'$ au point k, k'); gk, gk' est l'intersection des deux plans et la parallèle à la génératrice cherchée.

La projection verticale de cette génératrice passe par ω', c'est $\omega'm$; sa trace est au point m sur la trace al de la sur face; sa projection horizontale est mn parallèle à gk.

Cette génératrice du second système est encore unique.

Le plan des deux droites mn, $m'\omega'$, et rs, $r's'$ est le plan tangent cherché.

On doit d'abord vérifier que les deux droites se coupent en un point x, x' qui est le point de contact.

La trace horizontale d $\rightleftharpoons$ plan est $m\varepsilon Q$ parallèle à αP, la trace verticale est $\varepsilon s'Q'$ parallèle à $\alpha P'$.

Le plan tangent est unique.

Le problème est toujours possible; il y a toujours des génératrices parallèles à un plan donné.

Si le plan donné est parallèle à un plan directeur, il y a une infinité de solutions; et les plans tangents parallèles au plan donné sont les plans asymptotes des génératrices du système parallèle à ce plan.

720. *Construire un plan tangent passant par une droite.*

Le plan tangent contient deux génératrices, qui rencontreront la droite en des points qui seront les points où la droite perce le paraboloïde.

La droite doit nécessairement rencontrer la surface.

Soient a et b les points où la droite perce le paraboloïde. (Fig. 571).

Menons par le point a les deux génératrices de système

différent G et K ; menons par le point *b* les deux génératrices de système différent G_1 et K_1.

La droite G et la droite K_1 se rencontrent en un point *d* et déterminent un plan tangent dont *d* est le point de contact.

571

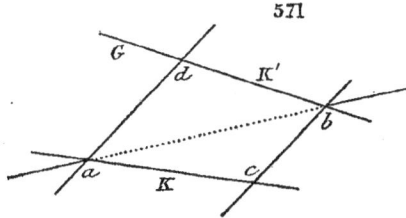

La droite G_1 et la droite K se rencontrent en un point *c* et déterminent un second plan tangent dont *c* est le point de contact.

Le problème admet donc deux solutions.

Il faut donc, pour le résoudre, chercher d'abord les points où la droite perce le paraboloïde (716).

721. *Construire la section d'un paraboloïde par un plan.*

On construira la section plane d'un paraboloïde en coupant la surface par des plans parallèles à un plan directeur, de manière à déterminer des droites.

Afin d'étudier facilement la nature des sections planes nous allons supposer encore le paraboloïde rapporté à ses deux plans directeurs.

Les traces sont R'αR, les points fixes sont. *o* et ω'. Le plan sécant est le plan S'βS (Fig. 572).

Nous coupons par le plan horizontal dont la trace verticale est *a'b'* ; ce plan donne dans le plan S l'horizontale *a'c'*, *ac*, et dans le paraboloïde la génératrice *b'c'*, *boc*.

Le point d'intersection a pour projection horizontale *c* et l'on trouve sa projection verticale en *c'* sur la trace verticale *a'b'* du plan horizontal auxiliaire.

Tangente. Nous obtiendrons la tangente en construisant le plan tangent au point *c*, *c'*. Ce plan tangent contient les deux génératrices qui passent par le point ; l'une est *c'b'*, *cb* ; l'autre a pour projection verticale ω'*c'd'* (712), sa trace est le

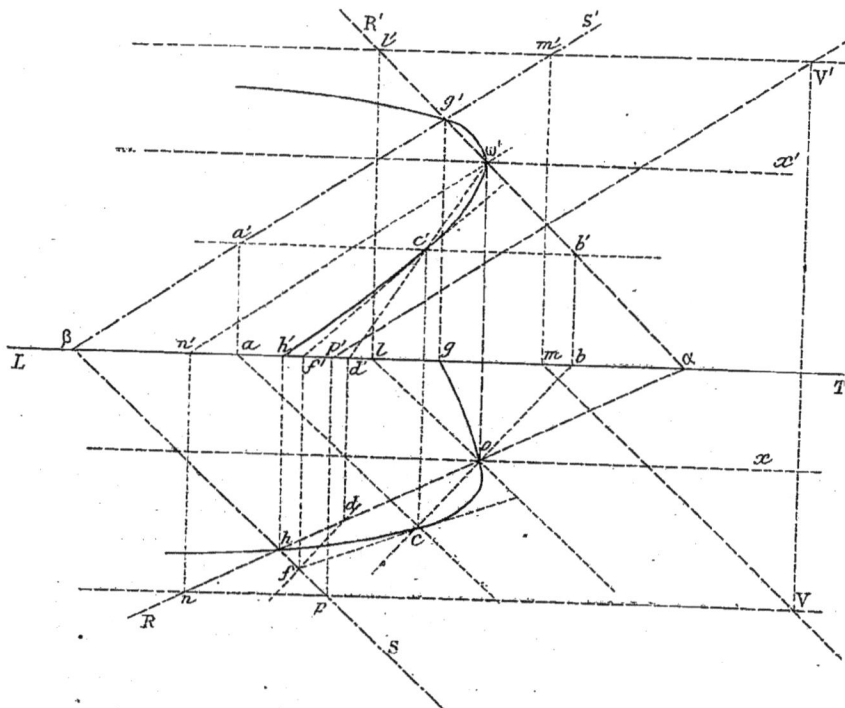

d et est parallèle à la projection horizontale *boc* de la génératrice; cette trace est *df*.

Le point f est la trace horizontale de la tangente dont les
deux projections sont *fc*, *f'c'*.

Branches infinies. Cherchons les génératrices parallèles au
plan sécant (719), ces génératrices donneront les points à l'infini.

La génératrice du système horizontal est parallèle à βS, sa
projection horizontale est *ol*, sa trace verticale est l' et sa
projection verticale est *l'm'* parallèle à la ligne de terre.

Le plan asymptote de cette génératrice est le plan passant par cette droite et parallèle à son plan directeur (715); c'est le plan horizontal dont la trace verticale est $l'm'v'$, et il coupe le plan sécant S'ꞵS suivant l'asymptote dont les deux projections sont $l'm'v'$ et mv.

La génératrice du second système parallèle au plan sécant est parallèle à ꞵS', ses projections sont $\omega'n'$, npv.

Le plan asymptote est le plan parallèle au plan directeur dont la trace est npv et qui coupe le plan sécant suivant la seconde asymptote dont les projections sont npn, $p'v'$.

La section est une hyperbole, les deux asymptotes doivent se couper en un point, v, v', qui est le centre.

Il est facile de tracer les projections de l'hyperbole.

Les traces du plan rencontrent les traces de la surface aux points g, g' et h, h', points de l'intersection.

La génératrice du système horizontal projetée tout entière au point ω' rencontre le plan en un point dont ω' est la projection; la projection verticale de la courbe est $g'\omega'c'h'$.

La génératrice du système de front projetée tout entière au point o rencontre le plan en un point dont o est la projection; la projection horizontale de la courbe est $goch$.

La seconde branche de l'hyperbole est hors de l'épure.

Ainsi un plan quelconque tel que le plan S'ꞵS coupera toujours la surface suivant une hyperbole.

722. Sections paraboliques. Si le plan sécant est parallèle à LT, c'est-à-dire à l'intersection des deux plans directeurs, les génératrices parallèles au plan seront des génératrices à l'infini dans chaque système, puisque ce seront les génératrices parallèles à l'intersection des deux plans directeurs (710).

Les asymptotes sont à l'infini, la courbe de section est une parabole.

Les sections paraboliques sont données par les plans sécants parallèles à l'intersection des deux plans directeurs.

723. Diamètre. Axe. Sommet.

Déplaçons le plan sécant S'ꞵS parallèlement à lui-même, les génératrices parallèles à ce plan resteront les mêmes, les plans asymptotes des génératrices ne changeront pas, et les projections verticales de toutes les asymptotes des sections successives seront toujours confondues sur $l'm'v'$ trace verticale du plan asymptote.

De même les projections horizontales de toutes les asymptotes des sections successives seront toujours confondues sur npv trace horizontale du second plan asymptote.

Les projections du centre se déplaceront sur ces deux lignes, en sorte que les centres des sections successives seront sur une parallèle à l'intersection des deux plans directeurs.

Ce lieu des centres *est un diamètre*, et nous voyons que *tous les diamètres sont parallèles à l'intersection des deux plans directeurs*.

Considérons, en particulier, des plans sécants de profil.

Les génératrices parallèles à ces plans seront deux génératrices projetées, l'une au point ω', l'autre au point o, les plans asymptotes auront pour trace, l'un $\omega'x'$, l'autre ox (715), $\omega'x'$, ox sera le diamètre correspondant à ces plans, et comme il leur est perpendiculaire, ce diamètre est un *axe*.

L'axe rencontre la surface au point dont les projections sont ω' et o, qui est le point où se croisent les deux génératrices placées dans le plan de profil $\omega'o$.

Ce point dont les projections sont $\omega'o$ est *le sommet*.

724. Plans principaux.

Le paraboloïde étant rapporté à ses deux plans directeurs, ses traces sont $R'\alpha R$ (Fig. 573); les deux points fixes sont ω' et o.

Nous faisons un changement de plan vertical, en prenant pour plan vertical le plan de profil qui passe par $\omega'o$.

La trace verticale du plan directeur P vient en $\beta P'_t$ faisant avec la ligne de terre l'angle qui font entre eux les deux plans directeurs, angle que nous supposons connu (et dont nous n'avons pas eu besoin de nous servir jusqu'à présent.

L'axe est perpendiculaire au nouveau plan vertical et se projette en un point ω'_t, que nous obtenons en prenant les

nouvelles projections verticales : $o\omega'_1$ (de la génératrice projetée en o et qui est parallèle au plan P) et $b'_1\,\omega'_1$ (de la
génératrice projetée en ω' et qui est parallèle à Q (701).

Menons les bissectrices de l'angle $b'_1\omega'_1o$. Ces bissectrices
$c'_1\omega'_1$ et $d'_1\omega'_1$ sont les traces sur le plan vertical L_1T_1 des
deux plans principaux.

Je fais passer par l'axe deux plans dont les traces sur le

573

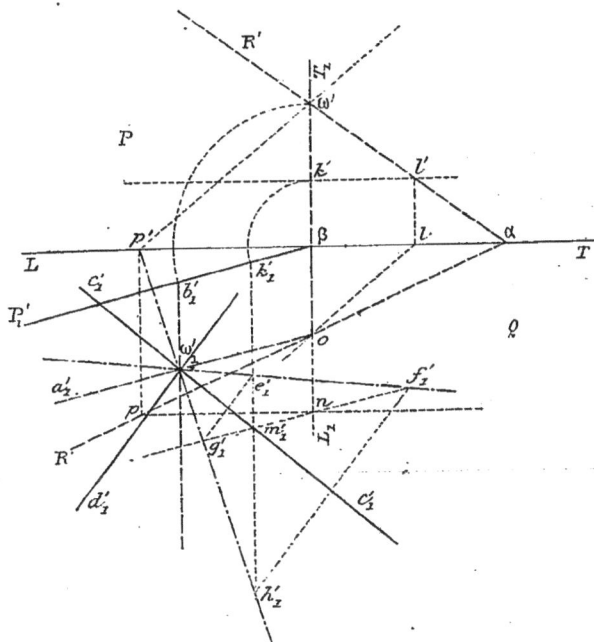

plan L_1T_1 sont $\omega'_1f'_1$ et $\omega'_1h'_1$ symétriques par rapport à la bissectrice $\omega'_1i''_1c'_1$ et je suppose qu'on coupe la surface par ces
deux plans.

Je considère une génératrice du système horizontal, ses
projections dans le premier système sont $k'l'$, ol, et la nouvelle projection sur le plan L_1T_1 est $k'_1h'_1$ parallèle à βo. Elle
rencontre les deux plans sécants aux points e'_1 et h'_1.

Je puis tracer une génératrice du second système dont

la projection verticale sur le plan $L_1 T$, est $g'_1 m' f'_1$ parallèle à $\omega'_1 o$ et qui sera symétrique de la première par rapport au plan $\omega'_1 c'_1$.

Ce plan $\omega'_1 c'_1$ et celui qui lui est perpendiculaire sont bien des plans de symétrie de la surface. Ce sont les *deux plans principaux*; ils passent par l'axe, par conséquent sont parallèles à l'intersection des deux plans directeurs, et coupent la surface suivant *deux paraboles principales*.

725. Exemple : *On définit un paraboloïde par deux directrices et un plan directeur. Trouver le sommet.*

On cherche un plan parallèle au second plan directeur (719) et l'on prend l'intersection des deux plans.

On se donne un plan perpendiculaire à l'intersection des deux plans directeurs, on cherche les génératrices parallèles à ce plan; il y en a deux qui doivent se couper, en ce point *qui est le sommet*.

L'axe passe par le sommet et est parallèle à l'intersection des deux plans directeurs.

726. Représentation d'un paraboloïde.

Division des génératrices. — Nous considérons un paraboloïde dont les directrices sont ab, $a'b'$ et cd, $c'd'$ (Fig. 574) nous prenons ces deux droites telles qu'elles forment avec le plan horizontal des angles égaux en sens contraire.

Leurs projections horizontales font des angles égaux avec la ligne de terre, et nous considérons les deux génératrices de système différent ad, $a'd'$ et bc, $b'c'$, dont les projections sont parallèles et font les mêmes angles avec le plan horizontal.

Nous déterminons ainsi un quadrilatère gauche $abcd$, $a'b'c'd'$, dont les côtés sont égaux; nous divisons ces côtés opposés en parties égales, et en joignant les points de division correspondants, tels que e,e' et f,f', nous obtenons une génératrice dont les projections sont ef, $e'f'$. C'est la génératrice 8. — Nous obtenons de même les autres génératrices.

Ce paraboloïde ainsi déterminé a deux plans principaux, l'un parallèle au plan vertical, dont la trace est ac, l'autre de profil, dout la trace est bd. L'axe est vertical et sa projection horizontale est le point o, sa projection verticale est $o'z'$.

Les deux génératrices qui passent par ce point ont pour projections yoy_1 et xox_1, et leurs projections verticales sont confondues suivant les projections verticales de la génératrice 11.

Les projections verticales des génératrices enveloppent la parabole principale située dans le plan vertical ac.

Nous avons limité la surface à quatre plans verticaux, le plan de front xy coupe la surface suivant une parabole égale à la parabole principale, et dont nous avons obtenu un point en prenant le point l, l' où la génératrice du second système dont la projection verticale est confondue avec la projection verticale de la génératrice 9 rencontre le plan de front xy.

Nous avons figuré la projection verticale de la surface sur un second plan vertical $L_1 T_1$, parallèle au plan de la seconde parabole principale.

Nous avons ensuite coupé la surface par un plan horizontal dont les traces sur les deux plans verticaux LT et $L_1 T_1$ sont H' et H'$_1$, et nous avons obtenu, en prenant les points où les différentes génératrices percent ce plan horizontal, deux hyperboles dont les projections sont $n\alpha p$, $n_1\alpha_1 p_1$ et $q\beta r$, $q_1\beta_1 r_1$, ayant pour asymptotes communes les deux droites xox_1 et yoy_1, projections des génératrices qui passent par le sommet.

Nous avons dû figurer, pour compléter la représentation de la portion de surface que nous examinons, des génératrices qui ne rencontrent pas les directrices données dans l'intérieur de l'épure. Nous aurions pu prolonger les projections verticales des génératrices et marquer les points de division au delà de la partie que nous représentons.

Mais il est bon de remarquer que toutes les génératrices forment des séries de quadrilatères dont tous les sommets tels que $\delta\gamma\epsilon\lambda$, sont sur des droites parallèles à $o'z'$; il est donc facile de trouver un certain nombre de ces verticales passant par des sommets bien déterminés, tels que ceux qui se trouvent sur les directrices, et de joindre les points de croisement de ces verticales avec les génératrices déjà obtenues.

727. Exercices sur les paraboloïdes.

1° Construire l'intersection d'un cylindre ou d'un cône oblique avec un paraboloïde de révolution.

(Employer les plans qui projettent les génératrices du cylindre ou du cône sur le plan vertical.)

2° On considère un corps solide de révolution creusé en forme de vase.

Le solide est limité par deux paraboloïdes de révolution ayant même axe, ayant des paraboles méridiennes égales, comprenant entre elles l'épaisseur du vase.

Il est terminé à un plan horizontal supérieur.

On éclaire ce corps par des rayons parallèles; construire l'ombre propre et les ombres portées soit dans l'intérieur, soit sur les plans de projection.

Même problème avec des rayons divergents.

3° On donne la parabole méridienne d'un paraboloïde de révolution dont l'axe est oblique par rapport aux deux plans de projection. Construire les contours apparents de la surface.

4° Construire la section plane d'un paraboloïde hyperbolique défini par trois droites parallèles à un même plan.

Branches infinies, asymptotes.

Nous donnons plus loin (760, 761) des exercices d'intersections de surfaces avec un paraboloïde hyperbolique.

Voir dans notre recueil d'épures (2ᵉ édition), épure 30, une représentation d'un paraboloïde.

574

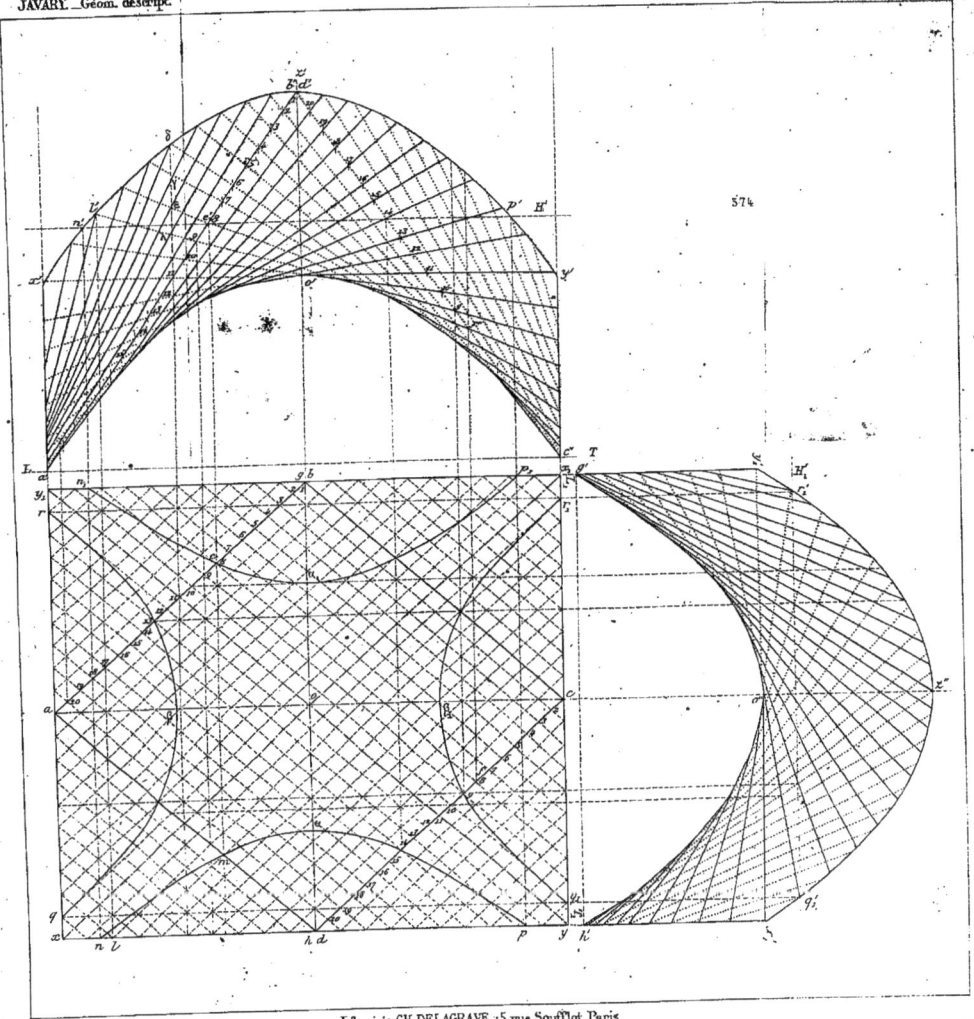

GÉNÉRATION D'UNE SURFACE DE RÉVOLUTION DU SECOND DEGRÉ

PAR UNE COURBE DU SECOND DEGRÉ

GÉNÉRATION D'UNE SURFACE DE RÉVOLUTION
DU SECOND DEGRÉ

PAR UNE COURBE DU SECOND DEGRÉ

728. Une surface de révolution du second degré peut être engendrée par la rotation d'une courbe du second degré tournant autour d'un axe non situé dans un même plan avec la courbe génératrice.

La surface ne sera pas, en général, engendrée d'une manière complète (373), il faudrait que la courbe du second degré ait des points sur tous les parallèles de la surface, et, par suite, elle devrait être dans un même plan avec l'axe.

La courbe génératrice doit remplir une première condition indispensable :

La projection de l'axe de rotation sur le plan de la courbe doit être un axe de la courbe, en sorte que l'axe de la projection de la courbe sur un plan perpendiculaire à l'axe de rotation doit passer par la trace de cet axe.

Nous avons vu, en effet, que dans toute section plane d'une surface de révolution du second degré, la ligne de plus grande pente du plan qui rencontre l'axe de rotation est un axe de la section (621, 648, 653, 693), et la courbe génératrice donnée est nécessairement une section plane de la surface de révolution.

Je dis, en outre, que si l'on considère la surface engendrée par une courbe du second degré, placée dans la situation que nous venons de préciser, cette surface est du second degré ; et pour le prouver, je vais montrer que la surface ne sera pas rencontrée par une droite en plus de deux points.

Prenons, en effet, une ellipse placée dans un plan P'αP, perpendiculaire au plan vertical, *cd* est le grand axe de la projection horizontale et passe par le pied *o* de l'axe. (Fig. 575.)

Les projections de la droite sont *a'b'*, *ab*.

Nous faisons tourner la droite autour de l'axe, elle en-

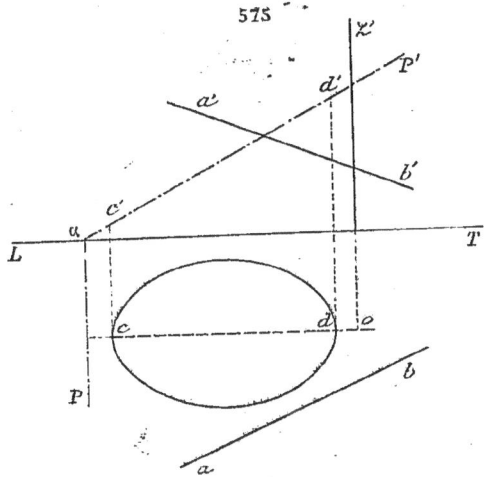

575

gendre un hyperboloïde et les points où la droite perce la surface engendrent des parallèles communs à cette surface et à l'hyperboloïde.

Imaginons que nous construisions la section faite dans l'hyperboloïde par le plan P'αP. Cette section sera une conique ayant pour axe la ligne de plus grande pente du plan dont *cd* est la projection horizontale, c'est-à-dire même axe que la proposée.

Ces deux coniques se couperont en quatre points symétriques deux à deux par rapport à l'axe *cd*, *c'd'*, et ces quatre points ainsi placés engendreront seulement deux parallèles communs à la surface et à l'hyperboloïde. La droite rencontre donc la surface seulement en deux points.

729. Surfaces engendrées par une ellipse.

Nous considérons une ellipse génératrice :

La surface engendrée peut être une des surfaces qui admettent une ellipse parmi leurs sections planes.

C'est donc un ellipsoïde, ou un des deux hyperboloïdes, ou un cône.

Un cylindre de révolution ou un paraboloïde de révolution peuvent bien admettre comme sections planes des ellipses ; mais les projections de ces ellipses sur un plan perpendiculaire à l'axe sont des cercles (687).

Considérons (fig. 576) un ellipsoïde de révolution à axe

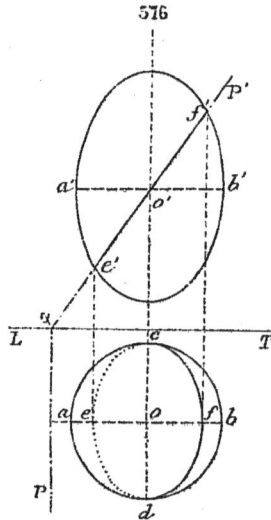

576

vertical coupé par un plan P'αP passant par le centre. La section est une ellipse dont la projection horizontale est *cdef*; le *petit axe* de cette projection est dirigé suivant la ligne de plus grande pente du plan, et il en sera de même dans toutes les sections elliptiques (648).

Considérons un cône de révolution (fig. 577), le plan P'αP coupe ce cône suivant une ellipse dont la projection horizontale est *abcd*. Le foyer de cette projection est le point S (472),

et par suite le grand axe est dirigé suivant la projection horizontale de la ligne de plus grande pente du plan.

Or, si nous examinons les hyperboloïdes des deux genres

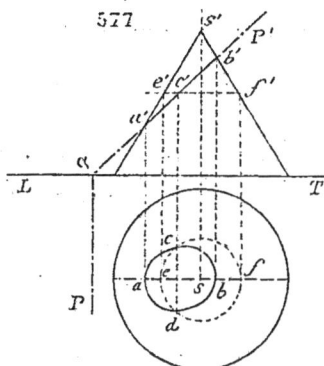

qui admettent ce cône comme cône asymptote, les sections elliptiques dans ce cône et dans ces hyperboloïdes sont homothétiques et concentriques (645).

Donc, pour que *l'ellipse engendre un cône*, il faut que la trace
de l'axe soit le foyer de la projection.

La trace de l'axe se trouvant sur le grand axe, en un point
autre que le foyer, l'ellipse engendrera un des deux hyperboloïdes.

Considérons (fig. 578) le cône de révolution S'S, l'hyperboloïde à une nappe qui admet ce cône comme cône asymptote
et dont le cercle de gorge est *m'n'*, et l'hyperboloïde à deux
nappes ayant le même cône asymptote et dont les sommets
sont *p'* et *q'*.

Nous coupons les trois surfaces par le plan P'αP perpendiculaire au plan vertical, et qui donne dans les trois surfaces
trois ellipses concentriques.

Le centre commun de ces trois ellipses se projette sur le
plan horizontal au point *o*.

La section dans le cône a ses sommets aux points *c,c'* et
d,d'; le point S est un foyer de la projection de cette section.

La section dans l'hyperboloïde à une nappe se projette
suivant une ellipse dont *ab* est le grand axe; or, *ab* étant plus

grand que *cd*, l'un des foyers de cette ellipse sera en un point
tel que *f*, *of* étant plus grand que *o*S.

La trace horizontale de l'axe est située entre les deux foyers.

578

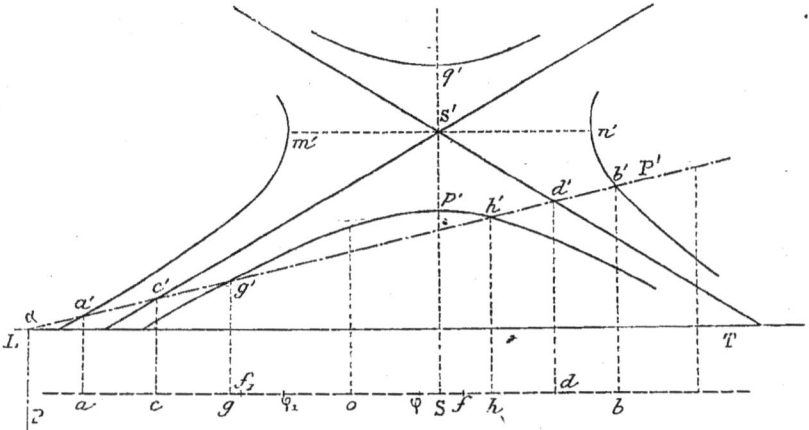

La section dans l'hyperboloïde à deux nappes se projette
suivant une ligne dont *gh* est le grand axe ; or, *gh* étant plus
petit que *cd*, l'un des foyers φ de cette ellipse sera en un point
tel que *o*φ soit plus petit que *o*S.

La trace horizontale de l'axe sera en dehors des deux foyers.

L'ellipse engendre seulement une partie de l'hyperboloïde.
Si le cercle de gorge est compris dans la partie de la surface
décrite par l'ellipse, on peut trouver ce cercle de gorge et
arriver alors à déterminer complètement l'hyperboloïde par
sa génératrice rectiligne..

Les divers parallèles de la surface ont pour rayons les
rayons vecteurs menés de la trace de l'axe à tous les points de
la projection de l'ellipse.

Prenons une ellipse dont la projection est *abcd* et qui est
située dans un plan P'αP, perpendiculaire au plan vertical
(fig. 579) ; l'axe de rotation a sa trace au point *o* sur le grand
axe *ab*.

Imaginons qu'on puisse mener par le point *o* une normale
oh à l'ellipse; cette normale sera le rayon d'un parallèle minimum dont la projection verticale est *o'h'*, et les parallèles

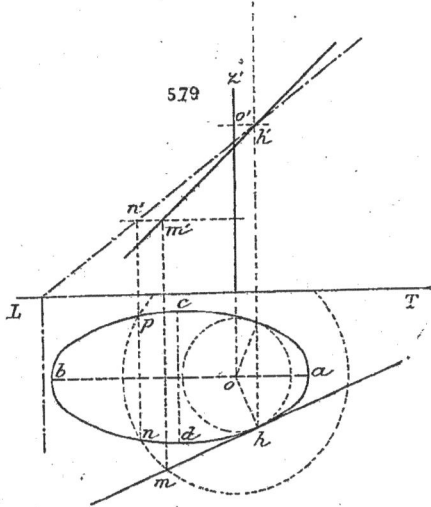

au-dessus et au-dessous du point *o',o* sont plus grands que le
parallèle *o'h',oh*.

Ce parallèle est le cercle de gorge de l'hyperboloïde engendré par l'ellipse, et nous pourrons construire ce cercle
toutes les fois que nous pourrons mener du point *o*, trace de
l'axe, une normale à l'ellipse.

Au contraire, si le point *o* est tel qu'on ne puisse mener
de normales à l'ellipse, les parallèles extrêmes seront les parallèles décrits par les sommets *a* et *b*, et seront : l'un le parallèle le plus haut; l'autre, le parallèle le plus bas de la
portion de surface engendrée, le cercle de gorge n'est plus
compris dans la portion de surface décrite.

Résumé. — 1º Si le petit axe de la projection de l'ellipse
prolongé, au besoin, passe par la trace de l'axe, la surface engendrée est une portion d'*ellipsoïde*.

2º Si la trace de l'axe est le foyer de la projection, la surface engendrée est une portion de cône.

3° Si la trace de l'axe se trouve sur le grand axe entre les extrémités de la développée de l'ellipse, la surface est une portion d'*hyperboloïde à une nappe* dont on peut obtenir le cercle de gorge.

4° Si la trace de l'axe se trouve sur le grand axe en dehors des extrémités de la développée, entre les foyers, la surface est encore une portion d'*hyperboloïde à une nappe* dont on ne peut obtenir le cercle de gorge.

5° Si la trace de l'axe est en dehors des foyers, soit en dedans soit en dehors de l'ellipse, la surface est un *hyperboloïde à deux nappes*.

Remarques. — Dans le cas où l'on peut obtenir le cercle de gorge de l'hyperboloïde à une nappe, on peut trouver la génératrice rectiligne. (Fig. 579.)

La projection horizontale de cette génératrice est *mh* tangente au cercle de gorge ; on coupe la surface par un plan horizontal dont la trace est *n'm'*, donnant un parallèle projeté suivant le cercle *nmp*, la génératrice rectiligne cherchée rencontre ce parallèle, et le point de rencontre est projeté sur le point de rencontre des projections horizontales au point *m* ; il est facile d'avoir sa projection verticale *m'*, et ce point *m'* joint à la projection verticale *h'* du point de contact de la génératrice avec le cercle de gorge fait connaître la projection verticale de la droite *.

Si la projection de l'ellipse est un cercle ayant son centre à la trace de l'axe, la surface est une *portion de cylindre.*

Si la projection de l'ellipse est un cercle n'ayant pas son centre sur la trace de l'axe, la surface engendrée est une portion de paraboloïde de révolution **.

---

* Il est même facile de retrouver la propriété du cercle de gorge relative aux plans tangents : au point où la normale à l'ellipse rencontre la courbe, elle est perpendiculaire à la tangente à l'ellipse dans son plan, et à la tangente au parallèle qui est horizontale ; donc, elle est normale à la surface, et comme cette normale est horizontale, le plan tangent est vertical.

** Il ne peut y avoir de doute sur la nature de la surface engendrée. Aucune section plane d'un cône de révolution par un plan oblique à l'axe ne peut se projeter sur un plan perpendiculaire à l'axe suivant un cercle, et il en est de même des hyperboloïdes.

La courbe donnée peut être un cercle dont la projection est une ellipse.

Le petit axe de l'ellipse est alors dirigé suivant la ligne de plus grande pente du plan (fig. 580). Élevons au centre du

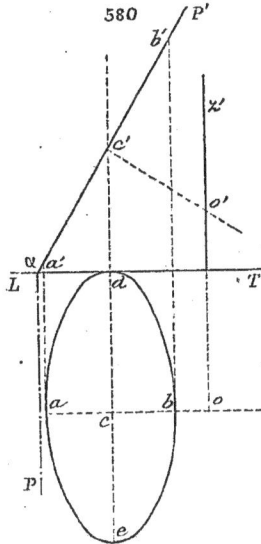

cercle *c,c'* une perpendiculaire au plan, cette perpendiculaire rencontre l'axe au point *o',o* qui est également distant de tous les points du cercle; il en sera toujours de même dans le mouvement de rotation.

Le cercle engendrera une *zone sphérique.*

730. Surfaces engendrées par une hyperbole.

Une hyperbole ne peut engendrer qu'un des deux hyperboloïdes ou un cône. Si l'on fait (fig. 581) la section d'un hyperboloïde à deux nappes par un plan, les sommets de la section sont *a',a, b',b* projetés sur la ligne de plus grande pente du plan.

Nous pouvons déjà conclure que si *la ligne de plus grande pente du plan est l'axe imaginaire de l'hyperbole proposé, la sur-*

face est un hyperboloïde à une nappe. Il sera toujours possible de trouver le cercle de gorge.

581

La position des foyers par rapport à la trace de l'axe de rotation permettra encore de distinguer entre les deux hyperboloïdes.

Si la trace de l'axe est un foyer, la surface engendrée est un cône.

582

Prenons encore le cône (fig. 582) dont le sommet est en S', S et les deux hyperboloïdes dont ce cône est asymptote. Nous

faisons une section hyperbolique par un plan P'αP perpendiculaire au plan vertical, les trois sections ont leur centre
en o',o.

L'hyperbole section du cône se projette suivant une hyperbole dont les sommets sont c et d, et qui a un foyer au
point S.

La section de l'hyperboloïde à une nappe se projette suivant une hyperbole dont l'axe transverse est gh plus petit que
cd; par suite, nous aurons un foyer f tel que of soit plus
petit que oS.

*La surface de l'axe sera extérieure aux deux foyers dans l'hy-
perboloïde à une nappe.*

· La section de l'hyperboloïde à deux nappes se projette
suivant une hyperbole dont l'axe transverse est ab plus grand
que cd; par suite, nous aurons un foyer φ tel que oφ soit plus
grand que oS.

*La trace de l'axe sera intérieure aux deux foyers dans l'hyper-
boloïde à deux nappes.*

731. Surfaces engendrées par une para-
bole.

La surface ne peut jamais être un paraboloïde, car les sections paraboliques d'un paraboloïde sont dans des plans parallèles à l'axe et se projettent suivant des droites sur un plan
perpendiculaire à l'axe.

· Considérons encore (fig. 582) les deux hyperboloïdes et
leur cône asymptôte. Coupons-les par un plan Q'β perpendiculaire au plan vertical.

*La section du cône se projette suivant une parabole dont le
sommet est au point t et dont le foyer est au point S.*

La section dans l'hyperboloïde à une nappe se projette
suivant une parabole dont le sommet est au point u, le foyer
sera situé entre le point S et le point u.

*La trace de l'axe sera au delà du foyer par rapport au sommet
dans l'hyperboloïde à une nappe.*

La section dans l'hyperboloïde à deux nappes se projette
suivant une parabole dont le sommet est au point r; le foyer
sera à gauche du point S.

*La trace de l'axe sera entre le foyer et le sommet dans l'hyper-
boloïde à deux nappes.*

INTERSECTION DE DEUX SURFACES DE RÉVOLUTION

DONT LES AXES SE RENCONTRENT

INTERSECTION DE DEUX SURFACES DE RÉVOLUTION

DONT LES AXES SE RENCONTRENT.

732. Méthode générale. — Une surface de révolution est coupée par une sphère qui a son centre sur l'axe suivant des parallèles dont les plans sont perpendiculaires à l'axe; si l'axe est parallèle aux plans de projection, les parallèles seront perpendiculaires à ce plan et se projetteront suivant des droites.

Nous construirons l'intersection des deux surfaces en les coupant par des sphères ayant leur centre au point de rencontre des axes; mais cette méthode ne sera d'un emploi facile que si les deux axes sont parallèles au même plan de projection, et si, par suite, les deux surfaces se projettent suivant des droites.

Il faut donc toujours amener le plan des deux axes à être parallèle à un plan de projection.

Les deux axes doivent évidemment être déplacés ensemble et du même mouvement pour que les deux surfaces conservent les mêmes positions relatives.

On peut opérer par rotation si l'une des surfaces est donnée par une courbe dont le tracé occasionnerait une perte de temps et faire tourner la figure autour de l'axe de cette surface.

Mais, en général, *le changement de plan est préférable.* Nous donnerons plus loin des exemples, et nous prions le lecteur de les consulter comme modèles pour la disposition des épures.

733. Construction. — Nous considérons deux surfaces de révolution dont les axes ab, $a'b'$ et cd, $c'd'$ sont dans un même plan de front et se coupent au point o',o. (Fig. 583.)

Ces deux surfaces sont définies par leurs méridiennes principales qui sont projetées horizontalement suivant la ligne de front $abcd$.

Nous traçons une sphère de rayon arbitraire ayant son centre en o' et dont le contour apparent est $f'g'h'k'$. Elle détermine dans chaque surface un parallèle passant par les points de rencontre du contour apparent de la sphère avec le contour de la surface.

Ces parallèles projetés verticalement suivant les droites $f'h'$ et $g'k'$ perpendiculaires aux axes se rencontrent en deux points dont la projection verticale est confondue en l', et dont nous allons chercher les projections horizontales.

Pour cela, nous considérons le parallèle horizontal de la sphère dont la projection verticale est $m'n'$, et qui se projette horizontalement suivant le cercle mn, dont le centre est au point o.

Les points l' ont leurs projections horizontales en l ou l_1 sur le cercle, et nous construirons par cette méthode autant de points de la courbe que nous le jugerons utile.

Cette courbe passe, du reste, par les points p' et q' où se croisent les contours apparents des deux surfaces, et la courbe s'arrête brusquement en ces deux points.

Cet arrêt de la projection verticale provient uniquement de ce que la tangente à la courbe est perpendiculaire au plan vertical, puisqu'elle est l'intersection des deux plans tangents, perpendiculaires au plan vertical.

Nous avons montré (326) que la projection de la courbe doit présenter en ce point un rebroussement ; et ce rebroussement est ici un rebroussement de seconde espèce dans lequel les branches des courbes se superposent à cause de la symétrie de la figure par rapport au plan de front des deux axes.

Sur la projection horizontale les tangentes aux points
p et q sont perpendiculaires à la ligne de terre.

734. Tangente. — Cherchons la tangente à la courbe
d'intersection au point l, l'.

La tangente est l'intersection des deux plans tangents ;
si l'on imagine au point l, l', les normales aux deux surfaces
perpendiculaires aux plans tangents, l'intersection des deux
plans sera perpendiculaire au plan déterminé par ces deux
normales.

Il est plus commode de construire la tangente, en la traçant perpendiculaire au plan des deux normales, que de
prendre l'intersection des plans tangents ; et c'est ainsi qu'il
convient d'opérer dans l'intersection de deux surfaces de révolution.

La normale au point l' à la première surface rencontre
l'axe au même point que la normale au point f' situé sur le
même parallèle (580). — Nous traçons la normale $f'r'$ qui
rencontre l'axe au point r', r, en sorte que la normale est
rl, $r'l'$.

La normale au point l' à la seconde surface rencontre
l'axe au même point que la normale au point g', situé sur
le même parallèle. Nous traçons la normale $g's'$ qui rencontre l'axe au point s', s, en sorte que la seconde normale
est ls, $l's'$.

La projection verticale de la tangente est perpendiculaire
à la trace verticale, ou à une ligne de front du plan des deux
normales ; remarquons que les deux points rr' et ss' situés sur
les axes sont dans le même plan de front, $r's'$ est la projection verticale d'une ligne de front du plan des normales ;
la projection verticale de la tangente est $l't'$ perpendiculaire
à $r's'$.

Coupons les deux normales par un plan horizontal dont la
trace verticale est $r'u'$ qui rencontre les deux droites aux points
r', r et u', u, en sorte que ru est la projection d'une horizontale
du plan des deux lignes et la projection de la tangente est lt
perpendiculaire à ru.

Au point pp' situé sur le contour apparent, la tangente à la
courbe est réellement perpendiculaire au plan vertical, mais

la tangente à la projection verticale de la courbe est la trace verticale *du plan osculateur* (326). Nous rappelons que ce plan est le plan mené par une tangente parallèlement à la tangente au point infiniment voisin (325), sa trace verticale peut être considérée comme la limite des positions que prend la projection verticale de la tangente en un point qui se rapproche indéfiniment du point p',p.

Imaginons que nous construisions, par la méthode des normales, les tangentes aux différents points de la courbe, les lignes de front du plan des deux normales seront des droites telles que $r's'$, et si le point de contact se rapproche indéfiniment du point p', la droite devient à la limite $v'x'$ obtenue en menant au point p' les normales à ces deux surfaces. Nous considérons $v'x'$ comme la limite de la ligne de front du plan des deux normales quand le point se rapproche indéfiniment du point p'.

La tangente est alors $p'y'$ perpendiculaire à $v'x'$; c'est la trace verticale du plan osculateur, c'est la tangente à la courbe.

La projection horizontale de la tangente à la courbe au point p est perpendiculaire à la ligne de terre.

Ordre des points. — Il est facile, en général, de suivre la courbe sur la projection faite sur le plan des deux axes ; le degré de cette projection étant moitié du degré de la courbe, son tracé est simple ; il faut numéroter les points de la courbe et joindre, à partir des points sur le contour apparent dont la projection horizontale se trouve projetée sur les deux axes, les points dans le même ordre des deux côtés de la ligne des axes.

735. Ponctuation. — Nous avons représenté ce qui reste de la surface de révolution dont l'axe est $c'd'$ après avoir enlevé l'autre surface.

Nous commençons, comme toujours, par examiner les contours apparents.

Les portions de contour apparent $q'g'p'$, et $q'f'd'p'$ sont enlevées, $q'h'p'$ forme le fond de l'entaille faite dans la surface et doit être représentée en points ronds.

La projection verticale de la courbe est entièrement vue, elle est la projection commune de deux arcs de courbes dont l'une projetée sur plq est en avant du contour apparent vertical représenté par la droite $abcd$.

Déterminons d'abord ce qui reste des contours horizontaux, en supposant que les deux surfaces sont des ellipsoïdes ce qui nous permet de tracer plus facilement les contours apparents (617).

Menons à l'ellipse $p'g'q'k'$ les tangentes verticales aux points α' et β'; $\alpha'\beta'$ est un diamètre, projection verticale de la courbe de contact du cylindre circonscrit à l'ellipsoïde, sa projection $\alpha\beta$ est l'un des axes de la projection horizontale; le second axe passe par la projection γ du centre et est égal au diamètre du parallèle $\theta'\lambda'$ direct par le grand axe (617).

$\alpha'\beta'$ rencontre la courbe au point φ' dont la projection horizontale est ρ ou ρ_1 sur le contour apparent horizontal. L'arc $\rho\varkappa\rho_1$ de l'ellipse est enlevé, l'arc $\rho\rho\rho_1$ reste.

Nous construirons de même le contour apparent horizontal de l'ellipsoïde dont l'axe est $a'b'$.

L'ellipse de contour apparent horizontal a pour projection verticale $\mu'\pi'$ et sa projection horizontale est l'ellipse $\mu\varphi\pi\varphi_1$ (617).

Les points projetés en φ' sont les points de la courbe situés sur le contour horizontal de l'ellipsoïde.

L'arc $\varphi\mu\varphi_1$ est enlevé, l'arc $\varphi\pi\varphi_1$ est dans l'intérieur de l'autre ellipsoïde, il est représenté en points ronds.

La projection horizontale de la courbe est entièrement vue, la partie dont la projection verticale est $\rho'\rho'$ devrait être cachée, puisqu'elle est au-dessous du contour apparent horizontal de l'ellipsoïde, elle reste vue parce que ce contour apparent est enlevé.

736. Cas d'un axe vertical.

Si l'un des axes est vertical, la construction des points est identique. Ainsi (fig. 584) les sphères auxiliaires ont toujours leur centre en o', et une de ces sphères coupe les deux surfaces suivant deux parallèles projetés en $a'b'$ et $c'd'$ et donnant deux points d'intersection projetés en f'.

Seulement, le parallèle $c'd'$ est horizontal, on n'a plus besoin de recourir au parallèle de la sphère, et les points f'

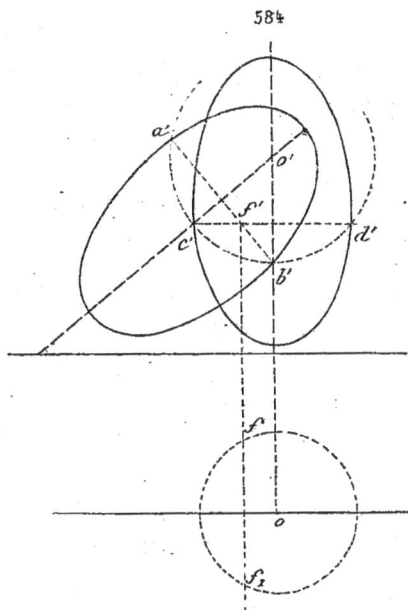

584

ont leur projection horizontale en f et f_1 sur la projection horizontale du parallèle.

737. L'une des surfaces n'est pas donnée par sa méridienne.

On peut faire la construction lorsqu'une des surfaces n'est pas donnée par sa méridienne (fig. 585).

Ainsi une des deux surfaces est définie par une courbe génératrice dont on connaît les deux projections c', c; son axe est l'axe oblique dont la projection verticale est $o'b'$; l'autre surface dont l'axe est vertical, est donnée par sa méridienne. Les deux axes le rencontrent.

Il serait mauvais, au point de vue graphique, de commencer par construire la méridienne de la surface c, c'. D'autre part, on ne peut commencer par prendre une sphère

583

auxiliaire dont il faudrait construire l'intersection avec la courbe c, c' (ce qui ne pourrait se réaliser qu'en prenant l'intersection avec la sphère du cylindre qui projette la courbe sur un plan de projection).

On prend alors un point a, a' sur la courbe génératrice et l'on cherche le rayon de la sphère qui passe par ce point et qui a son centre au point o, o' où se rencontrent les deux axes. Ce rayon est la vraie grandeur de la droite oa, $a'o'$; nous amenons cette droite à être parallèle au plan vertical en $o'a'_1$ et nous obtenons ainsi la vraie grandeur du rayon.

La sphère coupe la surface c, c' suivant un parallèle qui

585

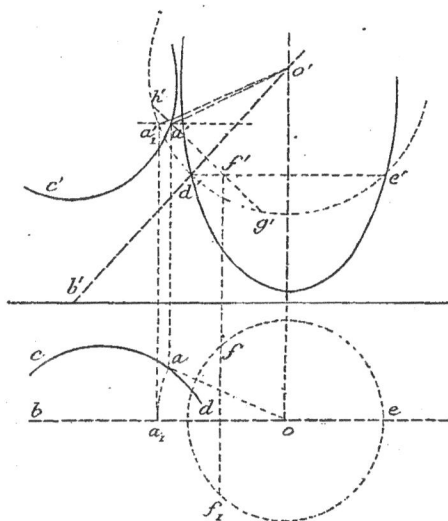

passe par le point a, a', qui est perpendiculaire au plan vertical et qui se projette verticalement en $h'a'g'$, et coupe la surface à axe vertical suivant un parallèle dont $d'e'$ est la projection verticale.

Nous obtenons deux points d'intersection projetés verticalement en f', et dont les projections horizontales f et f_1 se trouvent sur le parallèle de.

La construction est toujours la même dans le cas où aucun des axes n'est vertical, et on obtiendra la projection horizontale en employant le parallèle de la sphère, comme nous l'avons fait dans le premier cas.

Observons ici que la longueur du diamètre du parallèle de la surface c, c' est précisément donnée par la longueur $h'g'$ interceptée par le contour apparent de la sphère sur la droite qui est la projection verticale du parallèle ; par suite les points h' et g' appartiennent à la méridienne de la surface, et l'on trouve ainsi cette méridienne, en même temps que l'intersection sans faire de constructions spéciales.

On obtiendrait la tangente, soit en se servant du plan tangent, soit par la normale, qu'on déterminerait ainsi que nous l'avons indiqué (581).

Mais on voit qu'*une des deux surfaces, au moins doit être connue par sa méridienne*, afin d'éviter de construire les points de rencontre d'une sphère avec une courbe.

On ne pourrait se dispenser de prendre d'abord une méridienne, que dans le cas où il s'agit d'hyperboloïdes de révolution, parce qu'il est toujours facile d'obtenir le point de rencontre de la droite génératrice avec la sphère, et nous reviendrons, dans un exemple, sur ces constructions.

738. Cas d'un axe oblique.

Nous avons dit qu'on devait toujours amener le plan des axes à être parallèle à un plan de projection, soit par rotation, soit par changement de plans, il faudra ensuite ramener les résultats obtenus sur la figure primitive.

En général il est préférable de faire un changement de plan, et il ne faut faire une rotation que dans le cas où la méridienne d'une surface étant une courbe toute tracée, le changement de plan nécessiterait le tracé d'une courbe nouvelle.

739. Exemple par rotation. — On donne un ellipsoïde de révolution dont l'axe est vertical (fig. 586) et un cône de révolution.

L'axe du cône est So, $S'o'$ et rencontre au point o, o' l'axe de l'ellipsoïde, on connaît l'angle au sommet.

Nous allons faire une rotation autour de l'axe de l'ellipsoïde, et nous amenons l'axe du cône en $S'_1 o'$, $S_1 o$ parallèle au plan vertical. Nous pouvons alors tracer les contours apparents $S'_1 d'$ et $S'_1 e'$ faisant avec l'axe l'angle donné.

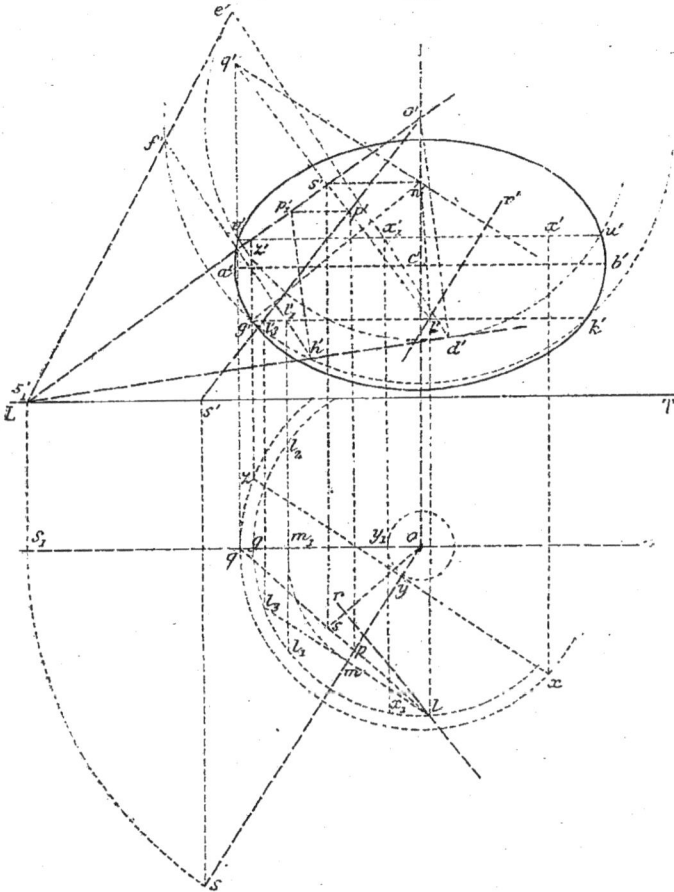

386

Nous prenons des sphères auxiliaires ayant leurs centres au point o'.

La sphère dont le contour apparent est $f'g'h'k'$ donne dans le cône le parallèle projeté sur $f'h'$ et dans l'ellipsoïde le parallèle projeté en $g'k'$; nous obtenons en l'_1 la projection verticale de deux points de l'intersection dont nous prenons les projections horizontales en l_1 et l_2, sur la projection horizontale du parallèle $g'k'$.

Nous ramenons la figure dans sa position primitive, la droite $l_1 l_2$ perpendiculaire à $S_1 o$ tourne en restant tangente au cercle décrit de o comme centre avec om_1 comme rayon et vient en l, l_3 perpendiculaire à So. Les points restent sur le même parallèle et nous obtenons leurs projections définitives en l, l' et l_3, l'_3.

Construisons la tangente au point $l_1 l'$. Nous allons employer la méthode des deux normales, et nous allons construire ces normales quand les axes sont parallèles au plan vertical.

Nous prenons donc la normale $h'p'_1$ au cône, au point h' situé sur le parallèle $f'h'$ qui passe par le point l'_1; elle rencontre l'axe au point p'_1 qu'on ramène en p',p et la normale au cône est $pl, p'l'$.

La normale à ellipsoïde au point g' est $g'n'$ et la normale au point l, l' est $n'l'$, ol.

Nous coupons les deux normales par le plan horizontal dont la trace verticale est $n's'$; il détermine l'horizontale dont la projection horizontale est os, et la projection horizontale de la tangente est la perpendiculaire lr à os.

Nous coupons les deux normales par le plan de front dont la trace est oq; il détermine la droite de front dont la projection verticale est $q'n'$ et la projection verticale de la tangente est $l'r'$ perpendiculaire à $n'q'$.

740. Exemple par changement de plan.

On donne un cône de révolution dont l'axe est vertical (fig. 587) et un cylindre de révolution dont l'axe a pour projection $cs, c'o'$ et rencontre l'axe du cône au point o, o'; on connaît le rayon du cylindre.

Nous faisons un changement de plan vertical, en prenant pour plan vertical un plan parallèle au plan des deux axes, et par suite parallèle à cS. Soit $L_1 T_1$ la ligne de terre.

Là nouvelle projection de l'axe du cylindre est $c'_1 o'_1$, son contour apparent se compose des deux parallèles $l_1 s_1$ et $h'_1 v'_1$.

Le cône a pour contour apparent s'

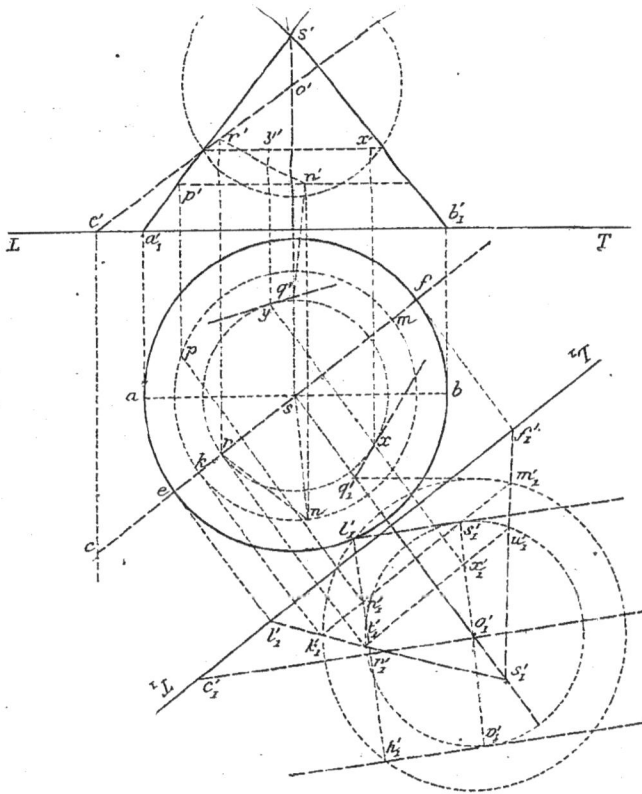

Nous coupons par une sphère ayant son centre au point de rencontre des deux axes; le contour apparent de cette sphère sur le plan vertical $L_1 T_1$ est le cercle $m'_1 k'_1 h'_1$ ayant son centre au point o'_1. Elle donne dans le cône le parallèle dont la projection est $k'_1m'_1$, et le parallèle projeté est $l'_1k'_1$ dans le cylindre. Deux points d'intersection sont projetés verticalement au point n'_1 et ont pour projections horizontales les points n et p sur le parallèle km. Les projections verticales de ces points sont en n' et p', à la même cote que le parallèle $k'_1m'_1$.

Cherchons la tangente au point n, n'.

La normale au cône au point m'_1 situé sur le même parallèle rencontre l'axe au point q'_1 ; on prend le point q' à la même cote, et les projections de la normale au cône sont ns, $n'q'$.

La normale au cylindre au point l'_1 situé sur le même parallèle que n'_1 a pour projection $l'_1r'_1$ et rencontre l'axe au point projeté en r'_1 qu'on ramène en r, r' ; la normale est nr, $n'r'$.

On coupera encore les deux normales par un plan horizontal et par un plan de front.

Nous engageons toujours, sauf pour le cas que nous avons précisé, à employer le changement de plan ; les constructions sont plus claires, présentent moins de chances d'erreur, sont meilleures au point de vue graphique; en outre, nous verrons plus loin que, dans le cas de surfaces du second degré, lorsque la forme de la projection sur un plan parallèle aux deux axes est connue, il est commode de tracer sur le plan auxiliaire de projection la projection verticale de la courbe. Cette projection aide à retrouver l'ordre des points sur la projection horizontale.

741. Sphères limites.

Toutes les sphères qu'on peut tracer, ayant leur centre commun au point de rencontre des deux axes, ne sont pas des sphères utiles ; il est très important, dans l'exécution d'une épure, de savoir reconnaître dans quelle étendue on peut tracer des sphères qui fournissent des points d'intersection.

Nous distinguerons le cas où le point de rencontre des axes est extérieur aux deux surfaces, du cas où il est intérieur :

1° Les méridiennes sont $a'b'c'd'e'$ et $a'f'c'g'h'$ (fig. 588), et ces méridiennes sont telles qu'on ne peut tracer des sphères qui touchent les surfaces suivant des parallèles.

Elles se coupent en deux points a' et c'. Si nous considérons la sphère qui a son centre au point o'' et passe par le point c', cette sphère est la plus grande sphère utile.

En effet, une sphère dont le grand cercle est $k'd'g'l'$ coupe

588

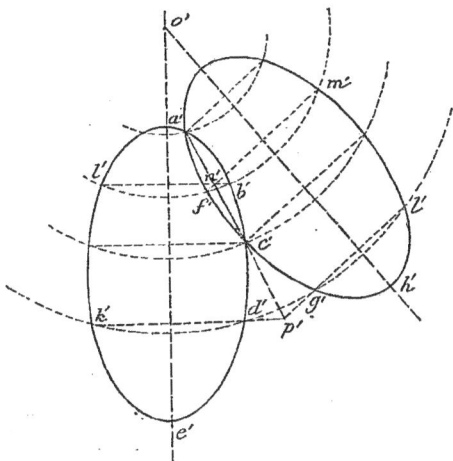

les deux surfaces suivant les parallèles $k'd'$ et $g'l'$ qui ne se rencontrent pas.

La sphère qui passe par le point a' est la sphère minimum, et entre ces deux sphères toutes les sphères qu'on pourra tracer sont utiles.

Nous avons ici deux sphères limites, une minimum et une maximum.

Le point p', obtenu en prolongeant les droites qui sont les projections des parallèles, n'est pas un point utile de la projection de l'intersection; nous verrons un peu plus loin que ce point se trouve sur le prolongement de la courbe, dont la partie réelle s'arrête aux points c' et a', mais qui se projette sur une courbe plus générale dont le point p' est un point.

2° Les méridiennes se coupent en quatre points a', b', c', d'. (Fig. 589.)

On ne peut leur circonscrire de sphères ayant leur centre en o'.

La sphère qui passe par a' est encore la sphère minimum. Toutes les sphères dont les rayons sont compris entre $o'a'$ et $o'b'$ sont utiles. Mais si nous considérons une sphère

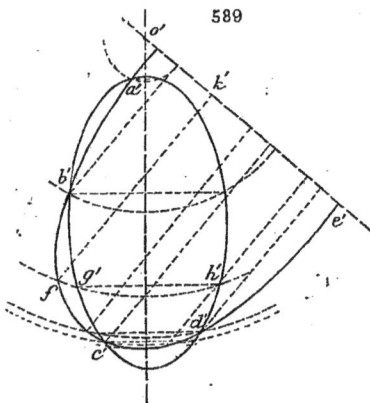

$f'g'h'$, les parallèles qu'elle détermine ont pour projections $g'h'$ et $f'k'$ et ne se coupent pas dans l'intérieur des surfaces. Nous trouvons aussi des sphères inutiles; la sphère dont le rayon est ob' est une sphère maximum. Mais ici ce maximum est relatif; car, à partir du point d' et entre d' et c', nous obtenons de nouveau des sphères utiles. La sphère dont le rayon est $o'd'$ est une sphère minimum (minimum relatif) et la sphère dont le rayon est $o'c'$ est une sphère maximum (absolu).

Nous trouvons ici quatre sphères limites formant deux groupes entre lesquels il n'y a pas de points d'intersection.

3° Toutefois, il importe de remarquer que cela n'a pas nécessairement lieu toutes les fois que les contours apparents se coupent en quatre points.

Ainsi nous avons pris (fig. 590) deux méridiennes se coupant en quatre points $a'b'c'd'$.

La sphère dont le rayon est $o'a'$ est encore la sphère minimum, une sphère telle que $l'g'f'$ donne deux parallèles qui se coupent en deux points projetés en k'.

Le second point de rencontre des contours apparents dans

l'ordre des distances au point o' est d' ; la sphère qui passe
par d' rencontre encore la méridienne $h'a'm'd'$ au point l' et
coupe la surface dont l'axe est oblique suivant deux cercles.

Les sphères entre d' et b' (3° point de rencontre) sont utiles.

Les sphères entre b' et c', telles que $m'n'p'$ sont encore
utiles, le parallèle $m'r'$ couperait le parallèle $n'p'$ hors des sur-

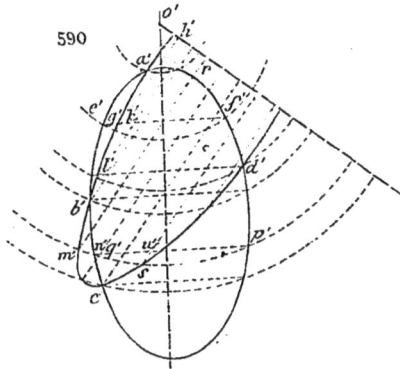

faces ; mais le second parallèle d'intersection $s't'$ donne le
point utile u'.

La sphère maximum est encore la sphère dont le rayon
est $o\,c'$.

Ici, nous trouvons toutes les sphères utiles entre celles
qui passent par le point de rencontre des contours apparents le plus éloigné et le plus rapproché de l'axe.

La cause de cette différence entre ce cas et le précédent
consiste en ce que les sphères, à partir du second point de
rencontre (au moins), donnent deux parallèles d'intersection
avec une des surfaces.

4° Nous avons supposé dans tous les cas qui précèdent qu'il
était impossible de tracer des sphères circonscrites aux surfaces proposées.

Il peut arriver que les méridiennes données soient l'ellipse
$abcd$ et un cercle f' qui engendre un tore en tournant de l'axe
$o'g'$. (Fig. 591.)

Le point o' est encore le point de rencontre des axes, et si nous considérons la sphère dont le rayon est $o'k'$, elle est circonscrite au tore suivant le parallèle projeté en $k'l'$, et elle coupe l'autre surface suivant le parallèle dont $b'c'$ est la pro-

591

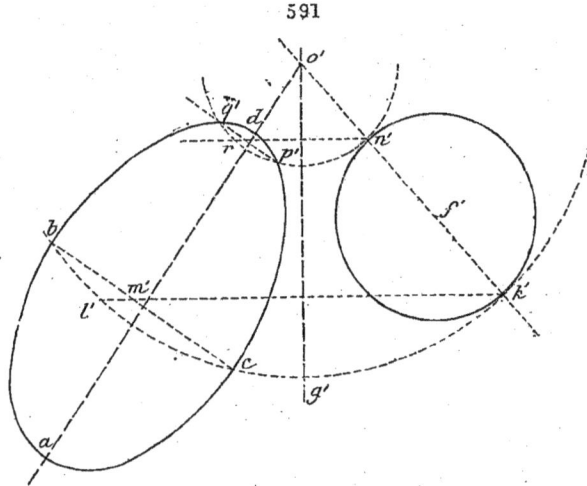

jection, de manière que le point m' est la projection de deux points de l'intersection. La sphère est la sphère maximum.

La sphère inscrite dont le rayon est $o'n'$ donne les parallèles projetés en $n'r'$ et $q'p'$, qui se coupent en deux points, dont la projection est r' et c' est la sphère minimum.

5° Nous prenons deux surfaces : un ellipsoïde aplati dont l'axe est $o'a'b'$, et une surface engendrée par le cercle c' tournant autour de la droite $o'd'$. (Fig. 592.)

Il est possible de tracer une sphère dont le rayon est $o'f'$, circonscrite à l'ellipsoïde suivant le parallèle projeté en $f'g'$, et une autre plus grande circonscrite au tore suivant le parallèle engendré par le point l'; il est clair que c'est la plus petite de ces deux sphères qui est la sphère limite qui donne deux points d'intersection projetés en p'.

L'autre sphère limite est la sphère qui passe par le point q' où se rencontrent les contours apparents.

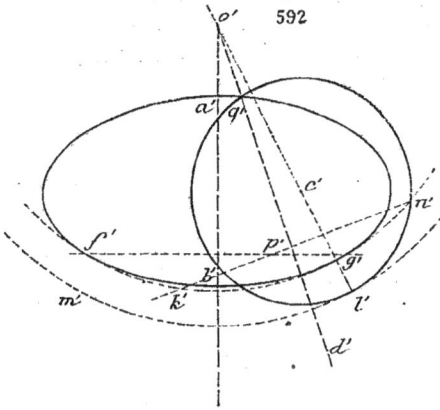

592

742. 6° Le point de rencontre des axes est intérieur à une méridienne.

Considérons deux méridiennes (fig. 593) $a'b'c'd'$ et $e'h'f'g'$, les axes se rencontrent au point o' ; il est évident que la plus

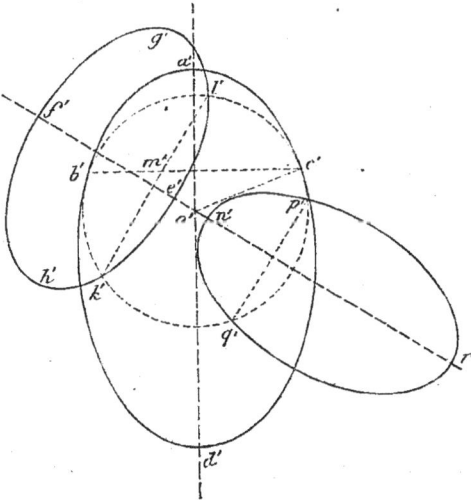

593

petite sphère qu'on puisse employer sera la sphère inscrite

dans la surface $a'b'd'c'$ (si le point o' est placé de manière
qu'il soit possible d'inscrire cette sphère, et, dans le cas contraire, la sphère minimum serait celle qui passe par le point
de rencontre des contours apparents le plus rapproché du
point de croisement des axes). Cette sphère, dont le rayon
est $o'c'$ touche une surface le long du parallèle projeté en $b'c'$
et coupe l'autre suivant le parallèle projeté en $k'l'$; ces deux
parallèles so rencontrant en deux points projetés en m' donnent deux points de l'intersection.

Mais si les méridiennes étaient $a'b'c'd'$ et $q'n'p'r'$, les parallèles projetés en $b'c'$ et $p'q'$ ne se rencontrent pas, et la sphère
dont le rayon est $o'c'$ n'est pas utile.

La sphère minimum sera encore celle qui passe par le
point de rencontre des contours apparents le plus rapproché
du point de rencontre des deux axes.

7° Il peut arriver que l'une des surfaces soit telle qu'on
puisse lui circonscrire extérieurement une sphère ; ainsi,

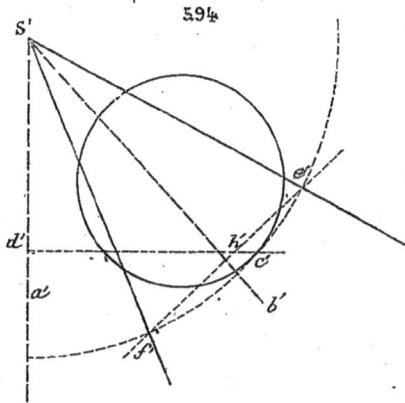

594

dans le cas de la figure 594, nous considérons un tore dont
l'axe est S'a' et un cône dont l'axe est S'b'.

Nous pouvons tracer une sphère dont le rayon est S'c', qui
est circonscrite au torse suivant le parallèle projeté en $c'd'$ et
qui coupe le cône suivant le parallèle projeté en $e'f'$; ces deux
parallèles donnent deux points utiles de la courbe d'intersection projetés en h'. Cette sphère est évidemment la sphère

maximum utile ; et s'il arrivait que le parallèle d'intersection
de cette sphère avec l'autre surface ne rencontrât pas le parallèle de contact, la sphère maximum serait encore celle qui
passe par le point de rencontre des contours le plus éloigné
de l'axe.

743. 8° Supposons enfin (fig. 595) que le point de rencontre

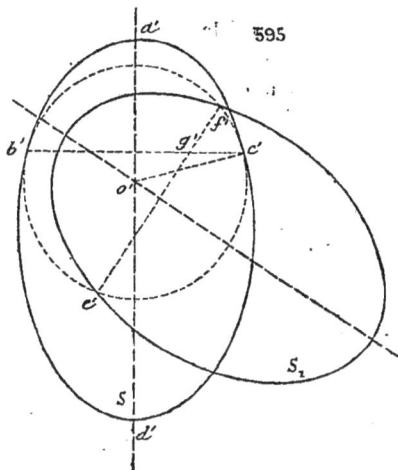

des deux axes soit intérieur aux deux surfaces, et tel qu'on
puisse inscrire des sphères dans les deux surfaces, la sphère
minimum sera la plus grande des deux sphères inscrites.

Ainsi, dans le cas de la figure, la sphère minimum a pour
rayon $o'c'$, le parallèle de contact $b'c'$ et le parallèle d'intersection se coupent en deux points dont la projection verticale
est g'.

Nous pourrons trouver pour la sphère *maximum* soit une
sphère circonscrite, soit une sphère passant par le point de
rencontre des contours apparents le plus éloigné du point o' (*).

(*) Nous avons réuni, dans les cas que nous venons d'étudier, les
principales circonstances qui peuvent se rencontrer ; mais il peut y
avoir un grand nombre de combinaisons particulières de méridiennes,
et il faut avoir soin, dans chaque cas, d'étudier les sphères limites
avant de construire l'épure, en se basant sur les indications que nous
avons données et sur les exemples que nous venons d'expliquer.

744. Propriété des sphères inscrites ou circonscrites.

Cherchons (fig. 595) la tangente à la courbe d'intersection au point dont la projection verticale est g'.

Cette tangente est l'intersection des plans tangents aux deux surfaces en ce point.

Le plan tangent à la surface S au point projeté en g' est le même que le plan tangent à la sphère inscrite, et il est déterminé par les tangentes à deux cercles de la sphère, la tangente au cercle $e'f'$ est une de ces droites.

Le plan tangent à la surface S_1 est déterminé par les tangentes à deux courbes tracées par ce point, le cercle $e'f'$ est une de ces courbes et sa tangente est une des droites du plan tangent.

La tangente au parallèle $e'f'$ de la surface coupée par la sphère inscrite dans l'autre surface est donc l'intersection des deux plans tangents ; et il faut se rappeler que la projection de la tangente est tangente à la projection de la courbe (306). Sur le plan de projection parallèle aux deux axes, la projection de la tangente est $e'f'$.

On pourrait vérifier cette propriété en essayant de construire la tangente par la méthode des normales.

Nous avons tracé les sphères limites sur les figures 586, 587 qui se rapportent aux paragraphes 739 et 740, et nous prions le lecteur de se reporter à ces figures. Sur la figure qui indique la construction par rotation de l'intersection des deux surfaces, la sphère limite est inscrite dans le cône, nous l'avons tracée quand les axes sont parallèles au plan vertical, son contour est $e'v'd'u'$, les parallèles sont projetés en $e'd'$ et $v'u'$, ce dernier est tangent à la courbe aux points projetés en x'_1, x_1, et qu'on ramène par rotation en sens inverse en x, x' et z, z'.

Sur la figure 587 qui montre la construction par changement de plan, la sphère limite est inscrite dans le cylindre, son contour sur le plan auxiliaire $L_1 T_1$ est $u'_1 v'_1 t'_1$; le cercle de contact avec le cylindre est le cercle projeté en $s'_1 v'_1$; le parallèle d'intersection avec le cône est projeté en $t'_1 u'_1$, et touche la courbe aux points d'intersection projetés en x'_1, les projections horizontales de ces points sont x et y, et leurs projections verticales définitives sont x' et y' ; la courbe en ces points a mêmes tangentes que le parallèle ; les projections verticales de ces tangentes sont confondues en $x'y'$ et leurs projections horizontales sont les tangentes en x et y à la projection horizontale du parallèle.

Nous faisons remarquer que nous trouvons ici une généralisation d'un théorème que nous avons démontré à propos de l'intersection des cônes et des cylindres. (491, 519.)

Quand la surface auxiliaire sécante est tangente à une surface, la génératrice de la surface coupée est tangente à la courbe.

Les parallèles d'une surface de révolution peuvent être considérés comme des génératrices de la surface.

Il est très commode de se servir de cette propriété pour construire l'intersection des deux surfaces de révolution dont l'une est une sphère, lorsqu'on peut tracer facilement des normales dans l'autre surface.

745. Exemple. — Considérons (fig. 596) un cône de révolution dont l'axe est projeté en $S'a'$; les génératrices de contour apparent sont $S'b'$ et $S'c'$ et une sphère dont le centre est projeté au point o'. Nous supposons que le centre de la sphère et l'axe du cône sont dans un même plan parallèle au plan de projection. Nous ne considérons que la projection verticale.

Une sphère est de révolution autour d'un de ses diamètres, et nous allons employer, comme surfaces auxiliaires, des sphères dont le centre se déplace sur l'axe du cône et inscrites dans le cône.

Une de ces sphères a son centre au point projeté en g', son rayon est $g'h'$ et elle touche le cône suivant le parallèle projeté en $h'k'$; en même temps, elle coupe la sphère o' suivant le parallèle projeté en $l'm'$, et ces deux parallèles donnent deux points de l'intersection projetés en n' ; ce point appartient à la projection verticale de la courbe, la tangente en ce point à la projection verticale est $l'm'$.

On obtient donc en chaque point la tangente à la projection de la courbe.

On peut même trouver le point de la courbe d'intersec-

tion par lequel la projection de la tangente est parallèle à une
direction R'.

Remarquons que la corde $l'm'$ est perpendiculaire à la
ligne $g'o'$ qui joindrait le centre de la sphère donnée au
centre de la sphère auxiliaire.

Nous voulons que la tangente soit parallèle à R', prenons

596

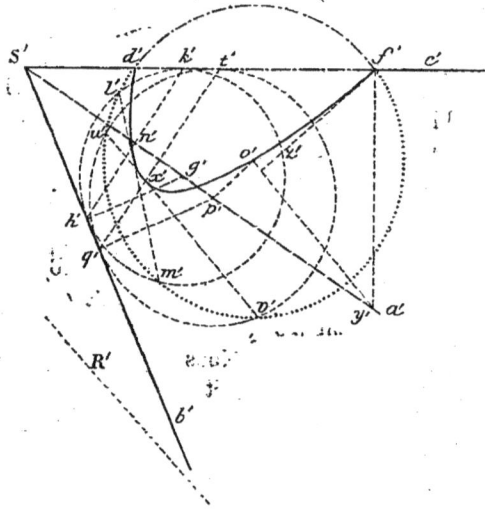

la ligne des centres $o'p'$ perpendiculaire à R'; traçons la
sphère inscrite dans le cône ayant son centre au point p' et
dont le rayon est $p'q'$; elle touche le cône, suivant le parallèle projeté en $q't'$, elle coupe la sphère o' suivant le cercle
dont la projection $u'v'$ est parallèle à R', et cette projection
est la tangente cherchée.

Nous avons complété le tracé de la courbe d'intersection
en construisant par la méthode des normales la tangente au
point f' où se coupent les contours apparents.

Nous avons représenté le cône entaillé par la sphère.

INTERSECTIONS DES SURFACES DU SECOND DEGRÉ
ENTRE ELLES

FORMES DE LA PROJECTION DE L'INTERSECTION
DE DEUX SURFACES
DU SECOND DEGRÉ SUR UN PLAN PARALLÈLE AUX DEUX AXES

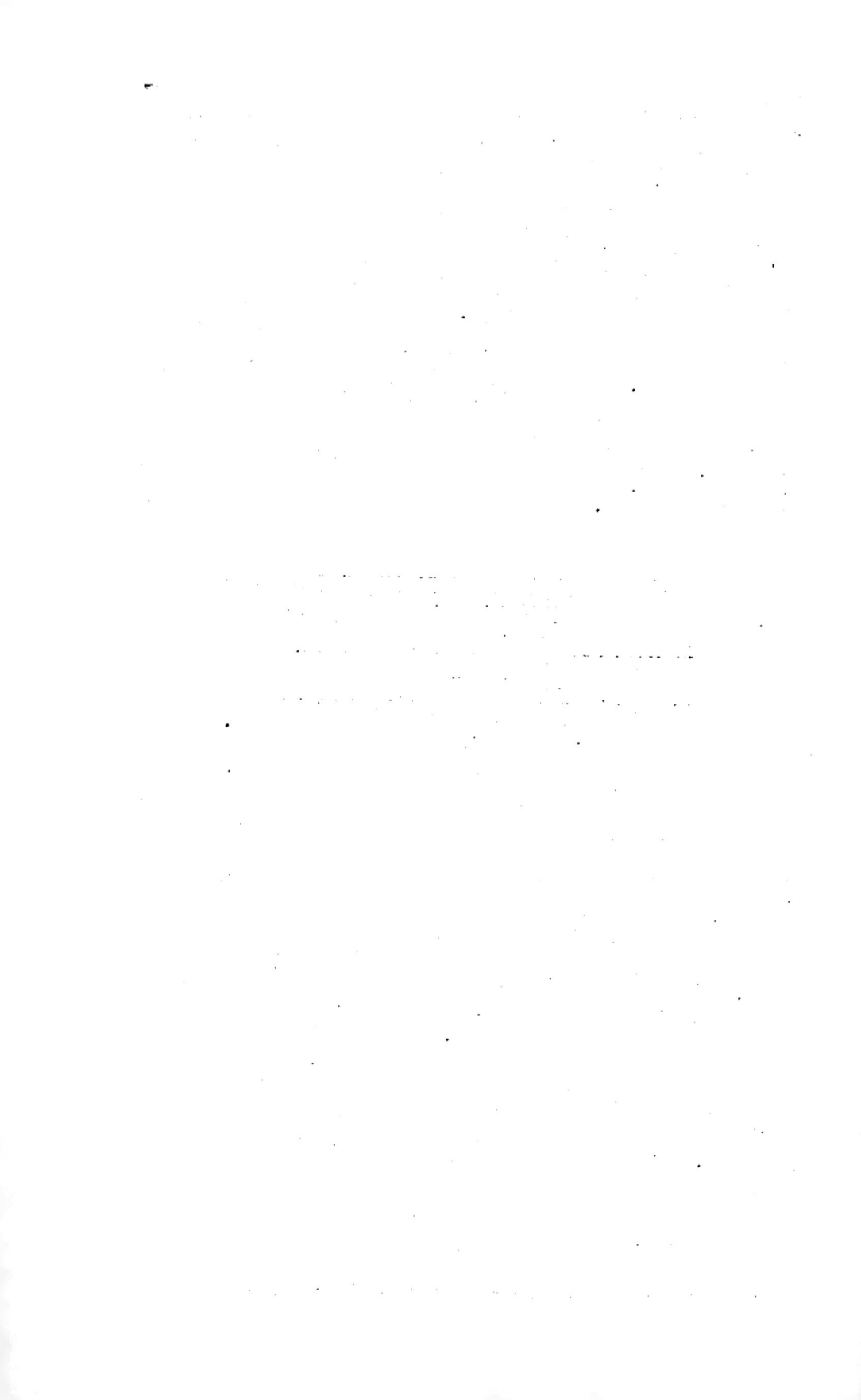

INTERSECTIONS DES SURFACES DU SECOND DEGRÉ ENTRE ELLES

746. Nous considérons deux surfaces du second degré dont les axes se rencontrent et sont parallèles au plan vertical.

Nous admettons que l'intersection de deux surfaces du second degré qui ont un plan principal commun, se projette suivant une conique sur un plan parallèle à ce plan principal ; et nous allons seulement examiner ici le cas où les deux surfaces sont de révolution et où l'on projette l'intersection sur un plan parallèle au plan des deux axes.

Nous nous proposons d'établir que :

1° La projection de l'intersection est **une ellipse,** si l'une des surfaces, et une seule, est un *ellipsoïde aplati*, l'autre n'étant pas une sphère.

2° La projection de l'intersection est **une parabole,** si l'une des surfaces est *une sphère*, quelle que soit l'autre ; ou si les deux axes sont parallèles.

3° Dans tous les autres cas c'est **une hyperbole.**

4° La projection de l'intersection se compose de **deux droites**, si les deux surfaces ont *un foyer commun.*

Avant d'arriver à la démonstration de ces énoncés, il est

nécessaire que nous apprenions à trouver des plans qui coupent deux surfaces du second degré suivant des courbes homothétiques.

747. Plans de sections homothétiques.

Nous considérons deux surfaces du second degré dont les
méridiennes sont $a'b'c'd'$ et $e'f'g'h'$. Les axes sont parallèles au
plan de projection.

Les deux surfaces sont des ellipsoïdes allongés.

Nous inscrivons une sphère dans l'ellipsoïde E et nous plaçons son centre au centre o' de l'ellipsoïde, son diamètre est
$e'g'$. (Fig. 597.)

Nous circonscrivons à cette sphère un ellipsoïde homothé-

597

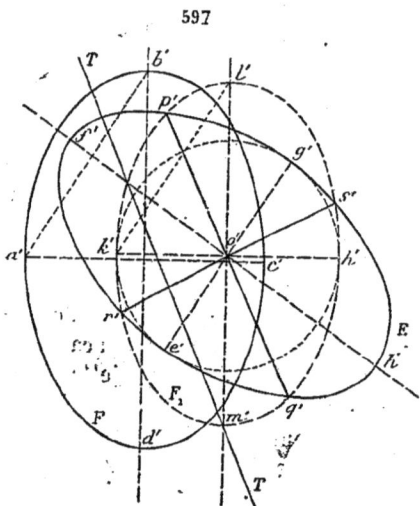

tique de l'ellipsoïde F; le petit axe de l'ellipse méridienne
est le diamètre de la sphère $k'h'$ parallèle à $a'c'$, et le rapport
des deux axes doit être égal au rapport des axes de l'ellipse
F; nous menons $k'l'$ parallèle à $a'b'$ et nous obtenons en $o'l'$ le
demi-grand axe de la seconde ellipse; nous pouvons alors
tracer cette ellipse $k'l'h'm'$, et déterminer ainsi un ellipsoïde
F_1 homothétique de l'ellipsoïde F.

Les ellipsoïdes E et F_1 circonscrits à la même sphère se coupent suivant deux courbes planes, dont les plans perpendiculaires au plan de projection parallèle aux axes, passent par les points de rencontre des contours apparents, et par les points de rencontre des courbes de contact.

Les plans de ces courbes ont pour traces $p'o'q'$ et $r'o's'$.

Tout plan, tel que le plan T parallèle à un de ces plans, par exemple, au plan dont la trace est $p'q'$, coupe les surfaces E et F_1 suivant des courbes homothétiques de la courbe située dans le plan $p'q'$. Il coupe les deux surfaces homothétiques E et F_1 suivant des courbes homothétiques et par conséquent, un tel plan coupe les deux surfaces proposées suivant des sections homothétiques.

Nous obtenons donc deux directions de plans coupant les surfaces proposées suivant des sections homothétiques.

Nous pourrons réaliser des constructions analogues si les deux surfaces sont des ellipsoïdes allongés, des hyperboloïdes de révolution, des cônes des cylindres ou des paraboloïdes de révolution, et en groupant d'une manière quelconque ces surfaces deux à deux nous obtiendrons deux directions de plans qui les couperont suivant des sections homothétiques; nous pouvons même faire remarquer que les sections faites dans un hyperboloïde de révolution et dans son cône asymptote étant des courbes semblables (645), nous pourrons substituer, dans la recherche des plans de sections homothétiques, le cône à l'hyperboloïde.

748. Si nous considérons un ellipsoïde aplati, c'est-à-dire de révolution autour de son petit axe, nous ne pourrons plus circonscrire cet ellipsoïde à une sphère; au contraire, si nous considérons une sphère décrite sur le grand axe d'une ellipse méridienne pris comme diamètre l'ellipsoïde sera inscrit dans la sphère (Fig. 598).

Il en résulte que deux ellipsoïdes aplatis peuvent être inscrits dans la même sphère et

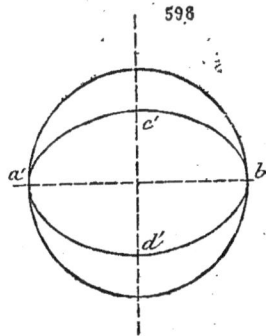
598

qu'il est possible de trouver des plans qui coupent ces deux ellipsoïdes suivant des courbes homothétiques.

Mais si l'on considère un ellipsoïde aplati avec une quelconque des surfaces du second degré qu'on peut circonscrire à une sphère, les deux surfaces n'auront pas de plan de sections homothétiques, puisque, si l'on essayait la construction précédente, une des surfaces serait inscrite, l'autre circonscrite à la sphère et les deux surfaces ne se couperaient pas.

749. Démonstration des théorèmes énoncés.

Considérons deux surfaces de révolution dont les axes se rencontrent et sont parallèles au plan vertical; le plan de front des deux axes est un plan principal commun aux deux surfaces, c'est un plan de symétrie dans les deux surfaces, et aussi dans la courbe d'intersection. Tous les points de la courbe sont situés deux à deux sur des perpendiculaires à ce plan, et ont deux à deux la même projection verticale; nous admettrons que la projection verticale de l'intersection *est une section conique* (géométrie analytique).

Pour construire l'intersection des deux surfaces nous pouvons couper ces deux surfaces par des plans de direction arbitraire perpendiculaires au plan vertical, déterminant dans chacune d'elles une conique.

Ces coniques se coupent généralement en quatre points, situés sur deux cordes communes perpendiculaires au plan vertical et fournissant deux points de la projection verticale de l'intersection.

Mais si les plans que nous prenons comme plans auxiliaires coupent les deux surfaces suivant des coniques homothétiques, ces coniques auront une corde commune à distance finie, donnant un point de la projection verticale de l'intersection, et une corde commune à l'infini donnant un point à l'infini sur cette projection verticale.

La trace verticale du plan auxiliaire coupera donc la conique projection verticale de l'intersection en un point à distance finie et un point à l'infini.

Si les deux surfaces sont telles qu'on puisse trouver deux directions de plans donnant des sections homothétiques, la courbe du second degré sera telle que deux séries de sécantes détermineront dans cette courbe des points à distance finie et des points à l'infini.

La courbe sera une hyperbole dont les asymptotes sont parallèles aux traces des plans de sections homothétiques.

C'est le cas le plus général.

Si l'une des surfaces et une seule est un *ellipsoïde aplati*, c'est-à-dire de révolution autour de son petit axe, les deux surfaces ne peuvent être coupées par un plan suivant des sections homothétiques.

Les traces des plans sécants couperont toujours la courbe en des points à distance finie.

La projection verticale sera une ellipse.

Si l'une des surfaces est une sphère, les sections homothétiques de la seconde surface sont nécessairement les sections circulaires, c'est-à-dire les sections faites par des plans perpendiculaires à l'axe.

Les traces des plans sécants perpendiculaires à l'axe donneront dans la projection verticale de la courbe d'intersection un point à distance finie et un point à l'infini, il n'y a pas d'autre direction donnant des points à l'infini.

La courbe est une parabole dont les diamètres sont perpendiculaires à l'axe de la seconde surface.

La courbe est encore une parabole, si les axes sont parallèles, parce que les plans des sections homothétiques sont encore les plans perpendiculaires aux deux axes, et donnant des cercles dans les deux surfaces.

Nous avons ainsi démontré les trois premiers théorèmes énoncés.

Théorème. — Nous allons démontrer directement que :

Deux surfaces du second degré qui ont un foyer commun se coupent suivant deux courbes planes.

Soient P et Q les deux plans directeurs de deux surfaces du second degré qui ont pour foyer commun le point F (fig. 599).

Soit M un point de l'intersection des deux surfaces; abaissons du point M des perpendiculaires Mp, Mq sur les deux plans, joignons le point M au foyer commun. Si e et e' sont les excentricités des surfaces

$$\frac{MF}{Mp} = e \qquad \frac{MF}{Mq} = e'$$

donc :

$$\frac{Mq}{Mp} = \frac{e}{e'} = \text{Constante.}$$

Le lieu du point M est donc le système des deux plans qui passent par la droite AB intersection de deux plans directeurs P et Q.

Si les axes des deux surfaces sont parallèles au plan vertical, les deux plans directeurs, et par suite leur intersection AB sont perpendiculaires au plan vertical.

Les plans des deux courbes planes sont perpendiculaires au plan vertical et la courbe a pour projection *verticale deux droites*.

Remarques.—1° Il convient de faire observer que la démonstration des trois premiers théorèmes s'applique seulement au cas où la projection de l'intersection est faite sur un plan parallèle aux deux axes.

Deux surfaces de révolution du second degré peuvent avoir un plan principal commun autre que le plan des deux axes. On démontre en géométrie analytique que la projection de l'intersection sur un plan parallèle à ce plan principal commun est une courbe du second degré; mais les raisonnements précédents ne sont plus applicables, et nous n'avons pas d'indication sur la forme de la projection.

2° Il est presque inutile de faire observer que l'intersection des deux surfaces peut être une courbe fermée, et qu'elle se projette néanmoins sur une hyperbole dont nous connaissons les directions asymptotiques, et dont nous pouvons souvent construire le centre et par suite les asymptotes. Ces asymptotes ne sont point les projections de droites réelles nous ne pourrions obtenir leurs projections horizontales.

750. Exemple. — Considérons en effet un ellipsoïde allongé dont nous figurons seulement la projection verticale *a'b'c'd'*, et un cône de révolution dont l'axe parallèle au plan

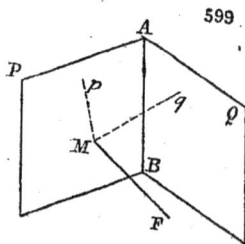

vertical rencontre l'axe de l'ellipsoïde au point dont la pro-
iection verticale est ω' (fig. 600).

Le contour apparent vertical du cône est formé par les
deux droites S'e'f' et S'h'g'. La progression verticale de l'in-

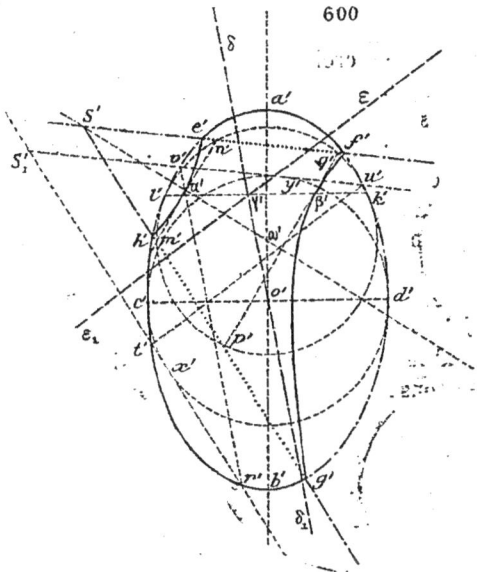

600

tersection se compose d'arcs d'hyperbole dons nous allons
chercher les asymptotes.

La sphère limite minimum est la sphère inscrite dans l'ellipsoïde, ayant son centre au point ω' et touchant la surface
suivant le parallèle dont la projection est k'l' (743).

Cette sphère coupe le cône suivant deux parallèles projetés en m'n' et p'q', et ces deux lignes sont tangentes à la projection verticale de la courbe d'intersection aux points projetés en α' et β' où elles croisent k'l' (744).

La droite α'β' est donc nn diamètre, le milieu γ' est le centre de la projection verticale.

Construisons les plans qui donnent dans les deux surfaces
des sections homothétiques. Décrivons la sphère qui a son

centre au centre o' de l'ellipsoïde et qui le touche suivant le parallèle dont la projection verticale est $c'd'$.

Circonscrivons à cette sphère un cône homothétique du cône proposé ; pour cela, nous menons au contour apparent vertical de la sphère les tangentes $r'x't'$ parallèles à $S'h'g'$ et $u'y'v'$ parallèle à $S'e'f'$.

Ces deux tangentes représentent le contour apparent vertical du cône et croisent le contour apparent de l'ellipsoïde aux points z', t', u', v'.

Les plans des sections planes communes du cône auxiliaire et de l'ellipsoïde ont pour traces verticales $v'r'$ et $u't'$.

Les traces des plans donnant des sections homothétiques dans les deux surfaces sont parallèles à ces directions.

Nous menons par le point γ' des parallèles à ces droites et nous obtenons les asymptotes $\delta'\gamma'\delta'_1$ et $\epsilon'\gamma'\epsilon'_1$.

Il est dès lors très facile de tracer la projection verticale de la courbe qui se compose en réalité de deux courbes fermées et qui se projette suivant l'hyperbole $f'\beta'g'$ et $e'\alpha'h'$.

Nous avons représenté l'ellipsoïde avec *un trou conique*.

Nous ferons un autre exemple de cette construction (752 et 752 *bis*) dans le cas où l'on a réellement des branches infinies, où les asymptotes sont les projections d'asymptotes réelles dont nous déterminerons les projections horizontales.

751. *Dans le cas où la projection verticale de la courbe est une parabole, il est facile de trouver le sommet.*

Nous ne considérons encore que la projection verticale et nous prenons un cône dont le contour apparent est $a'S'b'$ et une sphère dont le centre est projeté en o' (Fig. 601).

Nous employons la méthode des sphères inscrites dans le cône (745) et nous cherchons la projection verticale du point de la section pour lequel la projection verticale de la tangente est parallèle à l'axe du cône. Nous avons montré (749) que la projection verticale de l'intersection est une parabole dont l'axe est perpendiculaire à l'axe du cône. Nous ne répétons pas les raisonnements déjà faits (745). — Nous abaissons du point o' une perpendiculaire sur $S'c'$, projection de l'axe du cône ; nous prenons le pied ω' de cette perpendiculaire comme centre d'une sphère auxiliaire inscrite dans le cône suivant le parallèle projeté en $f'd'$. Cette sphère auxiliaire coupe la proposée suivant un cercle dont la projection est $g'h'$, et cette ligne $g'h'$ tangente à la projection de la courbe d'intersection est perpendiculaire à la ligne des centres $o'\omega'$ des deux sphères, par suite, elle est parallèle à l'axe du cône. Le point α'

601

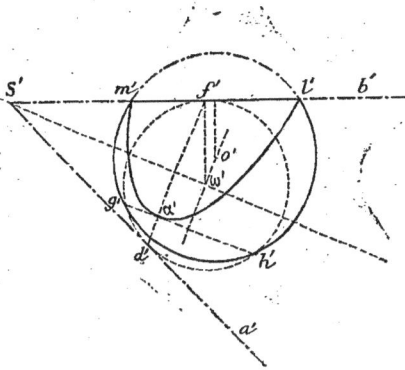

projection des deux points où se croisent les deux parallèles $d'f'$ et $g'h'$ est le sommet de la parabole sur laquelle se projette l'intersection des deux surfaces.

Nous avons représenté la projection verticale du solide commun.

752. Il ne peut y avoir de branches infinies si l'une des surfaces est une sphère ou un ellipsoïde. La projection de l'intersection de deux surfaces qui se coupent suivant une courbe à branches infinies sur un plan parallèle aux deux axes est *une hyperbole*, excepté dans le cas des axes parallèles, où cette projection devient *une parabole*.

Prenons pour exemple deux cônes de révolution dont les axes se rencontrent et sont parallèles au plan vertical (Fig. 602).

Un des cônes a son axe vertical, son sommet est au point S'S, il a pour base le cercle ab, et son contour apparent vertical est formé par les deux droites S'a' et S'b'.

Le second cône a son sommet au point T', nous n'avons pas figuré sa projection horizontale. Les génératrices de contour apparent vertical de ce cône sont T'h' et T'k'. L'axe a pour projection verticale T'c' et nous prenons cet axe dans le plan de front passant par l'axe S',S.

La construction des points de l'intersection se fera exactement comme pour l'intersection de deux surfaces de révolution quelconque.

Si les deux cônes se coupent suivant une courbe à branches infinies, ils ont des génératrices parallèles, et nous avons vu (533) qu'ils peuvent avoir *deux*, *trois* ou *quatre* génératrices parallèles, donnant des branches infinies hyperboliques, s'il y a deux ou quatre génératrices; une branche parabolique avec une branche hyperbolique dans le cas de 3 génératrices, parce qu'alors les deux cônes ont deux plans tangents parallèles suivant des génératrices parallèles.

Nous pourrions répéter ici les constructions indiquées (530) pour trouver les génératrices parallèles, mener aux deux cônes des plans tangents le long de ces génératrices, et les intersections des plans tangents suivant ces génératrices parallèles fourniraient les asymptotes.

Il vaut mieux opérer autrement.

Nous remarquons que la projection verticale de l'intersection est une hyperbole, nous cherchons ses asymptotes par la construction précédente (730).

La sphère limite est la sphère inscrite dans le cône T et ayant son centre au point c'; elle touche le cône suivant un parallèle dont la projection verticale est k'h'; elle coupe le cône S suivant deux parallèles dont les projections verticales sont l'm' et n'p' tangentes à la projection de la courbe aux points α' et β'. (Nous observerons ici que le point β' n'est pas la projection verticale d'un point réel de l'intersection, parce qu'il est situé en dehors du parallèle p'n', mais ce point, obtenu en étendant la construction. est sur le prolongement de la courbe réelle au delà des points de rencontre des contours apparents, et appartient à l'hyperbole).

La droite α'β' est un diamètre de la projection verticale, le centre est au point γ'.

Nous construisons les plans des sections homothétiques dans les deux cônes. Nous menons à la sphère inscrite dans le cône T, un cône circonscrit homothétique du cône S'. Son sommet est en S'_1 ses génératrices de contour apparent sont $S'_1q'r'$ et $S'_1t'u'$.

Les contours apparents des cônes S'_1 et T' circonscrits à la même sphère se croisent aux quatre points r', t' ($r't'$ est la

602

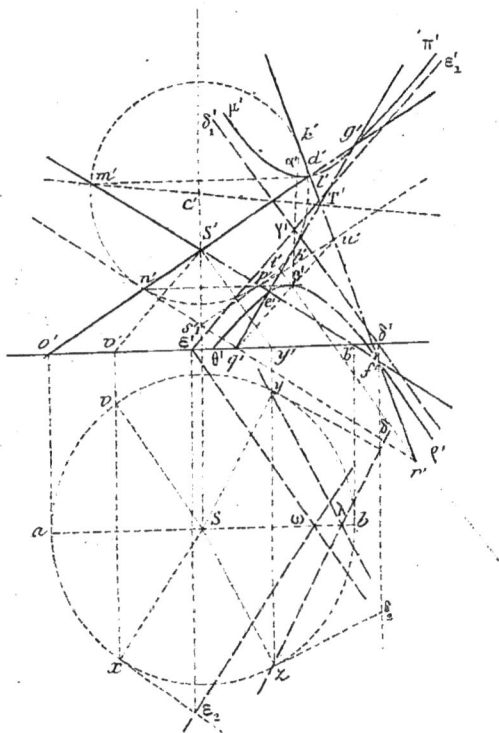

trace du p'an d'une courbe de section) et q', u' ($q'u'$ est le plan du plan de la seconde courbe).

Ces droites $r't'$ et $q'u'$ sont les directions des traces des plans de sections homothétiques.

Nous traçons par le point γ' les droites $\gamma'\varepsilon'\varepsilon'_1$ et $\gamma'\delta'\delta'_1$ qui sont les projections verticales des asymptotes.

Nous allons construire les projections horizontales de ces lignes.

La droite $\gamma'\varepsilon'\varepsilon'_1$ est la projection verticale de deux asymptotes symétriques par rapport au plan de front des deux axes, et il doit y avoir deux génératrices du cône S parallèles à ces asymptotes.

Les projections verticales de ces génératrices sont confondues suivant S'v' parallèle à $\gamma'\varepsilon'$, et leurs projections horizontales sont Sv et Sx.

Nous pourrions facilement tracer les génératrices du cône T parallèles aux génératrices Sv, S'v' et Sx, S'x', mais ce tracé ne sera pas utile.

L'asymptote est l'intersection des plans tangents aux deux cônes suivant les génératrices parallèles.

L'asymptote dont la projection verticale est $\gamma'\varepsilon'$, et qui est parallèle à la génératrice S'v', Sv est contenue dans le plan tangent au cône S suivant la génératrice S'v', Sv; donc la trace de l'asymptote est sur la trace du plan tangent au cône le long de cette génératrice. Cette trace est ε', ε.

La projection horizontale de l'asymptote est parallèle à Sv et est $\varepsilon\omega$.

La seconde asymptote qui a la même projection verticale, située dans le plan tangent le long de la génératrice S'v', Sx a sa trace au point ε_2 et sa projection est $\varepsilon_2\omega$ symétrique de la première par rapport au plan de front des deux axes.

Répétons la même construction pour les deux autres asymptotes dont la projection verticale construite est $\delta'\gamma'\delta'_1$.

Les génératrices parallèles sont projetées verticalement suivant S'y', et ont pour projections horizontales Sy et Sz.

Nous menons les plans tangents suivant ces génératrices, leurs traces horizontales sont $y\delta$ et $z\delta_2$.

Les traces des asymptotes sont δ et δ_2.

Les projections horizontales sont $\delta\lambda$ parallèle à Sy et $\delta_2\lambda$ parallèle à Sz.

Nous avons représenté sur la projection verticale le solide commun aux deux cônes. La courbe passe par les points d' et g' où se croisent les contours apparents, et nous avons une branche d'hyperbole composée de deux parties réelles séparées $\mu'd'$ et $g'\pi'$ qui devraient être réunies par une partie parasite entre les points d' et g'.

L'autre branche de l'hyperbole est formée par les arcs réels $\theta'e'$ et $f'\rho'$ réunie par l'arc parasite $e'\beta'f'$.

752 bis. Il peut arriver que les deux asymptotes de la projection verticale ne correspondent pas à des asymptotes

603

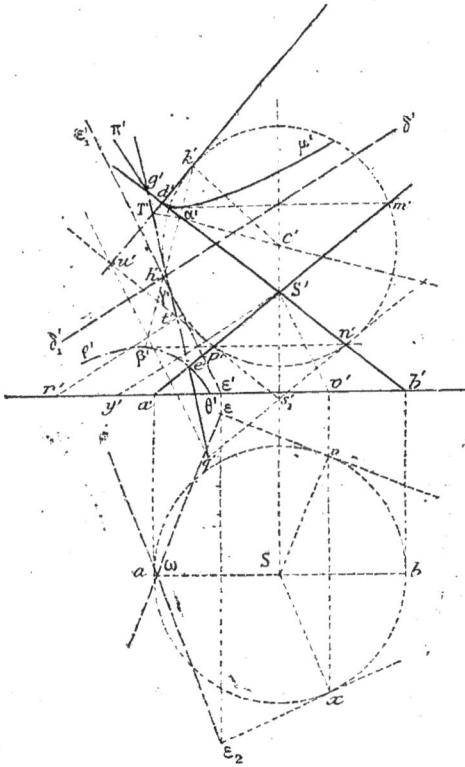

réelles de la courbe d'intersection, soit que l'intersection n'ait pas de branches infinies, soit qu'il n'y ait que deux génératrices parallèles sur les deux cônes et deux asymptotes réelles seulement, auquel cas une seule des asymptotes de la projection verticale correspondrait à des droites réelles.

Considérons les deux cônes de révolution dont les sommets sont S′ et T′ les axes sont dans un même plan de front (fig. 603) et se coupent au point c′.

Nous répéterons sur ces deux cônes tout ce que nous avons dit sur les deux cônes du cas précédent. (Le lecteur est prié de relire l'explication et nous avons mis sur la figure les mêmes lettres aux points correspondants.)

Nous trouvons qu'en menant par le sommet S′ une parallèle S′y′ à la direction asymptotique γ′δ′ cette parallèle est en dehors du cône.

Il n'y a pas de génératrices parallèles à cette direction. Elle ne correspond pas à des asymptotes réelles.

La droite S′v′ parallèle à l'asymptote γ′ε′ est dans le cône.

Nous pouvons construire comme précédemment les deux asymptotes dont εω, ε₂ω sont les projections horizontales.

Si l'intersection n'a pas de branches infinies, les parallèles aux asymptotes menées par le sommet seront toutes deux en dehors du cône S′.

La construction faite de cette manière est beaucoup plus simple que la construction directe que nous avons rappelée d'abord.

Ces constructions doivent s'appliquer à *deux cônes*.

   —   —   —   à *cône et cylindre.*

   —   —   —   à *cône et hyperboloïde.*

   —   —   —   à *deux hyperboloïdes.*

Il suffit de se rappeler dans les deux derniers cas, que les génératrices de l'hyperboloïde ont leurs parallèles sur le cône asymptote.

Lorsqu'on aura trouvé les asymptotes de la projection verticale de l'intersection en cherchant les directions des plans de sections homothétiques dans le cône donné et dans le cône asymptote (qui est lui-même une surface homothétique de l'hyperboloïde), on mènera les génératrices parallèles du cône donné et du cône asymptote.

Une asymptote est l'intersection des plans tangents en un oint situé à l'infini; c'est l'intersection du plan tangent au cône donné et du plan tangent au cône asymptote suivant les génératrices parallèles.

La construction précédente s'appliquera donc immédiatement et sans difficulté.

753. Cas d'un paraboloïde de révolution.

L'une des surfaces est un paraboloïde de révolution, l'autre est un cône, ou un hyperboloïde; on reconnaîtra l'existence de points d'intersection à l'infini cherchant les sphères limites, on verra alors qu'il n'y a pas de sphère maximum.

L'intersection est nécessairement parabolique, parce que les plans tangents à l'infini au paraboloïde sont renvoyés à l'infini.

Questions formant sujets d'épures. — 1° On considère un triangle équilatéral ABC situé dans un plan vertical qui fait un angle de 45° avec le plan vertical de projection. Le côté AB est vertical, le point A dans le plan horizontal. Ce triangle tourne autour du côté AB et engendre un double cône. D'autre part on considère un cylindre de révolution autour de BC, le rayon du cylindre est égal à la moitié du côté du triangle. Représenter les projections du double cône, après qu'on a enlevé la partie comprise dans le cylindre. — ou le solide commun. (Sujet d'épure avec le côté du triangle égal à 10 centimètres.)

2° On considère un tétraèdre régulier SABC, la base ABC est horizontale, on joint les milieux des arêtes SA et SB, et on fait tourner la droite obtenue autour de AC de manière à engendrer un hyperboloïde. D'autre part on considère la sphère décrite sur SA comme diamètre, représenter la sphère entaillée par l'hyperboloïde, ou le solide commun. (Sujet d'épure avec le côté du tétraèdre égal à 12 centimètres.)

3° On considère un tétraède régulier SABC, la base ABC est horizontale, on considère un cône de révolution autour SC le sommet de ce cône est au point C. L'angle générateur ($\frac{1}{2}$ angle au sommet est égal à 30°). D'autre part on considère un second cône de révolution autour de SB. Le sommet est au point B. L'angle générateur ($\frac{1}{2}$ angle au sommet est égal à 30°) Représenter le solide commun aux deux cônes. (Deux courbes planes, sujet d'épure avec le côté du tétraèdre égal à 12 centimètres.)

4° Même tétraèdre. Deux cônes ayant pour sommets les points A et B, et pour bases les cercles inscrits dans les faces opposées du tétraèdre. (Sujet d'épure; le côté du tétraèdre = 14 centimètres).

5° Même tétraèdre. Deux cylindres de révolution ont pour axes les arêtes SA et SB. Le cylindre qui a pour axe SA passe par le point B, le cylindre qui a pour axe SB passe par le point A; représenter le solide commun.

(Sujet d'épure; le côté de tétraèdre = 6 centimètres. — Faire la projection verticale sur un plan vertical parallèle à BC.)

Questions diverses. — 1° On donne dans le plan horizontal deux droites qui se coupent et un cercle. Le cercle tourne autour des deux droites et engendre deux tores. Construire l'intersection, la tangente en un point. La projection horizontale de la courbe d'intersection est une ellipse qui peut se réduire à une droite.

2° On donne dans un plan perpendiculaire au plan vertical une ellipse connue par son rabattement.

Dans ce plan on donne une droite de front.

On considère une autre droite de front rencontrant la première.

L'ellipse relevée tourne successivement autour de ces deux droites, construire la courbe d'intersection des deux surfaces de révolution, la tangente en un point. Examiner les différentes courbes qui composent l'intersection.

3° On donne deux droites qui se coupent et un point extérieur. Ce point appartient à l'intersection de deux cylindres de révolution qui ont pour axes les deux droites, construire le reste de la courbe d'intersection.

4° On donne deux droites qui se coupent. Ces droites sont les axes de deux cônes de révolution, on donne le sommet sur chacune d'elles.

On donne un point de l'intersection des deux cônes, construire le reste de la courbe.

THÉORÈMES SUR LES INTERSECTIONS DE SURFACES
DU SECOND DEGRÉ

APPLICATIONS ET INTERSECTIONS DE SURFACES.

754. Théorème. — *Deux surfaces du second degré circonscrites à une même troisième se coupent suivant deux courbes planes.*

Considérons une surface S du second degré à laquelle sont circonscrites deux autres surfaces du second ordre : S_1 qui la touche suivant la courbe ADBC, S_2 qui la touche suivant la courbe AEBF. (Fig. 604.)

Ces deux courbes de contact se coupent aux points A et B_1 et en ces deux points, les deux surfaces ont même plan tangent.

Soit M un point quelconque de l'intersection des deux surfaces S_1 et S_2; faisons passer un plan par le point M et par les points A et B. Ce plan coupe chaque surface suivant une courbe du second degré.

604

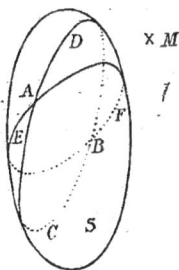

Ces deux courbes du second degré ont en commun les points A,B,M; de plus, elles ont mêmes tangentes aux points A et B, car ces tangentes sont les intersections du plan sécant avec les plans tangents aux deux surfaces en ces points. Ces deux courbes du second degré sont confondues en une seule courbe qui est une partie de l'intersection. Cette inter section doit alors se· composer encore d'une autre courbe plane.

Nous avons déjà considéré des cas particuliers de ce théorème, pour lesquels nous avons donné des démonstrations directes dans les intersections des cônes et cylindres circonscrits à une surface du second degré (539).

Nous en avons fait une autre application à la recherche des sections circulaires de l'ellipsoïde à axes inégaux (635).

755. Théorème. — *Deux surfaces réglées du second degré qui ont en commun deux génératrices d'un même système se coupent suivant deux autres génératrices qui sont du système différent de celui des deux premières.*

Soient A et A₁ (fig. 605) les génératrices de même système communes à deux surfaces, et M un point de l'intersection.

Nous faisons passer un plan par M et A, ce plan coupe la droite A₁ en un point G, la droite MG est tout entière sur les deux surfaces, parce qu'elle a deux points sur chacune

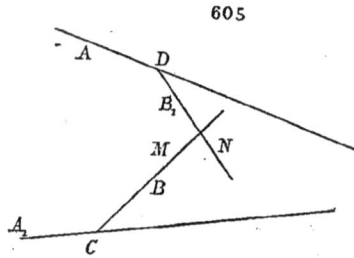

d'elles, et c'est une génératrice B de système différent de A.

Soit N un autre point de l'intersection ; faisons passer un plan par N et A₁ ; ce plan coupe la droite A en un point D et la ligne DN est sur les deux surfaces, c'est une génératrice B₁ de système différent de A.

Nous trouvons donc quatre droites pour l'intersection des deux surfaces ; il ne peut y en avoir d'autres.

756. Application. — *Construire les points de rencontre d'une droite avec un hyperboloïde de révolution.*

L'hyperboloïde est défini par son centre o, o' (fig. 606), son cercle de gorge, et le cercle cd trace de la surface.

Les projections de la droite sont $ef, e'f'$.

Nous considérons deux génératrices de l'hyperboloïde de

même système, dont les projections horizontales sont parallèles à la projection *ef* de la droite.

Ces deux génératrices sont *ca*, *c'a'* et *bd*, *b'd'*.

Les trois droites *ca*, *c'a'* — *bd*, *b'd'* — *ef*, *e'f'* sont parallèles
à un même plan vertical; nous pouvons assujettir une droite

606

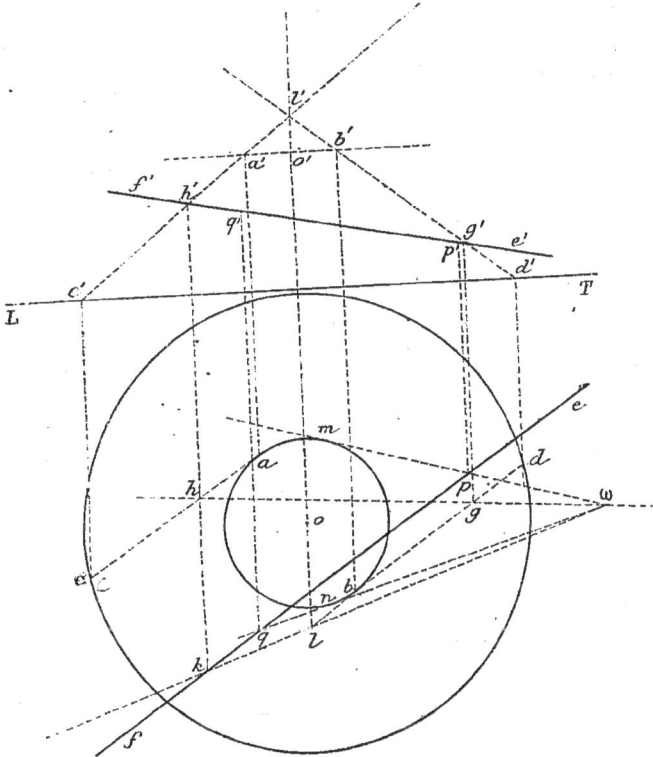

à s'appuyer sur les trois droites et elle engendrera un paraboloïde hyperbolique (711).

Ce paraboloïde a deux génératrices de même système
communes avec l'hyperboloïde; les deux surfaces auront en
commun deux autres génératrices que nous allons chercher.

Ces génératrices étant des génératrices de l'hyperboloïde

qui rencontreront la droite *ef*, *e'f'*, la rencontreront aux points demandés où cette droite perce la surface.

Le plan directeur du paraboloïde étant un plan vertical parallèle aux trois droites, les projections horizontales de toutes les génératrices passeront par un point fixe (708).

Nous obtenons ce point en construisant les projections horizontales de deux génératrices.

Imaginons le plan perpendiculaire au plan vertical et passant par la droite *ef*, *e'f'*, ce plan a pour trace verticale *e'f'* et il rencontre les deux autres directrices aux points *g'*, *g* et *h'*, *h*, la droite *hg* est la projection horizontale d'une génératrice.

Imaginons de même le plan qui projette la droite *ac*, *a'c'* sur le plan vertical, ce plan rencontre les deux droites aux points *h'*, *k* et *l'*, *l*, la ligne *kl* est la projection horizontale d'une génératrice.

Ces projections *hg* et *kl* se croisent au point ω, point fixe cherché. Menons par ce point les tangentes au cercle de gorge ω*m* et ω*n*, ces droites sont les projections des génératrices communes aux deux surfaces et croisent la projection *ef* aux points *p* et *q*, projections horizontales des points qu'on se proposait de trouver, et dont on obtient les projections verticales en *p'* et *q'*.

757. Intersection d'un cône et d'un hyperboloïde.

Le cône a son sommet sur l'hyperboloïde.

Le cône a son sommet au point SS' situé sur l'hyperboloïde.

L'hyperboloïde est défini par sa trace horizontale, son centre et le cercle de gorge (fig. 607). Nous avons placé le sommet du cône sur un cercle horizontal supérieur, égal au cercle de base, la base du cône est un cercle situé dans le plan horizontal et dont le centre est au point *c*.

La méthode consiste à tracer une génératrice de l'hyperboloïde passant par le sommet du cône et à faire passer des plans par cette droite. La projection horizontale de cette génératrice est Sh tangente au cercle de gorge, nous ne figurons même pas sa projection verticale.

Les traces horizontales des plans auxiliaires passeront par le point h, soit hf la trace d'un plan auxiliaire ; ce plan coupe le cône suivant la génératrice Sf, S'f' et l'hyperboloïde suivant la génératrice dont la projection est gk de système différent de Sh.

Le point k est la projection horizontale d'un point de l'intersection, nous avons relevé sa projection verticale en k' sur la projection verticale S'f' de la génératrice Sf du cône.

- Nous avons mené le plan passant par la génératrice Sl, S'l', sa trace horizontale est hl, nous avons obtenu le point m;m'.

Dans notre figure, les trois points S"o,c sont en ligne droite, en sorte que le plan vertical dont la trace est Soc est un plan de symétrie, les points k,k' et m,m' sont les points pour lesquels la tangente est horizontale.

Les génératrices de contour apparent horizontal du cône ont pour projections horizontales Sn et Sr, nous avons mené les traces horizontales hn et hr des plans auxiliaires, et obtenu les points p et u sur le contour apparent horizontal (nous n'avons pas relevé ces points sur la projection verticale).

Nous n'avons pas figuré la construction des points sur le contour apparent vertical du cône.

Si nous considérons le plan auxiliaire qui contient la génératrice de l'hyperboloïde dont la projection est Sh et la génératrice dont la projection est Sα, ce plan dont la trace est $h\alpha$ est tangent à l'hyperboloïde au point S,S', il détermine dans le cône deux génératrices dont les projections horizontales sont Sβ et Sγ, et qui sont tangentes à la courbe aux deux branches qui passent par le sommet.

Les projections verticales de ces deux droites ne sont pas figurées.

Les points sur le contour apparent horizontal de l'hyperboloïde, c'est-à-dire sur le cercle de gorge, s'obtiendraient en coupant les deux surfaces par le plan horizontal du cercle de gorge ; ce sont les points v,v' et x,x'. Les projetantes ne sont pas marquées.

On ne peut construire les points situés sur le contour apparent vertical de l'hyperboloïde ; nous nous contenterons de les relever quand nous aurons figuré la projection horizontale de la courbe.

L'intersection peut présenter des branches infinies.

Transportons le sommet du cône asymptote au sommet du cône donné S',S.

La génératrice dont la projection horizontale est Sh deviendra une génératrice du cône transporté et le cône asymptote transporté aura pour base le cercle décrit au point S comme centre avec Sh comme rayon.

Les bases des deux cônes qui ont même sommet se coupent en deux points ε et δ, donnant deux génératrices communes aux deux cônes, génératrices dont les projections horizontales sont Sε et Sδ.

Construisons la base du cône asymptote, c'est le cercle qui a pour base le point o et pour rayon $o\theta = \dfrac{1}{2}$ Sh.

Menons $o\lambda$ parallèle à Sδ et nous avons la projection de la génératrice du cône asymptote parallèle à la génératrice du cône S,S'.

L'asymptote est l'intersection du plan asymptote de l'hyperboloïde suivant les génératrices parallèles à $o\lambda$, c'est-à-dire du plan tangent au cône asymptote suivant la génératrice dont $o\lambda$ est la projection, plan dont la trace est $\lambda\mu$, avec le plan tangent au cône S,S' suivant la génératrice Sδ, S'δ', plan dont la trace est $\delta\mu$.

Le point μ,μ' est la trace de l'asymptote qui est parallèle à la génératrice, ses projections sont $\mu\mu_1$ et $\mu'\mu'_1$.

Une construction identique donne la seconde asymptote dont les projections sont $\pi\pi_1$, $\pi'\pi'_1$; les projections horizontales de ces deux asymptotes sont d'ailleurs symétriques par rapport à la ligne Soc.

Il est facile de suivre la courbe qui passe par les points y et z où se croisent les deux bases. On peut trouver aisément la ligne des points doubles en projection horizontale.

Ponctuation. — Nous avons représenté le solide commun.

Nous avons d'abord relevé de la projection horizontale, sur le contour vertical du cône, le point φ, φ' où la courbe croise la génératrice Se, S'e', et le point ψ,ψ' où elle croise la génératrice Sd,S'd'.

Nous avons relevé les points $\sigma,\sigma' - \rho,\rho' - \tau,\tau'$ sur le contour apparent vertical de l'hyperboloïde.

Rappelons-nous que le solide commun est la partie de chacun des deux corps contenue dans l'autre.

Projection verticale. — Nous examinons d'abord, comme toujours, ce qui reste des contours apparents.

Contour apparent vertical du cône : la génératrice S'$\varphi'e'$ est intérieure à l'hyperboloïde dans la partie S'φ, elle forme alors contour *vu*.

La génératrice S'$\psi'd'$ est évidemment extérieure dans la partie S'ψ qui est enlevée, la partie $\psi'd'$ est dans l'hyperboloïde et forme contour *vu*.

La partie d'hyperbole, contour apparent vertical de l'hyperboloïde, est manifestement extérieure au cône de b'_1 à σ', elle entre dans le cône en σ' et l'arc $\sigma'b'$ est dans le cône, forme contour utile du solide et est *vu*.

Les arcs de courbe S'ρ', $\varphi'\sigma'$, $\tau'\psi'$ forment contour et sont vus.

Le point k',k est en avant du contour apparent de l'hyperboloïde, il est dans la partie du cône dont la projection verticale est vue, il est *vu* et la courbe $\rho'k'\sigma'$ est *vue*.

L'arc $\varphi'x'$S' est *caché*, le point x,x' situé sur le cercle de gorge étant derrière le contour apparent vertical de l'hyperboloïde.

Le point m',m est évidemment *caché*, la courbe $\tau'm'z'$ est *cachée*.

Le point y,y' est *vu* et l'arc $\psi'y'$ est *vu*.

Projection horizontale :

La génératrice Sn entre dans l'hyperboloïde au point p et elle y est contenue dans la partie pn. La partie Sp est extérieure et *enlevée*, pn est contour utile et *vu*.

Par la même raison, la partie Su est enlevée ; ur est *vu*.

La trace du cône est dans l'hyperboloïde entre les points z et y et fait partie du solide, les arcs $zn,$ yr sont *vus*, l'arc rln compris entre les traces des génératrices de contour apparent horizontal est *caché*.

Pour l'hyperboloïde, la partie $vppx$ du cercle de gorge est dans le cône, forme contour, mais est *cachée*.

La partie vwx est extérieure au cône et est *enlevée*.

La trace de l'hyperboloïde est à l'intérieur du cône entre les points z et y.

L'arc $zhxy$ est utile et *vu*, le reste *enlevé*.

La courbe $Sxkv$ est dans la partie vue du cône sur la projection horizontale; la partie de l'hyperboloïde située au-dessus est enlevée, la courbe est entièrement *vue*.

Les parties de courbe zp et yu sont vues pour les mêmes raisons.

L'arc pmu devrait être caché, il y en a deux parties *vues* parce que le contour apparent du cône n'existe plus, jusqu'aux points où cette courbe passe sous la partie supérieure.

Nous avons représenté le *solide* commun sur la figure (607 *bis*).

758. Cône et hyperboloïde ayant une génératrice commune.

La génératrice de l'hyperboloïde est aS,a'S', l'axe est vertical.

Le cône a son sommet au point S,S' sur cette génératrice, et sa base est un cercle dans le plan horizontal, cercle ayant son centre au point o et passant par la trace horizontale a de la génératrice Sa,S'a' (Fig. 608).

Nous faisons passer des plans auxiliaires par la génératrice commune.

Considérons, par exemple, le plan dont la trace horizontale ad passe par la trace d de la génératrice de contour apparent horizontal du cône Sd,S'd'. Ce plan contient cette génératrice et coupe l'hyperboloïde suivant une génératrice de système différent de la génératrice S'a',Sa et dont la projection horizontale est fg.

Le point g est la projection horizontale d'un point de la courbe d'intersection, sa projection verticale est g'.

Des constructions analogues nous donnent le point projeté en i sur la génératrice de contour apparent horizontal du cône dont la projection horizontale est Se.

607 bis.

607.

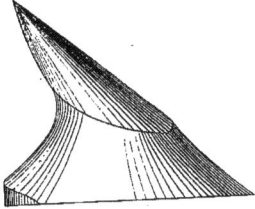

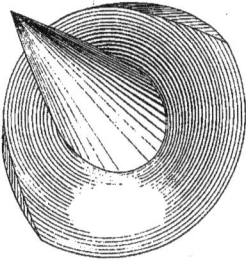

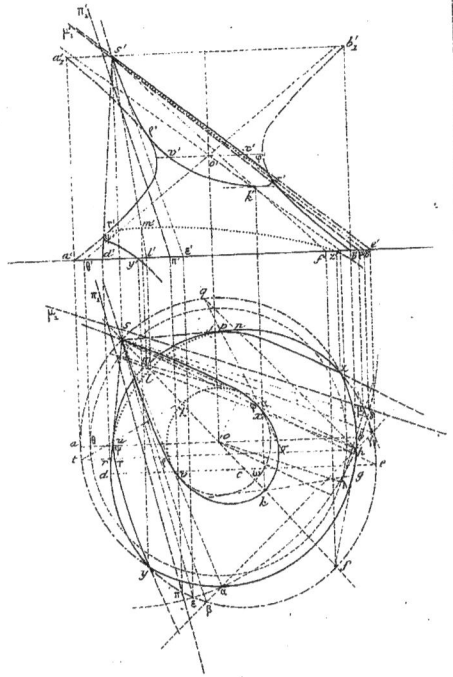

Nous trouvons de même le point n, n' sur la génératrice de contour apparent vertical Sb, $S'b'$ et le point l, l', sur la génératrice de contour apparent vertical Sc, $S'c'$.

Nous obtenons les points situés sur le cercle de gorge de l'hyperboloïde en coupant les deux surfaces par le plan horizontal qui contient ce cercle, plan dont la trace verticale est $x'u'$, et qui détermine dans le cône un cercle ayant son centre au point u', u placé sur la droite $S'o', So$ et dont la projection horizontale est tangente aux génératrices de contour apparent horizontal du cône. — Ce cercle doit passer par le point x, car la droite Sa, $S'a'$ fait partir de l'intersection et rencontre le cercle de gorge au point x, x' ; le second point de rencontre des deux cercles a pour projection v, v'.

Parmi les plans auxiliaires que nous pouvons imaginer, considérons le plan tangent à l'hyperboloïde au point S, S', il passe par la génératrice $Sa, S'a'$ et par la seconde génératrice dont la projection horizontale est Sr ; ar est la trace de ce plan, qui coupe le cône suivant la génératrice $St, 't'S'$; le point S, S' appartient à la courbe, et la tangente à la courbe en ce point est la génératrice $St, S't'$ du cône.

Considérons le plan tangent au cône le long de la génératrice $S'a'$, Sa, sa trace est ap, tangente à la base, et il donne dans l'hyperboloïde la génératrice du second système dont la projection horizontale est pq, et qui croise la première au point q, q',

Ce point q, q' est un point double de l'intersection, c'est le point où la cubique gauche, intersection des deux surfaces, coupe la génératrice commune, et les deux surfaces ont même plan tangent en ce point.

Nous ne pouvons pas construire directement les points où la courbe touche le contour apparent vertical de l'hyperboloïde.

Nous devons nous contenter de relever sur la projection verticale les points dont les projections horizontales sont w, z, et y, en w', z' et y'.

La courbe a des branches infinies.

Cherchons les génératrices parallèles sur le cône asymptote et sur le cône donné ; nous transportons le cône asymptote de manière que son sommet vienne au point S, S'. La base de ce cône transporté sera le cercle décrit du point S comme centre avec Sa pour rayon ; ce cercle est $ar\alpha$, il croise la base du cône S aux points a et α.

La seconde génératrice commune aux deux cònes aura pour projections $S\alpha$, $S'\alpha'$.

Nous construisons la base du cône asymptote, nous menons $\omega\beta$ parallèle à $S\alpha$, c'est la projection de la génératrice de ce cône parallèle à la génératrice $S\alpha$, $S'\alpha'$ du cône S.

Le plan asymptote de l'hyperboloïde pour les génératrices parallèles à celle dont la projection est $\omega\beta$ est le plan tangent au cône asymptote suivant cette génératrice, et sa trace est $\beta\gamma$ tangente à la base du cône asymptote.

Le plan tangent au cône S suivant la génératrice $S'\alpha'$, $S\alpha$ a pour trace la tangente $\alpha\gamma$ à la base ; le point γ est la trace horizontale de l'asymptote, dont les projections sont $\gamma\delta$ parallèle à $S\alpha$, et $\gamma'\delta'$ parallèle à $S'\alpha'$.

Ponctuation. — Nous avons représenté le solide commun.

Projection verticale. La génératrice de contour apparent vertical du cône, dont la projection verticale est $S'b'$, est intérieure à l'hyperboloïde entre le point S' et le point n', car il est évident qu'elle est extérieure vers b', et il y a un point d'intersection dont les projections sont n,n', donc elle entre dans l'hyperboloïde en ce point.

$S'n'$ fait partie du contour apparent du solide et est *vu*.

La génératrice dont la projection est $S'l'$, est manifestement en dehors de l'hyperboloïde entre les points S' et l' ; elle y entre au point l',l. La partie $l'c'$ est le contour du solide — *vue*.

L'arc $\theta'w'$ de l'hyperbole qui forme le contour vertical de l'hyperboloïde est extérieur au cône ; l'arc $\theta'w'$ est dans le cône, forme contour utile et est *vu*.

L'arc d'hyperbole $y'z'$ est dans le cône, forme contour du solide et est *vu*.

Le point π,π' de la courbe d'intersection, point de rencontre des bases, est en avant du contour apparent vertical des deux solides et est *vu*.

L'arc projeté en $\pi'l'$ est *vu*, il devrait devenir caché au point l',l, mais il forme contour du solide de l' en z' et

. est encore *vu* jusqu'en *z'*, au delà il est *caché* jusqu'à ce qu'il rencontre de nouveau un contour apparent au point *w'*.

Le petit arc projeté en *w'n'* devrait être caché, comme le montre sa projection horizontale située au delà des projections horizontales des contours apparents verticaux, mais il forme contour utile et est *vu*.

L'arc projeté en *n'v'y'* est en avant des contours verticaux comme le montre la projection horizontale, et est *vu*.

L'arc projeté en *y'*S' devrait être caché, mais il est *vu* parce qu'il forme contour utile.

La génératrice commune a sa projection verticale *cachée*.

Projection horizontale. Les génératrices de contour apparent horizontal du cône sont extérieures à l'hyperboloïde — depuis le sommet jusqu'aux points dont les projections sont *g* et *i*. Il est évident, en effet, que la portion de droite projetée en *gd* est dans l'hyperboloïde puisque le point *d* trace de la droite est à l'intérieur du cercle trace de la surface.

La partie projetée en S*g* est enlevée, la partie projetée en *gd* forme contour utile et est *vue*.

Il en est de même pour la ligne projetée en *ie* formant contour et *vue*.

. L'arc de la base du cône compris entre les points *adc*π est intérieur à l'hyperboloïde et limite la trace du solide commun sur le plan horizontal, les arcs *ad* et π*e* sont *vus*, le reste est caché.

Dans l'hyperboloïde, l'arc projeté en *x*ρ*v* du cercle de gorge est intérieur au cône, comme le montre bien sa projection verticale, il forme contour apparent du solide, mais est *caché* comme toujours.

L'arc de la base *a*θ*r*π est dans le cône, limite la trace du solide sur le plan horizontal et est *vu*.

· L'arc de courbe qui part du sommet *a* nécessairement sa projection horizontale *vue*.

Cette courbe rencontre bien le cercle de gorge (contour apparent) au point projeté en *v*, mais le cercle de gorge est enlevé, la courbe qui forme contour reste *vue*; elle rencontre la génératrice de contour apparent du cône au point projeté en *g*, elle devrait alors devenir cachée, mais le contour du cône ·

est enlevé ; la courbe forme limite du solide et reste *vue* jusqu'au point projeté en σ, où elle croise la génératrice qui est une autre branche de l'intersection, elle devient alors *cachée ;* mais au point τ elle croise de nouveau la projection de la branche supérieure, forme contour utile et redevient *vue* jusqu'au point π.

La génératrice commune a sa projection horizontale S*a* entièrement *vue*.

(Voir sur la figure 608 *bis* l'aspect que présente le solide.)

(Voir notre recueil d'Epures, 2ᵉ édition.)

759. Deux hyperboloïdes ayant deux génératrices communes.

On donne une droite verticale *o,o'z'*, une droite parallèle au plan vertical et rencontrant la première, *cod, c'ω'd'*.

Une droite de front dont les projections sont *ab, a'b'* tourne successivement autour de ces deux axes et engendre deux hyperboloïdes, construire l'intersection de ces deux surfaces.

Coupons les deux surfaces par une sphère dont le rayon est ω'*e'*, *oe* ; nous cherchons d'abord les points de rencontre de la sphère avec la génératrice *ab,a'b'*.

Pour cela nous considérons le plan de front qui contient la génératrice, il détermine dans la sphère le cercle de front dont le diamètre est *gf* et qui se projette en vraie grandeur sur le plan vertical suivant un cercle dont le centre est au point ω' et dont le diamètre est *g'f'* ; ce cercle rencontre la droite aux points dont les projections verticales sont *h'* et *k'*.

Chacun de ces points décrit dans chaque surface un parallèle ; le point dont la projection est *h'* donne les parallèles projetés en *s'h'r'* et *n'h'm'* ; le point dont la projection est *h* donne les parallèles projetés en *t'k'u'* et *i'k'p'*.

Ces parallèles se coupent deux à deux et donnent :

1° Deux points projetés en *h'*, et dont les projections horizontales sont situées sur le cercle parallèle de l'hyperboloïde dont le rayon est *oh*.

Ces projections sont le point *h*, situé sur la projection *ab* de la droite donnée, et le point *h₁* symétrique du premier par rapport au plan de front des deux axes.

608 bis

608

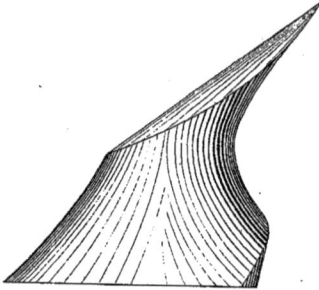

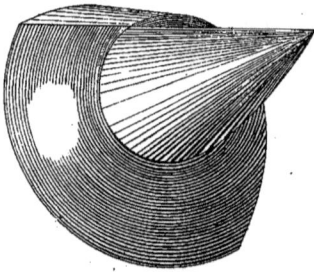

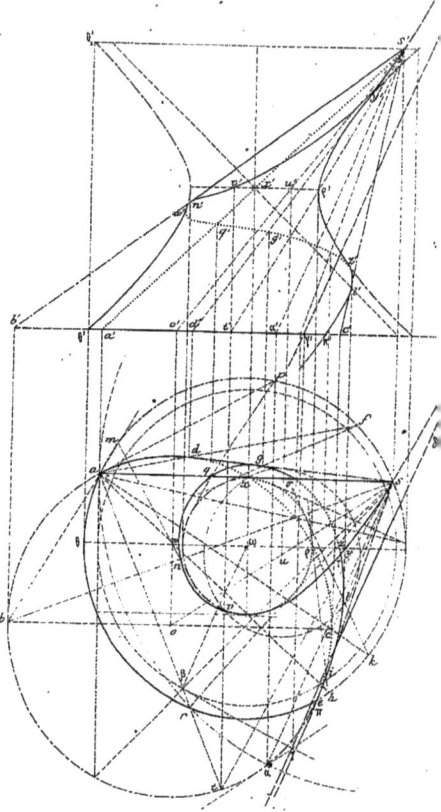

Librairie CH. DELAGRAVE, 15, rue Soufflot, Paris

Librairie CH. DELAGRAVE, 15, rue Soufflot, Paris

2° Deux points projetés en k' dont les projections horizontales (non figurées) seraient en un point k sur la projection ab, et en un point k_1 symétrique du premier par rapport au plan de front des deux axes.

Nous voyons que le lieu des points h_1 et k_1, que nous retrouverons dans toutes les constructions auxiliaires, sont sur une droite parallèle à la génératrice donnée, dont la projection verticale est $a'b'$, et dont la projection horizontale est a_1b_1 symétrique de ab par rapport au plan de front des deux axes.

Les deux hyperboloïdes qui ont une première génératrice commune ab, $a'b'$ ont une seconde génératrice commune $a'b'$, a_1b_1, et cette génératrice est de système différent de la première.

L'intersection des deux hyberboloïdes se compose donc de la courbe plane constituée par le plan de ces deux droites et d'une autre courbe plane.

Cette intersection doit se projeter sur le plan parallèle aux deux axes suivant une courbe du second degré, une partie de cette projection est la droite $a'b'$, projection commune des deux génératrices, la seconde partie doit se projeter suivant une autre droite, et le plan de la seconde courbe est perpendiculaire au plan vertical.

Les parallèles que nous avons déjà considérés donnent :

3° Deux points d'intersection projetés en q', et dont les projections horizontales sont q et q_1 situées sur le parallèle de l'hyperboloïde dont la projection verticale est $s'h'r'q'$, et dont la projection horizontale est le cercle qui a pour diamètre sr.

4° Deux points parasites projetés verticalement en l' et dont on ne peut trouver les projections horizontales.

Le plan de la seconde courbe a pour trace verticale $l'q'$ projection verticale de cette courbe.

Si nous faisons une autre construction en employant une sphère dont le rayon est $w'v', ov$, nous obtiendrons encore quatre parallèles formant un parallélogramme semblable au parallélogramme $l'k'q'h'$ et ayant même centre, les diagonales sont donc confondues et nous obtenons bien les points ρ' et σ' en ligne droite avec l' et q'.

La seconde courbe plane est une ellipse, car le plan de la courbe dont la trace verticale est $\sigma'\rho'$ fait avec le plan horizontal un angle plus petit que la génératrice $ab, a'b'$.

Observons que les parallèles considérés fournissent par leurs extrémités les contours apparents des deux hyperboloïdes : $t's\mu'$ et $\varphi'u'r'$ forment le contour de l'hyperboloïde à axe vertical; $m'i'\theta'$ et $n'p'\psi'$ forment le contour du second hyperboloïde.

Les hyberboles situés dans le plan de front des deux axes se coupent aux points x',x, et y',y, qui doivent se trouver sur la projection verticale $l'q'$ de la seconde courbe et sont les sommets de l'ellipse.

L'intersection des deux surfaces a deux points doubles réels dont les projections verticales sont confondues au point z et dont les projections horizontales sont les points z et z_1.

759 bis. Ponctuation. — Nous avons représenté le solide commun en le limitant au plan horizontal et à un plan horizontal $z'b'$ tel que la section dans l'hyperboloïde à axe vertical se projette sur le même cercle que la trace horizontale.

— L'intersection de l'hyperboloïde à axe incliné avec le plan horizontal supérieur est un arc d'ellipse, dont le sommet est au point θ',θ et qui passe par les points b et b_1 dont les projections verticales sont confondues en b'.

La section du solide commun par le plan horizontal supérieur est la partie comprise entre le cercle et l'ellipse, elle est projetée en $b\varepsilon b_1\theta$.

L'intersection du solide avec le plan horizontal de projection est projetée en $a\mu a_1\lambda$.

Nous devons d'abord tracer le contour apparent de l'hyperboloïde à axe incliné; le centre est au point $\alpha'\alpha$; l'une des génératrices de contour apparent vertical du cône asymptote est projetée en $a'\alpha'b'$; l'autre est symétrique par rapport à l'axe (663).

Nous avons inscrit dans le cône asymptote une sphère ayant son centre au point ω',o et le contour apparent horizontal du cône est formé par les deux droites $\beta\alpha$ et $\beta_1\alpha_1'$ asymptotes du contour apparent horizontal, et dont les projections verticales sont confondues sur $\alpha'\beta'$ (663), et les

609bis

609

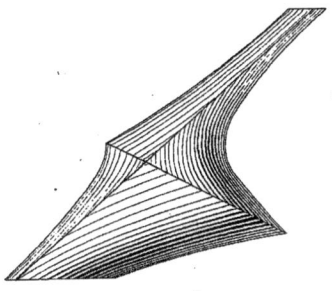

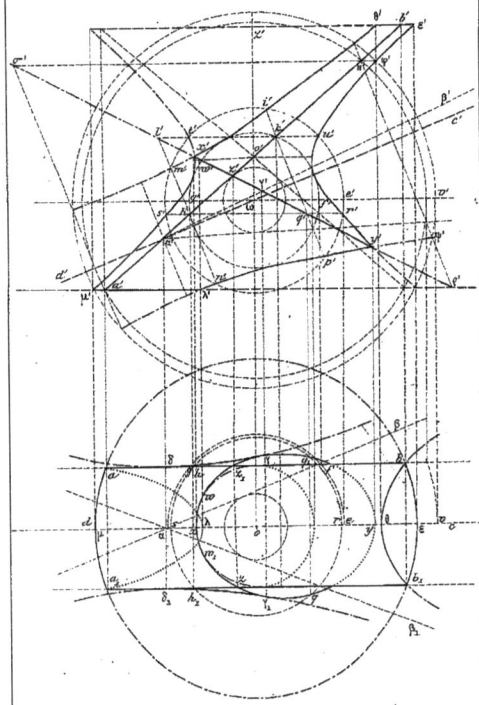

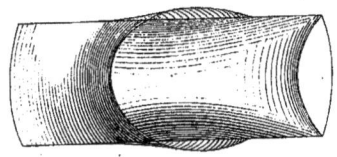

points où le contour apparent touche l'ellipse sont projetés en γ', et ont pour projections horizontales γ et γ₁.

Le rayon du cercle de gorge est le même que celui de l'hyperboloïde à axe vertical.

Projection verticale. Les portions de contour $x'i'\theta'$, et $\lambda'p'y$ d'une part, $x's'\mu'$ et $y'u'\varepsilon'$ d'autre part, limitent évidemment le solide; les projections verticales des deux courbes sont *vues*.

Projection horizontale. Dans l'hyperboloïde à axe vertical les arcs du cercle de gorge compris entre les points où ce cercle rencontre les génératrices communes, et les points w',w w',w_1 situés sur l'ellipse sont enlevés; les autres arcs sont *cachés*. Les parties de contour du second hyperboloïde $\delta\gamma$ et $\delta_1\gamma_1$ font partie du solide et sont *vues;* le reste est enlevé.

Les deux lignes ab, a_1b_1 projection des deux génératrices communes sont *vues;* elles limitent le solide à partir des points b',b et b',b_1 jusqu'aux points doubles z',z et z',z_1; au delà elles sont naturellement vues jusqu'aux points projetés en δ et δ_1 sur le contour de l'hyperboloïde incliné; ensuite elles limitent le solide.

Le sommet x',x de l'ellipse est *vu*, et l'ellipse est *vue* jusqu'aux points projetés en γ et γ₁ où elle touche le contour apparent de la surface inclinée. Au delà de ces points elle devrait être cachée; il y en a encore une partie *vue* parce que le contour cesse d'exister jusqu'aux points où cette ellipse croise les génératrices communes.

760. Cône et paraboloïde. (Fig. 610.)

On considère un cône de révolution à axe vertical. Son sommet est au point S,S'.

Un paraboloïde hyperbolique a pour directrice S'c', Sc droite passant par le sommet et rencontrant la ligne de terre, et une droite de front *de*, *d'e'*. Le plan horizontal est plan directeur.

La méthode consiste à couper les deux surfaces par des plans horizontaux qui donneront des cercles dans le cône, des génératrices dans le paraboloïde.

Le plan auxiliaire horizontal dont la trace verticale est $f'g'$ coupe le cône suivant le cercle dont le rayon est $h'i'$ qui

se projette suivant le cercle décrit de S comme centre avec
Si comme rayon (S$i = h'i'$); il coupe la droite S'c',Sc au point
g',g, et la droite $d'e'$,de au point f',f, en sorte que fg est la
projection horizontale de la génératrice du paraboloïde qui
croise le cercle aux points k et l projections horizontales
de deux points de l'intersection, dont il est facile de relever
les projections verticales en k' et l' sur la trace verticale $f'g'$
du plan horizontal auxiliaire.

En particulier, le plan horizontal de projection contient
le cercle de base du cône, et la droite dc trace du paraboloïde;
nous avons les points d'intersection m,m', et n,n'.

Nous avons employé plusieurs plans horizontaux et obte-
tenu un certain nombre de points de la courbe.

Il peut y avoir des plans horizontaux limites; une génératrice du paraboloïde peut se trouver tangente au cône; cherchons cette génératrice.

Cette génératrice sera une droite horizontale tangente au
cône et rencontrant la ligne S'c', Sc, donc elle sera dans le plan
tangent au cône mené par S'c',Sc et sera parallèle à la trace
horizontale de ce plan. La construction est possible parce que
la droite passe par le sommet du cône.

Le plan tangent mené par la droite a pour trace horizontale coe tangente à la base, sa trace verticale s'obtient en
menant par le point S,S' une horizontale Sp, S'p' parallèle à
coe, cette trace verticale est $c'p'$.

Cherchons le point où ce plan coupe la directrice ed,$e'd'$.
Le plan de front qui contient la droite détermine dans le
plan tangent une ligne de front dont la projection verticale
est $e_1'q'$. Le point q',q est le point où la directrice perce le
plan tangent.

La génératrice horizontale dont la projection verticale
est $q'r'$ et dont la projection horizontale est qr est tangente
au cône, au point v,v' situé sur la génératrice de contact du
plan tangent, génératrice dont la projection horizontale est
So.

Si l'on prend un plan auxiliaire au-dessus du plan horizontal $q'r'$, la génératrice du paraboloïde contenue dans ce
plan ne coupe pas le cône.

On peut faire passer par la droite S'c', Sc un second plan tangent au cône et répéter la même construction ; on trouverait ici un second plan limite bien au-dessus du sommet.

Au point v', v la tangente est la génératrice horizontale.

La projection horizontale de la courbe d'intersection croise la ligne Sb projection horizontale de la génératrice de contour apparent vertical du cône au point w dont la projection est w'.

Tous les plans horizontaux au-dessous du plan limite $q'r'$ donnent des points de l'intersection ; la courbe présente donc des branches infinies, et nous allons chercher les asymptotes.

Nous aurons des points à l'infini donnés par des génératrices du cône parallèles à des génératrices du paraboloïde ; comme il ne peut y avoir de génératrices horizontales sur le cône, nous devons chercher les génératrices du second système parallèles à des génératrices du cône.

Pour les trouver nous ferons passer par le sommet du cône un plan parallèle au second plan directeur, c'est-à-dire aux deux directrices données. Nous déterminerons ce plan en traçant par le sommet des parallèles aux deux droites ; S$'c'$, Sc passe par le sommet ; nous traçons S$'\delta'$, Sδ parallèle à ed, $e'd'$, le plan parallèle au second plan directeur conduit par le sommet a pour trace δc et détermine dans le cône deux génératrices dont les projections sont Sε, S$'\varepsilon'$ et Sθ, S$'\theta'$.

Les projections verticales des génératrices du second système du paraboloïde passent par le point ω' où se croisent les projections verticales des directrices (708).

Les projections verticales des génératrices du paraboloïde parallèles à des génératrices du cône sont $\omega'\lambda'$ et $\omega'\pi'$ parallèles à S$'\varepsilon'$ et S$'\theta'$. Les traces de ces droites sont λ et ω sur la trace horizontale cd du paraboloïde.

Le plan asymptote de la génératrice dont la projection est $\omega'\lambda'$ est le plan mené par cette droite parallèlement à son plan directeur (715).

Donc, la trace du plan asymptote est $\lambda\mu$ parallèle à δc.

La trace du plan tangent au cône suivant la génératrice dont la projection est Sε et $\varepsilon\mu$; le point μ est la trace de l'intersection du plan asymptote avec le plan tangent au cône, c'est-à-dire de l'asymptote.

La projection horizontale de l'asymptote est $\mu\mu_1$ parallèle à $S\varepsilon$, sa projection verticale est $\mu'\mu'_1$ parallèle à $S'\varepsilon'$.

Nous ferons la même construction pour la seconde asymptote.

La trace du plan asymptote est $\pi\rho$ parallèle à δc, la trace du plan tangent au cône est $\theta\rho$.

La trace de l'asymptote est ρ,ρ', ses projections sont $\rho\rho_1$ parallèle à $S\theta$ et $\rho'\rho'_1$ parallèle à $S'\theta'$.

760 bis. Ponctuation. — Nous supposons le cône solide, la partie de surface du paraboloïde que nous considérons ne définit pas un corps solide. Nous enlevons la partie du cône située en avant de la surface du paraboloïde.

La génératrice de contour apparent $S'a'$, Sa reste entière; la partie $S'w'$, Sw de la seconde génératrice existe, mais $w'b'$, wb est enlevé par le paraboloïde.

Le paraboloïde n'a pas de contour apparent vertical (708) et c'est la partie de courbe projetée sur $w'n'$ qui forme contour du solide restant sur le plan vertical, elle est *vue*, l'autre arc est en avant du contour vertical du cône et sa projection verticale est *vue*.

L'arc de base du cône *mon* est en avant du paraboloïde et est *enlevé;* l'arc *man* reste et est *vu*.

Les projections horizontales des différentes génératrices que nous avons construites enveloppent une courbe qui est le contour apparent horizontal du paraboloïde, cette courbe $\alpha\beta\gamma$ touche l'intersection des deux surfaces en deux points entre lesquels elle est contenue dans le cône et forme contour utile, c'est la courbe d'intersection qui limite au delà le solide restant et l'arc $3vw5$ est vu sur le cône.

La portion *mn* de la trace du paraboloïde sur le plan horizontal est intérieure au cône, et limite sur le plan horizontal la trace du solide restant elle est *cachée*.

Observation. — Il faut toujours considérer dans une épure de ce genre, le paraboloïde comme formant une surface sans épaisseur, coupant un autre corps solide, et bien observer comment la partie du corps qu'on conserve est située par rapport à la nappe du paraboloïde.

610 bis

610

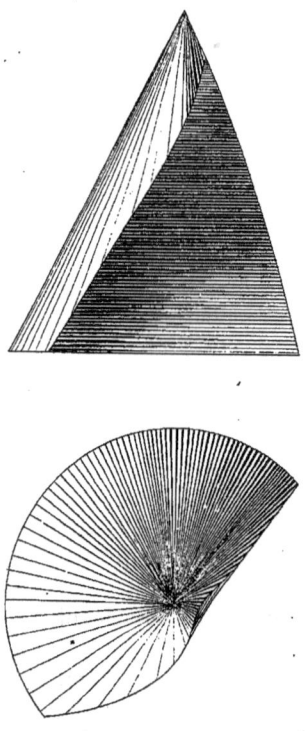

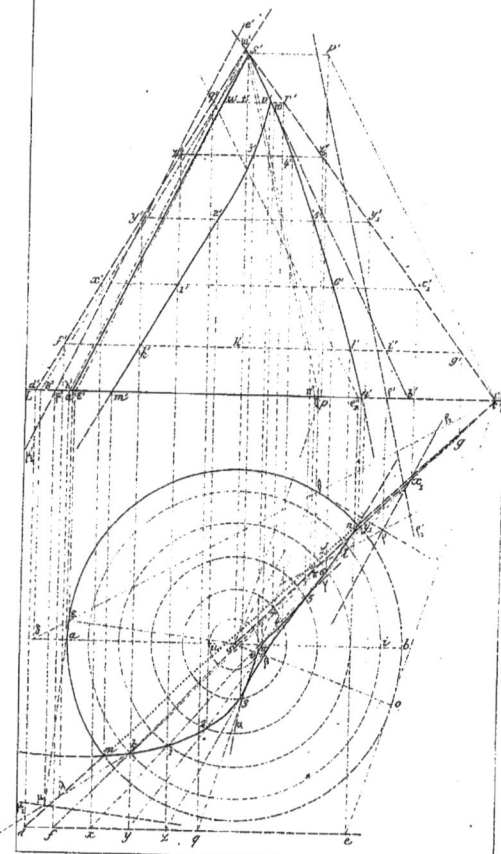

761. Exercices. — *Sur l'intersection d'un paraboloïde avec d'autres surfaces.*

1° On considère un cylindre oblique et un paraboloïde dont une directrice est parallèle aux génératrices du cylindre. La seconde directrice est quelconque. Le plan horizontal est plan directeur.

On aura encore des génératrices limites du paraboloïde, tangentes au cylindre, parce qu'on pourra mener au cylindre des plans tangents par une directrice du paraboloïde.

Il n'y aura pas d'autres génératrices parallèles sur. les deux surfaces.

2° On donne un cône de révolution à axe vertical.

Un paraboloïde a pour directrices : 1° Une droite du plan vertical ; 2° une parallèle au plan vertical. Le plan horizontal est plan directeur.

Construire l'intersection des deux surfaces.

Il y a encore ici des génératrices limites, ce sont des droites horizontales tangentes au cône et s'appuyant sur les deux directrices.

On peut les obtenir en employant une courbe d'erreur. — On imagine une surface engendrée par une droite horizontale tangente au cône et s'appuyant sur la droite du plan vertical, qui est la trace verticale de cette surface ; on considère une seconde surface engendrée par une droite horizontale tangente au cône et s'appuyant sur la seconde directrice, on construit facilement la trace verticale de cette seconde surface par points, et cette trace verticale rencontre la première droite en des points traces des génératrices cherchées.

La construction des branches infinies se fait comme dans le problème que nous avons traité.

3° Un cône a pour base un cercle dans le plan horizontal, une de ses génératrices est verticale. — Un paraboloïde hyperbolique a pour directrices 1° Une : verticale passant par le centre de la base du cône; 2° une génératrice du cône. Le plan directeur est le plan horizontal. ·

Le cône et le paraboloïde ont une génératrice commune. Il est encore commode de faire passer des plans auxiliaires par la génératrice commune.

Il y a une *asymptote verticale*, la projection horizontale de la courbe s'approche indéfiniment du point qui est la trace de l'asymptote; il est facile de voir que la projection horizontale de l'intersection est une circonférence.

La courbe rencontre la génératrice commune au sommet et en un autre point qu'on trouve en prenant pour plan auxiliaire le plan tangent au cône suivant la génératrice commune.

4° On donne un hyperboloïde de révolution à axe vertical.

Un paraboloïde hyperbolique a pour directrices : 1° Une droite verticale ; 2° une génératrice de l'hyperboloïde. Le plan directeur est horizontal.

Il est encore commode de faire passer des plans par la génératrice commune.

Il y a une asymptote, dont on cherche la direction en se servant du cône asymptote de l'hyperboloïde.

On peut trouver dans certains cas les points où la courbe rencontre la génératrice commune, en remarquant que les deux surfaces doivent avoir en chacun de ces points même plan tangent (puisque ces points sont alors des points doubles réels). Le plan tangent à l'hyperboloïde est déterminé par la génératrice commune et la tangente au parallèle, il faut donc que cette tangente au parallèle soit une génératrice de paraboloïde. On doit donc pouvoir construire une génératrice horizontale du paraboloïde, tangente à l'hyperboloïde. Les projections des génératrices passent par la trace de la directrice verticale, on décrit un cercle qui a pour diamètre la ligne qui joint la trace de la directrice verticale au centre du cercle de gorge; si ce cercle coupe la projection de la génératrice commune, les points d'intersection sont les projections des points cherchés.

762. Intersection de deux ellipsoïdes de révolution dont les axes ne se rencontrent pas et sont parallèles au plan vertical. (Fig. 611.)

Les deux ellipsoïdes sont allongés. L'un a son axe vertical A'C'B' et la trace horizontale de cet axe est au point A; l'ellipse méridienne est D'B'E'A'.

Le contour apparent horizontal est le cercle décrit sur DE comme diamètre.

L'axe du second ellipsoïde a pour projection verticale H'O'K', sa projection horizontale est RS.

Le contour apparent vertical est formé par l'ellipse méridienne H'L'K'M'.

Le contour apparent horizontal est une ellipse dont le centre est au point O.

Le grand axe est la projection SR du diamètre S'R' conjugué des verticales dans la méridienne; le petit axe est NP égal au petit axe C'M' de l'ellipse méridienne (617).

Nous allons chercher des plans qui coupent ces deux ellipsoïdes suivant des courbes homothétiques.

Nous répétons la construction indiquée (747).

Nous traçons la sphère inscrite dans l'ellipsoïde à axe vertical et ayant son centre en C', sphère décrite avec C'D' comme rayon. Nous traçons une ellipse homothétique de l'ellipse méridienne de la seconde surface et tangente au contour apparent de cette sphère. Nous menons H'$_1$C'K'$_1$ parallèle à H'K', et C'L'$_1$ parallèle à O'L'; le point L'$_1$ du cercle sera l'extrémité du petit axe de l'ellipse que nous voulons construire; nous menons L'$_1$H'$_1$ parallèle à L'H', et nous avons le grand axe. Nous pouvons donc figurer l'ellipse dont nous traçons seulement la moitié H'$_1$L'$_1$K'$_1$, homothétique de H'L'K', et que nous regardons comme la méridienne d'un ellipsoïde circonscrit à la même sphère que l'ellipsoïde à axe vertical.

Ces ellipsoïdes circonscrits à la même sphère se coupent suivant des courbes planes; les plans des courbes passent par le centre commun projeté en C'; ils sont évidemment perpendiculaires au plan vertical et passent par les points de rencontre des contours apparents des deux ellipsoïdes; l'un de ces plans a pour trace V'C'Y'.

Tous les plans parallèles à ce plan couperont les deux ellipsoïdes proposés suivant des sections homothétiques, nous allons chercher un plan de projection auxiliaire sur lequel toutes ces sections se projettent suivant des cercles.

Nous considérons l'ellipse dont la projection verticale est

V'C'Y'; son demi-grand axe est V'C', son demi-petit axe est égal au rayon C'E' de la sphère inscrite.

Nous plaçons cette ellipse sur un cylindre de révolution ayant pour rayon le rayon de la sphère et dont les génératrices sont parallèles au plan vertical (475). Il suffit de tracer X'V' tangente au contour apparent de la sphère pour obtenir la direction des génératrices du cylindre.

Le plan de projection dont la trace L_1T_1 est perpendiculaire à X'V' est tel que l'ellipse V'C' et toutes les ellipses homothétiques se projetteront suivant des cercles. ·

Considérons un plan sécant dont la trace $a'b'c'd'$ est parallèle à V'C'Y', il détermine dans l'ellipsoïde à axe vertical une ellipse dont le grand axe est $b'c'$, les points projetés en b' et c sont dans le même plan de front que l'axe de l'ellipsoïde et ont le même éloignement, l'ellipse se projette donc sur le plan L_1T_1 suivant un cercle ayant b_1c_1 comme diamètre (l'éloignement de b_1c_1 est égal à l'éloignement du point A trace de l'axe).

Ce même plan détermine dans le second ellipsoïde une ellipse dont le grand axe est $a'd'$. L'éloignement des points projetés en a' et d' est le même que celui du centre o,o' de l'ellipsoïde, cette seconde ellipse se projette suivant le cercle a_1d_1.

Les deux cercles se coupent en deux points dont les projections horizontales dans le système L_1T_1 sont e_1 et f_1, leurs projections verticales sont e' et f', et on obtient leurs projections horizontales dans le système LT en donnant aux points le même éloignement; e,e' et f,f' sont les projections de deux points de l'intersection des deux surfaces, et on obtiendra par des constructions analogues autant de points qu'on voudra de la courbe d'intersection.

On ne peut obtenir les points remarquables. On doit se contenter de tracer la courbe avec beaucoup de soin et de relever d'une projection sur l'autre les points importants.

Ainsi la courbe touche le contour apparent vertical de l'ellipsoïde à axe vertical aux points dont les projections horizontales sont i, m, n, p dont on relève les projections verticales; elle touche le contour apparent horizontal de la même surface aux points dont les projections verticales sont r' et q', qu'on ramène en r et q.

La courbe touche le contour apparent vertical de l'ellipsoïde incliné aux points dont les projections horizontales sont k et l, qu'on relève en k' et l', et le contour apparent horizontal aux points dont les projections verticales sont h' et g' qu'on ramène en h et g.

Il faut bien faire attention, en relevant ainsi des points d'une projection sur l'autre, à les placer sur les parties correspondantes de la courbe, qu'on reconnaît facilement en examinant la position de points voisins dont on a les deux projections.

Finalement, les projections de la courbe d'intersection sont $r'e'h'm'f'n'g'p'q'l'k'i'$ et $rhmfngpqlki$.

Nous avons conservé les deux ellipsoïdes et il est évident que les deux projections de cette courbe sont entièrement cachées.

763. Ombres.

Nous avons pensé qu'il était intéressant de compléter cette épure par la construction des ombres propres des deux solides, et la représentation des ombres portées par les deux corps l'un sur l'autre et sur le plan horizontal de projection.

Nous éclairons l'ensemble par des rayons parallèles à R, R'.

Ellipsoïde à axe vertical (615, 616). — Nous conduirons par le centre la parallèle au rayon $C'c'_1, Ac_2$; sa trace horizontale est le point c_2, ombre du centre. Nous amenons ce rayon à être parallèle au plan vertical en le faisant tourner autour de l'axe, il vient en Ac_3, $C'c'_3$.

Nous menons au contour apparent vertical des tangentes parallèles $C'c'_3$, le diamètre $s'_1 C' t'_1$, qui joint les points de contact, est la trace verticale du plan de la courbe ; les points s'_1 et t'_1 ont leurs projections horizontales en s_1 et t_1 ; nous ramenons le rayon à sa position, s_1 vient en s, t_1 vient en t, st est le petit axe de la projection de la courbe de contact ; uv perpendiculaire à R est le grand axe.

Les projections verticales des points s et t sont s' et t', points où la tangente est horizontale ; les points u et v ont pour projections u' et v'.

On obtient les points sur le contour apparent vertical en
menant à ce contour des tangentes parallèles à R'.

$u't'v's'$ est la projection verticale de la courbe d'ombre
propre.

L'ombre portée sur le plan horizontal est une ellipse dont
c_2 est le centre; le grand axe, dirigé suivant Ac_2, s'obtient
en cherchant les ombres s_2 et t_2 des points s,s' et t,t', le petit
axe est u_2v_2, ombre du diamètre horizontal uv, $u'v'$, et égal
à uv.

(Nous n'avons pas considéré le plan vertical comme
existant réellement.)

Ellipsoïde à axe incliné. — Nous menons par le
centre o,o' une parallèle $o'o'_2$, oo_2 à R',R, et nous faisons un
changement de plan horizontal en prenant un plan horizontal
perpendiculaire à l'axe, la ligne de terre est L_2T_2. Nous répétons les mêmes constructions que nous venons de rappeler.

La nouvelle projection horizontale du rayon mené par le
centre est $y_1o_1x_1$.

Nous amenons la droite $y_1o_1x_1$, $y'o'o'_2$ à être parallèle au
plan vertical en $o'y'_2$, o_1y_2, et nous trouvons pour les projections de la courbe de contact du cylindre circonscrit l'ellipse
projetée sur le plan horizontal L_2T_2 en $\alpha_1\gamma_1\beta_1\delta_1$ et dont la projection verticale est $\delta'\beta'\gamma'\alpha'$.

Nous construisons facilement la projection horizontale de
cette ellipse dans le système LT, puisque nous avons les éloignements de tous les points.

Nous avons soin de prendre spécialement les points sur le
contour horizontal ; les projections verticales de ces points
sont μ' et λ', nous les projetons en μ et λ, et en ces points la
tangente au contour apparent horizontal doit être parallèle à
la projection horizontale du rayon.

Les points θ' et ϵ' situés sur le contour vertical se projettent en ϵ et θ ; α' et β' ont pour projections α et β.

L'ombre portée sur le plan horizontal est une ellipse qui
a pour centre le point o_2, ombre du centre.

Les points μ,μ' et λ,λ' forment leurs ombres en μ_2 et λ_2;
$\mu_2o_2\lambda_2$ est un diamètre et les tangentes aux points μ_2 et λ_2
sont les parallèles à la projection horizontale du rayon $\mu\mu_2$
et $\lambda\lambda_2$.

Nous construisons les ombres des points π,π' et ρ,ρ' projetés sur la projection oo_2 du rayon.

Ces points forment leurs ombres en π_2 et ρ_2 et $\pi_2 o_2 \rho_2$ est le diamètre conjugué de $\mu_2 o_2 \lambda_2$.

On peut d'ailleurs construire autant de points qu'on le juge utile et tracer l'ellipse $\pi_2 \lambda_2 \rho_2 \mu_2$ ombre portée sur le plan horizontal.

Ombre portée par l'ellipsoïde incliné sur l'autre.

— Cette ombre est l'intersection avec l'ellipsoïde vertical du cylindre parallèle au rayon, qui a pour directrice l'ellipse d'ombre propre, et dont la trace horizontale est l'ellipse $\pi_2 \lambda_2 \rho_2 \mu_2$.

Nous allons construire l'interséction (au moins dans sa partie utile) par la méthode de la projection cylindrique (561).

Nous coupons les deux surfaces par le plan horizontal φ χ', et nous projetons obliquement sur le plan horizontal le cercle dont le rayon est $\varphi'\chi'$, et dont la projection horizontale est le cercle décrit de A comme centre avec un rayon égal, par des parallèles à R,R'.

Le centre φ', dont la projection horizontale est le point A, se projette en φ_2, et nous pouvons tracer avec le même rayon égal à $\varphi'\chi'$, la projection du cercle qui doit d'ailleurs être tangente à l'ellipse ombre de l'ellipsoïde. (Cette ombre serait l'enveloppe de tous les cercles.) Ce cercle coupe l'ellipse base du cylindre en deux points, j'en prends un, le point ψ_2, je mène par ce point la parallèle $\psi_2\psi$ à la projection horizontale du rayon et le point ψ, où cette parallèle rencontre le cercle projection du cercle $\varphi'\chi'$ est un point de l'ombre ; nous relevons sa projection verticale en ψ'.

Nous pouvons répéter cette construction autant de fois que nous le jugerons nécessaire.

En particulier nous pouvons tracer par tâtonnement un cercle ayant son centre sur Ac_4, tangent en deux points à l'ellipse $s_2 v_2 t_2 u_2$ ombre de l'ellipsoïde à axe vertical, et touchant l'ellipse ombre de l'ellipsoïde incliné au point ξ_2 ; ce cercle, dont le centre est ω_2, le rayon $\omega_2\xi_2$, est l'ombre d'un parallèle limite.

Nous ramenons ω_2 en ω' par une parallèle au rayon, et

nous trouvons le parallèle ω'ζ', Aζ, sur lequel nous obtenons le point ξ,ξ' point où la tangente est horizontale.

Les ombres portées par les deux ellipsoïdes se coupent en deux points σ_2 et τ_2, ombres des points où les ellipses portent ombre l'une sur l'autre ; nous ramenons ces points par des parallèles à R,R', en σ,σ' et τ,τ' en la courbe d'ombre propre de l'ellipsoïde à axe vertical, et nous avons les limites de l'ombre portée.

Cette courbe d'ombre portée a pour projection τψξσ, τ'ψ'ξ'σ.

Aux points τ,τ' et σ,σ' la tangente à la courbe d'ombre portée est parallèle au rayon.

Cette tangente est, en effet, l'intersection du plan tangent à l'ellipsoïde à axe vertical, plan tangent parallèle au rayon, (puisque le point est sur la courbe d'ombre propre) avec le plan tangent au cylindre d'ombre, également parallèle au rayon.

Il y a bien une autre courbe d'ombre portée située par derrière à la partie supérieure, mais elle est cachée et nous ne l'avons pas construite pour ne pas surcharger l'épure.

— FIN —

611

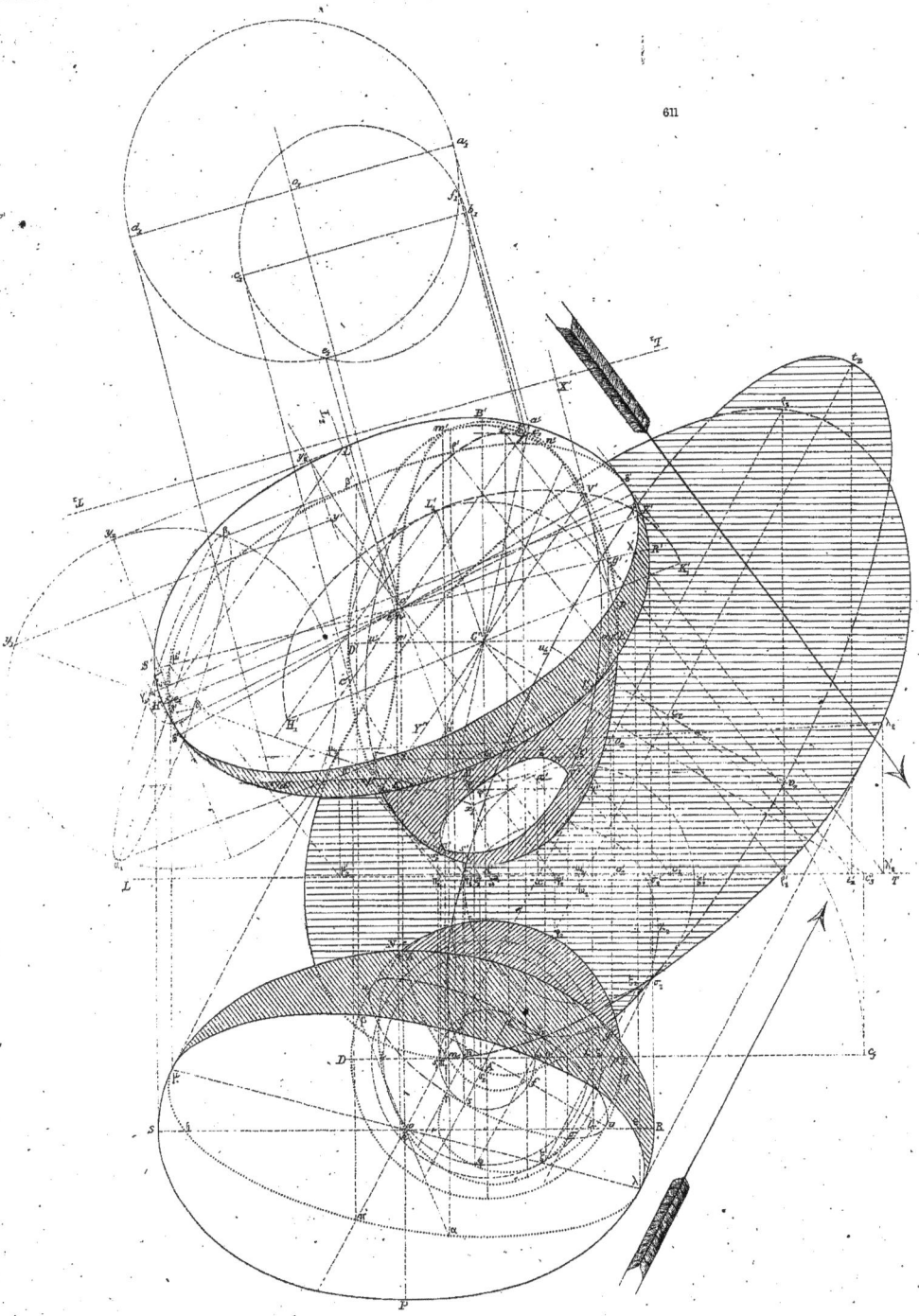

TABLE DES MATIÈRES

SECTIONS PLANES ET DÉVELOPPEMENT DES CONES.

PLANS DIAMÉTRAUX.

SURFACES DU SECOND ORDRE.

ELLIPSOÏDES.

—

ELLIPSOÏDES DE RÉVOLUTION.

HYPERBOLOÏDES.

—

HYPERBOLOÏDE DE RÉVOLUTION.

HYPERBOLOÏDE A UNE NAPPE.

PARABOLOÏDES.

—

PARABOLOÏDE DE RÉVOLUTION.

PARABOLOÏDE ELLIPTIQUE.

GÉNÉRATION D'UNE SURFACE DE RÉVOLUTION DU SECOND DEGRÉ PAR UNE COURBE DU SECOND DEGRÉ.

FIN DE LA TABLE.

Sceaux. — Imprimerie CHARAIRE et fils.

www.ingramcontent.com/pod-product-compliance
Lightning Source LLC
Chambersburg PA
CBHW031533210326
41599CB00015B/1880